# Atmospheric Science
## Second Edition

# 大 气 科 学

## （第二版）

〔美〕约翰·M. 华莱士 彼得·V. 霍布斯 著

何金海 王振会 银燕 朱彬 等 译

丁一汇 校

U0283513

科学出版社

北 京

图字：01-2008-0363 号

**审图号：GS京(2023)0332号**
**图书在版编目(CIP)数据**

大气科学/（美）华莱士（Wallace，J. M.），（美）霍布斯（Hobbs，
P. V.）著；何金海等译. —2 版. —北京：科学出版社，2008
ISBN 978-7-03-022595-5

Ⅰ. 大… Ⅱ.①华…②霍…③何… Ⅲ. 大气科学 Ⅳ.P4

中国版本图书馆 CIP 数据核字(2008)第 112542 号

责任编辑：邹 凯 霍志国 刘芸芸/责任校对：包志虹
责任印制：赵 博/封面设计：耕者设计工作室

科学出版社 出版
北京东黄城根北街 16 号
邮政编码：100717
http://www.sciencep.com
涿州市殷润文化传播有限公司印刷
科学出版社发行 各地新华书店经销
*
2008 年 9 月第 一 版 开本：787×1092 1/16
2024 年 11 月第十次印刷 印张：31 3/4
字数：750 000
定价：**158.00 元**
（如有印装质量问题，我社负责调换）

# 序　言

　　大气科学是一门新兴的、迅速发展的应用性学科。从广义的观点看，它研究各种行星（如地球、金星、火星）大气的结构和演变及其中发生的各种大气现象。从狭义的观点看，它主要研究地球大气。从这个意义讲，大气科学可看作地球科学的一个重要分支。由 Wallace 和 Hobbs 教授编著的这本《大气科学》主要阐述地球大气的特征、结构、演变过程与预报等基本问题。它作为大学教学的一个入门教材十分适用于地球科学各相关分支学科的学生使用，对于大气科学专业的学生和其他人员也有重要参考价值，因为它简练而通俗地阐述了大气科学各部分的基本问题和主要成果。任何一个学生，如果能认真地学完这本书，都会从中获取很大的收益。

　　两位编者，Wallace 和 Hobbs 教授，一位是国际著名的气候学家，另一位是国际著名的云雾物理学家，他们合作写作的这本大气科学教材具有很高的科学水平和影响。第一版出版于 30 年前（当时就受到许多学校的欢迎和重视（国内有中译本））。2006 年出版的第二版在第一版基础上做了大幅度的修改和增补。对于近 30 年来在大气科学领域中出现的许多新进展和新成果在本书中都有阐述，其中包括大气化学、地球系统、气候与气候变化、大气边界层等。对于大气动力学、辐射传输、强风暴以及温室效应和全球变暖等章节也做了重要修订，增加了新的内容，从而使本书涵盖了大气科学的大量最新成果和现代的科学原理和概念。这对于一个开始学习和接受大气科学基础知识的学生尤其重要，有了这些新知识，可以更快地过渡到相关的研究领域中去。除了内容新这一个重要特点外，该书对于各部分理论问题的阐述做了精心选择，选取的内容大多是基础性的和必需具备的。在阐述方式上深入浅出，通俗易懂，即便对于非大气科学专业的学生也容易理解。此外该书还包括大量的思考题和计算题，并且有些直接置于所述的重要概念和理论之后，这对于加深理解基础知识是十分重要的。一本好的教科书应该包括这些部分。同时该书还附有大量注脚和知识性框栏。它们非常精炼而准确地总结了在相关问题上关键科学家的贡献和简历、气象学的发展史以及关键科学概念或问题的深入解释。这些对于吸引和增加学生的学习兴趣有很大的作用。这种写法在近代出版的其他教科书中也日渐明显。总之，崭新的内容、精心的选材、深入浅出和生动的阐述、大量的针对性习题以及许多科学家小传和总结性的知识性框栏，共同构成了这本教科书最重要的特点。我相信本书中文版的出版一定会受到广大读者的欢迎。

　　本书的中文译文由南京信息工程大学的教师完成。他们都是相关领域的教授和专家，因而译文的质量是高的。他们本着认真负责的态度对译文做了多次修改。尽管如此，由于该书的内容新颖，涉及面广，有个别错误或不当之处在所难免，这也是任何一部译著都难免发生的。何金海教授作为主要译者，做了大量组织和协调工作，保证了本书能顺利和及时出版，感谢他的重要贡献！最后，我认为还要感谢科学出版社对此书出版的重视和为此付出的劳动，尤其是邹凯和霍志国编辑。

丁一汇

2008 年 8 月于中国气象局

......

　　就在彼德·霍布斯（云物理学家）去世前几个月的一天——2005 年 7 月 25 日，我们还组织了一次聚会，庆祝他所发起的（编书）项目终于完成了（尽管书稿还不够成熟）。

　　在第一版的献辞中，彼得选择使用了 PERCY BYSSHE SHELLEY（帕西·雪莱）的诗"云"，作为对生命、死亡与再生的形象暗喻，我在第二版中选择同一首诗，不过这次是为了纪念彼得。

——约翰·华莱士

*In Memory of Peter V. Hobbs*（*1936－2005*）

I am the daughter of Earth and Water,

And the nursling of the Sky;

I pass through the pores of the ocean and shores;

I change, but I cannot die.

For after the rain when with never a stain

The pavilion of Heaven is bare,

And the winds and sunbeams with their convex gleams

Build up the blue dome of air,

I silently laugh at my own cenotaph,

And out of the caverns of rain,

Like a child from the womb, like a ghost from the tomb,

I arise and unbuild it again.

（*The Cloud by* PERCY BYSSHE SHELLEY）

---

**纪念彼德·霍布斯**（1936—2005）

盛芝义　译

我是大地和水的娇女，

也是苍穹的天使；

我穿越海洋和大地的每一处孔隙；

我善变化，时有时无，但不冥逝。

雨后天宇湛蓝，晴空万里，

阳光用高超手法，

把这碧蓝的苍穹修建，

我自诩我有丰功在焉。

我令大雨滂沱，

而我却像婴儿堕地，又似鬼魂夜巡，

悄然溜出雨幕，

我故伎重演，再次徜徉天际。

**译者简介：**

　　盛芝义，南京信息工程大学（原南京气象学院）英语教授，气象界著名翻译专家，长期从事科技英语翻译实践，曾主持翻译了国家科学技术委员会的《中国气候蓝皮书》、《中国气候十年纲要》等，并出版了《科技英语 900 句》一书。多年从事研究生英语教学，出版多部大气科学学科专业英语读物，翻译大气科学学科专业英语文献两千万言以上。

# 译 者 前 言

随着人们对全球气候变化普遍关注的日益加强，以及大气科学学科的深入发展，一本能够紧跟大气科学发展步伐、将气候和大气科学作为主要研究领域的著作已成为现实需要。世界顶级大气科学家彼得·霍布斯和约翰·华莱士的大作"*Atmospheric Science: an introductory survey*"第二版的问世正是适应了这种需要。该书的第一版出版于 1977 年，1979 年王鹏飞先生等翻译此书，书名为《大气科学概观》。此书在当时大气科学类各专业本科生和研究生教学中都起到了很大的作用。

在作为大气科学引导性教材的第一版出版 30 多年之后，作者对其进行了新的补充。气候与大气化学在大气学科中占了更为重要的位置，一些传统主题的新变化和新发展在该书得以补充描述，如恶劣天气的预报和地球辐射平衡、星载传感器为全面观测地球大气服务等。第二版中作者对有些章节进行了调整、删减和扩展，并对大气科学新发展进行了选择性介绍。加框文字（书中简称为框栏）和彩色插图的使用更使本书图文并茂。在保留第一版的大量练习和附加作业的基础上，本书在每章末尾都增加了新的练习。本书提供的网站支持也能够为广大学生、老师和读者提供更为开阔的视野。第一版分为 9 个章节，主要内容几乎一半是物理气象学，一半是动力气象学。而第二版则增加了大气化学、大气边界层、地球系统与气候动力学的章节，大气动力学、辐射传输、大气电学、对流性风暴以及热带气旋等内容也得以扩展。无论是第一版还是第二版，在撰写编排上，作者都周到地考虑了学生和教师的实际情况，在使用方面亦都提出了具体的建议。

在科学发展日新月异的今天，基于相似的出发点，我们组织了一个《大气科学》的科研和翻译团队，联合了南京信息工程大学等单位大气科学方面的专家和老师以及语言文化学院的老师，共同致力于将这本书翻译成中文，将大气科学学科发展的新变化译介给中国的学生和教师。

《大气科学》（第二版）的翻译得到了南京信息工程大学建设与改革工程项目（现代大气科学导论精品课程）和中国气象局行业专项（NO. 20080043）的联合资助。本书的翻译由我和王振会、银燕等几位教授主持，其中第 1 章和第 2 章由刘芸芸和我负责翻译，第 7 章和第 10 章由梁萍与我合作翻译，第 8 章由陈桦与我合作完成。第 3 章和第 6 章由银燕教授与王振会教授合作完成，第 5 章由朱彬教授与王体健教授负责完成，第 4 章与第 9 章由许建明和王振会教授合作翻译。另外，译者前言部分和所引用的雪莱的诗由王玉括、盛芝义教授等完成。语言文化学院的孟庆粉老师负责协助全书的英文翻译把关和文字润色校对工作。

本书的翻译从 2006 年就开始了，从成稿到反复修改、字斟句酌，中间凝聚着各位译者的辛勤劳动和汗水，文字和插图的使用更是考虑到中文读者的需要和实际情况。

在《大气科学》（第二版）汉译本出版之时，感谢各位参加翻译和认真仔细校对的专家和老师们，感谢第一版汉译本的译者们为第二版的翻译树立了榜样，同时也要感谢科学出版社的大力支持和合作。感谢陈宝德教授、张耀存教授和孙丞虎博士对本书相关章节进行了仔细校对。在翻译的过程中，韦晋、任珂、祁莉等给予了很大帮助，刘芸芸为本书的翻译做了很多联络工作，王玉括教授亦对本书的前期翻译做了许多指导性工作，在此一并致谢。最后，我们要感谢帮助本书最后完成翻译以及在翻译过程中予以帮助的所有人。

最后，在本书即将付印之际，我们特别荣幸能邀请到著名大气科学专家丁一汇院士为本书作序，对于他的褒奖和鼓励我们深感振奋和不安，谨表示衷心的感谢！

由于译者水平所限，时间仓促，译文不妥之处在所难免，切盼有关专家和读者不吝赐教，不胜感激。

何金海

2008 年 8 月

于南京信息工程大学

附：**翻译小组名单（按姓氏笔画为序）**

王玉括　王体健　王振会　刘芸芸

许建明　朱　彬　陈　桦　何金海

孟庆粉　梁　萍　盛芝义　银　燕

# 第二版前言

从本书第一版发行到现在，已经30年过去了，大气科学已经发展成为一个重要的研究领域，并且有深远的科学与社会影响。30年前，人们认为气候与大气化学这样的主题，还不足以重要到要在书中设立专门的章节，而它们现在已经成为大气学科的重要分科。更为传统的主题——如天气预报、强暴风雨形成原理和地球辐射平衡——其科学基础地位更为坚实。30年前，星载传感器还处于初期发展阶段，而目前正为全面观测地球大气服务。那些见证这些成就，并且对此有所贡献的人——哪怕只是略有贡献，已经是非常幸运了。

自从我们一段接一段地起草本书，描述这些激动人心的新发展时，我们就开始担心，一本轻得可以放进学生背包里的书是否能够涵盖整个大气科学领域的内容。实际上，本书第二版确实比第一版包含了更多材料，但是由于采用这种双栏格式，并有辅助网站，所以本书并不比第一版重多少。在决定哪些最新发展应该包括进来、哪些东西需要省略时，我们选择了那些能够对学生的整个职业生涯都有好处、对专家亦很重要的基本原理，而避开那些即便很有趣却并非必要的细节。

第二版包括论述大气化学、大气边界层、地球系统与气候动力学的章节。第一版中题为"云与风暴"、"全球能量平衡"及"大气环流"的章节被去掉，但是其中所包含的内容已经移至其他章节，同时扩展了大气动力学、辐射传输、大气电学、对流性风暴及热带气旋等内容。我们使用 $T\text{-}\ln p$ 图作为标示大气探测的首要形式，从而现代化地处理了大气热力学的内容。第二版中还包含了许多插图，而且大部分是彩色的。

第一版中很受读者欢迎的一点，是包含了许多定量的练习，其答案全部置于每章的文本中，而且每章末尾还另外附有给学生的作业。第二版中不仅保留了这些特点，而且还在每章的末尾加了许多新的练习，并附有几乎一整套答案——不过这只对教师提供。第二版还使用了加框文字（简称框栏），作为在正文之外拓展话题或论证概念的工具。例说，第3章对气体定律的定性统计力学的阐释以及对热力学第一定律的介绍就是通过一系列文本实现的。

学术出版社提供了两个网站支持本书。第一个网站的信息与资源面对所有读者，这些资源包括可以打印的 $T\text{-}\ln p$ 图空白图、大部分练习的答案、我们书中没有足够空间涵盖的一些配有答案的附加练习、勘误表、关于全球天气观察与数据同化的附录，以及练习中可能用到的气候数据。第二个网站只对教师开放，包括一个教师指南、大部分练习的答案、本书中出现的绝大部分图表的电子版，以及可能对教师讲课有用的一套补充图表的电子版。

如果把这本书用作更加宽泛的概论教材，那么教师需要对材料有所选择，例如，一些侧重描述性的章节中的内容应当省略不用，对侧重定量研究的第3，4，5，7章中比较高级的材料也应进行筛选。本书中筛选出的部分章节可作为多种不同课程的教材，例说，第3~6章可以用于大气物理与大气化学课程；第1，3，7，8章可以用于侧重天气学的课程；而第 1～2 章，以及第 3，4，9，10 章的部分内容可以用于地球科学课程中的气候学。我们将衷心感谢读者对教师指南的指正与建议。

约翰·华莱士
彼得·霍布斯
西雅图，2005 年 1 月

# 鸣 谢

1972 年，我受彼得·霍布斯之邀，与他合作撰写一部大气科学引论性教材。我们俩商量好由他牵头，草拟热力学与云物理章节，而我主要负责草拟辐射传输、天气学与动力气象的章节。在接下来的几年中，我们一直在努力协调他对精确与逻辑的强烈追求和我更加注重直觉与基于视觉的写作风格。我们之间热烈的协商过程检验并最终巩固了我们之间的友谊，其成果就是共同完成了这本教材，我们俩单独做的话谁都不可能做得这么好。

3 年前，有一次在雨中散步时，彼得提醒我说，如果我想扩充期待已久的第二版，那么我们需要很快动手做，因为他想过几年就退休。我表示同意后，他立刻开始撰写他自己的章节，包括关于大气化学的这一全新章节，而且在 2003 年底完成了草稿。不久以后，他就被诊断犯了胰腺癌。

尽管有病，彼得还是继续修改自己的章节，并对我负责的章节提出很有帮助的反馈意见。即便后来他已经不能再就书的内容跟我进行热烈的讨论，他仍继续挥着那根让我丢脸的红钢笔，指出我的章节中的语法错误与论述不一致的地方。就在他去世前几个月的一天——2005 年 7 月 25 日，我们还组织了一次聚会，庆祝（尽管书稿还不够成熟）他所发起的项目终于完成了。

在第一版的献辞中，彼得选择使用了雪莱的诗"云"，作为对生命、死亡与再生的形象暗喻，我在第二版中选择同一首诗，不过这次是为了纪念彼得。

彼得的"云与气溶胶研究小组"的几位成员在本书准备出版的过程中发挥了很大作用。德布拉·沃尔夫处理并做了许多插图，朱迪思·奥帕基争取了大多数的引用许可，亚瑟·兰诺提供了几幅云图，而且他与马克·斯托嘎提供了很有价值的科学建议。

我和彼得要感谢很多人，他们对这一版的设计、内容与撰写慷慨相助。第 9 章（大气边界层）由英属哥伦比亚大学的罗兰·斯塔尔主笔，我们华盛顿大学大气科学系的 3 位同事担任其他各章不同部分的顾问，傅强（Qiang Fu）对第 4 章（辐射传输）的设计方案提出了建议，并提供了所需的材料；林恩·麦克默迪选择了 8.1 节（温带气旋）中的个案研究，并给我们提出了针对此节的内容方面的建议。罗伯特·霍扎就 8.3 节（对流风暴）的内容与设计方案以及 8.4 节的热带气旋给我们提供了建议。斯蒂芬·沃伦、克利福德·马斯、莱特·耶格、安德鲁·赖斯、马西娅·贝克、大卫·卡特林、乔尔·桑顿与格雷格·哈基姆等几位同事阅读了各章的草稿，提出了很有价值的反馈意见。其他提供有价值的反馈意见并就草稿的某些部分提供技术建议的同事还有：爱德华·萨拉奇科、伊戈尔·卡门克维奇、理查德·甘蒙、乔伦·罗素、康韦·列维、诺伯特·昂特斯泰乃、肯尼思·比尔德、威廉·科顿、赫尔曼·格伯、陈淑仪（Shuyi Chen）、霍华德·布卢斯坦、罗伯特·伍德、阿德里安·西蒙斯、迈克尔·金、大卫·汤普森、朱迪思·利恩、艾伦·罗伯克、彼德·林奇、帕奎塔·朱伊德马、科迪·柯克帕特里克及 J. R. 贝茨。同时，我要感谢那些研究生，他们志愿帮忙找出草稿中的错误、矛盾以及令人费解的段落。受海洋—陆地—大气研究中心（COLA）资助的研究科学家珍妮弗·亚当斯，利用该中心开发的绘图软件（GrADS），制作了 8.1 节中的大部分图表。图表中的一些设计是由大卫·埃勒特、德布拉·沃尔夫、坎达斯·古德门森、凯·迪尤尔和迈克尔·麦考利提供的，贝丝·塔利准备了许多图表。史蒂文·卡瓦略与罗伯特·尼古拉斯提供了表格与数值。书中出现的大部分云与其他大气现象的照片都是别人免费慷慨提供的。我十分感谢傅强与彼德·林奇，他们慷慨地抽出自己的时间帮助改正方程式中出现的错误，也要感谢詹姆斯·布思、乔·卡索拉、约安娜·迪玛、钱姆·加芬克尔、大卫·里德米勒、可韦·伦纳特、雷·尤娅玛、贾斯廷·维特斯廷和雷迪·亚特维利帮助改正多重引用中出现的错误。

最后，我要感谢彼得的妻子西尔维娅和我的妻子苏珊，感谢她们的宽容，使我们在许多周末与夜晚全身心地投入这本书的编写。

# 第一版前言

本书是应大学里通常开设的几门大气科学引论性课程的需要编写的，包括大三与大四以及研究生低年级的概论性课程，本科阶段的物理气象课程以及天气学实验等。这些课程引导学生了解气象科学赖以立足的基本物理原理，对高级课程中详细论述的各种各样的气象现象予以基本的描述与阐释。在设计此书时，我们假定这门课的学生已经接触了大学一年级微积分与物理学和高中化学。

本书的主要内容几乎一半是物理气象学，一半是动力气象学。在物理气象学领域，我们介绍了大气流体静力学与热力学，云物理学与辐射传输的基本原理（分别是第2，4，6章）。此外，我们还覆盖了大气化学、气溶胶物理学、大气电学、高层大气物理学以及物理气候学中的一些主题。动力气象学包括对大尺度大气运动的描述以及对大气环流的基本阐释（分别是第3，8，9章）。在讨论云和风暴的第5章中，我们试图整合物理气象学与动力气象学。在编排章节方面，我们有意把关于天气学的材料放在本书的开始部分（第3章），使其成为日常气象图表讨论的引言，这些讨论是许多介绍性概论课程不可缺少的一部分。

本书共分为9个章节，大部分基础理论内容放在偶数的章节（第2，4，6，8章）中，第1，3章几乎全是描述性的，而第5，7，9章主要是阐释性的。奇数章节中的大部分内容都简单易懂，可以通过阅读作业完成，对研究生更是如此。但是，我们也认识到，即便大量内容当作阅读作业，对本科生来说，这么厚的一本书几乎不可能一个学期上完。为了使这本书更加能够辅助这类课程的教学，我们有意把理论性章节如此排列，某些很难的部分可以省略不用，也不怎么影响其延续性。这些部分已经用脚注标明。其他章节的描述性及阐释性内容可由教师自行选择是否使用。

本书包括150个计算问题、208个定性问题——使用基本物理的原则解决气象科学中的问题。此外，48个计算问题的答案穿插在正文中。为了把重点放在物理原理的正确使用上，我们有意设计了一些只要一点点数学能力就能解决的问题。解决这些定量问题所需要的普适常数和其他数据在第16～18页。

注意，每章结尾处的许多定量问题需要学生进行创新性思考。我们发现这些问题有益于激发课堂讨论，帮助学生准备考试。

我们在全书统一使用 SI 单位——此单位在气象科学界获得越来越广泛的认可。

第15～16页有单位与符号目录。

本书包括一些传记性脚注，用来概括那些对气象科学的发展做出重要贡献的科学家的生平与著作，尽管很简洁，但是我们希望能让学生意识到气象历史的悠久及其在物理科学中的牢固基础。作为取舍政策，我们只对那些已经去世或退休的人做这种注释。

我们要感谢华盛顿大学，感谢支持我们教学、研究以及有助于此书完成的其他学术活动的美国科学基金会。在本书的撰写过程中，我们中的一员（J. M. W.）有幸作为交换学者访问苏联，在苏联科学院西伯利亚分院计算机中心工作了6个月，并在高级研究项目的资助下，在美国大气科学国家中心工作了一年。这两个机构的职员与来访者均对本书的科学内容做出了重要贡献。同时我们也要感谢科学界的其他人提供的帮助与指导。

我们特别感谢我们系里的其他同事所给予的一贯的道义支持、建设性批评以及富有启发的意见。最后，我们要感谢对于本书的撰写和最后完成给予帮助的所有人。

# 目　　录

扫码阅览本书彩图

# 第1章 绪 论

## 1.1 研究内容及近期的主要进展

大气科学是一门比较新的应用性学科,研究行星大气的结构和演变规律,以及在大气中发生的各种天气现象。大气科学主要围绕地球大气进行研究,从这个意义上说,大气科学可视为地球科学的一个分支,它和从属于地球科学的其他分支一样,都融合了物理、化学以及流体力学。

对更准确的预报的需求促使大气科学不断发展,尤其是在20世纪发展更为迅速。时下普遍的叫法"气象学家"即大气科学研究者的代名词,其实就是"天气预报员"。在过去的100年中,天气预报已经从单一的依靠经验和直觉预测演变成基于质量、动量和能量守恒的数值模式预测。预测模式日益发展,同时,愈发成熟的模式也使其预报技巧大大提高了(见图1.1)。今天的天气预报不仅要作出未来1~2周内天气形势的确定性逐日演变,而且关注逐时灾害性天气事件(如强雷暴、冻雨等)发生的可能性(也被称作"临近预报");它还研究在未来一年中可能出现的季节性气候偏差(即天气统计学)。

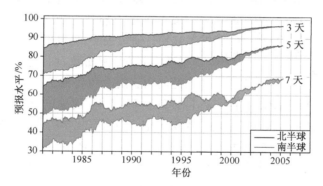

图1.1 1981—2005年数值天气预报技巧的改善。纵坐标表示预报水平,其中100%代表大气模式对5km高的半球流场型能做出完全准确的预报。最上面的一对曲线表示3天的预报水平,中间的一对曲线表示5天的预报水平,最下面的一对曲线为7天的预报水平。每一对曲线中,上面的曲线表示对北半球的平均预报水平,下面的曲线表示对南半球的平均预报水平。可以看出,预报技巧不断提高(如今对北半球流场型的5天预报技巧水平已和20年前的3天预报水平相当);而在南半球,预报技巧提高的更快,这反映了在预报模式中同化卫星资料所取得的进步[摘自 *Quart. J. Royal Met. Soc.*, 128, p. 652 (2002)。由欧洲中期天气预报中心提供]。

天气预报工作不仅为大气科学的发展提供了理论支持,而且还提供了大量的基本资料。19世纪末发展起来的资料整合系统是通过电传地面气象观测变量汇集区域资料,而现在它已演变成复杂的观测系统,其中,地面以及高空的实地和卫星观测值以一种动力一致的方式被融合或同化以获得其相应的全球三维场的最优估算。这套全球的、实时的大气资料让海洋学家和其他地球行星学家赞叹不已,它不仅代表着一项杰出的技术成就,而且也是一个得益于国际合作的极佳榜样。当前,全球天气观测系统是更广阔的地球观测系统中的一个极重要成员,地球观测系统有助于多项科学研究活动的开展,包括气候监测和全球范围的生态系统的研究。

图 1.2　2000 年 9 月南半球高纬地区臭氧含量随高度积分分布图,由合成气体氯氟烃化合物的累积所致的南极臭氧空洞清晰可见。其中紫色和浅蓝色阴影代表的臭氧相对比值比周围绿色和黄色阴影区域的要小得多[根据 NASA TOMS 科学小组提供的数据所得;图片来自 NASA 的科学显像工作室](另见彩图)。

大气化学是大气科学中一个更新的、也越来越重要的分支学科。一个世纪以前,这一领域的研究重点还仅仅是城市空气质量状况。在 20 世纪 70 年代,研究发现北欧、美国东北部及加拿大东部地区的森林和湖泊中的生物遭到了酸雨的侵害,这是由于位于上风方向的数百里甚至有些数千里以外的燃煤发电厂排放二氧化硫造成的。硫和氮氧化合物($SO_2$、$NO$、$NO_2$ 和 $N_2O_5$)溶于微小的云滴,形成弱溶解的硫酸和硝酸,再通过降水到达地面从而形成酸雨。这一事实使大气化学的研究得到前所未有的重视。

越来越多的研究结果表明,人类活动对全球大气成分有很大的影响。20 世纪 80 年代有一重大发现,即南极上空出现"臭氧洞":每年春天,位于南极上空平流层中的臭氧层消失(见图 1.2)。研究表明,臭氧层的破坏是由氯氟烃化合物(CFCs)分解所致,而此类合成气体越来越广泛的用于制冷和各种工业中。正如在酸雨问题中发生了有云滴参与的各类化学反应,同样的在"臭氧洞"现象中,也有化学反应发生,只是发生反应的区域很小,仅在极区的平流层云中。对大气化学的研究,将有助于拟定相应的政策以控制并最终扭转酸雨和臭氧洞现象的蔓延。目前,由于人类活动增加了二氧化碳和其他微量气体的排放(见图 1.3),温室效应导致全球变暖,这个还有待于解决的科学问题又向大气化学及更广的地球化学领域提出了新的挑战。

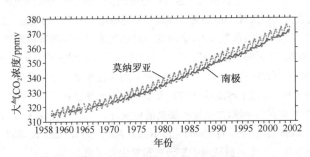

图 1.3　莫纳罗亚(夏威夷)和南极地区的月平均大气 $CO_2$ 浓度(单位:ppmv,体积的百万分之一)随时间演变图,其中,$CO_2$ 浓度的上升由人类燃烧化石燃料所致。在莫纳罗亚,大气 $CO_2$ 浓度还具有显著的年循环,其中夏季浓度最小[数据来自于 C. D. Keelin,由 Todd P. Mitchell 提供]。

　　大气科学还包括一个新兴领域——气候动力学。20 世纪,大多数的气象学家认为,气候变化发生在一定的时间尺度内,在这个时间尺度,当前的气候状态可以依据一组统计标准值(如 1 月份的温度气候平均值)来描述。他们认为气候学与气候变化是两个独立的领域,前者是大气科学中的一个分支,而后者则广泛存在于各学科中,例如地质学、古植物学、地球化学等。从更全面的动力学观点看得气候的诸因素中有:

- 证实了厄尔尼诺现象发生时,全球大范围气候具有逐年变化的相关型(见 10.2 节)。
- 多种来源的代用资料(尤其是海洋沉积物和冰芯)证据指出,在一个世纪或更短些的时间尺度内发生了大范围的、一致的气候变化(见 2.5.4 小节)。
- 由于人类活动导致的 20 世纪全球平均地表气温上升以及在 21 世纪会有更大幅度升温的预测(见 10.4 节)。

　　跟大气化学的某些方面一样,大气动力学本质上包含多个学科。要理解气候变化的性质和原因,就必须将大气看作是地球系统的一部分。

## 1.2　相关概念及术语

　　虽然地球并不完全是一个球体,但围绕地球旋转的大气活动仍可以用旋转球坐标系来表示(见图 1.4)。坐标轴分别是纬度 $\phi$、经度 $\lambda$ 和海拔高度 $z$[①]。坐标角度通常由距离代替,即

$$\mathrm{d}x \equiv r\mathrm{d}\lambda\cos\phi \qquad (1.1)$$

和

$$\mathrm{d}y = r\mathrm{d}\phi$$

式中,$x$ 表示本初子午线以东的纬向距离,$y$ 表示赤道以北的距离,$r$ 表示距地球球心的距离。在地球表面,一个纬距为 111km[或是 60 海里(1 海里=1.852km)]。由于 99.9% 的大气质量都集中在距离地表面大约 50km 以内,而该大气层的厚度还不到地球半径的 1%,因此,$r$ 通常取地球的平均半径($6.37\times10^6\mathrm{m}$),用 $R_E$ 表示。从地球的边缘影像可以看到大气层确实是很薄的(见图 1.5)。

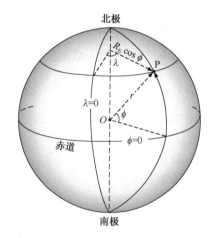

图 1.4　大气科学中的球坐标系。$\phi$ 表示纬度,定义北半球为正,南半球为负;$\lambda$ 表示相对于本初子午线的经度,向东为正。径向坐标(radial coordinate)(没有给出)表示海拔高度。

　　为描述大气运动,定义了 3 个速度分量:

$$u \equiv \frac{\mathrm{d}x}{\mathrm{d}y} = R_E\cos\phi\,\frac{\mathrm{d}\lambda}{\mathrm{d}t} \quad \text{(纬向速度分量)}$$

$$(1.2)$$

$$v \equiv \frac{\mathrm{d}y}{\mathrm{d}t} = R_E\,\frac{\mathrm{d}\phi}{\mathrm{d}t} \quad \text{(经向速度分量)}$$

和

---

① 海洋学家和应用数学家经常用余纬度 $\theta = \pi/2 - \phi$ 代替 $\phi$。

图1.5　太空拍摄的可见卫星图像中地球的边缘。图中白色的光带主要是光线被大气中的气溶胶散射形成的,叠加其上的蓝色光带主要是被大气分子散射形成的[NASA Gemini-4 图片,NASA 提供](另见彩图)。

$$w \equiv \frac{\mathrm{d}z}{\mathrm{d}t} = \frac{\mathrm{d}r}{\mathrm{d}t} \qquad （垂直速度分量）$$

式中,$z$ 表示海拔高度。考虑变量的平均值、梯度以及沿剖面的变化时,会经常用到"经向"和"纬向"。例如,"纬向平均"表示沿着某一纬圈的平均;"经向剖面"表示南北方向的大气横截面。水平速度 $V$ 表示为 $V = ui + vj$,其中 $i$ 和 $j$ 分别是纬向和经向的单位矢量。正(负)的纬向速度表示西(东)风,正(负)的经向速度表示南(北)风,南、北半球都一样[②]。对于尺度大于 100km 的大气运动,其水平尺度远大于垂直尺度,相应地其水平速度的特征尺度也比垂直速度的特征尺度大多个量级,所以对于这些尺度的大气运动,可以用水平风速矢量近似的代替风速。风速的国际单位是 m·s$^{-1}$。1m·s$^{-1}$ 相当于 1.95knots(1knot=1 海里/h)。在大尺度大气运动中,垂直速度分量通常用 cm·s$^{-1}$ 计量,

1cm·s$^{-1}$ 的垂直速度大约为每天在垂直方向移动 1km。

本书中,局地导数 $\frac{\partial}{\partial t}$ 表示旋转坐标系中某一固定点 $(x,y,z)$ 随时间的变化率,而全导数 $\frac{\mathrm{d}}{\mathrm{d}t}$ 表示在大气中沿着某一空气微团在三维空间中运动轨迹的变化率,它们分别称为欧拉变率[③]和拉格朗日变率[④]。两者的关系可用下式表示:

$$\frac{\mathrm{d}}{\mathrm{d}t} = \frac{\partial}{\partial t} + u\frac{\partial}{\partial x} + v\frac{\partial}{\partial y} + w\frac{\partial}{\partial z}$$

或者反过来表示为

$$\frac{\partial}{\partial t} = \frac{\mathrm{d}}{\mathrm{d}t} - u\frac{\partial}{\partial x} - v\frac{\partial}{\partial y} - w\frac{\partial}{\partial z} \qquad (1.3)$$

(1.3)式中含有速率的各项,包含前面的负号一起,称为平流项。空间固定点上,某一变量 $\psi$ 的欧拉变率和拉格朗日变率是不同的,这是从上游平流的空气带有较高或较低 $\psi$ 的结果。对一个假想的示踪气块,其拉格朗日变率恒等于零,而欧拉变率则为

$$\frac{\partial}{\partial t} = -u\frac{\partial}{\partial x} - v\frac{\partial}{\partial y} - w\frac{\partial}{\partial z}$$

热力学中基本变量为气压 $p$、密度 $\rho$ 和温度 $T$。气压的国际单位为 1N·m$^{-2}$ =

② 由于习惯不同,有些字典的解释跟这里定义的方向正好相反。

③ Leonhard Euler (1707—1783),L. 欧拉,瑞士数学家。他曾在圣彼得堡科学院和柏林学院任职。他引入数学符号 $e$,$i$ 和 $f(x)$,为光学、力学、电学和磁学中的微分方程和数学理论做出了重要贡献。他第一次用旋转坐标系描述物质运动。眼睛失明后,他凭着非凡的记忆力继续开展科研工作。

④ Joseph Lagrange (1736—1813),J. 拉格朗日,法国数学家和数学物理学家。继 Euler 担任该职务之后,曾任柏林学院主任。发展了变分法,并在微分方程和数论方面也有突出贡献。他经常对他的学生说"阅读 Euler,理解 Euler,他是我们做一切事情的导师。"

$1kg \cdot m^{-1} \cdot s^{-2} = 1pascal(Pa)$。在采用国际制单位之前，大气压是用毫巴(mb)表示的，其中 $1mb = 10^6 g \cdot cm^{-1} \cdot s^{-2} = 10^6 dynes \cdot cm^{-2}$。为了保留气象学家和公众已经习惯了的气压数值，目前大气压通常用百帕作单位(hPa)⑤。密度的单位为 $kg \cdot m^{-3}$，温度的单位可用℃或者 K，这要根据具体情况，表示温度偏差时用℃，表示温度本身时用 K。能量的单位为焦［耳］$(J = kg \cdot m^2 \cdot s^{-2})$。

　　理论上，决策预报的极限一般为几个星期，通常把时间尺度小于这个长度的大气现象看作与天气有关的现象，而把时间尺度更长的现象看作与气候有关的现象。因此，谚语中说"气候是未来发生的，而天气则是正在发生的"。时间尺度为几个月或更长时间的大气变化称为气候变化，与典型的(与"特别"相对)季节或年际尺度相关的统计学称为气候平均统计学。

---

**框栏 1.1　大气的可预报性和混沌性**

　　由于初值问题的存在(如系统方程从一固定状态随时间向前积分)，时间跨度超过几个星期的大气运动本质上是不可预报的。在模式预报中无论初始条件中的误差有多小，当超过这个时间范围，它们误差可以增大到与我们所观察到的大气流场的变化相当。这种对初始条件的极度敏感性是许多类型实际现象的数学模型的特点，称为混沌非线性系统。事实上，就是高度简单的天气预报模式中误差的增长也清楚地表明了这一类现象的存在。

　　1960 年，麻省理工学院气象系的 Edward N. Lorenz 为了使他的"天气预报"能够延伸更长的时间，决定利用一个简化的大气模式重新试验。出乎意料的是，他发现居然不能得到先前的试验结果了。两次试验中，即使程序和模式初始条件完全一样，两个预报结果在经过最初的几百步后几乎完全不同，这和从完全不同的初始条件出发积分得到的随意选择的状态的情况差不多。Lorenz 最终发现，他使用的计算机会带来舍入误差，因为每次在计算时对最后一位有效数字的舍入都不同。起初，模式不同次运行中天气型的差别不明显，然而随着不断的积分，此种差别显著到与单次模式运行中天气型的变化相当。

　　同时，Lorenz 的模式也展示了另一个显著的、出乎意料的结果。在很长的模拟时间里，模拟结果在某一气候平均态附近来回振荡，然后在没有任何明显原因的情况下，模式模拟的气候态突然发生变化，开始在另一完全不同的气候态附近来回摆动(见图 1.6)。Lorenz 模式给出了两个这样的主要的"气候态"，当模式状态停留在其中一种气候态时，"天气"呈现准周期振荡，因此，即便是对较远的未来也是可以预测的。但是，这两种气候状态间的变化非常突然，不规则，在几个模拟日之外都是无法预测的。Lorenz 称模式中这两种气候态为吸引子(attractors)。

---

图 1.6　Lorenz 所用模式状态的结果用模式 3 个因变量振幅所决定的三维空间中的轨迹表示。图中这种气候态突变的现象表现得非常明显，模式态在两种"气候吸引子"之间来回振荡，对应图中完全不同的两组螺旋体系，处于三维位相空间中两个不同的位面。两种气候态间的转化并不常发生［摘自《自然》杂志，406，p. 949（2000），由 Paul Bourke 提供］。

　　实际的大气运动要比 Lorenz 在试验中运用的高度简化模式复杂得多。地球气候是围绕多"吸引子"的气候态变化还是该被看成是一个受太阳辐射、地球轨道、火山活动以及人类影响的单一气候状态变化，还有待于进一步讨论。

## 1.3　大气的基础知识

　　下面将概括性讲述地球大气的光学特性、大气成分及其垂直结构、主要的风系，以及降水的气候平均分布；其中还将介绍一些在后面的章节中用到的术语，以及在计算中用到的常数，包括大气总质量和运动速度等。

### 1.3.1　光学特性

　　地球大气对入射的太阳辐射基本是透明的，但对由地球表面反射的向外辐射却是不透明的。大气对向外辐射的阻挡作用，使得地球表面的温度比没有大气作用时要高许多，这种大气的阻挡作用称为温室效应。空气中的分子吸收和再反射了大部分向外长波辐射，但其中云滴也起了很重要的作用。空气分子和云滴可以向空间反射辐射，这使利用星载传感器对气温以及其他各种大气成分的三维分布进行遥感观测成为可能。

大气也会对穿过它的太阳辐射进行散射，从而发生一系列的光学效应。在图 1.5 中，外层大气的蓝色是空气分子优先散射入射短波太阳辐射的结果，而低层大气的白色是云滴和气溶胶（颗粒物）散射的结果。太阳辐射在加利福尼亚沿海岸低层云顶向太空的反向散射大大增加了这一区域的白色或反射率，这可从太空拍摄的图像中看到（见图 1.7）。由于大气层中云和气溶胶的存在，大约 22% 入射的太阳辐射被向外散射到太空而不能吸收。云层和气溶胶对辐射的向外散射对地球表面有降温的作用，是与温室作用效应相反的。

图 1.7 通过反射可见光辐射观测到的位于加利福尼亚沿岸的低层云[NASA MODIS 图片，由 NASA 提供]（另见彩图）。

## 1.3.2 大气质量

在地球表面的任一点，由于地球的地心引力，大气都受到来自地表以下的向下的拉力。单位体积密度为 $\rho$ 的空气受到向下的拉力（即重力）为

$$F = \rho g \tag{1.4}$$

式中，$g$ 是由于重力产生的加速度。将 (1.4) 式从地球表面积分到大气顶，就可以得到由单位面积上空气柱的重力产生的地表面气压 $p_s$

$$p_s = \int_0^\infty \rho g \, \mathrm{d}z \tag{1.5}$$

如果忽略 $g$ 随纬度、经度和高度的微小变化，可将它设为平均值 $g_0 = 9.807\mathrm{m \cdot s^{-2}}$，那么可将 $g$ 放到积分号外面，这样 (1.5) 式可以写成

$$p_s = m g_0 \tag{1.6}$$

式中，$m = \int_0^\infty \rho \, \mathrm{d}z$ 是单位面积上空气柱的总质量。

**习题 1.1** 全球的平均地表气压为 985hPa。请估算全球大气的质量。

**解答**：从式 (1.6) 可得

$$\overline{m} = \frac{\overline{p_s}}{g_0}$$

式中，上划线表示对地球表面做平均，其中气压值必须用 Pa 表示。代入具体数值，可得

$$\overline{m} = \frac{985 \times 10^2 \mathrm{Pa/hPa}}{9.807} = 1.004 \times 10^4 \mathrm{kg \cdot m^{-2}}$$

大气的总质量[⑥]为

---

⑥ 如果考虑 $g$ 随高度和经度的变化，以及地球半径的经向变化，单位面积的大气质量及总质量会比这里估算出的大 0.4% 左右。

$$\begin{aligned}
M_{atm} &= 4\pi R_E^2 \times \bar{m} \\
&= 4\pi \times (6.37 \times 10^6)^2 \, m^2 \times 1.004 \times 10^4 \, kg \cdot m^{-2} \\
&= 5.10 \times 10^{14} \, m^2 \times 1.004 \times 10^4 \, kg \cdot m^{-2} \\
&= 5.10 \times 10^{18} \, kg
\end{aligned}$$

### 1.3.3　大气化学成分

大气是由各种气体组成的混合气体,各气体所占比例见表 1.1。其中用气体体积百分比浓度表示的各气体比例和用分子数和分气压表示是一样的,更详细的解释请看第 3.1 节。大气各成分的质量百分比浓度可以通过将其体积百分比浓度用分子质量加权得到,即

$$\frac{m_i}{\sum m_i} = \frac{n_i M_i}{\sum n_i M_i} \tag{1.7}$$

式中,$m_i$ 表示质量,$n_i$ 表示分子个数,$M_i$ 表示大气中第 $i$ 种成分的相对分子质量,$\sum$ 表示所有大气成分的总和。

**表 1.1　大气中各气体所占比例**

| 大气成分 | 相对分子质量 | 体积百分比浓度 | 大气成分 | 相对分子质量 | 体积百分比浓度 |
|---|---|---|---|---|---|
| 氮气($N_2$) | 28.013 | 78.08% | 氦气(He) | 4.00 | 5ppm |
| 氧气($O_2$) | 32.000 | 20.95% | **甲烷($CH_4$)** | **16.04** | **1.75ppm** |
| 氩气(Ar) | 39.95 | 0.93% | 氪气(Kr) | 83.80 | 1ppm |
| **水汽($H_2O$)** | **18.02** | **0~5%** | 氢气($H_2$) | 2.02 | 0.5ppm |
| **二氧化碳($CO_2$)** | **44.01** | **380ppm** | **一氧化二氮($N_2O$)** | **56.03** | **0.3ppm** |
| 氖气(Ne) | 20.18 | 18ppm | 臭氧($O_3$) | 48.00 | 0~0.1ppm |

注:表中加粗的气体成分是所谓的温室气体。对于那些占比例更小的大气成分,其详细介绍请见表 5.1。

氮气($N_2$)和氧气($O_2$)是地球大气的主要成分,其中氩(Ar)的体积百分比浓度远远高于其他惰性气体(氖、氦、氪、氙)。水汽约占大气质量的 0.25%,它是变化很大的一种大气成分,在最冷地区的大气中水汽仅占 10ppmv,而在湿热的空气团中水汽可占总体积的 5%,这一变化范围可相差超过 3 个量级以上。由于空气中水汽体积百分比浓度的可变性太大,因此通常都是给出在干空气中各种大气成分的百分比。臭氧浓度变化也很大,若大气中的臭氧浓度大于 0.1ppmv,将威胁人类健康。

一些具有特殊结构的气体分子能够有效吸收向外辐射,其中的原因将在 4.4 节中给出。那些所谓的温室气体中最重要的有水汽、二氧化碳和臭氧。其他微量气体如甲烷($CH_4$)、一氧化二氮($N_2O$)、一氧化碳(CO)和碳氟化合物(CFCs)等在温室效应中也起了重要的作用。

大气中的痕量气体分子元素主要包含碳分子、氮分子和硫原子,这些都是最初形成生命有机体细胞的元素。这些气体通过植物和化石燃料的燃烧、植物的排放,以及动植物的腐化而进入大气。由于大气中氢氧基(OH)的作用,这些化学物质又通过氧化的化学作用从大气中排出,有些氮和硫的化合物结合成新的微粒并溶入雨滴,从而形成酸雨降到

地面。

尽管大气中的气溶胶和云滴仅占大气总质量的很小一部分,但在水循环的大气部分,它们却能调节大气中的水汽含量,参与并作为媒介发生一些重要的化学反应,并引起大气中的正、负电荷分离,发生各种大气光学作用。

### 1.3.4 大气的垂直结构

海平面高度的大气密度近似等于 $1.25\text{kg} \cdot \text{m}^{-3}$。气压 $p$ 和密度 $\rho$ 都几乎随着高度呈指数递减,即

$$p \approx p_0 e^{-z/H} \tag{1.8}$$

式中,$H$ 为 $e$ 折尺度,称作尺度高度;$p_0$ 为某一参考平面气压,通常取为海平面气压($z=0$)。在 100km 以内,均质大气高度大约为 7～8km。将(1.8)式除以 $p_0$,并取自然对数,得到

$$\ln \frac{p}{p_0} \approx -\frac{z}{H} \tag{1.9}$$

这个等式关系非常有用,可用来计算大气中不同等压面的高度。

**习题 1.2** 在大约多高的海拔高度面上,其上和其下的大气质量各占总质量的一半?(提示:假设压高关系中,$e$ 折尺度高度 $H=8$km,并忽略 $g$ 随高度的垂直变化)

**解答:**假设 $\overline{p_m}$ 为将大气总质量分为上、下各一半的等压面。在地表面,气压等于单位面积上空气柱的重量,在其他等压面上也一样。所以,$\overline{p_m}=p_0/2$,其中,$p_0$ 为全球平均海平面气压。由(1.9)式可得

$$\overline{z_m} = -H\ln0.5 = H\ln2$$

将 $H=8$km 带入式中,得到

$$\overline{z_m} = 8\text{km} \times 0.693 \approx 5.5\text{km}$$

因为大气中某一高度上的气压可以用来衡量该高度以上大气的质量,因此常用气压代替高度作为垂直坐标。从质量来看,位于海拔高度 5.5km 的 500hPa 等压面将大气分为上下两半。

大气密度和气压一样,也随高度递减。气压和密度的这种垂直变化要远远大于水平变化和时间变化。因此,有必要定义一种标准大气,它取大气结构在水平和时间的平均,仅仅是高度的函数(见图 1.8)。气压和密度随高度几乎呈指数变化可以从它们在半对数图上的廓线几乎为直线这一事实看出。在本章最后,读者可以在习题 1.14 中证实,气压和大气密度衰减到 1/10 时的海拔高度约为 17km。

**习题 1.3** 假设压高关系中 $e$ 折尺度高度 $H=7.5$km,请估算(a)$\rho=1\text{kg} \cdot \text{m}^{-3}$ 的大气海拔高度;(b)$p=1$hPa 的等压面的海拔高度。

**解答:**由(1.9)式得 $z=H\ln(p/p_0)$。密度也做类似变换。因此,

(a)
$$7.5\text{km} \times \ln\left(\frac{1.25}{1.00}\right) = 1.7\text{km}$$

即海拔高度为 1.7km 的大气密度约为 $1\text{kg} \cdot \text{m}^{-3}$。

(b)
$$7.5\text{km} \times \ln\left(\frac{1000}{1.00}\right) = 52\text{km}$$

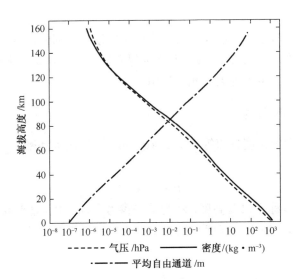

图 1.8　美国定义的标准大气各变量的垂直廓线,气压单位:hPa,密度
单位:kg·m$^{-3}$,平均自由通道单位:m。

即 1hPa 等压面的海拔高度为 52km。

因为 $H$ 随高度、地理位置和时间变化,$\rho_0$ 和 $p_0$ 的参考值也跟着变化,因此这些估算都有所偏差,范围在 10% 以内。

**习题 1.4**　假设大气气压和密度随高度呈指数变化,计算地表以上大气质量 0 折高度与 1 折高度,1 折高度与 2 折高度,2 折高度与 3 折高度等之间的空气质量占总质量的百分比。

**解答:**类似于习题 1.2,地表以上大气质量 0 折高度与 1 折高度,1 折高度与 2 折高度,2 折高度与 3 折高度,以至于 $N$ 折高度,其中 $N$ 表示地表以上地表高度。相应的数值是 0.632,0.233,0.086,⋯。

由于混合和流体的湍流运动,多数情况下,大气中氮($N_2$)、氧($O_2$)、氩(Ar)、二氧化碳($CO_2$),以及其他长期存在的气体质量均一,基本不随高度变化[⑦]。在大约 105km 以上,分子间碰撞的平均距离超过 1m(见图 1.8),单个的分子都能充分自由的运动,就像只有它自己存在,而不受别的分子的制约。在这种情况下,较重气体的浓度随高度减少,要比较轻气体的变化迅速得多,各气体的密度随高度指数递减,$e$ 折尺度与各气体分子质量大小成反比,详细说明请见 3.2.2 小节。在大气层上层,高度越高,大气中的气体分子质量就越小(相对而言),因此称为非均质层。在低层,混合较好,其上限称为混合层。

大气最外层的气体主要由分子质量最小的元素组成(氢原子、氢气和氦)。当太阳变得活跃时,距离地球 500km 以外的一部分氢原子可获得很大的速度,足以从分子间碰撞的间隙中逃离地球引力场。在地球生命期中,氢原子的逃逸对地球系统的化学组成有重要的影响。这将在 2.4.1 小节中讨论。

---

⑦　相对而言水汽一般集中在最低的几公里大气中,因为当空气被抬升后,上层的水汽将凝结降落下来。臭氧是另一种非常活跃的完全不一样的痕量气体,它的分布不均匀,因为它不能在大气中存留足够的时间,使其在大气中充分混合。

图 1.9 给出了通常情况下地球大气温度的垂直分布情况,据此大气分为 4 层,即对流层、平流层、中间层和热层,各层上界限分别称为对流层顶、平流层顶、中间层顶和热层层顶。

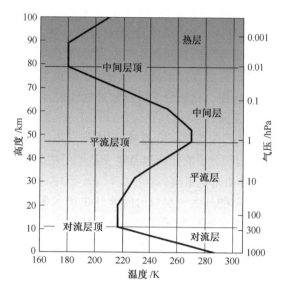

图 1.9 美国定义的标准大气的中纬地区气温廓线。

对流层的特点为温度随高度递减,其平均递减率大约为 6.5℃/km。也就是说,

$$\Gamma = \frac{\partial T}{\partial z} \approx 6.5℃ \cdot km^{-1} = 0.0065℃ \cdot m^{-1}$$

式中,$T$ 表示气温,$\Gamma$ 表示递减率。对流层大气占大气总质量的 $80\%$,混合均匀,云滴和冰晶因吸附浮尘,可对该层大气起到净化作用,其中一些以雨或雪的形式降到地面。在对流层中,有一些很薄的气层,其温度随高度是增加的(即递减率为负),它们称为逆温层。在逆温层中,几乎没有气体的垂直混合。

在平流层中,由于温度随高度增加,大气垂直混合受到强烈的抑制,这与那些有时在

图 1.10 典型的砧状云,它是由一次强上升气流将云滴抬升到对流层顶后并扩展形成的[图片由 Rose Toomer 和澳大利亚气象局提供](另见彩图)。

对流层中形成的相当薄的逆温层一样。正是由于强烈的层结作用,强雷暴或火山爆发而生成的云层,当它们到达对流层顶高度时,其云顶扩展形成特征性砧状云形(见图1.10)。

与对流层不同,平流层中的云过程在清除火山爆发和人类活动产生的浮尘过程中的作用有限,因此,浮尘在平流层中停留的时间就相对较长。例如,在20世纪五六十年代的氢弹试验以后,放射性坠尘事件导致其残骸在平流层滞留了两年之久。

平流层中大气非常干燥,臭氧含量丰富。平流层中的臭氧层对太阳紫外线辐射的吸收作用,使得地球适合人类居住。臭氧分子吸收紫外线辐射,使得在约50km高度处气温达到最高,该处称为平流层顶。

臭氧层以上为中间层,该层气温随高度递减,到中间层顶达到最低。在热层,由于对太阳辐射的吸收、二价氮分子与氧分子的分离以及电子从原子中的抢夺使该层的温度随高度增加。这些过程称为光离解和光化电离,这在4.4.3小节中详细讨论。大气热层以外的气温变化很大,那是因为太阳的外大气层放射的紫外线和X射线辐射变化很大。

在任一给定的高度,气温还随纬度而变化。在对流层中,气候平均的(即对很多季节或年的时间平均)纬向平均气温一般是随纬度增加而降低(见图1.11)。经向温度梯度在冬半球会强一些,此时极圈内为极夜。对流层顶作为温度直减率变化的一个不连续面在

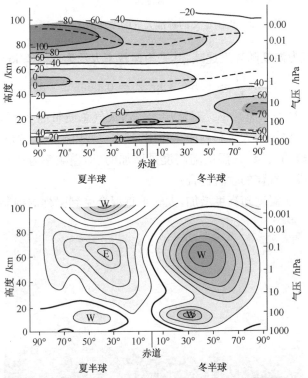

图1.11 在冬至或夏至期间理想的纬向平均温度(℃)(上图)和纬向风(m·s⁻¹)(下图)的经向剖面图,此时经向温度对比及纬向风都是最强的。上图等值线间距为20℃;高度40~60km之间及最下方的阴影代表相对暖区,其余的阴影代表相对冷区。下图等值线间距为10m·s⁻¹;黑粗线为零等值线;深色阴影和W字母代表西风带,浅色阴影和E字母代表东风带。虚线标注出了对流层顶、平流层顶和中间层顶的位置。这里对南、北半球在气候上的微小差异忽略不计[由Richard J. Reed提供]。

图 1.11 中清晰可见。在平均高度约为 17km 的热带对流层顶和平均高度为 10km 左右的热带外对流层顶之间存在一个突变。热带对流层顶温度十分低,只有−80℃。正是因为进入平流层的大气通过对流层顶的"冷区"后,平流层的大气才变得如此干燥。

**习题 1.5** 根据图 1.11 给出的数据,估算热带对流层中气温的平均直减率。

**解答:**热带地区平均海平面气温为 27℃,对流层顶的温度接近−80℃,且热带对流层顶的高度约为 17km。因此,粗略计算温度直减率为

$$\frac{[27-(-80)]℃}{17km} = 6.3℃ \cdot km^{-1}$$

注意,温度直减率中已经表示气温是随高度而减少的,因此,代数值为正值。

## 1.3.5 风场

高、低纬度上气温的差别可引起各种不同尺度的大气运动。大气环流的显著特征,包括行星尺度的中纬度西风急流,其中心位于北纬 30°的对流层顶断裂处;还有中间层的低层急流,这些特征在图 1.11 中都很显著。对流层的中纬度西风急流常年存在,冬季最强,夏季最弱。与其不同,中间层的急流则存在季节反向:冬季为西风急流,而夏季则变为东风急流。

叠加在对流层急流上有向东传播的斜压波,它既因为南北温差的存在而得以产生,同时也趋向于限制这种温差的进一步加大。斜压波是一系列天气系统中的一种波动,它因为大尺度流场的不稳定而自发生成并存在于不稳定流场中。低层大气斜压运动主要以热带外气旋为主,图 1.12 给出了一个例子。"气旋"即一个闭合的环流,空气在其中旋转,就如同从上向下看的地球旋转一样(对北半球来说是逆时针的)。在低层,空气朝着中心向内旋转[8]。许多跟热带外气旋有关的重要天气现象都集中发生在狭窄的锋区,即只有几十公里宽的带状区域,其特点是水平温度梯度很大。热带外天气系统将在 8.1 节中讨论。

图 1.12 北太平洋的强热带外气旋。螺旋型的云系在低气压中心附近形成一个巨大的反时针旋转的涡旋,其半径接近 2000km。一些向外延伸的云带与锋区相关。图 1.21 给出了该图中红色方框的放大图[NASA MODIS 图片,由 NASA 提供](另见彩图)。

低纬地区的热带气旋(见图 1.13),其能量并非来源于南北温差,而是来源于深厚对流云中水汽凝结产生的潜热释放,这在 8.3 节中会详细说明。热带气旋与热带外气旋相比,前者结构更加紧密,并且呈轴对称结构。一个发展完好的热带气旋与其他气旋相比,其显著的特征是其中心为相对平静、无云的气旋眼。

---

⑧ "气旋"这个词起源于希腊语中的"盘绕的蛇"。

图 1.13　1999 年 9 月 14 日弗洛伊德台风的云系图。台风眼清晰可见。该云团的半径大约为 600km。资料来自于 NOAA GOES 卫星云图［图片由 NASA 戈达德宇航中心大气实验室的 Harold F. Pierce 提供］（另见彩图）。

### a. 风场和气压场

在天气图中，气压场是在一水平面上（例如海平面）用一系列的等压线来描述的（即一系列的等值线，每条等值线上气压值都为某一定值）。等值线通常有固定的间距，例如，在海平面气压场上等压线间距为 4hPa（如…，996，1000，1004，…）。气压场上局部最大值称为高压中心，或简单的称为高压，用字母 H 表示；最小值为低压中心，用字母 L 表示。天气图中任一点的水平气压梯度都与等压线正交，方向由低压指向高压。水平气压梯度强度与该点附近的等压线的水平间距成反比。

大气中，风场与等压线基本平行，除赤道地区（10°S～10°N）明显不同以外。在北半球，顺着风的方向，低压在左，高压在右[⑨,⑩]。因此，围绕低压的气体呈逆时针旋转，而围绕高压的气体呈顺时针旋转，如图 1.14 右图所示。在南半球，这种关系正好相反，如图 1.14 左图所示。

如果用"气旋"和"反气旋"（即从极点向下看，与地球自转方向相同或者相反）代替"顺时针"和"逆时针"，那些看似复杂的规则就简单了。在北半球，气旋环流为逆时针环流，在南半球为顺时针环流。无论在南半球或北半球，中心为低压的环流为气旋，中心为高压的环流则为反气旋，也就是说，在气压场和风场中，名词"低压"就等同于"气旋"，"高压"等同于"反气旋"。

在赤道带，风基本顺着气压梯度方向吹（即直接穿过等压线，由高压向低压吹）。在中高纬的地面风场中，也有一些由高压向低压的与等压线相交的气流，尤其是在大陆上。这些基本关系将在第 7 章中讨论。

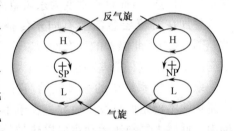

图 1.14　椭圆箭头表示在气压场中环绕高压(H)和低压(L)的环流方向，左图表示从南极向下看，右图表示从北极向下看。环绕极点的小箭头代表地球旋转的方向。

### b. 观测的地面风场

这部分总结了气候平均地面风场的主要空间和季节变化特征（即叠加了瞬变天气系统的背景场）。为研究问题的方便，像数值模拟一样，考虑一个理想的状态，地球完全被海洋覆盖，太阳辐射直接照射在赤道上。图 1.15 给出了在这个理想的"春、秋分点永远不变

---

⑨　这种关系首先由 Buys-Ballot 在 1857 年提出，他指出：在北半球，假如你顺着风的方向站立，你左手边的气压要比你右手边的气压低。

⑩　Christopher H. D. Buys-Ballot（1817—1890），荷兰气象学家，乌得勒支（荷兰城市）大学的数学教授，荷兰气象学会理事（1854—1887）。一直为全球天气观测网的建立而工作。

的水球"上的大气环流的主要特点。热带外环流主要为西风带,其中心分别在 45°N 和 45°S。西风带一直受到不断向东传播的斜压波扰动的侵袭,导致在这些纬度附近的天气每天都发生变化。斜压波的平均波长为 4000km,向东传播速度为 10m·s⁻¹。

在这种理想假设下,热带大气环流表现为更加稳定的信风[①],由纬向东风分量和直接指向赤道的经向风分量组成。北半球东北信风和南半球东南信风的存在表明低层环流转向,并且此种环流型能够伸展到整个对流层。这被称为 Hadley[②] 环流圈,其特点为:①低层为向赤道气流;②在赤道附近为上升运动;③向极的回流气流在热带对流层上层;④下沉运动在副热带地区,如图 1.15 所示。Hadley 环流圈与信风在同一纬带中。

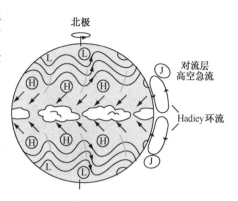

图 1.15　在太阳直接照射赤道的理想地球上,海平面等压线和地面风场的分布示意图。成排的高压中心(H)代表副热带高压带,而低压中心(L)代表副极地低压带。图中还给出了 Hadley 环流和对流层高空急流的位置。

遵循前面说到的风场和气压场的关系,南、北半球的信风和热带外西风带中间还有一个副热带高压带(见图 1.15),其中心位于纬度 30°左右,高压带内的地表风无规律且较弱。在对流层顶的急流(12km,250hPa)在低层副热带高压的正上方。在赤道地区海平面气压为较低值,南、北半球的信风在此处辐合。更低的低压形成于热带外地区,向热带外西风带的向极一侧移动,并形成副极地低压带。

在实际观测中,洋面上风速要大于地面风,因为洋面风不会因地表摩擦而减速。在大西洋和太平洋上,风场基本如图 1.15 所示的那样,随纬度变化的结构也很明显。副热带高压带并不连续,有明显的高压中心,如图 1.16 所示,即副热带反气旋,中心位于大洋中部。

根据风场和气压场的关系,沿大洋东岸,低纬的地面风偏向赤道地区吹;而沿大洋西岸,则地面风偏向极地。沿大洋东岸的地面风将高纬地区的干冷空气水平输送至副热带地区,驱动海岸流,使冷水流向赤道,并引起沿岸营养丰富的冷海水上翻,这在第 2 章中具体解释。在大西洋和太平洋西海岸,向极的表层风将暖湿的热带空气输送到中纬度地区。

与热带低压相似,副极地低压带有两个明显的位于大洋中部的气旋,分别为冰岛低压和阿留申低压。位于这些半永久性的副极地气旋东侧,向极气流可以缓和北欧和太平洋沿岸北纬 40°以北地区的寒冷气候。副热带高压带在夏季最显著,而副极地低压在冬季最显著。

---

①　信风是一种较稳定的东北风,因为在早先,很多商船可以借助东北风沿着著名的商贸之路从欧洲穿越北大西洋到达美洲,因而得名信风。

②　George Hadley (1685—1768),英国气象学家,早期为一名律师。他在 1735 年建立一套有关信风的理论,但直到 1793 年由 John Dalton 发现后才被重视。他那时就清楚地认识到后来被称为"科里奥利力"的重要性。

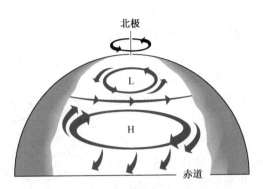

图 1.16　大西洋和太平洋上风场和海平面高、低气压的分布示意图,给出了
副热带反气旋、副极地低压、中纬度西风带及信风带。

　　如图 1.15 所描述的,在理想的热带大气环流中,向南、向北的信风在热带地区辐合,但这在实际大气中是无法实现的。在实际大气中,信风在大西洋和太平洋上辐合,但并不是沿着赤道,而是在大约北纬 7°左右辐合,如图 1.17 中的上图所示。这个辐合带状区称为热带辐合带(ITCZ)。海陆分布,尤其是美洲及非洲的西海岸线呈西北-东南走向,导致辐合带并非沿赤道对称分布。

　　热带印度洋上表层风受季节性反向的季风环流[13]调控,季风环流由一个大弧组成,起源于冬半球的东风气流,越过赤道后转向东,从而在夏半球形成一条西风水汽输送带,如图 1.17 下图所示(北半球夏季)。季风是由于北半球副热带地区印度和东南亚大陆的存在与南半球的副热带地区相对应而形成的。地表气温对太阳辐射季节变化的响应要比海洋上气温的响应强烈得多,因此,7 月份北半球副热带大陆的气温要比热带印度洋上的气温高许多,正是这个温度差对比导致了季风的产生,如图 1.17 所示。而在 1 月份,印度和东南亚大陆上的气温比热带印度洋上的气温低,季风反向(图略)。

　　将观测的 1 月份和 7 月份气候平均的地面风场(见图 1.18 和图 1.19)与两张理想的模式结果图进行比较。图 1.18 给出用卫星测量的地面风场以及全球降水分布(用阴影表示),图 1.19 是混合使用不同种资料得到的地面风场,同时也给出海平面气压的气候平均值。

　　比较图 1.18 中地面风矢量和降水分布(阴影区),可以看到,主要的雨带(在下一节将讨论)往往是分布在地表风场辐合的区域。大气中低层的辐合则表示该层上方有上升运动(这将在第 3 章中讨论)。在讲述过程中,空气抬升导致水汽凝结,最终形成降水。从图 1.19 可以看到,除了赤道带以外,表层风场基本与等压线平行;在所有纬度上风向都穿越等压线从高压向低压一侧发生系统性的偏移。

　　在南半球,观测风场(图 1.18 和图 1.19)与前面描述的理想的地球模拟结果(图 1.15)分布一致,即存在热带外地区的西风带和热带信风区。在北半球,表层风场受高纬地区大陆的影响很大,副极地低压带主要有两个海洋低压中心(冰岛低压和阿留申低压),为气旋性环流,与图 1.16 基本一致。副极地低压带及其以南的西风带在 1 月份比在 7 月份更加显著。相反,在北半球海洋上的副热带高压则在 7 月份更加明显。

---

[13]　来自于 mausin,在阿拉伯语中为季节的意思。

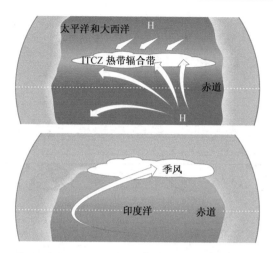

图 1.17　30°S ～30°N 间表层风（箭头）、降水分布（云团）及热带海洋海表面温度示意
图。浅色阴影代表较暖的海温，深色阴影代表较冷的海温，介于深色与浅色之间的阴
影代表大陆。上图为大西洋和太平洋，云系主要分布在热带辐合带区域，ITCZ 以南地
区为赤道干燥区。下图为北半球夏季风时期的印度洋，北临印度次大陆，南边为开阔
的海域。到南半球夏季时（图略），印度洋上空的风反向，降水带移至赤道以南。

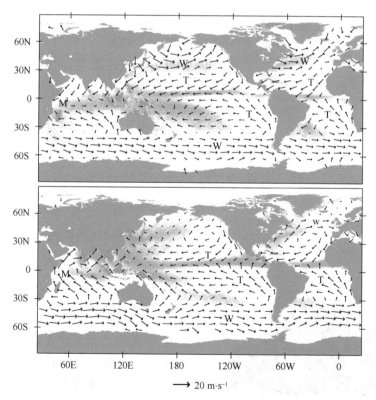

图 1.18　12～次年 2 月平均（上图）和 6～8 月平均（下图）海洋表层风场分布，根据 3 年的
卫星观测海表界面波资料得到。图中较浅的阴影对应主要的降水带。M 代表季风环流，
W 代表西风带，T 代表信风。图的下方注明了风力大小［根据 QuikSCAT 资料，由 Todd
P. Mitchell 提供］。

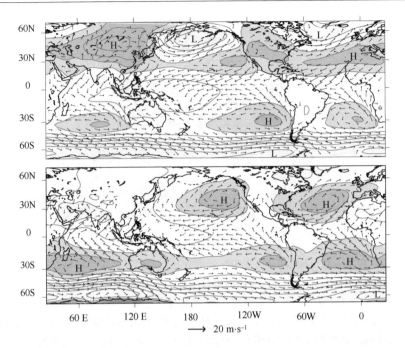

图 1.19　与图 1.18 一样,但叠加了海平面气压场。等压线间距为 5hPa。蓝色阴影代表大于 1015hPa,黄色阴影代表小于 1000hPa。图下方标注了风力大小[根据 NCEP_NCAR 再分析资料,由 Todd P. Mitchell 提供](另见彩图)。

#### c. 中小尺度运动

在全球大范围区域上,由于太阳对地表的加热效应,使空气柱具有浮力,类似锅中的水受到加热产生升起的水汽。当气柱上升时,周围空气慢慢下沉,引起双向环流。上升的气柱被滑翔机飞行员比喻为热泡,当有足够的水汽时,它们可变为积云(见图 1.20)。当环流仅发生在大气层低层 1~2km 的高度内时,此种环流称为浅对流,也是通常所见的情况;而深厚的、活跃的对流发生在冷气团经过暖区时,会引起阵雨天气(见图 1.21)。

在一定条件下,产生于地表的上升气块可以冲破位于混合层顶的逆温层,形成一直伸展到对流层顶的云塔,如图 1.22 所示。这些云是深厚对流的信号,间歇性地发生在热带及中纬地区的暖湿气团中。有组织的对流云通常能够引起局地暴雨的发生,同时还伴有闪电、冰雹和大风等。

对流不是小尺度大气活动的惟一驱动机制。大尺度的气流叠加在小的扰动上,可以衍生出一系列的扰动波和涡旋,尺度可达几公里。边界层湍流就属于其中的一种(将在第 9 章中讨论),它

图 1.20　由浅对流生成的层层叠叠的积云,大多被限制在大气的边界层中发生[图片由 Bruce S. Richardson 提供](另见彩图)。

的作用很重要,如它使烟羽向上伸展时
不断变宽、有助于限制大气中风的强度,
有利于空气与地面间的动量、能量及大
气中痕量气体的充分混合(见图 1.23)。

　　湍流不是边界层的特有现象,在大
气高层的不稳定流场中也会产生。图
1.24 中云的类型表明在大气层中由于
强烈的垂直风切变,自然形成波动。波
动不断发展和破碎,这和海水中的波动
遇见海滩时的情形很形似。波的破碎
将不断地生成更小尺度的波动和涡旋,
这反过来又使大气变得更加不稳定。
通过连续不断地、不稳定地产生,以及

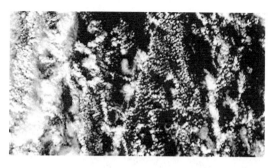

图 1.21　冷气团在暖水上时发生的对流过程,这是图
1.12 中红色方框放大后的图片。对流单体中心区域
无云,而其间的狭窄带状区则为云所覆盖。这些云系
很厚,足以产生降水或降雪[NASA MODIS 图片,由
NASA 提供]。

从行星边界层的大尺度风场和自由大气强垂直风速切变区域获取动能的过程,形成了
小尺度运动的波谱,其范围可达分子尺度,这给 Richardson[14] 以灵感,写下了著名的韵
律诗句:大旋涡孕育小旋涡;小旋涡又孕育更小的旋涡,如此下去,从分子的意义上,直
到黏性。

图 1.22　飞机在对流层中部拍摄的南海上空的云层。
近处主要为浅对流云,而后面则是深厚对流[图片由
Robert A. Houze 提供](另见彩图)。

　　在某区域中,若波动阻断非常强烈,尺度为几十米的涡旋足以使飞机上的乘客感觉很
不舒服,甚至还有些由此而引发空难的例子。由切变不稳定引起的湍流称为晴空大气湍
流(CAT),以区别在深厚对流风暴的多云大气中发展起来的湍流。

--------

　　[14]　Lewis F. Richardson (1881—1953),英国物理学家和气象学家。基督教教友派成员里 7 个孩子中最小的一
个。在第一次世界大战期间,作为战时流动医生被派往法国。Richardson 为解决天气预报中的微分方程,发展了有限
差分理论,但他建立的方程组不是完全正确,并且在当时(1922 年),这种计算方法还不能很快应用到实际中去。对于
引发战争的原因,他在书中是这么描述的:"武器和社会不安定" 以及 "大量的极端争论"(Boxward Press, Pittsburg,
1960)。演员 Ralph Richardson 是他的侄子。

图 1.23　2001 年 2 月 7 日,NASA 宇航飞机起飞时喷出的庞大气柱。由于小尺度湍流涡旋的存在,气柱在上升过程中不断加宽。气柱呈弯曲状,是因为水平风的速度和风向随高度变化,即垂直风切变。远处地平线以上的亮点是月亮,深色的光轴是上面的太阳光照在热流柱上形成的影子[图片由 NASA 总部的 Patrick McCracken 提供](另见彩图)。

### 1.3.6　降水

一般来说,降水发生的时间和地点都较集中,在不同地区,年平均降水量差别显著,可达两个量级以上,干旱地区每年只有几十厘米,而在降水最多的地区,例如 ITCZ,每年有几米的降水量。在世界大多数地方,气候平均降水都呈现出基本一致的季节变化。全球年平均降水率大约为每年 1m 液态水,或者说大约 0.275cm/d 或 1m/a。

图 1.25 给出了 1 月份和 7 月份的气候平均的降水分布。主要分布在热带大西洋和太平洋地区的狭窄的强降水带与表层风场中的热带辐合带基本重合。在太平洋和大西洋地区,热带辐合带两侧为宽广的干旱地区,从非洲沙漠一直向西延伸,覆盖大部分副热带海洋,这与副热带高压位置相对应,且在太平洋和大西洋地区,干区为环绕赤道分布。

ITCZ 的位置发生微小的季节或年变化,都能引起该地降水的显著变化。举例来说,位于赤道干区西边界附近的坎顿岛,其降水率变化很大,某些年份为零,而在有些年份,逐月的降水量大于 30cm,这与厄尔尼诺现象发生时赤道太平洋海表温度的微小变化有关,这将在 10.2.2 小节中具体说明。

在热带大陆上,降水主要受季风控制,季风区随着太阳的季节变化而向南或向北移动。大多数热带地区全年都有降水,但在离赤道 10°～20° 的纬带中会有明显的干季,此时,太阳处于直射另一半球的位置。当北印度洋上空为西风时,印度和东南亚处于雨季

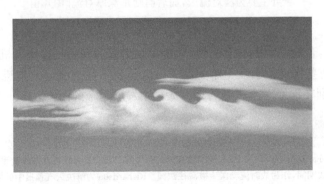

图 1.24　云层顶部的波浪云,这是由于大气中有很强的垂直风切变,它揭示出波破碎现象的存在。图中从右至左方向的风分量随高度而不断增加[图片由 NOAA 的 Brooks Martner 提供]。

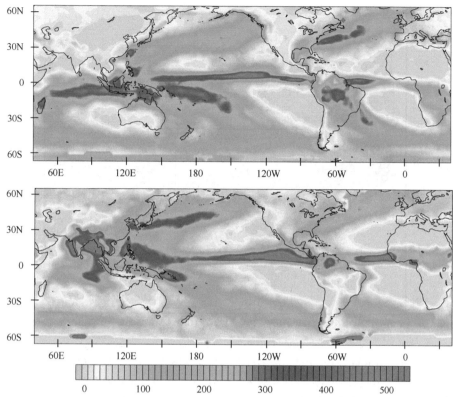

图 1.25　1 月份(上图)和 7 月份(下图)气候平均的降水分布图,单位:cm[根据海洋上红外微波卫星图像及陆面的雨量资料,由 NOAA 国家环境保护 CMAP 计划分析得到。由 Todd P. Mitchell 提供](另见彩图)。

(见图 1.17 和图 1.18)。这种风和降水的关系也类似地存在于非洲和美洲。雨季的建立日期每年都很有规律,而且非常显著,许多副热带的农业地区都会在那天进行庆祝。以位于印度西海岸的孟买为例,在 5 月份,月平均降水量不到 2cm,而到 6 月份,则为 50cm。

位于副热带高压西侧的暖湿气流为中国东部、日本及美国东部带去丰富的夏季降水。而此时欧洲、美国西北部和南半球温带却处于干燥的夏季。这些地区每年是通过冬季的热带外气旋带来降水,而热带外气旋是形成于海洋上的西风带中,并向东传播到陆地上。在图 1.25 中,位于北纬 45°横穿太平洋和大西洋的最大降水带正是海洋风暴轴的位置。

图 1.25 中给出的降水分布,是 2.5°×2.5°格距的平均值,并不能全面反映出地形的存在对降水分布的影响。过山的爬流和绕流使降水分布呈块,在山的迎风坡,空气抬升降水加强,而在背风坡空气下沉,降水被抑制。

图 1.26 给出了美国西部的年平均降水分布,可以看到地形对降水有显著影响。在北纬 35°,即中纬度西风带的最南端,携带大量水汽上岸并穿越山脉的西风在迎风坡被抬升,降水在此处增加;而山脉的背风坡将抑制降水的发生,称为雨影区。

在任何时候,全球卫星图片所展现的云图都将会是,在 ITCZ 和夏半球的热带季风区上空有成片的深厚对流云,相对少云区位于副热带干旱区,连续的逗点状的锋面云则位于横穿中纬地区大洋的斜压波中。图 1.27 给出了一个例子,这些特征都能在图中找到。

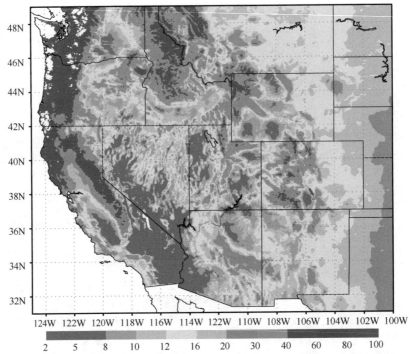

图 1.26　分辨率为 10km 的模式模拟的美国西部年平均降水分布,色标单位为英寸(1 英寸＝ 2.54cm)。大部分水来自于冬季积雪,主要分布于图中的蓝色、粉色和白色阴影区[图片由 NOAA 西部区域气候中心利用阿勒冈州立大学的 PRISM 资料得到,由 Kelly Redmond 提供](另见彩图)。

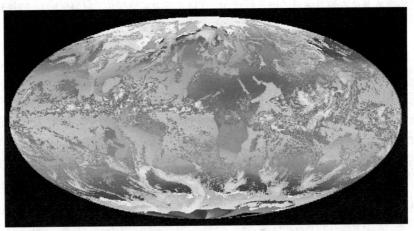

图 1.27　海平面温度陆面气温以及云分布的合成卫星图像[由威斯康星州立 大学空间科学工程中心提供](另见彩图)。

## 1.4　第 2 章简介

本章简要概述了大气圈的特征,这仅仅是个开始。随后的章节中将更加详细深入讨论大气的各种特征。第 2 章的第一部分首先对地球系统中其他子系统给出了更简洁的概述,即海洋圈、冰雪圈、生物圈和岩石圈,它们对气候起着重要的作用。

# 习题[15]

1.6　解释说明以下现象:

(a)全球平均地表气压比全球平均的海平面气压(1013hPa)低 28hPa。

(b)大气中密度随高度呈指数递减,而在海洋中,密度几乎不变。

(c)大气和海洋的压强都随高度单调递减,在大气中气压随高度为指数递减,而在海洋中则随高度线性递减。

(d)在湍流层顶以下,大气中的 $N_2$、$O_2$ 和 $CO_2$ 的浓度几乎不变,而有些气体,如水汽和臭氧,其浓度变化很大,不同的高度可以差好几个量级。

(e)在大约 100km 以下,流星尾迹的雷达图像开始扭曲并分裂成烟雾状,跟喷气式飞机的凝结尾相似。而在更高的大气中,还没有时间让流星尾流开始扭曲就已经消失了。

(f)在高纬地区,飞机飞行高度的臭氧浓度高于热带地区。

(g)在热带地区,深对流云中有冰晶,而浅对流云中没有。

(h)往返于东京和洛杉矶的航班经常是向西时沿着大圆路径,向东时沿着某纬圈路径。

(i)飞机在夏季下午着陆要比在晚上着陆更颠簸一些,尤其是在晴天。

(j)白天当天空不是很晴朗时,经常可以观察到如图 1.20 所示的积云。

(k)纽约夏天比葡萄牙的里斯本温暖潮湿得多,虽然它们几乎在同一纬度上。

1.7　经常说到的名词"副热带无风带"在图 1.15 中指哪个区域? 这个名词是如何来的?

1.8　证明:南北纬 30° 间的纬带面积为地球总面积的一半。

1.9　热气球沿着北纬 40°,以 $1.5 m \cdot s^{-1}$ 的速度向东绕地球一周需要多少天?

1.10　证明:cgs 单位制的压强 1 毫巴(1mb $= 10^{-3}$ bar),等于 SI 单位制的 100Pa (1hPa $= 10^2$ Pa)。

1.11　潜水员在水下多深的地方要承受因为水的重力所产生的 2 倍大气压?

1.12　在南极冬天,探测到地表的温度为 $-80℃$,而在 30m 高的塔尖上温度为 $-50℃$。估算这 30m 内的温度递减率,用 $℃ \cdot km^{-1}$ 表示。

1.13　通常情况下,飞机高度大约在 1.7km,估算在机舱中空气的气压和密度[16]。

1.14　证明:随高度而呈指数减少的大气气压和密度,在 $2.3H$ 高度上,气压和密度都减少到原来的 1/10。其中 $H$ 为均质大气高度。

1.15　假设一个质量为 $m$ 理想的弹性球,在重力加速度 $g$ 的作用下,在水平地面上做上下弹跳运动。证明,在平均每次弹跳运动中,使弹起的小球返回地面的向下的力等于小球自身的重量(提示:向下的力等于每次弹跳时传给地面的向下的动量,在两次连续弹

---

[15]　习题中可能用到的常量和转换关系都列在本书的最后附录中。本书的网页上提供了大部分习题的答案和解题过程。

[16]　长期以来,人们已经能够适应在大约 5km 高(约 550hPa)的大气中行动自如,并能够在大约 9km 高(约 300hPa)的大气中存活一小段时间。英国气象学家 James Glaisher 和热气球驾驶者 Henry Coxwell 在 1862 年第一次到达 9km 的高度。几分钟后 Glaisher 失去了知觉,有一小段时间热气球失去控制,之后 Coxwell 已经不能阻止热气球继续往上升了。

跳的间隙,动量将被传走)。这个结果是否表示,一切气体的"重量"都是由气体分子决定的?

1.16　根据以下信息估算平流层中大气的质量百分比。热带对流层顶的平均气压约为 100hPa,热带外对流层顶的平均气压接近 300hPa。热带对流层顶与热带外对流层顶有一断裂位于 30°纬度处,这也是将地球面积分为相等两部分的地方,并根据图 1.11 所给出的数据,验证本题中给出的对流层顶高度与观测结果是非常接近的。

1.17　假如地球大气由不可压缩的流体代替,各处的密度都等于观测的海平面气压(1.25kg·m$^{-3}$),那么这种流体需要多厚才能使地表面压强为 10$^5$Pa?

1.18　大气中的总的水汽量(大约为 100kg·m$^{-2}$)相当于充满整个地球表面的多厚的水层?

1.19　假设大气密度从海平面处的 1.25kg·m$^{-3}$ 开始随着高度而指数递减,计算全球平均表层气压约为 10$^3$hPa 处的均质大气高度(提示:写一个关于类似于(1.8)式的密度等式,然后从地球表面向上积分,得到单位面积上的大气质量)。

1.20　在 15°S~15°N,朝赤道方向的信风分量沿地球周长平均的平均值为 −1m·s$^{-1}$,朝赤道方向的风速平均为 1m·s$^{-1}$。假设大气输送从海平面一直延伸至 850hPa,请估算进入赤道带的大气质量流量(提示:穿越北纬 15° 的大气质量流量(单位为:kg·s$^{-1}$)为

$$-\oint_{15°N}\int_0^{z_{850}} \rho v \, dz \, dx$$

式中,$\rho$ 为大气密度,$v$ 是经向风分量。式中的线积分表示沿北纬 15° 纬圈的积分,垂直积分表示从海平面一直积分到 850hPa)。利用以下两个关系式:

$$\oint 15_N dx = 2\pi R_E \cos 15°$$

和

$$\int_0^{z_{850}} \rho \, dz = \frac{(1000-850)\text{hPa} \times 100\text{Pa/hPa}}{g}$$

即可计算进入赤道的大气质量流量。

1.21　在 9,10 和 11 月份,北半球的平均地表气压以每个月 1hPa 的速率增加。计算气块越过赤道向北的平均速率。

$$v_m \equiv \frac{\oint\int_0^\infty \rho v \, dz \, dx}{\oint\int_0^\infty \rho \, dz \, dx}$$

这可解释气压为何会增长(提示:假设大气质量守恒,即北半球气压增加完全是因为大气从南半球流入所引起的)。

1.22　根据本书网页上提供的气候平均的月平均气温和降水资料,选择一些符合以下气候要求的站点资料:(a)赤道带中全年多雨的地区;(b)季风区;(c)赤道干燥区;(d)赤道外夏季干燥区;(e)赤道外夏季多雨区。找出每个与图 1.18、图 1.19 和图 1.25 所反映出的特征相关的站点。

# 第 2 章　地 球 系 统

　　气候不仅依赖于大气过程,而且依赖于物理、化学以及生物过程,这些过程涉及地球系统的其他组成部分。本章将首先介绍气候系统中其他子系统的结构和作用,解释在各成员之间进行的水循环、碳循环及氧循环过程是如何影响大气过程的。接下来,简要讲述地球生命期中的主要历史气候时期,着重解释其形成机制。在最后一节里,我们将讨论在太阳系中,为什么地球比其他的行星更适合于人类居住(第 10 章将从气候动力学角度出发再次探讨这一问题),并定量讨论气候的反馈和敏感性问题。

## 2.1　地球系统的成员

　　这一节将介绍地球系统中各成员的主要特征,简要描述它们在气候变化中的作用及相互关系。从某种意义上说,大气圈在气候系统中起着核心作用,这在第 1 章中已经介绍过了。大气圈中长波辐射和对流的相互作用调节着地球表面的温度,控制着冰雪覆盖的范围和生物圈中各种生物种群的空间分布。平流层中的臭氧保护生物圈免遭紫外线辐射的致命伤害。大气圈中的风场调节着海洋中上翻流的分布,它能给海洋生物圈带来丰富的营养物质;风决定了地球上水资源的分布,而水是陆地上的生物赖以生存的物质;并且,风可以将微量气体、烟、尘、昆虫、植物种子及孢子传播到很远的地方。雨、霜、风侵蚀地壳,冲刷山脉,重构地形,肥沃土地,并为生物提供生命所需的一些金属离子。

　　地球系统中的其他成员对气候也起着重要的作用。海洋具有很强的储热能力,其在碳循环过程中所扮演的中心角色使它能够控制大气中二氧化碳的浓度。地表覆盖的广阔冰雪使地表反照率增加,使温度比在无冰雪覆盖时更低。陆地表面的植物通过叶面蒸发大量水汽,对热带及副热带地区夏季气候有很强的调节作用。陆地和海洋上的生物还能够释放氧气,并将碳沉积于地壳中,减少了大气中二氧化碳的浓度。在上百万年或更长的时间尺度里,大陆漂移、造山运动及火山作用对气候产生了很大的影响。在这一节中,我们将讲述这些过程以及它们发生的媒介。

### 2.1.1　海洋

　　海洋覆盖了地球表面大约 72% 的面积,最深的地方大约有 11km,它的总体积相当于用 2.6km 厚的水层覆盖整个地球表面。海洋总质量大约是大气质量的 250 倍。

　　a. 海水成分及垂直结构

　　海水密度与溶解其中的盐含量呈线性关系。平均来讲,在开阔的海域中,每 1kg 海水中盐度含量为 35g,其盐度值一般在 34～36g/kg 范围之间(或可简写为 o/oo)。由于海水中盐的存在,使得海水在相同温度下比淡水的密度高大约 2.4%。

　　海水的密度 $\sigma$(表示相对于 1 的偏差值,单位为 g/kg 或 o/oo)一般为 1.02～1.03g/kg。它是温度 $T$、盐度 $s$ 和压强 $p$ 的复杂函数,即 $\sigma = \sigma(T, s, p)$。考虑到液体的密度对压强的依赖要远小于在气体中,因此在定性讨论中,我们将这种影响忽略不计[①]。在水中,$\partial\sigma/\partial T$ 与温度有关,但在海水中由于盐分的作用,使这种关系与淡水不太一样:淡水中,当温度在 0～4℃时,密度随温度的升高而增大,而海水中密度随温度的升高而单调递减[②]。在淡水和海水中,接近 0℃时的$\partial\sigma/\partial T$ 比温度高时更小。因此,从对密度的影响作用来看,一定大小的盐度变化使极地比在赤道海洋有更大的温度变化,如图 2.1 所示。

由于受到风场的影响,世界上大多数地区海水的混合层密度要比混合层以下的海水密度低百分之十几。密度梯度基本都集中在称为"密度跃层"的地方,其深度为海平面以下几十米到几百米,它会抑制海水的垂直混合,这与大气逆温层和平流层中温度随高度增加会抑制垂直混合是同样的道理。并且,"密度跃层"会强烈抑制海洋中与大气直接作用的混合层和深层海洋的热量和盐度的交换。低纬度地区,密度跃层与温跃层(在该层中,温度随高度增加)作用相同,但在极地海洋中,盐度跃层(在该层中,盐度随深度增加)对抑制垂直混合也起着更重要的作用。温跃层的强度和深度随纬度和季节变化,图 2.2 给出了其变化轮廓线。

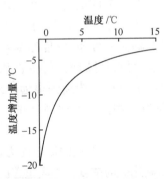

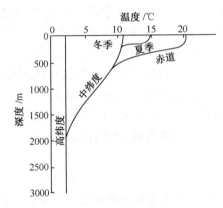

图 2.1　当海水盐度增加 1g/kg,若通过降低温度使其密度的变化跟由盐度引起的密度变化一样,对于不同温度的水团,其温度变化的幅度将不一样,该图给出了这两者的函数关系。例如,在温度为 10℃的海水中,盐度增加 1g/kg 所引起海水密度的变化相当于海温降低 5℃所引起的密度变化;而在温度为 0℃的海水中,增加同样的盐度则需海温变化 17℃才能使海水密度有相同的变化[摘自华盛顿大学 M. Winton 的博士学位论文,p. 124 (1993)]。

图 2.2　在全球不同地区,海温随深度变化而变化的理想剖面图。在温跃层中,垂直温度梯度变化最强烈[摘自 J. A. Knauss 的《*Introduction to Physical Oceanography*》第二版,p. 2.]。

在混合层中,由于海气之间的水热交换,海水的密度、盐度(以及密度)会产生变化。降水会增加海洋混合层中水分含量,从而降低盐度,而海水蒸发则减少海洋中的水分,使

---

① "势密度"考虑了液体压强对密度的微小影响,在温度和盐度守恒的情况下,当水下的水团上浮到海面时,其势密度就与原来的不同(见习题 3.54)。

② 冰浮于湖面是因为淡水的密度在温度为 0～4℃时会随温度的降低而减小。海水则不同,海冰之所以能浮于海面是因为海水结冰时,盐分会析出而使海冰密度比周围海水密度低。

得盐度增高。下面给出一个例子。

**习题 2.1** 一次强热带风暴过程,使得海洋上某一区域降水 20cm,海水盐度原本为 35.00g/kg,混合层厚度为 50m。当海水充分混合后,请计算该区域海水盐度将下降多少?

**解答:** 由于降水,从海表面到混合层底的单位面积水柱体积增加的比例为

$$\frac{0.2\text{m}}{50\text{m}} = 4 \times 10^{-3}$$

由此单位面积水柱内海水的质量相应增加(忽略海水和淡水密度的微小差异),但由于水中盐分的质量没有变化。因此,充分混合后的海水盐度下降到

$$\frac{35\text{g(盐)}}{1.004\text{kg(水)}} = 34.86\text{g(盐)/kg(水)}$$

那些没有浮到海表面的水团可以在海洋中漂流很长距离而保持一定的温度和盐度,因此,海气水热交换形成的水团(在大面积范围具有均一温度和盐度的水层)可以再回到混合层中它生成的地方。大西洋中主要的水团按照密度大小分别为

• 地中海洋流,在地中海地区,蒸发量远远大于降水量,海水温暖且盐度很大。
• 北大西洋深层洋流(NADW),由沿着格陵兰岛、冰岛及挪威海的冰川边缘下沉的海水形成。
• 南极底层洋流(AABW),由沿着威德尔海中的冰川边缘下沉的海水形成。

北大西洋深层洋流和南极底层洋流,各自有着独特的温度和盐度,这在图 2.3 中可以清楚地看到。南极底层海水比北大西洋深水更冷,盐度更小。当同时考虑温度和盐度时,南极底层海水比北大西洋深水密度更大,这与它位于水体的最下端一致。

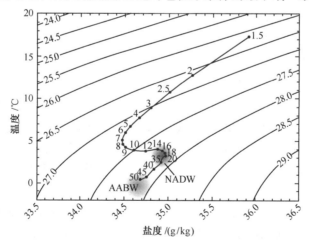

图 2.3 在副热带大西洋,垂直探测器测量到的海洋温度和盐度的垂直剖面图。曲线上的数字代表海洋深度(单位:百米)。等值线为势密度(单位:o/oo),阴影区表示北大西洋深层洋流(NADW)和南极底层洋流(AABW)[摘自经 Elsevier 授权,由 Open University in association with Pergamon Press 重印的《*Seawater: Its Composition, Properties and Behavior*》,p. 48 (1989)]。

### b. 海洋环流

海洋环流包括风漂流和温盐环流。风漂流主导着表层环流,它主要位于上层几百米的海洋表层,而海洋中较深处的环流主要为较慢的温盐环流。表层风使海洋产生波动,将水平分动量由大气传给海洋。波动推动着海洋表层的海水,使动量向下传递。图 2.4 给出了海洋表层环流分布,可以反映出动量的分布。这跟图 1.18 和图 1.19 的表层风场一致,即在副热带地区上空为闭合性反气旋环流,而在副极地地区上空则为气旋性环流。风漂流的另一个特征是自西向东的沿 55°S 的南极绕极流,在这个纬度上的德雷克通道(Drake passage)将南极洲和南美洲分离开来。这些风漂流的速率一般大约为 10cm • $s^{-1}$,是驱动这些洋流的风速的百分之几,但在狭窄的海洋西边界流中,例如在美国东海岸的墨西哥湾暖流(如图 2.4 和图 2.5 所示),其速度可达 1m • $s^{-1}$。较暖的海水通过西边界流向极地的输送,缓和了高纬海岸地区冬季的严寒。

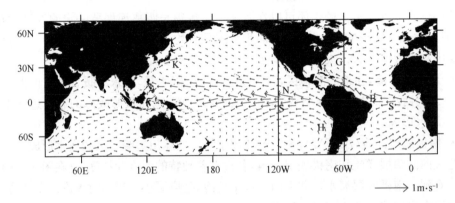

图 2.4 年平均的海洋表层洋流,根据船只的漂流速度得到。墨西哥湾流(G)和黑潮(K)都是西边界暖流,洪堡海流(H)是著名的由副热带高压东侧的风驱动的向赤道冷流。向西的南赤道流(S)是由沿赤道的东风驱动的,而相对较弱的向东的北赤道流(N)由 ITCZ 区域附近的风驱动的[数据由 Philip Richardson, WHOI 提供;图片由 Todd P. Mitchell 提供]。

在极地海洋的某些区域,由于盐度很高,混合层厚度增大突破密度跃层,并一直向海洋底层延伸,海洋学者称为"深层洋流"或"底层洋流"。从某种意义上说,这些下沉的海水跟在低纬地区的上升气流类似,它们可以冲破大气混合层顶并继续上升,一直到达对流层顶。北大西洋深层洋流和南极底层洋流中含有氯氟烃化物[3],表明近期这些水团与大气曾有过物质交换。

根据海水中特殊的化学成分和同位素特征,可以跟踪海水的流向,或者研究全球不同地区的海水在多长时间以前和大气层有过接触。化学分析表明,海洋深层从高纬流向低纬的冷水有缓慢上翻的特征,使深层海水重新回到海表面,然后在海洋表层流向高纬后,又重新回流到海洋深层,如图 2.6 所示。一般完成整个"温盐环流",需要几百年的时间。

---

③ 氯氟烃化物指的是一系列非天然形成的混合气体,1928 年第一次人工合成。在 20 世纪六七十年代,这些气体被广泛应用到生产中,大气中含氯氟烃浓度开始迅速增加。

图 2.5　墨西哥湾暖流附近的海表面温度图，可以看到沿岸的涡流分布。图中桔黄色区域温度大约为 20℃，而深蓝色区域温度大约为 6℃。注意暖流边界非常清晰，墨西哥湾暖流与在其北边的较冷的拉布拉多洋流出现湍流混合［图片来自 NASATerra_MODIS，由 Otis Brown 提供］（另见彩图）。

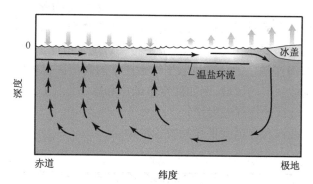

图 2.6　沿赤道对称的海洋中理想的温盐环流示意图。范围从赤道到极地，从海底到海表面。浅色阴影代表暖水，深色阴影代表冷水。阴影箭头表示在海气交界面上能量的交换：向下虚箭头表示使海洋混合层得到热量，而向上虚箭头则表示失去热量。在示意图中，盐度的作用没有特别注明，只是海水在结冰时，由于盐分的析出，使得冰川边缘的海水盐度变大，将下沉至海底。

　　温盐环流过程中，深水需要流通才能重新回到海面（与之前位于海表的密度较低的海水混合并最终被它所替代）。现在存在争议的是，环流是如何穿越密度跃层。一种观点认为，环流是沿着等密度斜面流动，因而切断了密度跃层；而另一种观点则认为，深层海水可以再次到达海面是由于不可逆的混合作用，它由沿大陆架向下传播到深海的潮汐运动引起。还有一种观点认为是在某些有限的区域存在强垂直混合，这些区域往往有很强的风速且等密度面很陡峭，这与位于环绕南极的表面强西风环流下方的南极绕极环流吻合。

　　虽然大部分深层洋流和底层洋流都形成于大西洋中，但温盐环流都是全球范围的，如图 2.7 所示。就大西洋来说，温盐环流由两部分组成，一为北大西洋深层洋流，另一为南极底层洋流，如图 2.8 所示。

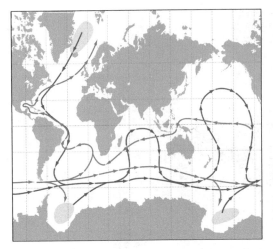

图 2.7 高度简化的温盐环流示意图。阴影区代表下沉流,实箭头代表底层流的流向,虚箭头代表表层流的回流流向[摘自 W. J. Schmitz, Jr., "On the interbasin-scale thermohaline circulation," Rev. Geophys. , 33, p. 166, 1995 年由美国地球物理协会授权]。

c. 海洋生物

事实上,几乎所有到达海洋表层的太阳辐射都会被海洋上层几百米的海水吸收。在这层狭窄的透光层④中,只要存在足够的营养物质如磷和铁,生物就可能大量存在。在海洋生物活跃的,上层海水中含有丰富的氧(光合作用的产物),同时也会耗掉大量的营养物质和碳,如图 2.9 所示。一般海洋中的浮游生物几天就可以耗尽透光层中的营养物质。因此,若要维持光合作用,就需要持续不断地供应营养物质。海洋中营养物质最丰富的地方都集中在上升流附近,营养丰富的底层海水从深层带到透光层中,并与阳光发生光合作用。

透光层中,当以浮游植物为食的海洋植物和动物死亡、沉到海底并被分解后,浮游植物消耗掉的营养物质又回到海洋深层。营养物质在透光层和海洋深层之间不断交换,对碳循环起着重要作用,这在 2.3 节中将会讨论。海洋上翻流的分布受到表层风场控制,图 2.10 中,海洋颜色的分布显示生物生产率的高值区也对应着海水上翻区:

- 气旋性环流控制下的区域,例如阿留申低压和冰岛低压;
- 沿着副热带地区的海洋东海岸;
- 沿着赤道大西洋和赤道太平洋的狭长带中。

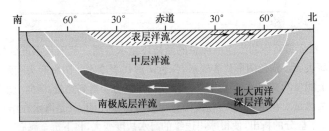

图 2.8 理想的大西洋温盐环流剖面图。其中海洋中层流是由温带地区不同水团组成。注意,该图与图 2.3 一致[由 Steve Hovan 提供](另见彩图)。

比较而言,海洋中位于副热带反气旋下方的区域为稀少生物区。这种对应关系中的动力机制将在 7.2.5 小节中进行说明。这种动力作用,控制上翻流分布和混合层厚度的变化,影响大气环流的年际变化,例如,与厄尔尼诺事件相关的大气环流异常,会威胁整个

---

④ 来自于希腊语"euphotic",前缀"eu-"表示好的意思,"photic-"表示光的意思。

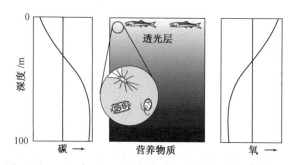

图 2.9 在海洋生物活跃区域里,溶解碳(左图)和溶解氧(右图)的
理想垂直剖面图。在中间的图中,阴影区的深度代表阳光的强度。

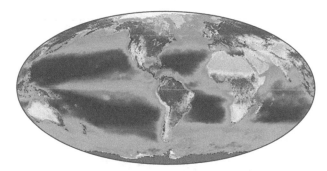

图 2.10 根据 3 年平均数据得到的全球海洋生物和陆地生物进行光合作用
的分布特征。海洋上,深蓝色阴影表示光合作用很少,而绿色和黄色阴影区表
明光合作用活跃。陆地上,深绿色阴影区表明光合作用显著[图片由 NASA/
GSFC 和 ORBIMAGE 组织的 SeaWiFS 计划小组提供](另见彩图)。

海洋食物链,对海洋生物、海鸟及渔业都有巨大影响。

d. 海平面温度

全球海平面温度的分布是由太阳辐射和与季节变化、海表气候平均风场有关的动力
因素共同决定的(如图 1.18 所示),其中辐射加热是主要因素。热带地区入射的太阳辐射
比极地强很多,形成很强的南北向温度梯度,对年平均温度场有很大影响,如图 2.11 上图
所示。如果从原始温度场中减掉纬向平均的海平面温度,差值场中表层风场对海平面温
度场的作用就凸显出来,如图 2.11 下图所示。在副热带地区,海洋东海岸温度要比西海
岸温度低,这是海温对副热带反气旋环流响应的结果(如图 1.16 所示)。在反气旋环流的
东侧,向赤道的冷气流吸收海表面大量热量,并驱动向南的冷洋流,这将在 9.3.4 小节中
详细说明。与此相反,在反气旋环流的西侧,向极地的暖湿气流吸收的热量要少得多,并驱
动海洋西边界暖流,例如墨西哥湾暖流。在更高纬度地区,副极地环流具有相反的作用,它
使海洋西海岸流冷却而东海岸流升温。在较高纬度的东大西洋,海温明显相对较高。

赤道东太平洋和赤道大西洋地区向北越过赤道的东南信风加强了该地区海水的上翻
活动,从而降低了上述地区的海温(如图 1.18 所示)。沿着智利和加利福尼亚的海岸,以
及在副热带反气旋环流中处于与它们相似地理位置的大陆沿岸,风驱动的上翻海流降低
了副热带东海岸的海温,同时在这些区域的边界层顶发展的云层也能反射较多的太阳辐
射使海面降温。虽然这在图 2.11 中不易看出(但在 9.4.4 小节中将会讨论)。海表面温

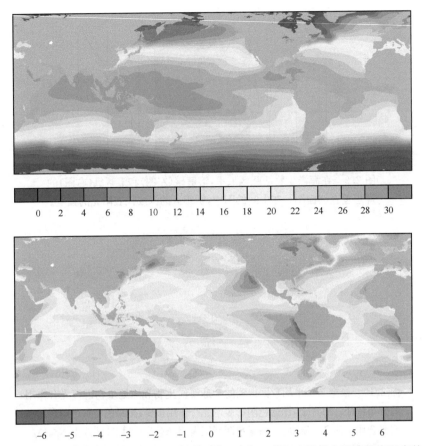

图 2.11　年平均的海表温度场。上图:原始温度场;下图:去掉纬向平均海表温度的
局地偏差[根据英国气象局的 HadISST 数据得到,由 Todd P. Mitchell 提供]。

度的分布对大气也有影响,尤其在热带地区更加明显。例如,比较图 1.25 和图 2.11 可以发现,位于大西洋和太平洋的热带对流区都位于海表面温度较高的地区,而干燥区则位于海盆东部的赤道冷舌处。

## 2.1.2　冰雪圈

　　冰雪圈是地球系统中由固态水或以固态水为主要组成的成员。冰雪圈对气候系统的储热贡献很大;它也影响地球表面的反照率并在极区通过吸收和释放淡水影响海洋的温盐环流,同时冰雪储藏的大量水资源能够影响全球海平面的高度。表 2.1 列出了冰雪圈中所有成员,除高山冰川外,其他都能在图 2.12 中看到。

表 2.1　冰雪圈中各成分的所占面积和质量比[a]

| 冰雪圈分 | 面积 | 质量 | 冰雪圈分 | 面积 | 质量 |
|---|---|---|---|---|---|
| 南极冰川 | 2.7 | 53 | 南极海冰(9 月) | 4 | 0.04 |
| 格陵兰岛冰川 | 0.35 | 5 | 季节性雪盖 | 9 | <0.01 |
| 高山冰川 | 0.1 | 0.2 | 永久冻土 | 5 | 1 |
| 北极海冰(3 月) | 3 | 0.04 | | | |

　　a 面积是用各成分表面积占地球表面的百分比来表示。质量为全球平均值,单位是 $10^3 \text{kg} \cdot \text{m}^{-2}$(数值上等于液态水的高度)。地球表面积为 $5.12 \times 10^{14} \text{m}^2$,其中陆地的表面积为 $1.45 \times 10^{14} \text{m}^2$(由 S. G. Warren 提供)。

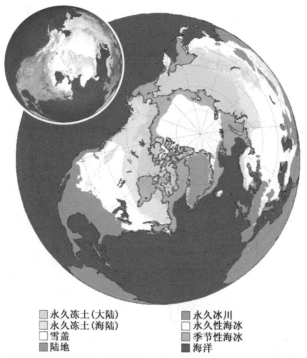

图 2.12　北半球冰雪圈的各成分分布。雪盖最少月份其南缘位置只有最多月份的一半[由 Ignatius Rigor 提供]。左上方的插图为 NASA RADARSAT 图像，以突出这些特征（另见彩图）。

　　大陆冰盖是冰雪圈中最主要的组成，主要分布在南极洲和格陵兰岛。大陆冰川通过降雪得到不断的补充，又通过升华、冰裂以及沿着冰川边缘汇入湖河的径流而减少。在某一时期，这两者的平衡（即质量源和汇之间的平衡）决定了大陆冰川是增长还是消退。

　　过去几万年或更长的时间里，每年旧的雪层不断被新堆积到上面的雪压到相对较平的冰川内层，当压力不断增大，压在下面的雪就会变成冰。大陆冰川呈穹顶状，且由于冰川自身的可塑性，压扁的冰逐渐朝着冰川的外围向下延伸，使冰层在水平方向上整个伸展开来，而在垂直方向上变得很薄（遵守质量守恒原理）。向冰川外围流动的大部分都是相对狭长、快速流动的冰流，大约有几万公里的宽度（如图 2.13 所示）。

　　冰川沿着冰川断裂的地带的移动非常缓慢，冰层相对不容易受到破坏。在从这些地区挖掘出的冰核中，发现其形成时间随深度单调增加，在格陵兰岛冰川中，冰核的形成时间约为 10 万年，而南极冰川中冰核形成时间超过 50 万年。通过对冰核中的气泡、灰尘、化学元素和生物示踪剂的分析，可以揭示出过去几十万年前的许多气候信息，这在后面章节中将会详细叙述。

　　高山冰川在很多方面与大陆冰川很相像，但它们的覆盖面积和质量都比大陆冰川小，它们的存在与否也是由它们增长和消融的多少决定的。冰川中冰块融化，不断地从高山上流下，而新的冰雪则在高山上堆积，补给由于融化不断损失的积冰。由于冰川总量很小，因此它对气候变化的响应要比大陆冰川迅速得多，且冰川中的冰循环也更快速。在高山冰川长期缓慢的退却中，却会出现持续几月到几年的增长期，这显然是与气候变化无关的。

　　海冰覆盖地球表面的面积要比大陆冰川大得多(见表 2.1),但由于它的平均厚度一般只有 1～3m,因而总量并不大。海冰是不连续的,许多不规则状的碎冰组成了各个冰山块,如图 2.14 和图 2.15 所示。单个的大块浮冰被许多引流所分割,受表面风场的拖曳,浮冰移动,引起引流打开或闭合。

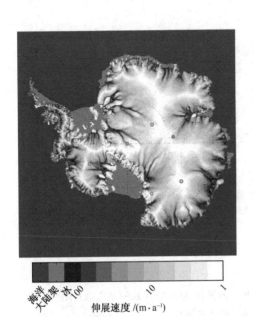

图 2.13　南极冰川的卫星图像,对数尺表示冰原每年的伸展速度。图中的空心圆点表示冰核所在的位置,其中实心点代表图 2.31 中的 Vostok 冰核位置[摘自 Bamber, J. L., D. G. Vaughan 和 I. Joughin 的 "Widespread Complex Flow in the Interior of the Antarctic Ice Sheet", *Science*, 287, 1248—1250. 2000 年 由 AAAS 授权。由 Ignatius Rigor 提供](另见彩图)。

图 2.14　南极浮冰群中的大块浮冰和引流。位于图片前方的引流有 4～5m 宽。图片后面的浮冰由来自于冰山的多个不同时期的冰块组成,浮冰非常厚,水下大约有 15m,水上还有大约 1m 厚。在海平面以上,浮冰大部分都为积雪。在拍摄这张图片时,浮冰群周围正处于低压边缘,在不到 100m 远的地方高压脊正在发展[图片由 Miles McPhee 提供]。

图 2.15　浮冰群的冰块向南漂流,逐渐远离格陵兰岛海岸。图中左上方是沿着海岸依附于大陆的海冰,旁边黑色的水道是引流,漂流的浮冰在这里和依附于陆地的海冰分离开来[NASA MODIS 图片]。

图 2.12 给出了在北半球海冰分布的季节界限。冬季,海冰不仅覆盖整个北极圈,而且大部分的白令海和鄂霍次克海上也覆盖着浮冰;但在短暂的极地夏季时期,浮冰迅速撤退,有时能观测到大片的引流,甚至在北极圈附近地区,浮冰也将消失。在南极地区海冰也随着季节变化而发展或消退。

如图 2.16 所示,海冰运动主要受从波弗特海到阿拉斯加北部的反气旋环流和从西伯利亚到格陵兰岛和卑尔根的横穿北极的水流[5],[6]控制。有些冰川在北极圈内能维持 10 年或更长时间,绕着波弗特海运动,其他的能在北极圈中维持 1～2 年,然后在格陵兰岛和卑尔根之间的法拉姆海峡消失,或是在格陵兰岛西侧巴芬湾的 Nares 海峡中消失。离开北极圈的浮冰不可逆地流入较暖的海水中,加入到更厚的冰川中,这将破坏格陵兰岛大冰川。

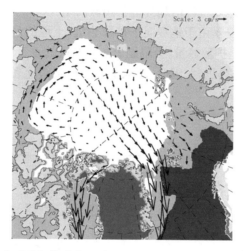

图 2.16　冬季北极海冰的运动。这是通过从飞机上拍摄到的浮冰
中一系列浮标的运动情况而得到的[由 Ignatius Rigor 提供]。

寒冷的季节中,一些区域里,离岸风牵引海冰远离海岸,当它接触到水后就会形成新的浮冰。新的浮冰刚开始迅速变厚,但当它将下面的海水与上面的低于冰点的大气完全隔离后,增厚的速度就会缓慢。通常,1m 多厚的浮冰不是由新冰层不断增厚形成的,而是通过冰川相互撞击的过程形成。当冰川撞击时会形成 5m 厚的冰脊,如果部分浮冰被

---

⑤　Nansen 发现,在西伯利亚北海岸失事的船只,多年后在格陵兰岛最南边发现了一些残骸,于是他提出假设认为存在一条横穿北极的漂流。根据这个想法,他决定让一只科研用船离开西伯利亚海岸后尽量向东航行,使研究船冻于浮冰群中,使它能够随着浮冰群沿着图 2.16 所示的路线穿越北极。他指导设计并建成了这只研究船 Fram,其前方船体非常结实,足以承受冰块压力。Fram 这次著名的航行开始于 1893 年夏季,共花了 3 年时间。这次航行证明了越北极流的存在,并提供了许多珍贵的科学数据。

⑥　Fridtjof Nansen(1861—1930),挪威科学家、极地探险家、政治家、人道主义者,曾经学习动物学。在 1888 年,第一次以滑雪的方式穿越格陵兰岛冰冠。研究船 Fram 穿越北极的漂流(1893—1896)被认为是极地研究和探险的一次重要成就。在航行中途,Nansen 改变主意,不再让 Fram 向 Harald Sverdrup 航行,而是和同伴一起乘坐狗拉雪橇和皮划船穿越浮冰群,共用了 132 天到达北纬 86°,后因天气条件不好而不得不向南航行。他放弃了随后的为国家而进行的南极探险,而是开始关注人道主义,帮助和平解决 1905—1906 年间挪威和瑞典之间的政治争论,并谈判解除了在第一次世界大战期间威胁着挪威食品安全的美国贸易禁运令。1922 年,Nansen 被授予诺贝尔和平奖,他在帮助战争期间的难民和解决饥荒问题上做出了突出贡献。

推到另一浮冰上,则冰层就会变厚。

海水结冰时,冰完全是由淡水组成的,原来海水中的盐会析出并溶入未结冰的海水中,增加海水的盐度。这样有助于减少水团浮力,使水团下沉,穿越密度跃层而沉到海底。因此,温盐环流中的下沉流一般位于高纬地区,因为那里大部分海水都将成冰冻状态。

在北半球,陆地雪盖的面积比海冰大许多,并且它在每个月甚至每周的变化都更快。春季,随着地表面逐渐变暖,除了高山以外,其他地方的雪盖都会消失。

西伯利亚、阿拉斯加及加拿大北部地区,土壤中的永久冻结带对陆面的生态环境和人类活动都有很大的影响。如图2.12所示如果大气和其下的陆面处于热平衡状态,那些持续永冻带和间歇永冻带将跨越年平均地表气温的零度等温线。事实上,年平均地表气温和持续永冻带范围之间有很好的对应关系,但由于雪盖的存在,使得冬季本应失去热量的地表面被冰雪覆盖,因而地表气温的临界值将稍微高于0℃。

即使是持续永冻带,夏季由于地表向下扩散热量,土地的最上面几米也会解冻,如图2.17所示。地球内部向上扩散热量,会限制永久冻结层的垂直厚度。依靠土地中的分子热量扩散并不是有效的传热机制,因此,永冻层要调整到跟地表上的气温一样,估计将需要上百年的时间。

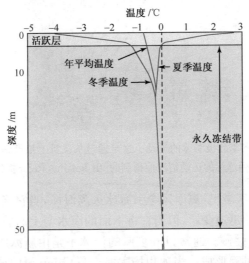

图2.17　在某地区,夏季和冬季的永久冻结带土壤温度的垂直剖面示意图。不同地方冻土层深度不同,间歇性冻土深度只有几米,而在最冷的西伯利亚地区,冻土层深度可达1km。

## 2.1.3　陆地生物圈

气候对动物及人类的影响,大多通过调控森林、草原、冻原和沙漠的地理分布和状况来实现,而这些都是陆地生物圈的组成部分。图2.18简单给出了气候(由年平均气温和降水表示)和植被相联系的概念框架。冻原和森林的分界线正好和永冻带相对应,正如前面提过的,它由年平均气温决定。图2.18中其他不同陆面植被类别之间的分界线主要由植被所需的水量来决定。植物吸收水分,一方面作为产生叶绿素的原料,另一方面水分可以使植物在夏季保持较低的温度,这在后面还会讨论。森林比草原需要更多的水分,而草原又比沙漠需要更多的水分。任一类别的植被对水分的需求量都随着温度的升高而增加。

　　一般那些适合某些特有的植物和动物种类生存的地区,将会形成生物群落。例如,那些即使最热的季节其平均温度也低于 10℃ 的地方,苔原是主要的植被类型;而分布稀少的沙漠植被则只在潜在蒸发(与到达地面的太阳辐射的比值)小于降水的地区存在。全球生物群落的分布主要取决于大气顶入射的太阳辐射和气候要素:

- 年平均气温;
- 气温的年变化和日变化幅度;
- 年平均降水;
- 降水和云的季节分布。

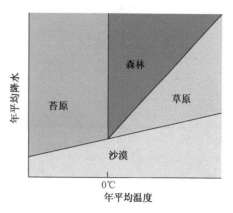

图 2.18　一个简单的将气候和植被联系起来的概念性框架,可以看出根据全球不同地区的年平均温度和降水分布,陆地植被类别是如何分布的。

　　某一地区的入射太阳辐射和气候要素主要由其所在的纬度、高度、海陆分布结构及地形等因素决定。海拔高度对温度的影响(如图 1.9 所示)、地形对降水的影响(如图 1.25 所示)及局地地形坡度对入射太阳辐射的影响(见习题 4.16),这些综合在一起形成山区生物群落的多样化分布。

　　目前,我们已建立了不同的体系来划分生物群落,各体系都包含着一组综合的标准,其中包含着各种气候统计要素[7,8]。这些分类方法中,"地面实况"就是观测的陆面覆盖情况,由地面观测资料和高分辨率卫星图像可得。图 2.19 就给出了这样一个范例。

　　反过来,陆地生物群落则可通过以下方式来影响气候,

- 水循环:例如,炎热的天气里,植物通过蒸腾作用调节温度(即通过叶片蒸发水分)。地表原本因为吸收太阳辐射得到了热量而将升温,但现在吸收的能量却被用来蒸发植物根部从土壤中吸取的水分。这种方式下,太阳辐射转移到了大气中而没有引起地面的升温。因此,在炎热的夏季,草地覆盖的地表比道路温度要低,而且有植被覆盖的地区,不会像沙漠和城市一样有极高的日间温度。
- 局地反照率(没有被吸收而被反射的部分入射太阳辐射):例如,有雪覆盖的冻土层反照率比有雪覆盖的森林更高,因此日间的温度就低一些。
- 陆面摩擦度:在裸露的土地和冻土地区,地表上方几十米高的风速要比有森林覆盖的地方大。

---

⑦　这些系统是一个世纪以前 Köppen 提出的一个方案的进一步发展。

⑧　Wladimir Peter Köppen (1846—1940),德国气象学家、气候学家和业余植物学家。他的博士学位论文(1870)研究的是气温对植物生长的影响。他在 1900 年发表的论文中提出了气候分类方法,引入生物群落的概念。在很长一段时间里,Köppen 在自然地理学上声誉要远远高于气象学,而到近期,他在气象界被广泛认可,他为描述和模拟大气与陆地生物之间的相互作用奠定了理论基础。

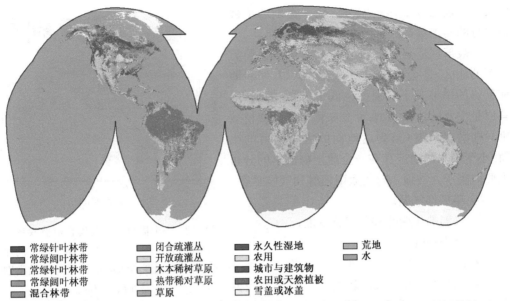

图 2.19　全球的陆地分布特征,由 NASA AVHRR NDVI 卫星图像和关于生态区、土壤、植被、土地利用和陆面覆盖的地面观测资料得到[摘自 USGS Land Processes DAAC](另见彩图)。

图例：
- 常绿针叶林带
- 常绿阔叶林带
- 常绿针叶林带
- 常绿阔叶林带
- 混合林带
- 闭合疏灌丛
- 开放疏灌丛
- 木本稀树草原
- 热带稀对草原
- 草原
- 永久性湿地
- 农用
- 城市与建筑物
- 农田或天然植被
- 雪盖或冰盖
- 荒地
- 水

### 2.1.4　地壳和地幔

现在大陆、海洋和山脉的分布,是板块构造论和大陆漂移学说[9,10]的结果。在过去几千万到上亿的时间里,地壳和地幔的各种活动也参与了形成如今大气的化学成分的各种化学变化过程。

地壳分裂成不同的板块,漂浮在密度较大、较厚的多孔且黏稠的物质上,该物质即为地幔。地幔中缓慢的对流运动使板块以每年几厘米的速度移动着(每 100 万年移动几十公里)。地幔的上升运动处,板块将向四周扩散,而地幔的下沉运动处,板块将向中间聚拢。因此地震多发生在板块的边缘地带。

海洋板块较薄,但密度比陆地板块大,因此两个板块相撞时,海洋板块将俯冲到陆地板块下面,并与地幔合为一体,如图 2.20 所示。当海洋地壳被逐渐推到地下时,其中的岩石将遭受越来越高的温度和压强,引起一系列的物理和化学反应。

板块边缘之间的碰撞经常跟火山运动和山脉的抬升运动有关。如喜马拉雅山脉——地球上最高的山脉,就是由印度板块和亚洲板块相撞后地壳折叠而产生的。北美西部的洛基山、瀑布及齿状山脊则是太平洋板块和北美板块通过类似的运动产生的。如今这些景观都是在过去一亿年中所形成的。

---

⑨　板块漂移学说是 1912 年由 Alfred Wegener 第一次提出的,因为他认为大西洋两边的海岸线形状、岩层结构和化石都非常相似。Wegener 对地球形成过程的解释几乎被地质学会完全否认,直到 20 世纪 60 年代,地磁气证据表明海底扩张后,板块漂移学说才被广泛接受。

⑩　Alfred Wegener (1880—1930),德国气象学家,格拉茨大学教授,最初在马尔堡的一所大学教书。他首先提出冰晶在云滴发展过程中起着很重要的作用。在 1906 年,他通过热气球建立了一套持续 52h 的高空数据。他在第一次进入格陵兰岛的探险中做出了突出贡献。在一次格陵兰岛破冰任务中意外死亡。为了纪念他,在不莱梅港建立了 Alfred Wegener 研究院。Vladimir Köppen 的女婿与人合作写了一本关于他的著作。

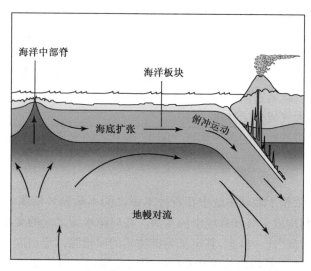

图 2.20　板块俯冲、海底扩张和造山运动的示意图[NJ. Edward J. Tarbuck, Frederick K. Lutgens and Dennis Tasa,《Upper Saddle River,地球:物理地质学导论》,第八版, 2005 年,426 页,图 14.9。感谢 Pearson Education, Inc. 出版社惠允使用]。

　　海洋板块可以不断再循环。太平洋板块的边缘部分大多都俯冲到地壳以下,沿着中大西洋底山脊的地幔中岩浆上升不断涌到地表,冷却并凝固,从而形成新的海洋板块。随着这个新形成的地壳从中大西洋底山脊逐渐向四周扩散,大西洋海底也在逐渐扩大,将周围地壳推到现已俯冲到地壳以下的太平洋板块先前所在的位置。由于大西洋板块不断加宽而太平洋板块在逐渐缩小,因此有人认为未来 1 亿~2 亿年的时间里,位于大西洋部分的地壳将逐渐向现在的中太平洋上方漂移并堆积。而早在 2 亿年前,大陆板块就已经开始了类似的漂移运动,不过那时板块都聚集在现在非洲大陆的位置处,形成一个超级大陆,称为"泛大陆"。

　　当板块俯冲到地壳以下时,有些溶入地幔的地壳中可能含有挥发性物质(即能够以气体状态存在的物质,例如水合矿物质中的水)。当这些物质的温度升高时,地壳下的压强就加大,从而引起火山爆发。从火山爆发中释放出来的气体是目前地球大气的来源,在未来它们还继续承担这一角色,本章后面对此会有详细的解释。

## 2.1.5　地球系统中各部分对气候的作用

　　大气过程对气候的基本特性起着主导的作用,它决定了入射太阳辐射的分布、地球表面的温度、陆地生物圈中水资源的空间分布,及海洋透光层中营养物质的分布等。但是,地球系统中其他成员对气候也有很大的影响。例如,如果没有海洋混合层和冰雪圈在夏季储存大量的热量,在冬季释放同等的热量,那么在中高纬度地区,气温的季节变化就比现在观测到的大;如果没有广泛分布的植被存在,那么在大陆上,夏季就会经常出现日最高温度超过 40℃的天气。海洋温盐环流可以给大西洋和欧洲沿岸地区输送热量,使温度升高几度;而由风驱动的海洋上翻流会使赤道东太平洋海温降低,让加拉帕戈斯群岛成为适合企鹅的栖息地。

　　板块运动形成了当今的大陆和地形,它反过来又决定了区域的独特气候特征。研究发现,通过地球上层的地幔,矿物质可以实现再循环,还可以调节大气中的二氧化碳浓度,这对地球表面温度有重要的影响。

这里只是列举了几个例子,说明气候不光取决于大气过程,而且还依赖于地球系统中其他成员参与的过程。正如10.3节中所阐明的,大气和地球系统其他成员间相互作用产生的反馈能够增强或减弱它们对气候系统外强迫的气候响应,例如太阳发光度的变化或是人类活动引起的大气成分的变化。

本章后3节将讲述地球的各子系统之间水、碳和氧的交换和循环过程。

## 2.2 水循环

地球生物非常依赖于地球系统中在各种水源之间不断循环的水,表2.2列出了地球上的各种水源,它们构成了气候系统中的水圈。在讨论水源之间的交换时,用到某物质在一水源中的"滞留时间"这一概念,其定义为该物质的质量除以流出度(该物质流出水源的速率)[⑪]。滞留时间表示某特定分子在不同水源间交换之间所花费的时间,若存留时间较长,表明水源很大或与其他水源的交换速度较慢,反之亦然。

**表 2.2　气候系统中单位面积上各种水源的质量($10^3$ kg · m$^{-2}$)及存留时间**

| 水源 | 质量 | 存留时间 | 水源 | 质量 | 存留时间 |
|---|---|---|---|---|---|
| 大气 | 0.01 | 几天 | 格陵兰岛冰川 | 5 | 10 000 年[b] |
| 淡水(湖泊、河流) | 0.6 | 几天到几年 | 南极冰川 | 53 | 10 000 年 |
| 淡水(地下水) | 15 | 上百年 | 海洋 | 2 700 | |
| 高山冰川 | 0.2 | 上百年[a] | 地壳和地幔 | 20 000 | $10^{11}$ 年 |

a 高山冰川的平均厚度(约 300m)除以冰川堆积的年率(约 1m)得到。

b 格陵兰岛冰原的平均厚度(2000m)除以该地区的冰川堆积年率(约 0.2m)得到。

根据目前的估计,气候系统中最大的水源在地幔中。研究发现,在火山爆发时,地幔将水向外喷射的平均速率大约为 $2 \times 10^{-4}$ kg · m$^{-2}$ · a$^{-1}$,因此在表2.2中得到水在地幔中的存留时间为 $10^{11}$。以这个交换速度,在约 $4.5 \times 10^9$ 年的地球生命期中,地幔中的水估计只有大约 5% 被释放出来,还不足以填满海洋。

除了地幔和海洋外,气候系统最大的水源就是大陆冰川,在上万年或更长的时间里,大陆冰川覆盖的范围发生了很大的变化,导致全球海平面高度产生了巨大的变化。

**习题 2.2**　根据表 2.1 所提供的数据,假如整个格陵兰岛冰川完全融化后,估算全球海平面将升高多少?

**解答**:格陵兰岛冰川的质量等于地球表面单位面积上冰川的质量乘以地球的面积

$$(5 \times 10^3 \text{kg · m}^{-2}) \times (5.10 \times 10^{14} \text{m}^2) = 2.55 \times 10^{18} \text{kg}$$

假如格陵兰岛冰川完全融化,这些水将被注入到海洋中。因此,设 $x$ 为海平面增加的高度,可以得到

$$[(5.10 - 1.45) \times 10^{14} \text{m}^2] \times (10^3 \text{kg · m}^{-2}) x = 2.55 \times 10^{18} \text{kg}$$

得

---

⑪　在 5.1 节中,将会更详细地解释"滞留时间"。

$$x = 7\text{m}$$

由于表 2.2 中给出的数据表示整个地球表面上的水柱厚度,因此可以简写成

$$(5.10 - 1.45)x = 5.10 \times 5\text{m}$$

$$x = 7\text{m}$$

表 2.2 中列出的水源中,大气中水汽含量最少,是与地球中其他子系统交换速度最快的水源。将大气中所含水汽的质量($30\text{kg} \cdot \text{m}^{-2}$,等于 3cm 厚的水层)除以平均降水率(大约 1m/a 或 0.3cm/d),即可得大气中水的存留时间,约 10 天。大气中水汽的交换速度很大,且潜热蒸发率也很大,因此,通过水圈中大气的水循环,可以有效的将地表热量输入大气。

全球平均来讲,降水量 $P$ 应等于蒸发量 $E$,这两者之间任何一点的不平衡都将导致大气中水汽的快速积聚或匮乏,这一般不会出现。但是,在分析某一区域的水汽平衡时,由风场引起的水平方向的水汽输送是必须考虑的。举例来说,赤道辐合带中,$P \gg E$:由于在赤道地区辐合的信风使该地区有丰富的水汽流入,从而产生了大量的降水,如图 1.18 所示。相反,受副热带高压控制的干旱、无云的地区,$E \gg P$:这主要由于低层的辐散风场,将大量的水汽带走,输送到赤道辐合带的赤道一侧以及中纬风暴轴的向极一侧。总的来说,在大陆上 $P > E$:大量的降水由江河流回到海洋。局地蒸发量在大陆夏季降水中占了相当大的部分,这与 2.1.3 小节所描述的一致。

稳定状态下,从地球表面到大气顶,面积为 $A$ 的大气柱中水汽的质量平衡可以表示为

$$\bar{E} - \bar{P} = \bar{T}_r \tag{2.1}$$

式中,上划线表示气柱面积的平均,$T_r$ 表示由风引起的流出大气柱的水平水汽输送。图 2.21 给出低纬度海洋上由风引起的水汽向外输送的分布(即水汽的辐散),以及观测的 $E-P$ 分布。

图 2.21 中值得注意的是:

(1)不考虑正负号,图 2.21 下图的 $E-P$ 的差值分布与图 1.25 中的降水分布很类似。

$\bar{P}$ 和 $E-P$ 的分布类似,这表示 $P$ 的水平梯度要比 $E$ 的大许多。因此可以说,观测的气候平均降水的梯度很大是因为风场造成的,而非局地蒸发量梯度影响的结果。

(2)依照(2.1)式,图 2.21 中 $E-P$ 和 $\bar{T}_r$ 的空间分布相似。但这两张图所用到的测量方法完全不同,因此我们要特别注意它们之间为何如此相似。$T_r$ 分布图是根据风场资料和大气水汽含量得到的,并没有用到降水和蒸发资料。

另外,还要关心的是从地面向下一直到含水层最深的地方水分随时间的质量平衡关系。这种关系可以写成

$$\frac{\text{d}\bar{St}}{\text{d}t} = \bar{P} - \bar{E} - \bar{T} \tag{2.2}$$

式中,$\bar{St}$ 为指定区域中的平均储水量,输送项包括河流和地表以下的含水层中水分的流入或流出。没有河流出口的盆地中,无水分的流入和流出,输送项省略,输送量就为零,即

$$\frac{\text{d}\bar{St}}{\text{d}t} = \bar{P} - \bar{E} \tag{2.3}$$

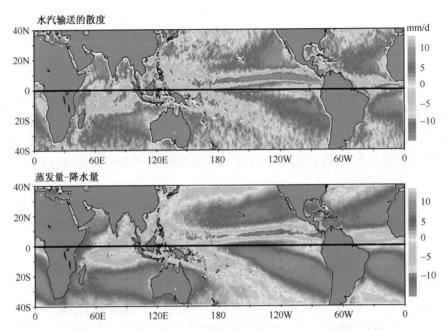

图 2.21　年平均的大气水汽输送的质量平衡图,单位:mm/d。上图为由风引起的水平
输送产生的水汽垂直积分局地变化率。下图为局地蒸发量和局地降水量的差。假如
测量没有误差,这两张图应该一样[根据 NASA 的 QuikSCAT 和 Measuring Mission
(TRMM)的数据得到,由 W. Timothy Liu 和 Xiaosu Xie 提供](另见彩图)。

因此,盆地内的水分含量,可用盆地内湖泊的水平高度表示,它随 $\overline{P}-\overline{E}$ 的时间变化而增加或减少。

图 2.22 是美国西部盆地中大盐湖的水平高度随降水变化的示意图。从 1963 年大盐湖水平高度达到历史性最低[12],到 1987 年水平高度上升了 6.65m,面积增加了 35%,体积增加了 40%。这 14 年中平均降水量要高于长期平均值,但每年都有较大的起伏。尽管每年的降水变化幅度很大,但湖面高度却平缓地单调增加。本章最后的习题 2.11~2.13 对这个问题给出了一些解释。

## 2.3　碳循环

在上一节考虑的水循环中不同库间的大多数交换过程包含了相变,并且只输送单一的化学物质(即 $H_2O$)。碳循环则不同,它包含化学转换。从气候的观点看,碳循环之所以重要,是因为它调节着大气中两种最重要的温室气体的浓度:二氧化碳($CO_2$)和甲烷($CH_4$)。

表 2.3 列出了气候系统中主要的碳库,还有它们的质量及存留时间,变量单位跟表 2.2 所列一样。大气的碳库是中间过度性的作为一个碳源,其大小介于活跃的生物库和地壳中巨大的碳库之间。较小碳库间的交换速度要比较大的碳库间交换大好几个量级。地壳中碳的存留时间是大气中的长几个量级,这不仅仅因为其容量大,还说明地壳中的碳

----

⑫　从 1847 年开始就有数据资料记载。

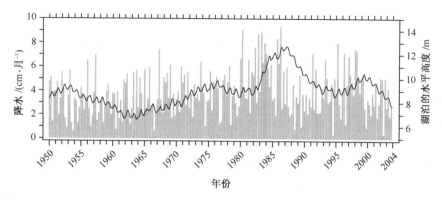

图 2.22 图中黑色曲线代表大盐湖的深度变化(单位:m),参考高度为海平面以上 4170fA,右边纵坐标为深度标尺。灰色细柱代表犹他州的 Logan 附近季节平均的降水 年变化(单位:cm·月$^{-1}$)[大盐湖深度资料来自美国地质研究所,由 John D. Horel 和 Todd P. Mitchell 提供]。

与地球系统中其他成员间的交换速度要慢得多。图 2.23 给出了一个在不同碳库之间碳循环的综合图。

**表 2.3 地球系统中主要的碳库,其地表平均的现有平均容量(单位:kg·m$^{-2}$)和存留时间[a]**

| 碳源 | 含量 | 存留时间 | 碳源 | 含量 | 存留时间 |
|---|---|---|---|---|---|
| 大气中的 $CO_2$ | 1.6 | 10 年 | 沉积岩中的无机碳 C | 20 000 | $2\times10^8$ 年 |
| 大气中的 $CH_4$ | 0.02 | 9 年 | 海洋中的 $CO_2$ | 1.5 | 12 年 |
| 绿色植物 | 0.2 | 几天到几个月 | 海洋中的 $CO_3^{2-}$ | 2.5 | 12 年 |
| 树干和树根 | 1.2 | 几个世纪 | 海洋中的 $HCO^-$ | 70 | 200 000 年 |
| 土壤和沉积物 | 3 | 几万年 | 沉积岩中的有机碳 C | 80 000 | $10^8$ 年 |
| 化石燃料 | 10 | — | | | |

a 含量计算来自表 8.3,来自(P. 150)of kvmp. LeeR. ;kasting,James F. ;Crane,Robert G. ,The Earth System,2nd Edition,© 2004. Adapted by permission of Pearson Edvcation,Inc. ,Upper Saddle River,NJ.

**习题 2.3** 碳总量一般是用 Gt(C)来表示,其中 G 表示 10 亿($10^9$),t 表示吨($10^3$kg)(Gt 在厘米制中等于 Pg,其中 P 表示 $10^{15}$)。这些单位和表 2.3 中的用到的单位之间的换算系数是多少?

**解答:**地球表面积为 $4\pi R_E^2$,即 $5.10\times10^{14}m^2$,其中 $R_E=6.37\times10^6$m 是地球的平均半径。要将平均地表面上单位面积的质量单位 kg·m$^{-2}$ 变为单位 Gt(C)或者 Pg(C),需要乘以 $5.10\times10^{14}m^2$,得到以 kg 为单位的总质量,再除以 $10^{12}$,得到以 Gt 或 Pg 为单位的总质量。因此,换算关系为 510Gt(或 Pg)=1kg·m$^{-2}$。

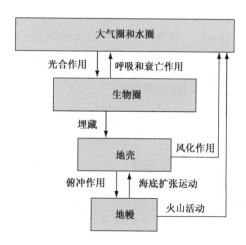

图 2.23 气候系统中不同碳源之间的碳循环过程。

### 2.3.1　大气中的碳

大气中大部分的碳都是以 $CO_2$ 的形式存在。$CO_2$ 化学性质稳定,因而在大气中混合均匀。在远离森林冠层和其他有植被的区域,$CO_2$ 的近地表浓度变化只有约 1‰(例如,比较图 1.3 中莫纳罗亚和南极地区的大气 $CO_2$ 浓度)。

甲烷($CH_4$)属于大气中的微量气体,但它可以产生温室效应,且化学性质活跃。甲烷主要是通过采矿作业及运输过程中沼气外逸而进入大气中的,有机物的无氧分解也可以产生甲烷,这些有机物大多由人类活动产生如进行稻米与畜牧业生产[13]。甲烷在大气中有大约 9 年的存留时间:通过氧化作用

$$CH_4 + 2O_2 \longrightarrow CO_2 + 2H_2O \tag{2.4}$$

或是通过在 5.3 节中提到的氧化作用[14]被氧化。

**习题 2.4**　目前大气中 $CO_2$ 浓度大约为 380 ppmv,问怎样计算得到表 2.3 中给出的大气 $CO_2$ 所含碳的质量浓度?

**解答:**根据(1.7)式,第 $i$ 类分子的体积浓度为 $c_i = n_i/n$,式中 $n$ 为分子总数,因此可以得到:

$$m(CO_2) = m_a \times \frac{c(CO_2)M_c}{\sum c_i M_i}$$

式中,下标 $i$ 表示大气中的主要成分,$m_a$ 表示每平方米大气的质量,$M_c$ 表示碳元素的相对分子质量。为计算 $CO_2$ 质量,我们需要考虑大气中 3 种主要的成分:$N_2$,$O_2$ 和 A。将表 1.1 中的数据带入等式中(注意是将碳元素的相对分子质量带入等式,而非 $CO_2$ 的相对分子质量),可以得到

$$m(CO_2) = m_a \times \frac{(380 \times 10^{-6}) \times 12}{[(0.7808 \times 28.016) + (0.2095 \times 32.00) + (0.0093 \times 39.94)]}$$

化简,得

$$m(CO_2) = m_a \times \frac{4.56 \times 10^{-3}}{(21.87 + 6.70 + 0.37)} = m_a \times \frac{4.56 \times 10^{-3}}{28.94}$$

将习题 1.1 中得到的 $m_a = 1.004 \times 10^4 kg \cdot m^{-2}$ 带入上式,可以得到 $m(CO_2) = 1.58 kg \cdot m^{-2}$,这跟表 2.3 中给出的数据一致。若乘以地球表面积($5.10 \times 10^{14} m^2$),可得大气 $CO_2$ 中碳的总质量为 $8.06 \times 10^{14} kg$,或 806Gt(C)。

### 2.3.2　生物圈中的碳

较短的时间内,大量的碳就可以在大气和生物之间循环。这些碳交换过程中,有光合作用:

$$CO_2 + H_2O \longrightarrow CH_2O + O_2 \tag{2.5}$$

它将大气中的碳储存到浮游植物和有叶植物中的有机分子中。还包括呼吸作用和腐化作用:

$$CH_2O + O_2 \longrightarrow CO_2 + H_2O \tag{2.6}$$

---

[13]　像牛一样的反刍类动物,在消化青草中的纤维素时,会释放出甲烷。
[14]　甲烷的氧化反应是平流层中水汽的重要来源。

这一过程氧化有机物质,让 $CO_2$ 重新回到大气中。光合作用吸收可见光中波长接近 $0.43\mu m$(蓝色光)和 $0.66\mu m$(橙色光)的波能量,而呼吸作用和腐化作用则以热量的形式释放相等的能量。通过比较可见光谱中不同波长辐射的反射强度,可以估算出浮游生物和陆地植物光合作用(2.5)式的速率,称为净初级生产力(NPP)。

图 2.24 给出了 2002 年 6 月净初级生产力的全球分布。赤道带和沿岸上升流附近,净初生产力相对较大,大陆上植被茂盛地区的 NPP 比海洋上任何地方的都高,尤其在北方森林地区,生产率很高。春季和夏季,北半球大陆上的绿色植被从大气中吸收大量的 $CO_2$,并储存在生物体中,但这些生物体的腐化速率在全年几乎都是相同的。这些交换过程可以用来解释图 1.3 中莫纳罗亚山地区 $CO_2$ 浓度存在显著的年循环变化的原因。在北半球高纬地区,这种年循环现象更加明显。与此相反,南极地区 $CO_2$ 浓度年循环特征要弱很多(见图 1.3)。

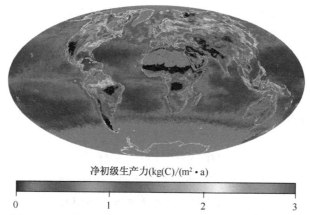

净初级生产力(kg(C)/(m² · a))

0　　　　　　　1　　　　　　　2　　　　　　　3

图 2.24　2002 年 6 月由光合作用即净初级生产力产生的碳吸收率,单位:$kg(C) \cdot m^{-2} \cdot a^{-1}$。碳的吸收率在南半球很低,因为在南半球高纬地区缺少阳光[来自 NASASea WiFS 图片](另见彩图)。

碳在大气与生物之间的交换速度大约为 $0.1 \sim 0.2 kg \cdot m^{-2} \cdot a^{-1}$。因此,一般碳分子在大气中存留的时间等于 $1.6 kg \cdot m^{-2}$ 除以 $0.15 kg \cdot m^{-2} \cdot a^{-1}$,即大约 10 年。无论什么时候,使碳交换速度如此之快的绿色植物只能存储大气中大约 10% 的碳。所以,假如在很短的时间内,大气中增加了大量的 $CO_2$,$CO_2$ 的浓度将会一直处于高值,其存留时间也会远大于 10 年。碳含量的张弛时间取决于它在大气和气候系统的其他碳源之间的交换速度,如表 2.3 所示。树干和树根生长的时间大约为几十年,而有机物腐化的时间远长于生长时间,因为每年进行光合作用的植物中,大约只有 0.1% 的植物将死亡并最终腐化变为地壳中的沉积性岩石(即表 2.3 中的有机碳源)。大多数由光合作用产生的有机碳,当植物腐化、土地风化或森林和煤炭发生堆积性燃烧时,都会发生如(2.6)式那样的氧化作用。在缺氧的环境里,腐化的有机物中所含的碳将以甲烷的形式回到大气中。

海洋生物吸收溶于透光层中的 $CO_2$,当植物、动物及其残骸沉入海底并腐化后,$CO_2$ 在较深层的海洋中被释放出来。有机物的下沉使得 $CO_2$ 向下输送,降低了海洋最上层几十米海水中 $CO_2$ 的浓度。如果没有这个由重力驱动的生物泵,当大气中 $CO_2$ 与海表面所含的 $CO_2$ 浓度达到平衡时,其浓度将大约为 1000ppmv,比现在观测到的高 2.6 倍左右,而且透光层中水的酸度也将升高许多,并会迅速溶解海洋中的珊瑚礁。

海洋中缺氧的地方(即在透光层以下,海水中 $O_2$ 的流通速度不足以达到发生如(2.6)式那样的腐化反应时 $O_2$ 的消耗速度),透光层以外的有机体沉到海底形成沉积岩,有些将最终成为地壳中的有机碳源。从含有机碳的沉积岩中提取的物质是研究气候的主要替代资料。沉于海底的动物的外壳及骨骼将变为石灰石($CaCO_3$),地壳中的无机碳源是地球系统中最大的碳源。

### 2.3.3　海洋中的碳

海洋中的碳主要以 3 种形式存在:(1)溶解的 $CO_2$ 或 $H_2CO_3$,即众所周知的碳酸;(2)跟 $Ca^{2+}$ 和 $Mg^{2+}$ 离子或其他金属阳离子结合成的碳酸盐离子($CO_3^{2-}$);(3)重碳酸盐离子。到目前为止,第三种形式的碳是最大的海洋碳源(如表 2.3 所示)。通过(2.7)式反应,海洋中溶解的 $CO_2$ 浓度与大气中的 $CO_2$ 浓度达到平衡:

$$CO_2 + H_2O \rightleftharpoons H_2CO_3 \tag{2.7}$$

增加大气中 $CO_2$ 的浓度,就会使海洋中溶解的 $CO_2$ 浓度增加;而碳酸则会分解成重碳酸盐离子和氢离子,使海水的酸性升高,如(2.8)式

$$H_2CO_3 \rightleftharpoons H^+ + HCO_3^- \tag{2.8}$$

氢离子浓度的不断增加将改变碳酸盐离子和重碳酸盐离子间的平衡关系(使下式向左发生)

$$HCO_3^- \rightleftharpoons H^+ + CO_3^{2-} \tag{2.9}$$

将(2.7)式、(2.8)式和(2.9)式中向右的反应加起来,其总的反应式为

$$CO_2 + CO_3^{2-} + H_2O \rightleftharpoons 2HCO_3^- \tag{2.10}$$

该反应将海洋中多余的碳都转化成了重碳酸盐,但没有增加海洋的酸度。碳酸盐离子聚集的区域,海洋中这种转化 $CO_2$ 的能力将会受到限制。

海洋有机体通过(2.11)式的反应将重碳酸盐离子结合到它们的外壳和骨骼中:

$$Ca^{2+} + 2HCO_3^- \longrightarrow CaCO_3 + H_2CO_3 \tag{2.11}$$

(2.11)式中生成的一部分碳酸钙将沉入海底形成石灰石沉积,而其他的将通过逆反应又分解掉。

$$CaCO_3 + H_2CO_3 \longrightarrow Ca^{2+} + 2HCO_3^- \tag{2.12}$$

石灰石沉积岩一般堆积在较浅热带海洋之下的大陆架中,较浅的热带海洋有利于珊瑚礁的形成。在这些地方,海水的酸度很低,沉积到海底的动物外壳及骨骼在这里不易分解。

溶入海洋有机体外壳和骨骼中的钙离子,经过雨水的风化由江河再次输入海洋。在这一过程中,有些离子是通过硅酸钙岩石的风化作用的产生物。

$$CaSiO_3 + H_2CO_3 \longrightarrow Ca^{2+} + 2HCO_3^- + SiO_2 + H_2O \tag{2.13}$$

将(2.11)式和(2.13)式合并,并结合(2.7)式,总的反应式为

$$CaSiO_3 + CO_2 \longrightarrow CaCO_3 + SiO_2 \tag{2.14}$$

该化学反应从大气和海洋中捕获 $CO_2$,将它溶入到更大的碳源中,即地壳的无机碳沉积岩中。

从气候的角度来说,化学反应(2.7)~(2.14)实际上都是瞬间完成的。海洋中的碳则不同,海洋中 $CO_2$ 浓度随大气中 $CO_2$ 浓度变化而进行调整的时间取决于海洋深层的海水

流动速度,这往往需要上百年的时间。碳酸钙的形成受到钙离子的制约,而钙离子的多少又取决于硅酸钙岩石风化的速度,下一节中将详细讲述。

### 2.3.4 地壳中的碳

地壳中的有机碳源和无机碳源都很大,但其中碳交换速度却很慢(除了燃烧化石燃料),其存留时间达上亿年。大多数沉积在天然气、原油、煤、页岩及其他沉积岩中的有机碳都是在缺氧的海盆中形成的。而由碳酸钙组成的更大的无机碳源,则几乎全是由海洋生物分解形成的。

风化作用使沉积岩中的有机碳暴露于空气中,并使其氧化,从而完成整个碳循环,这个过程常被称为无机碳循环。通常,一年燃烧化石燃料释放的碳,若通过风化作用释放则需要几十万年的时间。化石燃料中的碳含量相对集中,虽然其中的碳总量只是地壳中存储的有机碳的小部分,但它比目前存留在大气中的碳总量多出近一个数量级。

过去上百亿年时间里,板块漂移和火山运动对大气 $CO_2$ 的补充起了非常重要的作用。图 2.25 中概括的这种"无机碳循环",包括了俯冲作用、变质作用及风化作用。海底的石灰石沉积沿着板块边缘俯冲到地幔中,使得在板块的边缘地带,大陆板块位于密度较大的海洋板块之上,而由于地幔中温度较高,石灰石通过化学反应变成变质岩:

$$CaCO_3 + SiO_2 \longrightarrow CaSiO_3 + CO_2 \tag{2.15}$$

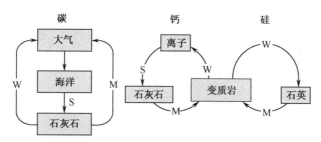

图 2.25 长期无机碳循环的示意图,同时也反映了碳酸盐和硅酸盐间的循环。图中字母 S 代表沉积作用,字母 M 代表变质作用,字母 W 代表风化作用。

上述化学反应中释放出来的 $CO_2$ 通过火山爆发又回到大气中。含有硅酸钙的变质岩在大洋中部脊处又重新形成新的地壳。(2.15)式的变质反应,加上风化反应,与形成碳酸盐的反应(2.14),就构成了一个完整的碳循环。使碳原子在大气和地壳中的无机碳源中不断循环,这一循化的完成需要几千万或几亿年的时间。

一段时期内,当 $CO_2$ 通过火山爆发进入大气的速度大于风化作用产生钙离子的速度时,大气中的 $CO_2$ 浓度就会增加,反之亦然。$CO_2$ 进入大气的速度取决于碳酸盐岩石变质反应的速度,而变质反应的速度又依赖于板块聚集运动的速度,风化作用的速度,则跟大气中的水汽循环速度有关,它随温度的升高而增加,风化过程包含化学反应使这种依赖温度的关系更为明显。因此,较高的环境温度和较慢板块运动将有益于降低大气中 $CO_2$ 浓度,反之则会增加其浓度。在上千万年的时间里,(2.14)式和(2.15)式的不平衡将会改变大气中 $CO_2$ 的浓度,这已是不争的事实。

## 2.4　地球系统中的氧

地球是太阳系中惟一拥有丰富的氧气($O_2$)和臭氧($O_3$)层的行星。地球系统中的游离氧(即在水分子中不被氢原子束缚的氧)只有小部分存在大气中,大部分游离氧都存在于被氧化的沉积矿石、地壳及上层地幔中。总的来说,目前地球系统被氧化的程度要远高于地球最初形成的时候。

融化的金属铁能增加地幔中的 $O_2$ 浓度,地质证据表明在地球形成的早期,$O_2$ 只是一种痕量气体。沉积岩中铁的形成要追溯到 22 亿年前,那时它几乎都以不完全氧化的亚铁形式(FeO)存在。假如这些沉积岩形成时,大气和海洋中有大量丰富的氧存在,那么铁将被完全氧化形成三氧化二铁($Fe_2O_3$)。为了解释现今地壳和上层地幔中存在的大量的 $Fe_2O_3$,寻求地球系统在历史后期中游离氧的来源是十分必要的。游离氧也被用来解释海洋有机体是怎样形成地壳中的碳酸盐的,下面的习题将会给出解释。

**习题 2.5**　请估算在形成地壳中的碳酸盐沉积时,共需要多少氧?

**解答:**从表 2.3 可知,地壳的碳酸盐沉积中碳的总量为 $80\ 000\text{kg}\cdot\text{m}^{-2}$。结合(2.7)式、(2.8)式和(2.9)式,可得

$$H_2O + CO_2 + Ca^{2+} \longrightarrow CaCO_3 + 2H^+$$

作为这个反应产生的副产品,这两个氢离子结合一个氧原子从而形成水。因此,最终的结果是

$$CO_2 + Ca^{2+} + O^{2-} \longrightarrow CaCO_3 \tag{2.16}$$

从这个反应式可以很清楚看到,一个游离氧原子跟地壳中的一个碳原子结合,从而形成碳酸盐。因此,形成碳酸盐所需的自由氧总量为

$$80\ 000\text{kg}\cdot\text{m}^{-2}\times\frac{O_2\text{ 的相对分子质量}}{C\text{ 的相对分子质量}} = 80\ 000\text{kg}\cdot\text{m}^{-2}\times(16/12)$$

大约为 $10\ 000\text{kg}\cdot\text{m}^{-2}$,这是得出表 2.4 的基础数据。

**表 2.4　地球系统中各种物质从地球形成的初始状态氧化成目前水平所需要的**

**氧气量[a](以地球表面平均计算,单位:$10^{-3}\text{kg}\cdot\text{m}^{-2}$)**

| 氧库 | 质量 |
|---|---|
| 大气中的 $O_2$ | 2.353 |
| 海洋和沉积物 | 31 |
| 地表 $Fe^{3+}$ | >100 |
| 地表 $CO_3$ | ~100 |
| 地表其他物质 | >100 |
| 地幔 $Fe^{3+}$ | >100 |

a 对目前地表和地幔中物质氧化状态的估计是相对低值(数据来自于 Catling. D. C. , K. J. Zahnle and C. P. Mckay, "Biogenic Methane, Hydrogen Escape, and the Irreversible Oxidation of Early Earth", Sciences, 293, p. 841. Copyright 2001 AAAS. )。

### 2.4.1　氧的来源

(2.5)式的光合作用并不影响地球系统的整个氧化状态,因为一个碳原子将结合一个

游离氧分子,并储存在地壳中的沉积岩中。碳的存储量可以用来计算由光合作用所释放的氧总量,这在下面的习题中有详细说明。

**习题 2.6**　根据表 2.3 提供的数据,请计算在地球生命周期中由光合作用所释放的氧有多少?

**解答:**由表 2.3 可知,地壳的沉积岩中有机碳的总量为 $20\,000\text{kg} \cdot \text{m}^{-2}$,从(2.5)反应式可知,地壳中沉积的每个碳原子都将释放一个氧分子。因此,由光合作用所释放的氧为

$$20\,000\text{kg} \cdot \text{m}^{-2} \times \frac{\text{氧的相对分子质量}}{\text{碳的相对分子质量}}$$

得 $50\,000\text{kg} \cdot \text{m}^{-2}$。

直到最近,光合作用才被认为是地球上游离氧的主要来源。从习题 2.6 中可知,需要更多的氧气才能解释目前地球系统的氧化程度。另一个惟一可能的途径便是氧化还原反应,它使氢离子最终释放出来进入大气,提高了地球系统的氧化程度。氢离子被释放出来的速度跟它们在上层大气的浓度有关。游离氢的产生过程主要分四步:

(1)含水性矿物质(即矿物质中含有水分子或矿物质的间隙中含有水分)的岩石俯冲或沉积到地幔中。

(2)在地幔中,高温下,水性矿物质分解后,以蒸汽的形式将水分释放出来。

(3)通过反应(2.17)式

$$2\text{FeO} + \text{H}_2\text{O} \longrightarrow \text{Fe}_2\text{O}_3 + \text{H}_2$$

水蒸汽将地壳和地幔中的氧化亚铁氧化成三氧化二铁。

(4)通过火山作用或变质作用将生成的氢气释放出来。

大气中外逸出去的氢是可观测到的(如图 2.26 所示),但要解释在地球生命期中存在于地壳和地幔中的矿物质的氧化程度,氢气的这种外逸速度还远远不够。氢的外逸速度很慢,这是由于能够为上层大气提供氢原子的两种气体(即 $\text{CH}_4$ 和 $\text{H}_2\text{O}$)的体积浓度只有百万分之几。从低层大气进入高层的空气在经过寒冷的赤道对流层顶时,会失去大部分水汽(见 1.3.3 小节和 3.5 节)。有结果显示,过去大气中甲烷的浓度要比现在高许多,下一节中将详细讨论。

光合作用和氢的外逸都可以生成氧气。一个无生命的行星地壳仅仅通过板块漂移就可以被高度氧化,而在地壳中的矿物质以及大气中的气体处于减少的星球上就会发生光合作用。然而,在这两种氧化机制中,只有光合作用能够

图 2.26　从大气中外逸的氢原子散射太阳辐射,在地球外围形成光环[由 NASA 拍摄的图像,David Catling 提供](另见彩图)。

产生氧气,而且只有氢气从地球系统中的逸出才可以释放出足够的氧气来解释当前地壳和地幔中的矿物质的氧化程度。

---

**框栏 2.1  同位素丰度:气候代用资料**

　　某一元素的同位素是一系列相同的原子,但原子核中的中子数不一样。不稳定同位素,例如$^{14}C$,会自发通过所知悉的半衰期放射性衰变而改变其形式,它可用来对冰芯、年轮、沉积物、化石和岩石样本资料定年。将这些样本中的同位素丰度和目前大气中的同位素丰度进行比较,可以推测出这些样本有多长时间没有跟大气发生接触(假定在样本沉积后,大气中的同位素丰度就没有发生改变)。而稳定的同位素,例如$^{13}C$,在各样本中的相对丰度会因样本沉积时局地环境的不同(有些情况下跟大范围区域甚至全球的环境都有关)而不一样。下面是一些广泛用到的同位素。

- 从冰芯中复原的积雪样本中,氘($^{2}H$,或 D)[15] 的相对丰度跟积雪的表层温度有关,因而积雪样本可以作为气候代用资料。从该表层凝结形成的水泥被蒸发,所以 HDO 在冰芯中的相对丰度越大,表明样本在沉积时蒸发表层温度越高。
- 碳酸盐是在透光层中形成的,因此,在含有碳酸盐的海底沉积物中,氧-18($^{18}O$)的丰度可以反映透光层中的水温。$^{18}O$包含在海洋有机物的外壳和骨骼中,它们形成碳酸盐。海温越低,$^{18}O$的相对丰度就越高。
- 世界范围的$^{18}O$的丰度还跟大陆冰盖的体积有关。$^{16}O$的蒸发速度比$^{18}O$快,所以当降雪时,大量的$^{16}O$进入到其中,并凝结到冰盖中。随着冰盖的不断增长,全球海水中$^{18}O$的含量就越来越高。因此,在海底沉积物和冰芯中$^{18}O$的丰度可以作为表征冰的体积的代用资料。
- 沉积在有机碳中的碳-13($^{13}C$)的丰度可以反映当时植物发生光合作用时大气$CO_2$的浓度。植物一般吸收较轻的同位素$^{12}C$,大气中$CO_2$浓度越高,植物吸收$^{12}C$的能力就越强。因此,沉积在有机碳中的$^{13}C$相对丰度越低,说明当时大气$CO_2$浓度越高;反之亦然。
- $^{13}C$还能指示大气$CO_2$的源汇分布。植物腐化、森林火灾、农业焚烧及燃烧化石燃料所释放出来的$^{13}C$较少,而从海洋中释放出的$CO_2$里$^{13}C$的丰度跟大气$CO_2$中的一样。同样的,生物圈的$CO_2$汇可以增加大气中$^{13}C$的丰度,而海洋$CO_2$汇则不会。

---

[15]　D 的相对丰度可表示为

$$\delta D(o/oo) = \frac{D/H - R}{R}$$

式中,$R$ 是参考值。$\delta D$ 的正负值表示 D 相对参考值 $R$ 的大小。用(o/oo)表示。下一框栏中的同位素也可以用同样的方式表示。

## 2.5　气候和地球系统的历史

这一节主要讲述地球系统在对数时间轴上的演变,像图 2.27 的下图中所描述的那样。后面的子章节主要讲述:(1)地球的生命周期;(2)1 亿年前的地球;(3)100 万年前的地球;和(4)2 万年前的地球。如果在相似但成比例的时间里研究一个 20 岁的学生,对应的子章节将是:他的整个 20 年生命、6 个月前的他、2 天前的他和 1h 前的他。

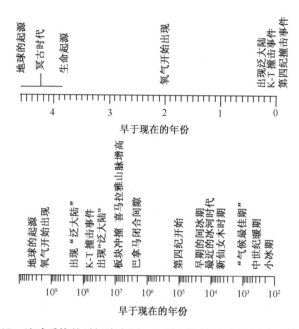

图 2.27　地球系统的时间演变图。上图为线性标尺,下图为对数标尺。

### 2.5.1　地球系统的形成和演变

人们认为,太阳和行星是在 45 亿年前,由于冷星际气体和尘埃的重力崩溃突然大爆炸形成的[16]。在地球和其他行星的大气中,惰性气体氖、氙、氩[17]的含量很少,而在宇宙中它们相对丰富得多,这说明行星是星际尘埃合并成大块固体物质而形成的,这种固体物质称为"星子",它们由于引力作用被吸引到一起。那时存在于凝聚云中的挥发性混合物(即水、甲烷、氨及其他低沸点的物质),主要以冰态存在。当太阳形成后,云的内部温度升高,大多数挥发物逃逸出来。因此,现在内部行星的大气中,这些物质的浓度相对较低。

在其历史时期里的第一个七八亿年,地质学家称之为时代,地球仍不断地受到比它

---

⑯　地球的生命期是通过陨石和岩石中各种气体中所含有的放射性同位素(由铀衰退形成)与非放射性同位素之间的比率推测出来的。

⑰　地球大气中的氩是地壳中放射性同位素 40K 衰退而产生的。

更小的星球的撞击。这些撞击所引起的加热和排气作用,释放出水汽和其他挥发性物质,形成了原始的大气和海洋。有时较大星体撞击所释放出来的热量,足以使整个海洋蒸发完。月球的形成也是星体撞击的结果。后来星体间的撞击逐渐减少,在大约 38亿年前,地球环境开始趋于稳定,早期的微生物逐渐在海洋中形成并发展。地球表面有时仍会发生灾难性的撞击,K-T 陨星的撞击事件[18]就可以说明,它发生在约 6500 万年以前。地球还继续受到大量的较小星体的撞击,如图 2.28 所示,但它们对地球系统的影响已经很小。

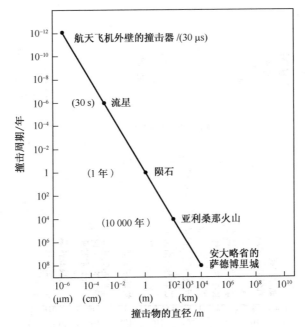

图 2.28　撞击物跟地球发生撞击的频率与撞击物本身的大小之间的函数关系
[摘自 L. W. Alvarez, "Mass extinctions caused by large bolide impacts," *Physics Today*, 40, p. 27. Copyright 1987, American Institute of Physics.]。

　　对于恒星,随着越来越多的氢离子融入氦,核心不断被压缩并升温,其中发生聚变的频率也愈来愈大,因而恒星发出的辐射也在逐渐增加。普遍认为,在太阳系的生命周期里,太阳的发光度已经增加了 30%。地质证据表明,除了一些相对短暂的时期,整个地球历史时期内,海洋几乎是不冻结的。早期,太阳的发光度还相对较低,但地球表面并没有长期被冰冻,这说明在地球生命期的早期,大气层中含有比现在多得多的温室气体。

　　地球生命周期中,通过火山爆发和板块运动,大气成分不断的循环和更新。现在火山喷发出的物质中水汽占 $80\% \sim 90\%$,$CO_2$ 占 $6\% \sim 12\%$,$SO_2$ 占 $1\% \sim 2\%$,还有少量的 $H_2$、$CO$、$H_2S$、$CH_4$ 和 $N_2$。$H_2$、$CO$ 和 $CH_4$ 这些气体在早期大气中的浓度要高很多,那时

---

　　⑱　这次事件最显著的特点是,这次撞击后在地球表面形成了一层富含铱元素的宇宙尘埃。铱元素存在于白垩纪和第三纪交替时期(因此命名 K-T),这在地壳的沉积物内核中可以得到证实。人们认为,经过这次撞击事件后,许多物种都灭绝了,其中包括恐龙。

地幔也没有现在氧化得厉害。

大气层中氧气的出现,是地球系统演变过程中的一个重要里程碑。研究发现,能够释放出氧气的深蓝细菌早在至少 30 亿年前就在海洋中出现了,亦或是在 38 亿年前。但地质学家研究表明,直到 22 亿～24 亿年前,大气层中才开始有氧气不断积累。早期,由光合作用生成的氧气很快就和从地壳释放出来的 $H_2$ 及其他气体反应物消耗了,这些气体通过像(2.17)式那样的氧化作用,或者跟由于风化作用裸露于大气中的矿物质发生氧化反应而形成。当氢气逐渐逃逸出地球系统,地壳中的矿物质已高度氧化,并且(2.17)式表示的反应逐渐变慢,光合作用所生成的氧气才可能聚积于大气层中。从这个意义上来说,大气中的 $O_2$ 可以看作是地球系统中盈余的氧气。

大量的地质资料说明,一旦氧气开始在大气中存留下来,氧气浓度就会迅速增加,24 亿年前浓度只有现在的 0.01％,到 19 亿年前至少增加到现在的 1％～3％。而氧气增加的同时,臭氧层也开始形成。根据 5.7.1 小节中的光合作用反应式,只需大气中很少的氧气就能够形成足够厚的臭氧层,使地球免受太阳光中紫外线的有害辐射。

我们主要研究氧气还未出现时地球上的环境条件。根据现在甲烷的生成速度,可以估计,如果大气中没有氧气,甲烷的浓度将比目前约 1.7 ppmv 的浓度大 2～3 个数量级,在这种情况下,可以相信甲烷会成为最主要的温室气体。甲烷的浓度增高,则上层大气中氢原子的浓度也要比目前高好几个数量级。在这样的条件下,将会有大量的氢原子外逸到宇宙中,地球系统的氧化程度也将逐渐提高。大气从具有相对高浓度的 $CH_4$、$CO$、$H_2S$ 及其他痕量气体的缺氧状态,突然转变到高度氧化的状态,那些厌氧性生物群就会消失。氧气的出现标志着更加复杂的生命进化开始了。

---

### 框栏 2.2　雪球

地质学研究发现,在地球生命期中,一直扩展到热带地区的大冰期主要有 3 次:第一次在大约 22 亿～24 亿年前,这时大气中开始出现氧的上升[19];第二次是在 6 亿～7.5 亿年前,最近的一次就是二迭纪冰期,大约在 2.8 亿年前。直到最近,大部分气候学家不完全认同这个结果,其理由是:假如海洋被冰雪完全覆盖,它们将始终保持这种状态。那些怀疑论者认为,完全由冰雪覆盖的星球,其反照率很高,使得太阳入射辐射几乎不能被地球吸收;这样,地球表面温度将非常低,冰雪将不可能融化。直到最近才有人对这种观点提出质疑,他们提出了下面的"冻结-煎烤假说(freeze-fry)

ⅰ. 在异常冷期,地球表面大部分被冰雪覆盖,这就会出现如 10.3 节所描述的情况,冰雪反馈机制将使气候变得不稳定:大面积覆盖于地球表面的冰雪使地球表层温度降低,而温度的降低会使冰雪覆盖面积继续增大,这个过程将一直持续到整个地球表面都被冰雪覆盖,如图 2.29 所示。

---

[19]　人们认为,由于氧气的出现导致大气中甲烷浓度减少,引起地球温度突然降低。

图 2.29　大冰期发生时,全球范围被冰雪覆
盖的示意图[由 Richard Peltier 提供]。

ii. 在随后的"雪球"时期,由于海洋冻结,生成碳酸盐的反应((2.11)式)不能进行。但是,大陆板块不断漂移,$CO_2$ 通过板块运动造成的变形作用和火山喷发进入大气。而冻结的海洋不能吸收 $CO_2$,造成大气 $CO_2$ 浓度不断增加。

iii. 最终,不断增加的温室效应,加上风吹带来的尘土使得部分冰川表面变黑,它们的共同作用使气温不断上升,当达到冰雪融化的临界值时,热带地区的冰雪便开始融化。一旦这个过程开始,冰雪反馈造成了很强的增温作用,使地球系统迅速转变成无水的状态。

iv. 随着海洋的消融,碳酸盐反应又重新恢复,但比起(iii)中冰雪圈融化的过程,这个反应是缓慢的,因为它还受到由风化反应生成的 $Ca^{2+}$ 离子浓度的制约。因此,在几百万年中,地球系统就一直维持热室状态,全球平均温度可达到 50℃。岩石形成的过程(也就是带状铁和帽状碳酸盐的形成)可以说明在二叠纪冰期中有一段温度非常高的时期,这也可以证明长期的热室时期曾经存在过。

## 2.5.2　1亿年前

大约 6500 万年前的白垩纪时代里,地表面温度比现在高很多,尤其在高纬度地区,因为研究发现,那个时代里,在西伯利亚、加拿大及副极地地区,有恐龙及茂盛的热带植物生存。有地质资料表明,那时大气中 $CO_2$ 的浓度比现在大一个量级。白垩纪时代之后,气温开始降低,$CO_2$ 浓度开始减少,到大约 250 万年前开始的更新世[20],冰川作用使其降到最低。

温度降低标志着更新世冰川时代的来临,其降温原理主要由板块运动调节硅酸盐循化中的反应((2.14)式和(2.15)式)引起。地质资料显示,在过去的 1 亿年里,板块的移

---

[20]　更新世(来自希腊语),参照地质沉积物命名的。更新世和后面的全新世一起成为地球生命期中的第四纪。

动速度已经缓慢下来。石灰石沉积进入地幔的速度减慢,变质反应减慢,有助于减缓火山喷发中 $CO_2$ 的释放。同时,研究认为,印度板块和亚洲板块撞击而产生的喜马拉雅山脉(如图 2.30 所示),加快了硅酸钙岩的风化速度,生成更多的钙离子,有利于在海洋中石灰石的形成,从而加快降低大气和海洋中 $CO_2$ 浓度。$CO_2$ 源减少和汇增加说明大气中 $CO_2$ 浓度明显减少,大气温室效应减弱,这和观测到的气温降低现象是一致的。

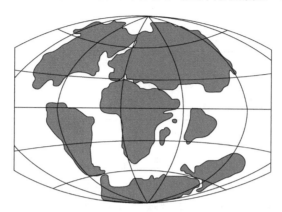

图 2.30　在 6500 万年前,白垩纪结束时期大陆板块的结构图。注意,
那时印度板块和亚欧板块是分开的[由美国地质测量局提供]。

气温降低的另一个原因是 1500 万～3000 万年前南极大陆冰川的作用。它漂移到更高的纬度地区,增加了入射太阳辐射的反射率。在大陆朝着现在结构的漂移过程中,1500万～3000 万年前南半球德雷克通道的开通成为另一里程碑,它使得南极绕极流形成,并使得在大约 3000 万年前南、北美大陆在巴拿马地峡处连接起来。这些事件重建海洋温盐环流,使北大西洋向极地输送的热通量减小,从而加速北极的冷却。

### 2.5.3　100 万年前

250 万年前的气候特征表现为漫长的冰河期与短暂的冰河间期的更替。冰河时期,北美、北欧和西伯利亚大部分地区被冰雪覆盖,而在冰河间期,例如目前所处的时期,只有南极洲被冰雪覆盖(有时格陵兰岛也有)。世界各大洋的缺氧海盆中,海底沉积层内核中含有碳和氧的同位素(见框栏 2.1)以及许多有机化石,这揭示了"第四纪"气候摇摆的历史。

从南极冰川中钻取出的冰芯为研究几十万年前的气候变化历史提供了更精确和详细的资料,如图 2.31 所示。图中所示的温度变化是根据冰芯中氘的浓度变化所得,框栏2.1 给出了具体解释。大气中 $CO_2$ 和 $CH_4$ 的浓度是根据残留在冰芯中的微小气泡得到,它是存留在雪里的空气,被挤压后和冰块合为一体。由于这些气体在大气中是充分混合的,它们在冰芯中的浓度可以代表当时全球的情况。冰芯中尘埃的化学成分为确定它属于某种特定性质的区域提供了研究基础,例如在戈壁沙漠,那里的土地就直接暴露于大风中。

根据对冰芯记录的分析以及与大量海底沉积内核(分辨率较低,日期不够精确)的比较,可以很清楚的看到,在几万年或更长的时间尺度里,全球范围内的气温及其他许多与气候有关的变量都发生了一致的变化。长期的冰川时期中,全球气温出现不规则

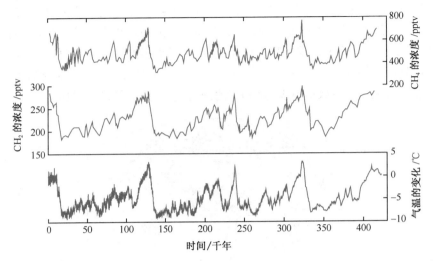

图 2.31　在过去 44 万年里,大气中甲烷和二氧化碳的浓度及气温(通过氧和氘的同位素比推测出)随时间的变化,根据南极 Vostok 冰芯资料得到。在图 2.13 中的红点标出了 Vostok 冰核的具体位置,注意图中时间轴是自右向左[摘自 J. R. Petit 主编《从 Vostok ice core 冰芯探测过去 42 万年来的气候大气历史》,《自然》杂志,399,431 页,1999 年。（"Climate and atmospheric history of the past 420,000 years from the Vostok ice core, Antarctica." *Nature*, 399, p. 431, 1999)由 Eric Steig 提供]。

的下降,而在间冰期初期气温又迅速上升,这每隔 10 万年都会再出现一次,最后一次最明显的冰期出现在大约 20 万年以前。大气中 $CO_2$ 和 $CH_4$ 的浓度随着气温的变化而变化,而且越冷的时期,大气中尘埃越多。这也许是因为温度越低,源区风速越大,空气越干所导致的。

图 2.32 给出了最近一次大冰期中北半球大陆冰川的分布和现在的对比图。在冰期,加拿大的部分地区覆盖着 3km 厚的冰川。由于大量的水被冻结于冰川中,那时全球海平面高度比现在低大约 125m。那时大气中 $CO_2$ 浓度约为 180ppm,而在工业革命前的间冰期,$CO_2$ 的平均浓度大约为 260ppm。因此,在最近的一次大冰期中,地球反照率肯定比现在高,而温室效应要比现在弱,这两点都有助于地表温度的降低。那时格陵兰岛的气温

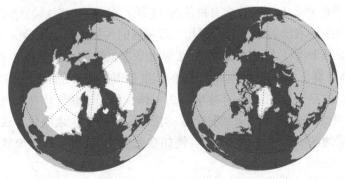

图 2.32　2 万年前末次冰期极盛期(左图)和现在(右图)的北半球大陆冰盖的分布对比图[由 Camille Li 提供](另见彩图)。

要比现在低大约 10℃，而热带地区的气温比现在低了约 4℃。

有研究表明，大气中 $CO_2$ 浓度的波动跟大陆冰川的冰存储量的变化之间存在时滞关系，冰存储量的变化要先于 $CO_2$ 浓度的变化。因此，可以说大气中 $CO_2$ 浓度的变化跟大陆冰川的消长是密不可分的。$CO_2$ 浓度的变化会对大冰期和间冰期之间的温度变化施加一个正反馈，即加大它们之间的温度对比，这在 10.3.2 小节中将详细讨论。

研究表明，在第四纪时期，气候的变化是由于地球轨道发生了微小变化，从而影响了北半球高纬度地区太阳的入射（即平均的太阳入射辐射量）。夏季，当太阳日照相对较弱的时期，冬季堆积的雪不能完全融化而残留一部分，在几千年的时间里，不能融化的残雪不断堆积，形成厚厚的大冰川。冰川的高反照率又加剧了夏季温度的降低，增强了地球轨道偏移的影响。高纬地区，当夏季入射太阳辐射强时，大陆冰川则易于融化[21][22][23]。

引起气候变化的地球轨道变化包括以下几部分：

i. 地球的偏心率（即椭圆率的大小，定义从椭圆中心到焦点的距离除以椭圆长轴的长度），周期为 10 万年，其范围为 0～0.06，现在偏心率为 0.017。

ii. 地球的倾斜度（即地球的自转轴相对于地球轨道平面的倾斜度），周期为 41 000 年，其范围为 22.0°～24.5°，现在倾斜度为 23.5°。

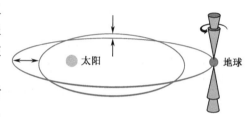

图 2.33　地球轨道变化的示意图。用单个的圆锥体代表倾斜的地球旋转轴，由它引起岁差周期；用两个同心的圆锥体表示倾斜的旋转轴周期，一对椭圆表示轨道倾斜度极值。该图没有给出比例尺[摘自 J. T. Houghton, *Global Warming：The Complete Briefing*, 2nd Edition, Cambridge University Press, p. 55 (1997)]。

iii. 地球轨道的岁差，具有 23 000 年和 19 000 年两个周期。由于岁差的原因，地球离太阳最近的日子（现在为 1 月 3 日）将以每世纪 1.7 个公历日的速度向前推进[24]。

图 2.33 给出了这三种轨道变化的示意图。当地球偏心率和倾斜度都达到各自的周期峰值时，在 65°N 处时夏季的日照时间在地球离太阳最近和最远时可相差大约 20%（见习题 4.19）。

---

[21]　James Croll 在 1864 年和 1875 年出版的著作中提出了许多影响冰期地球轨道的影响因子。1920 年，Milutin Milankovitch 提出了更为精确的数据，他根据地球轨道的变化，用最新的计算方法得到太阳辐射在北半球高纬地区随时间的变化曲线。Wladimir Köppen 和 Alfred Wegener 在他们的著作 "*Climates of the Geologic Past*"（1924）中引用了 Milankovitch 的一些时间曲线图。Köppen 提出，夏季是关键季节，它将决定大陆冰原的消长。直到 20 世纪 70 年代，才开始将海底沉积物作为气候分析的代用资料，通过对它的分析，发现了越来越多的支持地球轨道理论的证据。

[22]　James Croll（1821—1890），苏格兰学者，几乎完全通过自学成才。他先后从事过许多职业，茶叶商人、禁酒旅店经理、保险代理人和博物馆看门人。在他提出轨道理论后，赢得了科学界的赞誉，并在苏格兰地质测量局工作。

[23]　Milutin Milankovitch（1879—1958），塞尔维亚数学家，贝尔格莱德大学教授。

[24]　地球岁差周期是由希腊天文学家 Hipparchus 提出的，他从跨度为一个世纪的资料中发现天体旋转轴有缓慢的移位。

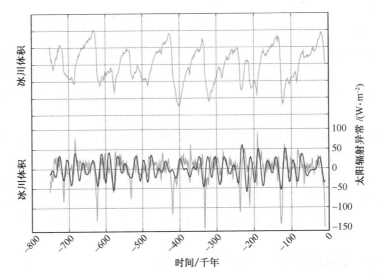

图 2.34　图上方的曲线为:根据收集的大量海底沉积物内核氧-18 浓度推测出的全球冰川体积(任意比例尺)随时间的变化曲线;下方的曲线为:对上面曲线求微分得到的冰川体积(任意比例尺)时间变化率曲线(蓝色曲线)和由于地球轨道的变化引起的夏季大气顶层太阳辐射的变化曲线(红色曲线)。由沉积物内核测定的时间并没有参照太阳辐射的变化[由沉积物内核测定的时间参照了 Peter Huybers 的估测值,而太阳辐射变化曲线是利用 Jonathan Levine 提出的算法计算地球轨道得到的。图片由 Gerard Roe 提供](另见彩图)。

　　图 2.34 给出了由海洋沉积物内核中 $^{18}O$ 的浓度推得的大陆冰川变化的时间序列,以及通过轨道计算得到的北半球高纬度地区夏季日照的时间序列。若将这两个时间进行比较,其相似性是显著的。如果调整 $^{18}O$ 资料的最大和最小峰值,使其跟日照时间序列的邻近峰值之间同步,它们会更加一致[25]。

## 2.5.4　2 万年前

　　从最后一次大冰期到现在的间冰期,气候变化是显著的。15 000 年前,大冰川开始减退,12 000 年前,Laurentide 冰川融化,大量融化的水形成新的湖泊和河流,从那个时候起不断发生的洪涝灾害,塑造了今日的地貌景观。这期间有大约 800 年的时间,突然又回到了冰期时代的气候条件,地质学家称这次事件为"新仙女木事件"[26]。从格陵兰岛的冰芯资料及欧洲的气候代用资料中都可以清楚看到这次事件的特征(如图 2.35 所示),但它是否如同过去 10 万年间的气候变化特征一样,也反映了全球的气候变化特征,仍是一个具有争议的问题。

　　新仙女木事件持续的时间远远小于前一节中讨论的地球轨道周期,因此不能依此解释这次事件发生的原因。一种假设是由于圣劳伦斯河外流的冰川融水,位于高纬度的北

---

　　㉕　沉积物的深度与时间的关系跟沉积速度有关,各个地方速度都不一样,而且并不保证是线性变化的。因此,根据沉积物深度来确定时间,还需要别的辅助信息。早在 78 万年前就发现的地球极地磁场的反向性,在沉积物中可以观测到,它为确定沉积物时间序列提供了一个关键的"定位点"。

　　㉖　"仙女木"是一种只生长在北极和高山冰原上的植物,从北欧地区的沉积岩中发现了存在于间冰期中的仙女木化石。"新"表示仙女木化石在最上层(即距离现在时间最近的化石)。

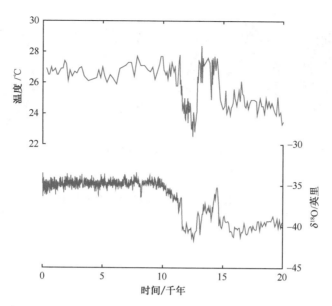

图 2.35　过去 2 万年 Cariaco 海盆沉积中海表温度变化(上图)和格陵兰岛冰芯中$^{18}$O 的变化曲线(下图)。海平面温度是由[Mg]/[Ca]的比率计算得到。冰芯中$^{18}$O 的含量可以反映格陵兰岛附近的气温。注意时间轴是自右向左的[数据来于 Lea, D. W., D. K. Pak, L. C. Peterson 与 K. A. Hughen, "Synchroneity of tropical and high-latitude Atlantic temperatures over the last glacial termination"《科学》301, p. 1364 (2003), "以及 Grootes, P. M., M. Stuiver, J. W. C. White, S. Johnsen 和 J. Jouzel, "对格陵兰冰芯 GISP$_2$ and GRIP 氧同位素的比较"(Comparison of oxygen isotope records from the GISP2 and GRIP Greenland ice cores),《自然》366, p. 552 (1993). 由 Eric Steig 提供]。

大西洋表层海水突然盐度降低,海洋温盐环流被突然关闭,减少了格陵兰岛和北欧的墨西哥湾流向极的热量输送所导致的。

　　对格陵兰岛冰芯资料进行高分辨率的分析后,发现新仙女木事件突然结束于大约 11 700年前。现在的间冰期,地质学家称之为全新世,还不能证明先前的冰期存在很大的温度变化。然而,即使很小的变化也会产生很重要的社会影响。例如,从 14 世纪到 19 世纪的相对冷的时期里,即所谓的"小冰期",格陵兰岛斯堪的纳维亚人消失,冰岛的人口数量大量减少,部分挪威和阿而卑斯山地区的土地被遗弃。

　　全新世时期,全球降水分布有很大的差别。河床中的化石资料表明,现在的撒哈拉沙漠地区以前曾经是绿地,有些地方在 6000 年前还是沼泽。在中亚地区,谷物最早在这里种植,现在已逐渐变干,不再适合大范围耕作;那些罗马人在北非地区建造的沟渠,已不适合当今的气候环境。这种在长期变化趋势上又叠加了几十年到一个世纪的变化,它将对人类活动产生很大的影响。例如,中亚的阿卡得帝国的灭亡及新时期玛雅文化和阿那萨齐文化的消失都是由于那些社会没有很好地适应日趋干旱的气候。

## 2.6　地球:适合生物生存的星球

　　图 2.36 给出了地球及太阳系中与它邻近的其他星球的照片,表 2.5 给出了相关的天文和大气资料。

　　地球是太阳系中惟一有高级生物生存发展的行星,主要因为它具有非常特殊的气候环境:

图 2.36　宇宙中的金星、地球、火星和木星。金星和木星的表面有云覆盖。图中没有给出比例尺
[图片由 NASA 提供](另见彩图)。

**表 2.5　地球和其他行星的天文及气象数据[a]**

| 参量 | 金星 | 地球 | 火星 | 木星 |
|---|---|---|---|---|
| 半径/(km×10³) | 6 051 | 6 371 | 3390 | 66 911 |
| 地心引力/(m·s⁻²) | 8.87 | 9.80 | 3.71 | 24.79 |
| 与太阳的距离/Au | 0.72 | 1.000 | 1.52 | 45.20 |
| 地球年 | 0.61 | 51.000 | 1.88 | 11.86 |
| 地球日 | 117 | 1.000 | 1.027 | 0.41 |
| 轨道离心率 | 0.006 | 70.016 | 70.09 | 30.049 |
| 轨道倾斜度 | 2.36 | 23.45 | 25.19 | 3.13 |
| 大气第一主要成分/%(体积分数) | $CO_2$(96.5) | $N_2$(78.1) | $CO_2$(95.3) | $H_2$(90) |
| 大气第二主要成分/%(体积分数) | $N_2$(3.5) | $O_2$(21) | $N_2$(2.7) | He(10) |
| 地表气压/hPa | 92 000 | 997 | 8[b] | ≫10⁶ |
| 地表气温/K | 737 | 288 | 210 | |
| 日气温变化范围/K | ～0 | 10 | 40 | |

a 根据 NASA 网页所提供的行星观测图得到;其中火星表层数据是依据 Viking 1 Lander 网页。

b 随季节而变化,在地球南半球冬季时期,地表气压为 7hPa,此时火星远离太阳,在南半球夏季时期,地表气压为 9hPa。

i. 地球表面温度范围允许海洋的存在,在大多数历史时期里,海洋都未发生冻结。(a)海洋是地球系统中实现硅酸盐循环的主要途径,并起到大量固碳的作用;(b)简单的生命体能在海洋中发生光合反应并不断进化;(c)海洋作为一个热量和化学反应的缓冲器,减小了短期内气候发生变化的幅度。

ii. 地球离太阳的距离及引力的大小,正好处在可以允许一部分氢气外逸到宇宙间的范围,氢气的外逸会引起地壳和地幔中矿物质的氧化,这是大气中氧气聚积的必要条件。此外它也释放氧气,并通过反应生成碳酸钙,减少大气中的 $CO_2$,而且地球系统中还留有足够的氢气来生成大量的水汽,这也是很重要的。

iii. 活跃的板块漂移引起火山爆发,从地幔中喷出的气体让大气成分不断得到更新。

iv. 活跃的水循环维持着陆地生物。

v. 巨大的地外行星(尤其是木星)能够使彗星偏离地球轨道,减少了和地球发生冲撞引发灾难的几率。

vi. 月球强大的引力能够限制地球自转轴的倾斜度。没有这样的限制,地球演变历史中将会经常出现很强的季节温差。

vii. 地球自转的速度使昼夜不会出现温度极值。

金星表面温度太高,以至于海洋无法存在。并且,那些可能曾经以液态形式存在于金星大气和地壳中的氢原子,现在几乎都外逸到太空中,使金星严重缺乏生物赖以生存的水。

金星上,没有海洋及活跃的生物圈,也就不能进行光合反应,这是地球上主要的氧气来源;也不能形成碳酸钙,这是地球上长期将钙沉积的主要途径。因此,金星中几乎所有的氧气都在地壳中,而大部分的碳存在于大气中。由于火山喷发,将大量的 $CO_2$ 存留在大气中,因此金星的大气层质量几乎是地球大气的 100 倍。相应的,$CO_2$ 导致的强温室效应使得金星表面温度很高。但金星以前的气候条件是否适合生命存在,这也是一个需要再研究的问题。

火星的表面温度太低,以致地表的水不能以液态的形式存在。虽然其表面有类似河谷的特征,有火山口的痕迹,表明早期火星表面可能有海洋存在,然而却未能维持。虽然早期经历星体冲撞后,火星内部的温度迅速下降,但地核中放射性物质的裂变不足以维持地幔的可塑性。由于缺乏板块漂移,地壳发生固化,火山运动消失;并且现今火星上的确没有发生过火山运动的迹象。没有火山运动,$CO_2$ 就将一直沉积在地壳中,而不能通过大气不断循环。大气中 $CO_2$ 浓度逐渐减少,则导致火星不断降温,原来存在的液态水现在也将冻结。另一种猜想是,通过分光镜观测发现,火星表面缺乏碳酸盐矿物质,使得火星的引力较小,它周围的大气由于彗星或小行星的冲撞都外逸到太空中。这两点假设都是说因为火星太小,最终导致它没有大气圈。

木星的形成速度很快,且非常大,能够直接将太阳系中的 $H_2$ 和 He 吸附在周围大气中。因此,木星大气层中这些气体浓度要比内行星高许多。研究还发现,依附于木星的小行星体含有相当高浓度的挥发性物质,有着很低的凝固点,这使得木星的大气中含有相对高浓度的氨($NH_3$)和 $CH_4$,这是氢的又一来源。与内行星不同的是,木星非常巨大,使得由木星内核引力坍缩引起的地热能与它吸收的太阳能几乎为同一数量级(见习题 4.27)。

地球是惟一具有臭氧层的行星,臭氧层积聚的热量使得在平流层顶的温度达到最高。而其他行星的垂直温度分布只有 3 层:对流层、等温中层和热层[27]。

用长远的眼光看待地球的生存环境并不乐观。假如恒星演化按照它自然的发展过程,10 亿年后,太阳的发光度将变强到足以将海水蒸干。人类活动对地球系统的影响虽然不会带来巨大的灾难,然而却更加迫在眉睫。

## 习题

2.7 请解释以下现象:

(a)在大气中,大多数的深厚对流都发生在低纬度地区,而在海洋中的对流却发生在高纬度地区。

(b)在暴雨区,例如在 ITCZ,海洋混合层的盐度相对较低。

(c)虽然地中海流出的海水温度比北大西洋海水的表面温度高,但它并没有涌升到北大西洋表层。

---

[27] 土星最大的卫星——Titan 的表层温度最大值跟地球上平流层顶的温度差不多,这是因为 Titan 大气中含有气溶胶,能够吸收太阳辐射;$CH_4$ 被紫外辐射分解后在大气中形成有机化合物(即气溶胶)。

(d)海冰覆盖范围的变化不会影响全球海平面高度的变化。

(e)在海洋的某些区域中完全找不到工业生产中生成的氯氟烃。

(f)当北大西洋深层洋流和南极底层洋流离开它们各自位于高纬度地区的源地后,洋流中的氧气将逐渐减少,而营养物质和 $CO_2$ 却会逐渐丰富(注意图 2.8 中这些水团颜色的深浅)。

(g)燃烧化石燃料,会向大气中释放 $CO_2$,海洋温盐环流却可以减缓大气中 $CO_2$ 的积累。

(h)遗弃在大陆冰川上的仪器装备最终将被冰雪覆盖,但只要冰川完整无缺,那些装备仍可找到(如图 2.37 所示)。

(i)在夏季,永久冻土带易变成沼泽带。

(j)冬季,北极周边大陆地区雪盖面积的增加,将会使永久冻土带的区域减小。

(k)混合型森林和草原地区,树木一般生长在向极一侧的山坡上。

(l)夏季,许多高温天气往往出现在持续干旱的时候。

(m)格陵兰岛冰核底部的冰块的存留时间要比表 2.2 中所列的长很多。

(n)闭合的内流海,例如大盐湖和里海,海平面高度的平防变率要比有外流的海洋大得多。

(o)某些条件下,潮湿的干草可以发生自燃现象。

(p)北半球夏末,大气的 $CO_2$ 浓度存在一个明显的最低值,但在南极却没有这种现象(如图 1.3 所示)。

(q)北半球夏末,大气的 $O_2$ 浓度存在一个明显的最高值。

(r)北半球夏末,大气 $CO_2$ 中 $^{13}C$ 的相对丰度存在一个显著的最高值。

(s)$CaSiO_3$ 岩石的风化导致大气中 $CO_2$ 浓度降低,而 $CaSiO_3$ 岩石的风化将增加 $CO_2$ 浓度。

(t)氧化亚铁和有机碳沉积物的风化将减少大气中的氧气含量。

(u)沉积的化石燃料只在全球有限的区域中存在。

(v)沉积的石灰石发现于离海洋几千公里以外形成的沉积岩中。

(w)化石燃料中几乎没有 $^{14}C$。

(x)光合作用是大气中的氧的主要来源,但氢气的外逸是地球生命周期中地球被氧化的主要机制。

(y)燃烧不同单位质量的化石所释放的 $CO_2$ 总量也不一样。

(z)在地球的南、北半球,气候呈现完全不同的季节,即反位相。可以构想一个行星,其运行轨道可以使该行星南、北半球的气候在同一位相吗?

(aa)一年中,北半球最热的时候是地球离太阳最远的时候。

(bb)科学家们相信,主要的冰期都是全球范围的。

(cc)木星和土星的大气层中含有大量的 $H_2$ 和 He,而在地球大气中这些气体却是微乎其微。

(dd)金星的氧化程度比地球高,但金星的大气中只有极少量的氧气。

(ee)跟表 2.5 中所列的其他行星不同,火星的地平面气压会随季节而变化。

(ff)在宇宙中，只有少数存在跟地球类似的行星[28]。

2.8　在海洋学中，流量单位是斯维尔德鲁普(Sv，等于百万 $m^3 \cdot s^{-1}$)[29]。墨西哥暖流的海水流量量极大约为 150 Sv。比较墨西哥暖流流量和习题 1.20 中计算的由信风引起的质量输送。

2.9　假设练习 1.20 中向赤道吹动的信风气流中，1kg 空气中含有 20g 的水汽，计算由信风输送引起的赤道地区($15°N\sim15°S$)的平均降水率(提示：为计算降水率，可将 $15°N\sim15°S$ 之间的纬带看作是圆柱体)。

2.10　假如格陵兰岛和南极的冰川完全融化，全球的海平面将升高多少？

2.11　假设 A 地区为闭合盆地，降水率随时间变化为 $P(t)$，且降水瞬间流入面积为 $a$ 的湖内，假定蒸发率 $E$ 在湖泊为常量 $E_0$，其他地方为零。$P$ 和 $E$ 的单位为 $m \cdot a^{-1}$。

(a)对于稳定的条件，请推导：

$$P_0/E_0 = a/A$$

(b)对于一个湖底平坦、侧面垂直的湖泊(即面积 $a$ 与深度 $z$ 无关)，请推导：

$$\frac{\mathrm{d}z}{\mathrm{d}c} = \frac{PA}{a} - E_0$$

(c)根据以上关系，描述湖面的高度将怎样响应降水的变化。你能说出物理学中类似的关系式吗？

2.12　(a)在习题 2.11 中，若降水随时间的变化满足下面关系式：

$$P = P_0 + P'\cos(2\pi t/T)$$

式中，$P_0 = E_0$，且不随时间变化。计算湖面高度如何随降水而变化。请推导响应的振幅与强迫周期成正比。这可以用来解释图 2.22 中湖面高度的年代际变化特征跟其年际变化相反吗？

(b)考虑湖泊的深度是一定的，并满足 $P_0 = E_0$ 关系，请定量描述当 $P_0$ 逐渐减小时(即时间尺度远大于 $T$)，湖面高度的变化特征。

2.13　假设一个如习题 2.11 中闭合的盆地中的湖泊，但湖底形状为倒转的圆锥或金字塔形。

(a)请推导：

$$\frac{\mathrm{d}z}{\mathrm{d}t} = \frac{PA}{a_1 z^2} - E_0$$

式中，$a_1$ 为湖泊 1m 深时湖的面积，为无量纲量$\left(\text{提示：注意湖的面积为 } a_1 z^2\text{，体积为 } \frac{1}{3}a_1 z^3\right)$。

---

[28]　更多的讨论可以参看 Peter Ward 和 Donald Brownlee 的"*Rare Earth：Why Complex Life is Uncommon in the Universe*"，Springer，2000，333 页。ISBN：0-387-98701-0。

[29]　Harald Ulrik Sverdrup (1888—1957)，挪威海洋学家和气象学家。最初与 V. F. K. Bjerknes 一起在 Oslo 和 Leipzig 工作(1911—1917)，后成为 Roald Amundsen 极地探险队的科学指导(1918—1925)。在 1926 年任卑尔根大学气象系主任，1936 年任 Scripps 海洋研究所主任。在第二次世界大战期间，曾为北非、欧洲及太平洋等公共区域跟别人合作研究过海洋和海浪预报，帮助开展大尺度海洋环流模式的发展。在 1949—1952 年任挪威-英国-瑞典联合的南极科学考察团的指导。

(b)假如该地区的降水率为常量 $P_0$，请推导达到平衡的湖面高度为

$$z_0 = \sqrt{\frac{P_0 A}{E_0 a_1}}$$

(c)用物理知识解释其对随时间变化的强迫的响应与习题 2.11 的结果为何会有不同，为什么盐湖城和阿斯特拉罕的居民对由此类响应如此欣慰？

2.14 如何将表 2.4 中给出的大气中氧气的质量与表 1.1 中给出的体积浓度联系起来？

2.15 现今，化石燃料的消耗率为每年 7 Gt(C)。根据表 2.3 所列的数据，(a)假如保持现在的消耗速度，(b)假如在下世纪消耗率以每年 1% 递增，然后再保持不变，各需要多长的时间就可以将存储的所有化石燃料燃尽？

2.16 假如表 2.3 中所列的所有的化石燃料源中的碳都消耗完，并且有一半的碳以 $CO_2$ 的形式存于大气中，那么 $CO_2$ 的浓度增加的比例是多少？ $O_2$ 浓度减少的比例是多少？

2.17 利用本章给出的表格数据，比较在地球生命周期里由于氢的外逸而损失的水总量和现今海洋中水总量的差别。

2.18 $^{14}C$ 的半衰期为 5730 年。假设 $c_0$ 为大气中 $^{14}C$ 的浓度，计算 50 000 年后大气中还有多少 $^{14}C$？

2.19 (a)假如表 2.3 中所列的所有无机沉积岩和有机沉积岩中的碳都以 $CO_2$ 的形式，和大气中现有的其他成分一起存在于大气中，那么地表的平均气压将是多少？ $N_2$ 质量将占大气总质量的几分之几？ $N_2$ 将占大气总体积的几分之几？

(b)练习 2.19 中(a)的假设是否可以用来解释为什么在金星大气中 $N_2$ 不是主要的成分？

2.20 将全球大气平均，在北半球的陆地植物生长季，由于其光合作用所引起的全球平均大气中的 $CO_2$ 减少大约 4ppmv，占年平均浓度的 1%。计算在北半球热带外大陆上，单位面积里平均有多少碳被植物所吸收？假设陆地植物占了大约 15% 的地表。

2.21 最近的一次冰河时代(LGM)里，全球海平面高度比现在低大约 125m。假设冰河时代低的海平面是因为北半球的水都冻结成冰川，比较在 LGM 时期北半球大陆冰川的总量与现今南极冰川的总量。忽略由于海平面的变化引起的海洋覆盖面积变化。

# 第 3 章　大气热力学

热力学理论是经典物理学的基石和荣冠之一。它不仅在物理学、化学和地球科学中得到应用,在其他一些学科诸如生物学和经济学中也有应用。热力学在定量理解从小到云微物理过程,大到大气环流的大气现象中起着重要作用。本章的目的是引入热力学中的一些基本概念和关系式,并将其应用到一些简单但重要的大气状况中。本章所导出的一些概念进一步的应用将贯穿于全书。

在 3.1 节,我们将考虑理想气体方程,并将其应用于干空气、水汽和湿空气。在 3.2 节导出并解释一个称为流体静力学方程的重要气象关系式。3.3 节考虑一个系统所做机械功与系统所吸收热量之间关系,它用热力学第一定律表示。紧接下来的几节考虑上述内容在大气中的应用。最后,在 3.7 节介绍热力学第二定律和熵,并用来推导大气科学中用到的一些重要关系式。

## 3.1　气体定律

实验室实验表明,任何物质的压力、体积和温度可以在广泛的条件下由状态方程联系起来。所有的气体都近似遵循相同的状态方程,称之为理想气体方程。在许多场合,我们可以把大气中的各种气体,无论作为个别气体处理,或者把它们作为混合气体处理,都严格服从理想气体方程。本节考虑理想气体方程的各种形式及其在干空气和湿空气中的应用。

理想气体方程可以写为

$$pV = mRT \tag{3.1}$$

式中,$p$、$V$、$m$ 和 $T$ 分别为气体的压强(Pa)、体积($m^3$)、质量(kg)和热力学温度(K,这里 $T/K = t/℃ + 273.15$),对 1kg 气体,$R$ 为一常数,称作摩尔气体常数。$R$ 的值取决于具体考虑的气体。由于 $m/V = \rho$,$\rho$ 为气体密度,则理想气体方程也可以写为如下形式:

$$p = \rho RT \tag{3.2}$$

对单位质量(1kg)气体来说,$m = 1$,我们可把(3.1)式写为

$$p\alpha = RT \tag{3.3}$$

式中,$\alpha = 1/\rho$ 为气体比容,即 1kg 气体在压强为 $p$、温度为 $T$ 时所占的体积。

如果温度定常,(3.1)式简化为波伊尔(Boyle)定律[①],该定律指出,如果一给定质量气体的温度保持不变,该气体的体积与其压强成反比。一个物体在温度定常情况下发生

---

① 波伊尔[Sir Robert Boyle(1627—1691)],科克城(Cork)伯爵一世的第 14 个孩子。物理学家和化学家,常被称为"现代化学之父"。于 1662 年发现了后来以他命名的定律。负责在英格兰制造的第一个密封式温度计。伦敦皇家学会的奠基人之一。波伊尔声称"皇家学会不珍视知识的价值,但常利用知识!"

的物理状态的改变称为等温过程。(3.1)式也隐含了查尔斯(Charles)[2]的两个定律。其中第一定律为"等压下给定质量的气体,其体积与热力学温度成正比"。查尔斯第二定律认为"对于给定体积的一定质量的气体,其气压与热力学温度成正比"。

---

### 框栏 3.1　气体定律及气体运动学理论:以"手球"为例

气体的运动学理论将气体描述为以各种各样大小不同的速度、随机在各个方向运动着的众多相同质粒(原子或分子)的集合体[3]。假设这些质粒的大小与它们之间的平均间隔距离相比很小而且完全是弹性的(即如果其中的一个质粒撞到了另一个质粒或者固定墙壁,它将弹回来,并且弹回来的速度,平均来说等于碰撞之前所具有的速度)。在气体运动学理论中已证明,质粒的平均动能与以 K 为单位的气体的温度成正比。

现在想像在无重力世界中的一个手球场。手球场中气体的分子就是那些球和球员。无数的(但数目固定的)弹性球(每个球的质量为 $m$,平均速度为 $v$)在墙壁之间弹来弹去,在各个方向随机运动[7]。由球的撞击施加在球场墙壁上的力等于一次典型碰撞中的动量交换(其值与 $mv$ 成正比)乘以球撞击墙壁的频率。考虑下面的想像实验。

1. 令球场的体积增大而保持 $v$(气体的温度也因此而)不变。碰撞的频率将与场地体积的增加成反比而减小,墙上受的力(以及压强也因此而)类似地减小。这就是波伊尔定律。

2. 令 $v$ 增加而保持球场体积不变。在此情况下,与墙壁碰撞的频率以及每次球和墙壁碰撞过程中的动量交换,都将与 $v$ 呈线性比例增加。因此,在墙壁上的压强增加为 $mv^2$,它又与分子的平均动能(因而与其以 K 表示的温度)成正比。这就是查尔斯第二定律。利用相似的方法证明查尔斯第一定律,留给读者作为一个习题。

我们现定义任意物质的克分子质量或一个摩尔(简写为 mol)为以克(g[8])表示的该物

---

② 查尔斯[Jacques A. C. Charles (1746—1823)],法国物理化学家和发明家。利用氢气进行载人气球的先驱者。当本杰明·富兰克林的闪电实验为世人所知后,查尔斯用他自己的发明重复了这些实验。富兰克林拜访了查尔斯,并对他的工作表示祝贺。

③ 气体由随机运动着的原子构成的概念首先是由卢克里瑟斯④首次提出的,由伯努利⑤1738 年再次提出并由麦克斯韦⑥进行了详细数学推导。

④ 卢克里瑟斯[Titus Lucretius Carus (ca. 94—51B. C.)],拉丁诗人和哲学家。在希腊哲学家刘斯帕斯(Leucippus)和德谟克利塔斯(Democritus)推猜的基础上,卢克里瑟斯在他的诗"万物的属性 (On the Nature of Things)"中提出了物质的原子理论。卢克里瑟斯的基本定理是"除了原子和空隙之外什么都不存在。"他认为世界上的物质量和运动从来不变,根据这个预言,接近 2000 年之后才有质量和能量守恒的说法。

⑤ 伯努里[Daniel Bernouilli (1700—1782)],瑞士数学家和物理学家一个著名家庭中的成员。巴塞尔大学植物学、解剖学和自然哲学(即物理学)教授。它的最著名的工作《水力学》(1738) 是研究流体运动的。

⑥ 麦克斯韦[James Clark Maxwell(1831—1879)],苏格兰物理学家。对电磁学理论(证明了光是一种电磁波)、彩色影像,以及气体的运动学理论做出了许多基础性贡献。剑桥大学第一任凯文迪什(Cavendish)教授;设计了凯文迪什实验室。

⑦ 在气体运动学理论中,比较适当的分子的速度是其均方根速度,其值略小于分子速度的算术平均。

⑧ 在本书第一版中我们定义了一个千克分子质量(或千摩尔),即摩尔的 1000 倍。虽然千摩尔比摩尔与 SI 单位系统更一致,但它已不被广泛使用。例如,在化学中几乎都使用摩尔。使用摩尔而不是千摩尔的一个后果是在某些关系式[例如,将在后面给出的(3.11)式和(3.13)式]中出现了用于千摩尔转换为摩尔的因子 1000。

质的分子质量 $M$。例如,水的相对分子质量为 18.015;因此,1mol 水为 18.015g 水。质量为 $m$(以 g 为单位)的某物质中的物质的量 $n$ 表示为

$$n = \frac{m}{M} \tag{3.4}$$

由于 1mol 的不同物质所含质量之比等于它们的分子质量之比,因此 1mol 的一种物质所包含的分子数必等于任何其他物质 1mol 所包含的分子数。从而 1mol 的任何一种物质,其分子数是一个普适常数,称为阿伏加德罗[⑨]常数 $N_A$。$N_A$ 的数值是 $6.022 \times 10^{23}$。

按照阿伏加德罗的假说,含有相同分子数的气体在相同温度和压强下占有相同体积。根据此假说,如果考虑相同分子数的任何气体,(3.1)式中的常数 $R$ 是相等的。然而,1mol 的某种气体含有的分子数与 1mol 的其他任何气体含有的分子数相同,因此,(3.1)式中的摩尔气体常数 $R$ 将对 1mol 的所有气体都是相同的;称之为普适气体常数($R^*$)。$R^*$ 的量值为 $8.3145 \mathrm{J \cdot K^{-1} \cdot mol^{-1}}$。1mol 的任何气体的理想气体方程可写为

$$pV = R^*T \tag{3.5}$$

对 $n$mol 的任何气体,

$$pV = nR^*T \tag{3.6}$$

一个分子的任何气体的气体常数也是一个普适常数,称为玻耳兹曼[⑩]常数,$k$。由于 $N_A$ 个分子的普适气体常数为 $R^*$,有

$$k = \frac{R^*}{N_A} \tag{3.7}$$

因此,对单位体积包含 $n_0$ 个分子的某种气体,理想气体方程为

$$p = n_0 kT \tag{3.8}$$

如果干空气(即除水汽之外,空气中的其他气体的混合物)的压强和比容分别为 $p_d$ 和 $\alpha_d$,则如(3.3)式的理想气体方程可写为

$$p_d \alpha_d = R_d T \tag{3.9}$$

式中,$R_d$ 是 1kg 干空气的气体常数。类似于(3.4)式,我们可以把干空气中气体诸成分的总质量(以 g 为单位)除以混合气体总的物质的量定义为干空气的视分子质量 $M_d$;即

$$M_d = \frac{\sum_i m_i}{\sum_i \frac{m_i}{M_i}} \tag{3.10}$$

式中,$m_i$ 和 $M_i$ 表示混合气体内第 $i$ 种成分的质量和分子质量。干空气的视分子质量是 28.97。所以 1kg 干空气的气体常数由下式给出:

$$R_d = 1000 \frac{R^*}{M_d} = 1000 \times \frac{8.3145}{28.97} = 287.0 \ \mathrm{J \cdot K^{-1} \cdot kg^{-1}} \tag{3.11}$$

---

⑨　阿伏加德罗[Amedeo Avogadro, Count of Quaregna(1776—1856)],原为律师,23 岁开始搞科学,后期在美国图灵(Turin)大学任物理教授。他的著名假说创立于 1811 年,但直到半个世纪以后才被普遍承认。"分子"这个名词是他引进的。

⑩　玻耳兹曼[Ludwig Boltzmann(1844—1906)],奥地利物理学家。对气体运动学理论做出过重大贡献。在原子和分子这些概念还处于争论的阶段,他坚持原子和分子真实存在的观点。自杀身亡。

对于空气中的个别气体成分,也可以应用理想气体方程。例如,对于水汽有

$$e\alpha_v = R_v T \tag{3.12}$$

式中,$e$ 和 $\alpha_v$ 分别是水汽压强和水汽比容,$R_v$ 是 1kg 水汽的摩尔气体常数。由于水的相对分子质量约是 $M_w$（$=18.016$）,而 $M_w$ 克水汽的普适气体常数是 $R^*$,故有

$$R_d = 1000\frac{R^*}{M_d} = 1000\times\frac{8.3145}{18.016} = 461.51\text{J}\cdot\text{K}^{-1}\cdot\text{kg}^{-1} \tag{3.13}$$

由(3.11)式和(3.13)式,可得

$$\frac{R_d}{R_v} = \frac{M_w}{M_d} \equiv \varepsilon = 0.622 \tag{3.14}$$

由于空气是一种混合气体,它遵循道尔顿[⑪]的分压定律。该定律指出,在互不起化学反应的成分混合而成的气体内,其总压强应等于各成分气体分压强之和。气体分压强是指各成分气体当温度和体积均与混合气体的温度和总体积相同时所具有的压强。

　　**习题 3.1**　如果在 0℃时单独干空气的密度为 $1.275\text{kg}\cdot\text{m}^{-3}$,单独水汽的密度为 $4.770\times10^{-3}\,\text{kg}\cdot\text{m}^{-3}$,由干空气和水汽组成的混合气体在 0℃时施加的总压强是多少?

　　**解答:** 根据道尔顿分压定律,由干空气和水汽施加的总压强等于它们分压强之和。由(3.9)式,可得干空气施加的分压强为

$$p_d = \frac{1}{\alpha_d}R_d T = \rho_d R_d T$$

式中,$\rho_d$ 为干空气密度（在温度 273 K 时为 $1.275\text{kg}\cdot\text{m}^{-3}$）,$R_d$ 为 1kg 干空气的气体常数（$287.0\text{J}\cdot\text{K}^{-1}\cdot\text{kg}^{-1}$）,$T$ 为 273.2K。因此,

$$p_d = 9.997\times10^4\text{Pa} = 999.7\text{hPa}$$

类似地,从(3.12)式可得水汽的分压为

$$e = \frac{1}{\alpha_v}R_v T = \rho_v R_v T$$

式中,$\rho_v$ 为水汽密度（在温度 273K 时为 $4.770\times10^{-3}\text{kg}\cdot\text{m}^{-3}$）,$R_v$ 为 1kg 水汽的气体常数（$461.5\text{J}\cdot\text{K}^{-1}\cdot\text{kg}^{-1}$）,$T$ 为 273.2 K。因而,

$$e = 601.4\text{Pa} = 6.014\text{hPa}$$

因此,由干空气和水汽混合气体施加的总压强为（$999.7+6.014$）hPa 或者 1006hPa。

### 3.1.1　虚温

　　湿空气的视分子质量比干空气要小,所以根据(3.11)式,1kg 湿空气的气体常数要比 1kg 干空气的气体常数大。然而,在理想气体方程中,与其使用一个湿空气气体常数（该常数的确切值取决于空气中的水汽量,后者变化很大）,倒不如保持干空气气体常数而采用一个虚假的温度（称为虚温）更为方便。虚温的表达式可以按下列步骤推得。

---

　　⑪　道尔顿[John Dalton(1766—1844)],英国化学家,创立现代原子理论。1787 年他开始做气象日记,直至终身,日记中记录了 200 000 次观测。他揭示了降落在英格兰的雨和露与蒸发和河流失去的水量相当。这是对水文循环理论的一个重要贡献。他第一个描述色盲。他是一个"连结婚都找不到时间"的人。有 40 000 人出席了他在曼彻斯特的葬礼。

　　假定有温度为 $T$，总压强为 $p$，体积为 $V$ 的一湿空气，其中所含干空气质量为 $m_d$，水汽质量为 $m_v$，则此湿空气的密度 $\rho$ 可由下式给出

$$\rho = \frac{m_d + m_v}{V} = \rho'_d + \rho'_v$$

式中，$\rho'_d$ 是相同质量干空气单独充满全部体积 $V$ 时所具有的密度，$\rho'_v$ 是相同质量水汽单独充满全部体积 $V$ 时所具有的密度。我们可以将这些密度称为分密度。由于 $\rho = \rho'_d + \rho'_v$，看起来好像湿空气密度 $\rho$ 比干空气密度为大。事实并非如此，因为分密度 $\rho'_d$ 比实际干空气密度要小[12]。依次对水汽和干空气使用(3.2)式，我们得

$$e = \rho'_v R_v T$$

及

$$p'_d = \rho'_d R_d T$$

式中，$e$ 和 $p'_d$ 分别为水汽和干空气施加的分压。另外，由道尔顿分压定律，

$$p = p'_d + e$$

把上述最后 4 个方程相结合

$$\rho = \frac{p - e}{R_d T} + \frac{e}{R_v T}$$

或

$$\rho = \frac{p}{R_d T}\left[1 - \frac{e}{p}(1 - \varepsilon)\right]$$

式中 $\varepsilon$ 的定义已在(3.14)式给出。上述最后一个方程可写为

$$p = \rho R_d T_v \tag{3.15}$$

其中

$$T_v \equiv \frac{T}{1 - \frac{e}{p}(1 - \varepsilon)} \tag{3.16}$$

　　$T_v$ 称为虚温。如果把这个虚假的温度(而不是实际的温度)用于湿空气，那么就可以把湿空气的总压强 $p$ 和密度 $\rho$，通过理想气体方程的形式[即(3.15)式]联系起来，但是，气体常数保持与单位质量干空气气体常数($R_d$)相同，而实际温度 $T$ 用虚温 $T_v$ 来代替。由此可以认为，虚温是干空气为了要在相同压强下具有与湿空气相同的密度所必须具有的温度。由于在同温同压下，湿空气密度要比干空气的小，因此虚温始终要比实际温度高。但是，即使非常暖而湿的空气，其虚温也仅比实际温度高几摄氏度(见 3.5 节中的习题 3.7)。

## 3.2　流体静力学方程

　　大气中任何高度上的气压是由该高度以上所有空气的重量施加的对单位面积上的力。于是，大气压是随着地面以上高度的增加而减小的(以同样的方式，在一摞泡沫床垫

---

　　[12]　湿空气密度小于干空气的事实是由牛顿 (Sir Isaac Newton)[13]在他 1717 年出版的《光学》一书中首先清楚地指出的。但是，关于这个关系式的基础，直到 18 世纪后半叶才被普通理解。

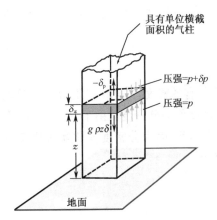

具有单位横截
面积的气柱

压强=$p+\delta p$

压强=$p$

$g\rho z\delta$

$-\delta_p$

$\delta_z$

$z$

地面

图 3.1　在无垂直加速度的大气(即大气
处于流体静力学平衡)中垂直方向上力
的平衡。图中虚色短箭头表示由阴影空
气块上面空气的压强施加的对阴影块内
空气向下的作用力;虚色长箭头表示由
阴影空气块下面的空气的压强施加的对
阴影块内空气向上的作用力。由于阴影
块的横截面是单位面积,因而这两个压
强在数值上与力相等。由这两个压强的
差值($-\delta p$)造成的净的向上的力由指向
上的粗黑箭头表示。由于压强增量 $\delta p$
为负值,因此$-\delta p$ 为正值。向下指的粗
黑箭头表示由于阴影块内空气的质量施
加在阴影块上的力。

中任何一层上的压力,取决于该层之上有多少床
垫)。由于大气压随高度的减小而施加在一个水平
空气薄片上净的向上的力,一般非常接近与重力在
空气片上引起的向下的力相平衡。如果施加在空气
片上净的向上的力等于向下的力,那么该大气被称
之为是处于静力平衡[13]。我们现在要推导大气在静
力平衡下的一个重要方程。

考虑一个具有单位水平横截面积的垂直空气柱
(图 3.1)。气柱内处于高度 $z$ 与 $z+\delta z$ 之间的空气
质量为 $\rho\delta z$,$\rho$ 是高度 $z$ 处的空气密度。由于此空气
块的重量而作用于此气柱向下的力是 $g\rho\delta z$,这里 $g$
是高度 $z$ 处的重力加速度。现在考虑由于周围空气
压强而造成的作用于高度间于 $z$ 和 $z+\delta z$ 之间的空
气薄片上净的垂直方向上的力。假设从高度 $z$ 出
发,上升到高度 $z+\delta z$,压强变化值为 $\delta p$,如图 3.1
所示。因为我们知道压强是随高度减小的,所以 $\delta p$
必定为负值,且在阴影块下表面上的向上压强必定
比阴影块上表面上的向下压强要稍微大些。因而,
由于铅直气压梯度造成的作用于气块上沿铅直方向
的净力是向上的,并且由正值 $-\delta p$ 给出(如图 3.1
所示)。对于处于流体静力学平衡中的大气,在铅直
方向上力的平衡式为

$$-\delta p = g\rho\delta z$$

或者,在极限情况 $\delta z \to 0$,

$$\frac{\partial p}{\partial z} = -g\rho \tag{3.17}$$

(3.17)式称为流体静力学方程[14]。应该指出,(3.17)式中的负号,是为了保证压强随高度
增加而减小而加上去的。由于 $\rho = 1/\alpha$,所以(3.17)式可写为

$$g\mathrm{d}z = -\alpha\mathrm{d}p \tag{3.18}$$

若在高度 $z$ 处的压强是 $p(z)$,根据(3.17)式,在地球上某一固定高度,得到

$$-\int_{p(z)}^{p(\infty)} \mathrm{d}p = \int_z^{\infty} g\rho\mathrm{d}z$$

或者,由于 $p(\infty)=0$,

---

　　[13]　牛顿[Sir Isaac Newton(1642—1727)],著名的英国数学家、物理学家和天文学家。一个早产的("出生时我能
够被放在一个夸脱杯里")遗腹子和独生子。发现了运动定律、万有引力定律、微积分学、白光色谱,建造了第一台反射
望远镜。他是这样描述他自己的:"我不知道世界上如何看我,但对于我自己来说,我就像一个在海边玩耍的小男孩,
不时因为找到一块光溜溜的鹅卵石或非常好看的海蚌壳而高兴,而在我面前的是一无所知的真理大海。"
　　[14]　根据方程(1.3),(3.17)式左侧写为偏微分形式,即 $\partial p/\partial z$,因为气压随高度的变化是在其他变量保持常数的
情况下得到的。

$$p(z) = \int_z^\infty g\rho \mathrm{d}z \tag{3.19}$$

也就是说,高度 $z$ 处的气压等于该高度以上单位横截面积的垂直柱体内空气的重量。如果地球大气的质量在全球是均匀分布的,在保留地球目前地形的情况下,则在海平面处的压强应为 $1.013 \times 10^5$ 帕(Pa),或 1013 百帕(hPa),称为一个大气压(1Atmosphere 或 1atm)。

### 3.2.1　重力位势

地球大气内任意一点上的重力位势 $\Phi$ 的定义是,把 1kg 物质从海平面举到该点时反抗地球重力场所必须做的功。换句话说,$\Phi$ 是单位质量的重力位能。重力位势的单位是 $\mathrm{J} \cdot \mathrm{kg}^{-1}$ 或 $\mathrm{m}^2 \cdot \mathrm{s}^{-2}$。海平面以上高度 $z$ 处,作用在 1kg 物质上的力(以 N 为单位)在数值上等于 $g$。1kg 物质从 $z$ 举到 $z + \mathrm{d}z$ 时所做的功(以 J 为单位)是 $g\mathrm{d}z$,因此有

$$\mathrm{d}\Phi \equiv g\mathrm{d}z$$

或利用(3.18)式得

$$\mathrm{d}\Phi \equiv g\mathrm{d}z = -\alpha \mathrm{d}p \tag{3.20}$$

这样,在高度 $z$ 处重力位势 $\Phi(z)$ 可由下式给出

$$\Phi(z) = \int_0^z g\mathrm{d}z \tag{3.21}$$

根据传统,上式中已将海平面高度($z = 0$)上的重力位势 $\Phi(0)$ 取为 0。大气中某一特定点上的重力位势仅取决于该点的高度,而与单位质量物质到达该点所取的路径无关。把 1kg 物质从具有重力位势 $\Phi_A$ 的 A 点移到具有重力位势 $\Phi_B$ 的 B 点所做的功是 $\Phi_B - \Phi_A$。

我们还可以定义出一个称为位势高度 $Z$ 的量如下:

$$Z \equiv \frac{\Phi(z)}{g_0} = \frac{1}{g_0} \int_0^z g\mathrm{d}z \tag{3.22}$$

式中,$g_0$ 是地球表面处的全球平均重力加速度(取为 $9.81\mathrm{m} \cdot \mathrm{s}^{-2}$)。在能量起重要作用的大多数大气应用问题中,位势高度常用作铅直坐标(例如,在大尺度运动中的问题)。从表 3.1 中可以看出,在 $g_0 \approx g$ 的低层大气中 $z$ 和 $Z$ 的值几乎相同。

表 3.1　几何高度值($z$)、位势高度值($Z$)以及在纬度 40℃ 处的重力加速度($g$)

| $z/\mathrm{km}$ | $Z/\mathrm{km}$ | $g/(\mathrm{m} \cdot \mathrm{s}^{-2})$ | $z/\mathrm{km}$ | $Z/\mathrm{km}$ | $g/(\mathrm{m} \cdot \mathrm{s}^{-2})$ |
|---|---|---|---|---|---|
| 0 | 0 | 9.81 | 100 | 98.47 | 9.50 |
| 1 | 1.00 | 9.80 | 500 | 463.6 | 8.43 |
| 10 | 9.99 | 9.77 | | | |

由于密度 $\rho$ 不能直接测量,所以在气象的实际问题中处理密度 $\rho$ 很不方便。利用(3.2)式或(3.15)式消去在(3.17)式中的 $\rho$ 得到

$$\frac{\partial p}{\partial z} = -\frac{pg}{RT} = -\frac{pg}{R_\mathrm{d} T_\mathrm{v}}$$

移项并利用(3.20)式,则有

$$\mathrm{d}\Phi = g\mathrm{d}z = -RT\frac{\mathrm{d}p}{p} = -R_\mathrm{d} T_\mathrm{v}\frac{\mathrm{d}p}{p} \tag{3.23}$$

现在,分别在重力位势为 $\Phi_1$ 和 $\Phi_2$ 及相应的气压为 $p_1$ 和 $p_2$ 的气层间进行积分,则得

$$\int_{\Phi_1}^{\Phi_2} \mathrm{d}\Phi = -\int_{p_1}^{p_2} R_{\mathrm{d}} T_{\mathrm{v}} \frac{\mathrm{d}p}{p}$$

或者

$$\Phi_2 - \Phi_1 = -R_{\mathrm{d}} \int_{p_1}^{p_2} T_{\mathrm{v}} \frac{\mathrm{d}p}{p}$$

用 $g_0$ 除以上面方程两边,并把积分限颠倒后得

$$Z_2 - Z_1 = \frac{R_{\mathrm{d}}}{g_0} \int_{p_2}^{p_1} T_{\mathrm{v}} \frac{\mathrm{d}p}{p} \tag{3.24}$$

差值 $Z_2 - Z_1$ 称为气压 $p_1$ 和 $p_2$ 之间大气层的(重力位势)厚度。

### 3.2.2 标高和测高方程

对于等温(温度不随高度变化)大气来说,如果虚温订正可忽略,则(3.24)式可写为

$$Z_2 - Z_1 = H \ln(p_1/p_2) \tag{3.25}$$

或

$$p_2 = p_1 \exp\left[-\frac{(Z_2 - Z_1)}{H}\right] \tag{3.26}$$

式中

$$H \equiv \frac{RT}{g_0} = 29.3T \tag{3.27}$$

如同在 1.3.4 节中已讨论过的,$H$ 为标高。

由于湍流层顶(约 105km 处)以下的大气是充分混合的,所以各种气体成分的压强与密度都是根据一个与摩尔气体常数 $R$ 成反比(因而与混合大气视分子质量成反比)的标高,以相同速率随高度减小的。如果我们把 $T_{\mathrm{v}}$ 取为 255K(接近于对流层和平流层的平均值),从(3.27)式可求得大气中空气的标高 $H$ 为大约 7.5km。

在湍流层顶以上,气体铅直分布主要受分子扩散所支配,于是空气中每种个别气体成分均可定义其各自的标高。由于每种气体成分的标高正比于该气体单位质量的气体常数,而单位质量的气体常数本身又反比于该气体的分子质量[例如,见(3.13)式],所以在湍流层顶上方较重气体的压强(及密度)随高度减小率比那些较轻的气体为大。

**习题 3.2** 如果在地表面以上位势高度 200km 处,氧原子数密度与氢原子数密度之比是 $10^5$,试计算在位势高度 1400km 处这两种气体成分的原子数数密度之比。假设在 200 和 1400km 之间大气是等温的,且绝对温度为 2000K。

**解答:**在这些高度上,各种气体的分布取决于扩散,因此是由(3.26)式所决定的。另外,在等温下,两种气体数密度之比等于它们的压强之比。据(3.26)式有

$$\frac{(p_{1400\mathrm{km}})_{\mathrm{O}}}{(p_{1400\mathrm{km}})_{\mathrm{H}}} = \frac{(p_{200\mathrm{km}})_{\mathrm{O}} \exp\left[-1200\mathrm{km}/H_{\mathrm{O}}(\mathrm{km})\right]}{(p_{200\mathrm{km}})_{\mathrm{H}} \exp\left[-1200\mathrm{km}/H_{\mathrm{H}}(\mathrm{km})\right]}$$

$$= 10^5 \exp\left[-1200\mathrm{km}\left(\frac{1}{H_{\mathrm{O}}} - \frac{1}{H_{\mathrm{H}}}\right)\right]$$

据标高定义(3.27)式,对氧原子和氢原子取类似于(3.11)的表达式,并根据氧原子和氢原子相对原子质量分别为 16 和 1 的事实,在热力学温度 2000K 时得到

$$H_{\mathrm{O}} = \frac{1000R^*}{16} \times \frac{2000}{9.81}\mathrm{m} = \frac{8.4135}{16} \times \frac{2 \times 10^6}{9.81}\mathrm{m}$$

$$= 0.106 \times 10^6 \mathrm{m}$$

及

$$H_\mathrm{H} = \frac{1000R^*}{1} \times \frac{2000}{9.81}\mathrm{m} = 8.3145 \times \frac{2 \times 10^6}{9.81}\mathrm{m} = 1.695 \times 10^6 \mathrm{m}$$

因此,

$$\frac{1}{H_\mathrm{O}} - \frac{1}{H_\mathrm{H}} = 8.84 \times 10^{-6}\mathrm{m}^{-1} = 8.84 \times 10^{-3}\mathrm{km}^{-1}$$

及

$$\frac{(p_{1400\mathrm{km}})_\mathrm{O}}{(p_{1400\mathrm{km}})_\mathrm{H}} = 10^5 \exp(-10.6) = 2.5$$

因此,在 1400km 的位势高度上,氧原子与氢原子数密度之比为 2.5。

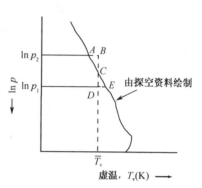

图 3.2　虚温垂直廓线或探空。如果面积 $ABC$＝面积 $CDE$,则 $\overline{T_\mathrm{v}}$ 为气压层 $p_1$ 和 $p_2$ 之间相对于 $\ln p$ 的平均虚温。

大气温度通常随高度而变化,因而虚温订正并不总是能够被忽略。在这种更一般的情况下,如果定义一个相对于 $p$ 的平均虚温 $\overline{T_\mathrm{v}}$,如图 3.2 所示,就可以对(3.24)式进行积分。即

$$\overline{T_\mathrm{v}} \equiv \frac{\int_{p_2}^{p_1} T_\mathrm{v}\mathrm{d}(\ln p)}{\int_{p_2}^{p_1} \mathrm{d}(\ln p)} = \frac{\int_{p_2}^{p_1} T_\mathrm{v}\dfrac{\mathrm{d}p}{p}}{\ln\left(\dfrac{p_1}{p_2}\right)} \tag{3.28}$$

于是,根据(3.24)式和(3.28)式,可得

$$Z_2 - Z_1 = \overline{H}\ln\left(\frac{p_1}{p_2}\right) = \frac{R_\mathrm{d}\,\overline{T_\mathrm{v}}}{g_0}\ln\left(\frac{p_1}{p_2}\right) \tag{3.29}$$

方程(3.29)称为测高方程。

**习题 3.3**　当海平面气压是 1014hPa 时,试计算 1000hPa 等压面的位势高度。大气标高取 8km。

**解答**:据测高公式(3.29)

$$Z_{1000\mathrm{hPa}} - Z_{海平面} = \overline{H}\ln\left(\frac{p_0}{1000}\right) = \overline{H}\ln\left(1 + \frac{p_0 - 1000}{1000}\right) \approx \overline{H}\left(\frac{p_0 - 1000}{1000}\right)$$

式中,$p_0$ 为海平面气压,上式已应用了当 $x \ll 1$ 时 $\ln(1+x) \approx x$ 的关系式。以 $\overline{H} \approx 8000\mathrm{m}$ 代入上面表达式,并利用 $Z_{海平面} = 0$(表 3.1)得

$$Z_{1000\mathrm{hPa}} \approx 8(p_0 - 1000)$$

因此,当 $p_0 = 1014\mathrm{hPa}$ 时,可利用上式求出 1000hPa 等压面位势高度 $Z_{1000\mathrm{hPa}}$ 为海拔 112m。

### 3.2.3　等压面的厚度和高度

由于气压是随着高度增加而单调减小的,因而气压面(即想像出来的在其上气压相等的表面)总不会相交。从(3.29)式可看出,两个气压面 $p_2$ 和 $p_1$ 之间空气层的厚度与该层的平均虚温 $\overline{T_\mathrm{v}}$ 成正比。我们可以这样想像:当 $\overline{T_\mathrm{v}}$ 增加时,两等压面之间的空气要膨胀,因而气层就变厚了。

**习题 3.4**　试计算 1000hPa 和 500hPa 等压面之间气层的厚度。设(a)在热带某地,这气层的平均虚温是 15℃,(b)在极地某处这气层的平均虚温是 −40℃。

**解答**:据(3.29)式

$$\Delta Z = Z_{500hPa} - Z_{1000hPa} = \frac{R_d \overline{T_v}}{g_0} \ln\left(\frac{1000}{500}\right) = 20.3\,\overline{T_v}\,\text{m}$$

所以,在$\overline{T_v}=288$K的热带,$\Delta Z=5846$m。而在$\overline{T_v}=233$K的极地,$\Delta Z=4730$m。在实际业务中,厚度四舍五入取最接近的10m米,并用十米(decameters或dam)表示。于是,对本习题的答案,通常情况下应分别表达为585dam和473dam。

在星载辐射计遥感大气的技术出现之前,厚度几乎都是从无线电探空资料估算的。无线电探空资料给出了大气中不同高度上气压、温度及湿度的测量值。利用图3.2所示的图形法,可计算各高度的虚温值$T_v$及估算不同气层的虚温平均值。利用探空站网给出的各地探空资料,可制作选定等压面上位势高度的分布形势图。这些计算,最初是由工作在业务第一线的观测员计算的,但现在已加入进复杂的资料同化业务流程中(详细说明见本书网页上的第8章附录)。

把空气从某一等压面移到它上面或下面的另一个等压面上时,位势高度的变化与移过的气层厚度成几何关系,而气层厚度又直接正比于此气层的平均虚温。因此,若虚温的三维空间分布已知,又知道一个等压面上位势高度的分布,就有可能推断出任何其他等压面上的位势高度分布。在三维空间温度场和等压面形状之间相同的测高关系式,可以用来可定性地理解在大气扰动的三维空间结构中所具有的某些有用的特征。如下面的例子所示。

(1)飓风中心附近的空气都比周围环境为暖。这就导致风暴强度(由等压面的下降程度量度)必须随高度减弱(见图3.3(a))。在这样的暖心低压中的风,它们的最大强度通常总是出现在近地面处,而在地面以上随高度增加而减小。

(2)有些高空低压向下未伸展到地面,如图3.3(b)所示。根据测高方程,这些低压在获得其最大强度的高度层之下必须是冷心的,而在该层之上为暖心的,如图3.3(b)所示。

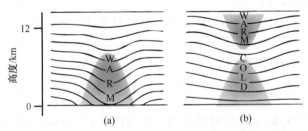

图3.3　经度-高度平面内的横截面。实线表示各等压面。剖面是这样绘制的:在标明冷"COLD"的区域中,两相邻等压面之间的厚度较小,而在标明暖"WARM"的区域中,则相邻等压面间的厚度较大。

### 3.2.4　海平面气压换算

在多山地区,测站与测站之间地面气压的差异主要是由于测站高度不同造成的。为了区分出因天气系统过境所造成的气压场变化,需要把各地气压换算到一个公共的参考高度。为此目的,通常采用海平面气压。

令下标$g$和0分别表示在地面和在海平面($Z=0$)的情况。对于在地面和海平面之间的大气层来说,测高公式(3.29)呈如下形式:

$$Z_{\mathrm{g}} = \overline{H}\ln \frac{p_0}{p_{\mathrm{g}}} \tag{3.30}$$

此方程可化为求海平面气压的形式

$$p_0 = p_{\mathrm{g}}\exp\left(\frac{Z_{\mathrm{g}}}{\overline{H}}\right) = p_{\mathrm{g}}\exp\left(\frac{g_0 Z_{\mathrm{g}}}{R_{\mathrm{d}} T_{\mathrm{v}}}\right) \tag{3.31}$$

若 $Z_{\mathrm{g}}$ 值很小,标高 $\overline{H}$ 可根据地面温度计算。此外,若 $Z_{\mathrm{g}}/\overline{H} \ll 1$,(3.31)式内指数部分可近似代以 $1 + Z_{\mathrm{g}}/\overline{H}$。在这种近似下,(3.31)式变为

$$p_0 - p_{\mathrm{g}} \approx p_{\mathrm{g}}\frac{Z_{\mathrm{g}}}{\overline{H}} = p_{\mathrm{g}}\left(\frac{g_0 Z_{\mathrm{g}}}{R_{\mathrm{d}} T_{\mathrm{v}}}\right) \tag{3.32}$$

由于 $p_{\mathrm{g}} \approx 1000\mathrm{hPa}$ 及 $\overline{H} \approx 8\mathrm{km}$,气压订正值(以 hPa 为单位)粗略地等于 $Z_{\mathrm{g}}$(以 m 为单位)除以 8。换句话说,在海平面上下几百米高度范围内,在铅直方向每升高 8m,气压下降约 100Pa(1hPa)。

## 3.3 热力学第一定律[⑮]

从整体来看,一个系统除了具有宏观的动能和位能外,还包含由其分子或原子的动能和位能所组成的内能。系统内部分子运动动能的增加表现为温度的增加,而分子位能的改变则是由于分子之间的某些作用力而造成的分子间相对位置的变化所引起的。

假定一个具有单位质量的封闭的系统[⑯],由于热传导或辐射而吸收一定量 $q$ 的热能(单位为 J),并对外做一定量 $w$ 的功(也以 J 为单位)。物体做功后所多余的能量为 $q - w$。如果物体宏观的动能和位能没有变化,则根据能量守恒原理,可以得出系统内能的增加必等于 $(q-w)$,即

$$q - w = u_2 - u_1 \tag{3.33}$$

式中,$u_1$ 和 $u_2$ 是变化前后系统的内能。把(3.33)式写成微分形式为

$$\mathrm{d}q - \mathrm{d}w = \mathrm{d}u \tag{3.34}$$

式中,$\mathrm{d}q$ 是加到系统上的微热量,$\mathrm{d}w$ 是系统所做的微功元,$\mathrm{d}u$ 是系统内能的微增量。方程(3.33)式与(3.34)式都表述了热力学第一定律。但(3.34)式实际上还给出了 $\mathrm{d}u$ 的定义。内能的变化 $\mathrm{d}u$ 仅取决于系统的初态和终态,而与物体由初态转化为终态的方式无关。这样的参数称之为状态函数[⑰]。

为了用一个简单的例子对(3.34)式中的做功项 $\mathrm{d}w$ 进行形象描述,设一个有确定横

---

⑮ 热力学第一定律是能量守恒的一种表述形式,它考虑了可能出现的各种能量间的转换以及一个系统与其环境之间的能量交换,而这种能量交换可能通过热量交换和机械做功的方式出现。关于热力学第一定律一般公式的推导,已经超出了本书的范围,因为它需要考虑各种各样的守恒定律,这些守恒定律不仅是对能量的,还有对动量和质量的。本节只给出了一个忽略了宏观动能和位能的简化方程(即空气分子由于其在海平面以上的高度以及有组织的流体运动所具有的能量)。但结果发现,这里给出的热力学第一定律的简化形式与经过考虑各种守恒定律的更全面的处理(比如在 J. R. Holton 的《动力气象学引论》,第四版,纽约,科学出版社,2004 年,第 146~149 页)给出的表达式相同。

⑯ 一个封闭系统是指一个系统,其内部的总质量(可以气相、液相、固相或这些相态的混合态存在)保持为常数。

⑰ 热量 $q$ 和功 $w$ 都不是状态函数,这是因为它们的值取决于一个系统是如何从一种状态转换为另一种状态的。例如,一个系统在进行不同状态的转换时,它可以吸收也可以不吸收热量,它可以对外做功也可以不对外做功。

截面积的汽缸,内装一种物质(常称为工作物质),汽缸上配有一个可移动的、无摩擦活塞(见图 3.4)。于是物质的体积正比于汽缸底到活塞内表面的距离,而且可以用图 3.4 中的横坐标来表示。汽缸内物质的压强可用该图的纵坐标来表示。所以,与一定的活塞位置相对应的物质的每一种状态,可以用这个压力-体积($p$-$V$)图中的一个点表示。当物质在图中 $P$ 点代表的状态处于平衡时,它的压强为 $p$,体积为 $V$(图 3.4)。如果活塞向外移动一个距离元 $dx$,而压强 $p$ 保持不变,则该物质在推动外力 $F$ 通过一段距离 $dx$ 后所做的功为

$$dW = Fdx$$

或者,由于 $F = pA$,其中 $A$ 为活塞表面的横截面积,

$$dW = pAdx = pdV \tag{3.35}$$

换句话说,在物质体积增加一个小量 $dV$ 时所做的功,等于该物质的压强乘以它的体积增量,而后者等于图 3.4 中所绘出的蓝色阴影区面积;即它等于曲线 PQ 下面的面积。当物质从具有体积 $V_1$ 的状态 A,到达具有体积 $V_2$ 的状态 B(见图 3.4)时,在该过程中,物质的压强 $p$ 发生了变化,物质所做的功 $W$ 等于曲线 AB 下面的面积。也就是

$$W = \int_{V_1}^{V_2} pdV \tag{3.36}$$

(3.35)式和(3.36)式是非常一般的式子,它表示任何一种物质(或系统)由于其体积变化所做的功。如果 $V_2 > V_1$,$W$ 为正值,表示物质对环境做功。如果 $V_2 < V_1$,$W$ 为负值,表示环境对物质做功。

图 3.4 所表示的 $p$-$V$ 图,是热力学图解的一个例子,在这图解中,物质的物理状态由两个热力学变量表示。这种图解在气象学中很有用;本章后面部分将讨论其他的热力学图解的例子。

如果我们研究的是单位质量物质,其体积 $V$ 可以用比容 $\alpha$ 代替。则当比容增加 $d\alpha$ 时,物质所做的功 $dw$ 是

$$dw = pd\alpha \tag{3.37}$$

把(3.34)式和(3.37)式联系起来,得到

$$dq = du + pd\alpha \tag{3.38}$$

这是热力学第一定律的另一种表达式[18]。

### 3.3.1 焦耳定律

根据对空气的一系列实验室试验,焦耳[19]在 1848 年得出结论:当气体膨胀时,如并不对外做功(例如,气体膨胀到一个真空室内),也不吸收或放出热量,则其温度不变。这就是焦耳定律,它仅对理想气体是严格准确的。但空气(和其他很多气体)在很广泛的条件下,与理想气体的活动相似。

---

[18] 这里我们假定系统对外做功或者外部对系统做的功都是由于系统体积变化引起的。但是,系统也可以通过其他方式做功,例如,通过在两个相态之间创立新的表面(比如当肥皂泡沫形成时在液体和空气之间的情况)。除非另有说明,我们假定系统对外做功或者外部对系统做的功完全是由系统的体积变化产生的。

[19] 焦耳[James Prescott Joule(1818—1889)],英国酿造富商之子;19 世纪伟大实验家之一。19 岁起就从事科学研究工作(在自家实验室内自己花钱进行)。测量了热功当量。弄清了热的动力学性质,发展了能量守恒原理。

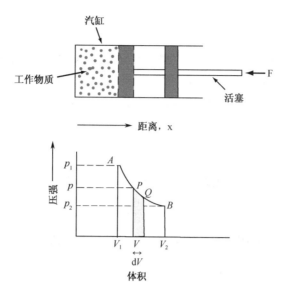

图 3.4　表示汽缸内工作物质状态的 $p$-$V$ 图。工作物质在从 $P$ 到 $Q$ 的过程中做的功为 $p\,dV$，等于阴影区面积[复制自"*Atmospheric Science：An Introductory Survey*"，1$^{st}$ Edition，J. M. Wallace and P. V. Hobbs，p. 62，Copyright，with permission from Elsevier.]。

由焦耳定律可导出与任何一种理想气体的内能有关的重要结论。如果气体既不对外做功，又不吸收或放出热量，则(3.38)式中，$dw = 0$，且 $dq = 0$，所以 $du=0$。再根据焦耳定律，在以上这些条件下，气体温度不会改变。这就意味着分子动能将保持不变。因此，既然气体的总内能不变，即使气体的体积改变，内能中的位能部分也必定保持不变。换句话说，如果温度保持不变，理想气体的内能与体积无关。这仅在理想气体分子之间不存在相互吸引或相互排斥力的情况下成立。在这种情况下，理想气体的内能只决定于温度[20]。

---

**框栏 3.2　再以"手球"为例**

框栏 3.1 展示了气体定律可通过把气体分子想像为在墙手球场内来回随机运动的弹性球来描述。现在假设球场的墙壁在受力的情况下可以向外移动。作用在墙上的力来自于球的撞击，把墙向外移动所需要做的功来自于那些从墙上弹回来的速度小于撞击墙时速度的球的动能的减少。此动能的减小遵循绝热条件下的热力学第一定律。由系统向外推墙所做的功等于系统内能的减小值[参阅(3.38)式]。当然，如果在球场外墙上同样受到与内墙类似的轰击，在墙上将没有净力，对墙也不做功。

---

[20]　后来由开尔文爵士[21]进行的实验揭示了气体分子之间微小作用力的存在。

[21]　开尔文[Lord Kelvin 1st Baron(William Thomson)(1824—1907)]，苏格兰数学家和物理学家。11 岁进入格拉斯哥(Glasgow)大学。22 岁时成为该大学的自然哲学教授。在热力学、电学和水力学方面做出了无可比拟的工作。

### 3.3.2　比热

假定将微热量 $dq$ 加到单位质量的物质上,在没有发生相态变化的情况下使物质的温度从 $T$ 增加到 $T+dT$,则比率 $dq/dT$ 称为物质的比热。但是,以这种方式定义的比热可以有任意的数值,它由物质接收热量后怎样变化而定。如果物质体积保持定常,可以定义一个定容比热 $c_V$,它由下式确定

$$c_V = \left(\frac{dq}{dT}\right)_{V恒量} \tag{3.39}$$

但当比容是常数时,(3.38)式变为 $dq=du$,所以上式可写为

$$c_V = \left(\frac{du}{dT}\right)_{V恒量}$$

对于理想气体来说,可应用焦耳定律,因而 $u$ 只决定于温度,所以,不论气体体积变化与否,我们可以进一步写为

$$c_V = \left(\frac{du}{dT}\right) \tag{3.40}$$

据(3.38)式和(3.40)式,理想气体的热力学第一定律可写成如下形式[②]

$$dq = c_V dT + p d\alpha \tag{3.41}$$

由于 $u$ 是状态函数,根据(3.40)式,无论物质如何从状态 1 变到状态 2,其内能变化为

$$u_2 - u_1 = \int_{T_1}^{T_2} c_V dT$$

我们还可以用下式定义一个定压比热 $c_p$

$$c_p = \left(\frac{dq}{dT}\right)_{p恒量} \tag{3.42}$$

在这里,当加热时允许物质膨胀和温度升高,但其压强保持不变。在此种情况下,所加热量的一部分将用于物质膨胀时反抗定常的外界压强而做功。所以,要使物质升高一定温度,加给物质的热量必须比物质保持定容时要大。对于理想气体的情况,这种不等关系,可以按下述方式在数学上理解。方程(3.41)式可改写为

$$dq = c_V dT + d(p\alpha) - \alpha dp \tag{3.43}$$

由理想气体方程(3.3)式,$d(p\alpha)=RdT$。因此(3.43)式可变为

$$dq = (c_V + R)dT - \alpha dp \tag{3.44}$$

气压不变时,(3.44)式中最后一项为零;因此,由(3.42)式和(3.44)式可得

$$c_p = c_V + R \tag{3.45}$$

干空气的定容比热和定压比热分别为 717 和 1004J·℃$^{-1}$·kg$^{-1}$,两者之差是 287J·℃$^{-1}$·kg$^{-1}$,它在数值上等于干空气气体常数。可以证明,对于一种理想的单原子

---

　　[②]　$dq$ 项有时称为非绝热加热或冷却项,这里"非绝热"意味着有热量传输。如果"加热"和"冷却"严格地仅表示"热量的加入或取走",那么"非绝热"这个名词是多余的。但是,习惯上"加热"和"冷却"经常指的是"升温或降温",在这种情况下区分 $dT$ 中由非绝热作用($dq$)所引起的温度变化部分,和由绝热作用($p d\alpha$)所引起的温度变化部分是有意义的。

气体,$c_p : c_V : R = 5 : 3 : 2$,而对于一种理想的双原于气体,$c_p : c_V : R = 7 : 5 : 2$。

把(3.44)式和(3.45)式联系起来,我们得到热力学第一定律的另外一种形式:

$$dq = c_p dT - \alpha dp \tag{3.46}$$

### 3.3.3 焓

如果在压强不变的情况下把物质加热使其比容由 $\alpha_1$ 增大到 $\alpha_2$,则单位质量物质所做的功为 $p(\alpha_2 - \alpha_1)$。因此,据(3.38)式,在定压下加给单位质量物质的热量 $\Delta q$ 由下式给出:

$$\Delta q = (u_2 - u_1) + p(\alpha_2 - \alpha_1) = (u_2 + p\alpha_2) - (u_1 + p\alpha_1)$$

式中,$u_1$ 和 $u_2$ 分别是单位质量物质的初态和终态内能。所以,在定压过程中,

$$\Delta q = h_2 - h_1$$

式中,$h$ 是单位质量物质的焓,它定义为

$$h \equiv u + p\alpha \tag{3.47}$$

由于 $u,p$ 和 $\alpha$ 都是状态函数,所以 $h$ 也是状态函数。对(3.47)式微分,得到

$$dh = du + d(p\alpha)$$

$du$ 以(3.40)式代之,并代入(3.43)式,得到

$$dq = dh - \alpha dp \tag{3.48}$$

它是热力学第一定律的另一种形式。

比较(3.46)式和(3.48)式,发现

$$dh = c_p dT \tag{3.49}$$

或用积分型式,可写为

$$h = c_p T \tag{3.50}$$

这里,当 $T = 0$ 时,$h$ 取为零。根据(3.50)式,$h$ 相当于是在等压情况下,把物质的温度从 $0°C$ 升高到 $T$ 时所需要加的热量。

当一个静止且处于流体静力学平衡的空气层被加热(如通过辐射传输)时,上面空气的重量对它施加的向下的压强是不变的。因此,此加热过程是在等压状态下进行的。加到空气上的能量是以焓(或者,大气科学家通常称之为感热)增加的形式实现的,并有

$$dq = dh = c_p dT$$

气层内的空气受热后要膨胀,因而通过反抗地球引力,抬升上面的空气时做功。我们可从(3.40)式和(3.41)式看出,在由加热加给空气的单位质量的能量中,$du = c_V dT$ 用于内能的增加,$p d\alpha = R dT$ 用于膨胀和对上面空气做功。因为地球大气主要由双原子气体氮气($N_2$)和氧气($O_2$)组成,因此,由加热 $dq$ 引起的能量增加按 $5 : 2$ 的比例在内能增加($du$)和膨胀做功($p d\alpha$)之间分配。

可以写出可应用于运动中的气块的更一般化表达式,该气块的气压将随着它相对于周围空气的上升或下沉运动而改变。把(3.20)式、(3.48)式及(3.50)式联系起来,得到

$$dq = d(h + \Phi) = d(c_p T + \Phi) \tag{3.51}$$

因此,如果物质是一块在流体静力平衡大气中运动着的空气,若它既不获得也不失去热量

（即 $dq=0$），则量$(h+\varPhi)$（称之为干静力能）为常数[23]。

## 3.4　绝热过程

在改变一种物质的物理状态（例如，其压强、体积或温度等）时，如既不加入热量，也不取走热量，这种变化就称为绝热变化。

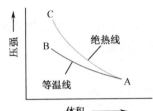

图 3.5　在 $p$-$V$ 图上表示的等温（AB）变化和绝热（AC）变化。

假定一种物质的初态用图 3.5 中 $p$-$V$ 图上的点 A 表示，当它进行等温变化时，其状态沿 AB 线移动。但当它在绝热条件下经历相同的体积变化时，其状态变化应该由称为绝热线的曲线 AC 表示。在 $p$-$V$ 图上绝热线 AC 比等温线 AB 陡的理由如下：当此物质被绝热压缩时，内能增如[因为在(3.38)式中，$dq=0$ 且 $pd\alpha$ 为负值]，所以系统温度会升高。但是，如被等温压缩，则温度保持不变。因此，$T_C>T_B$，从而 $p_C>p_B$。

### 3.4.1　气块的概念

在许多流体力学问题中，把混合看成是单个分子不规则运动的结果。在大气中，分子混合仅在地表面 1cm 以内以及湍流层顶（约 105km）以上是重要的。在介乎其间的高度范围内，实际上所有垂直混合都是由肉眼看得见的尺度的气块的交换造成的。这些气块的水平尺度范围可小到几毫米，大到地球。

为了深入理解大气中垂直混合的性质，研究一个无限小尺度气块的活动是有益的。对这气块做如下假设：

(1)与其环境没有热量交换，所以当它上升或下沉时其温度做绝热变化；升降运动时，其压强与同高度[24]环境空气压强始终正好保持相等，并假定环境空气处于流体静力平衡状态；

(2)气块运动十分缓慢，因而其动能与气块总能量相比可以忽略。

虽然对实际气块来说，上述假设中的一条或几条总是在某种程度上得不到满足，但这个简单的、理想化的模式，对于了解影响大气中垂直运动分布及垂直混合的某些物理过程，是有帮助的。

### 3.4.2　干绝热温度递减率

现在，我们要推导出干空气块的温度随高度变化的表达式，并假定这个干空气块在地球大气中运动时始终满足在 3.4.1 小节末列出的假设条件。由于空气块只经历绝热变化（$dq=0$），而且大气处于流体静力平衡状态，对于气块中单位质量空气来说，由(3.51)式有

---

[23]　严格地讲，(3.51) 式仅对不流动的大气适用。但是，对地球大气来说，流动的动能只占总能量的很小一部分，因此用这个式子误差仅百分之几。在推导中如使用牛顿第二运动定律及连续方程而不用(3.20)式，可以得到一个精确的关系式[参阅 J. R. Holton，*An Introduction to Dynamics Meteorology*，4th ed.，Academic Press，pp. 46－49 (2004)]。

[24]　在气块与环境之间的任何压力差会引起声波，这种声波使压力差迅速得到调整。相反，温度差则需要靠许多缓慢的过程才能被消除。

$$d(c_p T + \Phi) = 0 \tag{3.52}$$

除以 dz 并使用(3.20)式,我们得到

$$-\left(\frac{dT}{dz}\right)_{干空气块} = \frac{g}{c_p} \equiv \Gamma_d \tag{3.53}$$

式中,$\Gamma_d$ 称为干绝热温度递减率。因为一块空气当它在大气中上升时要膨胀,它的温度将随高度增高而减小,因此由(3.53)式所定义的 $\Gamma_d$ 是正值。用 $g = 9.81\text{m} \cdot \text{s}^{-2}$ 及 $c_p = 1004\text{J} \cdot {}^\circ\text{C}^{-1} \cdot \text{kg}^{-1}$ 代入(3.53)式,得到 $\Gamma_d = 0.0098{}^\circ\text{C} \cdot \text{m}^{-1}$ 或 $9.8{}^\circ\text{C} \cdot \text{km}^{-1}$。

应该再一次强调,$\Gamma_d$ 是指正在被绝热抬升或绝热下降中的干空气块本身的温度变化率。由无线电探空仪测量到的大气中的实际温度递减率(我们将用 $\Gamma = \partial T/\partial z$ 表示它)在对流层内平均为 $6 \sim 7{}^\circ\text{C} \cdot \text{km}^{-1}$,但是在个别地区测得的数值范围较宽。

### 3.4.3　位温

气块位温 $\theta$ 是这样定义的:气块从它原有压强和温度的情况出发,绝热膨胀或压缩到标准压强 $p_0$(通常取 1000hPa)时所具有的温度。

我们可以推导出以其原有压强 $p$、温度 $T$ 及标准压强 $p_0$ 为函数的空气块位温的表达式。对于绝热转换过程($dq = 0$),(3.46)式变为

$$c_p dT - \alpha dp = 0$$

将(3.3)式中的 $\alpha$ 带入上式得

$$\frac{c_p}{R} \frac{dT}{T} - \frac{dp}{p} = 0$$

从 $p_0$(该处 $T = \theta$)向上到 $p$ 处进行积分,得

$$\frac{c_p}{R} \int_\theta^T \frac{dT}{T} = \int_{p_0}^p \frac{dp}{p}$$

或

$$\frac{c_p}{R} \ln \frac{T}{\theta} = \ln \frac{p}{p_0}$$

两边取反对数

$$\left(\frac{T}{\theta}\right)^{c_p/R} = \frac{p}{p_0}$$

或

$$\theta = T\left(\frac{p_0}{p}\right)^{R/c_p} \tag{3.54}$$

方程(3.54)称为泊松[⑳]方程。通常假设 $R \approx R_d = 287\text{J} \cdot {}^\circ\text{C}^{-1} \cdot \text{kg}^{-1}$,及 $c_p \approx c_{pd} = 1004\text{J} \cdot {}^\circ\text{C}^{-1} \cdot \text{kg}^{-1}$;所以 $R/c_p \approx 0.286$。

凡在经历某种转换过程中某些参数保持不变称为守恒。一个在绝热条件下在大气中运动的空气块,其位温守恒(见习题 3.36)。在大气热力学中位温是一个非常有用的参数,这是因为大气过程经常是接近于绝热的,因而 $\theta$ 基本上是保持不变的(就像不可压缩

---

⑳　泊松[Simeon Denis Poisson (1781—1840)],法国数学家。学过医学,但转而学应用数学,并成为巴黎索邦(Sorbonne)大学的首席力学教授。

流体中的密度)。

### 3.4.4　热力学图

泊松方程可以用图解的方式很方便地求解。如果把压强是按特殊标度描绘在坐标轴上,使得无论是干空气或者湿空气,坐标轴上离原点的距离正比于 $p^{R_d/c_p}$ 或 $p^{0.286}$,并且温度(以 K 为单位)绘在横坐标上,则(3.54)式可写为

$$p^{0.286} = \left(\frac{p_0^{0.286}}{\theta}\right)T \tag{3.55}$$

对任一 $\theta$ 常数值,方程(3.55)具有 $y \propto x$ 的形式,其中 $y = p^{0.286}$,$x = T$,而比例常数为 $p_0^{0.286}/\theta$。每个 $\theta$ 值在图上可用一条干绝热线表示,每条干绝热线是一条通过点 $p = 0$,$T = 0$ 且具有特定斜率的直线。如果压强坐标的标尺是倒置的,即 $p$ 值向下增大,那么就可得到如图 3.6 中所示的一组关系曲线。这组曲线是气象计算中经常使用的假绝热图的基础。大气中最有用的图区是图 3.6 中点线以内所示的部分,因此一般假绝热图仅印出这一部分。

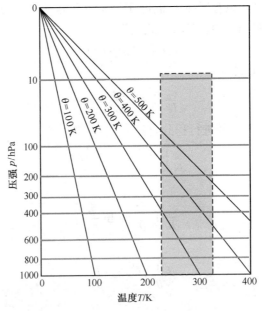

图 3.6　完全假绝热图。注意 $p$ 是向下增加的,而且是按照特殊标度绘制的(表示 $p^{0.286}$)。一般只有阴影区域被印刷出来供气象计算使用。那些每条上都标有一个位温 $\theta$ 值的斜线为干绝热线。根据 $\theta$ 定义的要求,在 1000hPa 高度上空气的实际温度值(在横坐标上给出)等于其位温值。

在假绝热图中,等温线是垂直的,而干绝热线(等 $\theta$ 值)相对于等温线成锐角(见图3.6)。由于大气中温度随高度的变化一般在等温和干绝热之间,所以,当绘在假绝热图上时,大多数温度探空曲线都集中在一个比较狭窄的角度范围内。这一局限性在所谓的斜 $T$-$\ln p$ 图中加以克服。在斜 $T$-$\ln p$ 图中,纵坐标($y$)为 $-\ln p$(负号是为了确保较低气压层位于较高气压层之上),而横坐标($x$)为

$$x = T + (常数)y = T - (常数)\ln p \tag{3.56}$$

因为由(3.56)式有

$$y = \frac{x - T}{(\text{常数})}$$

而对于等温过程 $T$ 为常数,所以对于等温过程,$y$ 与 $x$ 之间的关系具有 $y = mx + c$ 的形式,其中 $m$ 是一个对所有等温过程都相同的常数,而 $c$ 则是一个对每个等温过程不同的常数。因此,在斜 $T$-$\ln p$ 图上,等温线为从左到右倾斜向上的平行直线。如图 3.7 中的草图所示,$x$ 轴上尺度的选取主要考虑了要使等温线与等压线之间的夹角大约为 $45°$。注意在斜 $T$-$\ln p$ 图上的等温线是故意由其在假绝热图中的垂直方向倾斜大约 $45°$ 角的(所以称为斜 $T$-$\ln p$ 图)。由(3.55)式,干绝热($\theta$ 为常数)方程为

$$-\ln p = (\text{常数})\ln T + 常数$$

于是,在一个以 $-\ln p$ 和 $\ln T$ 为坐标的图上,干绝热线就为直线。因为 $-\ln p$ 为斜 $T$-$\ln p$ 图上的纵坐标,但横坐标不是 $\ln T$,所以在此图上,干绝热线是起始于图的右下方,终止于图的左上方,稍有弯曲的一组线。在斜 $T$-$\ln p$ 图上,等温线和干绝热线之间的夹角近似为 $90°$(图 3.7)。因此,当大气温度探测值绘于此图上时,斜率之间小的差异看起来比在假绝热图上更为明显。

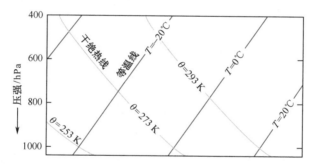

图 3.7　部分斜 $T$-$\ln p$ 图的草图(一幅包括更大部分的斜 $T$-$\ln p$ 图的精确复制图可从本书的网页上得到,从该网页上可把图打印出来以供解答习题之用)。

**习题 3.5**　在 250hPa 处,气块温度为 $-51℃$,试问它的位温是多少? 若气块被带进一个喷气飞机机舱内并被绝热压缩到机舱气压 850hPa,气块的温度是多少?

**解答:**该题可以利用斜 $T$-$\ln p$ 图求解。首先在图上找到气块初始状态,即气压为 250hPa,温度为 $-51℃$。通过该点的干绝热线的标值为 $60℃$,该值就是空气块的位温。

当环境空气被绝热地压缩到气压为 850hPa 时,它的温度可由下述方法在图上找到:沿着通过气压为 250hPa,温度为 $-51℃$ 的点的干绝热线,下到 850hPa,读取在那一点上的温度值,该值为 $44.5℃$(注意这个结果说明,被带入在巡航高度的喷气飞机机舱中的环境空气必须冷却大约 $20℃$ 才能为乘客提供一个舒适的环境)。

## 3.5　空气中的水汽

我们已根据水汽所造成的水汽压 $e$ 证明了空气中有水汽存在,还引进了虚温的概念来量化水汽对空气密度的影响。但是,一定量空气中的水汽量可以使用许多不同的方法表示,下面将介绍其中较重要的一些表示法。我们还必须讨论空气中有水汽凝结时发生的情况。

### 3.5.1 湿度参数

a. 混合比和比湿

一定容积空气中的水汽量,可以定义为水汽质量 $m_v$ 与干空气质量 $m_d$ 之比。这个比值称为混合比 $w$。也就是

$$w \equiv \frac{m_v}{m_d} \tag{3.57}$$

混合比常用1kg干空气中水汽的克数表示(但在解答计算习题时, $w$ 必须表达为无量纲数,例如,每千克干空气中水汽的质量)。在大气中,混合比 $w$ 的典型量值,介于在中纬度的每千克几克和在热带的 20g/kg 左右。如果既无凝结又无蒸发发生,气块的混合比为常数(即它是一个保守性的量)。

单位质量空气(干空气加上水汽)中水汽的质量 $m_v$ 所占的比例,称作比湿 $q$,也就是

$$q \equiv \frac{m_v}{m_v + m_d} = \frac{w}{1+w}$$

由于 $w$ 的量值只有百分之几,因而 $w$ 和 $q$ 在数值上几乎相当。

**习题 3.6** 若空气中含有混合比为 5.5g/kg 的水汽,总压强为 1026.8hPa,试计算水汽压 $e$。

**解答:**混合气体中任何一种成分的分压强正比于混合气体中该成分的物质的量。所以,空气中水汽压强 $e$ 可用下式表示:

$$e = \frac{n_v}{n_d + n_v} p = \frac{\dfrac{m_v}{M_w}}{\dfrac{m_d}{M_d} + \dfrac{m_v}{M_w}} p \tag{3.58}$$

式中, $n_v$ 和 $n_d$ 分别为混合气体中水汽和干空气的物质的量, $M_w$ 是水分子质量, $M_d$ 是干空气的视分子质量, $p$ 为湿空气的总压强。据(3.57)式和(3.58)式,得到

$$e = \frac{w}{w + \varepsilon} p \tag{3.59}$$

其中,由(3.14)式定义, $\varepsilon = 0.622$。将 $p = 1026.8$hPa 及 $w = 5.5 \times 10^{-3}$g/kg 代入(3.59)式后,得到 $e = 9.0$hPa。

**习题 3.7** 试计算温度为 30℃,混合比为 20g/kg 的湿空气的虚温订正值。

**解答:**将(3.59)式中的 $e/p$ 代入(3.16)式,并进行简化,得

$$T_v = T \frac{w + e}{\varepsilon(1 + w)}$$

在此式中,用分母除分子,并忽略 $w^2$ 项及 $w$ 高次项,得到

$$T_v - T \approx \frac{1 - \varepsilon}{\varepsilon} wT$$

或者,把 $\varepsilon = 0.622$ 代入,并移项,

$$T_v \approx T(1 + 0.61w) \tag{3.60}$$

当 $T = 303$K 及 $w = 20 \times 10^{-3}$g/kg 时,(3.60)式给出 $T_v = 306.7$K。因此,虚温订正值为 $T_v - T = 3.7$(K 或 ℃)。注意(3.60)式是由 $T$ 和湿度参数 $w$ 计算 $T_v$ 的一个有用表达式。

b. 饱和水汽压

考虑一个封闭的小盒,盒底有温度为 $T$ 的纯水覆盖。假设最初盒子中空气是完全干燥的。水将因此而开始蒸发,在蒸发的过程中,小盒中的水分子数及因此而导致的水汽压将会增加。当水汽压增加时,由汽相凝结返回液相的水分子速率也会增加。如果凝结率低于蒸发率,那么就称小盒中的空气在温度 $T$ 时是未饱和的(图 3.8(a))。当小盒中的水汽压增加到某点,在此点,凝结率等于蒸发率(图 3.8(b)),那么就称小盒中的空气相对于温度为 $T$ 的平纯水面是饱和的,这时由水汽施加的压强 $e_s$ 称为温度 $T$ 时平纯水面上的饱和水汽压。

---

**框栏 3.3　空气能被水汽饱和吗?[26]**

我们常常使用诸如"空气是水汽饱和的"、"空气中不能持有更多水汽"及"暖空气可比冷空气持有更多的水汽"的话语。这些话语使人误解为,空气吸收水汽,很像海绵。我们已经看到,一种混合气体施加的总压强等于混合气体中每一种气体如果让它单独占有混合气体总体积时所产生的压强之和(道尔顿的分压定律)。因此,液相和气相之间水分子的交换(实质上)与空气的存在与否无关。更严格地说,当在某一给定温度下,水汽与液水处于平衡时,由水汽施加的压强称作"平衡水汽压",比称为此温度下的饱和水汽压更合适。然而,后面的称呼以及术语"未饱和空气"和"饱和空气",提供了一种方便的简略表达法,并且由于它们根深蒂固,这些术语将继续出现在本书中。

---

类似地,如果把图 3.8 中的水换作温度为 $T$ 的平纯冰面,并且水汽的凝结率等于冰的蒸发率,那么由水汽施加的压强 $e_{si}$ 就是温度为 $T$ 时平纯冰面上的饱和水汽压。由于在任何温度下,冰的蒸发率都小于水的蒸发率,所以,$e_s(T) > e_{si}(T)$。

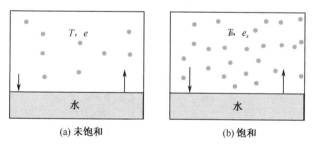

(a) 未饱和　　　　　　　　　　(b) 饱和

图 3.8　一个在温度 $T$ 下相对于平纯水面(a)未饱和及(b)饱和的小盒。图中小点表示水分子,而箭头的长度表示蒸发和凝结的相对速率。温度 $T$ 条件下在平纯水面上的饱和(亦即平衡)水汽压为 $e_s$[如图(b)所指出的]。

水分子从水面或冰面上蒸发的速率都随温度的升高而增大[27]。于是,$e_s$ 和 $e_{si}$ 两者均随着升温而增大,而且它们的值仅决定于温度。在图 3.9 中表示出了 $e_s$ 和 $e_s - e_{si}$ 随温度

---

㉖　关于这个问题以及其他某些通常使人误解的与气象学有关问题的更进一步讨论,参阅 C. F. Bohren 所著 "Clouds in a Glass of Beer",Wiley and Sons,New York,1987。

㉗　虽然是一种粗略的经验规则,但记住这样的规则很有用,即温度每升高 10℃,饱和水汽压大约增加一倍。

的变化关系。可以看出，$e_s - e_{si}$ 的值约在 $-12℃$ 处达最大值。所以，一个冰质粒如果处于水面饱和的空气中，它将由于水汽在它上面凝华而长大。在 6.5.3 小节中我们将看到这种现象对于某些云中降水质粒初期的增长起重要作用。

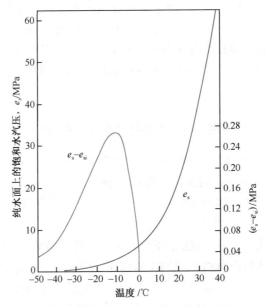

图 3.9　平纯水面上的饱和(即平衡)水汽压 $e_s$ (红色，标度在左侧)及 $e_s$ 与平冰面上饱和水汽压 $e_{si}$ 之差(蓝色，右侧标度)随温度变化的曲线。

c. 饱和混合比

相对于水的饱和混合比 $w_s$ 是指相对于平纯水面饱和的、给定体积空气内的水汽质量 $m_{vs}$ 与干空气质量 $m_d$ 之比。也就是

$$w_s \equiv \frac{m_{vs}}{m_d} \qquad (3.61)$$

由于水汽和干空气两者均遵循理想气体方程，故有

$$w_s = \frac{\rho'_{vs}}{\rho'_d} = \frac{e_s}{(R_v T)} \bigg/ \frac{(p - e_s)}{(R_d T)} \qquad (3.62)$$

式中，$\rho'_{vs}$ 是温度 $T$ 时相对于水来说空气要达到饱和所需要的水汽分密度，$\rho'_d$ 是干空气的分密度(参阅 3.1.1 小节)，$p$ 是总压强。把(3.62)式和(3.14)式相结合，得到

$$w_s = 0.622 \frac{e_s}{p - e_s}$$

在地球大气中所观测到的温度范围内，$p \gg e_s$，故有

$$w_s \approx 0.622 \frac{e_s}{p} \qquad (3.63)$$

因此，在给定温度下，饱和混合比与总压强成反比。

因为 $e_s$ 只决定于温度，据(3.63)式可以得出 $w_s$ 是温度与压强的函数。在斜 $T$-$\ln p$ 图上，等饱和混合比线绘制为虚线，并且在每条线上都以 1kg 干空气中含有水汽的克数为单位标出了 $w_s$ 的值。从这些线的斜率可以看出，在压强一定时，$w_s$ 是随温度的升高而

增加的,而当温度一定时,$w_s$ 随压强降低而增加。

d. 相对湿度、露点和霜点

相对于液水的相对湿度(RH),是空气的实际混合比 $w$ 与同温度同压下相对于平纯水面的饱和混合比 $w_s$ 之比(以百分比表示)。即

$$\text{RH} \equiv 100\,\frac{w}{w_s} \approx 100\,\frac{e}{e_s} \tag{3.64}$$

露点 $T_d$ 是空气在不改变气压的情况下,冷却到相对于平纯水面来说达到饱和时的温度。换句话说,露点是这样的一个温度,在该温度下相对于液水的饱和混合比 $w_s$ 等于实际混合比 $w$。因此,当温度为 $T$、压强为 $p$ 时,相对湿度由下式给出

$$\text{RH} = 100\,\frac{w_s(\text{在温度为 } T_d,\text{压强为 } p \text{ 时})}{w_s(\text{在温度为 } T,\text{压强为 } p \text{ 时})} \tag{3.65}$$

对于 RH>50% 的湿空气来说,把 RH 转换为温度露点差($T-T_d$)的一个简单规则是:RH 每减小 5%(从 $T_d$＝干球温度 $T$ 开始,这时 RH ＝100%),$T_d$ 降低约 1℃。例如,如果 RH 是 85%,那么 $T_d = T - \left(\dfrac{100-85}{5}\right)$,因而温度露点差 $T-T_d=3$℃。

霜点是指在不改变气压的条件下,把空气冷却到相对于平纯冰面为饱和时的温度。相对于冰的饱和混合比以及相对湿度,可以利用相对于水的相应定义来类推。还需指出,当混合比和相对湿度等名词在未说明而使用时总是指相对于水的。

**习题 3.8**　气压为 1000hPa、温度为 18℃ 的空气,具有 6g/kg 的水汽混合比,试问其相对湿度和露点各为多少?

**解答:**本题可以利用斜 $T$-$\ln p$ 图来解。求解时可按照下面步骤。即首先在图上确定气压为 1000hPa、温度为 18℃ 的点。可以看出,该点的饱和混合比约为 13g/kg。但在本习题中给出的空气混合比只有 6g/kg,因此在这种场合下实际空气并不饱和,根据(3.64)式来计算,这时空气的相对湿度应当是 100 × 6/13＝46%。为了确定露点,沿着纵坐标值为 1000hPa 的线自右向左移动,直至与数值为 6g/kg 的饱和混合比线相交。交点对应的横坐标数值为 6.5℃。这就是说,如果空气在定压下冷却,它所含有的水汽将正好在温度为 6.5℃ 时相对于水来说达到饱和。因此根据定义,空气的露点应是 6.5℃。

在地球表面,气压因地点和时间不同只变化百分之几。所以,露点是空气中湿度的很好指标。在暖湿天气里,露点也是人们不舒适程度的一个简便指标。例如,当露点升到 20℃ 以上时,大多数人开始感到不舒适,而空气露点约在 22℃ 以上时,一般就会觉得非常潮湿或"闷热"。幸而超过这个温度的露点即使在热带也很少见。与露点不同,相对湿度除了与空气中水汽含量有关,也很大程度上取决于空气温度。在一个晴朗的日子里,从早晨到下午仅仅由于气温升高,相对湿度可以下降 50%,相对湿度也不能作为不舒适程度的良好指标。例如,同样是 70% 的相对湿度,当温度为 20℃ 时,人们感到十分舒适,但当温度为 30℃ 时,大多数人都会感到很不舒服。

最高露点出现在有水正从其蒸发的暖水体或者种植植物的地面上。在不存在垂直混合的情况下,贴近这些表面的上方空气将变得饱和,并且这时露点温度与下垫面的温度相等。在热的地表上,完全饱和很少能够达到,但是,超过 25℃ 的露点有时会在最暖的海区观测到。

### e. 抬升凝结高度

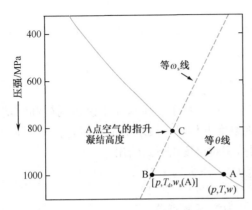

图 3.10　一个位于点 A,压强为 $p$,温度为 $T$ 及露点为 $T_d$ 的空气块的抬升凝结高度。在斜 $T$-$\ln p$ 图上,它位于 C 点。

抬升凝结高度(LCL)指未饱和的湿空气块绝热地抬升而变成相对于平纯水面为饱和时所达到的高度。在抬升的过程中,空气块的水汽混合比 $w$ 及位温 $\theta$ 均保持不变,但饱和混合比 $w_s$ 却在逐渐减小,直到气块到达抬升凝结高度时等于 $w$。所以,抬升凝结高度位于通过表征气块温度 $T$ 和压强 $p$ 这一特性点的等位温线,与通过表征气块压强 $p$ 和露点 $T_d$ 这一特性点的等 $w_s$ 线的交点处(参阅图 3.10)。由于露点和抬升凝结高度之间的关系如图 3.10 中所示,所以在两者之间只要知道其中之一,就能决定另一个值。同理,如果气块的 $T$、$p$ 以及任何一个湿度参数为已知,就能确定我们定义过的其他所有湿度参数。

### f. 湿球温度

湿球温度可用一支玻璃球部包有与四周空气相接触的湿布的温度表测量。球部湿布上用于水分蒸发并使周围空气饱和所需要的热量,取自与球部接触的空气。当球与周围的温度差达到稳定且足以供应蒸发所需要的热量时,温度表就可读出一个稳定的温度值。这个温度值就称为湿球温度。如果一个雨滴下落通过一个具有定常湿球温度的空气层,雨滴将最终达到一个温度,该温度等于空气的湿球温度。

湿球温度和露点的定义都涉及把一个假想的空气块冷却到饱和,但其间有明显差别。如果移近湿球的未饱和空气的混合比为 $w$,露点 $T_d$ 是在定压下必须使空气冷却而变成饱和时的温度。而离开湿球的空气具有混合比 $w'$,$w'$ 是使空气在湿球温度 $T_w$ 下达到饱和时的混合比。如果移向湿球的空气不饱和,则 $w'$ 比 $w$ 大;所以,$T_d \leqslant T_w \leqslant T$,其中等号只在相对于平纯水面饱和的条件下适用。通常 $T_w$ 的值与 $T$ 和 $T_d$ 的算术平均值相接近。

## 3.5.2　潜热

在某些条件下,提供给一个系统的热量可以使该系统产生相变而不改变系统的温度。在此情况下,系统内能的增加完全与存在相互作用力的分子之间的组合关系的变化有关,而不是增加分子的动能(及相应的系统温度)。例如,在气压为一个标准大气压,温度为 0℃时,供给冰以热量,则在冰尚未全部融化时,温度是不会改变的。融解潜热($L_m$)定义为:把单位质量物质由固相转化为液相而不改变其温度时所需要加入的热量。发生相变的温度称为融点。在 1atm 和温度为 0℃时,冰的融解潜热为 $3.34 \times 10^5$ J·$kg^{-1}$。冻结潜热在数值上与融解潜热相等,但是当物质从液相向固相变化时释放出来的潜热。

相类似,汽化或蒸发潜热($L_v$)定义为单位质量物质由液相转化为汽相而不改变其温度时所需要的热量。对于水物质来说,在 1atm 和 100℃ 时,汽化潜热为 2.25 ×

$10^6$ J·$kg^{-1}$。凝结潜热值与蒸发潜热值相等,但是是从汽相变为液相时释放的热量[28]。

在 3.7.3 小节中我们将看到,物质的融点(和沸点)取决于气压。

### 3.5.3　饱和绝热和假绝热过程

当一个气块在大气中上升时,其温度随高度的增加按干绝热递减率(参阅 3.4.2 小节)降低,直到气块变成水汽饱和为止。进一步上升将导致凝结出液体水(或凝华出冰晶)的现象并会释放潜热。结果上升气块的温度递减率会变小。如果全部凝成物保留在上升气块内,尽管在系统内有潜热释放,但如果所释放的潜热没有流出气块边界,则该过程仍然可以认为是绝热的(和可逆的)。那么我们说,气块经历了一次饱和绝热过程。但是,如果全部凝成物都立刻掉出气块,则这一过程是不可逆的,而且也是不严格绝热的,因为凝成物也携带一些热量。那么可以说,气块经历了一次假绝热过程。但是如习题(3.44)中要求读者证明的那样,被凝成物带走的热量与被空气带走的热量相比是个小量。所以,饱和绝热递减率基本上和假绝热递减率相同。

### 3.5.4　饱和绝热递减率

与干绝热递减率 $\Gamma_d$(为常数)相反,饱和绝热递减率 $\Gamma_s$ 压强和温度改变(在习题 3.50 中,要求读者导出 $\Gamma_s$ 的一个表达式,见本书网页)。由于当饱和空气块上升时,水汽凝结,因而 $\Gamma_s < \Gamma_d$。实际的 $\Gamma_s$ 值介于暖湿气团中地面附近的约 4K·$km^{-1}$ 至对流层中层的 6～7K·$km^{-1}$。在靠近对流层顶的高度,由于空气的饱和水汽压是如此之低,以至于凝结的影响可以忽略不计[29]。因而 $\Gamma_s$ 只是略小于 $\Gamma_d$。在饱和绝热(或假绝热)条件下,在大气中升降气块的温度随高度的递减率(在假绝热图上)可用一组曲线来表示。这些曲线称为饱和绝热线(或假绝热线)。在斜 $T$-$\ln p$ 图上这些线是弯曲的绿色线,它们向上发散并趋于与干绝热线平行。

**习题 3.9**　初始温度 15℃ 及露点为 2℃ 的一个气块,在 1000hPa 高度被绝热地抬升,求它的抬升凝结高度以及在抬升凝结高度上的温度。若气块在抬升凝结高度上进一步抬升 200hPa,它的最终温度为多少? 在此抬升过程中凝结出了多少液态水?

**解答:**读者应在斜 $T$-$\ln p$ 图上按照下列步骤求解(见本书网页)。首先,在图上根据横坐标 15℃ 与纵坐标 1000hPa 处定出气块的初态。因为气块露点是 2℃,故通过温度为 2℃ 及气压为 1000hPa 的饱和混合比线的数值,就是温度 15℃ 及气压 1000hPa 处气块的实际水汽混合比数值。从图上找出这个数值为 4.4g/kg。由于在 1000hPa 及 15℃ 处饱和水汽混合比约为 10.7g/kg,故气块最初是不饱和的。因此,如将它抬升,它将沿着一条干绝热线(也即等位温线)上升,直到此干绝热线与 4.4g/kg 数值的饱和水汽混合比线相

---

[28]　通常,当对一种物质加热时,该物质的温度将升高。这称为感热。然而,当对一种正在融化或沸腾的物质加热时,在所有的物质融化或汽化前,该物质的温度是不变的。在此情形下,热量表现为潜在的(即隐藏起来的)。因而有了溶解潜热和汽化潜热的术语。

[29]　汤姆生[William Thomson(后来称为 Lord Kelvin)]首先(于 1862 年)在理论论证的基础上定量地推导出了干绝热递减率值与饱和绝热递减率值。对于有兴趣了解其他 19 世纪科学家在认识潜热在大气中的重要性方面做出的贡献的读者,请参阅 W. E. K. Middleton 所著"A History of the Theories of Rain", Franklin Watts, Inc., New York, 1965, Chapter 8。

交。在图上,上述干绝热线为通过 1000hPa 及 15℃那点处的干绝热线($\theta = 288K$),此干绝热线与 4.4g/kg 的饱和水汽混合比线相交处的气压值为 820hPa,而交点处的高度就是气块的抬升凝结高度。该高度上气块温度约为−0.7℃。在此高度以上,气块将沿饱和绝热线上升。令气块沿着经过 820hPa 及 −0.7℃那点处的饱和绝热线继续向上到达 620hPa 高度,所得气块最终温度约为−15℃。在 620hPa 及−15℃处的饱和混合比约为1.9g/kg。因此,每千克空气从 820hPa 上升到 620hPa 过程中必定有约 4.4−1.8＝2.6g 水分凝结出来。

### 3.5.5　相当位温和湿球位温

现在将导出描述饱和绝热上升或下降条件下温度如何随着气压变化的方程。把(3.3)式代入(3.46)式,得

$$\frac{dq}{T} = c_p \frac{dT}{T} - R \frac{dp}{p} \tag{3.66}$$

据(3.54)式,位温 $\theta$ 由下式给出

$$\ln\theta = \ln T - \frac{R}{c_p}\ln p + 常数$$

或写成微分形式为

$$c_p \frac{d\theta}{\theta} = c_p \frac{dT}{T} - R \frac{dp}{p} \tag{3.67}$$

把(3.66)式与(3.67)式联系起来,并且以 $dq = -L_v dw_s$,我们得到

$$-\frac{L_v}{c_p T}dw_s = \frac{d\theta}{\theta} \tag{3.68}$$

在习题 3.52 中我们证明了

$$\frac{L_v}{c_p T}dw_s \approx d\left(\frac{L_v w_s}{c_p T}\right) \tag{3.69}$$

据(3.68)式及(3.69)式,可得

$$-d\left(\frac{L_v w_s}{c_p T}\right) \approx \frac{d\theta}{\theta}$$

对上述最后一个表达式积分,可得

$$-\frac{L_v w_s}{c_p T} \approx \ln\theta + 常数 \tag{3.70}$$

在低温的场合,我们令 $w_s/T \to 0, \theta \to \theta_e$,由此确定出(3.70)式中的积分常数后可得

$$-\frac{L_v w_s}{c_p T} \approx \ln\left(\frac{\theta}{\theta_e}\right)$$

或者

$$\theta_e \approx \theta\exp\left(\frac{L_v w_s}{c_p T}\right) \tag{3.71}$$

由(3.71)式定义的量 $\theta_e$ 称为相当位温。可看出,$\theta_e$ 是当一个气块的所有水汽都凝结出去,从而饱和混合比 $w_s$ 变为零时气块的位温 $\theta$。因此,根据 $\theta$ 的定义,气块的相当位温可按以下方法确定。先使气块以假绝热方式膨胀(即抬升),直到全部水汽凝结,使潜热全部释放出来,而且全部凝结物降落掉。然后再令气块以干绝热方式压缩到

1000hPa 标准大气压。此时气块的最终温度就是 $\theta_e$（如果气块最初是不饱和的, $w_s$ 和 $T$ 就是气块干绝热抬升后开始变成饱和的那点的饱和混合比及温度）。在 3.4.3 小节中我们已经看出,位温对于绝热转换是一个守恒量,但相当位温在干绝热与饱和绝热两种过程中都是守恒的。

如果在斜 $T\text{-}\ln p$ 图上,沿着通过气块湿球温度的那条等相当位温线（也就是假绝热线）移到与 1000hPa 等压线相交的那一点,这交点处的温度就称为气块的湿球位温 $\theta_w$。如同相当位温,湿球位温在干绝热和饱和绝热这两个过程中都是守恒的。在斜 $T\text{-}\ln p$ 图上,假绝热线是用沿着假绝热线升降的空气的湿球位温 $\theta_w$（以℃为单位）和相当位温 $\theta_e$（以 K 为单位）（沿 200hPa 等压线）标注的。$\theta_w$ 和 $\theta_e$ 为我们提供了相类似的信息,对鉴别气团是有价值的。

当高度而不是压强,作为独立变量时,在气块绝热或假绝热升降,并有水物质在液相与汽相之间转换的过程中,守恒的量是湿静力能（MSE）[30]

$$MSE = c_p + \Phi + L_v q \tag{3.72}$$

式中,$T$ 为气块温度,$\Phi$ 为位势,$q_v$ 为比湿（几乎与 $w$ 相等）。(3.72)式右边第一项为单位空气质量的焓。第二项为位能,第三项为潜热量。前两项也出现在(3.51)式,为干静力能。当空气被干绝热地抬升时,焓转换为位能,潜热量保持不变。在饱和绝热上升过程中,在(3.72)式右端的所有三项之间都有能量交换:位能增加,而焓和潜热量都减小,但三项之和却保持不变。

### 3.5.6　诺曼德定律

本节讨论的很多关系都体现在下述定理中,就是通常所说的诺曼德[31]定律,它在利用斜 $T\text{-}\ln p$ 图进行的各种计算中是非常有用。此定律指出,在斜 $T\text{-}\ln p$ 图上,一个气块的抬升凝结高度位于以下三条线的交点:通过由气块温度及压强所确定的那点的位温线,通过由气块湿球温度及压强所确定的那点的相当位温线（也就是假绝热线）,以及通过空气块露点及压强所决定的那点的饱和水汽混合比线。当气块具有温度 $T$,压强 $p$,露点 $T_d$,以及湿球温度 $T_w$ 的情况下,可用图 3.11 来说明这个规则。可以看出,如果 $T$、$p$ 及 $T_d$ 已知,使用诺曼德定律可以很容易地确定 $T_w$。此外,由图还可以看出,如果沿通过 $T_w$ 的等 $\theta_e$ 线外延到 1000hPa 处,则可以得出湿球位温 $\theta_w$ 的值（见图 3.11）。

### 3.5.7　先上升后下沉的净效果

当气块抬升到它的抬升凝结高度以上,使水汽发生凝结,并且如果所形成的凝结物作为降水掉出气块,那么,在这个过程中气块所获得的潜热即使在气块回到原来高度时仍保留在空气内。由饱和上升与绝热下沉相结合的过程所造成的后果是:

(1)气块的温度和位温的净增加;

---

[30]　静力这个词出自这样的事实,即不包括与宏观尺度流体运动有关的动能。如果风速与声速项比较小,请读者证明,单位质量的动能远比(3.72)式右边的其他项小。

[31]　诺曼德[Sir Charles William Blyth Normand(1889—1982)],英国气象学家。印度气象局局长 (1927—1944)。印度国家科学院的创始者之一。改进了大气臭氧测量的方法。

（2）水汽含量减小（如水汽混合比、相对湿度、露点或温球温度等变化所表明的）；

（3）相当位温和湿球位温不变（对气块经历的干绝热和饱和绝热过程，这两个量是守恒量）。

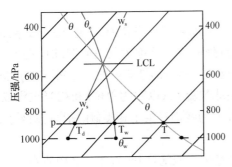

图 3.11　在斜 $T\text{-}\ln p$ 图上诺曼德定律的图示。橙色线为等温线。图中还给出了确定温度为 $T$，露点为 $T_d$，压强为 $p$ 的空气块的湿球温度（$T_w$）及湿球位温（$\theta_w$）的方法。LCL是指该空气块的抬升凝结高度。

下面的习题将说明以上各点。

**习题 3.10**　在 950hPa 处的一个气块，其温度为 14℃，混合比为 8g/kg。气块的湿球位温是多少？若此气块由于翻越一座山而被抬升到 700hPa，在凝结出的水汽中，有 70% 的水汽以降水的形式掉出气块。试求气块在山的另一侧回到 950hPa 高度上时，其温度、位温、混合比，以及湿球位温。

**解答：**在斜 $T\text{-}\ln p$ 图上（参阅本书网页），将气块的初态即 950hPa 及 14℃ 在图上点出。根据这个初态点可获得其相应的饱和混合比是 10.6g/kg。由于此气块的实际混合比只有 8g/kg，所以它是不饱和的。湿球位温（$\theta_w$）可按图 3.11 中指出的下述图解方法确定：沿着通过气块初态的等位温线上升，直到此等体温线与数值为 8g/kg 的饱和混合比线的交点。此交点出现在约 890hPa 处，它就是气块的抬升凝结高度（LCL）。现在，再沿着通过此交点的相当位湿线向下到达 1000hPa 处，则该处横坐标上的温度读数（14℃），就是气块的湿球位温。

当气块翻越山脉而被一直抬升到凝结高度 890hPa 处以前，此气块所经历的温度和压强，都是由通过压强为 950hPa 及温度 14℃ 的点的等位温线上相应各点的位置所决定的。如果气块进一步上升到 700hPa，空气将沿着通过抬升凝结高度的饱和绝热线上升。此饱和绝热线与 700hPa 等压线相交于一点，该点的饱和混合比值为 4.7g/kg。则在抬升凝结高度与 700hPa 高度之间，必定有 8－4.7＝3.3g/kg 水汽凝结出来，其中的 70%（即 2.3g/kg）变为降水掉到气块外面。因此，在 700hPa 处，气块内就仅剩下 1.0g/kg 的液态水了。在山脉的另一例，气块沿饱和绝热线下降，直到液态水全部蒸发掉为止。在全部蒸发掉的那点，气块饱和混合比将升到 4.7＋1.0＝5.7g/kg。气块在该点处的压强与温度分别是 760hPa 和 1.8℃。此后，气块沿一条干绝热线下降到 950hPa 处，在该处气块温度是 20℃，而水汽混合比仍是 5.7g/kg。如果再一次应用图 3.11 中指出的方法，可以看出气块的湿球位温在此过程中将始终保持 14℃ 不变[注意：在这个例子中气块由于翻过一座山而温度增加了 6℃，这是造成特别热的焚风或钦诺克风的原因，这类风是经常沿着山脉背风坡向下吹的[32]]。

---

　　[32]　首次以这种方式解释焚风现象的人看来是汉恩[33]，见其经典之作"*Lehrbuch der Meteorologie*"，Willibald Keller，Leipzig，1901。

　　[33]　汉恩[Julius F. von Hann(1839—1921)]，奥地利气象学家。将热力学原理引入气象学。发展了山谷风理论。出版了第一本有关气候学的系统专著(1883)。

## 3.6 静力稳定度

### 3.6.1 未饱和空气

假定有一层大气,在其中,其实际温度递减率 $\Gamma$(比如,用无线电探空仪测得)比干绝热递减率 $\Gamma_d$ 要小(见图 3.12(a))。如果一个最初位于高度 O 处的未饱和气块被抬升到点 A 和点 B 所确定的高度,它的温度将降至 $T_A$,它要比周围同高度的温度 $T_B$ 为低。由于气块立即调整使其压强等于它周围的压强,那么根据理想气体方程显然可知,较冷的气块其密度必定要比周围较暖的空气更稠密。因此,如果让气块处于自由状态,它有回到它原来高度的倾向。若气块从 O 处向下移动,它将变得比周围空气更暖,因此有上升回到原高度的倾向。在这两种情况下,气块被位移后,都受到一个回复原位的力,垂直混合就受到抑制。因此,$\Gamma<\Gamma_d$ 是未饱和空气处于稳定层结(或具有正静力稳定度)的一种条件。通常,差值 $\Gamma_d-\Gamma$ 越大,对于做一定位移的气块所受到的回复力也越大,因而静力稳定度也越大[34]。

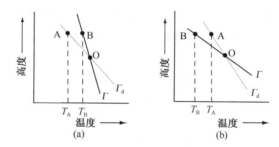

图 3.12 未饱和空气移动后的(a)正静力稳定度($\Gamma<\Gamma_d$),与(b)负静力稳
定度($\Gamma>\Gamma_d$)的条件。

**习题 3.11** 一个未饱和空气块,其密度为 $\rho'$,温度为 $T'$,而环境空气的密度和温度分别为的 $\rho$ 和 $T$。试以 $T$、$T'$ 和 $g$ 为函数,导出空气块向上加速度的表达式。

**解答**:情况如图 3.13 所示。如果我们考虑一个单位体积的空气块,其质量为 $\rho'$。因此,施加在该空气块上向下的力为 $\rho'g$。根据阿基米德[35]原理我们知道,作用在气块上向上的力数值上等于被气块置换了的环境空气的重力。由于单位体积的环境空气(密度为 $\rho$)被气块置换,作用在气块上的向上的力为 $\rho g$。因此,作用在单位体积气块上的净向上的力为

$$F = (\rho - \rho')g$$

由于单位体积气块的质量是 $\rho'$,气块的向上加速度为

$$\frac{d^2 z}{dt^2} = \frac{F}{\rho'} = \left(\frac{\rho - \rho'}{\rho'}\right)g$$

---

[34] 确定静力稳定度的一种更一般化的方法,在 9.3.4 小节中给出。

[35] 阿基米德[Archimedes(287—212B.C.)],最伟大的希腊科学家。他发明了战争机器和水车,他导出了以他命名的浮力原理。当锡拉库扎(Syracuse)被罗马占领之后,一个战士来到了上了年纪的阿基米德面前,当时阿基米德正在专心致志地研究他在沙砾中发现的图画,他说:"别破毁了我的圆圈",但他立刻被那个战士杀掉了。很不幸,权力不总是能战胜强权。

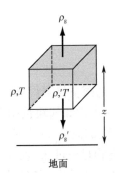

图 3.13　盒子表示单位质量体积的空气块,其质量中心位于地表以上高度 $z$ 处。气块的密度和温度分别为 $\rho'$ 和 $T'$,而环境空气的密度和温度分别为的 $\rho$ 和 $T$。作用在气块上的垂直方向的力由粗箭头指出。

式中,$z$ 为气块高度。因为气块与环境空气处于同样的高度,所以它们的压强相等。于是,根据形如(3.2)式给出的气体方程,气块和环境空气的密度与它们的温度成反比。因此,

$$\frac{\mathrm{d}^2 z}{\mathrm{d}t^2} = \frac{\dfrac{1}{T} - \dfrac{1}{T'}}{\dfrac{1}{T'}} g$$

或者

$$\frac{\mathrm{d}^2 z}{\mathrm{d}t^2} = g\left(\frac{T'-T}{T}\right) \tag{3.73}$$

严格来说,在所有与静力稳定度有关的表达式中,应该用 $T_v$ 来代替 $T$。然而,除了某些与边界层有关的计算外,虚温订正一般被忽略了。

**习题 3.12**　如果把图 3.12(a)中的气块,从其在 $z=0$ 的平衡高度向上位移了距离 $z'$,到达环境温度为 $T$ 的新高度。然后气块被释放。试推导一个以温度 $T$、环境空气温度递减率 $\Gamma$ 及干绝热递减率 $\Gamma_\mathrm{d}$ 表示的描述后来空气块垂直位移随时间变化的表达式。

**解答**:令 $z=z'$ 为气块的平衡高度,及 $z'=z-z_0$ 为气块从其平衡高度的位移。令 $T_0$ 为 $z=z_0$ 处环境空气的温度。若气块从其平衡位置被干绝热地抬升一距离 $z'$,其温度将是

$$T' = T_0 - (\Gamma_\mathrm{d})z'$$

因此,

$$T' - T = -(\Gamma_\mathrm{d} - \Gamma)z'$$

将上式代入(3.73)式得到

$$\frac{\mathrm{d}^2 z}{\mathrm{d}t^2} = -\frac{g}{T}(\Gamma_\mathrm{d} - \Gamma)z'$$

该式也可写成如下形式

$$\frac{\mathrm{d}^2 z'}{\mathrm{d}t^2} + N^2 z' = 0 \tag{3.74}$$

其中

$$N = \left[\frac{g}{T}(\Gamma_\mathrm{d} - \Gamma)\right]^{1/2} \tag{3.75}$$

$N$ 称为布伦特[36]-威萨拉[37]频率。方程(3.74)为二阶常微分方程。如果考虑的气层是稳定层结(也就是说,如果 $\Gamma_\mathrm{d} > \Gamma$),那么我们可以保证 $N$ 为实数,$N^2$ 为正值,且(3.74)式的解为

---

　　[36]　布伦特[Sir David Brunt(1886—1995)],英格兰气象学家。英国帝国理工学院的第一位全日制气象学教授(1934—1952)。他于 1930 年代出版的《物理与动力气象学》教材,是最早的有关现代气象学方面的统一教材之一。

　　[37]　威萨拉[Vilho Väisälä(1899—1969)],芬兰气象学家。发展了许多气象仪器,包括一款能够以无线电频率远程传输温、压、湿的无线电探空仪。此仪器的现代更新产品是芬兰最成功的出口商品之一。

$$z' = A\cos Nt + B\sin Nt$$

利用最大位移点是在时间 $t=0$ 的条件，即 $t=0$ 时，$z'=z'(0)$，及 $\mathrm{d}z'/\mathrm{d}t=0$，因而有

$$z'(t) = z'(0)\cos Nt$$

也就是说，气块围绕着它的平衡高度 $z$ 做浮力振动，振动的振幅等于气块的初始位移 $z'(0)$，频率为 $N$（以 rad/s 为单位）。因而布伦特-威萨拉频率也是一种静力稳定度的量度方法：频率越高，环境空气的稳定度越大。

　　空气块经历浮力振动与重力波有关，而重力波是行星大气中的一种普遍现象，如图 3.14 所示。重力波可以由山区地形上的气流激发而产生（如图 3.14 中左边的照片所示），或者因强烈的局地扰动而产生（图 3.14 中右边的照片所示）。下面的习题展示了浮力振动是如何由山区上空的气流激发起来的。

　　**习题 3.13**　在山区地形上空流动着一未饱和空气层，在气流的方向，山脊之间相隔 10km。空气的温度递减率为 $5℃\cdot\mathrm{km}^{-1}$，温度为 20℃。问风速 $U$ 取什么值才能使地形（即地形导致的）强迫的周期与浮力振动的周期相匹配？

　　**解答**：要使地形强迫的周期 $\tau$ 与浮力振动的周期相匹配，必须满足

$$\tau = \frac{L}{U} = \frac{2\pi}{N}$$

式中，$L$ 为山脊间隔距离。于是，根据上式及(3.75)式，

$$U = \frac{LN}{2\pi} = \frac{L}{2\pi}\left[\frac{g}{T}(\Gamma_d - \Gamma)\right]^{1/2}$$

或者，表达为国际标准单位

$$U = \frac{10^4}{2\pi}\left[\frac{9.8}{293} \times ((9.8-5.0)\times 10^{-3})\right]^{1/2} \approx 20\mathrm{m}\cdot\mathrm{s}^{-1}$$

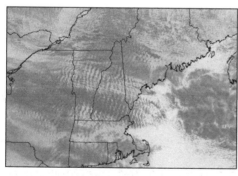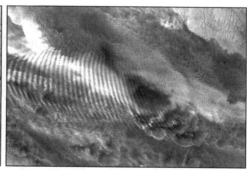

图 3.14　由云型揭示的重力波。左幅照片来自于 NOAA GOES 8 卫星的可见光照片，展示了在美国东北部北-南走向的阿巴拉契亚(Appalachians)山脊上空由西向东（从右到左）的气流中的波型。这些波相对于气流是横向的，其水平波长约为 20km。大气波型比地形起伏更有规则且范围更大。右幅照片来自 NASA 的多角度成像光谱辐射计(MISR)，展示了印度洋上空一浅薄云层内更为规则的波型。

　　具有负的气温递减率（即温度随高度增加而升高）的空气层称为逆温层。根据上面的讨论，显然可知，逆温层具有非常强的静力稳定度。低空逆温像一个"盖子"一样，能把充满污染的空气截聚于其下（见图 3.15）。平流层的分层结构源自于它代表了一个很深厚的逆温层的事实。

图 3.15　生物质燃烧期间,在南部非洲上空弥漫的霾的俯视照片。霾限制在逆温层之下。在
逆温层之上,空气明显清洁得多,而且能见度也非常好(摄影:P. V. Hobbs)(另见彩图)。

若 $\Gamma > \Gamma_d$(参阅图3.12(b)),一个自 O 点向上位移的未饱和气块,在到达 A 点处时将具有比它周围更高的温度。因此,气块的密度比周围空气稀薄,因此将继续上升。同理,如果此气块向下位移,它将比周围空气更冷,因此将继续下沉。在自由大气中,这种不稳定状态通常是很难维持长久的,因为一旦形成,其不稳定性就会因强烈的垂直混合而很快消失。惟一的例外是受到其下方地面强烈加热时的贴地气层。

**习题 3.14**　试证明如果位温 $\theta$ 随高度增加而增大,则此大气相对于未饱和气块的位移来说是稳定的。

**解答:**将(3.1)式、(3.18)式和(3.67)式相联系,对单位质量空气,我们得到

$$c_p T \frac{\mathrm{d}\theta}{\theta} = c_p \mathrm{d}T + g\mathrm{d}z$$

令 $\mathrm{d}\theta = (\partial\theta/\partial z)\mathrm{d}z$ 及 $\mathrm{d}T = (\partial T/\partial z)\mathrm{d}z$,并除以 $c_p T \mathrm{d}z$,得到

$$\frac{1}{\theta}\frac{\partial\theta}{\partial z} = \frac{1}{T}\left(\frac{\partial T}{\partial z} + \frac{g}{c_p}\right) \tag{3.76}$$

注意到 $-\mathrm{d}T/\mathrm{d}z$ 为空气的实际温度递减率 $\Gamma$,而干绝热递减率 $\Gamma_d$ 等于 $g/c_p$,因此(3.76)式可写为

$$\frac{1}{\theta}\frac{\partial\theta}{\partial z} = \frac{1}{T}(\Gamma_d - \Gamma) \tag{3.77}$$

但是,我们在前面已经说明,当 $\Gamma < \Gamma_d$ 时,表示空气具有正的静力稳定度。由此可以认为,在同样条件下 $\partial\theta/\partial z$ 必定是正值;即位温随高度增加必定是增大的。

### 3.6.2　饱和空气

如果一个气块是饱和的,它的温度将以饱和绝热递减率 $\Gamma_s$ 随高度减小。根据类似3.6.1节所做的论证可以得出结论,若 $\Gamma$ 是大气中实际的温度递减率,就垂直位移而言,饱和空气是稳定的、中性的或不稳定的,将分别取决于 $\Gamma < \Gamma_s$、$\Gamma = \Gamma_s$ 或 $\Gamma > \Gamma_s$。当把环境温度探测结果点绘在斜 $T$-$\ln p$ 图上时,$\Gamma$、$\Gamma_d$ 和 $\Gamma_s$ 之间的差异很容易就能看出来的(参阅习题3.53)。

### 3.6.3  条件性不稳定和对流性不稳定

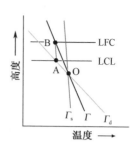

图 3.16　条件性不稳定状态（$\Gamma_s < \Gamma < \Gamma_d$）。$\Gamma_s$ 和 $\Gamma_d$ 分别是饱和绝热递减率及干绝热递减率，而 $\Gamma$ 是环境空气温度递减率。LCL 和 LFC 分别指抬升凝结高度和自由对流高度。

　　若大气的实际温度递减率 $\Gamma$ 介于饱和绝热递减率 $\Gamma_s$ 及干绝热递减率 $\Gamma_d$ 之间，一个气块当被抬升到远高于平衡高度的地方时，它将变得比周围空气为暖。图 3.16 中说明了这种情况。在图中，一个气块从它的平衡高度 O 点抬升，当未到达它的抬升凝结高度 A 之前，它是按干绝热方式冷却的。当它到达 A 点时，气块比周围空气更冷。如进一步抬升，它将按照湿绝热递减率冷却，因此，气块的温度沿着湿绝热线 ABC 而变。若气块十分潮湿，通过 A 点的湿绝热线将与环境温度探空曲线相交，交点即图 3.16 中的 B 点。在上升到 B 点以前，气块始终比环境空气为冷，也比环境空气为稠密，因此，在此阶段要使空气抬升，需要消耗能量。气块在未达到 B 点之前如已停止抬升，它就将回到在 O 点的平衡高度。但如一旦超过 B 点，就得到一个正的浮力，这时即使没有进一步的抬升力，这个正的浮力也会支持气块向上运动。由于这个缘故，B 点被称为自由对流高度（LFC）。自由对流高度取决于上升气块中的水汽含量及温度递减率 $\Gamma$ 的大小。

---

**框栏 3.4　静力稳定度、不稳定度、中性稳定度和条件不稳定度的类比**

　　3.6.1 小节和 3.6.2 小节讨论了在大气中发生垂直位移后未饱和及饱和空气块处于稳定、不稳定或中性的条件。在稳定条件下，当一个空气块被向上或者向下位移，然后让它自由（即去掉引起它原始位移的力），空气块就会回到它原来的位置。一个相类似的情况在图 3.17(a) 中给出，在其中，一个球原来位于谷中的最低处。如果把那个球在任何方向位移，然后再把它放开，它将回到其在谷底原来的位置。

　　在大气中不稳定条件下，一个向上或向下被位移了的空气块，然后让它自由运动，那么它将分别继续向上或向下运动。在图 3.17(b) 给出了一个类比的例子，在其中一个球初始时位于小山顶上。如果把球在任何方向位移，然后放开它，它将滚下山坡。

　　如果在中性大气中的一个空气块被位移，然后让它自由运动，那么它将留在位移的位置不动。可与此情况相类比的是在平坦地面上的一个球。如果球被位移，然后再让它自己运动，那么它将保持不动。

　　如果一个空气块处于条件性不稳定，并被抬升到某一高度，然后让它自己运动，那么它将回到它原来的位置。然而，空气块被抬升到超过一定高度（即自由对流高度），然后让它自己运动，那么它将会继续上升（3.6.3 小节）。这种情况的一个类比在图 3.17(d) 中给出，在其中，一个球被位移至位于小山丘左侧的点 A，球将滚回到它原来的位置。但如果 b 把球位移到小山丘另一侧的 B 点，那么球就不会回到它原来的位置，而是滚下小山丘的右侧。

　　应该注意，在图 3.17 给出的类比中，在球被位移以后作用在球上的力，只有永远指向下的重力。与此不同的是，作用在空气块上的力既有重力又有浮力。重力永远是指向下的，但浮力既可向上也可向下，取决于空气块密度比环境空气密度小或大。

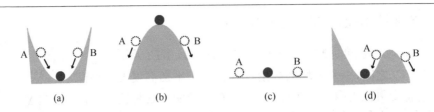

图 3.17　(a)稳定,(b)不稳定,(c)中性和(d)条件性不稳定度的类比。实心圆圈
为球原来的位置,空心圈为位移后的位置。箭头表示当产生位移的力去掉以后球
将从位移后的位置移动的方向。

从上面的讨论可以清楚地看到,当 $\Gamma_s<\Gamma<\Gamma_d$ 时,若强迫的铅直运动足够强,气块抬升到超过它的自由对流高度时就可以出现重力不稳定性。就对流而言,这样的大气称为是条件性不稳定的。如果铅直运动较弱,这类层结将永远保持下去。

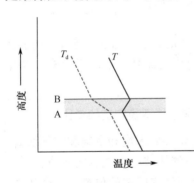

图 3.18　对流性不稳定状态。$T$ 和 $T_d$ 分别是空气的温度及露点。阴影区为干逆温层。

空气块不稳定的潜力与水汽的铅直层结也有关系。在图 3.18 中所示的廓线中,在标示湿层顶的逆温层 AB 内,露点随高度迅速减小。现假定此层被抬升,则原来在 A 处的空气就会很快地到达其抬升凝结高度,并在超过此高度后按湿绝热冷却。而起初在 B 点处的空气,在升达其抬升凝结高度之前,必须先按干绝热冷却经过很厚的气层。因此,当此整个逆温层被抬升时,逆温层顶部将冷却得远比底部为快,从而使温度递减率很快地失稳。这样,即使开始时根据探空曲线整个气层是绝对稳定的,但当它被充分抬升后,这个气层就变成条件性不稳定了。可以证明,这种对流(或位势)不稳定性的判据是:在气层内 $\partial \theta_e/\partial z$ 为负值(即 $\theta_e$ 随着高度减小)。

在整个热带的广大地区,从混合层到其上的干层,$\theta_e$ 随着高度有很明显的减小。但深对流仅在其中具有足够抬升力来释放不稳定性的百分之几的地区爆发。

## 3.7　热力学第二定律及熵

热力学第一定律(3.3 节)是能量守恒原理的一种表述。热力学第二定律是由卡诺[⊗]、克劳修斯[⊗]及开尔文以不同方式推导出来的。这个定律阐述热量中能够转变为有效功的最大成数问题。卡诺第一个明确指出,对任何一个给定系统,上述转变在理沦上有一个极限。他还引入了循环和可逆过程等重要概念。

---

[⊗]　卡诺[Nicholas Leonard Sadi Carnot(1796—1832)],出身于卢森堡。16 岁进入巴黎的埃克尔(Ecole)技校。以后成为工程兵部上尉。曾创立热力学。

[⊗]　克劳修斯[Rudolf Clausius(1822—1888)],德国物理学家。曾在热力学、光学和电学方面做出过贡献。

### 3.7.1 卡诺循环

循环过程是指物质(或称工作物质)通过改变状态但最后又完全回到其初始状态所经历的一系列状态变化过程。在循环过程中,如果工作物质的体积发生变化,那么工作物质就可能对外做功,或外界对工作物质做功。由于在循环过程中工作物质的初态和终态是相同的,而且内能是状态的函数,所以工作物质的内能保持不变。于是,据(3.33)式,工作物质吸收的净热量等于循环过程中对外做的功。如果工作物质系统在过程中的每一个状态均处于平衡态,则称工作物质是经历了一个可逆的变化,此时每一个无穷小的反向变化,均可使工作物质和环境返回到它们的初始状态。热机是一种通过热量这种媒介做功的设备。

如果热机在一个循环过程中吸收热量 $Q_1$,并排出热量 $Q_2$,则热机所做的功值为 $Q_1 - Q_2$,而它的效率 $\eta$ 可定义为

$$\eta = \frac{\text{热机所做的功}}{\text{工作物质吸收的热量}} = \frac{Q_1 - Q_2}{Q_1} \tag{3.78}$$

卡诺研究了热机做有用机械功效率的重要实际问题。他设想了一个理想热机(见图3.19)。这个热机由一个内盛工作物质的汽缸(Y)组成。汽缸具有绝热壁和导热底(B),并装有一个绝热的、无摩擦的活塞(P),活塞上可以施加不同的力,如要使汽缸底绝热可将汽缸放在一个绝热的支架(S)上,这套热机还附有一个可保持恒温 $T_1$ 的无限加热热源(H)和一个保持恒温 $T_2$ 的无限致冷的冷源(C)(其中 $T_1 > T_2$)。热源供给汽缸内工作物质以热量,冷源从工作物质中吸取热量。当工作物质膨胀(或压缩)对,活塞就向外(或向内)运动,因此热机向外做功(或外界对热机做功)。

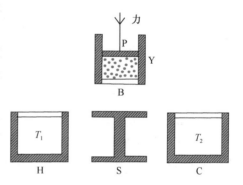

图 3.19 卡诺理想热机的部件。阴影区表示绝热物质,白色区域表示导热物质。工作物质由汽缸内的点表示。

汽缸内的工作物质通过如下 4 个步骤完成卡诺循环,这 4 个步骤合起来构成一个可逆的循环变化:

(1)工作物质从图 3.20($p$-$V$ 图)中温度为 $T_2$ 的 A 点表示的条件开始。把汽缸安置在支架S上,工作物质由于施加在活塞上的力的增加而被压缩。当汽缸放置在支架上时,因为热量既不能进入汽缸内的工作物质中,也不能从那里释放出来,故工作物质经历了一个绝热压缩过程,其状态就变为图 3.20 中由 B 点表示的状态,这时工作物质温度已升到 $T_1$。

(2)现在把汽缸安放在热源 H 上,工作物质从 H 中吸取热量 $Q_1$。在此过程中,工作物质在等温度 $T_1$ 下膨胀到图 3.20 中 C 点的状态。在此过程中,工作物质通过膨胀反抗施加在活塞上的力做功。

(3)再把汽缸放回到绝热支架,工作物质在图 3.20 中沿 CD 线经历了一个绝热膨胀过程,直至其温度下降到 $T_2$。工作物质通过反抗施加在活塞上的力再一次做功。

(4)最后,把汽缸安放到冷源上,通过增大施加在活塞上的力,使工作物质沿 DA 线等温地压缩,恢复到它初始状态 A。在这个变化中,工作物质向冷源放出热量 $Q_2$。

据(3.36)式可知,工作物质在卡诺循环过程中所做的净功等于图 3.20 中 ABCD 内所包含的面积。而且因为工作物质恢复到了它的初始状态,故所做净功等于 $Q_1 - Q_2$,而热机效率则可由(3.78)式决定。在这个循环过程中,热机依靠由较暖的(H)物体向较冷的(C)物体传导一定量的热量而做功。阐述热力学第二定律的一种方式是"在一个循环过程中热量只有从较暖物体传向较冷物体才能转换为功。"在习题 3.56 中,我们证明工作在两个相同温度界限之间的热机中,可逆机的效率最高,而工作在两个相同的温度界限之间的一切可逆机都有相同的效率。此即称为卡诺定理的两种表述。这两种表述的正确与否取决于热力学第二定律的真实情况。

**习题 3.15** 试证明在卡诺循环中,从温度为 $T_1$ 的热源处吸收的热量 $Q_1$ 与向温度为 $T_2$ 的冷源中排出的热量 $Q_2$ 之比等于 $T_1/T_2$。

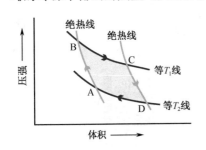

图 3.20　$p$-$V$ 图上表示的卡诺循环。实线为等温线,而虚线为绝热线。

**解答:**为了证明这个重要关系式,我们令卡诺机中的工作物质是 1mol 理想气体,并令该理想气体经历如图 3.20 中所示的卡诺循环 ABCD。

对于从 A 到 B 的绝热变化来说,我们有(使用在习题 3.33 中所证明的绝热方程)

$$p_A V_A^\gamma = p_B V_B^\gamma$$

其中,$\gamma$ 是定压比热与定容比热之比值。对于从 B 到 C 的等温变化来说,根据波伊尔定律我们有

$$p_B V_B = p_C V_C$$

从 C 到 D 的变化是绝热的。所以,根据绝热方程,

$$p_C V_C^\gamma = p_D V_D^\gamma$$

对于从 D 到 A 的等温变化,则有

$$p_D V_D = p_A V_A$$

把这 4 个方程联系起来,得到

$$\frac{V_C}{V_B} = \frac{V_D}{V_A} \tag{3.79}$$

现在考虑理想气体吸收和排出的热量。在由状态 B 到状态 C 的过程中,从热源吸收的热量为 $Q_1$。由于理想气体的内能只决定于温度,而理想气体的温度由 C 到 D 的过程中又不变,因此根据(3.33)式,提供给气体的热量 $Q_1$ 完全用于做功。所以,由(3.36)式,

$$Q_1 = \int_{V_B}^{V_C} p \, \mathrm{d}V$$

或者,利用(3.6)式并应用于 1mol 理想气体,

$$Q_1 = \int_{V_B}^{V_C} \frac{R^* T_1}{V} \mathrm{d}V = R^* T_1 \int_{V_B}^{V_C} \frac{\mathrm{d}V}{V}$$

于是,

$$Q_1 = R^* T_1 \ln\left(\frac{V_C}{V_B}\right) \tag{3.80}$$

同理,在由 D 到 A 的等温变化过程中,向冷源排出的热量 $Q_2$,可由下式给出

$$Q_2 = R^* T_2 \ln\left(\frac{V_D}{V_A}\right) \tag{3.81}$$

据(3.80)式及(3.81)式可得

$$\frac{Q_1}{Q_2} = \frac{T_1 \ln(V_C/V_B)}{T_2 \ln(V_D/V_A)} \tag{3.82}$$

因此,据(3.79)式和(3.82)式得到

$$\frac{Q_1}{Q_2} = \frac{T_1}{T_2} \tag{3.83}$$

　　热机的实际例子是蒸汽机和核能电厂。在蒸汽机内,热源和冷源分别为锅炉和冷凝器。对于核发电厂,热源和冷源分别为核反应堆和冷却塔。在两种情况下,水(液态及汽态形式)是工作物质。工作物质吸收热量后膨胀,从而推动活塞或转动涡轮叶片做功。7.4.2 小节讨论了在地球大气中的加热差异是如何通过地球热机过程来克服摩擦耗散维持风系的。

　　卡诺循环能够按如下方式进行反方向运转。在图 3.20 中首先自 A 点开始,汽缸内物质等温膨胀,直至到达由 D 点所表示的状态。在此过程中,物质从冷源吸收热量 $Q_2$。物质从状态 D 到 C 进行了绝热膨胀。然后从状态 C 到 B 进行了绝热压缩。在此变化过程中,有热量 $Q_1$ 传给热源。最后,物质由状态 B 绝热膨胀回到状态 A。

　　在此逆循环中,卡诺的理想机作为一个制冷机或空调机,从冷的物体(冷源)取走热量 $Q_2$,而给热的物体(热源)以热量 $Q_1(Q_1 > Q_2)$。为了完成这个热量的转换,必须有数量相当于 $Q_1 - Q_2$ 的机械功通过某些外界手段(如一部电动机)来驱动致冷机。这就引出了热力学第二定律的另一种阐述,即在一个循环过程中,热量不能自动(即没有通过某些外界手段做功)由冷的物体传到暖的物体。

### 3.7.2　熵

　　我们已经看到,各等温线可用彼此不同的温度值相区别。同理,各干绝热线也可用彼此不同的位温值来表示。这里我们描述区分两条绝热线的另一种方法。考虑在 $p$-$V$ 图上由位温值 $\theta_1$、$\theta_2$ 和 $\theta_3$ 标注的 3 条绝热线(如图 3.21 所示)。当从一条绝热线沿着一条等温线可逆地到达另一条绝热线(例如,在进行一个卡诺循环过程中)时就有热量 $Q_{rev}$ 被吸收或释放,其中 $Q_{rev}$(下标"rev"表示热量是可逆地交换的)取决于所循等温线的温度 $T$。而且,据(3.83)式,从一条绝热线到另一条绝热线之间无论所选择通过的是哪一条等温线,比值 $Q_{rev}/T$ 都是相同的。因此,比值 $Q_{rev}/T$ 可用来区别两条绝热线之间的差别;$Q_{rev}/T$ 被称为两条绝热线之间的熵($S$)差。更确切地,我们可以把物质的熵的增量 $dS$ 定义为

$$dS \equiv \frac{dQ_{rev}}{T} \tag{3.84}$$

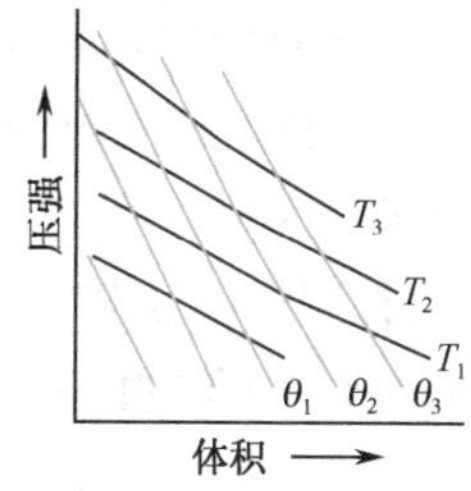

图 3.21　$p$-$V$ 图上的等温线(标有温度 $T$ 的曲线)和绝热线(标有位温 $\theta$ 的曲线)。

式中,$dQ_{rev}$ 是可逆地加到温度为 $T$ 的系统上的热量。因此,对于单位质量物质来说

$$ds \equiv \frac{dq_{rev}}{T} \tag{3.85}$$

熵仅是系统状态的函数,而与系统由一个状态到达另一个状态所经过的路径无关。我们从(3.38)式和(3.85)式可以看出,对于可逆的变化而言,热力学第一定律可写为

$$T\mathrm{d}s = \mathrm{d}u + p\mathrm{d}\alpha \tag{3.86}$$

这种形式的热力学第一定律中仅包含状态函数。

当系统从状态 1 到达状态 2,系统的单位质量熵的变化是

$$s_2 - s_1 = \int_1^2 \frac{\mathrm{d}q_{\mathrm{rev}}}{T} \tag{3.87}$$

把(3.66)式和(3.67)式联系起来,得到

$$\frac{\mathrm{d}q}{T} = c_p \frac{\mathrm{d}\theta}{\theta} \tag{3.88}$$

由于导出(3.66)式及(3.67)式的过程是可逆的,所以从(3.85)式和(3.88)式,我们有

$$\mathrm{d}s = c_p \frac{\mathrm{d}\theta}{\theta} \tag{3.89}$$

对(3.89)式求积分,得到熵与位温之间的关系式如下

$$s = c_p \ln\theta + 常数 \tag{3.90}$$

当变化过程中熵(因而位温也是)保持常数时就称为等熵变化。因此,绝热线在大气科学中通常也称为等熵线。从(3.90)式可以看出,如同在大气科学中通常做的,位温可以用来代替熵。

现在,让我们考虑如图 3.20 中所表示的卡诺循环内熵的变化。其中从 A 到 B 以及从 C 到 D 的过程,都是绝热和可逆的;因此在这两个转换过程中都没有熵的变化。从状态 B 到状态 C 的过程中,工作物质从温度为 $T_1$ 的热源处可逆地取得热量 $Q_1$;因此,热源的熵减少了一个量 $Q_1/T_1$;从状态 D 到状态 A 的过程中,工作物质可逆地释放热量 $Q_2$ 到温度为 $T_2$ 的热汇中;因此,热汇的熵增加了 $Q_2/T_2$。由于工作物质在整个过程中经历了一个循环,并因此回到了它的原始状态,它不经历任何净的熵变化。因此,在整个卡诺循环中,熵的增加是 $Q_2/T_2 - Q_1/T_1$。然而,我们在习题 3.15 中已证明,$Q_2/T_2 = Q_1/T_1$。因此,在卡诺循环中熵没有变化。

注意到下面问题是有趣的。若在一个称之为温-熵图[40]的图中,纵坐标取温度(以 K 为单位),横坐标取熵,卡诺循环就是矩形的形状,如图 3.22 所示,而其中字母 A、B、C 和 D 相当于以前讨论的状态点。绝热过程(AB 和 CD)以垂直线表示(即等熵线)和等温过程(BC 和 DA)以水平线表示。显然,据(3.84)式,在循环转换 ABCDA 中,工作物质从热源中可逆地取得的热量 $Q_1$ 可以由面积 XBCY 给出,而工作物质释放到冷源的热量 $Q_2$ 可以由面积 XADY 给出。所以,在循环过程中做的功 $Q_1 - Q_2$,可以由这两块面积之差给出,它相当于图 3.22 中的阴影面积 ABCD。任何可逆的热机可用温-熵图上的一个闭合回路表示,回路的面积正比于热机在一个循环中系统所做或外界对系统做的(分别取决于

⑩　温-熵图是由肖⑪引入气象学中的。由于熵有时是用符号 $\phi$ 表示的(而不是 S),因此这种图有时也称作 $T-\phi$ 图。

⑪　肖［Sir(William) Napier Shaw(1854—1945)］,英格兰气象学家。1877—1899 年在剑桥大学当实验物理讲师。1905—1920 年任英国气象局长。1920—1924 年任伦敦大学帝国学院气象学教授。肖为气象科学的基础方面做了不少工作。他对从大气环流到空气污染预报均有兴趣。

回路是顺时针进行的还是逆时针进行的)净功。

热力学图上,等面积表示等(或是由工作物质所做的或者外界对工作物质做的)净功这一特性特别有用。斜 $T$-$\ln p$ 图具有这样的特性。

### 3.7.3  克劳修斯-克拉珀龙方程

我们现在将利用卡诺循环推导出一个重要的关系式,它称为克劳修斯-克拉珀龙[42]方程(有时被物理学家称为第一潜热方程)。克劳修斯-克拉珀龙方程描述了液面上饱和水汽压如何随温度而变化,以及固体融点如何随压强变化。

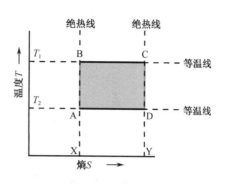

图 3.22  在温($T$)-熵($S$)图上表示卡诺循环。AB 和 CD 为绝热线,BC 和 DA 为等温线。

令在卡诺理想热机汽缸内的物质是某一种与其饱和蒸汽处于平衡状态的液体,又令物质初态以图 3.23 中 A 点表示,且温度为 $T-dT$ 时,饱和蒸汽压是 $e_s-de_s$。把汽缸放在绝热支架上,并稍微压缩活塞(见图 3.24(a)),物质就从状态 A 绝热压缩到状态 B,B 点温度为 $T$,饱和蒸汽压是 $e_s$。现在让汽缸放在温度为 $T$ 的热源上面,并让其中物质等温膨胀,直至有一个单位质量的液体蒸发掉为止(见图 3.24(b))。在这变化过程中,蒸汽压保持在 $e_s$ 不变,物质经历了由状态 B 到达状态 C(见图 3.24(b))。如果温度为 $T$ 时,液体及蒸汽的比容分别为 $\alpha_1$ 及 $\alpha_2$,在从状态 B 变到状态 C 时,系统体积的增加是 $(\alpha_2-\alpha_1)$。另外,从热源处吸收的热量为 $L_v$,这里 $L_v$ 是汽化潜热。现在,把汽缸再放到绝热支架上,从状态 C 进行微小的绝热膨胀到达状态 D,在状态 D 温度由 $T$ 降到 $T-dT$,蒸汽压由 $e_s$ 降到 $e_s-de_s$(见图 3.24(c))。最后,汽缸放在温度为 $T-dT$ 的热汇上,从状态 D 进行等温等压压缩到达状态 A。在此过程中蒸汽发生凝结(图 3.24(d))。上述全部变化都是可逆的。

由(3.83)式

$$\frac{Q_1}{T_1}=\frac{Q_2}{T_2}=\frac{Q_1-Q_2}{T_1-T_2} \tag{3.91}$$

式中,$Q_1-Q_2$ 是汽缸内工作物质在一次循环过程中吸收的净热量,它也等于工作物质在循环过程中所做的功。但是,如在 3.3 节中所示,在一个循环过程中所做的功等于在 $p$-$V$ 图上闭合曲线所包围的面积。所以,根据图 3.23,$Q_1-Q_2=BC\times de_s=(\alpha_2-\alpha_1)de_s$。另外,$Q_1=L_v$,$T_1=T$,以及 $T_1-T_2=dT$。所以,代入(3.91)式得

$$Q_1-Q_2=BC\times de_s=(\alpha_2-\alpha_1)de_s$$

$$\frac{L_v}{T}=\frac{(\alpha_2-\alpha_1)de_s}{dT}$$

或者

——————————————

㊷  克拉珀龙[Benoit Paul Emile Claperron(1799—1864)],法国工程师和科学家。直到克拉珀龙用解析式表达出来之前,卡诺的热机理论实际上不被世人所知。这个工作使得卡诺理论引起了汤姆生和克劳修斯的注意,并将这些理论用在了他们推导热力学第二定律的工作中。

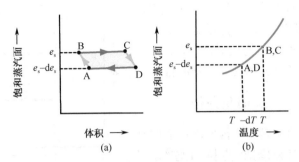

图 3.23　液体及其饱和蒸汽的混合系统在进行卡诺循环中,其状态变化在(a)饱和蒸汽压与体积图和(b)饱和蒸汽压与温度的关系团中的表述。因为,如果温度为常数,则饱和蒸汽压也是常数,所以等温变化过程 BC 和 DA 为水平线。

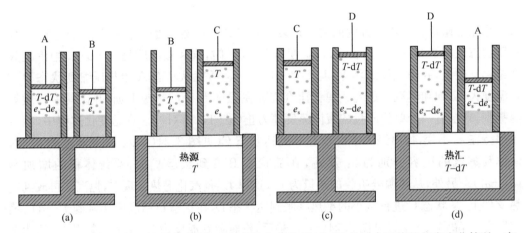

图 3.24　在卡诺循环中液体(灰色阴影区)与其饱和蒸汽(灰色点)的混合系统的状态变化情况。字母 A、B、C、D 表示图 3.23 中的混合系统的状态。斜线阴影区是指绝热材料。

$$\frac{\mathrm{d}e_s}{\mathrm{d}T} = \frac{L_v}{T(\alpha_2 - \alpha_1)} \tag{3.92}$$

这就是平衡蒸汽压 $e_s$ 随温度 $T$ 变化的克劳修斯-克拉珀龙方程。

因为单位质量蒸汽的体积比单位质量液体的体积大得多($\alpha_2 \gg \alpha_1$),方程(3.92)可以写成十分接近的近似式

$$\frac{\mathrm{d}e_s}{\mathrm{d}T} \approx \frac{L_v}{T\alpha_2} \tag{3.93}$$

由于 $\alpha_2$ 是在温度 $T$ 时与液水处于平衡状态的水汽的比容,温度为 $T$ 时其施加的压强为 $e_s$。因此,根据水汽的理想气体状态方程,有

$$e_s\alpha_2 = R_v T \tag{3.94}$$

把(3.93)式与(3.94)式相结合,然后再由(3.13)式得到的 $R_v = 1000R^* / M_w$ 代入,得到

$$\frac{1}{e_s}\frac{\mathrm{d}e_s}{\mathrm{d}T} \approx \frac{L_v}{R_v T^2} = \frac{L_v M_w}{1000 R^* T^2} \tag{3.95}$$

这是克劳修斯-克拉珀龙方程的一种方便的形式。在大气中所关心的相对比较小的温度范围内,应用(3.95)式的差分形式不失为一种较好的近似,即

$$\frac{1}{e_s}\frac{\Delta e_s}{\Delta T} \approx \frac{L_v M_w}{1000 R^* T^2} \tag{3.96}$$

将(3.95)式应用于水物质,并从 273K 到 $T$ 积分,

$$\int_{e_s(273\mathrm{K})}^{e_s(T)} \frac{\mathrm{d}e_s}{e_s} = \frac{L_v M_w}{1000 R^*} \int_{273\mathrm{K}}^{T} \frac{\mathrm{d}T}{T^2}$$

或者,因为在 273K 时,$e_s = 6.11\mathrm{hPa}$(图 3.9),$L_v = 2.500 \times 10^6 \mathrm{J \cdot kg^{-1}}$,水的相对分子质量($M_w$)为 18.016,且 $R^* = 8.3145 \mathrm{J \cdot {}^{\circ}C^{-1} \cdot kg^{-1}}$,温度为 $T$ 时,饱和水汽压 $e_s$(以 hPa 为单位)为

$$\ln\frac{e_s}{6.11} = \frac{L_v M_w}{1000 R^*}\left(\frac{1}{273} - \frac{1}{T}\right) \approx 5.42 \times 10^3 \left(\frac{1}{273} - \frac{1}{T}\right) \tag{3.97}$$

---

**框栏 3.5　环境压强对液体沸点的影响**

当某种液体被加热到某一温度,在此温度下液体中能够产生大量的小气泡,那么就说此液体沸腾了。为什么每一种液体都会在一定温度(沸点)形成小气泡呢?对这一问题回答的关键是认识到,如果在液体中形成一个气泡,那么在气泡内只包含液体的蒸汽。因此,气泡内的压强是此液体温度下的饱和蒸汽压。如果饱和蒸汽压小于作用在液体(以及液体表面下的气泡)上的环境压强,气泡不能形成。当温度升高时,饱和蒸汽压也增加(见图 3.9),并当饱和蒸汽压与环境压强相等时,气泡可在液体表面形成,液体就开始沸腾了(图 3.25)。

水在温度 $T_B$ 下沸腾,因此在 $T_B$ 下的饱和水汽压等于大气(或环境)压强($p_{atmos}$)[43]

$$e_s(T_B) = p_{atmos} \tag{3.98}$$

由(3.92)式的差分形式及(3.98)式

$$\frac{\Delta p_{atmos}}{\Delta T_B} = \frac{L_v}{T_B(\alpha_2 - \alpha_1)}$$

或者

$$\frac{\Delta T_B}{\Delta p_{atmos}} = \frac{T_B(\alpha_2 - \alpha_1)}{L_v} \tag{3.99}$$

方程(3.99)给出了水的沸点随大气压强(或更一般地,环境压强)的变化。由于 $\alpha_2 > \alpha_1$,$T_B$ 随着 $p_{atmos}$ 的增加而增大。如果大气压明显低于 1atm,水的沸点将明显低于 100℃。这就是为什么在高山顶上很难烧好一杯热茶的原因(见习题 3.64)!

---

[43]　通常是这样,如果从下面对一个容器中的水加热,产生气泡处的压强略高于大气压强。这是由于气泡上面水的额外压强造成的。因此,当水正在稳定地沸腾时,在容器底部的温度将略高于 $T_B$。当水在一个透明的容器中加热时,最初可看见的气泡迹象出现在温度远低于 $T_B$,这是一串串由溶解空气形成的小气泡升到液体表面(注意:一种气体在液体中的溶解度随着温度的升高而减小)。沸腾之前的"唱歌"是由于位于容器上部的水气泡破裂造成的。那些汽泡可能是在空气泡周围形成的,而空气泡起了核的作用。空气泡形成于靠近热源的较热水中。要在温度 $T_B$ 下连续稳定地沸腾,某种核的存在看起来是必要的。没有核,水在加热到相对于沸点过热之前,不会开始沸腾,而会出现"崩沸"(即沸腾延迟)。当气泡最终形成时,气泡内的水汽压远大于环境压强,在升到水面上的过程中,气泡就发生爆炸性地膨胀。第 6 章讨论了水滴由汽相形成,以及冰质粒由水汽和液相形成,而这两种过程都需要核。

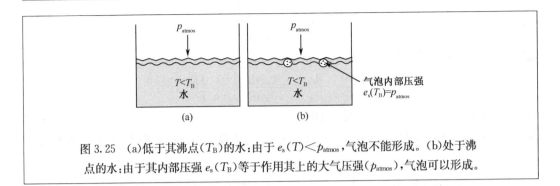

图 3.25　(a)低于其沸点($T_B$)的水:由于 $e_s(T) < p_{atmos}$,气泡不能形成。(b)处于沸点的水:由于其内部压强 $e_s(T_B)$ 等于作用其上的大气压强($p_{atmos}$),气泡可以形成。

### 3.7.4　热力学第二定律的一般化论述

到目前为止,我们已经以相当不正式的方式讨论了热力学第二定律以及熵,并且只考虑了相对于理想可逆变换的情况。热力学第二定律(部分地)指出:"对于可逆变换,宇宙的熵不变"(其中的"宇宙"意指某一系统及其四周)。换言之,如果一个系统可逆地得到热量,其熵的增加在数值上恰好等于其周围环境的熵的减小。

可逆性的概念是一个抽象术语。一个可逆变换式系统移动通过一系列的平衡状态,因而在过程的任何一点,通过在周围环境中的一个微小变化,就可使系统的变换方向逆转。所有的自然变换在某种程度上是不可逆的。在不可逆(有时称为自发)转换中一个系统以有限的速率进行了有限的变换,而且这些变换不可能简单地因为改变系统周围一个无限小量就发生逆转。不可逆变换的例子包括热量从较暖物体流向较冷物体,以及两种气体的混合。

一个系统在一个不可逆变换过程中,如果在温度 $T$ 时吸收了热量 $dq_{irrev}$,那么该系统熵的变化不等于 $dq_{irrev}/T$。事实上,对不可逆变换来说,在系统和其四周熵的变换之间不存在简单的关系式。但热力学第二定律的其余部分指出:"宇宙的熵会因不可逆变换而增加。"

上述热力学第二定律的两部分可相加如下:

$$\Delta S_{宇宙} = \Delta S_{系统} + \Delta S_{四周} \tag{3.100a}$$

$$\Delta S_{宇宙} = 0,对可逆(平衡)变换过程 \tag{3.100b}$$

$$\Delta S_{宇宙} > 0,对不可逆(自发)变换过程 \tag{3.100c}$$

热力学第二定律不能被证明。但由于它能导出与观测和经验相符合的推论,人们相信它是正确的。下面的习题给出了这种推论的一个例子。

**习题 3.16**　假定热力学第二定律是真实的,试证明某一种孤立的理想气体可自发地膨胀(比如,进入真空),但它不能自发地收缩。

**解答:**考虑一个单位质量的给定气体。如果该气体是孤立的,那么它与其四周就没有接触,因而 $\Delta S_{四周} = 0$。所以,由(3.100a)式

$$\Delta S_{宇宙} = \Delta S_{gas} \tag{3.101}$$

由于熵是一个状态函数,通过取任意从状态 1 到状态 2 的可逆等温路径并估算下列积分,可以得到 $\Delta S_{gas}$ 的表达式

$$\Delta S_{gas} = \int_1^2 \frac{dq_{rev}}{T}$$

将(3.46)式和(3.3)式相结合,对单位质量理想气体的可逆变换,我们有

$$\frac{\mathrm{d}q_{\mathrm{rev}}}{T} = c_p \frac{\mathrm{d}T}{T} - R \frac{\mathrm{d}p}{p}$$

所以,

$$\Delta S_{\mathrm{gas}} = c_p \int_{T_1}^{T_2} \frac{\mathrm{d}T}{T} - R \int_{p_1}^{p_2} \frac{\mathrm{d}p}{p}$$

或者

$$\Delta S_{\mathrm{gas}} = c_p \ln \frac{T_2}{T_1} - R \ln \frac{p_2}{p_1}$$

由于气体是孤立的,$\Delta q = \Delta w = 0$;于是,根据(3.34)式,$\Delta u = 0$。如果 $\Delta u = 0$,根据理想气体的焦耳定律则有 $\Delta T = 0$。因此,气体必须等温地从其初始状态(1)到达其终态(2)。

对于等温过程,理想气体方程简化为波伊尔定律,它可写为 $p_1\alpha_1 = p_2\alpha_2$,其中的 $\alpha_1$ 和 $\alpha_2$ 是比容。于是,最后一式变为

$$\Delta S_{\mathrm{gas}} = c_p \ln 1 - R \ln \frac{p_2}{p_1} = -R \ln \frac{\alpha_1}{\alpha_2} = R \ln \frac{\alpha_2}{\alpha_1} \tag{3.102}$$

由(3.101)式和(3.102)式得

$$\Delta S_{宇宙} = R \ln \frac{\alpha_2}{\alpha_1} \tag{3.103}$$

因此,如果热力学第二定律是成立的,由(3.100c)式和(3.103)式则

$$R \ln \frac{\alpha_2}{\alpha_1} > 0$$

或

$$\alpha_2 > \alpha_1$$

即气体将自发地膨胀。但是,如果气体自发地收缩,那么 $\alpha_2 < \alpha_1$ 且 $\Delta S_{宇宙} < 0$,这就违背了热力学第二定律。

当一种气体膨胀时,其分子的无秩序性就会增加,如同本习题所示,气体的熵就会增加。这事实上说明了一个普遍性的结果,即熵是系统无秩序度(或随机性)的一种量度。

3.7.2 小节表明在卡诺循环中熵不变。由于任何可逆循环都可以划分为无穷多的绝热和等温变换,因而无穷多的卡诺循环,于是,在任何可逆循环中,总熵变化为零。此结果是阐述热力学第二定律的另外一种方式。

在真实世界中(可逆循环世界的对立面),不受外界影响的系统,随着时间趋向于变得更无序,因此其熵将增加。于是,一种叙述热力学两定律的平行说法是:(1)"宇宙的能量是定常的"及(2)"宇宙的熵趋向于一个最大值。"

**习题 3.17**　1kg 温度为 0℃ 的冰,放在装有 1kg 水的孤立容器中,水的温度为 10℃,压强为 1atm 的。(a)有多少冰将融化? (b)整个宇宙(水和冰的整体系统)的熵将会因为冰的融化而发生什么变化?

**解答:**(a)直到冰-水系统达到温度 0℃ 之前,冰将一直融化。令质量为 $m$ 的冰融化使冰—水系统的温度达到 0℃。那么融化 $m$ 的冰所需的潜热就等于 1kg 水从温度 10℃

降到0℃时释放的潜热。因此,

$$mL_M = c\Delta T$$

式中,$L_M$ 为冰的融化潜热$(3.34\times10^5 J \cdot kg^{-1})$,$c$ 是水的比热$(4218J \cdot k^{-1} \cdot kg^{-1})$,及 $\Delta T$ 为 10K。因此,融化的冰的质量$(m)$为 0.126kg(注意:由于 $m<1kg$,于是,当系统达到热力学平衡时,仍有一些冰留在水中,因此,冰-水系统的最终温度必定为 0℃)。

(b)由于容器是孤立的,它的四周将没有上述的变化。因此,(3.100a)变为

$$\Delta S_{宇宙} = \Delta S_{系统}$$

由于冰-水系统经历了一次不可逆变换,根据(3.100c)可知,其熵要增加(由于融化增加系统的无序性,我们也可以推断当一些冰融化时,冰-水系统的熵将增加)。

对 $\Delta S_{系统}$ 的贡献有两部分:0.126kg 冰的融化$(\Delta S_{冰})$以及 1kg 水从 10℃冷却到 0℃ $(\Delta S_{水})$。0.126kg 冰在 0℃融化所产生的熵的变化为 $\Delta S_{冰}=\Delta Q/T=mL_M/T=(0.126)(3.34\times10^5)/273 \ J \cdot K^{-1}=154J \cdot K^{-1}$。将 1kg 水从 10℃冷却到 0℃所产生的熵的变化为

$$\Delta S_{水} = \int_{283K}^{273K}\frac{dQ}{T} = \int_{283K}^{273K}\frac{cdT}{T} = c\int_{283K}^{273K}\frac{dT}{T} = c\ln\frac{273}{283}$$

因为 $c=4218J \cdot K^{-1} \cdot kg^{-1}$

$$\Delta S_{水} = 4218\ln\frac{273}{283} = 4218(-0.036)J \cdot K^{-1} = -152J \cdot K^{-1},$$

因此,

$$\Delta S_{宇宙} = \Delta S_{系统} = \Delta S_{冰} + \Delta S_{水}$$
$$= (154-152)J \cdot K^{-1} = 2J \cdot K^{-1}$$

## 习题

3.18　根据本章所论述的原理,回答下列问题或解释下列现象:

(a)要携带一给定的载重量,飞行高度高的热气球需要比在较低空飞行的气球更大或更热。

(b)把一个热气球抬升穿过一个逆温层要比抬升它穿过同样厚度但温度递减率更陡的气层需要更多的燃料。如其他条件相同,在热天飞行热气球比在冷天需要更多的燃料。

(c)海拔高度高的机场(如丹佛)的跑道更长,而且在夏季热天起飞时对重量的限制也更严。

(d)湿空气气体常数比干空气气体常数要大。

(e)在大气中压强随深度而增加近似于指数关系,而在海洋中压强随深度增加则近似于线性关系。

(f)请将测站气压换算成海平面气压的步骤写出来。

(g)在什么情况下测高公式表示为压强随高度增加按指数律减小的形式?

(h)若一个低气压系统比它周围为冷则其气压低于环境气压的程度将随高度的增加而增大。

(i)在某些情况下,当1000~500hPa 气层厚度大大超出正常情况时,所记录到的地面温度很低。试解释这种似乎矛盾的现象。

(j)从轮胎释放出来的空气比它周围的空气更冷。

(k)在何条件下一种理想气体可经历状态的变化而对外不做功?

(l)当一个空气块被抬升时,它要冷却。干空气比湿空气冷却得更快。

(m)如果一大气层在垂直方向上混合得很好,你预期在其内部位温随高度将如何变化?

(n)在寒冷气候条件下,室内空气非常干燥。

(o)夏季在东亚和美国东部的露点比欧洲和美国西部的更高。

(p)如果有人声称曾经历过温度超过 90°F,相对湿度达 90% 的热而潮湿的天气,那么有可能他/她夸张了或无意识地将下午的温度与凌晨的相对湿度并列在一起了。

(q)当空气潮湿时比空气干燥时的热天气更使人们感到不舒服。

(r)当未饱和空气被抬升时,下面哪一对量是保守的:位温和混合比,位温和饱和混合比,相当位温和饱和混合比?

(s)在饱和空气抬升过程中,下列量中哪一个是保守的:位温、相当位温、混合比、饱和混合比?

(t)霜点温度比露点温度要高。

(u)你正在爬山并要跨过一非常冷的泉水。如果你有一个玻璃杯和一个温度表,你如何能确定空气的露点?

(v)让冰箱的门开着使得厨房变暖(如何使冰箱重新设置才能起到反效果?)。

(w)当某一液体的饱和蒸汽压等于大气压强时,该液体就沸腾了。

3.19　确定金星大气的“视分子质量”,假定金星大气按体积计是由 95% 的 $CO_2$ 及 5% 的 $N_2$ 所组成的。1kg 这种大气的气体常数是多少(C、O 和 N 的相对原子质量分别是 12,16 及 14)?

3.20　如果水汽占空气体积的 1%(即如果它的分子数占空气中分子数的 1%),请问虚温订正是多少?

3.21　阿基米德的浮力原理认为,一个置于流体(液体或气体)中的物体将要变轻,变轻的量等于它替换的流体的重量。试证明此原理[提示:先考虑作用在一个静止的流体元上的各种垂直力,然后考虑该流体元被某一个物体置换]。

3.22　一般用于观光的热气球的体积可达 $3000m^3$。在这样的一个气球上飞行的毛重(包括气球、吊篮、燃料和乘客,但不包括气球里的空气)载重量一般为 600kg。如果地面温度为 20℃,温度递减率为零,并且气球在 900hPa 的飞行高度是处于流体静力学平衡。试确定气球内空气的温度。

3.23　两个气球的毛重(包括气球、吊篮、燃料和乘客,但不包括气球里的气体)相同。这两个气球一起在同一高度飞行,在此高度上的温度为 0℃,并且环境空气干燥。其中的一个气球里充的是氦气,而另一个气球里充的是热空气。氦气球的容积是 $1000m^3$。如果热空气气球的温度为 90℃,请问热空气气球的容积是多少?

3.24　利用(3.29)式证明,在 500hPa 高度,气压以 15m 每 1hPa 随高度增加而减小。

3.25　安装在无线电探空仪上的一个便宜的非液体气压计,在气球离地之前已校准到正确的地面气压,但它的气压读数系统性偏低。当探空仪到达 500hPa 高度层时,读数低了 5hPa(即在它应该读出 500hPa 时,它的读数为 495hPa)。试估计由此导致的 500hPa 高度值的误差。假设地面温度为 10℃,平均温度递减率为 7℃/km。并假设无线电探空仪是从海平面高度释放的,气压读数误差与探空仪的海拔高度成正比[根据(3.29)式,这接近于与 $\ln p$ 成正比]。另外,假设在海平面和 500hPa 之间气压平均以 1 hPa/11m 随高度减小。

3.26　一个中心气压为 940hPa 的飓风处于气压为 1010hPa 的海区。在 200hPa 层上已看不出低压(即 200hPa 等压面是十分的平)。试估计地面与 200hPa 之间的气层内飓风中心与其周围的平均温度差。假设此层内飓风外的平均温度为 $-3℃$,且忽略虚温订正。

3.27　一个气象站位于海平面以下 50m。如果这个气象站的地面气压是 1020hPa,地面虚温是 15℃,1000～500hPa 气层的平均虚温是 0℃,试计算该站 500hPa 气压层的海拔高度。

3.28　1000～500hPa 之间的气层受到一个大小为 $5.0×10^6 J·m^{-2}$ 的热源的加热。假设大气处于静止状态(除了与空气层膨胀有关的轻微垂直运动外),试计算由此导致的平均温度和气层厚度的增加[提示:记住气压式单位面积上所受的力]。

3.29　据预测,某给定测站 1000～500hPa 之间的厚度要从 5280m 增加到 5460m。假定温度递减率维持不变,你预测地面温度将发生什么变化?

3.30　假定温度以递减率 $\Gamma$ 均匀地随高度减小。对于给定等压面($p$),试推导它以海平面气压 $p_0$ 和温度 $T_0$ 为函数的关系式。

**解答:**令等压面的高度为 $z$,那么其温度 $T$ 由下式给出

$$T = T_0 - \Gamma z \tag{3.104}$$

把流体静力学方程(3.17)式与理想气体方程(3.2)式相结合,得到

$$\frac{\mathrm{d}p}{p} = -\frac{g}{RT}\mathrm{d}z \tag{3.105}$$

由(3.104)式和(3.105)式得

$$\frac{\mathrm{d}p}{p} = -\frac{g}{R(T_0 - \Gamma z)}\mathrm{d}z$$

将此方程在气压层 $p_0$ 和 $p$ 之间以及相应的高度 0 和 $z$ 之间积分,并忽略 $g$ 随 $z$ 的变化,得

$$\int_{p_0}^{p}\frac{\mathrm{d}p}{p} = -\frac{g}{R}\int_0^z\frac{\mathrm{d}z}{(T_0 - \Gamma z)}$$

或者

$$\ln\frac{p}{p_0} = \frac{g}{RT}\ln\left(\frac{T_0 - \Gamma z}{T_0}\right)$$

因此有

$$z = \frac{T_0}{\Gamma}\left[1 - \left(\frac{p}{p_0}\right)^{RT/g}\right] \tag{3.106}$$

此方程是飞机高度计校准的基础。高度计简单来说,就是一个测量环境气压 $p$ 的非液体压力计。然而,高度计的标尺是以飞机的高度 $z$ 来表示的,其中 $z$ 通过(3.106)式与 $p$ 相联系,而 $T_0$、$p_0$ 和 $\Gamma$ 取与美国标准大气相符的值,即 $T_0 = 288K$、$p_0 = 1013.25hPa$,及 $\Gamma = 6.50 J·km^{-1}$。

3.31　一个徒步旅行者在开始旅行时,把他的高度计调整到准确读数,在 3h 之内他

从接近海平面处爬到 1km 高度。在此同一时间内,由于雷暴来临,海平面气压下降了 8hPa。试估计在步行结束时高度表的读数值。

3.32　计算在 15℃时等温压缩 2kg 干空气到它原体积的 1/10 时所做的功。

3.33　(a)试证明当理想气体经历绝热变化时,$pV^\gamma=$常数,其中,$\gamma$ 为定压比热($c_p$)与定容比热($c_V$)的比率[提示:把(3.3)式与(3.41)式相结合,证明对于单位质量气体的绝热变化,$c_V(p\alpha+\alpha dp)+Rpd\alpha=0$。然后将此式与(3.45)式相结合,就能得到答案]。(b)温度为 17℃,压强为 1000hPa 的 7.50cm³ 空气,等温地压缩到 2.50cm³。然后使空气绝热膨胀到它原来的体积。试计算气体的最终温度和最终压强。

3.34　如果习题 3.22 中的气球在环境温度为 20℃,压强为 1013hPa 的地面上充以空气,试估计要把它抬升到 900hPa 的飞行高度,需要燃烧多少燃料。假设气球是完全隔热的,且燃料以 $5\times10^7$J·kg$^{-1}$ 的比率释放能量。

3.35　试计算当 3kg 温度为 0℃的冰加热到温度为 40℃的液水时熵的变化[在温度为 $T$ 时液水的定压比热(以 J·K$^{-1}$·kg$^{-1}$ 为单位)为 $c_p$(水)$=4183+0.1250T$]。

3.36　试证明,当气块在大气中绝热和可逆的条件下运动时,其位温不变[提示:利用方程(3.1)式及绝热方程 $pV^\gamma=$常数(见习题 3.33),证明 $T(p_0/p)^{R/c_p}=$常数,因而从方程(3.54)可得 $\theta=$常数]。

3.37　在喷气飞机正常航行的高度上具有代表性的压强和温度是 200hPa 及 $-60℃$。如果把这个高度上的空气绝热压缩到 1000hPa 高度,试利用斜 $T$-$\ln p$ 图估计此空气的温度。并请将此答案与精确计算结果相比较。

3.38　考虑一个以声速($c_s$)运动的干空气块,其中
$$c_s=(\gamma R_d T)^{1/2}$$
$\gamma=c_p/c_V=1.40$,$R_d$ 为单位质量干空气的气体常数,$T$ 为以 K 为单位空气的温度。

(a)试导出气块的宏观动能 $K_m$ 与其熵 $H$ 之间的关系式。

(b)对于温度每变化 1K,试导出声速变化与 $c_V$、$R_d$ 和 $T$ 之间关系的表达式。

3.39　一个人正在汗流浃背。试问要使那个人的温度降低 5℃,必须蒸发多少液水(占那个人质量的百分比)？假定水的蒸发潜热为 $2.5\times10^6$J·kg$^{-1}$,人体的比热为 $4.2\times10^3$J·K$^{-1}$·kg$^{-1}$。

3.40　20L 温度为 20℃,相对湿度为 60%的空气等温压缩到体积为 4L。试计算凝结出的水的质量(20℃时的饱和水汽压是 23hPa,温度 0℃,气压为 1000hPa 时空气的密度为 1.28kg·m$^{-3}$)。

3.41　如果在 30℃时一个空气样本的比湿是 0.0196,求它的虚温。如果湿空气的总压强是 1014hPa,它的密度是多少？

3.42　一个湿空气块的总压强是 975hPa,温度为 15℃。如果混合比是 1.80g·kg$^{-1}$,水汽压和虚温各是多少？

3.43　一粒温度为 12℃的孤立雨滴,在温度为 18℃的空气中蒸发。试计算环境空气的混合比(12℃空气的饱和混合比等于 8.7g/kg,并取水的蒸发潜热为 $2.25\times10^6$ J·kg$^{-1}$)。

3.44　1kg 空气在湿绝热膨胀过程中凝结出 4g 液态水。试证明这些水量所具有的内能仅占空气总内能的 2.4%。

3.45　在热带地区,在 1000hPa 层目前的平均气温为 25℃,温度递减率接近于饱和绝热值。假设温度递减率保持接近饱和绝热值,如果在热带地区 1000hPa 层温度增加 1℃,在 250hPa 高度上温度变化多少[提示:使用斜 $T$-$\ln p$ 图]?

3.46　一个位于 1000hPa 处的空气块,其初始温度为 15℃,露点为 4℃。试用斜 $T$-$\ln p$ 图,

(a)求空气的混合比、相对湿度、湿球温度、位温,以及湿球位温。

(b)若气块上升到 900hPa,确定上述各量。

(c)若气块上升到 800hPa,确定上述各量。

(d)抬升凝结高度在何处?

3.47　气压为 1000hPa、温度为 25℃的空气,其湿球温度为 20℃。

(a)试求其露点。

(b)如果把此空气膨胀到使所含水汽全部凝结并掉出,然后再压缩到 1000hPa,则最后的温度应为多少?

(c)此温度怎么称呼?

3.48　由于越过一座山,温度为 20℃,混合比为 10g/kg 的空气被从 1000hPa 抬升到了 700hPa。试问空气的初始露点是多少? 如果在上升的过程中凝结水汽的 80% 通过降水移除,试确定空气下降到山的另一侧 900hPa 高度时的温度[提示:使用斜 $T$-$\ln p$ 图]。

3.49　(a)当温度为 $T'$ 的干空气块在温度为 $T$ 的环境空气中绝热运动时,试证明空气块的温度递减率可由下式给出

$$-\frac{\mathrm{d}T'}{\mathrm{d}z} = \frac{T'}{T}\frac{g}{c_p}$$

(b)解释为什么在此例子中的温度递减率与干绝热递减率($g/c_p$)不同[提示:从方程 (3.54)开始,取 $T=T'$。对此式两边取自然对数,然后对高度 $z$ 求导]。

**解答:**

(a)根据(3.54)式,对空气块取 $T=T'$,得到

$$\theta = T'\left(\frac{p_0}{p}\right)^{R/c_p}$$

因此,

$$\ln\theta = \ln T' + \frac{R}{c_p}(\ln p_0 - \ln p)$$

上式对高度 $z$ 求导

$$\frac{1}{\theta}\frac{\mathrm{d}\theta}{\mathrm{d}z} = \frac{1}{T'}\frac{\mathrm{d}T'}{\mathrm{d}z} - \frac{R}{c_p}\frac{1}{p}\frac{\mathrm{d}p}{\mathrm{d}z} \qquad (3.110)[44]$$

然而,对于环境空气,由流体静力学方程,有

$$\frac{\mathrm{d}p}{\mathrm{d}z} = -g\rho \qquad (3.111)$$

由(3.110)式和(3.111)式:

---

[44]　出现在习题解答中的方程(3.107) ～ (3.110)在本书网页给出。

$$\frac{1}{\theta}\frac{\mathrm{d}\theta}{\mathrm{d}z}=\frac{1}{T'}\frac{\mathrm{d}T'}{\mathrm{d}z}-\frac{R}{c_p}\frac{1}{p}(-g\rho)$$

对于绝热过程，$\theta$ 守恒$\left(\text{即}\frac{\mathrm{d}\theta}{\mathrm{d}z}=0\right)$。因此，

$$0=\frac{1}{T'}\frac{\mathrm{d}T'}{\mathrm{d}z}+\frac{Rg\rho}{pc_p}$$

或者，

$$\frac{\mathrm{d}T'}{\mathrm{d}z}=-\frac{R\rho T'g}{pc_p} \tag{3.112}$$

但是，环境空气的理想气体方程是

$$p=R\rho T \tag{3.113}$$

由(3.112)式和(3.113)式，

$$\frac{\mathrm{d}T'}{\mathrm{d}z}=-\frac{T'}{T}\frac{g}{c_p} \tag{3.114}$$

(b)推导干绝热递减率的表达式，即 $\Gamma_d\equiv-\left(\frac{\mathrm{d}T}{\mathrm{d}z}\right)_{\text{dry parcel}}=\frac{g}{c_p}$，是基于这样的假设，即气块的宏观动能与其总内能相比可忽略不计(见 3.4.1 和 3.4.2 小节)。但是在本习题中，气块的温度($T'$)与环境空气的温度($T$)不同。因此气块受到一个浮力的作用，该浮力使得气块在垂直方向上加速并给气块提供了宏观动能。注意，如果 $T'=T$，方程(3.114)简化为

$$-\frac{\mathrm{d}T}{\mathrm{d}z}=\frac{g}{c_p}=\Gamma_d$$

3.50  有一个正处于饱和绝热过程中的空气块，试推导其温度随高度的变化率($\Gamma_s$)的表达式。假定 $\rho L_v\left(\frac{\mathrm{d}w_s}{\mathrm{d}p}\right)_T$ 远小于 1。

**解答:**将(3.20)式代入(3.51)式，得
$$\mathrm{d}q=c_p\mathrm{d}T+g\mathrm{d}z \tag{3.115}$$
如果空气相对于水的饱和混合比为 $w_s$，由于液水凝结(或蒸发)释放到(或吸收自)单位质量干空气中的热量 $\mathrm{d}q$ 等于$-L_v\mathrm{d}w_s$，其中 $L_v$ 为凝结潜热。因此，
$$-L_v\mathrm{d}w_s=c_p\mathrm{d}T+g\mathrm{d}z \tag{3.116}$$
如果不考虑与单位质量干空气有关的水汽的小量[这些水汽也由于潜热的释放(或吸收)而变暖(或冷却)]，那么(3.116)式中的 $c_p$ 为干空气的定压比热。将(3.116)式两边除以 $c_p\mathrm{d}z$，并移项，我们得到

$$\frac{\mathrm{d}T}{\mathrm{d}z}=-\frac{L_v}{c_p}\frac{\mathrm{d}w_s}{\mathrm{d}z}-\frac{g}{c_p}$$
$$=-\frac{L_v}{c_p\mathrm{d}z}\left[\left(\frac{\mathrm{d}w_s}{\mathrm{d}p}\right)_T\mathrm{d}p+\left(\frac{\mathrm{d}w_s}{\mathrm{d}T}\right)_p\mathrm{d}T\right]-\frac{g}{c_p}$$

因此，

$$\frac{\mathrm{d}T}{\mathrm{d}z}\left[1+\frac{L_v}{c_p}\left(\frac{\mathrm{d}w_s}{\mathrm{d}T}\right)_p\right]=-\frac{g}{c_p}\left[1+\frac{L_v}{g}\left(\frac{\mathrm{d}w_s}{\mathrm{d}p}\right)_T\frac{\mathrm{d}p}{\mathrm{d}z}\right] \tag{3.117}$$

或者，对(3.117)式右端最后一项使用流体静力学方程，得

$$\Gamma_s \equiv -\frac{dT}{dz} = \frac{\frac{g}{c_p}\left[1-\rho L_v\left(\frac{dw_s}{dp}\right)_T\right]}{1+\frac{L}{c_p}\left(\frac{dw_s}{dT}\right)_p}$$

或

$$\Gamma_s \equiv -\frac{dT}{dz} = \Gamma_d \frac{\left[1-\rho L_v\left(\frac{dw_s}{dp}\right)_T\right]}{\left[1+\frac{L_v}{c_p}\left(\frac{dw_s}{dT}\right)_p\right]} \tag{3.118}$$

在习题(3.51)中证明了

$$-\rho L_v\left(\frac{dw_s}{dp}\right)_T \approx 0.12$$

如果忽略(3.118)式中的这一小项,得到

$$\Gamma_s \equiv -\frac{dT}{dz} \approx \frac{\Gamma_d}{1+\frac{L_v}{c_p}\left(\frac{dw_s}{dT}\right)_p}$$

3.51　在习题 3.50 推导饱和绝热递减率的过程中,假设了 $\rho L_v(dw_s/dp)_T$ 与 1 相比是个小量。试估计 $\rho L_v(dw_s/dp)_T$ 的大小。证明上述表达式是无量纲的[提示:对某一气压变化值,比如在 0℃ 时从 1000hPa 变到 1hPa,使用斜 $T\text{-}\ln p$ 图估计 $(dw_s/dp)_T$ 的大小]。

**解答:** $\rho L_v\left(\frac{dw_s}{dp}\right)_T$ 大小的估计

取 $\rho \approx 1.275\text{kg} \cdot \text{m}^{-3}$ 及 $L_v = 2.5\times10^6\text{J} \cdot \text{kg}^{-1}$。假定气压从 1000hPa 变到 1hPa,因此 $dp = -50\text{hPa} = -5000\text{hPa}$。那么,由斜 $T\text{-}\ln p$ 图,我们发现,

$$dw_s \approx (4-3.75) = 0.25\text{g/kg} \approx 0.25\times10^{-3}\text{kg/kg}$$

因此,

$$\rho L_v\left(\frac{dw_s}{dp}\right)_T \approx (1.275\text{kg} \cdot \text{m}^{-3})(2.5\times10^6\text{J} \cdot \text{kg}^{-1})\left(\frac{0.25\times10^{-3}\text{kg/kg}}{-5000\text{Pa}}\right) \approx -0.12$$

$\rho L_v\left(\frac{dw_s}{dp}\right)_T$ 项的单位是

$$(\text{kg} \cdot \text{m}^{-3})(\text{J} \cdot \text{kg}^{-1})(\text{kg/kg})\left(\frac{1}{\text{Pa}}\right)$$

它是无量纲的。

3.52　在推导相当位温方程(3.71)时曾假设

$$\frac{L_v}{c_p T}dw_s \approx d\left(\frac{L_v w_s}{c_p T}\right) \tag{3.119}$$

证明此假设的合理性[提示:对上述表达式右手端求导,并假设 $L_v/c_p$ 无温度无关,证明上式近似在

$$\frac{dT}{T} \ll \frac{dw_s}{w_s}$$

成立。通过在斜 $T\text{-}\ln p$ 图上对于沿着饱和绝热线上小的位移,注意 $T$ 和 $w_s$ 的相对变化,来证明此不等式的成立]。

**解答:** 对(3.119)式右端求导,并假设 $L_v/c_p$ 为常数,

$$\frac{L_v}{c_p}\left[\frac{1}{T}\mathrm{d}w_s - w_s\frac{\mathrm{d}T}{T^2}\right] = \frac{L_v}{Tc_p}\left[\mathrm{d}w_s - w_s\frac{\mathrm{d}T}{T}\right]$$

$$= \frac{L_v\mathrm{d}T}{Tc_p}\left[\frac{\mathrm{d}w_s}{\mathrm{d}T} - \frac{w_s}{T}\right] \tag{3.120}$$

如果 $\dfrac{\mathrm{d}T}{T} \ll \dfrac{\mathrm{d}w_s}{w_s}$(可以从斜 $T$-$\ln p$ 图上验证),那么

$$\frac{\mathrm{d}w_s}{\mathrm{d}T} \gg \frac{w_s}{T} \tag{3.121}$$

所以,由(3.120)式和(3.121)式:

(3.119)式右端 $= \dfrac{L_v}{Tc_p}\mathrm{d}w_s =$ (3.119)式左端。

3.53　试将下列探空值绘在斜 $T$-$\ln p$ 图上:

|  | 压强水平/hPa | 空气温度/℃ | 露点/℃ |
|---|---|---|---|
| A | 1000 | 30.0 | 21.5 |
| B | 970 | 25.0 | 21.0 |
| C | 900 | 18.5 | 18.5 |
| D | 850 | 16.5 | 16.5 |
| E | 800 | 20.0 | 5.0 |
| F | 700 | 11.0 | −4.0 |
| G | 500 | −13.0 | −20.0 |

(a)气层 AB、BC、CD 等是处于稳定、不稳定或者中性平衡状态?

(b)那些层次是对流行不稳定的[45]?

3.54　位势密度 $D$ 的定义是干空气从它现存状态可逆与绝热地转变到标准压强 $p_0$(通常为 1000hPa)时所应具有的密度。

(a)若一个空气块的密度与压强分别为 $\rho$ 及 $p$,试证明

$$D = \rho\left(\frac{p_0}{p}\right)^{c_V/c_p}$$

式中,$c_p$ 和 $c_V$ 分别是空气的定压比热和定容比热。

(b)计算一定量空气在压强为 600hPa,温度为 −15℃时的位势密度。

(c)证明

$$\frac{1}{D}\frac{\mathrm{d}D}{\mathrm{d}z} = -\frac{1}{T}(\Gamma_d - \Gamma)$$

式中,$\Gamma_d$ 是干绝热温度直减率,$\Gamma$ 是大气实际温度递减率,$T$ 是高度 $z$ 处的温度[提示:对(a)中给出的表达式两端取自然对数,然后对高度 $z$ 求导]。

(d)证明大气为稳定、中性、不稳定状态的判据分别是位势密度随高度减小、不变和增大[提示:用(c)中给出的表示式]。

---

⑤　关于层结稳定性的更实际的处理方法,参阅 9.3.5 小节。

(e)把在(d)中得出的判据与液体的稳定、中性和不稳定条件相比较。

3.55 海市蜃楼形成的必要条件是空气密度随高度增加而增大。试证明当随着高度的增加大气温度的递减率超过 $3.5\Gamma_d$ 时,上述条件就能实现,其中 $\Gamma_d$ 是干绝热递减率[提示:对在习题(3.54(a))中给出的 $D$ 的表达式两端取自然对数,然后对高度 $z$ 求导。按照相同的两个步骤得到以 $p = \rho R_d T$ 的形式表达的气体方程。把如此得到的两个表达式与流体静力学方程相结合来证明 $\dfrac{1}{\rho}\dfrac{d\rho}{dt} = -\dfrac{1}{T}(dT/dz + g/R_d)$。于是,就向答案迈进了一步]。

3.56 假定热力学第二定律是正确的,试证明以下两种说法(称为卡诺定理):

(a) 工作在同样两个温度极限之间的各种热机,以可逆机的效率最高[提示:任何热机的效率由方程(3.78)给出;一个可逆($R$)和一个不可逆($I$)热机的明显区别在于 $R$ 可以往回驶但 $I$ 不能。考虑一个可逆的和一个不可逆的热机工作在同样的温度极限之间。假设初始时 $I$ 比 $R$ 效率更高,然后利用 $I$ 使 $R$ 驶回。证明这样做导致违背了热力学第二定律,因而证明了 $I$ 不可能比 $R$ 效率更高]。

(b)一切可逆热机如工作于同样两个温度限之间,则具有相同的效率[提示:证明过程类似于(a)]。

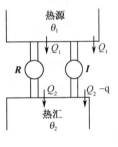

图 3.26

**解答:**

(a)要证明工作在同样两个温度极限之间的各种热机,以可逆机的效率最高,考虑一个可逆($R$)的和一个不可逆($I$)的热机工作在 $\theta_1$ 和 $\theta_2$ 之间。假定 $I$ 比 $R$ 效率更高以及 $R$ 从热源吸收热量 $Q_1$ 并对热汇产生热量 $Q_2$(图 3.26)。因此,如果 $I$ 从热源吸收热量 $Q_1$ 那么它必对热汇产生热量 $Q_2 - q$($q$ 为正值)。现在让我们利用 $I$ 来把 $R$ 驶回去。这将要求 $I$ 对 $R$ 做功 $Q_1 - Q_2$。然而,在一个循环中,$I$ 做功 $Q_1 - (Q_2 - q) = (Q_1 - Q_2) + q$。因此,即使 $I$ 把 $R$ 拖回去,仍然由机械功 $q$ 是可获得的。然而,在一个联合系统循环中,从较冷物体拿走的热量是 $Q_2 - (Q_2 - q) = q$。因为这违背了热力学第二定律,因而证明了 $I$ 不可能比 $R$ 效率更高。

(b)取两个可逆机工作在 $\theta_1$ 和 $\theta_2$ 之间,且假设其中的一个热机比另一个效率更高。那么按照与(a)同样的步骤,可以证明如果一个热机比另一个效率更高,则违背了热力学第二定律。

3.57 开尔文(Lord Kelvin)引进了可用能量的概念,这是指可以转化为功的最大热量。它可以通过在系统内使用最冷的可用物体作为理想热机的热汇来实现。证明宇宙的可用能量趋于零,而且

$$可用能量的损耗 = T_0(熵的增加)$$

其中,$T_0$ 是最冷的可用物体的温度。

**解答:**对于一个理想的可逆热机

$$\frac{Q_1 - Q_2}{Q_1} = \frac{T_1 - T_2}{T_1}$$

在一个循环中做的功 $= Q_1 - Q_2 = \dfrac{T_1 - T_2}{T_1}Q_1$

如果一个热机具有在温度 $T_0 (= T_2)$ 工作的热汇：

$$有用能量 = \frac{T_1 - T_0}{T_1} Q_1$$

令通过传导或辐射，从 $T_1$ 传到 $T_2$ 的热量为 $Q$，那么

$$可用能量的损耗 = \left( \frac{T_1 - T_0}{T_1} \right) Q - \left( \frac{T_2 - T_0}{T_2} \right) Q = QT_0 \left( \frac{T_1 - T_2}{T_1 T_2} \right)$$

因为 $T_1 > T_2$，对自然过程，存在可用能量的损耗，因此，

$$可用能量的损耗 = T_0 \left( \frac{Q}{T_2} - \frac{Q}{T_1} \right) = T_0 (熵的增加)$$

3.58 一个可逆机分别有温度为 100℃ 的热源和温度为 0℃ 的热汇。如果此热机在每个循环中从热源处吸收 20J 的热量，试计算此热机在 10 次循环中所做的功。此热机在 10 次循环中排出多少热量到热汇？

3.59 一部具有内部温度 0℃ 的制冷机放在恒定温度 17℃ 的房间内。若制冷机由功率为 1kW 的电动机所驱动，试计算使放在制冷机内已经冷却到 0℃ 的 20kg 水冻结所需的时间。制冷机可以看作是逆向转动的理想热机。

3.60 一个逆向运作的卡诺热机（即作为空调机）用来使房子冷却。房子室内温度维持在 $T_i$，而室外温度为 $T_0 (T_0 > T_i)$。由于房子的墙壁不是完全隔热的，热量以下式给出的常定速率向房子内传输

$$\left( \frac{\mathrm{d}q}{\mathrm{d}t} \right)_{\text{leakage}} = K(T_0 - T_i)$$

式中，$K (> 0)$ 为常数。

（a）以 $T_0$、$T_i$ 和 $K$ 为参数，试推导驱动卡诺热机逆向运转所需要的功率（即每秒钟使用的能量）的表达式。

（b）在某一下午，室外温度从 27℃ 升高到 30℃。驱动逆向运转卡诺热机的功率需要增加百分之几才能使室内温度维持在 21℃？

3.61 初始时在 -10℃ 的 2g 冰，由于加热而转化为 100℃ 的水汽，试计算其熵的变化。

3.62 1mol 的理想双原子气体，初始温度为 13℃，初始压强为 1atm，当变化到温度为 100℃，压强为 2atm 时，试计算其熵的变化。

3.63 证明在习题 3.50 的解答中，序号为 (3.118) 的表达式可以写为

$$\Gamma_s = \Gamma_d \frac{(1 + w_s L_v / R_d T)}{(1 + w_s L_v^2 / c_p R_v T^2)}$$

3.64 在雷尼尔（Rainier）山顶的气压大约为 600hPa。试估计在此气压下水沸腾的温度。取水汽和液水的比容分别为 1.66 和 $1.00 \times 10^{-3} \mathrm{m^3 \cdot kg^{-1}}$。

3.65 若气压从 1 个大气压增到 2 个大气压，试计算冰的熔点的变化（0℃ 时冰和水的比容分别为 $1.0908 \times 10^{-3} \mathrm{m^3 \cdot kg^{-1}}$ 和 $1.0010 \times 10^{-3} \mathrm{m^3 \cdot kg^{-1}}$）[提示：利用 (3.112) 式]。

3.66 通过对方程 (3.47) 给出的熵函数求导，证明

$$\left( \frac{\mathrm{d}p}{\mathrm{d}T} \right)_s = \left( \frac{\mathrm{d}s}{\mathrm{d}\alpha} \right)_p$$

式中,$s$ 为熵。证明此关系式相当于克劳修斯-克拉珀龙方程。

**解答:**根据正文中的方程(3.47),

$$h = u + p\alpha$$

因此,

$$dh = du + p d\alpha + \alpha dp$$

或者,利用正文中的方程(3.38),

$$dh = (dq - p d\alpha) + p d\alpha + \alpha dp = dq + \alpha dp$$

利用正文中的方程(3.85),

$$dh = T ds + \alpha dp \tag{3.151}$$

从(3.151)式看出,$h$ 是两个变量 $s$ 和 $p$ 的函数。于是,我们可写成

$$dh = \left(\frac{dh}{ds}\right)_p ds + \left(\frac{dh}{dp}\right)_s dp = \alpha \tag{3.152}$$

由(3.151)式和(3.152)式,

$$\left(\frac{dh}{ds}\right)_p = T \qquad \left(\frac{dh}{dp}\right)_s = \alpha \tag{3.153}$$

因为与积分先后次序无关,

$$\frac{\partial}{\partial p}\left(\frac{dh}{ds}\right)_p = \frac{\partial}{\partial s}\left(\frac{dh}{dp}\right)_s \tag{3.154}$$

从(3.153)式和(3.154)式,

$$\left(\frac{dT}{dp}\right)_s = \left(\frac{d\alpha}{ds}\right)_p$$

或者

$$\left(\frac{dp}{dT}\right)_s = \left(\frac{ds}{d\alpha}\right)_p \tag{3.155}$$

因为,根据正文中的方程(3.85)式

$$ds = \frac{dq}{T}$$

对于在温度 $T$ 时从液态向汽态的相变,

$$ds = \frac{L_v}{T} \tag{3.156}$$

式中,$L_v$ 为蒸发潜热。如果蒸汽为饱和的,因而 $p = e_s$ 及 $d\alpha = \alpha_1 - \alpha_2$,其中 $\alpha_1$ 和 $\alpha_2$ 分别为蒸汽和液体的比容,由(3.155)式和(3.156)式有

$$\left(\frac{de_s}{dT}\right)_s = \frac{L_v}{T(\alpha_2 - \alpha_1)}$$

这就是克劳修斯-克拉珀龙方程[见正文中的方程(3.92)]。方程(3.155)是麦克斯韦(Maxwell)4 个热力学方程之一。其他 3 个是

$$\left(\frac{\mathrm{d}s}{\mathrm{d}\alpha}\right)_T = \left(\frac{\mathrm{d}p}{\mathrm{d}T}\right)_\alpha \tag{3.157}$$

$$\left(\frac{\mathrm{d}\alpha}{\mathrm{d}T}\right)_p = -\left(\frac{\mathrm{d}s}{\mathrm{d}p}\right)_T \tag{3.158}$$

和

$$\left(\frac{\mathrm{d}T}{\mathrm{d}\alpha}\right)_s = -\left(\frac{\mathrm{d}p}{\mathrm{d}s}\right)_\alpha \tag{3.159}$$

方程组(3.157)~(3.159)可以用与前面给出的对(3.155)式的证明项类似的方法得到证明。但不用(3.151)式,开始时分别利用状态函数 $f=u-Ts$, $g=u-Ts+p\alpha$ 和 $\mathrm{d}u=T\mathrm{d}s-p\mathrm{d}\alpha$。状态函数 $f$ 和 $g$ 分别称为亥姆霍兹(Helmholtz)自由能和吉布斯 (Gibbs)函数。

# 第4章 辐射传输[①]

辐射传输是大气物理学的分支。正如一个国家是由众多不同民族构成,辐射传输学中用语丰富,甚至有时会令人混淆,因为它们来源于量子物理、天文学、气候学和电工学等不同学科,代表着不同的历史传承。解决辐射传输问题,需要考虑辐射的空间几何和波谱分布,它们在原理上都很简易清晰,但在实际情形下会变得非常复杂。

本章介绍了行星大气中辐射传输的基本原理。4.1 和 4.2 节描述电磁波谱,定义辐射领域的度量单位。4.3 节回顾黑体辐射相关的物理定律,定性讨论"温室效应"。4.4 节描述了气体分子和微粒对辐射的散射和吸收过程。4.5 节介绍行星大气中辐射传输的基本定量方法,以及辐射加热率和遥感。4.6 节描述基于星载传感器测量结果的大气顶部辐射平衡。

## 4.1 辐射波谱

电磁辐射可看作是一系列以光速(真空中 $c^* = 2.998 \times 10^8 \mathrm{m \cdot s^{-1}}$)传播的波的集合。对于传播速度一定的任意波动,其频率 $\tilde{v}$、波长 $\lambda$ 和波数 $v$(传播方向上单位长度内波的数目)相互关联。波长的倒数即波数:

$$v = 1/\lambda \tag{4.1}$$

和

$$\tilde{v} = c^* v = c^*/\lambda \tag{4.2}$$

大气中光速的微小变化会产生幻象和变形,从而限制地基望远镜的分辨率。光速在空气和水中的差异会产生很多有趣的光学现象,如彩虹。

波长、频率和波数都用于描述辐射。在某种意义上,用波长度量辐射最为简单和形象,因此它被广泛应用于辐射的基础读物,辐射专家也用它和其他领域的科学家进行交流。在辐射传输领域内则更多使用波数和频率,它们和光子携带的能量成比例(见 4.4 节)。在本书其他各章,主要使用"波长"。在本章中,按照本领域目前习惯,同时使用 $\lambda$、$v$ 和 $\tilde{v}$。这里我们用微米(μm)作为波长单位,一些文献中也经常使用纳米(nm)。

在行星大气中,辐射传输涉及波长或频率连续的整个波谱,其能量可分解成为不同波长(或者频率或波数)段的贡献。比如在大气科学中,短波[②]($\lambda < 4\mu m$)指大部分太阳辐射能量所集中的波段,而长波($\lambda > 4\mu m$)则代表能够囊括几乎全部地面辐射(地球释放)的波段。

在辐射传输文献中,电磁波可分为不同频带(图 4.1)。人眼可以感应的电磁波称为可见光波段,可见光波段比较窄,波长从 $0.39 \sim 0.76\mu m$。可见光波段还可以分为几个次

---

① 感谢华盛顿大学大气科学系 Fu Qiang 给予本章的指导。

② 本书中使用的术语"短波"和无线电接收中的短波概念不同,后者的波长量级为 100m,远超出图 4.1 的波段范围。

波段,它们具有不同的颜色(即某一特定的频率或波长),其中紫色波长最短,红色波长最长。

可见光波段在紫外区(频率高于紫色)和红外区(低于红色)之间。近红外区波长从可见光末端延伸至 $4\mu m$,主要来源于太阳辐射,远红外波段则主要来源于陆地辐射(即地球),因此,近红外区属于短波辐射。微波辐射对地球能量平衡并不重要,但是由于其能够穿透云而被广泛应用于遥感。

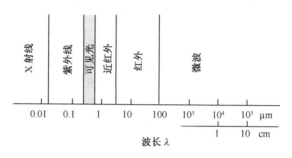

图 4.1　电磁波谱

## 4.2　辐射定量描述

单位时间内通过单位面积、单位球面度、某一波长(或频数)的电磁辐射能量称为单色强度(光谱强度或辐射亮度),用 $I_\lambda$(或 $I_\nu$)表示,单位瓦特/平方米/球面度立体角[3]/波长间隔(或单位波数或单位频率)。

对单色强度在一定波长范围内积分得到总强度 $I$(或亮度),单位为 $W \cdot m^{-2} \cdot sr^{-1}$。

$$I = \int_{\lambda_1}^{\lambda_2} I_\lambda d\lambda = \int_{\nu_1}^{\nu_2} I_\nu d\nu \qquad (4.3)$$

对于激光辐射,能量间隔 $\lambda_1 \sim \lambda_2$(或 $\nu_1 \sim \nu_2$)非常狭窄,而描述地球能量平衡则需要包含整个电磁波谱。分别对短波和长波积分,用于表示入射的太阳辐射和出射的地球辐射。因此强度一般指单色强度在某个波段间隔内的面积(图 4.2,$I_\lambda$ 是 $\lambda$ 的函数,$I_\nu$ 是 $\nu$ 的函数)。

虽然 $I_\lambda$ 和 $I_\nu$ 都用于表示单色强度,但它们的单位不同,它们的谱的形态也有所差异,本章后面的一些图可以说明这一点。习题 4.13 要求证明

$$I_\nu = \lambda^2 I_\lambda \qquad (4.4)$$

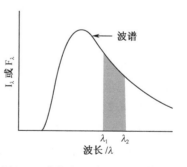

图 4.2　曲线表示单色辐射强度,或者单色辐射通量密度,是波长的函数,阴影区域表示 $\lambda_1$ 和 $\lambda_2$ 之间的辐射强度和通量密度。

用单色通量密度(或单色辐照度)$F_\lambda$ 来度量给定波长的辐射能量自空间某一方向通过一个平面的传输速率,如果辐射从某个方向(例如水平面上方)照射到平面上,称为入射通量密度,

$$F_\lambda = \int_{2\pi} I_\lambda \cos\theta d\omega \tag{4.5}$$

积分下限表示对平面上方整个半球面立体角积分，$d\omega$ 代表立体角弧度积分元，$\theta$ 表示入射方向和 $dA$ 面元法向的夹角，$\cos\theta$ 表示对平面斜射产生的辐射衰减，单色通量密度 $F_\lambda$ 的单位 $W \cdot m^{-2} \cdot \mu m^{-1}$。波数和频率也有类似的描述。

**习题 4.1**　通过立体角积分计算水平面对天空所张的立体角弧度。

**解答:** 采用球面坐标系统，原点位于水平面上，极轴指向天顶，图 4.3 中，$\theta$ 为天顶角，$\phi$ 为方位角，则所求立体角即

$$\int_{2\pi} d\omega = \int_{\phi=0}^{2\pi} \int_{\theta=0}^{\pi/2} \sin\theta d\theta d\Phi = 2\pi \int_{0}^{\pi/2} \sin\theta d\theta = 2\pi$$

结合(4.3)式和(4.5)式，得到平面上的入射通量密度（或辐照度）

$$F = \int_{2\pi} I\cos\theta d\omega = \int_{\lambda_1}^{\lambda_2} \int_{2\pi} I_\lambda \cos\theta d\omega d\lambda \tag{4.6}$$

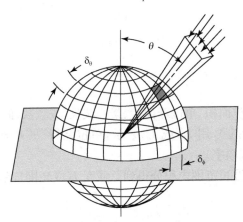

图 4.3　辐射强度和辐射通量密度之间的关系，表示入射辐射和
地面法线之间的夹角，图中 $\theta$ 为天顶角，$\phi$ 为方位角。

通量密度指通过单位面积上的辐射能量传输率，单位为 $W \cdot m^{-2}$。下面两个习题说明强度和通量密度之间的关系。

**习题 4.2**　太阳在大气顶部零度天顶角方向入射到平面上的辐射通量密度 $F_s$ 为 $1368 W \cdot m^{-2}$，假设太阳辐射各向同性（即太阳辐射面上任意一点在所有方向的辐射强度相等，图 4.4），计算太阳辐射强度，太阳半径 $R_s = 7.00 \times 10^8 m$，日地距离 $d = 1.50 \times 10^{11} m$。

**解答:** 设 $I_s$ 为太阳辐射强度，若太阳辐射各向同性，根据(4.5)式，地球大气层顶部的太阳辐射通量密度为

$$F_s = \int_{\delta\omega} I_s \cos\theta d\omega$$

式中，$\delta\omega$ 为天空中太阳所张的立体角。由于其很小，可以忽略积分中 $\cos\theta$ 的变化，这就是所谓的"平行射线近似"，据此，积分简化为

$$F_s = I_s \times \cos\theta \times \delta\omega$$

又因为本题中天顶角为零度，则

$$F_s = I_s \times \delta\omega$$

在以地球为中心的半球立体角上（即"天空"），被太阳占去的比例，也就是在以地球为中心、以 $d$ 为半径的半球面上被太阳占去的面积比例，即

$$\frac{\delta\omega}{2\pi} = \frac{\pi R_s^2}{2\pi d^2}$$

根据上式

$$\delta\omega = \pi\left(\frac{R_s}{d}\right)^2 = \pi\left(\frac{7.00\times10^8}{1.50\times10^{11}}\right)^2 = 6.84\times10^{-5}\,\mathrm{sr}$$

因此

$$I_s = \frac{F_s}{\delta\omega} = \frac{1368\mathrm{W\cdot m^{-2}}}{6.84\times10^{-5}\,\mathrm{sr}} = 2.00\times10^7\,\mathrm{W\cdot m^{-2}\cdot sr^{-1}}$$

在空间传输路径上，辐射强度为常数，与辐射源（本题中指太阳）的距离无关，与此相对应，通量密度和太阳所张的立体角成正比，与太阳距离的平方成反比，即

$$F \propto d^{-2} \tag{4.7}$$

这就是平方反比定律，而太阳辐射通量 $E_s$（即以太阳为中心向外辐射所经过的球面积乘以通量密度 $F_s$）和距离太阳的距离无关，即

$$E_s = F_s \times 4\pi d^2 = 常数$$

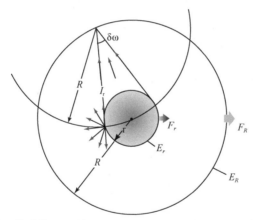

图 4.4　半径为 $r$ 的球体源（蓝色阴影）发射的各向同性辐射强度 $I$、辐射通量密度 $F$ 和辐射通量 $E$ 之间的关系，假设辐射到达一个半径为 $R$ 的大球表面，它和辐射源同心。细箭头表示辐射强度，粗箭头表示辐射通量密度，有 $E_R = E_r$，$I_R = I_r$，辐射通量密度 $F$ 随和辐射源距离的平方递减。

**习题 4.3**　某一平面向各个方向的辐射强度相同，求其辐射通量密度。

**解答：**

$$\begin{aligned}
F &= \int_{2\pi} I\cos\theta\mathrm{d}\omega = \int_{\phi=0}^{2\pi}\int_{\theta=0}^{\pi/2} I\cos\theta\sin\theta\mathrm{d}\theta\mathrm{d}\phi = 2\pi I\int_0^{\pi/2}\cos\theta\sin\theta\mathrm{d}\theta \\
&= \pi I\big[(\sin^2(\pi/2) - \sin^2(0))\big] \\
&= \pi I
\end{aligned} \tag{4.8}$$

尽管本题中几何设定比较特殊，但其结论对各向同性的辐射一般都适用，证明见习题 4.31。

改变波长和立体角的积分顺序（先积分立体角）可得到单色通量密度 $F_\lambda$。本节讨论

的内容可以归纳为入射到或穿过面积元 $\delta A$ 的辐射通量

$$E = \int_{\delta A} \int_{2\pi} \int_{\lambda_1}^{\lambda_2} I_\lambda(\phi,\theta)\,\mathrm{d}\lambda\cos\theta\mathrm{d}\omega\mathrm{d}A \tag{4.9}$$

单位为 W。

## 4.3　黑体辐射

　　黑体[④]能够完全吸收所有照射到其表面上的辐射,类似煤和具有小孔的巨大腔体。当辐射进入腔体后,虽然其腔壁材料具有反射性,但大部分辐射在多次反射过程中被腔壁吸收,因此可以近似看作黑体。腔体的入口越狭窄,内部结构越复杂,更多的入射辐射将被吸收,从外界看其黑体性质就越明显(图 4.5)。

### 4.3.1　普朗克[⑤]函数

　　实验证明,黑体的辐射强度为

$$B_\lambda(T) = \frac{c_1\lambda^{-5}}{\pi(e^{c_2/\lambda T}-1)} \tag{4.10}$$

式中,$c_1=3.74\times10^{-16}\,\mathrm{W\cdot m^2}$,$c_2=1.45\times10^{-2}\,\mathrm{m\cdot K}$。上述经验关系的理论证明促进了量子物理的理论发展。观测表明,黑体辐射具有各向同性的特征,这一点已得到理论证明。图 4.6 为一定温度时单色强度谱 $B_\lambda(T)$ 和波长之间的关系,表现为在短波迅速上升到最大,然后随波长增大缓慢降低。

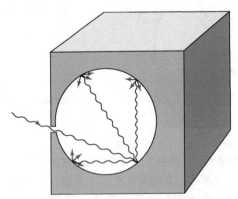

图 4.5　辐射从一个小孔进入腔体,在其内壁之间不断反射[引自 K. N. Liou, An Introduction to Atmospheric Radiation, Academic Press 美国学术出版社, p. 10, Copyright (2002),得到 Elsevier 的许可]。

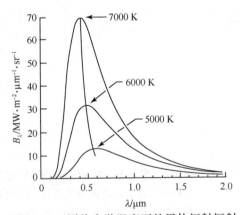

图 4.6　不同热力学温度下的黑体辐射辐射谱,横坐标为波长,线性刻度。三维表面的集合就是普朗克函数[引自 R. G. Fleagle and J. A. Businger, An Introduction to Atmospheric Physics, Academic Press, p. 137, Copyright (1963),得到 Elsevier 的许可]。

---

　　④　这里"体"是指具有同一温度和成分的物质集合。"体"也可以是气体介质,只要能够与其周围物体、媒介或真空有可定义的"界面",从而可定义穿过该界面的入射辐射和出射辐射强度。例如,可以是具有一定厚度的气层,也可以是一团实际物体。

　　⑤　马克斯·普朗克(1858—1947),德国物理学家。基尔大学和柏林大学物理学教授。师从亥姆霍茨和基尔霍夫。在量子理论发展领域起重要作用。1918 年获诺贝尔奖。

## 4.3.2 维恩位移定律

对(4.10)式求偏微分令结果为零(习题4.24)可以得到温度为 $T$ 时黑体的最大辐射波长

$$\lambda_{\mathrm{m}} = \frac{2897}{T} \tag{4.11}$$

式中,$\lambda_{\mathrm{m}}$ 用 $\mu m$ 表示,$T$ 用 K 表示。(4.11)式称为维恩[⑥]位移定律,即根据辐射源的辐射波谱特征就可以估算其温度。证明如下:

**习题 4.4** 观测表明太阳最大辐射波长为 $0.475\mu m$,利用维恩位移定律计算太阳的"色温"。

**解答:** $T = \frac{2897}{\lambda_{\mathrm{m}}} = \frac{2897}{0.475} = 6100 \mathrm{K}$

维恩位移定律解释了为什么太阳辐射主要集中在可见光区($0.4 \sim 0.7\mu m$)和近红外区($0.7 \sim 4\mu m$),而行星及其大气辐射集中在红外区($> 4\mu m$),如图4.7(a)所示。

## 4.3.3 斯蒂芬-玻耳兹曼定律

在整个波段对普朗克方程 $\pi B_{\lambda}$ 积分得到黑体总辐射通量密度(辐射度),即可得到斯蒂芬[⑦]-玻耳兹曼定律

$$F = \sigma T^4 \tag{4.12}$$

式中,$\sigma$ 是斯蒂芬-玻耳兹曼常数,等于 $5.67 \times 10^{-8} \mathrm{W \cdot m^{-2} \cdot K^{-4}}$,若已知任意黑体或非黑体的总辐射通量密度 $F$,根据(4.12)式可以计算该物体的等效黑体温度(又称为有效辐射温度)$T_{\mathrm{E}}$,意味着若某个黑体发射的总辐射通量密度为 $F$,其温度须为 $T_{\mathrm{E}}$,因此黑体的实际温度和等效黑体温度一致。应用斯蒂芬-玻耳兹曼定律和等效黑体温度概念完成下面的习题。

**习题 4.5** 已知到达地球的太阳总辐射通量密度 $F_{\mathrm{s}} = 1368 \mathrm{W \cdot m^{-2}}$,日地距离 $d = 1.50 \times 10^{11} \mathrm{m}$,太阳光球半径 $R_{\mathrm{s}} = 7.00 \times 10^8 \mathrm{m}$,计算太阳光球(即太阳最外围的可视层)的等效黑体温度 $T_{\mathrm{E}}$。

**解答:** 首先利用平方反比定律(4.7)式,计算太阳光球层顶的辐射通量密度

$$F_{光球层顶} = F_{\mathrm{s}} \left(\frac{R_{\mathrm{s}}}{d}\right)^{-2}$$

$$F_{光球层顶} = 1368 \times \left(\frac{1.50 \times 10^{11}}{7.00 \times 10^8}\right)^2 = 6.28 \times 10^7 \mathrm{W \cdot m^{-2}}$$

由斯蒂芬-玻耳兹曼定律

$$\sigma T_{\mathrm{E}}^4 = 6.28 \times 10^7 \mathrm{W \cdot m^{-2}}$$

因此等效黑体温度为

$$T_{\mathrm{E}} = \left(\frac{6.28 \times 10^7}{5.67 \times 10^{-8}}\right)^{1/4} = (1108 \times 10^{12})^{1/4} = 5.77 \times 10^3 = 5770 \mathrm{K}$$

---

⑥ 威廉维恩(1864—1925),德国物理学家,1893年发现以他命名的维恩定律,并因此在1911年获诺贝尔奖。

⑦ 约瑟夫·史蒂芬(1835—1893),澳大利亚物理学家。维也纳大学物理学教授。气体漫射理论创始人,并且从事辐射理论基础工作。第一个粗略确定了X射线波长。

很明显,太阳光球的等效黑体温度略低于太阳色温,因此,太阳的实际辐射光谱和根据普朗克(4.10)式计算的结果略有不同。

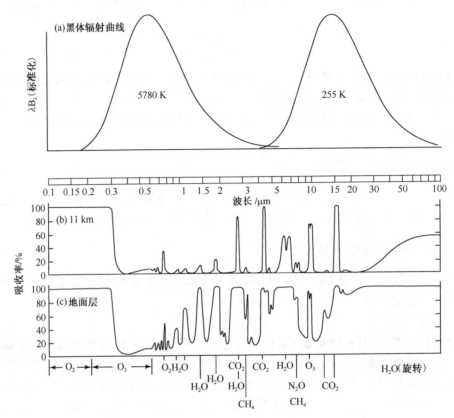

图 4.7　(a)太阳(左面)和地球(右面)的黑体辐射。图 4.6 中横坐标波长最好为对数刻度,而不是线性刻度,坐标乘以波长是为了保持曲线下的面积和辐射强度成比例。另外,强度尺度重新标定保证两条曲线下面的面积相等;(b)11km 之上部分大气的单色吸收谱;(c)整体大气的单色吸收谱[引自 R. M. Goody and Y. L. Yung, Atmospheric Radiation: Theoretical Basis, 2nd ed., Oxford University Press (1995),牛津大学出版社,p. 4. 得到牛津大学出版社许可]。

**习题 4.6**　计算图 4.8 中地球的等效黑体温度,假设行星反照率(即入射的太阳辐射完全反射回去,没有被吸收)为 0.30,并且地球处于辐射平衡状态,即没有因为辐射传输增加和损失净能量。

**解答:**如图 4.8 所示,设 $F_s$ 为到达地球的太阳辐射通量密度(1368W·m$^{-2}$),$F_E$ 为地球发射的长波辐射通量密度,$R_E$ 为地球半径,$A$ 为地球行星反照率(0.3),$T_E$ 为地球等效黑体温度,根据斯蒂芬-玻耳兹曼定律(4.12)式

$$F_E = \sigma T_E^4 = \frac{(1-A)F_s}{4} = \frac{(1-0.30) \times 1368}{4} = 239.4 \text{W} \cdot \text{m}^{-2}$$

因此

$$T_E = \sqrt[4]{\frac{F_E}{\sigma}} = \left(\frac{239.4}{5.67 \times 10^{-8}}\right)^{1/4} = 255\text{K}$$

同理可估算太阳系中其他行星的等效黑体温度,见表 4.1。

**习题 4.7** 一颗黑体卫星在距离地球很远的空间围绕地球运转,相比太阳,地球对它的辐射可以忽略不计,假设这颗卫星突然进入地球阴影,计算其初始冷却率。卫星的质量 $m = 10^3$ kg,比热容 $c = 10^3$ J・kg$^{-1}$・K$^{-1}$,半径 $r = 1$m,表面温度均匀。

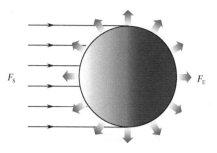

图 4.8 地球辐射平衡。红色细箭头表示太阳平行辐射入射到地球轨道,其中 $\pi R_E^2$ 面积被地球拦截,红色粗箭头表示地球有 $4\pi R_E^2$ 面积向外发射红外辐射(另见彩图)。

**解答:**和习题 4.6 类似,假设能量平衡,卫星的反照率为 0,辐射通量密度 $F = 342$ W・m$^{-2}$,因此其等效黑体温度 $T_E = 279$K。当进入地球阴影后,卫星的辐射平衡被破坏,其接收的太阳辐射为 0,由于要发射辐射,因此其温度逐渐降低,卫星刚进入地球阴影时,其温度为 $T_E$,可用以下公式表示

$$mc \frac{dT}{dt} = 4\pi r^2 \sigma T_E^4$$

计算得到 $dT/dt = 4.30 \times 10^{-3}$ K・s$^{-1}$ 或 15.5K・h$^{-1}$。

表 4.1 假设行星处于辐射平衡,$F_s$ 为太阳辐射通量密度,$A$ 为行星反照率,$T_E$ 为行星的等效黑体温度,天文单位表示日地平均距离的倍数。

| 行星名称 | 和太阳的距离[a] | $F_s/(\text{W·m}^{-2})$ | $A$ | $T_E/\text{K}$ |
|---|---|---|---|---|
| 水星 | 0.39 | 8994 | 0.06 | 439 |
| 金星 | 0.72 | 2639 | 0.78 | 225 |
| 地球 | 1.00 | 1368 | 0.30 | 255 |
| 火星 | 1.52 | 592 | 0.17 | 216 |
| 木星 | 5.18 | 51 | 0.45 | 105 |

a 天文单位表示日地平均距离的倍数。

### 4.3.4 实际物体的辐射特征

黑体能够吸收所有的入射辐射。和黑体不一样,实际物体在吸收辐射的同时还会反射并透射辐射,如气体。为了用黑体辐射定律研究实际物体的辐射特征,需要定义物体的单色发射率 $\varepsilon_\lambda$,即实际物体发射的单色辐射强度和相同温度黑体的单色辐射强度之比:

$$\varepsilon_\lambda = \frac{I_\lambda}{B_\lambda(T)} \tag{4.13}$$

根据实际物体对入射辐射的吸收份数、反射份数和透射份数可定义其单色吸收率、反射率和透射率[⑧],即

$$\alpha_\lambda = \frac{I_\lambda(\text{吸收辐射})}{I_\lambda(\text{入射辐射})},$$

---

⑧ 吸收率、发射率、反射率和透射率根据上下文可以指辐射强度或者通量密度,在本段中指辐射强度。在文献中还广泛使用名词透射,它和透射率相同。但是发射强度和反射强度有时指实际的辐射度有时指实际的辐射强度或通量密度,这里我们仅在(4.13)式和(4.14)式中 ivity 为尾缀的词表示率。

$$R_\lambda = \frac{I_\lambda(反射辐射)}{I_\lambda(入射辐射)},$$

(4.14)

$$T_\lambda = \frac{I_\lambda(透射辐射)}{I_\lambda(入射辐射)}$$

### 4.3.5 基尔霍夫定律

基尔霍夫[⑨]定律表述为

$$\varepsilon_\lambda = \alpha_\lambda \qquad\qquad (4.15)$$

为了解基尔霍夫定律的物理意义,考虑一个物体完全封闭在一个可视作黑体的腔体内,物体和腔壁不断交换辐射能量,系统处于辐射平衡状态,由热力学第二定律可知物体和腔壁的温度相等。根据普朗克公式(4.10)可以得到腔壁向物体在波长 $\lambda$ 处沿某个方向的单色辐射强度,其中 $\alpha_\lambda$ 被物体吸收,由于系统处于辐射平衡,该物体必然会反射相同波长的单色辐射,由于物体与腔壁的温度相同,因此在任意波长处,物体的发射率必然等于其吸收率。

发射率和吸收率是物体的本质属性,当物体移出腔体,处于外界辐射环境下,此时辐射平衡被破坏,在这样的条件下,假设 $\varepsilon_\lambda = \alpha_\lambda$ 仍然成立,可以得到另一些关系(习题 4.35~4.38)。

基尔霍夫定律适用于气体的条件是:分子碰撞的频率远大于在所研究波段分子吸收或发射的辐射的频率。这一状态被称为局域热力学平衡(LTE),60km 高度以下的地球大气一般处于这种状态。

### 4.3.6 温室效应

太阳辐射和热辐射位于电磁波谱的不同波段,分别称其为短波和长波。下一节中将解释,如水汽、二氧化碳这类电偶极矩分子运动的气体,它们对地球长波热辐射的吸收高于对太阳短波辐射的吸收,这种差异对光谱透射率的影响将在图 4.7 中说明。因此,太阳辐射能自由穿过大气到达地表,而地表热辐射在向上穿过大气时则被大气吸收和再放射。下面的习题将说明行星大气中的温室气体如何加热行星表面。

**习题 4.8** 一颗性质类似地球的行星(如同习题 4.6),其大气层由若干层等温大气构成,短波辐射能够完全穿透大气,而长波辐射则全部被阻截,行星地表及其大气层处于辐射平衡,那么这颗行星的大气层将如何影响其地表温度?

**解答:**首先考虑一层等温大气,由于长波辐射完全不能通过大气层,行星的等效黑体温度和大气温度一致。$F$ 单位的太阳辐射穿过大气到达行星表面,为了维持辐射平衡,大气必须像黑体一样向外发射 $F$ 单位的辐射能量。因为大气层是等温的,它也会向下辐射 $F$ 单位的能量,因此,到达行星表面的辐射为 $F$ 单位的太阳入射辐射加上 $F$ 单位的大气向下长波辐射,共 $2F$ 单位,为了维持辐射平衡,行星表面也会向上发射 $2F$ 单位的长波辐射,因此,根据斯蒂芬-玻耳兹曼定律(4.12)式,行星表面温度为 303K,比没有大气时高 48K,和习题 4.6 中一样,大气温度和行星表面的温度相等。

---

⑨ 古斯塔夫斯·基尔霍夫,Gustav Kirchhoff(1824—1887),德国物理学家,布雷斯劳大学教授,除了在辐射方面的工作,他还对电学和波谱学进行了基础性探索,发现了铯和铷。

当存在两层等温大气时,如图4.9所示,由于不透
明层增加,到达低层的入射辐射为$2F$($F$单位的太阳辐
射加上高层大气向下发射的$F$单位的长波辐射),为了
维持平衡,低层大气需要向上发射$2F$单位的长波辐
射,由于大气层等温,它同时也会向下发射$2F$单位的
长波辐射。因此达到行星表面的辐射能量等于$F$单位
的太阳辐射加上$2F$单位的大气向下长波辐射,共$3F$
单位,为了维持平衡,行星地表同时会向上辐射$3F$单
位的长波辐射。

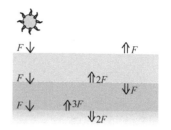

图4.9　行星大气的辐射平衡过程,
包含两层等温大气,太阳辐射可以通
过,行星辐射不能通过。向下的细箭
头代表向下通过大气的太阳短波辐
射通量$F$,粗箭头代表地球表面和各
层大气发射的长波辐射。为了达到
辐射平衡,到达地面和离开大气顶的
净辐射为零。

上述分析可以推广到$N$层大气,相应的大气向下
辐射分别为$F, 2F, 3F, \cdots, NF$,在辐射平衡状态下,温
度分别为$303, 335, \cdots, [(N+1)F/\sigma]^{1/4}$K,随着大气密
度的增加,不透明层的几何厚度近似呈指数下降,因此,
随气层厚度增加辐射平衡递减率变陡。实际上,由于温
室气体阻挡效应的增加,行星地表向外辐射其吸收的辐
射能量的效率降低,即辐射传输效率降低。一旦辐射平衡递减率超过绝热递减率,对流成
为首要的能量传输形态。

地球表面平均温度约为289K,高于习题4.6计算的其等效黑体温度255K,这种差异
归因于温室效应的贡献。在地球大气中,如果没有流体运动产生的向上的潜热、感热传
输,上述差异还会更大。

实际计算辐射传输时,需要考虑吸收率随波长的变化。图4.7(b)中清楚地表明,不
同波段的辐射吸收率差异明显,每种气体都有其对应的辐射吸收带和相对透明的窗区,
4.4节中将会看到吸收率和波长的关系远比图4.7中低分辨率的吸收光谱复杂。

## 4.4　散射、吸收和发射的物理意义

太阳和地面辐射穿过大气时,气体分子、气溶胶粒子的吸收和散射现象将对辐射产生
削弱作用,它和以下因子成线性比:(1)在那一点上沿射线方向的辐射强度,(2)局地气体/
粒子浓度,(3)吸收体或散射体的性质。

如图4.10所示,假设一束辐射沿某路径穿过任意薄层大气,在传播方向上由于和不
同气体分子和粒子的相互作用产生的单色强度衰减量为

$$dI_\lambda = -I_\lambda K_\lambda N\sigma ds \tag{4.16}$$

式中,$N$为单位体积柱中的粒子数,$\sigma$为各粒子的截面面积,$K_\lambda$(无量纲量)为散射或吸收
效率,$ds$表示在入射方向上的路径微分元。可用类似的形式定义代表散射和吸收共同作
用的消光效率,$K_\lambda N\sigma^*$称为散射截面、吸收截面或消光截面。为了方便,气体大气成分的
散射或吸收率可以表示为

$$dI_\lambda = -I_\lambda \rho r k_\lambda ds \tag{4.17}$$

式中,$\rho$为大气密度,$r$为单位质量大气中吸收气体的质量,$k_\lambda$为质量吸收系
数($m^2 \cdot kg^{-1}$)。

---

\* 译注:原文中"$KnNs$"应为"$K_\lambda N\sigma$"。

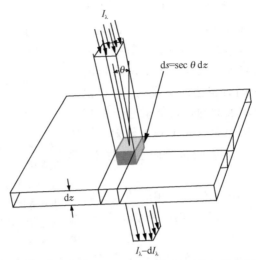

图 4.10　太阳入射平行辐射经过大气层时,被吸收气体和气溶胶消光。

在上述表达式中,$N\sigma K_\lambda$ 和 $\rho r k_\lambda$ 可根据上下文称它们为体积散射系数、体积吸收系数和体积消光系数,单位为 $\mathrm{m}^{-1}$。各种气体和粒子的消光作用可以累加(即 $K_\lambda N\sigma = (K_\lambda)_1 N_1\sigma_1 + (K_\lambda)_2 N_2\sigma_2 + \cdots$),同样,对入射辐射总的散射、吸收和消光系数

$$K_\lambda(消光) = K_\lambda(散射) + K_\lambda(吸收) \tag{4.18}$$

### 4.4.1　气体分子和粒子的散射作用

在任意时空,尽管大气中的粒子可能包括各种形态和尺寸的气溶胶以及云滴和冰晶,但理论研究表明,对于半径为 $r$ 的球形粒子,其散射吸收作用或者(4.16)式中的消光效率 $K_\lambda$ 都可以描述为无量纲的尺度参数 $x$

$$x = \frac{2\pi r}{\lambda} \tag{4.19}$$

和粒子的折射指数($m = m_r + \mathrm{i}m_i$)的函数,其中实部 $m_r$ 为真空中光速和在粒子中传播时的光速之比:

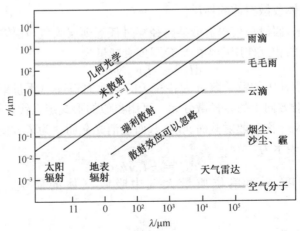

图 4.11　尺度参数 $x$ 是入射波长 $\lambda$ 和粒子半径 $r$ 的函数。

图 4.11 描述了各种粒子在不同辐射波段的尺度参数。对于可见光区的散射而言,气体分子的 $x$ 远小于 1,烟雾粒子的 $x$ 接近 1,而雨滴的 $x$ 远大于 1。

当 $x \ll 1$ 时,粒子对辐射的散射作用相对不显著,称为瑞利散射,其散射效率和波长的四次方成反比:

$$K_\lambda \propto \lambda^{-4} \tag{4.20}$$

散射方向同等分布在前后两个半球(图4.12(a)),若尺寸参数接近或大于 1,散射主要集中在前半球方向(图4.12(b)和(c))。

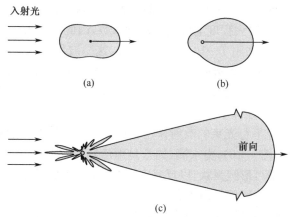

图 4.12 (a)$10^{-4}\mu m$,(b)$0.1\mu m$ 和(c)$1\mu m$ 半径的球形粒子对 $0.5\mu m$ 波长可见光波长的散射辐射在不同角度的分布。气溶胶对 $1\mu m$ 波长的前向散射特别强[引自 K. N. Liou, An Introduction to Atmospheric Radiation, Academic Press, p. 7, Copyright(2002),得到 Elsevier 的许可]。

图 4.13 表示 $m_r = 1.5$ 时,不同的 $m_i$ 下 $K_\lambda$ 随尺寸参数的变化,其中曲线顶部代表 $m_i = 0$(无吸收),$0.1 \leqslant x \leqslant 50$ 的范围称为米[10]散射区,$K_\lambda$ 在 2 附近呈现阻尼振荡,$x \geqslant 50$ 的部分称为几何光学散射区,振荡不明显,$K_\lambda \approx 2$。

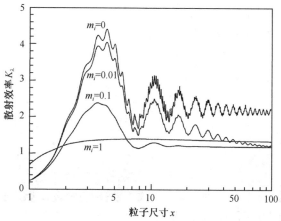

图 4.13 散射效率 $K_\lambda$ 为尺度参数 $x$ 的函数,图中横坐标为对数坐标,表示 4 个不同的折射指数,$m_r = 1.5$,$m_i$ 从 0~1 变化[引自引自 K. N. Liou, An Introduction to Atmospheric Radiation, Academic Press, p. 7, Copyright(2002),得到 Elsevier 的许可]。

---

[10] 古斯塔夫斯·米,Gustav Mie(1868—1957),德国物理学家,对电磁散射理论和运动学理论进行了基础性探索。

**习题 4.9** 估算大气分子对红光($\lambda \approx 0.64\mu m$)和蓝光($\lambda \approx 0.47\mu m$)的相对散射效率。

**解答:** 由(4.20)式

$$\frac{K(\text{蓝})}{K(\text{红})} = \left(\frac{0.64}{0.47}\right)^4 = 3.45$$

大气分子对蓝光的散射作用很强,因此大气中气溶胶较少时,天空呈现蓝色。

图 4.14 呈现了瑞利散射条件下天空和风景的颜色,照片是在太阳刚升起的时候拍摄的,顶部是蓝色的天空,前景是阳光照射下的实物和气溶胶层,其中阳光中波长较短的蓝光在经历了遥远曲折的传播路径后几乎全部被大气散射所耗尽。

散射效率 $K$ 的大小很大程度上取决于尺度参数,因此地基天气雷达和卫星上携带的遥感降水的传感器,一般采用 1~10cm 微波波段,这一波段对于云中半径为毫米量级的雨滴更易于散射作用。云对红外辐射的吸收作用很强,相比而言,微波辐射在穿过粒子半径在几百微米内的云区时,很少甚至几乎不被散射,而半径更大的雨滴会散射雷达脉冲波产生回波,据此可以得到强降水区域。

对太阳辐射和月光平行光束的散射作用将产生一些独特的光学效应,包括:

- 虹(图 4.15 和图 4.16),由水滴(通常是雨滴)对太阳光的折射和在水滴内部的反射作用产生,呈弓形圆弧状,以反日点(位于太阳和观察者眼睛的直线上)为圆心,很少闭合,颜色由圆周外向内分别为红、橙、黄、绿、蓝、靛、紫,虹常见于雨滴直径约为几毫米的降水过程时,因为这时雨滴尺寸远大于阳光波长,根据经典的几何光学理论即可解释虹的生成。

- 晕,高而薄的卷层云中六角形和棱状冰晶对太阳的折射产生,通常发生在 22°~44°角度之间(图 4.17 和图 4.18[①])。

- 冕,低云或中云中的水滴对光线的衍射作用产生,由多个彩色光环构成,距离光源(如太阳或月亮)的角半径小于 15°,如果云滴直径比较一致,可以看到若干光环序列,其间隔取决于云滴尺寸,每个序列中,里面的环为蓝色或紫色,而外面的环为红色,如图 4.19 所示。

图 4.14　日出后拍摄的中国长城(另见彩图)。　　图 4.15　主彩虹之上有一条二道虹,之下有一条附虹(另见彩图)。

---

① 当手臂伸值,眼睛在大拇指和小指尖端所张的视角和 22°晕的角半径一致(警告:读者不要直视太阳,会对眼睛产生伤害)。

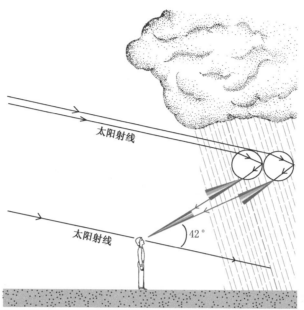

图 4.16 太阳光线折射进入雨滴,在其内部反射,进而折射出雨滴形成主虹。在所有和雨滴相遇并产生光学过程的所有光线中,彩虹光线最亮,并且折射角最小。像棱镜一样,雨滴折射将可见光分散为不同的颜色成分从而形成彩虹,二道虹由雨滴两次反射产生,在主虹上 8°方向,颜色排列和主虹相反。彩虹由一系列光线通过大量圆形雨滴剖面而形成。

图 4.17 在冰晶云中形成的 22°和 46°晕(另见彩图)。

## 4.4.2 粒子吸收作用

粒子对辐射的吸收作用不仅本身很重要,而且也影响散射特征。前文的理论介绍(通常称为米散射)显示了均匀球形粒子对辐射的散射和吸收特征,其中折射指数实部和散射作用有关而其虚部则与吸收有关。本节简要介绍一些有关吸收的结论。在图 4.13 中,吸收作用使米散射区的振荡衰减。在 $x \gg 1$ 范围内,消光系数始终接近 2,但是,随着吸收作用由强变弱,散射系数从 1 上升到 2。云滴强烈吸收电磁辐射中的长波部分,即使相对很薄的云层也会像黑体一样,吸收上下两个方向的入射辐射。

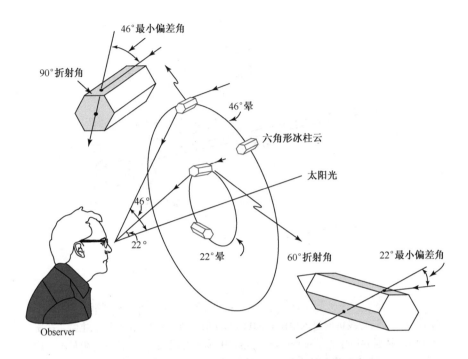

图 4.18　六边形冰晶中光线折射产生的 22°和 46°晕。

图 4.19　云滴对光线衍射在太阳周围产生光环(另见彩图)。

### 4.4.3　气体分子的吸收和发射

只要辐射和物质相互作用,将被吸收、散射或发射,形成离散的能量包,称为光子,每个光子携带能量

$$E = h\bar{v} \tag{4.21}$$

其中 $h$ 为普朗克常数($6.626 \times 10^{-34}$J · s),因此光子携带的能量和波长成反比。

a. 连续吸收

极紫外辐射的波长$\leqslant 0.1\mu$m,由高温、稀薄的太阳外层大气发射,能够从原子中电离出电子,称为光电离,这个波段的辐射约占太阳总辐射的百万分之三,在电离层中被吸收,在距离地面 90km 及以上高度,产生足够的自由电子来支持无线电波的传播。

波长小于 $0.24\mu m$ 的辐射拥有足够能量,能够将 $O_2$ 分解为氧原子,称为光解作用。在该反应中氧原子被释放,为臭氧($O_3$)的形成提供条件(详见 5.7.1 小节)。继而臭氧又被波长小于 $0.31\mu m$ 的太阳辐射分解。上述反应吸收了 2% 的具有潜在危害的太阳紫外辐射。图 4.20 显示了地球大气中发生光电离和光解作用的主要高度范围和波段。

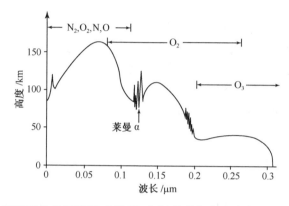

图 4.20　有太阳和平均臭氧廓线条件下,太阳紫外辐射在大气中的穿透距离[引自 K. N. Liou, An Introduction to Atmospheric Radiation, Academic Press, 美国学术出版社, p.78, Copyright(2002), 得到 Elsevier 的许可]。

反应过程的发生要通过吸收光子来获得足够能量,剩余的能量则转化为分子动能,从而使气体温度升高。因为电解原子和光解分子需要巨大能量,因此与这些反应相关的所谓的连续吸收被限制在 X 射线和紫外区,波长大于 $0.31\mu m$ 的太阳辐射大部分能够穿透大气到达地球表面。

b. 吸收线

虽然可见光和红外辐射不能产生足够能量供光电离和光解作用,但在一定条件下它们仍然能被吸收。为了研究对这些长波辐射的吸收过程,需要首先了解在气体分子状态下的其他形式的变化。气体分子的内能可表示为

$$E = E_o + E_v + E_r + E_t \tag{4.22}$$

其中 $E_o$ 为原子中电子的轨道能量等级,$E_v$ 和 $E_r$ 分别为和分子振动和旋转对应的能量等级,$E_t$ 为和分子随机运动相关的转化能量。第 3 章讨论热力学第一定律时,我们只考虑 $E_t$ 的变化,但在考虑辐射传输问题时需要同时考虑气体分子其他内能成分的变化。

量子力学指出,每个原子只能在特定结构的轨道上运行,其振幅、频率以及旋转速率由分子种类决定。每种可能的电子轨道、振动、旋转的组合代表其一定的能级,能级反映了这 3 种形式的能量之和。能量转化在这种情形下无法量子化。分子通过吸收电磁辐射跃迁到更高能级,或者通过发射辐射降到低能级。吸收和发射只能在不连续的能级变化 $\Delta E$ 过程中发生。吸收和发射的辐射频率与能级不连续变化的关系为

$$\Delta E = h\tilde{\nu} \tag{4.23}$$

因此可见光和更长波段的吸收率可以用谱线描述,它由许多极狭窄的吸收线组成,各吸收线由相对宽得多的对入射辐射透明的波段隔开。

分子状态的变化(包括其中轨道、振动、旋转或者其各种组合)形成这些吸收线。轨道

转换和紫外、可见光区的吸收线相关；振动变化和近红外、红外波段有关；旋转路线变化，能量变化中最小的部分，和红外、微波辐射有关。由于 $O_2$ 和 $N_2$ 即使在振动时也没有偶极子，因此在吸收波谱中，它们的吸收线很稀疏，相反，由于存在旋转变化或振动和旋转同时变化，温室气体（著名的 $H_2O$、$CO_2$、$O_3$，以及示踪气体 CH4、$N_2O$、CO、氟利昂）在红外波段存在无数紧密排列的吸收线。

　　c. 加宽吸收线

　　由于量化分子能级具有内在的不确定性，分子吸收线的宽度有限，但相比气体分子运动和碰撞产生的加宽，这种"自然加宽"是很小的。也就是说，

- 多普勒增宽：气体分子相对辐射源的随机运动，产生多普勒频移。
- 压致增宽（碰撞加宽）：和分子碰撞相关。

考虑压致加宽和多普勒加宽后的吸收谱表示为

$$k_v = Sf(v - v_0) \tag{4.24}$$

式中，$S$ 为线强，

$$S = \int_0^\infty k_v \mathrm{d}v \tag{4.25}$$

$v_0$ 为中心波数，$f$ 为谱形因数或谱线轮廓，对于多普勒增宽，谱形因数可由麦克斯韦-玻尔兹曼[12]气体分子速度分布（形如高斯概率分布）给出，

$$f = \frac{1}{\alpha_D \sqrt{\pi}} \exp\left[ -\left( \frac{v - v_0}{\alpha_D} \right)^2 \right] \tag{4.26}$$

其中

$$\alpha_D = \frac{v_0}{c^*} \left( \frac{2kT}{m} \right)^{1/2} \tag{4.27}$$

上式中 $\alpha_D \sqrt{\ln 2}$ 称为谱线半宽（吸收线中心到 1/2 振幅间的距离），$m$ 为分子质量，$k$ 为玻耳兹曼常数（$1.381 \times 10^{-23}$ J·$K^{-1}$·分子$^{-1}$）。

　　压致增宽中的谱形因数通常为洛伦兹[13]线形，表示为

$$f = \frac{\alpha}{\pi[(v - v_0)^2 + \alpha^2]} \tag{4.28}$$

谱线半宽由下式决定：

$$\alpha \propto \frac{p}{T^N} \tag{4.29}$$

上式中，谱线半宽和分子碰撞频率成正比，对不同种类的分子，$N$ 在 1/2～1 间变化。

　　图 4.21 比较了同样强度和谱线半宽的吸收线完全不同的增宽过程，压致增宽过程产生的吸收线"两翼"（自线中点向两方沿伸）比多普勒增宽过程伸展的远。水汽吸收线在温度 300K、波数 400cm$^{-1}$ 处，多普勒增宽为 $7 \times 10^{-4}$ cm$^{-1}$；而相同温度条件下，地

---

⑫　麦克斯韦，James Clerk Maxwell(1831—1897)，苏格兰物理学家，通常被认为对于物理学的贡献仅次于牛顿，剑桥大学第一位卡尔迪什物理教授，他提出光是一种电磁波，制作了第一张彩色照片，对于气体热力学和动力学理论上做出了主要贡献。

⑬　享德里克·安东·洛仑兹，Hendrick Antoon Lorentz(1853—1928)，荷兰物理学家，建立了电磁辐射理论，为相对论奠定了基础，因此获得 1902 年诺尔物理奖，他升华了麦克斯韦的电磁辐射理论，使之能够更好地解释光线的反射和折射。

球表面处,由压致增宽作用[14]是多普勒增宽的约
100 倍。20km 以下,吸收线宽以压致增宽为主;
50km 以上,空气稀薄,分子碰撞几率很小,以多
普勒增宽为主,在 20～50km 范围内,吸收线形
状由两种过程共同决定。

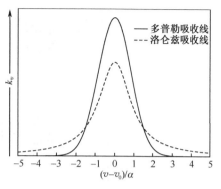

图 4.21　多普勒加宽和压力加宽下的吸
收线形状对比。曲线下的面积表示线强
度 $S$(另见彩图)。

在实验室只能测量有限温度和压力条件下的
吸收波谱,但是根据理论知识对测量结果进行经验
订正,大气物理学家和气候专家能够计算在任何热
力学条件下[15],大气中所有的相对重要的辐射气体
的吸收波谱。图 4.22 表明,理论计算和实际测量
的吸收谱线非常一致。注意,即使考虑了压致增宽
和多普勒增宽,吸收线也非常狭窄。理论计算的最
大不确定性来自吸收波谱中所谓的“连续区”,许多

位置相近的吸收线,其两翼在此重叠,形成微弱但有时却非常重要的吸收过程。

## 4.5　行星大气中的辐射传输

### 4.5.1　比尔定律

对(4.17)式和/或(4.16)式自任意高度层($z$)积分至大气顶端($z=\infty$)来计算一束
入射辐射由于散射和吸收被衰减的部分及剩余辐射。用 $ds = \sec\theta dz$ 对(4.17)式积分
得到

$$\ln I_{\lambda\infty} - \ln I_\lambda = \sec\theta \int_z^\infty k_\lambda \rho r \, dz \tag{4.30}$$

对两边求逆对数,得到气层的透射率:

$$I_\lambda = I_{\lambda\infty} e^{-\tau_\lambda \sec\theta} = I_{\lambda\infty} T_\lambda \tag{4.31}$$

其中

$$\tau_\lambda = \int_z^\infty k_\lambda \rho r \, dz \tag{4.32}$$

$$T_\lambda = e^{-\tau_\lambda \sec\theta} \tag{4.33}$$

上述公式和定义总称为比尔定律,或伯格定律和朗伯定律[16,17,18]。说明,辐射在大气中传

---

[14]　压致增宽的主要原因是低层大气的典型温度和气压 $\alpha \gg \alpha_D$,而线形差异是次要原因。

[15]　根据理论推算吸收线信息,建立高分辨率分子传输吸收(HITRAN)数据库,它包含很多不同种类气体的吸收线信息,包括参考温度下的线强、吸收线中心处的波数、参考温度和气压处的半宽气压,以及超过 100 万条吸收线的低能级。

[16]　奥格斯科·比尔,August Beer(1825—1863),德国物理学家,因为在光学方面的成就而著名。

[17]　皮尔·伯格,Pierre Bouguer(1698—1758),受父亲教育,主要从事航海建筑研究,由于在海洋测量和海上偏差观测获得科学大奖,第一次尝试利用铅锤线受山体吸引产生的偏差现象测量地球密度,被誉为“光度测量之父”,他对比了月亮和一个“标准”蜡烛火焰的光度(1725),伯格定律在 1729 年出版。

[18]　约翰·海因里希·兰波特,Johann Heinrich Lembert(1728—1777),瑞士-德国数学家、天文学家、物理学家和哲学家,裁缝的儿子,主要依靠自学,证明 π 是一个无理数(1728),第一次对双曲函数进行系统研究,在光学和热学方面进行了许多探索。

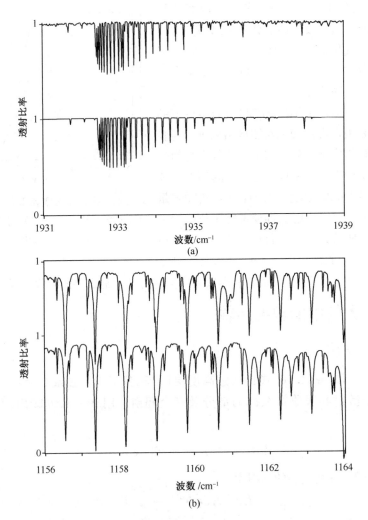

图 4.22　不同大气成分观测和计算的透射比对比。(a) $CO_2$,1931～1939cm$^{-1}$;(b)臭氧和氮氧化物,1156～1164cm$^{-1}$;上图为观测值,下图为计算值[引自 R. M. Goody, R. M. and Y. L. Yung, Atmospheric Radiation, 2nd ed., Oxford University Press(1995), p. 120. 得到牛津大学出版社的许可]。

输时,单色强度随路径衰减,无量纲数 $\tau_\lambda$ 在相关文献中指标准光学厚度或光学厚度,它反映了一束辐射垂直向下(天顶角 $\theta=0$)传输时的衰减总量,若没有散射,单色吸收率随光学厚度增加接近指数规律,

$$\alpha_\lambda = 1 - T_\lambda = 1 - e^{-\tau_\lambda \sec\theta} \tag{4.34}$$

当辐射在包含气溶胶和云滴的介质中传输时,即有散射和消光作用的情况下,消光厚度可采用类似的形式定义。

**习题 4.10**　有一 100m 厚的大气吸收层,吸收气体的平均密度为 0.1kg·m$^{-3}$,当与气层法向成 60°角的平行辐射光束穿过气层时,计算波长为 $\lambda_1$、$\lambda_2$ 和 $\lambda_3$(其质量吸收系数分别为 $10^{-3}$,$10^{-1}$,$1$m$^2$·kg$^{-1}$)的辐射波的光学厚度、透射率、吸收率。

**解答:**在辐射传输路径上,吸收气体的质量为

$$u \equiv \sec\theta \int_{z_B}^{z_T} \rho r \mathrm{d}z \tag{4.35}$$

式中,$z_B$ 和 $z_T$ 分别为吸收层底部和顶部的高度,代入

$$\sec\theta = 2, \rho = 0.1 \mathrm{kg \cdot m^{-3}}, r = 1 \text{和高度 100m},$$

得到

$$u = 2 \times 0.1 \mathrm{kg \cdot m^{-3}} \times 100 \mathrm{m} = 20 \mathrm{kg \cdot m^{-2}},$$

假设大气层中 $k_\lambda$ 均匀,方程(4.33)式可写为

$$T_\lambda = e^{-\tau_\lambda} = e^{-k_\lambda u}$$

(4.34)式则为 $\alpha_\lambda = 1 - T_\lambda = 1 - e^{-k_\lambda u}$

其中

$$\tau_\lambda = k_\lambda \sec\theta \int_{z_B}^{z_T} \rho r \mathrm{d}z = k_\lambda u \tag{4.36}$$

为倾斜光学厚度,带入 $k_\lambda$ 和 $u$ 值得到下表。

| | $\lambda = \lambda_1$ | $\lambda = \lambda_2$ | $\lambda = \lambda_3$ |
|---|---|---|---|
| $\tau_\lambda$ | 0.02 | 2 | 20 |
| $T_\lambda$ | 0.98 | 0.135 | $2 \times 10^{-9}$ |
| $\alpha_\lambda$ | 0.02 | 0.865 | 1.00 |

$I_\lambda$ 和 $T_\lambda$ 随入射路径的增加递减。在习题 4.44 中,辐射垂直向下传输($\sec\theta=1$),在 $\tau_\lambda=1$ 处衰减最迅速,称为单位光学厚度层,这可以从图 4.23 中吸收率 $\mathrm{d}I_\lambda/\mathrm{d}z$ 和 $I_\lambda$ 和 $\rho$ 的垂直廓线得到解释。(4.17)式中,若吸收气体的混合比 $r$ 和质量吸收系数 $k_\lambda$ 与高度无关,即 $\dfrac{\mathrm{d}I_\lambda}{\mathrm{d}z} \propto (I_\lambda \times \rho)$。

光学厚度的数值范围如图 4.23 右侧所示。在单位光学厚度层之上,辐射未耗尽,但大气非常稀薄,在单位辐射路径上几乎没有分子吸收作用,因此基本上没有辐射衰减。在单位光学厚度层以下,虽然吸收气体很多,但却没有多少辐射可以吸收了。

吸收系数 $k_\lambda$ 与天顶角正割越大,产生一定辐射吸收需要的密度越小,单位光学厚度层越高。当 $k_\lambda$ 较小时,在辐射到达单位光学厚度层之前很早就到达大气底部,习题 4.47 中,空中平行入射辐射通过光学厚度大气时,80%的能量在 $\tau_\lambda=0.2$ 和 $\tau_\lambda=4.0$ 之间被吸收,相当于 3 倍的几何高度。

单位倾斜光学厚度层由太阳天顶角决定,当太阳位于头顶正上方,其值最小,当太阳接近地平线时,其值急速增加。这一关系被应用于遥感,如框栏 4.1 中的讨论。

## 框栏 4.1　太阳波谱的间接测算

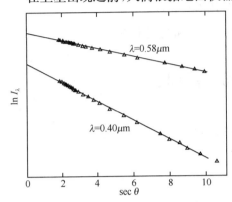

在卫星出现之前,人们根据地面仪器利用比尔定律(4.30)推算太阳波谱。晴朗、能见度好的天气下,在一天的不同时段测量太阳辐射辐射,得到如图 4.24 所示的数据。由于测量过程的持续时间相对短,假设 $I_{\lambda\infty}$ 和光学厚度不变,因此 $I_\lambda$ 和 $\sec\theta$ 成正比,这个假设可以从图 4.24 中完美的线性数据所体现。

测量过程必须满足 $\sec\theta > 1$,但是数据的线性可以外推回 $\sec\theta = 0$,从而估算 $I_{\lambda\infty}$。

太阳(或月亮)辐射通过大气传输到测量仪器过程中会被气溶胶散射和吸收(称为气溶胶光学厚度),一种称为太阳光度计的仪器就用于光学厚度的瞬时测量。例如,如果太阳光度计安放在地面[19],它测量的就是大气柱的总光学厚度。太阳光度计利用光

图 4.24　1970 年 12 月在美国亚利桑那州图森测量的地面单色太阳辐射强度,在清洁稳定条件下是天顶角的函数[Appl. Meteor., 12, 376 (1937)]。

电二极管和狭窄波段的相干滤波器,在天顶角 $\theta_1$ 和 $\theta_2$ 分别测量 $I_{\lambda 1}$ 和 $I_{\lambda 2}$,根据(4.30)式得到

$$\ln \frac{I_{\lambda 1}}{I_{\lambda 2}} = \tau_\lambda (\sec\theta_2 - \sec\theta_1) \tag{4.37}$$

从而推算 $\tau_\lambda$。为了分离气溶胶的单独衰减作用,需要选择特定的 $\lambda_1$ 和 $\lambda_2$,不与大气分子吸收线或吸收带一致,还必须考虑大气分子瑞利散射的影响。由于不同尺寸的粒子在不同波段对光线的衰减作用不同,可以利用 $\tau_\lambda$ 随 $\lambda$ 的变化推算粒子尺寸分布。

太阳光度计可以利用兰利图[20](图 4.24)定标,根据图 4.24 可以同时得到 $I_{\lambda\infty}$ 和 $\tau_\lambda$,其中 $I_{\lambda\infty}$ 可以和大气顶部每一个波长的太阳辐射计算值对比估算衰减作用。这种定标最好在稳定、水平均匀(观测者上空 50km 范围内)条件下进行,因为兰利方法在不同天顶角度测量时假设上述条件维持,理想的定标地点可以选择在夏威夷的莫纳罗亚山上。

---

[19]　伯格估算了月光穿过大气在可见光波段的衰减,他于 1725 年在大不列颠进行了测量,当时的空气要比现在清洁。

[20]　塞缪尔·兰利,Samuel Pierpont Langley(1834—1906),美国天文学家、物理学家、航空学先驱,第一次成功制作了重于空气航空器,该航空器重 9.7kg,通过蒸汽机驱动,1896 年在波拖马可河上飞行了 1280m。太阳活动及其对天气的影响是他的主要科研兴趣,他发明了测辐射热仪研究太阳的红外辐射,第一次解释了鸟类为何在飞行和滑翔过程中可以不用翅膀。他在 1903 年第一次制造了飞机,利用游艇弹射,但是没有能够飞行,像"一把湿灰浆"坠入波拖马可河,9 年后怀特兄弟成功试飞了第一架人造飞机,兰利去世 3 年后,一些人在媒体上讥讽他的飞行尝试。NASA 兰利研究中心就是以他的名字命名的。

　　为了监测大气气溶胶,人们在全球范围布设了太阳光度计监测网,太阳光度计也可以安放在飞机上,得到如图 4.25 所示的数据,该图中,气层的气溶胶光学厚度可以用顶层的光学厚度减去低层的光学厚度得到。目前还有手持式的太阳光度计。

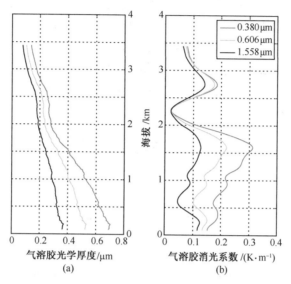

图 4.25　韩国太阳光度计测量的气溶胶光学厚度和气溶胶削光系数。2.5～3km 处光学厚度由于沙尘暴而增大[感谢 Gregory Schmidt, NASA 大气研究中心](另见彩图)。

　　本节中,比尔定律和光学厚度是在垂直高度坐标下推导的,如果采用气压坐标,图 4.23 将呈现不同形状。例如,读者在习题 4.45 中会发现,等温大气中每单位气压增量(即单位质量)的吸收率最大,但在大气顶部,光学厚度远小于 1,入射辐射几乎没有衰减。因此比尔定律并不适用于距离单位光学厚度层很远处的大气层。

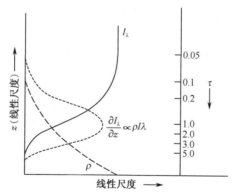

图 4.23　单色入射辐射强度的垂直廓线,单位高度、空气密度、
光学厚度的入射辐射的吸收率,和 $r$ 与高度无关。

### 4.5.2　大气层的反射和吸收

　　辐射在气溶胶和云层中传输时,由于能量守恒,有

$$\alpha_\lambda^f + R_\lambda^f + T_\lambda^f = 1 \tag{4.38}$$

式中，$\alpha_\lambda^{\rm f}$、$R_\lambda^{\rm f}$ 和 $T_\lambda^{\rm f}$ 分别为气层的通量吸收率、通量反射率和通量透射率，表示入射太阳辐射通量密度中被吸收、反射和透射的份数。

散射系数和吸收系数曾在前面章节中做过介绍，并在(4.18)式中将散射和吸收对辐射的总体衰减定义为消光。辐射在路径上传输时将被多次散射，每次连续散射都会增加光线路径的多样性。没有吸收时，平行辐射经过足够多次的散射后转变为各向同性辐射。多次散射也大大增加了入射辐射传输路径的长度。

3 个基本参数用于描述气溶胶、云滴和冰晶的光学属性：

• 体积消光系数 $N\sigma K_\lambda$，描述粒子对入射光束辐射的衰减作用。

• 单散射反照率

$$\omega_0(\lambda) = \frac{K_\lambda(\text{散射})}{K_\lambda(\text{散射}) + K_\lambda(\text{吸收})} \tag{4.39}$$

用于描述散射和吸收的相对贡献，其数值在无吸收时 1.0 到强吸收时 0.5 之间变化。

• 非对称性参数

$$g(\lambda) = \frac{1}{2}\int_{-1}^{1} P(\cos\theta')\cos\theta'\,{\rm d}\cos\theta' \tag{4.40}$$

式中，$P(\cos\theta')$ 为散射辐射的标准角分布（即所谓的散射相函数），$\theta'$ 为入射辐射和散射辐射的夹角。非对称因子大小在 $-1\sim+1$ 间变化，各向同性辐射时为 0，正值表示前向散射占优势。显然，图 4.12 中前向散射占优势，气溶胶的非对称参数特征值为 0.5，冰晶为 0.80，云滴为 0.85。由于前向散射占优，在相同的光学厚度条件下，球形云滴反射的太阳辐射远小于各向同性散射体。

由于上述 3 种参数之间的相互影响，气溶胶能够增加或降低行星反照率，固定其余两个参数，散射反照率越大，则反射回太空的太阳辐射越多，然而即使散射反照率接近一致，当太阳位于天顶时，前向散射很强，此时由于气溶胶而增加的散射反照率也很小。但如果气溶胶的光学厚度很大，入射辐射将被多次散射，从而增加反射辐射。气溶胶是否增加或减小行星反照率也取决于行星表面和云层的反照率。如果下垫面完全为黑体，任何后向散射都会增加行星反照率，反之若下垫面为白体，则任意形式的吸收会减小反照率。

辐射的体积散射系数很大，其几何属性云层的光学属性不一样，即使球形云滴的散射辐射中以前向为主，相比自由云层，它散射的太阳辐射更加各向同性。因此云是行星反照率的最为主要的贡献体。由于多次散射，即使很少的黑炭和其他吸收物质，能够产生可观的吸收，从而减少云层反照率，并增加其蒸发。太阳光在深厚云层中传输时随高度角衰减，而云层反照率随高度角增加。

### 4.5.3 红外辐射的吸收和发射

前两小节在不涉及发射的情况下介绍了行星大气的吸收和散射，这种关系适用于太阳辐射在行星大气中的传输。下面在没有散射的情况下讨论红外辐射的吸收和发射，这是因为红外波长远大于大气分子周长，因此散射作用可忽略不计。

a. 施瓦氏方程

首先我们推导红外辐射在气体介质中的传输方程。(4.17)式中，在路径 ds 上由于吸收作用产生的热辐射单色强度变化率为

$$dI_\lambda(吸收) = -I_\lambda k_\lambda \rho r \, ds = -I_\lambda \alpha_\lambda$$

式中，$\alpha_\lambda$ 为气层的吸收率，由于发射产生的强度变化率为

$$dI_\lambda(发射) = B_\lambda(T)\varepsilon_\lambda$$

根据基尔霍夫定律(4.15)，结合上述两式得到施瓦氏[21]方程

$$dI_\lambda = -(I_\lambda - B_\lambda(T))k_\lambda \rho r \, ds \tag{4.41}$$

和比尔定律[(4.30)～(4.33)式]类似，假设辐射在等温层中传输，单色强度和为气层温度的黑体辐射接近指数关系。当辐射穿过光学厚度 1 时，$|B_\lambda(T) - I_\lambda|$ 随因子 $1/e$ 递减。同时，基于习题(4.44)，单色辐射强度由单位光学厚度层附近的大气辐射决定。当 $\tau_\lambda \ll 1$，发射率很小，大气辐射可以忽略，当 $\tau_\lambda \gg 1$，上方大气层的透射率很小，只有很少的发射辐射能够逸出大气顶端。

　　当吸收太阳辐射时，光学厚度取决于天顶角，这被用于设计卫星上的临边扫描辐射计，用于监测大气的发射辐射，它们接收高层大气的辐射的能力优于地基辐射计。

　　发射辐射的单位光学厚度层取决于辐射波长，它在吸收线中心的高度远高于在吸收线之间。在主要的吸收波段之间，大气吸收和发射的辐射非常微弱，即使在海平面处，$\tau_\lambda$ 也小于 1。在这些所谓的电磁辐射窗区，绝大部分地球辐射在穿过大气层时很少被吸收，能够直接进入太空。单位光学厚度层也取决于温室气体浓度 $r$ 的垂直廓线。比如，在大部分红外区域，单位光学厚度层大约位于 300hPa，在此充足的水汽弥补相对薄的大气不透明层。

　　图 4.26 表示对(4.41)式施瓦氏方程从 0 到 $s_1$ 进行积分，到达 $s_1$ 的单色辐射强度为

$$I_\lambda(s_1) = I_{\lambda 0} e^{-\tau_\lambda(s_1, 0)} \, ds + \int_0^{s_1} k_\lambda \rho r B_\lambda[T(s)] e^{-\tau_\lambda(s_1, s)} \, ds \tag{4.42}$$

右侧第一项表示经过衰减后到达 $s_1$ 的单色强度，第二项表示从 $s=0$ 到 $s=s_1$ 路径上大气的单色辐射度，两项中的因子 $e^{-\tau_\lambda}$ 表示辐射路径上大气透射率，第一项从 0 到 $s_1$，第二项从 $s$ 到 $s_1$。

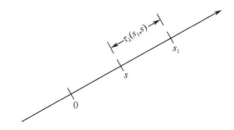

图 4.26　辐射在 0～$s_1$ 光学路径上穿过吸收媒质。路径可以向上或向下[引自 K. N. Liou, An Introduction to Atmospheric Radiation, Academic Press, p. 30, Copyright (2002)，得到 Elsevier 的许可]。

b. 平面平行假设

　　为了简化，许多大气辐射传输计算常采用平面平行假设，即大气中各种成分的温度和

　　[21]　卡尔·施瓦氏，Karl Schwarzschild(1873—1916)，德国天文学家和物理学家，工作于波斯坦大学柏林研究院，利用摄影测量方法证明了星体辐射，并且证明了星体由于温度变化产生辐射变化，第一次正确给出了爱因斯坦重力方程的解，尽管他的物理学成就在当时没有得到肯定，但是他为理解黑洞提供了理论基础。

密度仅是高度(或气压)的函数,因此穿过大气层的的通量密度为

$$F_v^{\downarrow\uparrow}(\tau_v) = \int_{2\pi} I_v^{\downarrow\uparrow}(\tau_v, \cos\theta)\cos\theta \mathrm{d}\omega \tag{4.43}$$

式中,在(4.32)式中定义的标准光学厚度 $\tau_v$ 采用垂直坐标,($\downarrow\uparrow$)表示同时考虑向上和向下的通量,由于本节主要讨论红外辐射传输,为了和专业文献一致,采用波数($v$)单位,对天顶角积分,用 $\mu$ 表示 $\cos\theta$,得到

$$F_v^{\downarrow\uparrow}(\tau_v) = 2\pi\int_0^1 I_v^{\downarrow\uparrow}(\tau_v, \mu)\mu \mathrm{d}\mu \tag{4.44}$$

上式中的单色强度可以分为 3 个部分:

- 未被吸收,到达 $\tau_v$ 层的地表向上发射辐射
- 下层大气向上发射的辐射
- 上层大气的向下发射辐射

上述表达和比尔定律类似,用通量透射率 $T_v^{\mathrm{f}}$ 代替强度透射率 $T_v$,其中

$$T_v^{\mathrm{f}} = 2\int_0^1 e^{-\tau_v/\mu}\mu \mathrm{d}\mu \tag{4.45}$$

在很多情况下可用下面的近似公式估算通量透射率

$$T_v^{\mathrm{f}} = e^{-\tau_v\sqrt{\mu}} \tag{4.46}$$

其中"平均"或"有效天顶角"为

$$\frac{1}{\bar{\mu}} \equiv \sec 53° = 1.66 \tag{4.47}$$

其实,气层中通量透射率等于入射天顶角 $\theta = 53°$ 的平行辐射的强度透射率。$1/\bar{\mu}$ 在辐射传输计算中广泛应用,称为漫射因子,利用它在(4.44)式中对 $\mu$ 积分,得到

$$F_v^{\downarrow\uparrow}(\tau_v) = \pi I_v^{\downarrow\uparrow}(\tau_v, \bar{\mu}) \tag{4.48}$$

### c. 对波数积分[22]

为了计算通量密度 $F$,需要在整个波段对通量密度 $F_v$ 积分,被积函数中包含变化缓慢的普朗克函数 $B_v(T)$ 和变化迅速的透射通量 $T_v^{\mathrm{f}}$,为了方便计算,可以将 $B_v$ 和 $T_v^{\mathrm{f}}$ 分离,对波数无限分割,在足够小的间隔 $\Delta v$ 内,$B_v(T)$ 看作仅是 $T$ 的函数。因此 $B$ 从积分中提取出来,被积函数简化为各气层的通量透射率 $T_v^{\mathrm{f}}$,这种在独立的波数间隔 $\Delta v$ 内对通量透射率 $T_v$ 积分的方法是计算红外辐射传输的基本思想。

采用上述方法对方程如(4.44)式进行波数积分,至少需要分辨不同吸收线的振幅半宽,其波数范围从接近地面的 $10^{-1}\,\mathrm{cm}^{-1}$ 变化到高空的 $10^{-3}\,\mathrm{cm}^{-1}$,对整个红外波段逐线积分大约进行 100 万次。透射率需要在每个无限小的波数间隔 $\mathrm{d}v$ 进行积分,然后将其累加。

这里介绍一种替代方法,可以极大简化积分计算,实际上,采用相同的累加方法,积分变量采用 $k_v$ 代替波数,

$$T_{\bar{v}} \equiv \frac{1}{\Delta v}\int_{\Delta v} e^{-k_v u}\mathrm{d}v = \int_0^1 e^{-k(g)u}\mathrm{d}g \tag{4.49}$$

---

㉒ 本节由许多前沿的研究成果构成,可以跳过,不失连续。

式中, $g(k)$ 是积聚概率密度函数, 表示频率间隔 $\Delta v$ 内, $k_v$ 小于 $k$[23]的份数。和 $k_v$ 不一样, $k(g)$ 是单调平滑的函数, 能够求逆, 这在图 4.27 中证明。

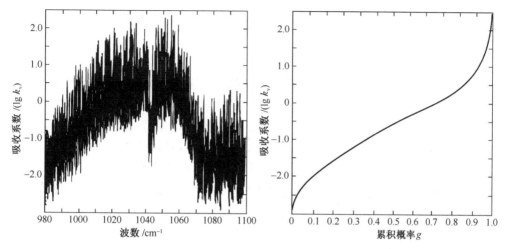

图 4.27　$K$ 分布方法对波数积分。左图 $\lg k_v$[单位: $(cm\cdot atm)^{-1}$]是波数的函数(对数坐标用于刻画 $k_v$ 的较大变化范围), 右图 $x$ 轴为 $g$, $y$ 轴为 $\lg k$, 比如在左图的频率范围内, $k_v$ 在 70% 的频率间隔内远小于 1, 因此(根据右图)$g(k=1)=0.7$。

　　积分过程中将数据队列分为 $M$ 组, 每组宽度 $\Delta g$。透射率根据累加估算

$$T_{\bar{v}} = \sum_{j=1}^{M} e^{-k(g_j)^u} \Delta g_j \tag{4.50}$$

由于 $g(k)$ 单调并且非常平滑, 可采用 10 组离散函数 $g_j(k)$ 近似, 以便减小计算量。

　　4.43 中, $k_v$ 是温度和气压的函数, 两者随辐射路径变化, 在每个波谱间隔 $\Delta v$ 内, 这种关系可以表示为

$$\frac{1}{\Delta v} \int_{\Delta v} e^{-\int k_v \rho dz} dv = \int_0^1 e^{-\int k(g, p, T) \rho dz} dg \tag{4.51}$$

在辐射传输计算中用 $g$ 作为独立变量代替 $v$, 如果在积分过程中波数谱 $k_v$ 和高度无关, 气层为各向同性, (4.51)式完全成立, 如果 $k_v$ 随温度和气压的垂直梯度明显变化, (4.51)式近似成立, 由于 $k_v$ 和 $t$、$p$ 的关系在不同波段 $dv$ 都非常相似, 因此该式非常有用。若垂直方向气体各向异性, 估算透射率的方法称为 $K$ 修正法。

### 4.5.4　辐射加热率的垂直廓线

　　在大气层内由于发射和吸收辐射产生的温度随时间的变化率为

$$\rho c_p \frac{dT}{dt} = -\frac{dF(z)}{dz} \tag{4.52}$$

式中, $F=F\uparrow - F\downarrow$ 为净辐射通量, $\rho$ 为大气总密度, 包括对辐射非活性成分。在波数 $v$ 处, 单位波数间隔内的贡献为

────────────

[23]　$g(k)$ 关于 $k(g$ 的斜度, 用函数 $k$ 表示)的推导对应于在较宽频率间隔 $\Delta v$ 内的概率密度函数 $h(k)$。

$$\left(\frac{\mathrm{d}T}{\mathrm{d}t}\right)_v = -\frac{1}{\rho c_p}\frac{\mathrm{d}F_v(z)}{\mathrm{d}z} = -\frac{1}{\rho c_p}\frac{\mathrm{d}}{\mathrm{d}z}\Bigg[\int_{4\pi} I_v\mu\,\mathrm{d}\omega\Bigg] = -\frac{1}{\rho c_p}\int_{4\pi}\frac{\mathrm{d}I_v}{\mathrm{d}s}\mathrm{d}\omega = -\frac{2\pi}{\rho c_p}\int_{-1}^{+1}\frac{\mathrm{d}I_v}{\mathrm{d}s}\mathrm{d}\mu$$

$$\tag{4.53}$$

式中，$\mu=\cos\theta, \mathrm{d}s=\mathrm{d}z/\mu$，根据施瓦氏方程(4.41)替代 $\mathrm{d}I_v/\mathrm{d}s$，得到

$$\left(\frac{\mathrm{d}T}{\mathrm{d}t}\right)_v = \frac{2\pi}{c_p}\int_{-1}^{1}k_v r(I_v-B_v)\,\mathrm{d}\mu \tag{4.54}$$

上式被广泛用于估计红外辐射加热率。

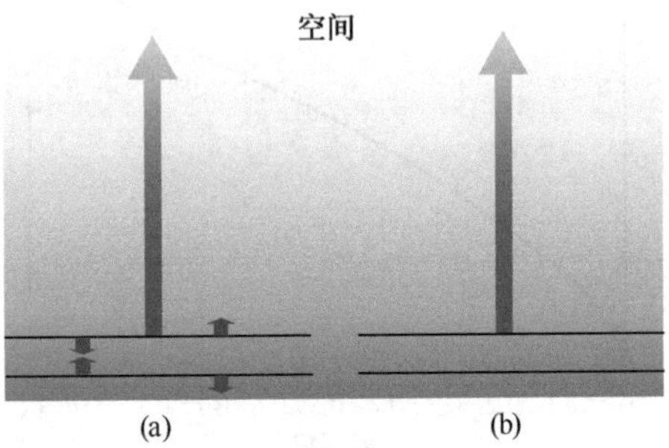

总之，等温大气由于向外辐射红外辐射而降温，如图 4.28 所示，大气总是和其上层大气、下层大气以及地球表面交换辐射，如果递减率等温，双向辐射将被抵消，大气由于向外净红外辐射而冷却，实际大气中，上述抵消作用同样存在，计算大气的发射辐射时可以忽略这种作用。(4.54)式简化为

$$\left(\frac{\mathrm{d}T}{\mathrm{d}t}\right)_v = -\frac{2\pi}{c_p}\int_0^1 k_v r B_v(z)e^{-\tau_v/u}\mathrm{d}\mu$$

$$\tag{4.55}$$

对立体角积分可得

图 4.28 空气冷却时气层的辐射传输过程。(a)气层的完全长波辐射平衡过程，没有定量，需要探讨；(b)假设空气由于辐射冷却，简化的平衡过程。

$$\left(\frac{\mathrm{d}T}{\mathrm{d}t}\right)_v = -\frac{\pi}{c_p}k_v r B_v(z)\frac{e^{-\tau_v\sqrt{\mu}}}{\bar{\mu}} \tag{4.56}$$

式中，$\bar{\mu}=1.66$ 为漫射因子，在(4.46)式和(4.47)式中定义。基于(4.56)式，可以推出 $\rho c_p(\mathrm{d}T/\mathrm{d}t)_v$ 在 $\tau_v=\bar{\mu}$ 处最大，对应于通量密度的单位光学厚度层。采用空间冷却近似，不需要详细的辐射传输计算，可以很好地估算水汽和二氧化碳的辐射加热率。

图 4.29 描述了大气中 3 种最为活性的辐射温室气体 $H_2O$、$CO_2$ 和 $O_3$ 的垂直廓线。在对流层中，这 3 种气体在长波部分产生辐射冷却[24]，其中水汽的贡献最强，但是其影响随高度和水汽混合比同时衰减。对流层中水汽的冷却作用由于水汽分子对太阳辐射中近红外的吸收而弥补。但温室气体使对流层净辐射冷却。

相比对流层，平流层非常接近辐射平衡（净辐射加热率为 0）。$CO_2$、$H_2O$ 和 $O_3$ 发射长波的冷却作用基本和臭氧分子吸收太阳辐射中紫外产生的加热相平衡，平流层中最重要的长波冷却贡献为 $CO_2$。

图 4.30 描述了云中加热的垂直分布。白天，冰晶和云滴吸收太阳辐射产生的加热率的范围从卷层云内几℃/d上升到厚层云顶部的几十℃/d。低云和中云顶部发射红外辐射产生的冷却率 24h 平均为 50℃/d。如果云层底部温度远低于地表（如热带地区的中云和高云），地表的发射辐射被云底吸收，同样产生加热效应。因此，红外辐射传输的综合效应为增加云中的递减率，促进对流。白天这种作用被云顶的短波加热抵消。

---

[24] 该图中没有包含对流层臭氧的效应。

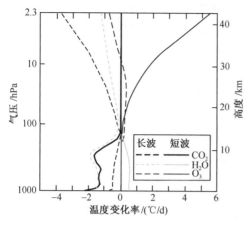 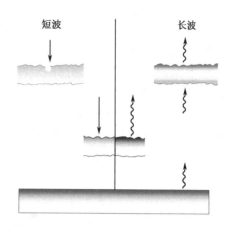

图 4.29　水汽(蓝色)、二氧化碳(黑色)、臭氧(红色)对太阳辐射(实线)和红外辐射传输(虚线)的吸收产生的温度变化率的垂直廓线,黑粗线表示 3 种气体的总体影响[引自 S. Manabe and R. F. Strickler, J. Atmos. Sci., 21, p. 373 (1964) ](另见彩图)。

图 4.30　大气不同高度云层中加热的垂直廓线示意图,左边阴影表示加热,右边阴影表示冷却,左边表示短波辐射影响,右边代表长波。

### 4.5.5　卫星被动遥感

通过卫星辐射计监测地球系统发射和反射辐射为天气和气候研究提供了大量有用信息。目前的常规监测包括温度、云盖、云滴浓度和尺寸、降水率、湿度、地面风速风向、气溶胶和示踪气体的浓度、闪电。本书中的很多图表都显示了上述应用,本节仅介绍个别遥感在大气科学中的应用。

a. 卫星图像

本书中很多图形基于高分辨率的卫星图像中的 3 个离散通道中的某一个(图 4.6 底部)。

• 可见光图像基于反射的太阳辐射,因此只能在白天获得。大气在这些波段透明,可见光图像主要用于描述云和气溶胶的分布。

• 红外图像对应于 $10.7\mu m$ 波段,地表和云顶发射的辐射穿过自由大气很少被吸收。由普朗克函数(4.10)式,该通道的辐射强度(或辐照度)对应于发射辐射的表面温度,相比可见光图像,红外云图中高云的温度很低,因此比低云更容易辨别[25]。

• 水汽图像利用了包含 $6.7\mu m$ 附近很多水汽吸收线的波谱区域。它们由水汽分子在 $6.7\mu m$ 处振动-转动能级转换产生,在没有高云的区域,该通道中的发射辐射由对流层中部和上部的垂直湿度廓线决定,如图 4.29 所示,该通道中红外辐射冷却率随高度循序衰减,其中空气越潮湿,单位光学厚度层越高,发射的辐射越弱[26]。

b. 温度遥感

不同通道内,大气对红外和微波波段的吸收率不同,通过对比其单色强度,可以计算辐射传输路径上的温度分布。假设平面平行辐射,气体分子在倾斜路径上发射的辐射可由局

---

[25]　高的辐亮度对应于高的等效黑体温度,经常着以较暗的灰色调,因此高云比低云显得亮。

[26]　和红外云图一样,水汽通道中较高的辐亮度也着以较暗的灰色调,解释为对流层上部较干燥(较透明)。

地垂直温度廓线解释。温度遥感的物理基础为①到达卫星通道的大部分辐射由该通道单位光学厚度层附近发射;②较强吸收的波段通常与较高的单位光学厚度层相联系;反之,吸收较弱的波段,通常对应的单位厚度层高度较低。

图 4.31 给出了温度遥感的定性解释,平滑曲线为普朗克函数(4.10)式中不同温度黑体的辐照度(强度)随波数的变化,锯齿状曲线是卫星上红外分光干涉计接收的发射波谱,任意波数处的的单色辐射强度可用等效黑体温度度量,相当于经过该点的普朗克函数谱的温度。这些和波长相关的等效黑体温度称为亮温。

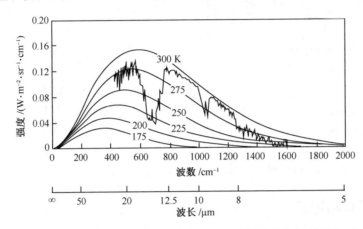

图 4.31　飞机上携带的红外辐射计测量的地球上某一点发射的单色辐射强度,灰色曲线为根据方程(4.10)式计算的黑体辐射波谱,任意波长的单色辐射强度取决于发射大气层的温度(比如某一波长的单位光学厚度),可以根据黑体辐射波谱得到[引自 K. N. Liou, An Introduction to Atmospheric Radiation, Academic Press, p. 117, Copyright(2002),得到 Elsevier 的许可]。

图 4.31 中最高亮温高于 290K,对应于地面某个地方某个时间的探测结果,该值处于 $800\sim1200\mathrm{cm}^{-1}$ 窗区,该窗区也处于图 4.7 中的红外波段,利用图 4.32 高分辨率的波谱可以更加清晰地揭示这种特征,纵坐标为亮温。图 4.31 中 220K 亮温和图 4.32 中 207K 亮温基本位于 $CO_2$ 吸收线中心,$570\sim770\mathrm{cm}^{-1}$。该波段的辐射主要由对流层顶发射。波谱中间的亮温和中间吸收线相关。

在图 4.31 和图 4.32 的整个发射波谱中,其吸收波段呈现反向,高的大气吸收率对应于低的亮温。但 $667\mathrm{cm}^{-1}$ 处的尖峰是例外,它对应于由强 $CO_2$ 吸收线构成的波段,这在图 4.32 左侧精细波段更加清楚。该狭窄区域到达卫星的辐射由平流层高处释放,温度高于对流层顶。这种向上发射波谱中的尖峰和逆温有关。

如果到达卫星每个通道的辐射由大气中的离散层发射,正好位于单位光学厚度层,温度遥感将直接。我们可以简单测量每个通道的单色强度,其光学厚度和该层温度对应,从而反演温度。垂直分辨率受通道数量限制。实际上,利用辐射反演温度并非简单,通道中的辐射并非来自某一气层,而是深厚的大气,因此垂直分辨率被限制。

将(4.42)式应用于到达卫星的辐射,可以得到

$$I_{v\infty} = B_v(T_s)e^{-\tau_v^*} + \int_0^\infty B_v[T(z)]e^{-\tau_v(z)}k_v\rho r\,\mathrm{d}z \qquad (4.57)$$

式中,$I_{v\infty}$ 为卫星在波数 $v$ 处接收的单色强度,$T_s$ 为下垫面温度,$\tau_v^*$ 为整层大气的光学厚

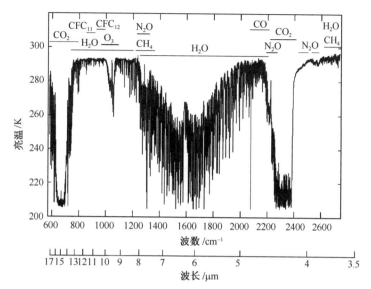

图 4.32 和图 4.31 类似，但是由 NASA ER-2 飞船在墨西哥湾 20km 高度测量，大气顶的波谱分辨更加细致，注意图中坐标为亮温，而不是单色强度[引自 K. N. Liou, An Introduction to Atmospheric Radiation, Academic Press, p. 122(2002). 感谢 H. -L. Allen Huang 和 David Tobin]。

度。$\tau_v(z)$ 为 $z$ 到大气顶的光学厚度。对卫星第 $i$ 个通道中所有波数范围积分，得到

$$I_i = B_i(T_s)e^{-\tau_i^*} + \int_0^\infty w_i B_i[T(z)]dz \qquad (4.58)$$

式中，$I_i$ 为辐亮度，

$$w_i = e^{-\tau_i(z)} k_i \rho r \qquad (4.59)$$

称为权重函数，代表 $z$ 处的单位厚度层向卫星辐射测值的贡献。权重函数也可以用上层大气的透射率的垂直导数表示。

图 4.33 为早期用于温度遥感的 6 个通道的透射率和权重函数。有关发射波谱的通道位置在插图中，包含了 $\lambda = 15\mu m$ 附近 $CO_2$ 吸收波段中的一部分。为了降低吸收需要给通道编号。通道 1 和 2 权重函数的峰值在平流层，通道 3 中的辐射最小，跨越对流层顶，但由于权重函数的厚度，其亮温高于对流层顶的温度。通道 4 权重函数的峰顶在对流层中层，通道 5 和 6 的峰顶接近地面。注意权重函数之间大量重叠，尤其通道5 和 6。

均匀混合的示踪气体适于温度遥感，因为辐射变化主要取决于 $B_v$ 垂直廓线的差异，而不是吸收气体浓度垂直廓线的差异。在前面的例子中，6 个通道吸收率的差异主要由 $CO_2$ 吸收谱的特征决定。

红外波段卫星接收的地球辐射因为云盖而非常复杂。围绕该问题，许多仪器在微波区域大约 55GHz 波段接收氧分子发射辐射，它能够穿透云层。为分析微波辐射，需要考虑地球表面发射率的变化，其远大于红外波段。发射率范围从植被和干燥地表的 1 至湿表面的 0.8。水面发射率平均为 0.5，随水面粗糙度而变化。微波遥感也可用于反演降水和洋面风。

c. 根据辐射反演温度

一般用两种基本方法通过卫星接收的辐射反演温度：一种方法求解辐射传输方程，另

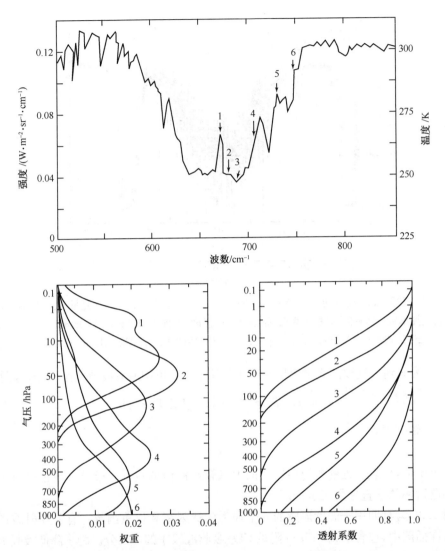

图 4.33　上图为卫星观测的二氧化碳 $15\mu m$ 吸收带附近辐射强度或亮度(左坐标)和等效黑体温度(右坐标),箭头表示卫星携带的垂直温度廓线辐射计(VTPR)的通道。下图为每个通道的权重函数和透射系数[引自 K. N. Liou, An Introduction to atmospheric radiation, Academic Press 美国学术出版社,pp. 389~390, Copyright (2002), 得到 Elsevier 的许可]。

一种基于统计方法,分析各个通道的辐射和不同大气层温度之间的关系。两者在垂直分辨率上都有欠缺。

通过辐射传输方程反演温度不需要额外建立辐射量和温度之间的关系,若将大气分为 $n$ 层等温层,每层温度为 $T_n$,可近似求解辐射传输方程,(4.58)式改写为

$$I_i = W_s B_i(T_s) + \sum_n W_{i,n} B_i(T_n) \tag{4.60}$$

式中,$W_s$ 是地表发射辐射的权重函数,$W_{i,n}$ 为第 $n$ 层大气发射辐射的有效权重函数,$B_i(T_n)$ 为第 $i$ 个通道接收的温度为 $T_n$ 的黑体辐亮度,因此每个通道中的 $I_i$ 和根据

(4.59)式估算的 $W_{i,n}$ 可通过非线性迭代方案[⑳]求解,从而得到黑体温度 $T_n$,由于仪器误差,反演过程中需要增加约束条件。

　　统计方法的计算量小于辐射传输方法,此外,它考虑了辐射测量的系统偏差和随机误差,并可以将辐射测量和温度测量以及其他数据的测量相结合。卫星携带的仪器在某些通道测量的辐射强度可用于估算利用标准线性回归技术规定的不同层次的"参考探测"温度的偏差。参考廓线含有能够反映比如对流层顶的特征的一些数据,但是这些特征在基于辐射传输方程解的反演过程中可能会被平滑。基于统计反演技术的温度和水汽已经在业务实施过程中作为多元数据同化方案的一个不可缺少的部分,这在本书网页第 8 章的补充内容中进行说明。

## 4.6　大气顶部的辐射平衡

　　本章根据对 1 年卫星观测数据的分析,简要介绍与大气能量平衡相关的一些分量的

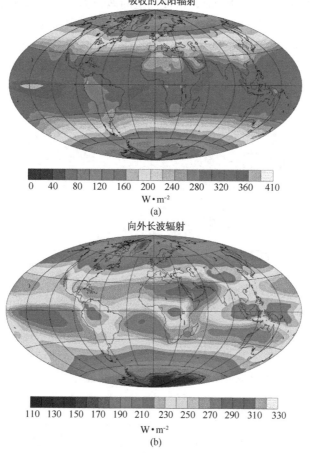

图 4.34　大气顶部的年平均辐射的全球分布[基于 NASA 地球辐射收支
试验的数据,感谢 Dennis L. Hartmann](另见彩图)。

⑳　参考廖国男著作,K. N. Liou, An Introduction to Atmospheric Radiation,Academic Press,p. 391 (2002)。

全球分布。采用保面积地图投影,因此图形描述了局地对全球平均量的贡献。图4.34上部描述了年平均净向下的短波辐射,考虑了太阳赤纬和局地反照率的地理变化,在热带大约为300W·m$^{-2}$,该处全年正午太阳位于头顶。在热带最高值在无云的洋面上,这里局地反照率的年平均值低到0.1,最低值位于沙漠,该处反照率为0.2,局地最大可为0.35。在冬季黑暗的极区净太阳辐射辐射最小,约为100W·m$^{-2}$;而夏天连续的日光受到高太阳天顶角、广阔的云盖和冰面高反照率的抵消。

图4.34底部为大气顶部向外的长波辐射分布,它显示更平缓的赤极梯度和热带更具地区性变化很大。如习题4.56,赤道和极地的地表温差足够产生赤道和极地间2倍的射出长波辐射差异,但由于热带云顶和湿层顶部都比高纬高,这种差异被部分抵消。印尼和部分热带大陆,OLR非常低,反映了深对流云的盛行,云顶发展很高、很冷,温度低;热带辐合区很明显,它表现为局地的OLR最小值区,但它又不是非常明显,因为该处云顶不如大陆和西太平洋最西部与印尼那里的云顶高。沙漠和热带太平洋赤道干燥地区的年平均OLR最大,这些地区大气干燥无云,可使大量的地表辐射无阻挡地进入太空。

图4.35为图4.34(a)和(b)之差,描述了大气顶部净向下辐射,这将在10.1节中详细说明。太阳辐射相对长波辐射在低纬地区盈余,在高纬地区不足,它们对全球能量平衡意义重大,众所周知,全球最热的沙漠地区,发射的长波辐射大于吸收的太阳辐射。

净辐射

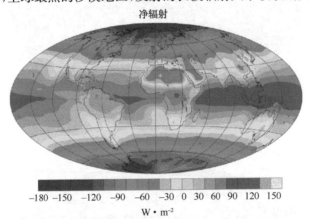

−180 −150 −120 −90 −60 −30 0 30 60 90 120 150
W·m$^{-2}$

图4.35 入射太阳辐射和发射的长波辐射的净辐射的全球分布。正值表示向下通量 [基于NASA地球辐射收支试验的数据,感谢Dennis L. Hartmann](另见彩图)。

本节对辐射通量的叙述基于这样一个事实,辐射传输是地球和宇宙空间进行能量交换的惟一形式,由于地表潜热和感热作用,地球表面的能量平衡将变得更加复杂,这将在第9章中讨论。

## 习题

4.11 用本章讲到的原理解释或说明下列现象:

(a)喜阴、喜湿类植物总是向南倾斜生长。

(b)在晴天,太阳在头顶上方附近时的雪地比太阳接近地平线时亮。

(c)热带气候地区的人爱穿单色衣服。

(d)恒星闪烁,但行星不会。

(e)太阳发射辐射是各向同性的,但地球上太阳入射辐射可认为是平行光束。

(f)恒星的颜色取决于温度,但行星的颜色不是。

(g)太阳色温与其等效黑体温度有些不同。

(h)即使金星距离太阳比地球更近,但其等效黑体温度却比地球高。

(i)地球等效黑体温度低于全球平均温度——34℃。

(j)当地表温度稍高于冻结温度时会形成霜。

(k)如果在夜间大气温度一致,桥上和山顶的公路可能会结霜。

(l)大气中的悬浮物质在向着光源方向看时比逆向清晰可见。

(m)云可以完全吸收红外辐射,但对微波辐射是完全透射的。

(n)当大气比较干净时,日出和日落时阳光照射下的物体略带红色。

(o)给定质量的液态水分布在大量小云滴中比在大云滴中产生更多散射(假设雨滴大小均在几何光学区域)。

(p)图 4.36 中,上半部分大气呈蓝色,而下半部呈红色。

(q)0.5mm 的烟尘粒子在黑色背景微带蓝色,但在浅色背景下微带红色。

(r)月亮圆盘上每一点都一样亮。

(s)气体吸收率是温度和气压的函数。

(t)对流层中,温室气体的吸收率由于存在高浓度的 $N_2$ 和 $O_2$ 而增高。

(u)相同光学厚度下,低云发射的红外辐射比高云多。

(v)白天地面温度低时易生成云,而夜间地面温度高时易生成云。

(w)夜间在云层顶部上面易形成逆温。

(x)在云层中经常可以观测到对流单体。

(y)夜间,地面存在逆温层时,当低云移至上方地表温度将升高。

(z)卫星水汽通道不能分辨低云。

(aa)地面雾在卫星可见光图中比在红外图中更加明显。

(bb)太阳高度角较小时,云向太空散射入射太阳辐射的量比太阳位于头顶上方时多。

(cc)在什么情况下,地表(局地的)太阳辐射通量密度会大于大气层顶的太阳辐射通量密度。

4.12  微波遥感是依靠在频率为 55GHz 左右的臭氧分子发射的辐射,计算其波长及波数。

4.13  单色强度光谱可以用波长 $\lambda$ 或波数 $\upsilon$ 来定义,这样被划分为 $\lambda$ 或 $\upsilon$ 的线性函数是成比例的,即 $I_\upsilon = \lambda^2 I_\lambda$。

4.14  物体以下列理想化单色通量密度发射辐射,

$$\lambda < 0.35\mu m \quad F_\lambda = 0$$
$$0.35\mu m < \lambda < 0.50\mu m \quad F_\lambda = 1.0 W \cdot m^{-2} \cdot \mu m^{-1}$$
$$0.50\mu m < \lambda < 0.70\mu m \quad F_\lambda = 0.5 W \cdot m^{-2} \cdot \mu m^{-1}$$
$$0.70\mu m < \lambda < 1.00\mu m \quad F_\lambda = 0.2 W \cdot m^{-2} \cdot \mu m^{-1}$$
$$\lambda > 1.00\mu m \quad F_\lambda = 0$$

计算其辐射通量密度。

4.15　不透明表面吸收谱如下,

$$\lambda < 1.00\mu m \quad \alpha_\lambda = 0$$

$$\lambda > 0.7\mu m \quad \alpha_\lambda = 1$$

当其收到如上题所述辐射时,计算其吸收的辐射量及其反射量。

4.16　计算太阳高度角在(a)30°和(b)60°季节时,在南北 5°(相对地平线)斜面上中午时太阳的入射辐射率。

4.17　计算北极在夏至这一天的日射,此时日地距离为 $1.52 \times 10^8$ km,地轴倾角为 23.5°。

4.18　计算春秋分时,赤道地区大气顶的日射,(a)通过积分 24h 内通量密度;(b)通过简单几何学,将结果与上题结果及图 10.5 对比。

4.19　2.5.3 小节中指出:轨道引起的北半球夏季高纬大气顶的太阳入射通量密度变化在冰期轨道理论中起重要作用,是什么因素导致夏至中午在 55°N 上通量密度在轨道周期极值间变化。

4.20　计算地球截获的太阳发射的能量通量的份数。

4.21　地球辐射平衡中小扰动为

$$\frac{\delta T_E}{T_E} = \frac{1}{4}\frac{\delta F_E}{F_E}$$

式中,$T_E$ 为地球等效黑体温度,$F_E$ 为大气顶发射的辐射通量密度[提示:对斯蒂芬-玻耳兹曼定律(4.12)式取对数,然后求微分]。用此关系求下列情况下地球等效黑体温度的变化:(a)由于地球轨道离心率(这里约为 3.5%)导致的日地距离季节性变化;(b)地球反照率从 0.305 增加到 0.315。

4.22　说明太阳系中行星的入射太阳辐射通量密度为 $1368 W \cdot m^{-2} \cdot r^{-2}$,其中 $r$ 为行星-太阳距离(天文学单位)。

4.23　用以下两种不同方法估算太阳光球辐射通量密度:(a)利用习题 4.3 结论,强度从 $2.00 \times 10^7 W \cdot m^{-2} \cdot sr^{-1}$ 开始;(b)利用上题推出的关系。(c)用瓦[特]估算。

4.24　对普朗克方程(4.10)式求微分推出维恩位移定律[提示:在影响波长范围,(4.10)式中分母的指数项远大于 1]。

4.25　对波长很长的辐射,普朗克单色强度与绝对温度成线性关系,即所谓的瑞利-琼斯限制。

4.26　利用习题 4.22 得出的关系检验表 4.1 中 $T_E$ 的值。

4.27　观测得到木星等效黑体温度为 125K,比表 4.1 中高 20K。假设木星的温度为稳定状态,估算由行星移动产生的其大气顶发射的辐射通量密度。

4.28　如果月亮与太阳正对同样的立体角弧度,且月亮在头顶正上方,证明在地平线上的月光通量密度为 $F_s a(R_s/d)^2$,式中,$F_s$ 为地球截获的太阳辐射通量密度,$a$ 为月球反照率,$R_s$ 为太阳半径,$d$ 为日地距离。假设月球反照率为 0.07,估算在此条件下月光的辐射通量密度。

4.29　假设太阳辐射和地球反照率由于很小的增量会产生突变。说明大气辐射张驰率(即假设大气与地球其他成分绝热,在这个固有值上地球等效黑体温度会相应变化)为

$$\frac{dT}{dt} = -\frac{4\sigma T_E^3 \delta T_E}{c_p p_s g^{-1}}$$

式中，$\delta T_E$ 为辐射平衡时地球等效黑体温度的固有偏差，$\sigma$ 为斯蒂芬-玻耳兹曼常数，$T_E$ 为等效黑体温度(K)，$c_p$ 为大气定压比热，$p_s$ 为全球平均地面气压，$g$ 为重力加速度。辐射强迫下大气完全适应需要时间 $\delta T_E (\mathrm{d}T/\mathrm{d}t)^{-1}$，假设这个温度改变的时间一直持续到新的平衡建立，就称为辐射张驰时间。估算地球大气的辐射张驰时间。

4.30　如图 4.37 中，地球 2000km 轨道高度上一个小的、很黑的球形卫星。计算从卫星上看地球是在怎样的角度范围。

4.31　假设地球作为黑体辐射，其等效黑体温度为 $T_E = 255\mathrm{K}$，计算人造卫星在地球阴影中时的辐射平衡温度[提示：令 $\mathrm{d}E$ 为来自人造卫星的辐射通量总量，即在无穷小立体角 $\mathrm{d}\omega$ 中得到的通量密度 $\mathrm{d}E$]

$$\mathrm{d}E = \pi r^2 I \mathrm{d}\omega$$

式中，$r$ 为卫星半径，$I$ 为地球辐射强度，即黑体辐射通量密度除以 $\pi$，见(4.12)式。利用习题 4.30 求出的地球所占的立体角对上式积分。注意辐射为各向同性，计算卫星在单位时间内吸收的总能量

$$Q = 2.21 r^2 \sigma T_E^4$$

最后，卫星温度为

$$T_s = T_E \left( \frac{2.21}{4\pi} \right)^{1/4}$$

4.32　如果将习题 4.5 中的方法用于习题 4.31，可以得到温度

$$T_s = T_E \left[ \frac{1}{4} \left( \frac{6371}{8371} \right)^2 \right]^{1/4} = 158\mathrm{K}$$

解释为什么此方法算出的人造卫星温度偏低。说明用这种方法收敛于习题 4.32 的精确解，当卫星到地心的距离与地球半径 $R_E$ 之比比较大时[提示：$d/R_E \rightarrow \infty$，地球所对的立体角接近 $\pi R_E^2 / d^2$]。

4.33　计算人造卫星在刚刚移出地球阴影时的辐射平衡温度(即当卫星在阳光照射下，而从卫星看去，地球仍在阴影中时)。

4.34　人造卫星的质量为 100kg，半径 1m，比热为 $10^3 \mathrm{J \cdot kg^{-1} \cdot K^{-1}}$。计算当卫星从地球阴影中出来就立即被加热的比率。

4.35　两堵不透明的墙对立，一堵墙为黑体，另一堵为灰体(即 $\alpha_\lambda$ 与 $\lambda$ 无关)。两堵墙有相同的初始温度 $T$，并且在不考虑它们相互辐射作用的情况下，它们与周围环境绝热。如果灰体墙的吸收率和发射率分别为 $\alpha$ 和 $\varepsilon$，证明 $\alpha = \varepsilon$。

**解答：**"黑色"墙发射通量为 $F = \sigma T^4$，灰体墙吸收通量为 $\alpha \sigma T^4$，灰体墙发射通量为 $\varepsilon \sigma T^4$。灰体墙在与"黑色"墙辐射交换过程中得到或丢失的能量为

$$H = \alpha \sigma T^4 - \varepsilon \sigma T^4 = (\alpha - \varepsilon) \sigma T^4$$

假设 $H$ 不为 0，那么墙的温度必须改变以适应能量平衡，在这种情况下，热量从冷的物体传向热的物体，这不符合热力学第二定律，因此

$$\alpha = \varepsilon$$

4.36　(a)将上题结论推广到所有吸收率和发射率波长的函数的情况。令习题 4.35 中一堵墙为"黑色"，除了中心在 $\lambda = \lambda_1$ 的极小的波长范围 $\delta\lambda$ 内另一堵墙也为"黑色"，其中 $\alpha_{\lambda_1} < 1$[提示：因为黑体辐射各向同性，在 $\delta\lambda$ 中黑体辐射通量为 $\pi B(\lambda_1, T)\delta\lambda$。利用这

个关系式,同习题 4.35 一样讨论能量平衡即得 $\alpha_{\lambda_1}=\epsilon_{\lambda_1}$]。(b)指出如何拓展以上结论来证明 $\alpha_\lambda=\epsilon_\lambda$。

4.37 假设在闭合球形腔体内的墙是不透明的且温度始终不变,腔体上半球表面为"黑色",下半球表面反射所有角度的入射辐射。证明在所有方向上 $I_\lambda=B_\lambda$。

4.38 考虑两个吸收率分别为 $\alpha_1$ 和 $\alpha_2$ 的"灰色"盘子,其他条件同习题 4.35。证明

$$\frac{F_1'}{\alpha_1}=\frac{F_2'}{\alpha_2}$$

式中,$F_1'$、$F_2'$ 分别为两个盘子发射辐射的通量密度。利用两个盘子在相同温度下是辐射平衡的,但不要用基尔霍夫定律[提示:考虑盘子 1 向 2 发射的总辐射通量密度 $F_1$ 以及盘子 2 向 1 发射的总辐射通量密度 $F_2$。这里可以不考虑盘子间的多元反射]。

4.39 将辐射平衡大气分成许多等温层,它们对太阳辐射是透明的,吸收 $\alpha$ 份长波辐射。(a)说明其最顶层大气发射辐射的通量密度为 $\alpha F/(2-\alpha)$,式中,$F$ 为向空间发射的行星辐射通量密度。将斯蒂芬-玻耳兹曼定律(4.12)式应用于无限薄的顶层大气,说明大气顶层的辐射平衡温度,也叫表面温度,为

$$T^*=\left(\frac{1}{2}\right)^{1/4}T_E$$

(如果不存在平流层臭氧,地球大气在 20~80km 层的温度近似为表面温度)。

4.40 由半径为 $r$ 的球形粒子构成的理想化气溶胶的折射指数为 1.5,利用图 4.13,估算粒子半径为多大时,当其穿过白光会折射出蓝色,因此可见少有的"蓝月亮"。

4.41 假设由半径为 $20\mu m$ 的球形云滴构成的理想化云,其浓度为 $1cm^{-1}$。仅通过散射作用,在这样的云中穿过多长的路径后才能耗散掉一束辐射因子为 $e$ 的可见光辐射。

4.42 0°天顶角的太阳辐射穿过单散射反照率为 $\omega_0=0.85$、不对称因子 $g=0.7$、短波区平均光学厚度为 $\tau=0.1$ 的气溶胶层。其下层反照率为 $R_s=0.15$,

(a)估算气溶胶层对此入射辐射的背向散射份数。

(b)估算气溶胶层对此入射辐射的吸收份数。

(c)估算对气溶胶层局地反照率的影响。不考虑多元散射,简单假设从地表和云发出的背向散射是平行的,范围在 0~180°天顶角间变化(事实上是各向同性的)[提示:先说明通过气溶胶层的背向散射量为

$$b=\omega_0(1-e^{-\tau})\frac{(1-g)}{2}$$

穿过气溶胶层的辐射量为

$$t=e^{-\tau}+\omega_0(1-e^{-\tau})\frac{(1+g)}{2}$$

然后说明大气顶向上的总反射量为

$$b+R_s t^2(1+bR_s+b^2R_s^2+\cdots)$$

也可以写成

$$b+\left[\frac{R_s t^2}{(1-bR_s)}\right]$$

4.43 0°天顶角、波长为 $\lambda$ 的辐射穿过吸收系数 $k_\lambda$ 为 $0.01m^2\cdot kg^{-1}$ 的气体。计算穿过一层含有 $1kg\cdot m^{-2}$ 这样气体的气层时,多少辐射被吸收。要吸收掉一半入射辐射时,

气层需含有多少这样的气体。

4.44　说明,对头顶正上方的平行入射辐射,等温大气中吸收气体的混和比 $r$,体积吸收系数 $k_\lambda$ 都与高度无关,最强的每单位体积吸收率(即 $\mathrm{d}I_\lambda/\mathrm{d}z$)发生在单位光学厚度层。

**解答:**如果 $r$ 和 $k_\lambda$ 均与高度无关,由(4.17)式:

$$\frac{\mathrm{d}I_\lambda}{\mathrm{d}z} = I_{\lambda\infty} \times T_\lambda \times (k_\lambda r)\rho \tag{4.61}$$

式中,$I_{\lambda\infty}$ 为大气顶入射辐射强度,$T_\lambda = I_\lambda/I_{\lambda\infty}$ 为上层透射率,$\rho$ 为环境大气的密度。由(4.33)式

$$T_\lambda = e^{-\tau_\lambda}$$

将测高公式应用于等温层:

$$\rho = \rho_0 e^{-z/H}$$

将以上两式代入(4.61)式得到

$$\frac{\mathrm{d}I_\lambda}{\mathrm{d}z} = I_{\lambda\infty}(k_\lambda r\rho_0)e^{-z/H}e^{-\tau_\lambda}$$

由(4.32)式

$$\tau_\lambda = (k_\lambda r\rho_0)\int_z^\infty e^{-z/H}\mathrm{d}z$$
$$= H(k_\lambda r\rho_0)e^{-z/H} \tag{4.62}$$

利用(4.62)式中 $e^{-z/H}$ 代入前式得

$$\frac{\mathrm{d}I_\lambda}{\mathrm{d}z} = \frac{I_{\lambda\infty}}{H}\tau_\lambda e^{-\tau_\lambda}$$

这样在这一层上吸收最强,

$$\frac{\mathrm{d}}{\mathrm{d}z}\frac{\mathrm{d}I_\lambda}{\mathrm{d}z} = \frac{I_{\lambda\infty}}{H}\frac{\mathrm{d}}{\mathrm{d}z}(\tau_\lambda e^{-\tau_\lambda}) = 0$$

解得

$$e^{-\tau_\lambda}\frac{\mathrm{d}\tau_\lambda}{\mathrm{d}z}(1-\tau_\lambda) = 0$$

由上式可得 $\tau_\lambda = 1$。虽然上式仅适用于 $r$ 和 $k_\lambda$ 都与高度无关的等温大气,但它对行星大气中那些混和比随高度改变较慢的主要吸收气体也是有定性意义的。它最初被查普曼[⑳]得出用于揭示平流层臭氧层的辐射和光化学作用。

4.45　太阳辐射平行入射到 $k_\lambda$ 与高度无关的等温大气中。(a)证明光学厚度与气压成线性比例;(b)证明每单位质量吸收量(及相应的加热率)最大处不在单位光学厚度层,而在入射辐射基本未衰减的大气层顶附近。

4.46　对于完全由习题 4.43 中的气体组成的假想行星大气,地面气压为 1000hPa,气压垂直递减率为等温线,高度尺度为 10km,重力加速度为 10m·s⁻²。估算单位光学厚度层的高度及气压。

⑳　悉尼·查普曼,Sydney Chapman(1888—1970),英国地球物理学家,在地球物理学的广泛领域均做出了重要贡献,包括地磁学、空间物理学、光化学,以及大气中的扩散和对流问题。

4.47  (a)穿过光学厚度从 $\tau_\lambda = 0.2$ 到 $\tau_\lambda = 0.2$ 层的大气后,波长 $\lambda$、0°天顶角的入射单色强度会被吸收掉多少。

(b)穿过光学厚度从 $\tau_\lambda = 0.2$ 到 $\tau_\lambda = 0.2$ 层的大气后,有多少波长 $\lambda$、0°天顶角的单色强度被发射向太空。

(c)在等温大气中,(a)、(b)穿过的气层的高度尺度是多少。

4.48  估算天顶角为 30°和 60°时向下平行辐射,习题 4.46 中的大气单位光学厚度(倾斜路径)的层次、气压。

4.49  证明光学厚度等于(-1)乘以该层透射率的自然对数。

4.50  证明头顶上方太阳辐射在首次遇到大气粒子后的背向散射通量密度量为

$$b = \frac{1-g}{2}$$

式中,$g$ 为(4.35)式中定义的不对称因子[提示:散射辐射强度必须对天顶角积分]。

4.51  说明文中(4.41)式中施瓦氏方程

$$dI_\lambda = (-I_\lambda + B_\lambda(T))k_\lambda \rho r\, ds$$

通过对图 4.26 中沿 0 到 $s_1$ 路径积分可得 $I_\lambda(s_1)$。

4.52  当气层的光学厚度趋于 0 时,证明方程(4.45)式中定义的通量透射率等于 60°天顶角的强度投射率。

4.53  求加热率表达式——即采用空间冷却近似得到的方程(4.55)式

$$\left(\frac{dT}{dt}\right)_v = -\frac{2\pi}{c_p}\int_0^1 k_v r B_v(z) e^{-\tau_v/\mu}\, d\mu \tag{4.55}$$

对立体角积分。

4.54  处于热平衡状态的、薄的、等温大气层在平衡值 $T_0$ 附近扰动,温度扰动增量为 $\delta T$(例如,在经过生命短暂的太阳耀斑期,吸收大量太阳紫外辐射)。利用空间冷却近似说明

$$\delta\left(\frac{dT}{dt}\right)_v = -\alpha_v \delta T \tag{4.63}$$

其中

$$\alpha_v = \frac{\pi k_v r}{c_p}\frac{e^{-\tau_v\sqrt{\mu}}}{\bar{\mu}}\left(\frac{dB_v}{dT}\right)_{T_0} \tag{4.64}$$

这一表达式——其空间冷却作用使温度回到辐射平衡温度,就称为牛顿冷却或辐射松弛,被广泛应用于中层大气的长波辐射传输参数化方案。

4.55  证明遥感中用到的,(4.59)式定义的权重方程 $w_i$ 也可以表示为上层传输的垂直导数。

4.56  年平均地表气温范围大致为 23℃(赤道)~-25℃(极地)。根据斯蒂芬-玻耳兹曼定律,估算赤道发射长波辐射的通量密度与极地发射的长波辐射通量密度。

# 第 5 章　大气化学[①]

　　早期大气化学研究的重点是确定地球大气的主要气体成分。20 世纪后半叶,随着空气污染在许多大城市日趋严重,大气化学研究的注意力转向了如何确定自然和污染大气中化学组分的源、特性及它们之间复杂的相互作用。20 世纪 70 年代,人们发现酸沉降是一个区域性的空气污染问题,这使人们认识到排放到大气中的化学成分可以被输送到很远的地方,并且这些成分在沿其长距离输送的轨迹中会发生重要的化学转化。1985 年,南极平流层臭氧损耗被确认,人们的注意力集中到平流层化学和引起平流层组分变化的敏感因子上。近年来,大气中微量化学组分对全球气候的影响成为一个研究热点。

　　本章重点是用自然和人为微量大气成分的效应来阐明大气化学的基本概念和原理。大部分章节关注气相化学和大气气溶胶。气体成分、大气气溶胶和对流层云之间的相互作用将在第 6 章讨论。

## 5.1　对流层大气的组成

　　古希腊人认为空气是 4 种基本元素之一(其他 3 种元素分别是土、火和水)。达·芬奇[②]和梅约[③]认为空气是一种包含可以维持燃烧和生命的成分[燃烧气("fire-air")]和另一种不支持燃烧的成分[废气("foul-air")]的混合物。"燃烧气"分别在 1773 和 1774 年由舍勒[④]和普瑞斯特[⑤]各自分离出来。这种气体被拉瓦锡[⑥]称为氧气[源于希腊语 oxus (酸)和 genan(产生)的意思]。氧气在地球系统中的作用已在 2.4 节讨论过。

---

　　① 本章内容部分参考了 P. V. Hobbs, *Introduction to Atmospheric Chemistry*, Cambridge University Press, New York, 2000,供欲详细了解大气化学内容的读者参考。如果读者需要回顾基本的化学原理,可参考 P. V. Hobbs, *Basic Physical Chemistry for the Atmospheric Sciences*, 2nd Edition, Cambridge University Press, New York, 2000。这两本书是为高年级本科生和硕士研究生新生编写的,与本书类似,其中包含较多供学生练习的习题。

　　② 达·芬奇,Leonardo da Vinci (1452—1519),意大利著名画家、艺术家、工程师、机械家和科学家。他的画久负盛名(如蒙娜莉莎、最后的晚餐)。他的笔记体现了他对人体解剖学、自然科学定律以及对机械发明制造方面的渊博知识。

　　③ 梅约,John Mayow (1640—1679),英国化学家、物理学家。揭示了呼吸过程中胸部肌肉的活动情况。

　　④ 舍勒,Carl Wilhelm Scheele(1742—1786),瑞典化学家。发现了多种化学物质,包括氧、氮、氯、锰、氢化氰化物、柠檬酸、硫化氢、氟化氢等。发现了一种类似于巴斯德杀菌法的现象。

　　⑤ 普瑞斯特,Joseph Priestley(1733—1804),从未接受过正规的科学教育。发现了石墨(即碳)能导电(碳是现代电气线路中的主要原料)、植物的呼吸作用(即植物吸入二氧化碳放出氧气)。鉴别出光合作用,还分离出 $N_2O$(笑气——后来成为一种外科麻醉剂)、$NH_3$、$SO_2$、$H_2S$ 和 CO。还发现印度胶可以用来擦铅笔痕迹。由于他支持美国和法国革命,他在英格兰的家连同教堂被一名暴徒烧毁。1794 年移居美国。

　　⑥ 安托万·洛朗·拉瓦锡,Antoine-Laurent Lavoisier (1743—1794),法国化学家。当代化学之父。早期的研究包括设计大城市的灯光最优方案,研究石膏、雷电和北极光。证实了燃烧消耗氧气,证实了卡文迪什[⑦](Cavendish)提出的氢和氧燃烧产生水的结论,发现了 30 多种元素并建议化合物应以其所含元素的名称命名。后被法国恐怖分子杀害。

　　他认为所有的酸都含有氧元素。现在大家都知道,许多酸并不含氧(如盐酸 HCl),但它们都含有元素氢。

　　⑦ 亨利·卡文迪什,Henry Cavendish(1731—1810),英国化学家、物理学家。完善了水法收集气体的技术。发现"可燃空气",拉瓦锡称其为氧气。在他计算地球质量的时候,利用一个灵敏的扭力平衡试验测得了引力常数(G)。由于惧怕女人,所以他一般只与她们通信联系。

$O_2$ 占干空气体积的 20.946%。"废气"(现称为氮气[8])占 78.084%。剩余气体中最多的两种气体是氩气(0.934%)和二氧化碳[9](0.03%)。这 4 种气体就占了空气体积的 99.99%,但其他的很多种痕量气体却由于其反应活性在大气化学中有着重要作用(部分成分见表 5.1)。

表示空气中气体含量的最常见单位是其在空气总体积中所占的比例。在相同的温度、压力条件下,不同气体所占的体积与这种气体的分子数成正比[见(3.6)式]。而且,对于理想的混合气体(如空气),其中某一种气体产生的分压力与其在混合气体中的物质的量分数成正比。例如,如果 $CO_2$ 占空气总体积的 0.04%,则空气中 $CO_2$ 分子数所占的比例也是 0.04%,并且如果空气的总压力是 1atm,则由 $CO_2$ 产生的分压力即 1atm 的 0.04%。

**习题 5.1** 空气中 $N_2O$ 的含量是 310ppbv,问在 1atm 和 0℃情况下,$1m^3$ 的空气中有多少 $N_2O$ 分子?

**解答:** 首先计算 $1m^3$ 中 1atm 和 0℃情况下所有气体(或混合气体比如空气)的分子总数(称为路斯特数[10])

由(3.8)式 $p = n_0 kT$,其中 $n_0$ 是 $1m^3$ 空气的分子数,把 $p = 1atm = 1.013 \times 10^5$ Pa,$T = 273K$,$k = 1.381 \times 10^{-23}$ J·$K^{-1}$ 代入路斯特数表达式

$$n_0 = \frac{1.013 \times 10^5}{(1.381 \times 10^{-23}) \times 273} = 2.687 \times 10^{25} \text{ 个·m}^{-3}$$

由于在相同的温度压力条件下,某种气体所占的体积分数与其分子个数成正比,

$$\frac{N_2O \text{ 分子所占体积}}{\text{空气体积}} = \frac{1m^3 \text{ 空气中 } N_2O \text{ 分子数}}{1m^3 \text{ 空气的总分子数}(n_0)}$$

式子的左边等于 310ppbv $= 310 \times 10^{-9}$,因此,$1m^3$ 空气中分子数等于 $310 \times 10^{-9} \times n_0 = (310 \times 10^{-9}) \times (2.687 \times 10^{25}) = 8.33 \times 10^{18}$。

**表 5.1　1atm 压力下对流层干空气组分**

| 气体 | 化学式 | 体积混合比[a] | 停留时间(寿命)[b] | 主要源 |
|---|---|---|---|---|
| 氮气 | $N_2$ | 78.084% | 1.6 × $10^7$年 | 生物 |
| 氧气 | $O_2$ | 20.946% | 3000～4000 年 | 生物 |
| 氩 | Ar | 0.934% | — | 放射性元素产生 |
| 二氧化碳 | $CO_2$ | 379ppmv[c] | 3～4 年[d] | 生物、海洋、燃烧(浓度在增加) |
| 氖 | Ne | 18.18ppmv | — | 火山喷发 |
| 氦 | He | 5.24ppmv | — | 放射性元素产生 |
| 甲烷[e] | $CH_4$ | 1.7ppmv | 9 年 | 生物、人类活动 |
| 氢气 | $H_2$ | 0.56ppmv | 约 2 年 | 生物、人类活动 |
| 氧化亚氮 | $N_2O$ | 0.31ppmv | 150 年 | 生物、人类活动 |
| 一氧化碳 | CO | 40～200ppbv | 约 60 天 | 光化学作用、燃烧、人类活动 |

---

⑧　丹尼尔·卢瑟福,Daniel Rutherford (1749—1819),苏格兰化学家。他于 1772 年发现了氮气,他称其为燃气。

⑨　二氧化碳是 1750 年由苏格兰物理学家约瑟夫·布来克[Joseph Black(1728—1799)]发现的。他在熔化和蒸发方面做的工作也很著名,从而引出了潜热和比热的概念。

⑩　约瑟夫·罗斯开米特,Joseph Loschmidt (1821—1895),捷克物理学家和化学家。一个贫苦的波希米亚农民的儿子。20 岁迁往维也纳,他在那里参加理工学院的化学和物理学讲座。可能曾在得克萨斯州定居,可是随后就在维也纳开了一家生产硝酸钾的公司。1856 年成为维也纳一所高校的教师。在此期间,他成为运用气体动力学理论估算分子直径的第一人。首次给出多分子结构的化学结构式,包括碳的双、三键结构。于 1866 年在维也纳大学任职。英文教科书中的"阿伏伽德罗常数",在德语国家被称为"路斯特数"。

续表

| 气体 | 化学式 | 体积混合比[a] | 停留时间(寿命)[b] | 主要源 |
|---|---|---|---|---|
| 臭氧 | $O_3$ | 10~100ppbv | 几天~几周 | 光化学 |
| 非甲烷烃(NMHC)[e] | — | 5~20ppbv | 变化很大 | 生物、人类活动 |
| 卤化烃 | — | 3.8ppbv | 变化很大 | 主要由人类活动引起 |
| 过氧化氢 | $H_2O_2$ | 0.1~10ppbv | 1 天 | 光化学 |
| 甲醛 | HCHO | 0.1~1ppbv | 约 1.5h | 光化学 |
| 反应性氮 ($NO_y$)($NO+NO_2$($= NO_x$) $+NO_3+N_2O_5+$ $HNO_3+PAN$) | $NO_y$ | 10pptv~1ppmv | 变化很大 | 土壤、人类活动、闪电 |
| 氨气 | $NH_3$ | 10pptv~1ppbv | 2~10 天 | 生物 |
| 二氧化硫 | $SO_2$ | 10pptv~1ppbv | 几天 | 光化学、火山喷发、人类活动 |
| 二甲基硫醚 | $CH_3SCH_3$ | 10~100pptv | 0.7 天 | 生物、海洋 |
| 硫化氢 | $H_2S$ | 5~500pptv | 1~5 天 | 生物、火山喷发 |
| 二硫化碳 | $CS_2$ | 1~300pptv | 约 120h | 生物、人类活动 |
| 氢氧自由基[f] | OH | 0~0.4 pptv | 约 1s | 光化学 |
| 过氧氢自由基[f] | $HO_2$ | 0~5pptv | — | 光化学 |

a 体积混合比,用来表示(某种大气成分)浓度的体积混合比的单位,也可用百万分之一,$1ppmv=10^{-6}$;十亿分之一,$1ppbv=10^{-9}$;万亿分之一,$1pptv=10^{-12}$。

b 见图 5.1 中阴影部分。

c 见图 1.3。

d 二氧化碳分子被植物吸收或溶入海水前停留在大气中的平均时间。若源和汇发生了改变,则大气中二氧化碳重新达到平衡状态需要约 50~200 年(见 2.3 节和 10.4.1 小节)。

e 除甲烷外的碳氢化合物称为非甲烷烃(NMHC)。由化石燃料燃烧、生物质燃烧、森林植被等产生。和甲烷一样,大多数 NMHC 的汇是被 OH 自由基氧化,因为 NMHC 比甲烷的活性更强,所以它们在大气中的停留时间更短(几小时~几个月)。和甲烷不同的是,NMHC 在城市和区域光化学烟雾中,臭氧的形成起着重要作用(见 5.5.2 小节)。因为这些原因,传统上一直把甲烷从 NMHC 中分离出来。除甲烷和 NMHC 之外,对流层化学还有很多非常重要的有机化合物。这些其他的有机物包括可挥发有机物(VOCs),如羰基、有机硫化合物和醇类等。

f 自由基是指核外电子层上有未成对电子的化学物质。因此一个自由基所含有的电子个数是奇数[g](如 OH 自由基有 8+1=9 个电子)。未成对的电子使自由基反应活性比非自由基更高。

g 重要的例外是,基态氧原子[$O(^3P)$,光谱学表示法]和激发态氧原子[$O(^1D)$,或用 O* 表示],尽管事实上都有 8 个电子,反应性却很强。

## 框栏 5.1  大气中化学成分的停留时间和空间尺度

如果大气中的微(痕)量气体在某个给定的时间段内其全球平均浓度(或总量*)无明显的变化,则这种成分排放(或产生)到大气中的速率必定与其在大气中被移除的速率相等。在这样的稳态情况下,定义大气中微(痕)量气体的停留时间(寿命)为

---

＊译者注。

$$\tau = \frac{M}{F} \tag{5.1}$$

式中,$M$ 是大气中此种组分的总量(单位:kg),$F$ 是其从大气中移除的速率(单位:$kg \cdot s^{-1}$)。

我们举个例子来理解停留时间的概念。假设一个充满水的箱子,在其底部以速率 $F$ 向其注水,则水从箱子顶部溢出,箱子中水的移除速率为 $F$。如果设想水流平稳的注入箱底并抬升、取代其上部的液体,此过程假设液体之间不相互混合,每一单位体积水从进入箱底到从箱顶溢出所花费的时间为 $M/F$,$M$ 是箱子的体积,类似(5.1)式中的 $M$。

尽管大气中的每种成分都可以由(5.1)式给出停留时间,但某个别分子停留时间的变率却非常大,特别是当移除过程局地性非常强的时候。另外,以这种方式定义的停留时间,并不能反映某种成分的源突然发生了变化,其浓度调整到新的平衡需要多长时间。例如,$CO_2$ 在大气中停留时间有几年,但是其调整时间更长(见 2.3.2 小节)。

大气中非常稳定的氮气的停留时间约 $10^7$ 年,而活性很大的 OH 自由基在大气中的停留时间仅不到 1s,停留时间可以由物理清除过程(如降水清除)决定,也可以由化学过程决定。

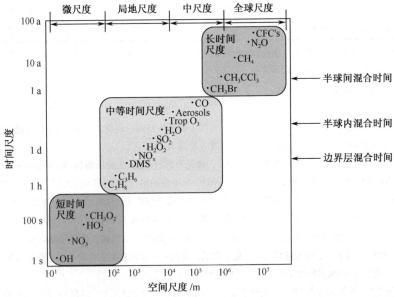

图 5.1　部分大气成分在大气中的时间和空间尺度。时间尺度用停留时间表示[引自 The Atmospheric Sciences Entering the Twenty-First Century, United States National Academy Press, 1998, p. 137]。

如果大气中某种化学成分具有非常短(或非常长)的停留时间,则在很小(或很大)的空间范围内此成分的浓度就可能发生比较大的变化(图 5.1)。停留时间较短的成分在靠近源区时浓度很高,当距离源区较远则浓度就低。相对而言,停留时间长的成分,其浓度的空间分布更均匀。

## 5.2　微量气体的源、输送和汇

### 5.2.1　源

对流层气体的主要自然源是生物、裸露地表、海洋排放,以及对流层中的化学反应形成。下面分别讨论这些源。

a. 生物源

在 2.3 和 2.4 节中讲到,现在地球大气中的 $O_2$ 是约 38 亿年前至今的生物活动形成的,并且生物活动仍在强烈地影响着地球大气。最主要的生物活动是光合作用(5.2)式,这种作用可吸收大气中的碳并把它以有机物的形式储存起来,并向大气中放出 $O_2$。

**习题 5.2**　如果光合作用反应表达式[⑪]如下

$$CO_2(g) + H_2O(l) + h\nu \rightarrow CH_2O(s) + O_2(g) \tag{5.2}$$

$h\nu$ 代表光能,问此碳原子在此反应中是被氧化了还是被还原了?

**解答:**因为在 $CO_2$ 中每个氧原子的化合价态是 $-2$,且 $CO_2$ 没有净电荷,则 C 原子的化合价是 $+4$。而 $CH_2O$ 中,H 和 O 的化合价分别是 $+1$ 和 $-2$,则 C 原子的化合价是零,因此,该反应降低了 C 原子的化合价(也就是说,C 被还原了)。

空气中大约 80% 的 $CH_4$ 产生自有机物(厌氧菌)的发酵(而不是化石燃料)。通过牲畜反刍(牛等)、白蚁活动、水稻田和湿地等排放到大气中。

生物过程(经常以微生物为媒介)可以把 $N_2$ 转化为 $NH_3$(主要通过动物的尿液和土壤)、$N_2O$(通过土壤中细菌的硝化作用)和 NO。

富含有机物和生物产值高的海洋区域(例如,涌流区、沿海区和盐渍沼泽地)是 $CS_2$ 和羰基硫(COS)的主要源。海洋中的浮游植物是大气中 DMS 和 $CH_3SSCH_3$(二甲基硫醚)的主要源。DMS 被氧化成 $SO_2$ 然后转变为硫酸盐气溶胶。微生物分解死亡的有机物释放出 $H_2S$。氯代甲烷 $CH_3Cl$ 是大气中浓度最高的卤化碳,也是平流层 Cl 的主要自然源。它部分来自海洋生物活动、木材腐烂和生物质燃烧。卤素化合物(例如氯和溴)同样由海洋中的生物活动产生。

以植物和人类活动为源的 VOCs(可挥发性有机物)已发现有好几千种。在美国,机动车是 VOCs 的主要源,主要由燃料的不完全燃烧产生的碳氢化合物和燃料的挥发产生。溶剂的挥发是全球 VOCs 的第二大源。其他一些重要的 VOCs 有异戊二烯($C_5H_8$)、乙烯($C_2H_4$)和单萜。异戊二烯占了 NMHC(非甲烷烃)的 50%。异戊二烯的光氧化作用可以产生蒸气压很低的化合物,这些化合物可以在已存在的小颗粒上凝结。每年由生物源形成的二次有机气溶胶中,该过程的贡献约占 5%～20% 的比例。萜烯类化合物是一类由树叶排放的碳氢化合物。大约 80% 的此类排放物在 1h 内就被氧化并形成有机物气溶胶。植被排放是碳氢化合物的一个重要的源。碳氢化合物可以与 NO 和 $NO_2$ 发生光化学反应产生 $O_3$,因此在大气化学中起着重要作用(见 5.3.5 小节)。

人类在利用有机物质的同时会向大气排放很多化学物质,如 $CO_2$、CO、$NO_2$、$N_2O$、$NH_3$、$SO_2$ 和 HCl(来自石油、天然气、煤和木材的燃烧)、碳氢化合物(来自汽车、石油精

---

⑪　括号中指出了化学物种的相态,g 代表气态,l 代表液态,s 代表固态,aq 代表水溶液。

炼、油漆和溶剂)、$H_2S$ 和 DMS(来自造纸厂和石油精炼)、羰基硫 COS(来自天然气)和三氯甲烷 $CHCl_3$(来自石油燃烧、木材的漂白,以及有机溶剂)。

图 5.2 显示了 2000 年 9 月期间全球火点的分布。9 月份是南美和南非的生物质燃烧季节,因此在这两个地区有很多火点。全球每年由自然森林火灾(许多由雷击引发)、人为毁林(如亚马逊平原)、土壤施肥和放牧(如非洲南部草原),以及燃烧木材取暖和做饭(如非洲、印度、东南亚)等消耗掉的植被面积就约占整个欧洲面积的一半。据估计,平均每年在对流层约 38% 的 $O_3$、32% 的 CO、约 39% 的碳微粒、超过 20% 的 $H_2$、NMHC、$CH_3Cl$ 和 NO 是由生物质燃烧产生的。生物质燃烧产生的 $CO_2$ 占全球每年 $CO_2$ 生成总量的 40%,但在这些燃烧区产生的 $CO_2$ 大部分都被迅速新生的植被吸收了。

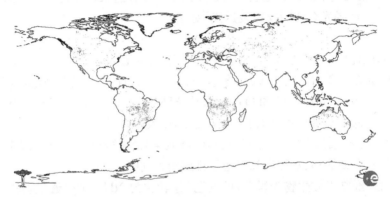

图 5.2　2000 年 9 月份卫星监测的全球火灾分布(来自欧洲空间局)。

在 5.3.5 小节我们将讨论,在 $NO_x$ 存在时,经对流层光化学反应,CO 、$CH_4$ 和 NMHC 会被 OH 自由基氧化并产生 $O_3$。因为生物质燃烧产生的烟羽包含了所有这些臭氧前体物,在对流层,扩散的烟羽中就会产生较高的臭氧。生物质燃烧会排放很多致癌物,导致局部地区和区域的空气质量严重恶化,并对全球大气化学和气候产生影响。

对流层生物质烟羽可以传输、扩散到很远的距离。例如在适当的风速条件下,非洲燃烧的生物质烟羽可以输送到南大西洋甚至澳大利亚(图 5.3)。事实上,甚至地球上最偏远的地区都不能免于被污染。生物质烟雾还可以被抬升到对流层中部和上部,成为对流层中上部 $HO_x(x=0,1,2)$ 和 $NO_x$ 的主要源,并产生 $O_3$(见 5.3.5 小节)。

b. 陆地源

大气化学中固态地表的很多重要作用都已经在第 2 章讨论过了。这里补充介绍一些没有提及的方面。

火山喷发是大气中微量气体地面源的重要组成部分。除了火山灰和大量的小粒子,火山喷发还排放出 $H_2O$,$CO_2$,$SO_2$,$H_2S$,COS,HCl,HF,HBr,$CH_4$,$CH_3Cl$,$H_2$,CO 和重金属(如汞)。强烈的火山喷发可以将排放物喷射到平流层,其中停留时间长的成分可以被扩散到全球[12]。

---

⑫　1883 年剧烈爆发的印尼 krakatau 火山的造成绚丽的日落和全球气温明显下降,翌年地表气温下降了 0.5℃。20 世纪,对大气造成最大影响的火山爆发喷发是发生在 1991 年的菲律宾皮那图博(Pinatubo)火山。火山喷发产生的气体使全球平均降温 0.5℃并持续了约两年,同时降低了平流层臭氧浓度(见 5.7.3 和 10.2.3 小节)。

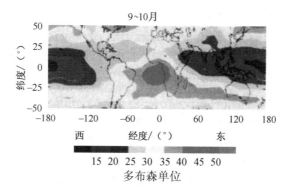

图 5.3　1979—1989 年间 9～10 月份卫星观测的对流层臭氧含量。由于生物质燃烧赤道上空和非洲南部出现了臭氧含量最大值(用多布森[13]单位[14]表示)(另见彩图)。

岩石是大气中氦(He)、氩(Ar)、氡(Rn)的主要源。氦是由铀-238 和钍-232 放射性衰变产生的。由于其密度很小可以逃逸到外逸层,所以在大气中其含量并不多。氩气由岩石中的 Po-40 放射性衰变产生,并从地球诞生起就在大气中累积。Rn-222 是岩石中铀放射性衰减的产物,其半衰期只有 3.8 天。碳酸盐岩石如石灰石(CaCO₃),含有的碳比大气中的浓度高 20 000 倍,但其中的碳大多数以稳定化合物存在。正如 2.3.3 和 2.2.4 小节所述,碳酸盐岩石和海洋沉积物与大气中的二氧化碳之间有长周期的循环。

c. 海洋源

在 5.2.1 小节中曾提到,海洋是一座巨大的可溶性气体的储库(见表 2.3 中主要碳的储库列表),因此对可溶性气体来说海洋既是源又是汇。海洋是很多生物活动产生气体的源,特别是含硫气体。

**习题 5.3**　如果 $CO_2$ 在水中的亨利[15]常数是 $3.40 \times 10^{-2}$ mol · $L^{-1}$ · $atm^{-1}$,问 $CO_2$ 在水中的溶解度是多少?

**解答**:亨利定律如下

$$C_g = k_H p_g \tag{5.3}$$

式中,$C_g$ 是气体在液体中的溶解度(单位:mol · $L^{-1}$),$k_H$ 是与温度有关的常数,称为亨利常数;$p_g$ 是液面上气体的分压力(单位:atm),空气中 $CO_2$ 分压约是 $3.79 \times 10^{-4}$ atm(表5.1)

因此 $C_g = k_H p_g$

$= (3.40 \times 10^{-2}$ mol·$L^{-1}$·$atm^{-1}) \times (3.79 \times 10^{-4}$ atm$)$

---

⑬　多布森,G. M. B. Dobson(1889—1976),英国物理学家、气象学家。首次利用探空气球测量了风随高度的变化(1913)。他于 1922 年发现大气层在约 50km 处有一个热层,这主要归功于他对臭氧吸收紫外线的正确估计。制作了太阳紫外光谱仪测量大气臭氧柱浓度。还首次测量了平流层中的水蒸汽。

⑭　多布森单位(DU):在 0 摄氏度、1atm 下,1/100mm 的大气臭氧柱为 1 多布森单位。全球大气臭氧的总厚度约 300DU(也就是说,全球所有的臭氧在 0℃,1atm 下,形成的薄层柱只有约 3mm 厚)。

⑮　威廉·亨利,William Henry(1774—1836),英国内科医生、化学家。第一篇科学论文的内容是反驳那些声称碳不是一种元素的学说的。和他的朋友约翰·道尔顿一起做了分离气体的实验,这对物质原子理论的发展是至关重要的。最后由于不堪忍受由童年的创伤产生的痛苦和失眠而自杀。

$$=1.29\times10^{-5}\text{mol}\cdot\text{L}^{-1}$$

d．局地产生

局地产生是指大气化学组分经由大气化学反应产生的,是大气中很多重要微(痕)量组分的主要源。大多数气相反应是由光解反应产生的自由基引发的,发生了包括单、双、三体的光化学反应。局地化学反应可划分为均相反应和异相(非均相)反应。均相反应是指所有的反应物都处于相同的相态。例如下面这个反应

$$NO_2(g)+O_3(g)\rightarrow NO_3(g)+O_2(g) \tag{5.4}$$

这是大气中三氧化氮自由基的主要源,是均相气相反应。非均相反应是指包含两种或更多相态的反应。无机气溶胶(如硫酸)和有机化合物(如醛类)的混合物能一定程度上提高气溶胶生长的速率,这就是非均相反应的一个例子。

生物圈、固态地表和海洋排出的微量气体一般处于还原态或较低的氧化态(如碳氢化合物、氨、硫化氢),但是它们通过大气中的局地反应被氧化到较高的氧化态。

e. 人为源

在5.5和5.6节中将讨论气体和微粒的人为源(也就是与人类活动有关的源)。在此必须指出,人为源对大气中很多重要的微(痕)量气体的收支起到关键作用(表5.2)。随着人口的增加,在过去的几个世纪里,人为排放的一些重要的微(痕)量气体显著增加了。因此,人类活动对大气的影响程度是当今大气化学研究的主要课题之一。

## 5.2.2　输送

在大气边界层,大气与地表的直接相互作用是通过湍流混合。在陆地上,白天大气边界层里的化学成分可在1～2km高度内得到充分混合;在夜间,大气边界层高度通常只有几百米或更低,湍流混合对化学物质的稀释作用减小。而在海洋上空,这种昼夜循环差异不是特别的明显。

如果来自地表的化学物质没有回到地面或在大气边界层中没有参与化学反应,它将进入自由对流层中。一旦进入自由对流层,化学物质将具有更长的停留时间,经历全球环流尺度的输送。例如,在中纬度地区,风通常以10～30m/s速度自西向东。一个点源向大气注入化学物质(如火山喷发),几个星期内,这些化学物质在同一纬度带的经度方向将分布得相当均匀。对流层气流跨赤道输送相对有限,化学物质的输送也较弱。一般来说,北半球对流层化学物质受矿物燃料燃烧的影响较之南半球强得多;而南半球对流层化学物质主要受海洋和生物质燃烧的影响。自由对流层和平流层之间化学物质的输送也有限;热带地区主要是向上传输,较高纬度地区主要是向下传输。然而,如5.7.2小节所示,人为源产生某些长寿命的化学物质可在平流层积累,并在此产生重要影响。

卫星观测为对流层的气体和颗粒物的传输过程提供了强有力的证据。例如,卫星观测显示,大范围的颗粒物烟羽从美国和亚洲的东海岸输出,而高浓度的沙尘烟羽和生物质燃烧产生的烟雾从撒哈拉沙漠向西输送到大西洋上空。在冬季风期间(从12月到次年4月),污染物烟羽覆盖印度西南海岸到印度洋上空。在春季和夏季期间,沙尘和污染物从亚洲源区输送到北太平洋上空。

**表5.2 2000年大气微(痕)量气体的自然和人为源排放估计[a]**

| 排放源 | SO₂ Tg(S)/a | NH₃ Tg(N)/a | N₂O Tg(N)/a | CH₄ Tg(CH₄)/a | CO Tg(CO)/a | NO₂ Tg(N)/a | NMHC Tg(C)/a |
|---|---|---|---|---|---|---|---|
| **自然源** | | | | | | | |
| 植被 | | | | | | | 400(230~1150) |
| 湿地 | | 5.1 | | 115(55~150) | 100(60~160) | | |
| 野生动物 | | 2.5 | | | | | |
| 白蚁 | | | | 20(10~50) | | | |
| 海洋 | 25[b] | 7.0 | 3(1~5) | 10(5~50) | 50(20~200) | | 50(20~150) |
| 土壤 | | | 6(3.3~9.7) | | | 7(5~12) | |
| 闪电 | | | | | | 5(2~20) | |
| 火山 | 10(7~10) | | | | | | |
| 其他 | 7.5[c] | | | 15(10~40) | | 1.5(0~5.7)[d] | |
| 自然源总计 | 42.5 | 14.6 | 9(4~15) | 160(80~290) | 150(80~360) | 13.5(7~38) | 450(250~1300) |
| 人为源 | | | | | | | |
| 化石燃料类 天然气 | | | | 40(25~50) | | | |
| 煤矿 | | | | 30(15~45) | | | |
| 石油工业 | 75[e] | | | 15(5~30) | | | |
| 煤炭燃烧 | | | | ?(1~30) | | | |
| 能源利用 | | | | | 500(300~900) | 22(20~24) | 70(60~100) |
| 飞机 | | | | | | 0.5(0.2~1) | |

续表

| 排放源 | | SO₂ Tg(S)/a | NH₃ Tg(N)/a | N₂O Tg(N)/a | CH₄ Tg(CH₄)/a | CO Tg(CO)/a | NO₂ Tg(N)/a | NMHC Tg(C)/a |
|---|---|---|---|---|---|---|---|---|
| 动物反刍 | | | | | 85(60~100) | | | |
| 稻田 | | | | | 60(20~100) | | | |
| 生物碳 | 生物质燃烧 | | 2 | 0.5(0.2~1.0) | 40(20~80) | 500(400~700) | 8(3~13) | 40(30~90) |
| | 垃圾 | 3 | | | 40(20~70) | | | |
| 动物排泄物 | | | 22 | | 25(20~30) | | | |
| 民用污水排放 | | | | | 25(15~80) | | | |
| 化肥 | | | 6.4 | | | | | |
| 耕地 | | | | 3.5(1.8~5.3) | | | | |
| 动物饲养场 | | | | 0.4(0.2~0.5) | | | | |
| 工业源 | | | | 1.3(0.7~1.8) | | | | |
| 人为源总计 | | 78 | 30.4 | 5.7(3~9) | 360(206~615) | 1000(700~1600) | 30.5(23~38) | 110(90~190) |

a 表中的最后 4 种成分是臭氧前体物,括号中的数字表示可能的取值范围,本项评估来源于多家权威机构。

b 由 DMS 氧化而来。

c 由 H₂S(7Tg(S)·a⁻¹)和 SO₂(0.5Tg(S)·a⁻¹)氧化产生。

d 由平流层或平流层到对流层的 NH₃ 氧化(约 0.9Tg(N)·a⁻¹)或者 N₂O 分解(约 0.6Tg(N)·a⁻¹)产生。

e 包括其他的工业排放源。

### 5.2.3　汇

大气化学成分经历其生命史的最后阶段是它的清除过程。汇包括化学转化成其他物种以及气体-粒子的转化，气-粒的转化涉及物理和化学过程。另一种重要的清除过程是气体和气溶胶粒子沉降到地球表面和植被上。沉降有两种方式：湿沉降和干沉降。湿沉降是通过云和降水清除空气中气体和粒子的过程，是大气净化的主要机制。干沉降是通过植被、陆面和水面直接吸附/吸收空气中的气体和粒子。干沉降比湿沉降慢很多，但它时时刻刻都在进行。

海洋对很多微量气体来说是重要的汇。气体向海洋的通量取决于海洋相对该气体而言的未饱和程度（见 5.2.1 小节 c）。如果海洋表层某种气体处于过饱和状态，通量将从海洋指向大气（例如，DMS 从海洋到大气的全球通量约为 $25Tg \cdot a^{-1}$）。

**习题 5.4**　如果 $SO_2$ 被限制在从地表到 5km 高度内，$SO_2$ 气体的平均沉降速率是 $0.8cm \cdot s^{-1}$，如果所有 $SO_2$ 的源都被切断，问 $SO_2$ 全部沉降到地面需要多少时间？

**解答：**气体到地表的沉降速率可定义为

$$沉降速率 ＝（气体沉降通量）/（该气体地表平均浓度） \tag{5.5}$$

因为通量的单位是 $kg \cdot m^{-2} \cdot s^{-1}$，浓度的单位是 $kg \cdot m^{-3}$，由(5.5)式，沉降速率的单位是 $m \cdot s^{-1}$，和物理学中速度的单位一致。因此，可以把气体的干沉降速度视为与大气粒子重力沉降末速度相似的物理量。

这样，在 5km 高度的垂直气柱内，全部 $SO_2$ 气体的沉降去除相当于一个 $SO_2$ 分子下降 5km 高度到达地面的时间，即

$$5km/(0.8000 \times 10^{-5} km \cdot s^{-1}) ＝ 6.25 \times 10^5 ＝ 7.23d$$

如果忽略其他去除过程，如化学反应的影响，$SO_2$ 停留时间估计值的上限为 7.23 天。

## 5.3　对流层中的一些重要的微（痕）量气体

在 20 世纪 70 年代之前，通常认为光化学反应和大多数微（痕）量气体的氧化反应主要发生在平流层，因为平流层紫外线比对流层强得多[⑯]。但是，到 20 世纪六七十年代，人们认识到非常活跃的 OH 自由基可以通过对流层光化学产生。与此同时，对光化学烟雾的研究（如发生在洛杉矶的烟雾）揭示了 OH 自由基、氮氧化物、碳氢化合物在臭氧和其他污染物形成中的作用（见 5.5.2 小节 b）。

本节关注的是一些在对流层化学过程中起到的重要作用的微（痕）量气体，包括前面章节提到的那些微（痕）量气体。本节主要涉及非城市对流层，产生的光化学烟雾的重污染地区的化学反应在 5.5 节讨论。平流层化学在 5.7 节讨论。

### 5.3.1　氢氧自由基

氢氧自由基(OH)与无机和有机化合物都有很高的反应活性，因此它是对流层大气

---

[⑯]　光化学反应与光子有关（符号为 $h\nu$）。为了能触发一个化学反应，光子的能量必须超过一个临界值。由于光子的能量和其电磁辐射的波长成反比，这说明为了触发一个特定的光化学反应，粒子的波长必须小于临界值。通常来说，这个光化学反应的有效辐射临界值在 UV 波段内。

中最重要的化学物种之一,尽管在对流层其全球和白天的平均浓度只有几十 pptv(约 $10^{12}$ 分子·$m^{-3}$,或约 $10^{14}$ 个空气分子中含有 3 个 OH 自由基分子)。与 OH 自由基反应是大多数微(痕)量气体的汇。由于其化学活性,它在大气中的寿命仅约 1s。

OH 自由基的产生与太阳紫外辐射(波长小于 $0.32\mu m$)将 $O_3$ 分解为一个 $O_2$ 分子和一个高能级的激发态 $O^*$ 的过程有关:

$$O_3 + h\nu \longrightarrow O_2 + O^* \tag{5.6a}$$

(5.6a)式产生的大多数激发态的 $O^*$ 会释放其过剩的能量变为热能,并最终与 $O_2$ 结合生成 $O_3$;与(5.6a)式结合,这是一个无效循环(即没有净化学效应)。但是,有很小的比例(约 $1\%$)的 $O^*$ 与水汽分子反应生成 2 个 OH。

$$O^* + H_2O \longrightarrow 2OH \tag{5.6b}$$

$O^*$ 的产生(5.6a)式和去除(5.6b)式的净效应为

$$O_3 + H_2O + h\nu \longrightarrow O_2 + 2OH \tag{5.7}$$

OH 自由基是极强的氧化剂,一经生成,就与几乎所有的微(痕)量气体迅速反应,包括 H、C、N、O、S 和卤素(除了 $N_2O$ 和 CFC)。例如,OH 与 CO 反应生成 $CO_2$,与 $NO_2$ 反应生成 $HNO_3$,与 $H_2S$ 反应生成 $SO_2$,与 $SO_2$ 反应生成 $H_2SO_4$ 等(图5.4)。由于在清除污染气体中的重要作用,OH 自由基被称为大气的清洁剂。

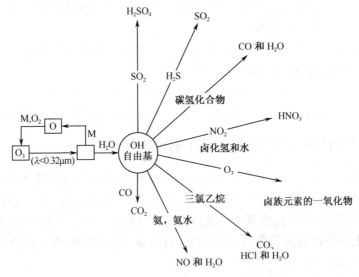

图 5.4 以 OH 自由基为中心的对流层微(痕)量气体氧化示意图,只有很少的物种不会被 OH 氧化(引自 *Global Tropospheric Chemistry*,United States National Academy Press,1984,p. 79)。

在对流层,全球 OH 的主要汇是氧化 CO 和 $CH_4$。在陆地上,OH 与 NMHC 的反应有很强的局地性。在森林地区,OH 主要与落叶林释放的异戊二烯($C_5H_8$)反应。

在过去的两个世纪中,由于人为臭氧前体物源的增加以及平流层臭氧的减少导致太阳紫外辐射更多的进入到大气边界层,OH 的生成量基本是增加的。但是,由于 CO 和碳氢化合物浓度的增加,OH 的汇也是增加的。因此,近几十年来人类活动对对流层 OH 自由基浓度是否有重要影响还不清楚。

### 5.3.2　部分活性氮化合物

#### a. 氮氧化物

氮的氧化物包括 NO 和 $NO_2$,它们统称为 $NO_x$,在大气化学中占有重要的地位。氮氧化物主要来自于化石燃料的燃烧、生物质燃烧、土壤排放、闪电、$NH_3$ 的氧化、飞机尾气的排放和平流层的输入。$NO_x$ 主要以 NO 的形式排放到对流层,但在白天,NO 和 $NO_2$ 可以很快通过如下的无效循环反应建立平衡:

$$NO + O_3 \longrightarrow NO_2 + O_2 \tag{5.8a}$$

$$NO_2 + O_2 + M + h\nu \longrightarrow NO + O_3 + M \tag{5.8b}$$

M 为惰性分子,仅吸收过剩的分子能量。NO 一旦被氧化为 $NO_2$ 时,会产生其他一系列相关的反应。晚上,由于反应(5.8a)式,NO 只以 $NO_2$ 形式存在;白天,$NO_x$ 的主要汇为

$$NO_2 + OH + M \longrightarrow HNO_3 + M \tag{5.9}$$

$HNO_3$ 大约在 1 周内通过干、湿沉降被清除出大气。晚上,$NO_2$ 被 $O_3$ 氧化成 $NO_3$,$NO_3$ 再与 $NO_2$ 反应生成 $N_2O_5$,$N_2O_5$ 与大气粒子中的水反应生成 $HNO_3$。结果,$NO_2$ 在大气中停留时间大约为 1 天。

#### b. 硝酸根自由基($NO_3$)

由于 OH 主要通过光化学产生且在大气中停留时间很短,以目前的手段[*] 只能在白天测量其浓度。在夜间,$NO_3$ 自由基代替 OH 自由基作为对流层主要的氧化剂,其产生过程如(5.4)式。$NO_3$ 在白天很快被光解,有两条反应路径:

$$NO_3 + h\nu(\lambda < 0.700\mu m) \longrightarrow NO + O_2 \tag{5.10}$$

$$NO_3 + h\nu(\lambda < 0.580\mu m) \longrightarrow NO_2 + O \tag{5.11}$$

在中午的阳光下,$NO_3$ 的停留时间只有约 5s,$NO_3$ 也与 NO 反应

$$NO_3 + NO \longrightarrow 2NO_2 \tag{5.12}$$

尽管 $NO_3$ 没有 OH 活泼,但在夜间其浓度比 OH 白天的浓度都高得多,因此它可以作为有效的大气氧化剂。

#### c. 奇氮和其他的"化学族"

奇氮($NO_y$)也称为总活性氮化合物,包括 $NO_x$ 和其所有的氧化产物,如 $HNO_3$、$NO_3$、$N_2O_5$ 和过氧乙酰基硝酸酯(简写为 PAN)。这种方式的氮分类有助于分析大气中氮的收支。

$NO_y$ 主要源是人为产生(见 5.6.1 小节)。但离人为污染源较远的地方,土壤和闪电是 $NO_y$ 的主要源。$NO_y$ 与 NMHC 相互作用可导致城市光化学烟雾的产生(见 5.5.2 小节)。就全球和区域而言,$NO_y$ 与奇氢族的反应会强烈影响 OH 的浓度。$NO_x$ 和 $NO_y$ 是化学族的一个例子,其他化学族还有奇氧族($O$、$O^*$、$O_3$ 和 $NO_2$)、奇氢族($HO_x$, $x=0,1,2$)和奇氯族($Cl_x$, $x=0,1,2$)。注意奇氢族包括 OH 自由基,$NO_y$ 包括 $NO_3$ 自由基。

#### d. $NH_3$

$NH_3$ 主要来源于土壤排放、动物粪便、农业施肥和工业排放,它是大气中的重要气体

---

[*] 近年来的分析方法已可以在夜间测出 OH 的浓度。

成分。$NH_3$ 可通过如下反应中和酸性物质：

$$2NH_3 + H_2SO_4 \longrightarrow (NH_4)_2SO_4 \tag{5.13}$$

$NH_3$ 的去除机制与它转化成铵盐气溶胶有关[如(5.13)式]。铵盐气溶胶再通过干湿沉降回到地表。$NH_3$ 在低层对流层中停留时间大约为 10 天。

### 5.3.3　有机化合物

有机化合物含有碳原子,每个碳原子核最外层有 4 个电子,这样碳原子可以与其他元素(如氢、氮、氧、硫、卤素等)最多可形成 4 个键。碳氢化合物是由碳和氢原子组成的有机化合物,大气中的碳氢化合物有丰富的自然源和人为源,它们对对流层化学的许多方面都有重要的作用。$CH_4$ 是大气中最丰富的碳氢化合物。$CH_4$ 在北半球的浓度大约为 1.7ppmv,在大气中存在时间约为 9 年。$CH_4$ 主要来源于湿地、垃圾、动物排放气体、生物质的燃烧、天然气和煤气的泄漏。$CH_4$ 的汇主要是依靠 OH 氧化为 HCHO,然后 HCHO 光解为 CO(见 5.3.6 小节),或在 $NO_x$ 浓度不太低的大气中,OH 氧化 CO 生成 $O_3$(见 5.3.5 小节)。

大气中有种类很多的非甲烷碳氢化合物(NMHC),大多数对对流层化学有重要影响。根据它们的分子结构,NMHC 可以分为几种类型,如烷烃($C_nH_{2n+2}$),包括乙烷($CH_3CH_3$)、丙烷($CH_3CH_2CH_3$);烯烃,含有双键,如乙烯($CH_2=CH_2$)、丙烯($CH_3CH=CH_2$);芳香烃,如苯($C_6H_6$)和甲苯($C_7H_8$);碳氢化合物的氧化产物,包含一个或多个氧原子,如丙酮($CH_3COCH_3$)。丙酮在对流层上层可能是提供 $HO_x$ 的重要源,从而影响对流层上层的 $O_3$。

### 5.3.4　一氧化碳

CO 可由 $CH_4$ 和 NMHC(如异戊二烯)的氧化产生,其他 CO 的重要源有生物质和化石燃料燃烧。CO 的主要汇是被 OH 自由基氧化:

$$CO + OH \longrightarrow H + CO_2 \tag{5.14}$$

反应(5.14)式一般是 CO 在非城市和非森林地区的主要清除机制,因此 OH 的浓度和分布就主要由 CO 的环境浓度确定,$CH_4$、$NO_x$、$H_2O$ 等也是影响 CO 浓度和分布的因子。在中纬度地区,CO 的一个重要的特点是其季节变化。由于冬季 OH 浓度较低,CO 的浓度积累增加;而春季,由于(5.14)式的反应,CO 浓度很快下降。

图 5.5 显示了卫星测量的 CO 浓度分布。南美和非洲的高浓度 CO 是由于生物质燃烧释放造成的。在旱季,生物质燃烧的烟羽在南半球缓慢穿行,在澳大利亚上空能够监测到这些 CO 的踪迹。在东南亚,CO 的强工业排放源很明显,有时这些烟羽可以输送到北美洲。

### 5.3.5　臭氧

约 90% 的大气臭氧集中在平流层(见 5.7.1 小节)。在 20 世纪中叶,一般认为平流层臭氧是对流层臭氧的主要来源,此源和近地面汇之间达到相对平衡。之后人们认识到在对流层,由于人类活动排放的痕量气体,如 NO、CO 和有机化合物,可以通过光化学作用生成 $O_3$;此外,臭氧前体物的各种自然源,如植物排放的碳氢化合物和闪电产生的 NO 也可形成 $O_3$。

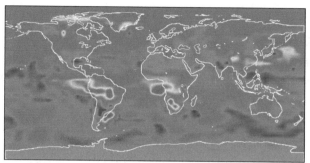

图 5.5 卫星测得在 4.5km 处 CO 的浓度,浓度变化范围从背景值的
50ppbv(图中蓝色区) 到 450ppbv(图中红色区)。CO 既可以向上输
送,也可以水平输送到很远的地区(引自 NASA)(另见彩图)。

臭氧对对流层氧化能力起到关键控制作用。在 $NO_x$ 存在的情况下,对流层臭氧主要是通过 OH 氧化 CO、$CH_4$ 和 NMHC 的气相反应生成,以后将详细介绍。

---

### 框栏 5.2 "坏"和"好"的臭氧

Schönbein[17] 从放电之后的气味发现了臭氧(有时在雷暴之后也能闻到)。他根据希腊语称其为臭氧,意思是气味。

臭氧是有刺激性、淡蓝色的气体,具有毒性和易爆性。由于其高活性,臭氧是一种强氧化剂,甚至在低浓度时(几十 ppbv),它就能够损伤橡胶和塑料,危害人和动植物健康。Haagen-Smit[18] 发现城市臭氧的形成是由于汽车尾气和炼油厂排放的氮氧化物和碳氢化合物通过光化学反应产生的。臭氧与机动车排放和汽油挥发的碳氢化合物反应形成二次有机污染物,如醛和酮。城市产生的臭氧能输送到远离工业区的偏远地区。例如,在 1988 年夏季热浪期,在阿卡迪亚国家公园观测到高危险臭氧浓度,这些臭氧可能来自纽约市区。在美国,由于空气污染造成的农作物减产,约 90% 是由于臭氧污染或加上 $SO_2$ 和 $NO_2$ 的污染。

与对流层臭氧相反,平流层臭氧的浓度越高,越能减少太阳紫外线辐射造成的伤害(见 5.7.1 小节)。

---

波长小于 $0.430\mu m$ 时,$NO_2$ 光解:

$$NO_2 + h\nu \xrightarrow{\ j\ } NO + O \qquad (5.15)$$

接着很快:

$$O + O_2 + M \xrightarrow{\ k_1\ } O_3 + M \qquad (5.16)$$

$j$,$k_1$ 为反应速率常数[19];但是生成的 $O_3$ 又迅速与 NO 发生反应

$$O_3 + NO \xrightarrow{\ k_2\ } NO_2 + O_2 \qquad (5.17)$$

(5.15)~(5.17)反应可以看成一个无效的循环反应,$O_3$ 既不产生也不消耗。

---

[17] Christian Friedrich Schonbein(1799—1868),德国化学家,当他用他妻子的棉围裙去擦去溢出的硝酸和硫酸的混合物时,围裙被氧化成一块一块的,从而发现了硝化纤维(一种炸药)。在瑞士巴塞尔大学执教前在英格兰教书。

[18] Arie Jan Haagen-Smit(1900—1977),荷兰生物化学家,1937 年在加利福尼亚技术学院生物系任职,主要研究萜烯化合物和激素。开展了洛杉矶烟雾及其来源的开创性工作。

[19] 通常用 $j$ 表示光解反应速率,如(5.15)式中的 $j$;用 $k$ 表示非光解反应速率,如(5.16)式中的 $k$。

**习题 5.5** 由反应(5.15)～(5.17)式,导出 $O_3$ 稳态浓度与 NO 和 $NO_2$ 浓度、反应速率常数 $j$、$k_2$ 的关系式。

**解答:** 3 个化学反应进行的都很快。从中看出,(5.15)式生成 NO,而 NO 由(5.17)式很快转化为 $NO_2$,生成的 $NO_2$ 又在(5.15)式反应中迅速光解为 NO。因此,从反应速率常数定义可得

$$j[NO_2] = k_2[O_3][NO]$$

方括号表示物种浓度。因此有

$$[O_3] = j[NO_2]/k_2[NO] \tag{5.18}$$

(5.18)式称为 Leighton[20] 关系式。它是光稳态关系式的一个典型例子。

如果将 $NO_2$ 和 NO 的典型浓度值,以及 $j$、$k$ 的值代入(5.18)式,得到的 $O_3$ 的浓度值即使在自由对流层仍远低于观测的浓度值。因此,除了(5.15)式到(5.17)式外,还有其他的反应控制对流层臭氧浓度。这一推论使我们想到 $HO_x$ 以及有机物产生的自由基都有可能决定大气 $O_3$ 浓度。$HO_x$ 自由基可由少量的高反应性氧原子通过(5.6b)式产生。然后,在未污染的大气中,OH 自由基迅速转化为 $HO_2$ 自由基,反应式为

$$OH + CO \longrightarrow H + CO_2 \tag{5.19a}$$

$$H + O_2 + M \longrightarrow HO_2 + M \tag{5.19b}$$

若 $NO_x$ 浓度很低,$HO_2$ 与 NO 或 $O_3$ 反应,大部分又转化为 OH。例如:

$$HO_2 + O_3 \longrightarrow O_2 + OH \tag{5.19c}$$

在光照下,OH 与 $HO_2$ 之间将迅速达到光稳定状态。$HO_x (=[OH]+[HO_2])$ 由如下反应损耗:

$$2HO_2 \longrightarrow H_2O_2 + O_2 \tag{5.20}$$

和

$$OH + NO_2 + M \longrightarrow HNO_3 + M \tag{5.21}$$

因为 $H_2O_2$ 和 $HNO_3$ 极易溶于水,它们通过湿沉降被很快移出对流层。通过上述反应,若给定适当的反应率系数,可计算出阳光下地球表面 OH 自由基的浓度约为 $3 \times 10^{12} m^{-3}$,这与白天测得的 OH 浓度是一致的。

如果 NO 的浓度足够高($\geqslant 10$pptv),VOCs 的氧化产生 $HO_2$,$HO_2$ 将 NO 氧化成 $NO_2$,最终生成 $O_3$,反应如下:

$$OH + CO + O_2 \longrightarrow HO_2 + CO_2 \tag{5.22a}$$

$$HO_2 + NO \longrightarrow OH + NO_2 \tag{5.22b}$$

$$NO_2 + h\nu \longrightarrow NO + O \tag{5.22c}$$

$$O + O_2 + M \longrightarrow O_3 + M \tag{5.22d}$$

在(5.22a～d)式的反应中,OH 和 NO 是循环再生的,NO 转化为 $NO_2$ 没有消耗 $O_3$,这是 $O_3$ 形成的一种途径。因此,增加 NO 的浓度可能增加 $O_3$ 的生成。

OH 也能氧化甲烷($CH_4$):

$$OH + CH_4 + O_2 \longrightarrow H_2O + CH_3O_2 \tag{5.23}$$

但当 $NO_x$ 浓度较低时:

---

[20] Philip Albert Leighton(1897—1983),美国化学家,斯坦福大学教员。主要研究兴趣是光化学。他的专著《空气污染的光化学》(1961)在城市空气污染研究方面产生重要影响。

$$HO_2 + CH_3O_2 \longrightarrow CH_3COOH + O_2 \tag{5.24}$$

$CH_3O_2$ 是过氧甲基自由基,$CH_3OOH$ 是甲基过氧氢化合物。$CH_3OOH$ 可以通过湿沉降清除出大气,从而导致 $HO_x$ 的净减少。若 $NO_x$ 存在,如下反应生成 $NO_2$:

$$CH_3O_2 + NO \longrightarrow CH_3O + NO_2 \tag{5.25}$$

再通过(5.15)式到(5.16)式反应生成 $O_3$。这些反应说明光化学和 $NO_x$ 在确定全球对流层 $O_3$ 浓度上的重要性,以及对流层臭氧化学的复杂性。

过去一个世纪,在地球的偏远地区,全球对流层 $O_3$ 从工业革命前的 $10\sim15$ppbv 增长到 2000 年的 $30\sim40$ppbv。这归因于工业革命后化石燃料使用的快速增加导致的 $NO_x$ 排放增加。

## 5.3.6 氢化合物

大气中的氢化合物是很多化学物质的最重要的还原剂*,参与许多化学族物质的循环。氢族化合物包含 H,H 原子寿命很短,因为它同 $O_2$ 迅速结合生成 $HO_2$;氢气($H_2$)是对流层大气中仅次于 $CH_4$ 浓度的反应性痕量气体;OH 自由基(见 5.3.1 小节);$HO_2$ 自由基;过氧化氢($H_2O_2$),通过 $HO_2$ 反应生成,它是云滴中 $SO_2$ 的重要的氧化剂;$H_2O$ 在大气化学中起到很多种作用,包括它同激发态氧原子反应生成 OH[反应方程见(5.6b)式]。

在对流层低层,水汽含量丰富,奇氢族($HO_x$)化合物主要源于 OH 自由基的生成,见(5.7)式。奇氢族($HO_x$)化合物另一源是甲醛的光解:

$$HCHO + h\nu \longrightarrow H + HCO \tag{5.26}$$

由(5.19b)式和下式生成 $HO_2$:

$$HCHO + O_2 \longrightarrow HO_2 + CO \tag{5.27}$$

两个反应都有 $HO_2$ 生成。$HO_x$ 的最简单的清除机制是(5.20)式和下式:

$$OH + HO_2 \longrightarrow H_2O + O_2 \tag{5.28}$$

$HO_x$ 和 $NO_x$ 能反应生成 $O_3$(见 5.3.5 小节)。因此,在对流层上层,飞机排放大量的 $NO_x$,我们更加关注 $HO_x$ 化学。(5.22a~d)反应式控制的 OH 和 $HO_2$ 之间循环反应的时间尺度在几秒的量级。这些反应约占上部对流层测量的 $HO_x$ 浓度的 80%。$NO_x$ 会影响 $HO_x$ 的循环,产生臭氧。$NO_x$ 也可以通过 OH 与 $HO_2$、$NO_2$ 和 $HO_2NO_2$(即 $HNO_4$)的反应控制 $HO_x$ 的损耗。

## 5.3.7 含硫气体

硫可被生物体吸收,然后作为最终代谢产物释放。大气中最重要的含硫气体是 $SO_2$、$H_2S$、二甲基硫($CH_3SCH_2$ 或 DMS)、COS 和二硫化碳($CS_2$)。

硫化合物可以以还原态和氧化态形式存在,化合价数从 $-2$ 至 $+6$。还原态的硫化合物(其中大部分源于生物)释放到氧化性大气之后,通常被氧化成 $+4$ 价的 $SO_2$,即 S(Ⅳ),最后是 $+6$ 价的 $H_2SO_4$,即 S(Ⅵ)。$+6$ 价的氧化态是硫在有氧环境下稳定的形态。硫化合物的氧化说明了一个往往也适用于其他化合物的效应,就是物质的氧化态越高,通常其

---

\* 原文为氧化剂,这里似应为还原剂——译者注。

亲水性越高(如硫酸)。因此,氧化态高的物种越容易从大气中被湿清除。

二氧化硫的主要自然源是 DMS 和硫化氢的氧化。例如,

$$OH + H_2S \longrightarrow H_2O + HS \tag{5.29a}$$

然后 HS 与 $O_3$ 或 $NO_2$ 反应生成 HSO

$$HS + O_3 \longrightarrow HSO + O_2 \tag{5.29b}$$

$$HS + NO_2 \longrightarrow HSO + NO \tag{5.29c}$$

通过下面的反应 HSO 被迅速地转变为 $SO_2$

$$HSO + O_3 \longrightarrow HSO_2 + O_2 \tag{5.29d}$$

$$HSO_2 + O_2 \longrightarrow HO_2 + SO_2 \tag{5.29e}$$

火山和生物质燃烧也是大气中二氧化硫的来源。然而,二氧化硫最大的来源是矿物化石燃料的燃烧(见图 5.14 硫化合物的源和汇)。

气相二氧化硫的氧化反应是

$$OH + SO_2 + M \longrightarrow HOSO_2 + M \tag{5.30a}$$

$$HOSO_2 + O_2 \longrightarrow HO_2 + SO_3 \tag{5.30b}$$

$$SO_3 + H_2O \longrightarrow H_2SO_4 \tag{5.30c}$$

云水中二氧化硫也会被氧化成 $H_2SO_4$(见 6.8.5 小节)。

硫化氢的主要源是土壤、沼泽、海洋和火山的排放。惟一主要的汇是硫化氢通过(5.29)式氧化生成二氧化硫。

海洋中的生物反应,包括浮游植物,释放出几种含硫气体,其中 DMS 的排放率最大。DMS 主要是通过与 OH 反应产生 $SO_2$ 而被清除出大气。在无污染的大气中含硫气体浓度最大的是 COS(约 0.5ppbv)。COS 的主要来源是生物源和 $CS_2$ 被 OH 的氧化;$CS_2$ 的来源也是生物源。因为 COS 在对流层非常稳定,在大的火山喷发之间的休眠期,它是平流层硫酸盐颗粒最主要的源(见 5.7.3 小节)。

## 5.4　对流层气溶胶

大气气溶胶是悬浮在空中下落末速度可忽略的固体或液体小微粒(不包括云粒子)。图 5.6 表示不同尺度的颗粒物在大气中的作用。

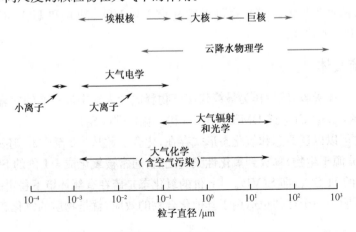

图 5.6　不同尺度的粒子在大气中的重要性

气溶胶对辐射的散射和吸收作用在 4.4 节已讨论过。气溶胶在云粒子形成中起的作用将在第 6 章讨论。在此,我们关注对流层气溶胶,特别是它的来源、输送、汇、特性和在对流层化学中的作用。

---

**框栏5.3  荷电粒子**

带有电荷的分子和分子聚合体称为离子。大气中离子的浓度决定了大气电导率,而大气电导率又决定了晴空大气电场强度。尽管近地层地表和大气中的放射性物质在大气离子化中有一定作用,低层大气电场仍主要由宇宙射线产生。大气离子与带相反电荷的离子结合而清除。在标准温度、气压(NTP)和 $1V \cdot m^{-1}$ 的大气电场下,分子尺度的小离子的电迁移率(单位电场中的速度)在 $1 \sim 2 \times 10^{-4} m \cdot s^{-1}$。NTP 和 $1V \cdot m^{-1}$ 的大气电场下,大离子的电迁移率在 $3 \times 10^{-8} \sim 8 \times 10^{-7} m \cdot s^{-1}$ 的量级。海平面上,小离子的浓度在 $40 \sim 1500 cm^{-3}$ 之间变化,而大离子浓度的变化范围从约 $200 cm^{-3}$ 的海洋空气到最大为 $8 \times 10^5 cm^{-3}$ 的城市空气。从这些数值可见,大气电导率(与离子迁移率和离子浓度的乘积成正比)由小离子决定。然而,当大离子和不带电荷的气溶胶的浓度较大时(例如,在城市),由于被大离子和不带电荷的气溶胶所捕获,小离子浓度较低。结果当大离子和相似尺度不带电荷的气溶胶的浓度较大时,大气电导率最小(晴空大气电场最大)。据观测,可能是由于空气污染使 $0.02 \sim 0.2 \mu m$ 的大气粒子浓度加倍,20 世纪北大西洋大气电导率下降了至少 $20\%$。

---

## 5.4.1  源

### a. 生物源

动植物排放固体和液体颗粒到大气层,这些排放包括种子、花粉、孢子、动植物碎片,直径通常为 $1 \sim 250 \mu m$。细菌、藻类、原生动物、真菌、病毒直径通常小于 $1 \mu m$。一些特征浓度是,草类花粉的最大值大于 $200 m^{-3}$;真菌孢子(在水中)约 $100 \sim 400 m^{-3}$;偏远海洋上空的细菌约 $0.5 m^{-3}$;纽约城的细菌约 $80 \sim 800 m^{-3}$;污水处理厂的细菌约 $10^4 m^{-3}$。微生物还生活在皮肤上:当你换衣服时,$1min$ 内会向空气中散发 $10^4$ 个直径在 $1 \sim 5 \mu m$ 的细菌。

海洋是大气气溶胶最重要的源之一[每年约 $1000 \sim 5000 Tg$,虽然此值包括不能输送很远的巨型粒子(直径 $2 \sim 20 \mu m$)]。就算是在偏远的海洋海表大气,海盐一般都决定着超微米和亚微米粒子的质量。

海洋物质向空气中发射的主要机制是气泡破裂(一些物质通过风吹飞沫和泡沫以液滴的形式进入空气中,但是因为这些液滴较大,它们在空中的停留时间很短)。海盐气溶胶的形成源于海洋表面的气泡爆裂时气泡向空中的喷射(图 5.7)。气泡的上半部薄膜爆裂时产生许多小液滴,称之为膜滴(film droplets)(图5.7(b))。一个直径大于 $2mm$ 的气泡能向空中喷射 $100 \sim 200$ 个膜滴。这些膜滴蒸发后,产生的海盐颗粒直径小于 $0.3 \mu m$。当气泡破裂时一个喷射可以脱离出 $1 \sim 5$ 个大滴(图5.7(d)),这些射滴(jet drops)被抛升到空气中 $15cm$ 的高度左右。其中一些射滴会蒸发,剩下直径大于 $2 \mu m$ 的海盐巨粒。海洋上产生海盐颗粒的平均速率是 $100 cm^{-2} \cdot s^{-1}$。

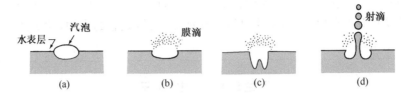

图 5.7 气泡在水面破裂时产生膜滴和射滴的示意图。海洋上,膜滴和射滴蒸发后
海盐粒子和其他物质留在空气中。(a)~(d)之间的时间间隔是 2ms。膜滴蒸发之
前的直径是 $5\sim30\mu m$。射滴的直径是气泡的 $15\%$ 左右。

吸湿性盐$[NaCl(85\%)$、$KCl$、$CaSO_4$、$(NH_4)_2SO_4]$占海水质量的 $3.5\%$。这些物质由海面上的气泡破裂进入大气。此外,在海洋表层的有机化合物和细菌也由气泡破裂输送到空气中。

干海盐颗粒只有在相对湿度超过 $75\%$ 时才会形成液滴。周围的气体(如二氧化硫、二氧化碳)都能被这些液滴吸收,它们又改变了液滴的离子组成。例如,气相 $OH(g)$ 与海盐粒子反应产生液相中的 $OH^-(aq)$,进而通过液相反应增加 $SO_4^{2-}(aq)$ 的产生,减少液相 $Cl^-(aq)$。因此,从大气中收集的海盐颗粒的 Cl 和 Na 的离子比,较之一般海水的要低。海水中过量的 $SO_4^{2-}(aq)$ 称为非海盐硫酸盐(nss)。

海盐粒子溶液中 $Br^-(aq)$ 和 $Cl^-(aq)$ 的氧化能产生 $BrO_x$ 和 $ClO_x$。同平流层类似,与 $BrO_x$ 和 $ClO_x$ 有关的催化反应可以破坏臭氧(见 5.7.2 小节)。以上机制已经被用来解释从极地日出持续到 4 月份,周期性地发生在北极边界层内时间尺度从几小时到几天的臭氧耗损现象,臭氧可以从 40ppbv 下降至小于 0.5ppbv。

森林大火产生的烟尘是大气气溶胶的主要来源。小烟尘粒子(主要是有机化合物和元素碳)和飞灰通过森林火灾直接进入到大气中。1 公顷($10^4 m^2$)森林的燃烧可释放几百万克的颗粒物。据估计,每年植物体燃烧释放到大气里的颗粒物约有 54Tg(包含约 6Tg 的元素碳)。森林火灾产生的粒子谱分布的峰值直径约在 $0.1\mu m$ 处,这使得它们能成为有效的云凝结核。一些生物颗粒物(如植物细菌)可能作为云里的冰核。

b. 固体地表

粒子从地球表面输送到大气是由风和大气湍流引起的。地表风速必须超过一定的临界值才能吹起地表的粒子,这取决于粒子尺度大小和地表类型。对于直径 $50\sim200\mu m$ 的粒子(越小的粒子地表附着力越大),含有 $50\%$ 粘土的土壤或耕地,临界风速至少为 $0.2m \cdot s^{-1}$。要使摩擦速度达到 $0.2m \cdot s^{-1}$,需要地面以上几米高处的风速达到几 m/s。更小(直径 $10\sim100\mu m$)的粒子的一个主要来源是跳跃,就是较大的粒子被吹起悬浮,飞了几米之后降落地面,产生一阵灰尘粒子。

在全球尺度上,半干旱地区和沙漠(占了陆地表面积约 1/3)是地球表面产生粒子的主要来源。它们每年产生大约 2000Tg 的矿物颗粒物。这些源产生的沙尘气溶胶可以被输送到很远的地方(见 5.4.3 小节)。

火山喷发可将气体和颗粒物释放到大气中。大颗粒的停留时间短暂,但小粒子(主要由二氧化硫的气-粒转化产生)可以在全球尺度上输送,尤其在它们到达一定高度时。火山喷发在平流层化学方面具有重要作用(见 5.7.3 小节)。

c. 人为源

全球由人为活动排入大气的粒子约是自然源的 20%（质量分数）。主要人为源气溶胶是来自道路、风蚀耕地、生物质燃烧、燃料燃烧和工业过程的粉尘。对于直径大于 $5\mu m$ 的粒子，人为源直接排放的气溶胶要超过人为排放的气体通过气-粒转化形成的气溶胶（称为二次颗粒物）。然而，对于大多数的小颗粒来说情况刚好相反，气-粒转化是人为气溶胶数浓度的主要来源。

据估计，1997 年全球人为源直接排放到大气中的直径小于 $10\mu m$ 的颗粒约有 350Tg（不包括气-粒转化）。大气中约 35%（质量分数）的气溶胶数浓度是由排放的二氧化硫氧化而形成的硫酸盐。全球颗粒物的排放主要来自矿物燃料燃烧（主要是煤）及生物质燃烧。预计到 2040 年这些排放量将增加一倍，主要是由于化石燃料燃烧的增加。

在 20 世纪，人为源排放进入大气的粒子只是自然源产生的粒子质量的一小部分。不过，预计到 2040 年，人为源与自然源的贡献将处于同一量级。

d. 二次颗粒物的局地形成

局地的气体凝结（即气-粒转化）是大气中的重要过程。气体可凝聚到已有的粒子上而增加粒子质量（而不是数量），或者气体可能凝聚形成新的粒子。当现有粒子的表面较大且气体的过饱和度较低时，前者是主要的。如果新粒子形成，它们的直径一般是小于 $0.01\mu m$。气-粒转化产生的气溶胶数量要大于人为源直接排放量，而且和自然源直接排放量相当。

参与气-粒转化的 3 个主要化学物种族是硫、氮及有机碳和元素碳。各种含硫气体（如 $H_2S$、$CS_2$、$COS$、$DMS$）能被氧化成二氧化硫，二氧化硫再被氧化为硫酸盐（$SO_4^{2-}$），这是气相反应(5.30)式的主要路径。然而就全球尺度而言，云水中二氧化硫的非均相反应很大程度上决定了 $SO_2$ 向 $SO_4^{2-}$ 的转化（见 6.8.9 小节）。

在海洋上空，来自 DMS 的硫酸盐对现有的粒子增长有贡献。云中和云的周围也能产生硫酸盐，云滴里的 $N_2O_5$ 能形成硝酸。随后云滴的蒸发将这些硫酸盐及硝酸盐粒子释放到空气中（见 6.8 节）。

有机碳和元素碳气溶胶可由生物圈排放的气体和易挥发的化合物，如泄漏到地表的原油释放的挥发性物质，通过气-粒转化产生。元素碳气溶胶主要通过生物质燃烧直接排放进入大气。

e. 小结

表 5.3 总结了向大气直接排放粒子和局地形成的主要气溶胶源的估计值。

**表 5.3　2000 年(a)向大气直接排放和(b)局地形成气溶胶的估计值**$(Tg \cdot a^{-1})$

(a)直接排放

| | 北半球 | 南半球 |
|---|---|---|
| 含碳气溶胶 | | |
| 有机碳(0~2$\mu$m)[a] | | |
| 　生物质燃烧 | 28 | 26 |
| 　化石燃料 | 28 | 0.4 |
| 生物源(>1$\mu$m) | — | — |

续表

| | 北半球 | 南半球 |
|---|---|---|
| 黑碳$(0\sim2\mu m)$ | | |
| 生物质燃烧 | 2.9 | 2.7 |
| 化石燃料 | 6.5 | 0.1 |
| 航空器 | 0.005 | 0.0004 |
| 工业粉尘等$(>1\mu m)$海盐 | | |
| $<1\mu m$ | 23 | 31 |
| $1\sim16\mu m$ | 1420 | 1870 |
| 总计 | 1440 | 1900 |
| 矿物(土壤)灰尘 | | |
| $<1\mu m$ | 90 | 17 |
| $1\sim2\mu m$ | 240 | 50 |
| $2\sim20\mu m$ | 1470 | 282 |
| 总计 | 1800 | 349 |
| (b)局地形成 | | |
| | 北半球 | 南半球 |
| 硫酸盐(如$NH_4HSO_4$) | 145 | 55 |
| 人为源 | 106 | 15 |
| 生物源 | 25 | 32 |
| 火山 | 14 | 7 |
| 硝酸盐(如$NO_3^-$) | | |
| 人为源 | 12.4 | 1.8 |
| 自然源 | 2.2 | 1.7 |
| 有机化合物 | | |
| 人为源 | 0.15 | 0.45 |
| 生物源 | 8.2 | 7.4 |

a 尺度为直径[引自政府间气候变化委员会(IPCC),气候变化2001,剑桥大学出版社,297~301,2001]。

　　人类活动向大气排放大量粒子,包括直接和气-粒转化产生(见 5.4.1 小节 c 和 d)。据估计在全球范围,直径大于$5\mu m$的粒子中,人类活动产生的约占自然源排放的15%,而工业过程、化石燃料燃烧以及气-粒转化之和占人为排放的80%。不过,在城市地区人为源更重要。对于直径小于$5\mu m$的粒子,人类活动产生的占天然排放的20%,其中气-粒转化产生的占人为排放的约90%。

## 5.4.2　化学组成

　　除海洋气溶胶的质量组成主要是氯化钠外,硫酸盐是气溶胶质量的主要贡献者之一。$SO_4^{2-}$的质量分数一般从22%~45%(大陆气溶胶)到75%(北极和南极气溶胶)。因为地壳的硫酸盐含量太低,不能解释大气气溶胶中含有这么大比例的硫酸盐,大部分的$SO_4^{2-}$来源必定是通过$SO_2$的气-粒转化形成的。硫酸盐主要存在于亚微米尺度的粒子中。

　　铵($NH_4^+$)是大陆气溶胶中与$SO_4^{2-}$相关的主要阳离子。氨气遇到硫酸时产生硫酸铵[$(NH_4)_2SO_4$]——见(5.13)反应式。$NH_4^+$和$SO_4^{2-}$的物质的量浓度比在1~2之间,相应形成的气溶胶组成是$NH_4HSO_4$和$(NH_4)_2SO_4$。在全球大部分地区,非海盐硫酸盐加上相关的$NH_4^+$约占亚微米气溶胶质量分数的16%~54%。

　　在海洋大气里,无机气溶胶质量的主要贡献者是离子$Na^+$、$Cl^-$、$Mg^{2+}$、$SO_4^{2-}$、$K^+$、

$Ca^{2+}$。除了 $SO_4^{2-}$，这些离子主要包含于直径为几个 $\mu m$ 的粒子中，因为它们源自于泡沫爆裂形成的海盐(图 5.7)。粒子的硫酸盐质量浓度峰值在直径 $0.1\sim1\mu m$ 处。这一尺度范围的粒子能有效的散射光(因而降低能见度)并作为云凝结核。

海洋大气中，较之硫酸盐，硝酸盐($NO_3^-$)存在于较大的粒子中。由于海水中含有硝酸盐微不足道，所以这些粒子中的硝酸盐应该源自气态硝酸的凝结，很可能是通过液相中的气-粒转化。

硝酸盐也普遍存在于大陆气溶胶中，其粒径范围一般在 $0.2\sim20\mu m$。它部分源于硝酸在较大的碱性矿物气溶胶上的凝结。

有机化合物在大气气溶胶质量分数中占有相当的比例。在城市气溶胶中含量最多的有机物是高分子质量的烷烃($1000\sim4000ng\cdot m^{-3}$)和烯烃($2000ng\cdot m^{-3}$)。许多城市烟雾的粒子是光化学反应的副产品，包含来自燃烧的碳氢化合物和氮氧化物。在美国，含碳气溶胶可占干气溶胶质量总量的 50% 甚至更多。

元素碳[俗称"熏烟(soot)"]，在大气有机气溶胶中普遍存在，它能强烈地吸收太阳辐射。例如，在空气污染严重的印度，元素碳占了亚微米粒子质量的 10%。

### 5.4.3　输送

在其生命期内，气溶胶可被气流输送。输送可跨洲际，甚至是全球的尺度。譬如，撒哈拉沙漠的沙尘能被输送到美洲，戈壁沙漠的沙尘能到达北美洲的西海岸。如果气溶胶是由气-粒转化形成的，由于气-粒转化所需的时间以及和这一过程产生的小粒子具有较长的停留时间，气溶胶很有可能被长距离输送。强烈的火山喷发进入平流层的二氧化硫转化为硫酸盐就是这种情况。产生酸雨的酸性气溶胶如硫酸盐和硝酸盐也是这种情况。因此，英国发电厂排放的二氧化硫可在遥远的欧洲大陆内陆以硫酸盐的形式沉降。

### 5.4.4　汇

平均来说，粒子去除和进入大气的速率差不多是相同的。小粒子可以通过凝聚而变成较大粒子。因为粒子的迁移率随着粒子尺度的增加会迅速减小，所以凝聚一般都发生在直径小于 $0.2\mu m$ 的粒子之间。凝聚虽然不能把粒子从大气去除，但它能改变其尺度谱，将小粒子转变到其他机制可以去除的尺寸范围内。

**习题 5.6**　假设单分散的(即所有粒子的大小相同)气溶胶的数浓度 $N$ 的减少速率与凝结的关系是 $-dN/dt=KN^2$，其中 $K$ 为常数(假定在 20℃ 和 1atm 条件下直径为 $0.10\mu m$ 的粒子的 $K=1.40\times10^{-15}m^3\cdot s^{-1}$)，计算在 20℃ 和 1atm 条件下由于凝结作用而使粒子直径为 $0.100\mu m$ 的单分散气溶胶的数浓度从原来的 $1.00\times10^{11}m^{-3}$ 减少到一半所需要的时间。

**解答:**因为 $-dN/dt=KN^2$

$$\int_{N_0}^{N}\frac{dN}{N^2}=-K\int_0^t dt$$

式中，$N_0$ 和 $N$ 分别是在时间 $t=0$ 和 $t$ 时的粒子的数浓度。因此，

$$\left[-\frac{1}{N}\right]_{N_0}^{N}=-Kt$$

或

$$\frac{1}{N_0} - \frac{1}{N} = -Kt$$

则

$$t = \frac{\dfrac{N_0}{N} - 1}{KN_0}$$

因为 $N_0/N=2$，$N_0=1.00\times10^{11}\mathrm{m}^{-3}$，$K=1.40\times10^{-15}\mathrm{m}^3\cdot\mathrm{s}^{-1}$，所以
$$t = \frac{2-1}{(1.40\times10^{-15})\times10^{11}} = 7140\mathrm{s} = 1.98\mathrm{h}$$

　　能见度往往在降水之后有很大改善，这主要是因为粒子是通过降雨去除（即清除）的。据估计，在全球范围内，降水过程约占大气去除粒子质量的约 $80\%\sim90\%$。在降水形成之前，空气中有些粒子充当了形成云滴（水滴和冰晶）的凝结核（见第 6 章）。云粒子增长的时候，气溶胶会通过指向云滴方向的由水汽通量造成的扩散场而迁移到增长的云粒子表面（称为扩散泳移力）。直径小于 $0.1\mu\mathrm{m}$ 的气溶胶粒子受扩散泳移的作用而被云滴收集最有效。当降水粒子在空中下落时，它们通过碰并过程相当有效地收集直径大于 $2\mu\mathrm{m}$ 的气溶胶粒子。气溶胶也可以碰撞到地表的障碍物而被去除（如刚洗过的汽车）。

　　直径大于 $1\mu\mathrm{m}$ 的粒子的下降末速度较大，使得重力下降（即干沉降*）成为很重要的去除过程。举例来说，直径 $1\mu\mathrm{m}$ 和 $10\mu\mathrm{m}$ 的粒子的下降速度分别是 $3\times10^{-5}$ 和 $3\times10^{-3}\mathrm{m}\cdot\mathrm{s}^{-1}$。估计约 $10\%\sim20\%$ 的大气粒子去除是因为干沉降。

### 5.4.5 浓度和尺度分布

　　测量大气气溶胶粒子最古老且最方便的方法之一，就是用埃根核[21]计数器（这种计数器目前仍以各种方式在广泛使用）。在这种仪器中，把饱和空气迅速地膨胀到水的过饱和度达百分之几百（见习题 5.15），在这种高过饱和度下使水汽在空气中几乎所有的粒子上凝结，形成由小水滴组成的云。云中小水滴浓度（接近粒子浓度）可以通过使小水滴降落到沉降盘上用显微镜或光学技术自动测量。这种用爱根计核器测量颗粒浓度的方法称为埃根核（或凝结核）（CN）计数。

　　在地面附近的埃根核浓度因地点不同变化很大；在任何一地，不同时间的埃根核浓度变化可达一个量级以上。一般来说，洋面上的平均浓度为 $10^3\mathrm{cm}^{-3}$，乡村的达到 $10^4\mathrm{cm}^{-3}$，而城市的污染空气达到了 $10^5\mathrm{cm}^{-3}$，甚至更大。以上观测再加上埃根核浓度随高度升高而减少的事实，说明陆地是大气气溶胶的重要来源，尤其是人类和工业活动源。

　　大气气溶胶粒子的尺度在 $10^{-4}\mu\mathrm{m}$ 到几十 $\mu\mathrm{m}$ 之间。在大陆、海洋和城市污染空气测得的大量粒子平均尺度分布的情况参见图 5.8。测量结果以数浓度分布的形式绘制，纵坐标为 $\mathrm{d}N/\mathrm{d}(\lg D)$、横坐标为 $D$ 的对数坐标，$\mathrm{d}N$ 表示直径 $D$ 到 $D+\mathrm{d}(\lg D)$[22]之间的粒子数浓度值。

---

　　* 此处干沉降的定义并不准确，气溶胶粒子的干沉降还应包括非重力沉降，参见大气化学专著——译者注。

　　[21]　约翰·埃根（1839—1919），苏格兰物理学家，曾学习海洋工程。除了在大气气溶胶上的开创性工作，他还研究气旋、色彩和色彩的感知。

　　[22]　如果图 5.8 中纵坐标用线性坐标 $N$ 表示，在直径间隔 $\mathrm{d}(\lg D)$ 之间，粒子浓度则等于此直径间隔曲线下所围的面积。

从图 5.8 可以得出一些结论：

- 随着粒子尺度的增加，其浓度减少得很快。因此，在粒子总浓度（即埃根或者凝结核计数的）中，直径小于 $0.2\mu m$ 的粒子占主要部分，因此把这些小粒子称为埃根核或者凝结核。

- 在图 5.8 中数浓度谱分布曲线中的平直部分可用下式表示：

$$\lg \frac{dN}{d(\lg D)} = 常数 - \beta \lg D$$

取反对数得

$$\frac{dN}{d(\lg D)} = CD^{-\beta} \qquad (5.31)$$

式中，$C$ 是与粒子浓度有关的一个常数，$-\beta$ 是粒子谱分布曲线的斜率。$\beta$ 的值一般在 $2\sim4$ 之间。直径大于 $0.2\mu m$ 的大陆气溶胶粒子用 (5.31) 式时 $\beta$ 约为 3。$\beta = 3$ 时的谱分布曲线叫做 Junge[23] 分布。

- 图 5.8 中确认的凝结核计数器测量的粒子谱分布表明，平均而言，粒子总浓度在城市污染空气中最大，海洋空气中最小。

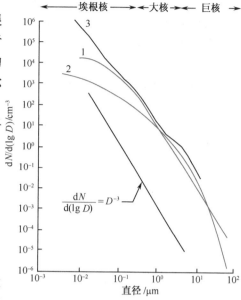

- 平均来说，直径大于 $2\mu m$ 的粒子（巨核）的浓度在大陆、海洋和城市污染空气中基本相当。

图 5.8  大量观测的平均对流层粒子数浓度分布，曲线 1,2,3 分别代表大陆、海洋和城市污染空气的结果。图中斜线表示方程 (5.31) 式中取 $\beta = 3$ 的结果。

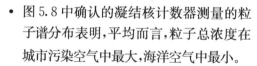

为进一步探讨大气粒子的谱分布，可绘制粒子表面积或体积的谱分布。在表面积谱分布中，纵坐标为 $dS/d(\lg D)$、横坐标为 $D$ 的对数坐标，其中 $S$ 是直径 $D$ 到 $D + d(\lg D)$ 之间的粒子总表面积。体积谱分布中，纵坐标为 $dV/d(\lg D)$、横坐标为 $D$ 的对数坐标，其中 $V$ 是直径 $D$ 到 $D + d(\lg D)$ 之间的粒子总体积。

如果粒子密度与直径无关，直径 $D$ 到 $D + dD$ 之间的粒子的质量浓度 $dM$ 与 $D^3 dN$ 成正比。若粒子数浓度谱分布可用 (5.31) 式表示且 $\beta = 3$，则有 $D^3 dN$ 正比于 $d(\lg D)$。因此 $dM/d(\lg D)$ 是一个常量。在这种情况下，每个对数间隔的气溶胶粒子直径，其对气溶胶总质量浓度的贡献是相同的。由此可知，虽然直径 $0.2\sim2\mu m$ 的粒子（所谓的大核）在空气中的浓度远大于巨核，但在大陆空气中，大核和巨核对于气溶胶总质量的贡献却是相当的。不过，尽管埃根核的浓度很大，但其质量只是大气气溶胶总质量的 $10\%\sim20\%$。这是因为如图 5.8 所示的埃根核的浓度随粒子尺度的减小而增加的速率并不像 (5.31) 式所表现的那么快。

气溶胶粒子数浓度谱分布曲线的斜率在 $-2$ 和 $-3$（即 $\beta$ 分别等于 2 和 3）之间波动，使得表面积和体积的谱分布曲线上分别出现了局部的极大和极小现象（见习题 5.16）。

---

[23]  克里斯汀·容格 (1912—1996)，德国气象学家，在平流层和对流层气溶胶和痕量气体方面有开创性研究。

图 5.9 表示的是科罗拉多洲丹佛市测得的大陆和城市污染空气的表面积和体积的谱分布图。这些曲线比图 5.8 中数密度谱分布曲线的结构更为复杂,出现了极大值和极小值。图 5.9 中出现的极大值和极小值是与气溶胶的源和汇有关。直径在 $0.2\sim2\mu m$ 的尺度范围内粒子的表面积和体积的谱分布图的极大值,应主要归因于埃根核通过凝结增长到这个尺度范围和云滴蒸发后留下的粒子。因为直径 $0.2\sim2\mu m$ 的粒子的汇较弱,这个尺度的粒子在大气中累积。因此直径在 $0.2\sim2\mu m$ 的尺度范围内的粒子的表面积和体积的谱分布的峰值称为积聚模态。另一个峰称为粗模态,发生在粒子的表面积和体积的谱分布图的 $D\geqslant1\mu m$ 的尺度段。这种模态源于沙尘和工业过程,它们产生飞灰和其他大粒子,如海盐和一些生物物质。

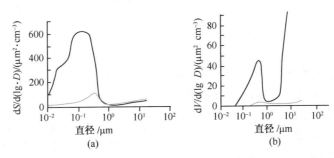

图 5.9　城市污染空气(实线)和清洁大陆空气(虚线)。(a)粒子表面积和(b)体积分布。

另一个常见的按大气粒子尺度细分的方式是:$D<0.01\mu m$ 的超细粒子,$0.01\mu m\leqslant D<2.5\mu m$ 的细粒子,$D>2.5\mu m$ 的粗粒子。

### 5.4.6　停留时间

图 5.10 显示了大气中粒子的停留时间与其尺度的关系。粒子直径小于 $0.01\mu m$ 的停留时间小于 1 天,这个尺寸范围的粒子的主要去除机制是向云粒子扩散和凝聚。直径大于 $20\mu m$ 粒子的停留时间也小于 1 天,它们的去除机制是重力沉降、与地表的碰撞和降水清除。相比之下,直径 $0.2\sim2\mu m$ 的粒子有较强的源(埃根核的凝结和云滴蒸发留下的粒子),而汇却较弱。因此,这些粒子有相对较长的停留时间,在对流层的上部能达到几百天。但在对流层中、低层,由于降水清除和干沉降,其停留时间只有几十天。正是由于这个原因,聚积膜态才处于这一粒子尺度(见图 5.9)。

## 5.5　空气污染

城市和工业区人为源较强,排放的各种高浓度化学污染物导致空气质量恶化、能见度下降,并对人体健康造成危害。严重的空气污染事件伴随着能见度的降低,它发生在污染物的排放率和生成率远高于其随水平、垂直输送和湍流扩散的消散率,以及在大气中通过化学反应和干湿沉降的清除率之和的地方。严重的空气污染事件,常伴随着微风和强静力稳定度出现(见 3.6 节和表 3.4)。

### 5.5.1　污染源

燃料的燃烧(包括发电站、冶炼厂、机动车,以及树木、植被等)是大气污染物的主要来源。在全球尺度上,矿物燃料的燃烧是 $CO$、$CO_2$、$NO_x$ 和 $SO_2$ 的主要来源。其他的很多污染物也是通过燃烧排放到大气中的。例如,人为源约占碳氢化合物总排放量的 15%,最显著的是一些碳氢化合物(石油、天然气、煤和木材)的燃烧。碳氢化合物的完全(理想)燃烧(氧化)只生成 $CO_2$ 和 $H_2O$。但是对给定量的燃料,完全燃烧需要精确的氧气量,所以完全燃烧很少能够实现。

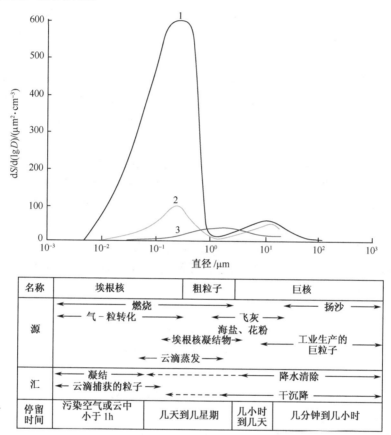

| 名称 | 埃根核 | 粗粒子 | 巨核 |
|---|---|---|---|
| 源 | ←————燃烧————→<br>←——气-粒转化——→<br>←埃根核凝结物→<br>←——云滴蒸发——→ | ←飞灰→<br>海盐、花粉 | ←————扬沙————→<br>工业生产的<br>巨粒子 |
| 汇 | ←——凝结——→<br>←云滴捕获的粒子→ | ←————降水清除————→<br>←————干沉降————→ | |
| 停留<br>时间 | 污染空气或云中<br>小于 1h | 几天到几星期 | 几小时<br>到几天　几分钟到几小时 |

图 5.10　曲线 1,2,3 分别表示城市污染空气、大陆空气,以及海洋空气的气溶胶粒子表面积分布。曲线图下是大气颗粒物的主要源汇及其在对流层中停留时间的估计值[引自 *Atmos. Environ.* 9, W. G. N. Slinn, Atmospheric aerosol particles in surface-level air, 763, copyright (1975),得到 Elsevier 许可]。

**习题 5.7**　计算一定量的辛烷($C_8H_{18}$)与一定量的空气完全燃烧时,辛烷与空气的"空气-燃料"混合比。

**解答**:辛烷完全燃烧的化学反应平衡方程可写为

$$C_8H_{18} + 12.5O_2 \longrightarrow 8CO_2 + 9H_2O$$

因此,对于完全燃烧,1mol 的 $C_8H_{18}$ 需要与 12.5mol 的 $O_2$ 发生反应。因为 $C_8H_{18}$ 和 $O_2$ 的相对分子质量分别为 114 和 32,那么 114g 的 $C_8H_{18}$ 需要 $12.5 \times 32 = 400g$ 的氧气与之反应。现在就需要计算出多少空气中含有 400g 氧气。空气中氧气的体积分数为 20.95%(见表 5.1),因为空气的相对分子质量为 28.97,所以空气中氧气的质量分数约为 $20.95\% \times 32/28.97 = 23\%$。因此,含有 400g 氧气的空气质量为 $400/0.23 = 1700g$。所以,对于完全燃烧,114g $C_8H_{18}$ 需要与 1700g 空气反应。因此,对于完全燃烧的"空气-燃料"混合比为 $1700/114 \approx 15$。

自 1981 年起,美国国内的汽油内燃机,在排气系统中使用氧气传感器和电脑控制燃料流量,它可以使"空气-燃料"混合比保持在与完全燃烧所需"空燃比"相差几个百分点的范围内。这一系统同时采用催化转化器以减少某些特定有害物质的排放,可以使现今机动车的污染物排放量降到很低。老式机动车一般在燃料过量混合的情况下行驶(空气含量少于完全燃烧所需的空气量),这会排放大量空气污染物。例如,假设习题 5.7 中 12.5mol 的氧气减为 11.25mol,则产生 9mol 的 $H_2O$、5.5mol $CO_2$ 和 2.5mol CO。在这种情况下,排放出的 1/3 的碳元素是以高污染气体 CO 的形式排出。由于燃料的不完全燃烧,汽车的汽油消耗定额(1gal 汽油所行驶的里程)变低了。但是因为发动机吸入了较少的空气,其峰值功率事实上会变大。即使现代汽车的操控系统,也需要在发动机发动 1min 内和一次强加速后的几秒钟时间里采用这种"富燃料"模式。事实上,许多国家机动车只有很少一部分能达到完全燃烧,并且排放很高比例的 CO。

如果机动车上的催化转化器坏了或者机动车上根本就没有该装置,那大量未经燃烧(和不完全燃烧)的碳氢化合物(HC)将排入大气,其中许多种化合物是有毒和致癌的。对高速公路上机动车的检测表明,CO 和 HC 一半的排放来自于不到 10% 的机动车,即那些旧的、车况差的机动车。因此,对旧机动车需要进行定期的排量检测。

在燃烧产生的高温下,空气中的氮分子可转化为 NO,称为温度型 NO。当温度低于约 4500K 时,反应为

$$O_2 + M \Longleftrightarrow 2O + M \tag{5.32a}$$

$$2O + 2N_2 \Longleftrightarrow 2NO + 2N \tag{5.32b}$$

$$2N + 2O_2 \Longleftrightarrow 2NO + O_2 \tag{5.33c}$$

净反应

$$O_2 + N_2 + M \Longleftrightarrow 2NO + M \tag{5.33}$$

由于反应(5.32a)式和(5.32b)式受温度的影响很大,所以热生成的 NO 与温度关系很大。在平衡条件下,这些反应在 3500K 时生成最大浓度的 NO(虽然在发动机中这一平衡很难现实)。当燃烧气体快速冷却到环境温度时,逆反应的反应速率会迅速减小,因此 NO 的浓度就"固定"在高温的条件下的状态。在燃烧中 NO 的另一个强源就是燃料所包含的含氮的化合物(燃料型 NO)。

在 5.5.2 小节我们将看到,机动车排放出的 $NO_x$ 在光化学烟雾的形成中有着重要的作用,但是在更大的区域范围内,发电厂和工厂一般是比机动车更大的 $NO_x$ 源。

**习题 5.8**　烃类燃料完全燃烧的化学反应方程一般可写为

$$C_xH_y + \left(x + \frac{y}{4}\right)O_2 \longrightarrow xCO_2 + \frac{y}{2}H_2O \tag{5.34}$$

如果 1mol 的 $C_xH_y$ 完全燃烧,会有 $3.7\left(x+\frac{y}{4}\right)$ mol 的未反应的氮排放出来。以 $x$、$y$ 表示排放物中气体总的物质的量。

**解答**:从 $O_2$ 和 $N_2$ 在空气中的体积分数(即 20.8% 和 78%),我们可以得到它们在空气中的物质的量比:

$$\frac{O_2 \text{ 的分子数}}{N_2 \text{ 的分子数}} = \frac{20.9}{78} = \frac{1}{3.73} \tag{5.35}$$

因此由(5.35)式,在空气中 1mol 的 $O_2$ 会伴随有 3.73mol$N_2$,在(5.34)式中,$3.7\left(x+\dfrac{y}{4}\right)$mol 的 $N_2$,会有 1mol $C_xH_y$ 和 $\left(x+\dfrac{y}{4}\right)$mol $O_2$ 燃烧。因此,1mol$C_xH_y$ 完全燃烧排出的气体的总物质的量为 $x+\dfrac{y}{2}+3.7\left(x+\dfrac{y}{4}\right)$。

燃料特别是煤炭的燃烧,是硫氧化物特别是 $SO_2$ 的主要排放源,重金属(如 Ni、Cu、Zn、Pb 和 Ag)的冶炼是局地 $SO_2$ 的主要源。

碳氢化合物从天然气管线的泄露、有机物的溶剂挥发,以及氮化物从化肥中的释放都是大气污染物的低温源。

### 5.5.2 烟雾

烟雾(smog)这一术语取自烟(smoke)和雾(fog),本来是指城市地区由于化石燃料(主要是煤和石油)燃烧排放的 $SO_2$ 和气溶胶造成的严重空气污染(特别是在冬季大气稳定、高湿度条件下)。现在这一术语用来描述各类严重的空气污染,特别是在能见度很低的城市地区。

#### a. 伦敦型(经典)烟雾

20 世纪后期,在空气污染治理法出台之前,很多欧洲和北美的大城市经常遭受严重的烟雾污染。其中伦敦的烟雾尤其出名,以至于这样的烟雾被称为伦敦型烟雾[24]。在伦敦型(经典)烟雾中,颗粒物在高相对湿度条件下长大,一些粒子成为形成雾滴的凝结核。二氧化硫溶入雾滴并被氧化形成硫酸。

1952 年 12 月,一股从英吉利海峡而来的冷空气停滞于伦敦上空,导致雾的形成并且大量污染物滞留在逆温层下。接下来的 5 天,伦敦经历了有史以来最严重的空气污染,烟雾太浓了,行人只能沿着人行道摸索前进,汽车即使白天行驶也需要打开车灯缓慢行驶。室内会议被迫取消,因为在室内甚至连讲台都看不到[25]。等到雾抬升消散时,4000 多人死于呼吸系统疾病,随后的一个月里,又有 8000 余人因受这场雾的影响而陆续丧生。在这场烟雾事件中,$SO_2$ 的峰值混合比达到约 0.7ppmv(大量使用煤炭的污染城市典型的年平均混合比约为 0.1ppmv),颗粒物峰值浓度达到约 $1.7\text{mg} \cdot \text{m}^{-3}$(典型城市污染情况下 $0.1\text{mg} \cdot \text{m}^{-3}$)。有趣的是,没有直接证据表明这么高的污染物浓度会致死(见框栏 5.4)。

这场烟雾事件后,英国以及其他很多地方通过法律禁止直接燃烧煤炭进行家庭取暖,同时禁止排放黑烟,并要求工矿企业采用更清洁的燃料。但是在欧洲和美国的很多城市空气污染仍然是一个严重的问题。同样许多大城市特别是在一些发展中国家(如印度),由于燃煤和烧木柴以及缺乏严格的空气污染控制措施,仍然遭受着伦敦型烟雾的危害。

即使有了严格的污染控制措施,大城市机动车保有量的增加也会排放高浓度的 NO。

---

[24] 1661 年,英国日记作家约翰·艾文林注意到了工业排放(当然也包括家庭木材燃烧)对植物和人类健康的影响。在 17 世纪,经常能看到来自伦敦半英里高、20ft 宽的烟羽。艾文林建议,工矿企业应建在城市外围并安装很高的烟囱以利于烟羽扩散。这个建议应该支持还是反对呢?

[25] 本书的作者之一(P. V. Hobbs)亲身经历过这种情形的事件。

NO 可转化为 $NO_2$：

$$2NO + O_2 \longrightarrow 2NO_2 \tag{5.36}$$

随后 $NO_2$ 可导致 $O_3$ 的生成(见 5.5.2 小节 b)，由于反应(5.36)式的反应速率系数随温度的降低而增大，(5.36)式导致的 $NO_2$ 的生成在冬季城市中就变得重要。

### b. 光化学(或洛杉矶型)烟雾

20 世纪后半叶，许多城市地区机动车尾气排放变得越来越严重。在阳光充足和比较稳定的条件下，严重污染的城市空气中的各种化学物种相互混合反应，可导致光化学烟雾(或洛杉矶烟雾)的形成。这种烟雾的特点是含有高浓度、高反应性的各种污染物，如氮氧化物、$O_3$、CO、碳氢化合物、醛类(和其他对眼睛有刺激性的物质)，有时也含有硫酸。导致光化学烟雾的化学反应很复杂，目前人们仍然没有完全搞清楚。这里我们将对其中的一些主要反应进行讨论。

光化学烟雾是由各种有机污染物(例如，碳氢化合物中的乙烯和丁烷)和氮氧化合物相互作用而形成的。整个过程以反应(5.15)式和(5.16)式为起点，先生成 $O_3$，但是随后 $O_3$ 通过反应(5.17)式很快被消耗。习题 5.5 表明，如果没有其他的反应加入，反应(5.15)～(5.17)式可以使 $O_3$ 达到(5.18)式所确定的稳定浓度。但是(5.18)式确定的城市污染地区的 $O_3$ 浓度仅为 0.03ppmv，而城市典型浓度则比这一浓度高得多，可达到 0.5ppmv。因此，一定还有其他的化学反应参与光化学烟雾的形成。最有效的反应是 NO 氧化为 $NO_2$ 而不消耗 $O_3$，这样会造成 $O_3$ 的净生成，导致白天 $O_3$ 的积累。OH 自由基是以与城市污染大气中碳氢化合物反应的方式引起链式反应的，如

$$OH + CH_4 \longrightarrow H_2O + CH_3 \tag{5.37}$$

或

$$OH + CO \longrightarrow H + CO_2 \tag{5.38}$$

或

$$OH + CH_3CHO \longrightarrow H_2O + CH_3CO \tag{5.39}$$

反应(5.37)式产生的自由基 $CH_3$，(5.38)式产生的 H 和(5.39)式产生的 $H_3CO$，可将 NO 氧化为 $NO_2$ 并重新产生 OH。例如，(5.37)式生成的 $CH_3$ 可激发如下一系列反应：

$$CH_3 + O_3 \longrightarrow CH_3O_2 \tag{5.40a}$$
$$CH_3O_2 + NO \longrightarrow CH_3O + NO_2 \tag{5.40b}$$
$$CH_3O + O_2 \longrightarrow HCHO + HO_2 \tag{5.40c}$$
$$HO_2 + NO \longrightarrow NO_2 + OH \tag{5.40d}$$

(5.40)式与(5.37)式结合的净反应为

$$CH_4 + 2O_2 + 2NO \longrightarrow H_2O + 2NO_2 + HCHO \tag{5.41}$$

因此，在这种情况下，$CH_4$ 氧化使 NO 转化为 $NO_2$，而并不消耗 $O_3$。反应(5.41)式产生甲醛(HCHO)，甲醛对眼睛有刺激性且是 $HO_x$ 的源[参见反应(5.26)和(5.27)式]。

同样，反应(5.39)式产生的乙酰基自由基($CH_3CO$)参与了一系列的反应而生成甲基和过氧乙酰基($CH_3COO_2$)。甲基通过反应(5.40)式氧化 NO，过氧乙酰基可与 $NO_2$ 反应：

$$CH_3COO_2 + NO_2 \longrightarrow CH_3COO_2NO_2 \tag{5.42}$$

反应(5.42)式的生成物为过氧乙酰硝酸酯(PAN)，这是一种无色气体或危险的易爆炸液体，它是光化学烟雾的重要组分，而且是一种主要的刺激眼睛的物质。其他的烯烃

氧化 NO 为 $NO_2$ 而不消耗 $O_3$，并重新生成 OH 的过程比上述反应还要快。

图 5.11 显示了洛杉矶光化学烟雾中几种主要化学物质浓度的典型日变化情况。臭氧前体物（$NO_x$ 和碳氢化合物）在早晨交通高峰期不断积累，醛类、$O_3$ 和 PAN 的浓度在午后达到峰值。

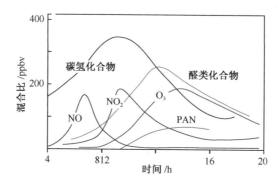

图 5.11　洛杉矶光化学烟雾中一些主要污染物典型日变化［引自 P. A. Leighton, *Photochemistry of Air Pollution*, Academic Press, New York, 1961, p. 273, with permission of Elsevier］。

20 世纪 40 年代早期，通过动物实验发现，污染大气中分离出的有机粒子（如苯并芘）可引起动物癌变，人们首次认识到多环芳烃对空气污染以及对公众健康的危害。柴油、汽油发动机、燃煤发电厂、生物质燃烧和香烟都能产生 PAHs，它们以可挥发性粒子和气体的形式存在。白天由 OH、夜间由 $NO_3$ 引发的反应将气态 PAH 转化为 PAH 硝基衍生物，南加利福尼亚约 50％ 活性致突变可吸入粒子就是这种物质。

---

**框栏 5.4　颗粒物对人体健康的影响**

达芬奇（Leonardo da Vinci）曾指着一幅肺部草图说："灰尘对肺有害"。500 年后的证据确实支持了这一结论。研究表明，即便浓度低于 $0.1mg \cdot m^{-3}$，人们患肺癌和死亡的风险随着空气中总颗粒物（PM）质量浓度的增加而增长。但是由于其他污染物，如 $SO_2$ 和 $O_3$，其浓度通常也随着颗粒物浓度的增加而增加，因此不同污染物对健康的危害很难被区分开。天气状况也在其中起多种不同的作用，例如相对湿度对颗粒物的影响以及温度对人体也产生影响。

颗粒物对人体健康影响的许多统计研究都是采用粒径小于 $10\mu m$（$PM_{10}$）的颗粒物的总质量浓度数据。但有一些理由认为粒径小于 $1\mu m$ 的粒子比 $PM_{10}$ 中可全的大粒子对人体健康有着更大的危害，更小的粒子可到达肺部支气管的最深处。也有证据显示非常小的粒子（粒径小于 $0.05\mu m$）有更高的毒性。最近，在对保存的伦敦烟雾事件（见 5.5.2 小节）死难者的肺部标本的研究中发现了高浓度的小颗粒物和金属物，例如铅，它们来自于燃煤和柴油发动机的排放。柴油发动机能排放出许多有害的小颗粒，1952 年的伦敦烟雾事件与在这一年中伦敦完成了由有轨电车向柴油车的转变不无关系。

即使实施了空气污染控制措施，大城市上空小颗粒物浓度依然很高。

### 5.5.3　区域和全球污染

目前,对人为污染的研究已扩展到区域和全球尺度。在欧洲、俄罗斯、美国东北部、印度和东南亚的广大地区,经常发生空气污染事件,使能见度大为降低,产生酸沉降继而导致土壤酸化、建筑物及其他材料被腐蚀。空气污染对人类、动物、植物都造成严重的危害。

污染物可以输送到很远的地区,北极地区发生的空气污染事件,如北极霾就是一个很好的例子,它甚至和一些城市空气污染一样严重。北极地区污染物源于北欧和俄罗斯矿物燃料的燃烧、冶金和其他一些工业活动。从 12 月到次年 4 月,污染物通过天气尺度环流输送到北极地区。由于这一时期北极地区通常大气层结稳定,空气的垂直混合有限,降水也很少,所以这一地区的湿清除过程很弱。因此,污染物经过长距离的输送后稀释相对较少,依然保持了较高的浓度。北极霾的主要贡献者是 $SO_2$,它经过长距离输送后变成硫酸盐粒子。

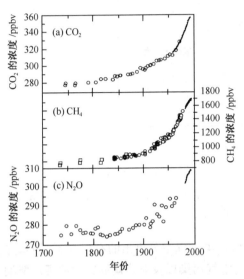

图 5.12　由对格陵兰和南极冰芯分析得到的过去 300 年 (a) $CO_2$,(b) $CH_4$,(c) $N_2O$ 的浓度变化[取自 D. J. Wuebbles et al.,"Changes in the chemical composition of the atmosphere and potential impacts," in Brasseur, Prinnand Pszenny, eds, Atmospheric Chemistry in a Changing World, Springer, 2003, p. 12,Copyright 2003 Springer-Verlag.]。

冰芯记录显示,北极地区的空气污染,自 20 世纪 50 年代有了明显的增长,这与欧洲 $SO_2$ 和 $NO_x$ 的排放量的上升相吻合。有趣的是,格陵兰冰芯记录显示,公元前 500 年到公元 300 年,空气中铅浓度出现了不同寻常的峰值。这与当时希腊人和罗马人对铅矿、银矿的开采和冶炼活动有关,这些活动明显地污染了北半球很多地区。然而,1930—1995 年期间,由于采用了向汽油中加入含铅添加剂的技术,使得前 8 个世纪的铅沉降量仅占该地总铅沉降量的 15%。直到 1986 年,在采用含铅添加剂技术 60 多年后,美国终于禁止在汽油中使用含铅添加剂。

自工业革命以来,全球 $CO_2$ 浓度的升高,表明人为活动影响已经表现在全球尺度上(图5.12(a))。其他痕量气体(如 $CH_4$ 和 $N_2O$),其全球浓度在过去的 150 年间也都有增加(图5.12(b),(c))。

## 5.6　对流层化学循环

地球系统中化学物质的储库为岩石圈、水圈(海洋和淡水)、冰雪圈(冰川和雪)、生物圈和大气圈,各个圈层储库之间化学物质可以相互转换。在稳定状态下,任何一个储库中的化学物质都不会无限制的积聚,它们一定是在各个储库之间不断循环的,我们称之为地球化学循环。

　　第 2 章已经详细的讨论了碳的地球化学循环,这里我们讨论对流层中另外两种重要元素——氮和硫的地球化学循环。我们将关注大气圈与其他圈层(一般为水圈和生物圈)之间相对较快的物质交换。我们在全球化学循环的很多方面还没有充分认识,因此在很多情况下,这里给出的源和汇的量级只是大致的估算。大气中不同物种的相对重要性也并不由其排放强度惟一确定,其在大气中的停留时间也要考虑。

### 5.6.1　氮循环

　　超过 99.99% 的氮元素在大气中以氮气的形式存在。剩余的氮元素超过 99% 又以 $N_2O$(一种重要的温室气体)的形式存在。尽管其他含氮化合物浓度为痕量量级(见表 5.1),但其对大气化学却非常重要。例如 $NH_3$ 是大气中的惟一一种碱性气体,因此它是惟一可以中和 $SO_2$ 和 $NO_2$ 氧化产生的酸的碱性物质。硫酸铵和硝酸铵又形成了大气中的气溶胶。$NO$ 和 $NO_2$ 在对流层和平流层化学中都起着非常重要的作用。

　　所有存在于大气中的含氮气体都参加了生物圈中的固氮和脱氮作用。固氮作用就是大气中的氮元素转移到生物体中,这一过程是由拥有特定酶的细菌完成的,通常的产物为 $NH_3$。固定氮(fixed nitrogen)这一概念是指可被植物和微生物所利用的含氮化合物。在有氧条件下,一些特殊的细菌可将氨氧化为亚硝酸盐,进而再氧化为硝酸盐,这一过程称为硝化作用。大多数植物摄入硝酸盐来满足自身生长所需的氮。一些硝酸盐被细菌还原为 $N_2$ 和 $N_2O$(称为脱氮作用),这就将固定氮从生物圈又返回到大气圈。在此情况下,硝酸盐作为氧化剂,因此脱氮作用多发生在厌氧的情况下。固定氮也可以通过植物以 $N_2O$ 的形式返回到大气。生物质燃烧则将固定氮以 $N_2$、$NH_3$、$N_2O$ 和 $NO_x$ 的形式返回大气。

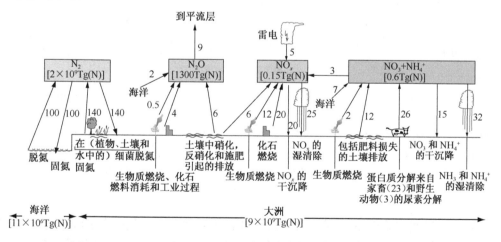

图 5.13　大气中含氮气体的主要源和汇。箭头上的数字为年平均通量的估计值,以 Tg(N) 表示。所示的通量均有不同程度的不确定性,有些不确定值还很大。方框中的数字是物种在大气中的总量[引自 P. V. Hobbs, Introduction to Atmospheric Chemistry, Camb. Univ. Press, 2000, p. 148. Reprinted with the permission of Cambridge University Press.]。

　　图 5.13 显示的是大气中含氮化合物的主要源和汇。假设固氮和脱氮近似平衡,则大气中含氮化合物主要源于陆地和海洋生物圈的生物排放($NH_3$、$N_2O$ 和 $NO_x$)、动物蛋白

质和尿素的分解（$NH_3$）、生物质的燃烧、矿物燃料的消耗以及自然中的闪电（$NO_x$）。氧化亚氮（$N_2O$）是迄今为止大气中除 $N_2$ 外氮的最大储库，它比其他含氮物种的停留时间都长得多。

含氮化合物主要的汇是通过降水的湿清除（$NH_3$、$NO_x$ 及 $NO_3^-$），干沉降（$NO_x$ 和 $NH_3$），以及 $N_2O$ 在平流层的化学分解。由于 $NH_3$、$N_2O$ 和 $NO_x$ 的人为源（矿物燃料消耗、生物质燃烧和农业施氮肥）相当可观，所以人类活动可引起大气中这些物质浓度的明显变化。

### 5.6.2　硫循环

含硫化合物主要以还原态进入大气中，最重要的还原态含硫气体为 $H_2S$、DMS 和 $CS_2$。这些气体主要的自然源是土壤、沼泽和植物中的生物反应。海洋中的生物反应主要涉及浮游生物，它们是 DMS、COS 和 $CS_2$ 的主要源。当还原态的含硫气体释放到含氧丰富的大气中，它们会被氧化成 $SO_2$，继而超过 65% 的 $SO_2$ 又被氧化为 $SO_4^{2-}$（剩余的 $SO_2$ 通过干沉降被清除）。图 5.14 中给出了这些含硫气体的自然排放量和 $SO_2$ 转化为 $SO_4^{2-}$ 的估计值。

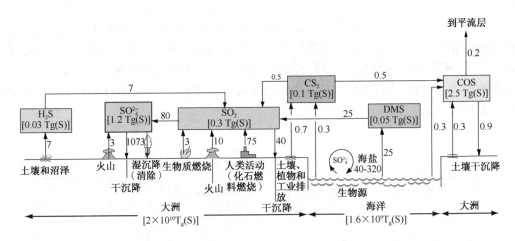

图 5.14　大气中含硫气体的主要源和汇。其他说明同图 5.13。通量以 $Tg(S) \cdot a^{-1}$ 表示。为表示方便，本图仅显示发生在陆地上的干、湿沉降，注意海洋上也同样发生干、湿沉降[引自 P. V. Hobbs, Introduction to Atmospheric Chemistry, Camb. Univ. Press, 2000, p. 150. Reprinted with the permission of Cambridge University Press.]。

从图 5.14 可以看出，海洋排放的含硫气体主要为 DMS[26]，空气中大多数的硫化物较快地被 OH 自由基氧化，它们的停留时间仅有几天到一个星期。一个重要的例外为 COS，它在对流层中非常稳定，因此，它有相对较长的停留时间（约 2 年）和较高的、相对均匀的浓度分布（约 0.5ppbv，而 DMS 为 0.1ppbv，$H_2S$ 和 $SO_2$ 为 0.2ppbv，$CS_2$ 为 0.05ppbv）。因此，COS 是对流层储量最丰富的含硫化合物。但是由于其具有一定的惰性，在对流层化学中经常被

---

㉖　大量的硫酸盐以海盐的形式由海洋进入大气。但是由于它们是相对较大的粒子，它们又很快回到海洋。因此，它们对全球硫循环并没有重要影响。

忽略。COS 相对长的停留时间使其逐渐混合进入平流层,在平流层 COS 被紫外辐射分解,在火山休眠期,它是平流层硫酸气溶胶的主要来源(见 5.7.3 小节)。

我们对人为排放进入大气的硫通量已经有较准确的估计,每年约为 78Tg,这比还原态含硫气体的自然源排放量估计值要大(图 5.14)。因此,人类的活动对全球硫收支有显著地影响,硫的人为排放以 $SO_2$ 为主且 90% 来自北半球,其主要来源是燃煤和含硫矿石的冶炼。

大气中硫的清除机制主要为干、湿沉降。例如,每年80Tg(S) $SO_2$ 氧化为 $SO_4^{2-}$ ,其中大约70Tg(S)发生在云中。随后就被湿沉降,剩余的通过气相反应氧化或被干沉降清除。

**习题 5.9**　用图 5.14 给出的信息,在考虑输入条件下,估算 $SO_2$ 在对流层中的停留时间。

**解答:**由图 5.14 可见,对流层 $SO_2$ 的储量为0.3Tg(S),加上图 5.14 所给出的 $SO_2$ 的输入总量120.5Tg(S)$\cdot a^{-1}$。因此

$$\text{对流层} SO_2 \text{ 的停留时间} = \frac{\text{对流层储量}}{\text{对流层总输入量}} = \frac{0.3}{120.5} \approx 2 \times 10^{-3} a = 1d$$

## 5.7　平流层化学

几种重要的痕量成分在从对流层经过对流层顶过渡到平流层的过程中浓度发生了显著的变化。例如,对流层顶向上几千米的范围内,水汽含量下降,臭氧浓度一般则上升了一个量级。对流层顶附近很强的浓度垂直梯度反映了潮湿、臭氧含量低的对流层空气与干燥、臭氧含量高的平流层空气之间的垂直混合很弱。平流层大气通常为中性或稳定的,垂直运动不显著。此外,作为对流层中气溶胶和痕量气体重要清除机制的降水在平流层中很少出现。因此,进入平流层的物质(如火山喷发物、人类排放的化学物质通过扩散或通过强雷暴中强烈的上升气流穿过对流层顶、飞机排放物)能停留较长时间,通常表现为层状分布。

本节主要讨论以下 3 个方面的平流层化学过程:未扰动(自然)状态下的平流层臭氧,人类扰动对平流层臭氧的影响和平流层中的硫。本章着重强调化学过程,但应该注意大气中的化学、物理以及动力过程往往是密切相关的。

### 5.7.1　未扰动的平流层臭氧

a. 分布

由于下列原因,平流层臭氧非常重要:

• 它形成保护罩削弱到达地表的太阳紫外辐射(波长在 $0.23\sim0.32\mu m$ 之间)[27][28]强度。

---

⑳　这一波长范围的电磁辐射对细胞有害。波长($\lambda$)$\leqslant 0.29\mu m$ 的辐射对低等生物以及高等生物的细胞来说是致命的。引起晒伤的辐射波段 $\lambda = 0.290\sim 0.320\mu m$(UV-B辐射),对人类以及动植物的健康不利。如果没有平流层臭氧,$\lambda = 0.23\sim 0.32\mu m$ 的太阳辐射将畅通无阻地到达地表。臭氧对这一波段的 UV 辐射吸收能力很强。因此,大气上界 $\lambda = 0.25\mu m$ 的太阳辐射通量中只有不到 $1/10^{30}$ 能到达地表。正如第2章所述,UV 辐射被 $O_3$ 吸收是地球上出现生命(如我们所知)的根本原因。

㉘　我们常将纳米(nm,$1\mu m = 10^3 nm$)作为紫外辐射和可见光的波长的单位。但是为了与前面的章节保持一致,我们用微米($\mu m$)作为单位。

- O₃ 对紫外辐射的吸收作用决定了平流层温度的垂直分布廓线。
- 它与许多平流层化学反应有关。

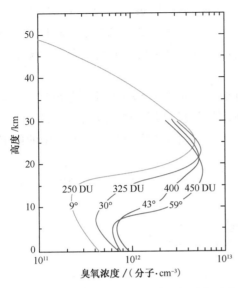

图 5.15　不同纬度测得的臭氧浓度平均垂直分布。注意总臭氧柱浓度（单位为 DU）随纬度升高而增加［引自 G. Brasseur and S. Solomon, *Aeronomy of the Middle Atmosphere*, D. Reidel Pub. Co., 1984, Fig. 5.7, p. 215. Copyright 1984 D. Reidel Pub. Co.］。

1881 年，Hartley[24] 测出到达地表的紫外辐射在 $\lambda = 0.30$ 时出现明显的减少，他把这一现象与平流层臭氧的吸收联系起来。后来的地面紫外线辐射观测表明它是太阳高度角的函数，20 世纪 30 年代第一次通过气球对平流层臭氧浓度的观测表明臭氧浓度极大值出现在平流层低层。

图 5.15 给出了近期对 O₃ 的观测结果。在 15～30km 高度明显存在一层臭氧层，然而这一臭氧层变化很大：它的高度和浓度随纬度、季节以及气象条件而变化。图 5.15 标出了由多布森单位（见本章脚注⑭DU 的定义）所表示的总臭氧柱含量。

北半球臭氧柱浓度极大值出现在春季的极地地区，南半球春季的最大值出现在中纬度地区。因为臭氧是由光化学反应形成的，所以热带平流层是臭氧最大的源地。虽然大气中任意一点臭氧的产生和消耗之间的平衡以及通量散度决定了该点的臭氧浓度，但是极地和中纬度地区的臭氧浓度峰值归因于向极地的经向环流及向下输送。图 5.15 的纬向总臭氧柱含量的明显差异是由于 20km 以下廓线的区别，这一区别主要由输送决定。

1960 年以来的卫星遥感探测，为人类提供了大量关于全球臭氧分布、垂直廓线变化以及柱浓度方面的信息（见 5.5 节）。

### 框栏 5.5　大气臭氧探测技术

用探空气球携带的臭氧无线电探空仪进行定点观测可获得臭氧的垂直廓线。臭氧传感器由两个电解池组成，每个电解池中都含有碘化钾（KI）溶液。最初电解池保持电化学平衡。当含有臭氧的空气进入一个电解池时，平衡被打破，两个电解池之间出现电流。电荷量与环境大气中 O₃ 的分压强成比例，臭氧浓度、大气压、温度等信息一起连续发送到地面观测站。这样可获得臭氧垂直廓线，对它进行积分可得到从地表到探空气球高度的臭氧柱含量。

通过被动遥感，从地表到大气顶层的柱臭氧量可用 Dobson 分光光度计测出。通过测量到达地表的太阳紫外辐射，从而推算出被 O₃ 所吸收的紫外辐射。O₃ 的吸收主要发生在 UV-B 段（$\lambda = 0.290 \sim 0.320 \mu m$）。然而云和一些气溶胶粒子也吸收这一

---

㉔　W. N. Hartley(1846—1913)，爱尔兰波谱学家。都柏林皇家科学院化学教授。

波段的辐射。因此,监测某一电磁波谱段,$O_3$ 对其吸收能力较弱,而云和气溶胶对其与对 UV-B 段的吸收能力类似。通过对这两个测量值进行比较可获得垂直气柱中总的 $O_3$ 吸收量。

　　臭氧可通过卫星运用 4 种被动技术中的任意一种进行观测,见图 5.16。这 4 种技术为紫外后向散射法(BUV)、掩星法、临边发射法和临边散射法。

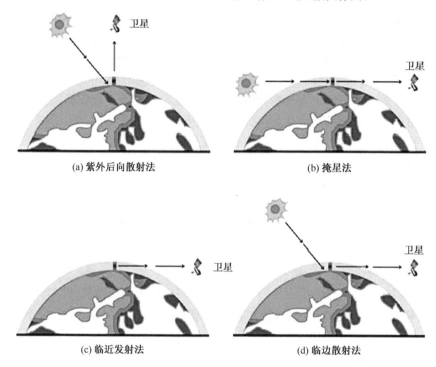

图 5.16　人造卫星探测臭氧的 4 种被动遥感方法(另见彩图)

　　为了运用紫外后向散射法(图5.16(a))确定臭氧柱总量,需要进行两组测量:一组是测量臭氧强烈吸收波段的入射紫外辐射与后向紫外散射辐射,另一组测量与前一组类似,是测量臭氧吸收能力较弱的波谱段的情况。这两组测量之间的差可用来推算臭氧柱总量。运用 BUV 技术可以得到 $O_3$ 垂直廓线。由于 $O_3$ 对短波辐射吸收能力较强,太阳辐射中波长越短的波段其被吸收的高度越高,因此紫外辐射中特定波段的辐射只会在某一特定高度以上才能被散射。通过测量数个波段的后向散射辐射,可以求出臭氧垂直廓线。

　　掩星法是一种当太阳、月亮或星星升起或落下的时候通过大气的边缘测量辐射的一种方法。根据大气对各波段太阳辐射的吸收量,可得到各种痕量成分的垂直廓线。这种方法从 1984 年开始就被用来监测 $O_3$。

　　临边发射法中,臭氧浓度可由沿着探测设备路径的大气红外和微波辐射的测量获得(图5.16(c))。临边红外发射技术可用来测量温度、$O_3$、$H_2O(g)$、$CH_4$、$N_2O$、$NO_2$、CFCs,以及大气上层极地平流层云的位置。微波发散技术比红外发散技术的优势在于它可穿越云层,对低层大气进行探测。然而微波探测器与红外探测器相比既大又重,且需要功率更大。

　　临边散射法(图5.16(d))采用了前面介绍的 3 种被动遥感技术中的某些方面。然而,它测量的是太阳或月亮的散射辐射而不是直接辐射。因此,只要能看见太阳,这一技术就可以提供连续的测量。临边散射法最有利于 $O_3$ 的测量,也可以测量 $H_2O(g)$、$NO_2$、$SO_2$ 及气溶胶。

　　通过差分吸收激光雷达(DIAL)可获得臭氧(以及其他痕量成分)的廓线分布,这是一种主动遥感技术。辐射源是强大的激光。望远镜通常位于激光器附近,用来收集沿着激光雷达波束传输路径的大气后向散射辐射。脉冲从发射到接收的时间间隔可判断散射体的距离。波束的衰减可提供大气中微量成分的信息。根据多普勒效应,发射和接收的波长之间的差异可推断大气的运动情况。和 BUV 技术一样,根据两个返回信号的比率可推出大气物种浓度。这一技术可用于垂直方向高空间分辨率的测量。由于 DIAL 设备又大又重,它们通常只安装在地面。

　　卫星携带设备的优势在于监测时间相对较长,空间覆盖面广;缺点在于不能直接测量痕量成分(只能从辐射的测量中获得),且分辨率不高。地表的遥感测量可连续进行,但通常每个设备只能安置在一个地点。飞机的遥感探测在垂直方向上具有时空灵活性和较好的空间分辨率。定点测量(通过飞机和气球)通常更直接,它们与化学标准有关,空间分辨率较高,但具有不连续性。空中定点观测已被广泛用于检验卫星测量。

b. Chapman 理论

1930 年,Chapman[30] 提出了一个简单的化学机制解释平流层纯氧(即 O、$O_2$ 和 $O_3$)条件下,$O_3$ 的稳态浓度。这些反应包括 $O_2$ 在太阳紫外辐射($\lambda < 0.242\mu m$)条件下分解

$$O_2 + h\nu \xrightarrow{j_a} 2O \tag{5.43}$$

氧原子与氧分子反应生成 $O_3$

$$O + O_2 + M \xrightarrow{k_b} O_3 + M \tag{5.44}$$

(式中 M 表示 $N_2$ 和 $O_2$),$O_3$ 光解($\lambda < 0.366\mu m$)

$$O_3 + h\nu \xrightarrow{j_c} O_2 + O \tag{5.45}$$

以及氧原子与 $O_3$ 结合生成 $O_2$

$$O + O_3 \xrightarrow{k_d} 2O_2 \tag{5.46}$$

反应(5.43)~(5.46)式称作 Chapman 反应。反应速率常数($j'_s$ 和 $k'_s$)与温度有关。

　　反应(5.43)式产生的氧原子与大量的 $N_2$ 和 $O_2$ 分子发生碰撞,多数情况下不会形成稳定的产物。但有时候会发生三体碰撞[如(5.44)式的左边部分],式中 M 吸收了碰撞所产生的额外能量并且形成了一个稳定的 $O_3$ 分子。M 所获得的能量以热能的形式使平流层增温,它主要来源于(5.43)式中光子的能量,即来自太阳能。由于 M 的浓度随高度上升而降低,因此(5.44)式中 O 原子和 $O_2$ 分子转化为 $O_3$ 的时间常数随高度增加而上升(例如,从 40km 处的几秒到 50km 处的接近 100s)。

───────────────

　　[30]　Sydney Chapman(1888—1970),英国地球物理学家。Chapman 在地球物理学的许多领域做出了重要贡献,包括地磁学、空间物理学、光化学,以及大气的扩散和对流。

臭氧形成之后,在光解反应(5.45)式发生之前一直保持稳定。反应(5.44)式和(5.45)式的反应速度很快,使得 O 和 $O_3$ 之间不断循环。臭氧分子通过(5.46)式从系统中去除。这一反应的时间常数在 40km 处大约为 1 天,在 50km 处(这里 O 原子浓度较高)远不足 1 天。这一反应可以以(5.46)式的形式发生,也可以像 5.7.1 小节 c 中那样被加速催化(例如,氯和溴)清除。图 5.17 给出了 Chapman 反应的简化示意图。

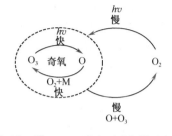

图 5.17 Chapman 反应示意图[引自 The Chemistry and Physics of Stratospheric Ozone, A. Dessler, Academic Press, p. 44, copyright (2000), Elsevier]

平流层臭氧浓度白天变化较小。日落之后臭氧的源和汇(5.43)式和(5.45)式都被关闭,剩余的 O 原子通过反应(5.44)式大约在 1min 内转化成 $O_3$。日出之后,一些 $O_3$ 分子被反应(5.45)式破坏,但通过(5.43)式和(5.44)式可重新形成。

**习题 5.10** 假定白天平流层氧原子浓度处于稳定态。利用该假定,根据 $n_1$、$n_2$、$n_3$、$k_d$ 和 $j_a$ 可得到 $dn_3/dt$ 的表达式,$n_1$、$n_2$ 和 $n_3$ 分别表示氧原子、氧分子和臭氧的浓度。假定通过(5.46)式去除的氧原子很少且(在 30km 处)$j_c n_3 \gg j_a n_2$,请根据 $n_2$、$n_3$、$n_M$、$k_b$ 和 $j_c$ 导出白天平流层 30km 处的氧原子浓度表达式,$n_M$ 表示(5.44)式中 M 的浓度。再由 $n_2$、$n_3$、$n_M$、$j_a$、$j_c$、$k_b$ 和 $k_d$ 导出 $dn_3/dt$ 的表达式。

**解答**:从(5.43)~(5.46)式

$$\frac{dn_1}{dt} = 2j_a n_2 - k_b n_1 n_2 n_M + j_c n_3 - k_d n_1 n_3 \tag{5.47}$$

如果氧原子处于稳态 $dn_1/dt = 0$,则

$$2j_a n_2 + j_c n_3 = k_b n_1 n_2 n_M + k_d n_1 n_3 \tag{5.48}$$

从(5.44)~(5.46)式

$$\frac{dn_3}{dt} = k_b n_1 n_2 n_M - j_c n_3 - k_d n_1 n_3 \tag{5.49}$$

从(5.48)~(5.49)式

$$\frac{dn_3}{dt} = 2j_a n_2 - 2k_d n_1 n_3 \tag{5.50}$$

如果通过(5.46)式移除的氧原子很少,(5.47)式可写为

$$\frac{dn_1}{dt} = 2j_a n_2 - k_b n_1 n_2 n_M + j_c n_3 \tag{5.51}$$

因此,$dn_1/dt = 0$ 且 $j_c n_3 \gg 2j_a n_2$

$$n_1 \approx \frac{j_c n_3}{k_b n_2 n_M} \tag{5.52}$$

将(5.52)式代入(5.50)式得

$$\frac{dn_3}{dt} = 2j_a n_2 - \frac{2k_d j_c n_3^2}{k_b n_2 n_M} \tag{5.53}$$

Chapman 机制反映了平流层 $O_3$ 垂直分布的一些基本特性。例如,人们预测出 $O_3$ 浓度在 25km 高度处达到最大值。事实上,1964 年之前人们普遍认为 Chapman 理论已经对平流

层臭氧化学做了充分的描述。现在我们知道事实并非如此。例如,尽管 Chapman 机制正确地预测出了 $O_3$ 垂直廓线的形状,但却高估了赤道地区平流层臭氧浓度约 2 倍,而低估了中高纬度地区的浓度。同样,基于 Chapman 反应的模型计算出全球春季臭氧产生速率为 $4.86 \times 10^{31}$ 分子 $\cdot$ $s^{-1}$(其中 $0.06 \times 10^{31}$ 分子 $\cdot$ $s^{-1}$ 被输送到对流层)。然而,奇氧的损耗速率只有 $0.89 \times 10^{31}$ 分子 $\cdot$ $s^{-1}$。这样臭氧的净产生速率为 $3.91 \times 10^{31}$ 分子 $\cdot$ $s^{-1}$,这将会导致大气中 $O_3$ 的浓度在两周内翻倍[㉛]。由于臭氧浓度并没有上升,因此除了反应(5.46)式之外,平流层中的奇氧一定还有其他重要的汇。就像后面给出的,平流层中还有含氮化合物、H、OH、Cl 和 Br 的催化循环反应消耗 $O_3$。同样,平流层存在一个赤道到极地的环流,有时也称作 Brewer-Dobson 环流,它将 $O_3$ 从赤道平流层的源区向极地和向下输送到较高纬度地区和平流层低层。

　　c. 化学催化循环

　　绝大部分平流层奇氧的催化清除反应为

$$X + O_3 \longrightarrow XO + O_2 \tag{5.54a}$$

$$XO + O \longrightarrow X + O_2 \tag{5.54b}$$

净反应:

$$O + O_3 \longrightarrow 2O_2 \tag{5.55}$$

式中 X 表示催化剂,XO 是中间产物。倘若反应(5.54)式很快,则(5.55)式的反应速度可远超过(5.46)式。此外,反应(5.54a)式消耗 X 但反应(5.54b)式可重新生成 X,若 X 没有显著的汇,则少数 X 分子就有消耗大量 $O_3$ 分子和氧原子的潜在可能。

　　在大气上部(实际上是在大气中层,激发态氧原子较常见)(5.54)式中的第一种 X 为OH 自由基,它至少有 3 个源:

$$H_2O + O^* \longrightarrow OH \tag{5.56}$$

$$CH_4 + O^* \longrightarrow CH_3 + OH \tag{5.57}$$

以及

$$H_2 + O^* \longrightarrow H + OH \tag{5.58}$$

赤道地区(5.56)式和(5.57)式中的 $H_2O$ 和 $CH_4$ 上升进入平流层。在穿越寒冷的热带平流层顶时,大部分水汽凝结出来,这是造成平流层干燥的原因。然而,$CH_4$ 并不受低温的影响,因此上升进入平流层底部的 $CH_4$ 的浓度与对流层顶部的浓度类似。

　　大约 40km 以下(5.56)~(5.58)式形成的 OH 作为(5.54)式中的催化剂 X 破坏奇氧:

$$OH + O_3 \longrightarrow HO_2 + O_2 \tag{5.59a}$$

$$HO_2 + O \longrightarrow OH + O_2 \tag{5.59b}$$

净反应:

$$O + O_3 \longrightarrow 2O_2 \tag{5.60}$$

30km 以下,氧原子非常稀少,下列破坏 $O_3$ 的催化循环反应显得愈加重要:

---

　　㉛　Chapman 反应中,奇氧只能通过反应(5.43)式生成,只通过反应(5.46)式消耗奇氧。反应(5.44)式和(5.45)式对氧原子和 $O_3$ 进行内部转换,并且决定了[O]/[$O_3$]的比率。白天,这两个反应的反应速率都很快,因此 O 与 $O_3$ 的内部转化速率很快,如图 5.18 所示。平流层 45km 以下的奇氧中,$O_3$ 占了 99% 以上。

$$OH + O_3 \longrightarrow HO_2 + O_2 \tag{5.61a}$$

$$HO_2 + O_3 \longrightarrow OH + 2O_2 \tag{5.61b}$$

净反应:

$$2O_3 \longrightarrow 3O_2 \tag{5.62}$$

对于平流层中部 $O_3$ 的破坏起重要作用的催化循环是

$$NO + O_3 \longrightarrow NO_2 + O_2 \tag{5.63a}$$

$$NO_2 + O \longrightarrow NO + O_2 \tag{5.63b}$$

净反应:

$$O + O_3 \longrightarrow 2O_2 \tag{5.64}$$

式中 NO 为(5.54)式中的 X。平流层 NO 由下式产生:

$$N_2O + O^* \longrightarrow 2NO \tag{5.65}$$

当温度为 $-53\,℃$(平流层的典型温度)时,反应(5.63a)式和(5.63b)式的速率系数分别为 $3.5 \times 10^{-21}$ 和 $9.3 \times 10^{-18}\,m^3 \cdot$ 分子$^{-1} \cdot s^{-1}$。与(5.46)式的反应速率 $K_d (6.8 \times 10^{-22}\,m^3 \cdot$ 分子$^{-1} \cdot s^{-1}$)相比,无论是(5.63a)式还是(5.63b)式其破坏奇氧的速率都高于反应(5.46)式,其消耗臭氧的速率由 $NO_2$ 和 $O_3$ 浓度决定。

20 世纪 70 年代有人提出有活性较高的氯(Cl)和溴(Br)参加的催化循环可能在 $O_3$ 的耗损中起重要作用。平流层中 Cl 和 Br 的自然源分别是甲基氯($CH_3Cl$)和甲基溴($CH_3Br$)的分解。Cl 和 Br 可以作为(5.54)式中的 X,分别形成中间产物 ClO 和 BrO。有关循环反应如下:

$$BrO + ClO \longrightarrow Br + Cl + O_2 \tag{5.66a}$$

$$Br + O_3 \longrightarrow BrO + O_2 \tag{5.66b}$$

$$Cl + O_3 \longrightarrow ClO + O_2 \tag{5.66c}$$

净反应:

$$2O_3 \longrightarrow 2O_2 \tag{5.67}$$

在平流层低层,由于 $O_3$ 浓度明显高于氧原子浓度,因此以上破坏 $O_3$ 的循环反应机制比前面所讨论的机制更有效。以每个分子看,由于 Br 和 BrO 的储库(例如,$BrONO_2$ 和 HOBr)不如 Cl 和 ClO 的储库(例如,HCl 和 $ClONO_2$)稳定,因此 Br 比 Cl 对 $O_3$ 的破坏更有效。

前面讨论的各种耗损平流层 $O_3$ 的化学机制以及许多这里没有提到的可能存在的耗损机制并不是简单的相加作用。因为(5.66)式表明一个化学循环中的物种可与其他循环中的物种反应。因此,先进的数值模式考虑了所有已知的机制,以及测量的物种浓度和反应速率系数(与温度有关),可揭示各种机制对平流层 $O_3$ 耗损的相对重要性。由于人类排放的缘故,许多最初物种的浓度随时间发生了变化,使这项工作变得更加复杂(见 5.7.2 小节)。

## 5.7.2 人类活动对平流层臭氧的影响:臭氧洞

如果催化剂 X 在(5.54)式中的浓度受人类活动的影响而有显著的增长,大气中 $O_3$ 源汇的平衡会被扰乱,平流层 $O_3$ 浓度将会降低。20 世纪 70 年代首次有人提出在平流层中飞行的超音速飞机会影响平流层臭氧。飞机引擎排放出一氧化氮(NO),NO 通过

(5.63)式可以减少奇氧。最后该提案因为环境和经济方面的原因而被否决。在笔者写本文的时候(2005),平流层中的飞机数量尚没有多到足以扰乱平流层 $O_3$ 的程度。

更值得关注的是,人造工业氯氟碳化合物(CFCs)产生的氯原子的催化作用,已被明确证明损耗平流层臭氧[32]。CFCs 是由 Cl、F 和 C 原子组成的化合物,其中 CFC-11(CFCl$_3$)和 CFC-12(CF$_2$Cl$_2$)是最常见的[33]。为了寻找一种无毒、不燃的制冷剂,1928 年人类第一次合成了 CFCs。在其后的半个世纪里,CFCs 以氟利昂的商品名上市并且得到广泛应用,不仅仅作为制冷剂,也可作为推进剂、泡沫材料的发泡剂、各类溶剂和清洗剂。1973 年,由于发现 CFCs 已散布到全球,人们开始关注其对大气的影响。由于它们的不活泼性,CFCs 在对流层的停留时间预计可达上百年。如此长寿命的化合物最终可进入平流层[34],在 $\geqslant 20$km 高度,它们吸收波长在 $0.19 \sim 0.22\mu$m 之间的紫外辐射并被光解:

$$CFCl_3 + h\upsilon \longrightarrow CFCl_2 + Cl \tag{5.68}$$

和

$$CF_2Cl_2 + h\upsilon \longrightarrow CF_2Cl + Cl \tag{5.69}$$

这些反应释放出的氯原子也可充当循环反应(5.54)式中的催化剂 X,从而在循环中破坏奇氧

$$Cl + O_3 \longrightarrow ClO + O_2 \tag{5.70a}$$

$$ClO + O \longrightarrow Cl + O_2 \tag{5.70b}$$

净反应:

$$O_3 + O \longrightarrow 2O_2 \tag{5.71}$$

1990 年,平流层中约 85% 的氯原子来自人为源。由于 CFCs 能强烈吸收红外光,它们也是重要的温室气体。

令人感到惊奇的是,人们从南极的测量中第一次发现平流层中 $O_3$ 被大量损耗。1985 年,英国科学家根据多年地面遥感测量的南极哈雷海湾(76°S)的 $O_3$ 浓度资料发现,从 1977 年开始,每年春季(10 月)总臭氧柱含量都会下降 30% 左右。这个观测后来被卫星遥感和气球探空测量所证实。图 5.18 显示的是卫星测量的南半球总臭氧柱的一系列变化情况。20 世纪 70 年代,在南极大陆周围是 $O_3$ 高值(红色和橙色),而在南极大陆上空则显示出 $O_3$ 低值(绿色),这被认为是接近自然状况。南极臭氧洞,正如其名,可以清楚地在图 5.18 下面一排 1999 年到 2002 年 10 月的 4 幅图中看见反常的臭氧低值(紫色)。

图 5.19 是卫星探测从 1979 年至 2003 年中每年 9 月 7 日到 10 月 13 日南极臭氧洞面积的扩展。从 1979 年到 2001 年臭氧洞每年扩大,直到占据了相当于北美那么大的地区(约 2500 万 km$^2$)。然而 2002 年臭氧洞突然急剧缩小,但在 2003 年又恢复到原来的水平。关于臭氧洞面积的变化我们会在本章后面进行讨论。

---

[32] 1995 年,Paul Crutzen,Mario Molina 和 Sherwood Rowland 因为根据 CFCs 和含氯化合物预测了平流层臭氧损耗而获得了诺贝尔化学奖。

[33] 包含 H、F 和 C 的化合物称为含氢氟碳化合物(HFCs),而含 H、Cl、F 和 C 的化合物则称为含氢氯氟化合物(HCFCs)。一般认为 HFCs 和 HCFCs 比 CFCs 对环境更为有利,因为对流层中的 OH 会对它们造成一定破坏。

[34] 寿命长的化合物首先在赤道地区随着空气上升到达对流层顶,进入平流层低层后随着布鲁尔-多普森环流带到更高的地方(在此被光解)或高纬地区。平均而言,一个 CFC 分子需要 1~2 年的时间才能从赤道对流层到达平流层的上部。然而,对流层中的所有空气被带入平流层需要几十年的时间。

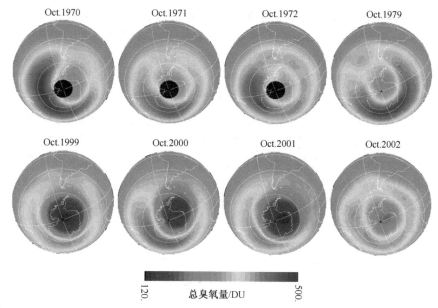

图 5.18 1970—2002 年南半球 10 月 8 年的臭氧柱卫星探测结果。颜色与多布森单位（DU）成比例。1970,1971 和 1972 年在极点上空的黑色表示的是数据缺失［感谢 P. Newman，NASA Goddard Space Flight Center. ］(另见彩图) 。

南极上空臭氧洞的存在给我们提出了几个有趣的问题。为什么在南极上空？为什么发生在春季？为什么测得的 $O_3$ 下降程度要比早先仅由气相化学预测的强烈得多？为什么 2002 年的臭氧洞尺度要比最近其他年份弱得多？作为 20 世纪科学史上的卓越成就之一，下面我们将回答这些问题。

南半球的冬季（6～9 月），南极大陆上空平流层空气受大尺度极涡环流的影响，限制了与低纬的空气的交换。极涡环流是指南极周边环绕着极点的强劲西风急流。由于南极圈内冬季没有太阳辐射,极涡内的空气极端寒冷并且处于布鲁尔-多普森环流的下沉支内（图 5.20）。高层云,称为极地平流层云（PSCs）,在极涡的冷中心温度低于 −80℃ 的地方形成[⑤]。在南半球的春季,随着温度的上升,环绕着极涡的风减弱,到 12 月下旬

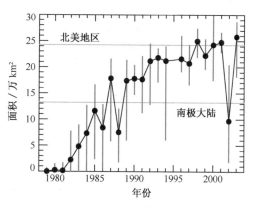

图 5.19 1979 年到 2003 年每年 9 月 7 日到 10 月 13 日平均臭氧洞（定义为低于 220DU）面积变化。垂直柱是每一时期的变化值域。每年的变化是由极涡边缘的温度振荡引起的。较暖的年份臭氧洞就小些（如 2002 年）,而较冷的年份臭氧洞就相对大些（如 2003 年）。下面的水平线表示南极大陆总面积,与之相比北美地区面积（上面的水平线）为南极大陆的两倍。

⑤ 1912 年德国人在威德尔海漂流期间,晚冬早春观测到 PSCs。同样在 1949—1952,挪威-英国-瑞士联合南极探险队经常在冬季观测低层平流层出现一层薄薄的"云纱"。然而,直到极地平流层云 1979 年被卫星发现,它在南极大陆的分布规则与周期并未被人们完全认识。

极涡消失。然而在冬季,涡旋作为一个相对巨大而独立的化学反应器,独特的化学反应得以发生。例如,尽管 8 月极涡内的 $O_3$ 浓度在正常范围内,但其内的 ClO 浓度是极涡之外浓度的 10 倍。9 月,当阳光回到极地周围的区域,极涡内 $O_3$ 浓度急速下降。从极涡外穿越极涡内时,氮氧化物和水汽浓度也急剧下降。它们的下降分别决定于硝酸($HNO_3$)的形成以及极涡内极低温度时水的凝结。这两种冷凝物形成三类极地平流层云(PSCs)。第一类 PSCs,在 $-78℃$ 时凝结形成,可能是由液态和固态的三水合硝酸[$HNO_3(H_2O)_3$,简称 NAT]、水及硫酸微粒混合组成的。这些微粒直径约为 $1\mu m$,所以它们沉降速度非常缓慢(约每天 10m)。第二类 PSCs,约在 $-85℃$ 附近形成,由冰水混合物和溶解的 $HNO_3$ 组合形成。由于这些微粒直径都 $>10\mu m$,沉降速度较明显(约每天 1.5km)。第三类 PSCs("珠母"云),由随着地形上升空气中的水汽急速冷凝形成,然而此类云范围和时间有限,并且不会在南极上空形成。

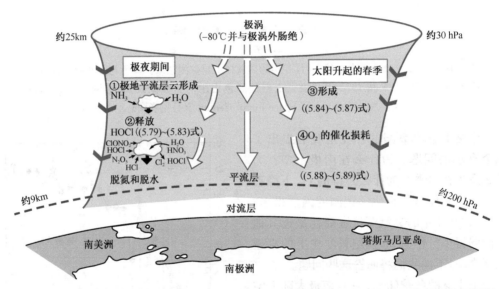

图 5.20　南极大陆上空极涡(阴影)示意图。大箭头表示下沉冷气流。引起南极臭氧洞的原因顺　序(①~④)总结如上。为了简单明了,溴的反应并未显示出来。更详细的见正文。

随着 PSCs 中微粒慢慢下沉,水和含氮化合物从平流层中移除,该过程称之为脱水和脱硝。我们将看到,移除这两种化合物的化学反应对极涡内的 $O_3$ 损耗具有重要的作用。

尽管(5.70)式在平流层中上层对损耗 $O_3$ 很重要,但在平流层下层不太重要(占卤族元素总消耗的 5%~25%)。因为在平流层随着高度的降低,氧原子浓度下降,另外由(5.68)~(5.70)式释放到平流层的大部分 Cl 和 ClO 很快以 HCl 和硝酸氯 $ClONO_2$ 的形式储藏起来,

$$Cl + CH_4 \longrightarrow HCl + CH_3 \tag{5.72}$$

和

$$ClO + NO_2 + M \longrightarrow ClONO_2 + M \tag{5.73}$$

从储库 HCl 和 $ClONO_2$ 中释放出活泼的 Cl 原子一般较慢。然而在形成 PSCs 的冰粒表面,下面的非均相反应相当重要:

$$ClONO_2(g) + HCl(s) \longrightarrow Cl_2(g) + HNO_3(s) \tag{5.74}$$

$$ClONO_2(g) + H_2O(s) \longrightarrow HOCl(g) + HNO_3(s) \tag{5.75}$$

$$HOCl(g) + HCl(s) \longrightarrow Cl_2(g) + H_2O(s) \tag{5.76}$$

$$N_2O_5(g) + H_2O(s) \longrightarrow 2HNO_3(s) \tag{5.77}$$

$$N_2O_5(g) + HCl(s) \longrightarrow ClNO_2(g) + HNO_3(s) \tag{5.78}$$

括号中的 s 是指化合物在冰粒上(或冰内),g 指气态。(5.74)~(5.78)式除了其催化反应外,冰粒从 PSCs 中沉降,也可以把 $HNO_3(s)$ 从平流层移除,如图(5.20)所示。沉降减少了储库物种 $ClONO_2(g)$ 的浓度,而 $ClONO_2(g)$ 本可以稳定 Cl 和 ClO,见(5.73)式。因此,在南极的冬季,在南极极涡内组成 PSCs 的冰粒通过提高活性物种 ClO 和 Cl 的浓度来破坏臭氧。

方程(5.74)、(5.75)、(5.76)和(5.78)式转化储库物种 $ClONO_2$ 和 HCl 为 $Cl_2$、HOCl、$ClNO_2$。当南极春季太阳升起的时候,后三者很快光解成 Cl 和 ClO:

$$Cl_2 + h\upsilon \longrightarrow 2Cl \tag{5.79}$$

$$HOCl + h\upsilon \longrightarrow OH + Cl \tag{5.80}$$

$$ClNO_2 + h\upsilon \longrightarrow Cl + NO_2 \tag{5.81}$$

和

$$Cl + O_3 \longrightarrow ClO + O_2 \tag{5.82}$$

然后极涡内的臭氧被有效地破坏:

$$ClO + ClO + M \longrightarrow (ClO)_2 + M \tag{5.83a}$$

$$(ClO)_2 + h\upsilon \longrightarrow Cl + ClOO \tag{5.83b}$$

$$ClOO + M \longrightarrow Cl + O_2 + M \tag{5.83c}$$

$$2Cl + 2O_3 \longrightarrow 2ClO + 2O_2 \tag{5.83d}$$

净反应:

$$2O_3 + h\upsilon \longrightarrow 3O_2 \tag{5.84}$$

以下是对(5.83)式的解释:

- 由于每消耗两个 ClO 还会再生两个 ClO,因此在这个循环反应中 ClO 是催化剂。
- 与(5.54)式不同,(5.83)式并不依赖于氧原子的浓度(氧原子短缺)。
- (5.83a)式左边 ClO 中的 Cl 原子是通过反应(5.68)式和(5.69)式从 CFCs 中释放出来的。然而,正如我们所见,Cl 原子通常很快通过反应(5.72)式和(5.73)式转化为 HCl 和 $ClONO_2$ 储存起来。
- 由于 PSCs 的存在,$Cl_2$、HOCl 和 $ClNO_2$ 通过反应(5.74)~(5.78)式释放出来,并且一旦早春太阳辐射足够强烈时,反应(5.79)~(5.82)式释放出 Cl 和 ClO,这两种物质会通过(5.83)式在南极平流层很快损耗 $O_3$。
- 反应(5.83a)式仅在低温条件下生成的二聚物$(ClO)_2$。南极平流层中不仅温度也足够低,ClO 浓度也很高。因此,从两方面看,春季南极平流层正是循环反应(5.83)式得以发生并消耗大量 $O_3$ 的地方。

导致南极臭氧洞发生的次序可由示意图 5.20 和图 5.21 说明。尽管在示意图中我们仅考虑 Cl 和它的化合物对南极臭氧洞生成的影响,事实上 Br 和它的化合物也起到类似的作用。同样,它们的中间产物 ClO 和 BrO 也能通过(5.66)式协同来破坏 $O_3$。

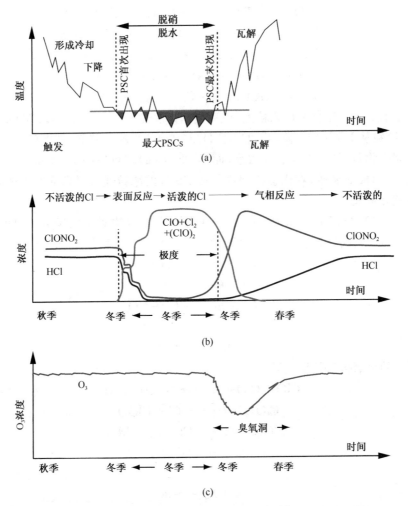

图 5.21　南极臭氧洞的主要发展过程的时间演变示意图。(a)南极涡。极地平流层云(PSCs)形成，当平流层温度下降到阴影区域时，在 PSC 表面发生反应。(b)极涡内氯的储库物种。当温度比形成 PSCs 所需温度更低时，不活泼的储库物种 $ClONO_2$ 和 HCl 转化成活泼的 $Cl_2$、ClO 和 $(ClO)_2$。PSCs 消失后再转化为储库物种。(c)极涡内的臭氧。9 月太阳升起时臭氧很快被光解。随着氯物种被消耗，极涡被破坏，$O_3$ 浓度上升[图 5.21(a)和 5.21(c)引自世界气象组织《臭氧损耗科学评估》，1994。图 5.21b 引自 Webster et al.，*Science* **261**，1131 (1993)，Copyright 1993 AAAS]。

**习题 5.11**　如果在催化循环反应(5.83)式中(5.83a)式是最慢的步骤，设它的反应速率为 $k$，写出在经过时间 $\Delta t$ 后 $O_3$ 损耗量的表达式。

**解答**：如循环反应(5.83)式所示，每次循环破坏两个 $O_3$ 分子。同时，整个循环的速率由反应最慢的反应所控制，也就是方程(5.83a)。因此，循环中 $O_3$ 的损耗速率为

$$\frac{d[O_3]}{dt} = -2k[ClO]^2$$

(其中[M]包含在设定的准二级反应速率 $k$ 中)。由此，经过时间 $\Delta t$ 后，臭氧的损耗量，$\Delta[O_3]$ 为

$$\int_0^{\Delta[O_3]} d[O_3] = -2k\int_0^{\Delta t}[ClO]^2 dt$$

或者,如果[ClO]在期间 $\Delta t$ 内没有发生改变,则

$$\Delta[O_3] = -2k[ClO]^2\Delta t$$

2002 年南极臭氧洞面积的突然变小(图 5.19)以及强度的变弱(图 5.18),可归因于 2002 年南半球冬季一系列反常的平流层变暖。环流的减弱和极涡变暖,导致 PSCs 不易形成,避免了 2002 年 9 月 $O_3$ 的损耗,并可输入南极周围富含 $O_3$ 的空气。而在 2003 年十分寒冷,臭氧洞回归到它先前的水平,约 2500 万 $km^2$。

是否北极也如南极一样,在北半球冬季的时候平流层也有臭氧空洞发展? 首先需要明确的一点是尽管北半球冬季也能形成极涡,它通常不会如南极极涡寒冷,发展的也不强烈[36]。因此,导致严重南极损耗臭氧的条件在北极却并不常见。

北极春季的平均臭氧柱在过去 20 年间有所下降(图 5.22)。然而与南极臭氧洞相比,1995—1996 年冬季之前北极并不曾存在平流层臭氧洞。在 1996—1997 年北半球冬季期间,北极上空出现了有记录以来持续时间最长的极涡,而在 1997 年 3 月北极上空平均臭氧柱(354DU)达到 20 年来观测的最低值。

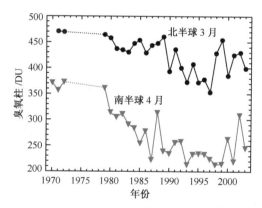

图 5.22　北半球 3 月北纬 63°～90°之间平均臭氧柱(实线和符号)和南半球 10 月南纬 63°～90°之间平均臭氧柱(虚线与符号)

[引自 P. Newman, NASA Goddard Space Flight Center.]。

由于平流层臭氧的损耗会引起地球表面紫外辐射的增加,从而对健康和环境造成危害,2000 年国际社会一致同意取消损耗平流层 $O_3$ 化合物的生产和使用[37]。目前,低层大气中的 CFCs 不再增长,平流层中的增长率也有所下降。一份关于 20 年来的卫星数据的报告表明(2003),从 1997 年开始在约 33km 处 $O_3$ 的损耗率减慢,同时减慢的还有有害物质 Cl 的积累。然而,由于 CFCs 极长的寿命,平流层中 Cl 的浓度还要在一段时间内继续增加。由此可以推断,直到 21 世纪中后期,$O_3$ 水平才会恢复到 20 世纪 70 年代的水平。

---

[36]　北半球平流层极涡要比南半球极涡弱,因为它会被由冷大陆(欧亚大陆和北美大陆)和暖洋面的温度对比造成的行星尺度长波所减弱。

[37]　1987 年签订的关于保护臭氧层的蒙特利尔公约是一个里程碑式的国际公约,并在后来不断得到修订补充。哥本哈根修正案(1992)号召到 1996 年全面禁止 CFCs 的生产和使用,维也纳修正(1995)也号召在 2020 年全面禁止 HCFCs 的生产和使用。由于对流层中所有空气进入上部平流层需要几十年的时间,CFCs 在上部平流层被分解(见脚注[34]),所以需要大约同样的时间才能从禁止 CFCs 生产开始把所有的 CFCs 从平流层中移除(见习题 5.31)。

### 5.7.3　平流层气溶胶、平流层中的硫

尽管埃根核数浓度通常随着高度的上升下降很慢,但是在平流层低层还是有所变化。半径在 $0.1\sim2\mu m$ 之间的粒子在高度约 $17\sim20km$ 左右达到最高值约 $0.1cm^{-3}$（图 5.23）。由于这些粒子是由 75％的硫酸（$H_2SO_4$）和 25％的水组成,平流层低层硫酸盐含量最丰富的区域称为平流层硫酸盐层,或称为 Junge 层,这是以 1950 年代后期 C. Junge 发现并命名的。

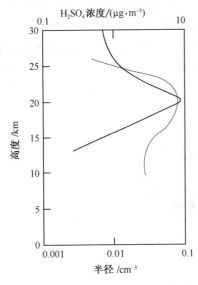

图 5.23　平流层低层半径在 $0.1\sim2\mu m$ 的粒子数浓度垂直廓线（虚线和底轴）以及在标准温度压力条件下液态硫酸质量浓度垂直廓线（实线和上轴）。数据从中纬度气球探测获得［引用 P. V. Hobbs, 大气化学简介,剑桥大学 2000 年出版, P179］。

平流层的硫酸盐气溶胶主要是由其中的 $SO_2$ 氧化成 $SO_3$ 得来的:

$$SO_2 + OH + M \longrightarrow HOSO_2 + M \quad (5.85a)$$
$$HOSO_2 + O_2 \longrightarrow HO_2 + SO_3 \quad (5.85b)$$

同样的,

$$SO_2 + O + M \longrightarrow SO_3 + M \quad (5.86)$$

接着

$$SO_3 + H_2O \longrightarrow H_2SO_4 \quad (5.87)$$

主要通过两种机制把气态 $H_2SO_4$ 转化成液态 $H_2SO_4$:

- $H_2SO_4$ 分子和 $H_2O$ 分子的结合（如同质双分子核化）或者 $H_2SO_4$、$H_2O$ 和 $HNO_3$ 分子结合生成新的（主要是硫酸）液滴（如同质异分子核化）。

- $H_2SO_4$、$H_2O$ 和 $HNO_3$ 蒸气在直径 $>0.15\mu m$ 的微粒表面凝结（如异质异分子核化）。

模式计算显示第二种机制更容易在平流层中发生。热带平流层是核化过程发生的主要地区,之后气溶胶被大尺度的大气运动输送到高纬地区。

平流层 $SO_2$ 的最重要来源是火山喷发。喷出的 $SO_2$ 经过 $e$ 指数时间衰减,约 1 个月在平流层中转化成 $H_2SO_4$。图 5.24 显示了火山喷发对平流层气溶胶光学厚度（气溶胶负荷的测量）的影响。由于从 1997 年到 2003 年 6 年间没有大型火山喷发,因此把这 6 年视为平流层气溶胶"背景场"。20 世纪 80 年代观测中,1982 年 El Chichón 火山喷发对平流层硫酸盐层造成最大的扰动;而 1991 年 6 月喷发的皮纳图博火山是 20 世纪最大的火山喷发,它对平流层气溶胶造成更大的影响。图 5.24 中显示出南极冬季和早春逐年增长的气溶胶,根据在 5.7.2 小节中的讨论该增长是由于 PSCs 的形成。事实上,三水合硝酸粒子作为第一类 PSCs 的主要组成成分,可以在平流层硫酸盐层微粒表面凝结。

火山喷发造成的硫酸盐层增加会引起平流层 $O_3$ 的损耗,因为 $H_2SO_4$ 液滴会改变具有催化活性的自由基的分布。例如,皮纳图博火山的喷发造成了平流层臭氧的急剧下降,可以确定火山气溶胶反射太阳短波辐射而吸收地表长波辐射。卫星观测资料显示在皮纳

图博火山喷发后的几个月内,大气反射太阳辐射增长了 1.4%。重要火山喷发的全球效应可以一直持续好几年,因为平流层气溶胶不会被湿清除而且它们重力沉降非常缓慢。

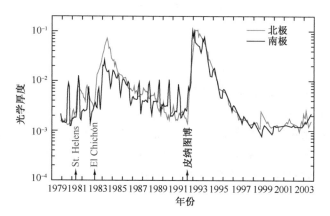

图 5.24　1979—2003 年,从 40km 到对流层顶上方 2km 处,波长 1μm 的平流层气溶胶垂直柱光学厚度。"北极"的数据是 65°N 以北测量得到的,"南极"的数据是 65°S 以南测量得到的。在过去 25 年内一些主要的火山喷发都能标注出来。1982 年 4 月 4 日,El Chichón 火山和 1991年 6 月 15 日皮纳图博火山喷发后光学厚度受到明显的扰动。1991 年之前的卫星数据能显示出南极平流层极地平流云的存在。

在火山活动较弱的情况下,存在于平流层气态硫化合物的主要源就是从对流层穿过对流层顶进入的羰基硫(COS)和 $SO_2$(图 5.25)。COS 可以根据以下一系列反应转化成 $SO_2$:

$$COS + h\nu \longrightarrow CO + S \tag{5.88a}$$
$$S + O_2 \longrightarrow SO + O \tag{5.88b}$$
$$O + COS \longrightarrow SO + CO \tag{5.88c}$$
$$SO + O_2 \longrightarrow SO_2 + O \tag{5.88d}$$
$$SO + O_3 \longrightarrow SO_2 + O_2 \tag{5.88c}$$

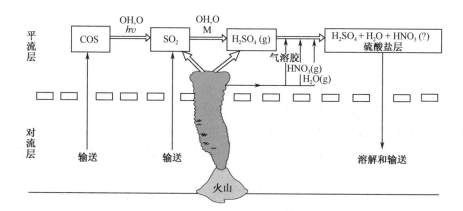

图 5.25　控制平流层硫酸盐层的过程示意图[引自 P. V. Hobbs,大气化学简介,剑桥大学 2000 年出版,P182]。

净反应：

$$2COS + O_2 + O_3 + h\nu \longrightarrow 2CO + 2SO_2 + O \tag{5.89}$$

同样可以通过，

$$COS + OH \longrightarrow 产品 + SO_2 \tag{5.90}$$

平流层低层 COS 的混合比随高度的增加而减小（从对流层顶的 0.4ppbv 到 30km 处的 0.02ppbv），而 $SO_2$ 浓度则基本保持常数（约 0.05ppbv），而液态 $H_2SO_4$ 浓度则在 20km 处达到峰值。这些垂直廓线之间的关系支持了 COS 转化为 $SO_2$ 的理论，然后 $SO_2$ 根据先前讨论的机制再凝结生成 $H_2SO_4$。数值模拟结果揭示了 $SO_2$ 经过布鲁尔-多普森环流从对流层直接输送到平流层也是十分重要的。模式计算同样揭示了 $H_2SO_4(O_3)$ 在低纬平流层生成，向极地的输送在冬春季达到最强。

## 习题

5.12　根据第 5 章所讨论的原理，回答或解释下列问题。

(a)美国前总统里根曾说："我们空气污染大约有 93% 源于植被所释放的碳氢化合物，所以不要过多地规定和强制执行过高的人为源排放标准。"这段声明有充分依据吗？

(b)对流层臭氧浓度通常在热带海洋上空低，在工业区夏季高。

(c)全球 $CO_2$ 大致分布均匀，但 $H_2S$ 浓度的地理分布却有很大的变化。

(d)在浓厚云层的阴影区，OH 的浓度降至近乎为零。

(e)主要是哪种痕量气体决定了白天对流层的氧化能力？

(f)提出支持和反对自从工业革命以来大气中 OH 浓度增加的论点。

(g)当天空中太阳高度比较低时，可以看到太阳光线穿过云层间隙，这被称为曙暮辉（见图 5.27）。

(h)在高海拔地区，很难根据地形准确地估算距离。

(i)用撞击式采样器收集大气气溶胶样品，各次采样结果不能直接比较。

(j)沿海岸线的拍岸浪上空的空气往往雾气弥漫，能见度也较低。

(k)在尘土飞扬的大气中的热体往往被一层薄的、无尘空气包围。

(l)一些工业源烟羽中的气溶胶浓度并没有像简单扩散模式所预测的那样迅速降低。

(m)如果某一有毒的化学物质从大气中清除的速度比较快，那么我们更应该关注的是这种化学物质向大气中的排放量，而不是其在大气中的浓度。

(n)水汽在中纬度地区大气中的停留时间大约 5 天，而在极地地区则大约为 12 天。

(o)即使最清洁的燃料（比如氢气）也是氮氧化物（$NO_x$）的源。

(p)如果我们的眼睛只能感知紫外线，那么这个世界将会非常黑暗。

(q)定性解释为什么 Chapman 反应(5.43)～(5.46)式预测在平流层某一高度臭氧浓度达峰值。

(r)太阳下山时，在平流层低层的氧原子浓度急剧下降（提示：参考 Chapman 反应）。

(s)如果某催化循环反应是有效的，如(5.54)式，那么组成循环的每个反应必定会放出热量。

(t)消除氯氟烃，使平流层中的臭氧层恢复，可能导致较高的对流层污染物浓度。

(u)目前大气中的氯大多数以氯化钠的形式存在,但以这种形式存在的氯并不损耗平流层臭氧。

(v)冬季,极涡中可发展出非常低的温度。

(w)哪一种含氯物种最大程度地损耗南极平流层臭氧?

(x)南极平流层中的 ClO 是如何以及何时形成的?

(y)在极涡中,HCl 在低层平流层浓度较低,但其浓度随着平流层高度升高而较快地增加。

(z)在平流层中,$H_2O(g)$的浓度随着高度的升高而增加,而 $CH_4$ 的浓度变化则相反。

(aa)即使消除氯氟烃使 Cl 含量下降,北极平流层的冷却在未来十年也可能导致"北极臭氧洞"。

5.13　如果用方程(5.2)式的逆反应表示木材的燃烧,那么燃烧的产物在碳的氧化数目上会发生什么改变? 碳原子被氧化还是还原了?

5.14　如果在 0℃、1atm 空气中 $NH_3$ 的浓度为 $0.456\mu g \cdot m^{-3}$,那么它用 ppbv 表示的混合比是多少?(N 和 H 的相对原子质量分别为 14 和 1.01)

5.15　设初始时空气中的水汽在 15℃饱和,将该空气注入埃根核计数器,突然让该空气团体积膨胀到原来的 1.2 倍时,计算其最大过饱和度。可以假定膨胀是绝热的,利用图 3.9 估计饱和水汽压。

5.16　如果气溶胶数浓度分布可用(5.31)式表示,当 $\beta$ 值在 2 和 3 之间做小的波动时,将会在表面积和体积分布图分别产生稳定值。假定气溶胶是球形。

5.17　质量 $m$ 和半径 $r$ 的粒子水平通过屏幕上一小孔。如果该粒子穿过小孔的瞬时速度($t=0$)是 $v_0$,导出粒子在 $t$ 时刻的水平速度 $v$ 的表达式。可以假定方程(6.23)式中给出粒子受到的拖曳力,以此推导粒子在穿过小孔后飞行的水平距离表达式(称为停止距离)。

5.18　氨($NH_3$)、氧化亚氮($N_2O$)、甲烷($CH_4$)分别占地球大气质量的 $1\times10^{-8}\%$,$3\times10^{-5}\%$ 和 $7\times10^{-5}\%$。如果这些化学物质从大气中每年分别减少 $5\times10^{10}$,$1\times10^{10}$ 和 $4\times10^{11}$ kg,那么氨、氧化亚氮、甲烷在大气中的停留时间为多少?(地球大气质量$=5\times10^{18}$ kg)

5.19　假定陆地上空对流层臭氧被限制在一个从地表到高空 5km 的柱内,并且臭氧向地表的平均沉降速度为 $0.40cm \cdot s^{-1}$,如果全部臭氧源突然关闭,那么柱内所有的臭氧需要多长时间全部沉降到地面? 怎么解释你得到的结果与表 5.1 中臭氧停留时间的差异?

5.20　在对流层中,NO 和 $O_3$ 反应生成 $NO_2$ 和 $O_2$,NO 也和 $HO_2$ 反应产生 $NO_2$ 和 OH。反过来,$NO_2$ 迅速光解产生 NO 和氧原子。氧原子很快与 $O_2$ 结合(当有惰性分子 M 时)生成 $O_3$。

(a)写出化学平衡方程式分别表示这 4 个化学反应。

(b)根据适当的物种浓度和反应速率系数,写出微分方程表示的 NO、$O_3$、$NO_2$、$HO_2$、OH 和 O 浓度随时间的变化。

(c)根据 $NO_2$ 和 NO 的浓度以及适当的速率系数,推导 $O_3$ 浓度的表达式,忽略 OH—$HO_2$ 化学并做稳态假定。

5.21　一种说法是在过去 50 年中大气中二氧化碳的部分增加,可能是由于海洋平均温度的升高,因为海温的升高将导致海水溶解的二氧化碳减少,由此海水中二氧化碳会释放到大气中。根据过去 50 年世界海洋的上部混合层平均增暖 0.5℃,估计大气中二氧化碳含量百分比的变化(假设所有海洋的混合层温度由 15.0℃增加到 15.5℃。把海水看作纯水)。

根据以上计算,所观测到的过去 50 年大气中二氧化碳的增加(约 20%)是由于海洋的变暖么?

我们需要以下信息。Henry 定律给出了气体在液体中的溶解度 $C_g$:

$$C_g = k_H p_g$$

式中,$k_H$ 是 Henry 定律常数,$p_g$ 是溶液面气体的分压。对于纯水中的 $CO_2$ 而言,在 15℃,$k_H = 4.5 \times 10^{-2} mol \cdot L^{-1} \cdot atm^{-1}$。下面给出 $k_H$ 随温度变化的表达式:

$$\ln \frac{k_H(T_2)}{k_H(T_1)} = \frac{\Delta H}{R^*} \left( \frac{1}{T_1} - \frac{1}{T_2} \right)$$

对于水中的 $CO_2$,$\Delta H = -20.4 \times 10^3 J \cdot mol^{-1}$,$R^*$ 为摩尔气体常数($8.31 J \cdot K^{-1} \cdot mol^{-1}$)。在世界上的海洋混合层中,以 $CO_2$ 形式存在的碳的总质量大约为 $6.7 \times 10^5 Tg$,这与大气中 $CO_2$ 的质量大致相同。

**解答:**

由 Henry 定律

$$C_g = k_H p_g$$

对于 $p_g$ 是一个常数时,

$$\Delta C_g = p_g \Delta k_H \tag{5.91}$$

同样,

$$\ln \frac{k_H(T_2)}{k_H(T_1)} = \frac{\Delta H}{R^*} \left( \frac{1}{T_1} - \frac{1}{T_2} \right)$$

式中,$\Delta H = -20.4 \times 10^3 J \cdot mol^{-1}$

$$R^* = 8.31 J \cdot K^{-1} \cdot mol^{-1}$$

因为 $T_1 = 288K$,$T_2 = 288.5K$

$$\ln \frac{k_H(288.5)}{k_H(288)} = \frac{-20.4 \times 10^3}{8.31} \left( \frac{1}{288} - \frac{1}{288.5} \right)$$

$$= -2.459(3.472 - 3.466) = -0.0148$$

因此,

$$\frac{k_H(288.5)}{k_H(288)} = 0.985$$

并且,

$$k_H(288.5) = 0.985(4.5 \times 10^{-2}) = 4.433 \times 10^{-2} mol \cdot L^{-1} \cdot atm^{-1}$$

因此,

$$\Delta k_H = (4.433 - 4.5) \times 10^{-2} = -6.7 \times 10^{-4} mol \cdot L^{-1} \cdot atm^{-1} \tag{5.92}$$

由于大气中 $CO_2$ 浓度为 373ppmv(参见表 5.1),其空气中的分压($p_g$)为 $373 \times 10^{-6} atm$。将此值代入(5.91)式,并且利用(5.92)式,可得

$$\Delta C_g = (-6.7 \times 10^{-4})(380 \times 10^{-6}) mol \cdot L^{-1} = -2.5 \times 10^{-7} mol \cdot L^{-1}$$

因此,$C_g$ 的百分比变化为

$$-100\frac{2.5\times10^{-7}\text{mol}\cdot\text{L}^{-1}}{(4.5\times10^{-2}\text{M}\cdot\text{atm}^{-1})(373\times10^{-6}\text{atm})}=-1.49\%$$

也就是说,海温从 288K 变为 288.5K,海洋混合层中二氧化碳的百分比大约减少 1.5%。

由于大气中二氧化碳的容量与在海洋混合层中的容量大致相同,由于海温升高 0.5℃ 而导致的大气中二氧化碳增加的百分比也应该大约为 1.5%。由于测量到大气中二氧化碳在过去 50 年增加了 20%,其中只有大约 7.5% 可以归结于海温的升高。

5.22 下面的习题是接着习题 5.8 的。

(a)事实上,汽车燃料中的大部分氢通过燃烧转化为 $H_2O$,并且燃料中大部分的碳由于氧的利用率不同,而在 $CO_2$ 和 $CO$ 之间变化。

一定比例($f$)的燃料 $C_xH_y$ 超过理想燃烧所需的量,由 $f$、$x$ 和 $y$ 导出关于 $CO$ 排放物质的量分数的表达式(即排放的 $CO$ 的物质的量分数在总物质的量分数中的比率)。假设氧满足燃料理想燃烧的条件(虽然理想燃烧不可能达到),过量 $C_xH_y$ 的效果仅仅是在排放的气体中增加了 $CO$ 以及改变了 $CO_2$ 的排放量。

(b)假设对于一般的碳氢化合物燃料以 $CH_2$ 来代表,利用(a)中的结果以及 $f$ 的以下值,$f$:0.0010,0.010 和 0.10,确定 $CO$ 在机动车排放的尾气中的含量(用 ppmv 和百分比表示)。

**解答:**

(a)如果完全燃烧的化学平衡方程中包括氮(未反应),由第 5 章反应(5.34)式则有

$$C_xH_y+\left(x+\frac{y}{4}\right)O_2+3.7\left(x+\frac{y}{4}\right)N_2\longrightarrow xCO_2+\frac{y}{2}H_2O+3.7\left(x+\frac{y}{4}\right)N_2$$

然而,如果一定比例 $f$ 的燃料超过完全燃烧的需要,结果在排放的气体中包含 $m$ mol 的 $CO_2$ 和 $n$ mol 的 $CO$,则燃烧的化学反应方程式变为

$$(1+f)C_xH_y+\left(x+\frac{y}{4}\right)O_2+3.7\left(x+\frac{y}{4}\right)N_2$$

$$\longrightarrow mCO_2+nCO+(1+f)\frac{y}{2}H_2O+3.7\left(x+\frac{y}{4}\right)N_2$$

配平这个反应的碳原子,则有

$$x(1+f)=m+n \tag{5.93}$$

接着配平氧原子,则

$$2x+\frac{y}{2}=(1+f)\frac{y}{2}+2m+n \tag{5.94}$$

解(5.93)式和(5.94)式,对于 $m$ 和 $n$ 则有

$$m=x-xf-f\frac{y}{2}$$

并且,

$$n=f\frac{y}{2}+2fx$$

因此,在排放中,$CO$ 的物质的量分数是

$$\underbrace{\dfrac{f\dfrac{y}{2}+2fx}{\left(x-xf-f\dfrac{y}{2}\right)}}_{CO_2}+\underbrace{\left[3.7\left(x+\dfrac{y}{4}\right)\right]}_{N_2}+\underbrace{\left(f\dfrac{y}{2}+2fx\right)}_{CO}+\underbrace{(1+f)\dfrac{y}{2}}_{H_2O}$$

$$=\dfrac{f\left(2x+\dfrac{y}{2}\right)}{x(4.7+f)+\dfrac{y}{2}(2.85+f)}$$

(b)如果燃料是 $CH_2$, $x=1$, $y=2$。因此,从(a)中可知在排放气中 CO 的物质的量分数为

$$\dfrac{3f}{7.55+2f}$$

因此,当 $f=0.001$,未燃烧的 CO 物质的量分数为 $3.97\times10^{-3}$ 或 3960ppmv($=0.396\%$)。当 $f=0.1$ 时,则为 $3.87\times10^{-2}$ 或者 38 700ppmv($=3.87\%$)(最后的这个 CO 浓度足够让一个在封闭车库内呆上 17min 的人毙命!)。

5.23 (a)写出反应(5.36)式产生 $NO_2$ 的速度方程。该速度方程能解释随着 NO 浓度的增加,(5.36)式产生的 $NO_2$ 也急剧增加吗? (b)另外一个从 NO 产生 $NO_2$ 的路径是反应(5.17)式。如果从(5.36)式和(5.17)式产生 $NO_2$ 的速度系数分别约为 $2\times10^{-38}\,cm^3$ ·分子· $s^{-1}$ 和 $2\times10^{-14}\,cm^3$ ·分子· $s^{-1}$,并且 NO、$O_3$ 和 $O_2$ 的浓度分别为 80ppbv,50ppbv 和 209 460ppmv,比较这两个反应的 $NO_2$ 生成率。

5.24 在对流层,$CH_4$ 主要的汇是

$$CH_4+OH\longrightarrow CH_3+H_2O$$

对流层典型温度条件下,这个反应的速度系数约是 $3.5\times10^{-15}\,cm^3$ ·分子· $s^{-1}$,如果大气中 OH 分子 24h 平均浓度是 $1\times10^6\,cm^{-3}$,那么一个 $CH_4$ 分子在大气中的停留时间是多少?

5.25 丙烷($C_3H_8$)是一种非甲烷烃(NMHC),它与 OH 的反应为

$$C_3H_8+OH\longrightarrow C_3H_7+H_2O$$

在对流层中,反应速度系数为 $6.1\times10^{-13}\,cm^3$ ·分子· $s^{-1}$。(a)假设 OH 浓度与在习题 5.24 中相同,那么 $C_3H_8$ 在大气中的停留时间是多少? (b)如果其他非甲烷烃的停留时间相比于甲烷更接近丙烷,那么你认为是否应该更多地控制甲烷还是非甲烷烃的排放? (c)为什么仅有甲烷这种碳氢化合物可以以较大的浓度进入平流层?

5.26 如果下面的基元反应可使臭氧转化成氧原子

$$O_3\rightleftharpoons O_2+O \tag{i}$$

$$O_3+O\rightleftharpoons 2O_2 \tag{ii}$$

(a)总化学反应是什么? (b)中间产物是什么? (c)写出每个基元反应方程。 (d)如果总反应的速率方程如下,基元反应的速率控制步是哪个?

$$速率 = k[O_3]^2[O_2]^{-1}$$

式中,$k$ 是反应速度系数;(e)[O]取决于什么?

5.27 (5.46)式的反应速度系数是 $k=8.0\times10^{-12}\exp\left(-\dfrac{2060}{T}\right)cm^3$ ·分子· $s^{-1}$。

若温度从－20℃下降至－30℃,求通过(5.46)式 $O_3$ 去除速率百分变化?

5.28　在平流层中、上部,$O_3$ 浓度由一系列化学反应基本维持稳定。假定环境温度为220K,

$$\frac{\mathrm{d}X}{\mathrm{d}t} = k_1 - k_2 X^2$$

式中,

$$X = \frac{O_3 \text{ 分子浓度}}{\text{所有分子浓度}}$$

$$k_1 = \text{常数} \exp\left(\frac{300}{T}\right) \text{s}^{-1}$$

$$k_2 = 10.0 \exp\left(\frac{-1.100}{T}\right) \text{s}^{-1}$$

(a)若大气中 $CO_2$ 的浓度加倍,预计平流层中部冷却大约 2℃。你认为由于这个温度扰动,$X$ 会改变多少。

(b)如果将 $X$ 由其稳定状态值 $5.0 \times 10^{-7}$ 暂时升高 1.0%,220K 时,这个改变降到 1.0% 的 $\exp(-1)$ 需多长时间?（exp1=2.7）

**解:**

(a)　　　　　　　$$\frac{\mathrm{d}X}{\mathrm{d}t} = k_1 - k_2 X^2 \tag{5.95}$$

在稳定状态 $\dfrac{\mathrm{d}X_{ss}}{\mathrm{d}t}=0$,$X_{ss}$ 是 $O_3$ 分子在稳态时的浓度。因此,由(5.95)式得

$$X_{ss} = \left(\frac{k_1}{k_2}\right)^{1/2} \tag{5.96}$$

因为,

$$k_1 = \text{常数} \exp\left(\frac{300}{T}\right) \text{s}^{-1}$$

$$k_2 = 10.0 \exp\left(\frac{-1.100}{T}\right) \text{s}^{-1}$$

可得

$$X_{ss} = \text{常数} \exp\left[\frac{1}{2}\left(\frac{300}{T} + \frac{1100}{T}\right)\right]$$

因此,

$$\ln X_{ss} = \text{常数} + \frac{1}{2T}(300 + 1100)$$

对上式求微分,

$$\frac{1}{X_{ss}}\frac{\mathrm{d}X_{ss}}{\mathrm{d}T} = \frac{\mathrm{d}}{\mathrm{d}T}\left(\frac{700}{T}\right) = -\frac{700}{T^2}$$

或写成差分形式,

$$\frac{\Delta X_{ss}}{X_{ss}} = -\frac{700}{T^2}\Delta T$$

又 $T=200\text{K}$ 和 $\Delta T = -2\text{K}$

$$\frac{\Delta X_{ss}}{X_{ss}} = -\frac{1400}{200^2} = 0.029 \text{ 或者 } 2.9\%$$

(b)如果将 $Y=X-X_{ss}$ 代入(5.95)式

$$\frac{dY}{dt} = k_1 - k_2(Y + X_{ss})^2 \tag{5.97}$$

据(5.96)式和(5.97)式

$$\frac{dY}{dt} = X_{ss}^2 k_2 - k_2(Y + X_{ss})^2 = -(2k_2 X_{ss} Y) + Y^2 \text{ 中的项(为小量)}$$

因此，

$$\frac{dY}{dt} \approx -2k_2 X_{ss} t$$

又，

$$\int_{Y_0}^{Y} \frac{dY}{dt} \approx -2k_2 X_{ss} \int_0^t dt$$

积分得

$$\ln \frac{Y}{Y_0} \approx -2k_2 X_{ss} t$$

因此，

$$Y = Y_0 \exp(-2k_2 X_{ss} t)$$

$Y$ 下降到它的初始值 $Y_0$ 的 $\exp(-1)$ 所需要的时间 $\tau$ 为

$$\tau \approx \frac{1}{2k_2 X_{ss}}$$

但是，在 $T=200K$，

$$k_2 = 10.0 \exp\left(-\frac{1100}{220}\right) s^{-1}$$

由于 $X_{ss} = 5.0 \times 10^{-7}$，

$$\tau \approx \frac{1}{2 \times (10\exp(-5)(5 \times 10^{-7}))} s \approx 1.48 \times 10^7 s \approx 172 \text{ 天}$$

5.29　催化循环反应(5.83)式为

$$CIO + CIO + M \xrightarrow{k_1} (CIO)_2 + M \tag{i}$$

$$(CIO)_2 + hv \xrightarrow{J_2} Cl + ClOO \tag{iia}$$

$$(CIO)_2 + M \xrightarrow{k_2} 2ClO + M \tag{iib}$$

$$ClOO + M \xrightarrow{k_3} Cl + O_2 + M \tag{iii}$$

$$2Cl + 2O_3 \xrightarrow{k_4} 2ClO + 2O_2 \tag{iv}$$

该循环中，$(CIO)_2$ 的可能反应途径有光解形成 Cl 和 ClOO(反应 iia)，反应(iii)、(iv)接着发生；另一途径是热分解产生 ClO。

(a)如果反应(iia)为 $(CIO)_2$ 主要反应路径，该循环的净效应是什么？ 如果反应(iib)为主要反应路径，该循环的净反应是什么？

(b)假设反应(iia)为主导、反应(iib)可略，导出 $O_3$、Cl、$(CIO)_2$、ClOO 的时间变化率方程。

(c)假设 $O_3$、Cl、$(CIO)_2$、ClOO 的浓度为稳态，使用(b)的结果，导出用 ClO、$O_3$、M、

$k_1$、$k_4$ 表示 Cl 浓度的表达式。

(d)由(b)、(c)的结果,用 $k_1$、ClO 和 M 表示 $O_3$ 浓度的变化率。

(e)如果氯化学是平流层臭氧收支的重要项,并且 Cl 随时间线性增加,则臭氧随时间的变化是怎样的?(例如,随时间线性增加、随时间的平方根增加等)

5.30 在 30km 左右和以上的高度,下列反应影响臭氧化学很大:

$$O_3 + h\nu \xrightarrow{j_1} O_2 + O^* \qquad (j_1 = 1 \times 10^{-4} \, s^{-1})$$

$$O^* + M \xrightarrow{k_1} O + M \qquad (k_1 = 1 \times 10^{-11} \, cm^3 \cdot s^{-1})$$

$$O^* + H_2O \xrightarrow{k_2} OH + OH \qquad (k_2 = 2 \times 10^{-6} \, cm^3 \cdot s^{-1})$$

$$O + O_2 + M \xrightarrow{k_3} O_3 + M \qquad (k_3 = 6 \times 10^{-34} \, cm^6 \cdot s^{-1})$$

$$OH + O_3 \xrightarrow{k_4} HO_2 + O_2 \qquad (k_4 = 2 \times 10^{-14} \, cm^3 \cdot s^{-1})$$

$$HO_2 + O_3 \xrightarrow{k_5} OH + O_2 + O_2 \qquad (k_5 = 3 \times 10^{-16} \, cm^3 \cdot s^{-1})$$

$$OH + HO_2 \xrightarrow{k_6} H_2O + O_2 \qquad (k_6 = 3 \times 10^{-11} \, cm^3 \cdot s^{-1})$$

式中,$O^*$ 是电子激发的不稳定状态的氧原子。OH 和 $HO_2$ 自由基集中标为"奇氢"。在 30km 高处大气分子密度约为 $5 \times 10^{17} \, cm^{-3}$,水汽分子和臭氧的分子比都约为 $2 \times 10^{-6}$,氧约为 0.2。

(a)$O^*$、$HO_2$ 和 OH 的稳态分子比大约是多少?

(b)稳态条件下,奇氢的停留时间大约是多少?

(c)对于稳态条件下,与 $k_2$ 反应有关的每个臭氧分子的损耗产生多少个奇氢?

(提示:每次奇氢的形成和消耗 $k_4$、$k_5$ 反应都会发生很多次)

**解答:**(a)从本习题给出的反应可得

$$\frac{d[O^*]}{dt} = j_1[O_3] - k_1[O^*][M] - k_2[O^*][H_2O] \qquad (5.98)$$

稳态时,$\frac{d[O^*]}{dt} = 0$,由(5.98)式得

$$[O^*] = \frac{j_1[O_3]}{k_1[M] - k_2[H_2O]}$$

因为

$$[M] \approx 5 \times 10^{17} \, cm^{-3}, [H_2O] = 0.2 \times 5 \times 10^{17} \, cm^{-3}, k_1 = 10^{-11} \, cm^3 \cdot s^{-1}$$

可得

$$k_2 = 2 \times 10^{-6} \, cm^3 \cdot s^{-1},$$

$$[O^*] = \frac{k_1[M]}{k_2[H_2O]} = \frac{10^{-11} \times (5 \times 10^{17})}{(2 \times 10^{-6})(2 \times 10^{-6})(5 \times 10^{17})} = 2.5$$

因此,

$$[O^*] \approx \frac{j_1[O_3]}{k_1[M]}$$

$O^*$ 的分子比为

$$f(O^*) \approx \frac{j_1 f[O_3]}{k_1[M]}$$

式中，$f(X)$代表物种 X 的分子比，

$$f(O^*) \approx \frac{10^{-4}(2 \times 10^{-6})}{10^{-11}(5 \times 10^{17})} = 4 \times 10^{-17}$$

同样，[奇氧]＝[OH]＋[HO_2]

因此，由给定的反应，

$$\frac{d[奇氧]}{dt} = 2k_2[O^*][H_2O] - 2k_6[OH][HO_2] \tag{5.99}$$

如题，如果 $k_4$、$k_5$ 的反应相比 $k_2$、$k_6$ 的反应更经常地发生，则浓度 OH、HO_2 由 $k_4$、$k_5$ 的反应决定，因此在稳定状态下，

$$k_4[OH][O_3] \approx k_5[HO_2][O_3] \tag{5.100}$$

或

$$\frac{[HO_2]}{[OH]} \approx \frac{k_4}{k_5} \approx 70 \tag{5.101}$$

从(5.99)～(5.101)式，及 $\dfrac{d[奇氧]}{dt} = 0$

$$k_2[O^*][H_2O] - k_6 \frac{k_5}{k_4}[HO_2]^2 = 0$$

因此，

$$\{f(HO_2)\}^2 = \frac{k_2 k_4}{k_5 k_6} f(O^*) f(H_2O)$$

$$f(HO_2) \approx 2 \times 10^{-8}$$

由(5.99)式，$f(OH) \approx \dfrac{f(HO_2)}{70} \approx 3 \times 10^{-10}$。

(b)奇氢的停留时间为

$$\tau_{奇氢} = \left(\frac{奇氢损失率}{奇氢浓度}\right)^{-1}$$

因为(a)中得到[HO_2]≈70[OH]，因此奇氢浓度近似等于 HO_2 浓度。同时，只有 $k_6$ 的反应消耗奇氢，可表示为2$k_6$[OH][HO_2]。因此有

$$\tau_{奇氢} \approx \left(\frac{2k_6[OH][HO_2]}{[HO_2]}\right)^{-1} \approx (2k_6 f(OH)[M])^{-1}$$

因为(a)中，$f(OH) \approx 3 \times 10^{-10}$

$$\tau_{奇氢} \approx 111s$$

(c)令 $N = \dfrac{k_2 反应每秒产生的奇氢数}{每秒臭氧分子损耗数}$

因为 $k_4$、$k_5$ 的反应很快，$N \approx \dfrac{\{[OH] + [HO_2]\}/\tau_{奇氢}}{k_4[OH][O_3] + k_5[HO_2][O_3]}$

利用(a)中(5.100)式和(5.101)式，

$$N \approx \frac{\{[HO_2]/70 + [HO_2]\}/\tau_{奇氢}}{2k_5[HO_2][O_3]}$$

或

$$N \approx \frac{1}{2k_5[O_3]\tau_{奇氢}} \approx \frac{1}{2k_5 f(O_3)[M]\tau_{奇氢}}$$

$$\approx \frac{1}{2 \times (3 \times 10^{-16}) \times (2 \times 10^{-6}) \times (5 \times 10^{17}) \times 111}$$

$$\approx 15$$

5.31　假定 1996 年 CFC 排放完全停止且平流层氯在 2006 年达到峰值 5ppbv,如果 CFCs 按一级反应损耗臭氧,半衰期为 35 年,哪一年平流层氯混合比可达到 1980 年 1.5ppbv 的混合比?

# 第6章 云微物理学

雨滴和雪花属于不用特殊设备就能观察到的最小气象实体。但从云微物理学的观点来看,常见的降水质粒,其体积还显著较大。要形成雨滴,云质粒的质量需要增加 100 万倍甚至更多,而这些同样的云质粒又是由小至 $0.01\mu m$ 的气溶胶质粒核化形成的。要研究在很短时间内(对于对流云来说,此时间短到约 10min),质粒增长到这样大的尺度范围的问题,有必要考虑其中所涉及的各种物理过程。对这些过程的科学研究属于云微物理学的研究范畴,也是本章的主题。

我们从对云滴由水汽核化以及参与核化的空气中的质粒的讨论开始(6.1 节),然后考虑暖云的微结构(6.2 和 6.3 节)及云滴增长形成雨滴的各种机制(6.4 节)。在 6.5 节,我们转向云中的冰质粒并对冰质粒形成及增长成固体降水质粒的各种方式进行讨论。

在 6.6 节简要讨论云的人工影响及有目的地改变降水的一些尝试。

人们认为云微物理过程是雷暴起电的原因。这个主题以及闪电和雷声一起在 6.7 节中讨论。

云在大气化学(包括酸雨的形成)中起重要作用。本章的最后一节讨论云内及云周围的化学过程。

## 6.1 水汽的凝结核化

当空气变得相对于液水(有时相对于冰)为过饱和[①]时,就有云形成。大气中出现过饱和的最常见方式是气块上升。因为气块上升将促使空气膨胀并绝热冷却[②](见 3.4 和 3.5 节)。在这种情况下,水汽在空气中某些气溶胶质粒上凝结,形成由小水滴或冰粒子组成的云[④]。本节研究水汽凝结形成液滴的过程。

---

① 如果空气中的水汽压为 $e$,则相对于液水的过饱和度(以%表示的)为 $(e/e_s-1)\times100$,式中,$e_s$ 为空气温度下平水面上的饱和水汽压。相对于冰面的过饱和度可以用相似的方法来定义。如不做限定,则过饱和度这个术语是指相对于液水面而言的。

② 第一个用湿空气绝热冷却来解释云形成的,是科学家兼诗人伊拉斯墨斯·达尔文(Erasmus Darwin)[③]。这种解释是他在 1788 年提出的。

③ 达尔文[Erasmus Darvin (1731—1802)],英格兰自由思想家和激进分子。预言了进化理论,他的著名的孙子对这一理论进行了详细解释,并提出物种通过适应其环境而使自己改变。

④ 在 19 世纪后半叶,人们大都认为云是由无数小水泡组成的! 否则云怎么能飘浮? 尽管约翰·道尔领(John Dalton)早在 1793 年就提出云可能是由水滴组成的,这些水滴是相对于空气而不断下降的,但直到 1850 年埃斯皮(James Espy)[⑤]才明确提出气流的上升运动在使云体悬浮方面有重要作用。

⑤ 埃斯皮[James Pollard Espy(1785—1860)],生于宾夕法尼亚州。本来是学法律的,但后来在富兰克林学院任古典文学教师。受到约翰·道尔顿气象著作的启发,他放弃教师工作,投身于气象学。他第一个认识到潜热释放在云的悬浮和风暴环流中的重要性。埃斯皮还第一个根据实验资料估计出干绝热和饱和绝热直减率。

## 6.1.1　凝结核化原理

我们先研究地球大气中过饱和水汽不借助空气中质粒(即完全清洁空气)而凝为纯水滴的理论问题。这个过程,通常称为匀质凝结核化。在核化增长的最初阶段,有许多气相水分子通过随机碰撞形成大到足以保持原来形状的小胚滴。

我们假定有一个体积为 $V$,表面积为 $A$ 的小胚滴,在定温定压下由纯过饱和水汽形成。设 $\mu_1$ 和 $\mu_v$ 分别为每个液相和气相分子所含的吉布斯[⑥]自由能[⑦],$n$ 为单位体积液体中的水分子数,则由于凝结导致这个系统的吉布斯自由能减少 $nV(\mu_v - \mu_1)$。在创建小胚滴表面积的过程中系统做了功。这个功可写为 $A\sigma$,其中 $\sigma$ 为建立单位面积汽-液界面所需要做的功(称之为汽相和液相之间的界面能,简称液相的表面能)。通过习题 6.9 可以发现,液相的表面能数值与其表面张力相等。可写为

$$\Delta E = A\sigma - nV(\mu_v - \mu_1) \tag{6.1}$$

式中,$\Delta E$ 为由于小水滴形成而导致的系统能量净增加。可以证明[⑧]

$$\mu_v - \mu_1 = kT\ln\frac{e}{e_s} \tag{6.2}$$

式中,$e$ 和 $T$ 为系统的水汽压和温度,$e_s$ 为温度 $T$ 时平水面上的饱和水汽压。因此,

$$\Delta E = A\sigma - nVkT\ln\frac{e}{e_s} \tag{6.3}$$

对半径为 $R$ 的小水滴,(6.3)式可写为

$$\Delta E = 4\pi R^2\sigma - \frac{4}{3}\pi R^3 nkT\ln\frac{e}{e_s} \tag{6.4}$$

在未饱和条件下,$e < e_s$。此时,$\ln(e/e_s)$ 为负值,而 $\Delta E$ 总为正值且随 $R$ 值的增加而增加(图 6.1 中的实曲线)。换言之,在未饱和空气中形成的水胚滴愈大,系统所需增大的能量 $\Delta E$ 也愈大。由于一个系统总是以减少能量的方式使之趋近于平衡态,故空气处于未饱和条件,显然不利于小水滴的形成。即使如此,由于水分子的随机碰撞,非常小的胚滴也会在未饱和空气中不断形成(和蒸发),但它们难以增大到肉眼可见的、由小水滴组成的云。

在过饱和条件下,$e > e_s$,且 $\ln(e/e_s)$ 为正值。在此情况下,(6.4)式中的 $\Delta E$ 可正可负,取决于半径 $R$ 的值。当 $e > e_s$ 时 $\Delta E$ 随 $R$ 值变化的情况也在图 6.1 中给出(虚曲线),可以看出,$\Delta E$ 先随 $R$ 的增加而增加,当 $R = r$ 时,$\Delta E$ 值达到极大值,以后 $\Delta E$ 又随 $R$ 的增大而减小。因此,在过饱和条件下,$R < r$ 的小胚滴有趋于蒸发之势,因为如此可以减少系统能量 $\Delta E$。但是如果由于随机碰撞,使水滴半径长大到略大于 $r$ 值时,此水滴将自发地因水汽凝结而增长,因为此过程会使系统的能量 $\Delta E$ 减少。在 $R = r$ 时,小水滴无限细微的增长或蒸发并不会改变系统的能量 $\Delta E$。我们可令 $\mathrm{d}(\Delta E)/\mathrm{d}R = 0$,并取 $R = r$,从而得到 $r$ 用 $e$ 表示的关系式。从(6.4)式可得

---

⑥　吉布斯[Josiah Willard Gibbs (1839—1902)],1863 年获耶鲁大学工程学博士学位,论文是有关传动装置设计的。从 1866 至 1869 吉布斯在欧洲从事数学和物理学研究。在耶鲁大学被聘为数学物理学教授(无薪水)。后来吉布斯利用热力学两定律来推导热力学系统平衡的条件。还奠定了统计力学和矢量分析的基础。

⑦　参阅 P. V. Hobbs 所著"Basic Physical Chemistry for the Atmospheric Sciences"第 2 章 (Camb. Univ. Press, 2000)关于吉布斯自由能的讨论。现在我们暂时把吉布斯自由能不太严格地考虑为系统的微观能量。

⑧　参阅 P. V. Hobbs 所著"Basic Physical Chemistry for the Atmospheric Sciences"第 2 章。

$$r = \frac{2\sigma}{nkT\ln\dfrac{e}{e_s}} \tag{6.5}$$

(6.5)式称为开尔文方程,以纪念第一个推得出此式的开尔文男爵。

(6.5)式可应用于两种场合,一种是可用来计算在一定水汽压 $e$ 的条件下,与空气处于(不稳定)平衡[⑨]时的水滴半径 $r$;另一方面,也可用来计算一定半径 $r$ 的小水滴的饱和水汽压 $e$。必须注意,当半径为 $r$ 的小水滴,与空气处于(不稳定)平衡时,其相对湿度为 $100e/e_s$,其中 $e/e_s$ 可由(6.5)式得出。关于这种相对湿度随水滴半径而变化的情况可参看图 6.2。可以看出,半径为 $0.01\mu m$ 的纯小水滴,要与环境处于(不稳定)平衡,需要相对湿度约为 112%(即过饱和度约为12%),而半径为 $1\mu m$ 的纯小水滴,则只需要相对湿度 $100.12\%$(即过饱和度为0.12%)。

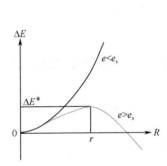

图 6.1　在水汽压为 $e$ 的空气中,由于形成了一个半径为 $R$ 的小水滴,而使系统的能量增加 $\Delta E$;$e_s$ 为系统温度 $T$ 时相对于平水面的饱和水汽压。

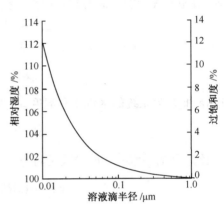

图 6.2　在 5℃时,纯水滴相对于水平液面的相对湿度和过饱和度(此时纯水滴处于不稳定平衡状态)。

**习题 6.1**　(a)证明图 6.1 中最大临界能 $\Delta E^*$ 的高度可写为

$$\Delta E^* = \frac{16\pi\sigma^3}{3\left(nkT\ln\dfrac{e}{e_s}\right)^2}$$

(b)如果由于在纯水中加入十二烷基硫酸钠(一种常用的肥皂添加剂)使表面张力 $\sigma$ 减少了 10%,计算 $\Delta E^*$ 和 $r$ 改变了几成(忽略十二烷基硫酸钠对 $n$ 和 $e$ 的影响)。(c)添加十二烷基硫酸钠对小水滴的均质核化有哪些影响?

**解答**:(a)从图 6.1 可知,当 $R=r$ 时,$\Delta E = \Delta E^*$。因而从(6.4)式可得

$$\Delta E^* = 4\pi r^2\sigma - \frac{4}{3}\pi r^3 nkT\ln\frac{e}{e_s}$$

利用(6.5)式

$$\Delta E^* = 4\pi r^2\sigma - \frac{4}{3}\pi r^2(2\sigma)$$

---

⑨　这里所说的平衡是不稳定指的是,若一个小水滴开始凝结增长,那它将继续凝结增长;若一个小水滴开始蒸发,那么它将继续蒸发(试与图3.4(b)相比较)。

或

$$\Delta E^* = \frac{4}{3}\pi r^2 \sigma$$

将(6.5)式中的 $r$ 代入上式即得

$$\Delta E^* = \frac{16\pi\sigma^3}{3\left(nkT\ln\dfrac{e}{e_s}\right)^2}$$

(b)将上式对 $\sigma$ 求导

$$\frac{d(\Delta E^*)}{d\sigma} = \frac{16\pi\sigma^2}{\left(nkT\ln\dfrac{e}{e_s}\right)^2}$$

或可写为

$$\frac{d(\Delta E^*)}{\Delta E^*} = 3\frac{d\sigma}{\sigma}$$

如果小水滴的表面张力减少 10%，即如果 $d\sigma/\sigma = -0.1$，那么 $d(\Delta E^*)/\Delta E^* = -0.3$，或者说，最大临界能 $\Delta E^*$ 将减少 30%。从(6.5)式可得，$dr/r = d\sigma/\sigma$。因此，如果 $\sigma$ 减少 10%，那么 $r$ 也将减少 10%。

(c)如图 6.1 所示，$r$ 为由水分子随机碰撞形成的小胚滴要继续保持自发凝结增长所必须达到的临界半径。因此，对某一给定的环境空气过饱和度，如果 $r$ 减少了(由于加入十二烷基硫酸钠)，小水滴的均质核化将变得更容易。

在自然云中，由于空气绝热上升而造成的过饱和度很少超过几个百分点(参见 6.4.1 小节)，因此根据上面的讨论，即使由于水分子随机碰撞而形成的小胚滴的半径大到 $0.01\mu m$ 仍然远小于在空气中存活(几个百分点的过饱和度)所需的临界半径。因此，自然云中的小水滴不是由纯水汽的均质核化过程形成。相反，它们是在大气气溶胶[10]质粒上并通过异质核化[12]过程形成水的。

正如 5.4.5 小节所述，大气中包含各种质粒，其大小可由次微米到几十微米。其中可湿性[13]的质粒可作为水汽凝结的核心。而且，在远低于均质核化所需的过饱和度条件下小水滴也可在这些质粒上形成和增长。例如，若在半径为 $0.3\mu m$ 的完全可湿质粒上有足够多的水分凝结并在其表面形成一个薄水膜，由图 6.2 可以看出，这个水膜将与过饱和度为 0.4% 的空气间形成(不稳定)平衡。如空气的过饱和度略大于 0.4%，就会有更多的水汽凝结于薄水膜上，使小水滴继续增长。

---

[10]　气溶胶在水凝结中起一定作用的概念首先是由寇列[11]于 1875 年明确提出的。他的结果被埃根(Aitken)于 1881 年独立地重新发现(参阅 5.4.5 小节)。

[11]　寇列[Paul Coulier (1824—1890)]，法国物理学家和化学家。研究了卫生学、营养学及建筑物通风。

[12]　云物理学家使用匀质和异质的术语与化学家不同。在化学中，一个匀质系统是指在这个系统中所有的化学物质种类都在同一种相态(固态、液态或气态)，而一个异质系统是指在此系统中化学物种多于一种相态存在。在云物理学中，一个匀质系统是指只涉及一种物质(以一种或多种相态出现)，而一个异质系统是指有多种物质参与。在本章，使用云物理学家对这两个术语的定义。

[13]　一个表面称为完全可湿性(亲水的)，是指水可在此面上展开形成一个水平膜(使用清洁剂就是这个目的)。如水在表面上形成球状水滴，则此核为完全不可湿性(憎水的)(在汽车上打蜡就是使它们变成憎水性的)。

空气中的某些质粒可以在水中溶解,因此当有水汽在其上面凝结时,它们就开始(全部或部分)溶解,因而形成溶液(而不是纯水)滴。我们现在讨论这种溶液滴的活动规律。

一个溶液滴(即小水滴中包含一些可溶性物质,例如氯化钠或硫酸铵)附近的饱和水汽压小于同样大小的纯水滴附近的饱和水汽压。水汽压的减少率由拉乌尔[⑭]定律给出

$$\frac{e'}{e} = f \tag{6.6}$$

式中,$e'$ 是含有 $f$ 物质的量分数纯水的溶液滴附近的饱和水汽压,$e$ 是同样大小及同一温度条件下纯水滴附近的饱和水汽压。纯水物质的量分数的定义是:在溶液中纯水的物质的量与溶液的总物质的量(纯水物质的量加溶质物质的量)之比。

假定一个半径为 $r$ 的溶液滴,含有质量为 $m$(以 kg 表示)的溶质,其分子质量为 $M_s$。如果每一个溶质分子在水中电离为 $i$ 个离子,则溶液滴中溶质的有效物质的量为 $i(1000m)/M_s$。如溶液密度为 $\rho'$,水的分子质量为 $M_w$,则小液滴中纯水的物质的量为 $1000 \cdot \left(\frac{4}{3}\pi r^3 \rho' - m\right)/M_w$。因此,液滴中水的物质的量分数为

$$f = \frac{\left(\frac{4}{3}\pi r^3 \rho' - m\right)/M_w}{\left[\left(\frac{4}{3}\pi r^3 \rho' - m\right)/M_w\right] + im/M_s} = \left[1 + \frac{imM_w}{M_s\left(\frac{4}{3}\pi r^3 \rho' - m\right)}\right]^{-1} \tag{6.7}$$

把(6.5)～(6.7)式合并(但分别用 $\sigma'$ 和 $n'$ 代替 $\sigma$ 和 $n$,以表示溶液中的表面能及水分子的数密度),就得到临近半径为 $r$ 的溶液滴的饱和水汽压 $e'$ 的表达式

$$\frac{e'}{e} = \left[\exp\frac{2\sigma'}{n'kTr}\right]\left[1 + \frac{imM_w}{M_s\left(\frac{4}{3}\pi r^3 \rho' - m\right)}\right] \tag{6.8}$$

(6.8)式可用来计算半径 $r$ 的溶液滴附近的水汽压 $e'\left[\right.$ 或相对湿度 $100e'/e_s$,或过饱和度 $\left(\frac{e'}{e} - 1\right) \cdot 100 \left.\right]$。如果把溶液滴附近的相对湿度(或过饱和度)与它的半径 $r$ 的关系点绘在一张图上就可以得到所谓的寇拉[⑮]曲线。根据(6.8)式得出的几条曲线在图 6.3 中给出。可以看出,对于小于一定半径的液滴来说,溶液滴附近的相对湿度小于同温度水平面纯水的相对湿度(即 100%)。当液滴变大时,溶液变得愈来愈淡,开尔文曲率效应就变为主要的影响因素,最终溶液滴附近的空气相对湿度就变得与同样大小纯水滴附近的相对湿度相等了。

为了进一步解释寇拉曲线,我们在图 6.4 中重新绘制了包含 $10^{-19}$ kg 氯化钠(图 6.3 中的曲线 2)和包含 $10^{-19}$ kg 硫酸铵(图 6.3 中的曲线 5)的寇拉曲线。假设一个质量为 $10^{-19}$ kg 的氯化钠质粒放置在过饱和度为 0.4% 的空气中(图 6.4 中的虚线),在此质粒上将会发生凝结,形成溶液滴,并且该溶液滴将沿着图 6.4 中的曲线 2 增长。在此过程中,临近该溶液滴表面的过饱和度起始时增加,但即使在其寇拉曲线的顶峰,液滴表面附近的过饱和度也低于

---

⑭ 拉乌尔[Francois Marie Raoult(1830—1901)],19 世纪首席法国实验物理化学家。格勒诺布尔(Grenoble)化学教授。他的劳动收获颇丰,尽管迟到了一些(de la Legion 将军奖章;皇家学会 Davy 奖章等)。

⑮ 寇拉[Hilding Köhler(1888—1982)],瑞典气象学家。曾任乌普萨拉(Uppsala)大学气象系主任、气象台台长。

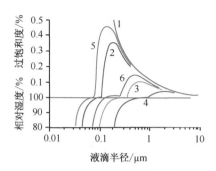

图 6.3　纯水和包含各种质量盐分的溶液滴附近相对湿度和过饱和度随液滴半径变化的曲线(1)纯水，(2)$10^{-19}$ kg 氯化钠，(3)$10^{-18}$ kg 氯化钠，(4)$10^{-17}$ kg 氯化钠，(5)$10^{-19}$ kg 硫酸铵，(6)$10^{-18}$ kg 硫酸铵。注意曲线在纵坐标为 100% 相对湿度时的不连续性〔取自 S. I. Rasool 编 *Chemistry of the Lower Atmosphere* 一书中 H. R. Prup-pacher 所著"The role of natural and anthropogenic pollutants in cloud and precipitation formation"一文，Plenum Press，New York，1973，Fig. 5，p. 16，copyright 1973，并得到 Springer Science and Business Media 的许可〕。

环境的过饱和度。因此，液滴将沿着寇拉曲线并越过其顶峰，然后下到该曲线的右侧，形成雾滴或云滴。一个液滴能够越过寇拉曲线顶峰并能继续增长，称为被活化。

　　现在考虑一个放置在环境过饱和度同样为 0.4%，质量为 $10^{-19}$ kg 的硫酸铵质粒。在这种情况下，质粒上将会发生凝结，液滴将沿着其寇拉曲线增长(图 6.4 中的曲线 5)，直到点 A。在点 A 处，临近液滴的过饱和度等于环境过饱和度。如果液滴在点 A 稍有增长，其附近的过饱和度将增大到超过环境过饱和度，因而液滴会蒸发回到点 A。如果液滴在点 A 略有蒸发，其附近的过饱和度将降低到低于环境过饱和度，液滴会凝结增长回到图 6.4 中的点 A。

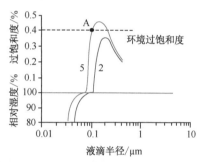

图 6.4　图 6.3 中寇拉曲线 2 和 5。曲线 2 对应含有 $10^{-19}$ kg 氯化钠的溶液滴，而曲线 5 则对应包含 $10^{-19}$ kg 硫酸铵的溶液滴。图中的虚线如正文所述，为假设的环境过饱和度。

因此，这种情况下的液滴在 A 点与环境过饱和度处于稳定平衡状态。如果环境过饱和度有少许变化，图 6.4 中 A 点的位置将改变，液滴的平衡尺度也要相应地改变。在这种状态下的液滴被称为未被活化或霾滴。大气中的霾滴通过散射光可相当大地降低大气能见度。

## 6.1.2　云凝结核

　　5.4 节讨论了大气气溶胶。大气气溶胶中的一小部分可作为水汽在其上凝结形成水滴的质粒，而这些小水滴在云中可得到的过饱和度条件下通过活化和凝结增长形成云滴。这些质粒被称之为云凝结核(简称 CCN)。根据 6.1.1 小节的讨论，气溶胶的质粒愈大，则此质粒愈易被水湿润，其水溶性也就愈大，它能够成为 CCN 要求的过饱和度就愈低。例如，要在 1% 过饱和度下成为 CCN，完全可湿但不可溶的质粒半径至少要在 0.1 $\mu$m 左右,而可溶性质粒即使其半径小至约 $0.01\mu m$ 也能够在 1% 过饱和度下成为 CCN。大多数的 CCN 是由可溶和不可溶成分构成的混合物(称为混合核)。

在各种过饱和度下活化的 CCN 浓度,可以用热扩展云室测量出来。热扩散云室由一个小箱构成,其上下水平板保持湿润,并维持不同的温度,下板温度一般比上板低几摄氏度。通过改变两平板之间的温差,有可能在小箱中产生范围在百分之零点几至百分之几的最大过饱和度(见习题 6.14),这与云中活化云滴所需的过饱和度相似。小水滴在小箱中那些在峰值过饱和度起 CCN 作用的质粒上形成。这些小水滴的浓度可通过照相或通过测量小水滴的散射光强度而得到。前一方法是通过对一已知容积的云进行照相,并对照片上可见的水滴计数进行。对箱内各种温度分布,重复上述过程,就可决定出在几个不同过饱和度条件下空气中 CCN 的浓度(称为 CCN 过饱和度谱)。

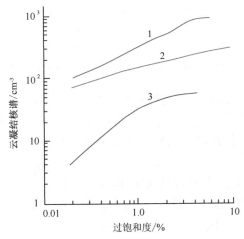

图 6.5 从下列地区边界层内测得的云凝结核谱:亚速尔群岛附近遭污染的大陆性气团(曲线 1),佛罗里达地区的海洋性气团(曲线 2),以及北极地区的清洁空气(曲线 3)〔资料取自 J. G. Hudson and S. S. Yun, "Cloud condensation nuclei spectra and polluted and clean clouds over the Indian Ocean," *J. Geophys. Res.* 107（D19）, 8022, doi: 10.1029/2001JD000829, 2002. Copyright 2002 American Geophysical Union. Reproduced/modified by permission of American Geophysical Union.〕.

在世界各地进行的 CCN 浓度观测未发现它们有任何随纬度和季节的系统性变化。然而,在地面附近,大陆性气团通常比海洋性气团含有更高浓度的 CCN(见图 6.5)。例如,在过饱和度为 1% 条件下,在亚速尔地区大陆性气团中的 CCN 浓度(见图 6.5)大约为 $300 cm^{-3}$,在佛罗里达地区的海洋性气团中约为 $100 cm^{-3}$,而在清洁的北极地区空气中仅为 $30 cm^{-3}$ 左右。在 1% 过饱和度条件下 CCN 浓度与空气中质粒总数(CN)之比,在海洋性空气中约为 0.2~0.6;在大陆性空气中该比值通常小于 0.01,但可能高达 0.1 左右。在大陆性空气中 CCN 与 CN 浓度之间非常小的比值可归因于那些大量存在的非常小的质粒,这些质粒在低过饱和度条件下不能被活化。在陆地上,从行星边界层到自由对流层之间 CCN 浓度减少为 1/5。在同样高度间隔内,在海洋上空的 CCN 浓度基本保持不变甚至可能随高度增加,并在平均云高度上方达到极大值。地基观测发现 CCN 浓度有日变化,上午 6 时最小,下午 6 时最大。

上述观测结果,对 CCN 的源地提供了若干线索。首先,由于陆地上 CCN 浓度较大,且此浓度又随高度而减少,说明陆地是 CCN 源地之一。有些进入大气中的土壤质粒和尘埃可成为 CCN,但它们不是 CCN 的主要来源。植物燃烧所产生的 CCN,数量级在每千克燃料 $10^{12} \sim 10^{15}$ 个范围内。因此,森林火灾是 CCN 的来源之一。空转柴油发动机排放质粒大约 80% 的为 CCN(在 1% 过饱和度条件下)。1991 年科威特油井大火所排放质粒的约 70% 为 CCN(在 1% 过饱和度条件下)。按 5.4.1 小节所讨论的机制,虽然海盐由海面进入空气可成为 CCN,但似乎不是 CCN 的主要的来源,即使在海面上也是如此。

看来在海洋和陆地上都存在一个广泛并且有可能是均匀的 CCN 源地,但对这类源的性质迄今还不很了解。一个可能机制是气-粒转换,这种机制能产生直径达零点几微米的质粒,因而能够成为 CCN,如果这些质粒是可溶的或可湿的。由于气-粒转换机制需要在太阳辐射下进行,这可能是下午 6 时左右观测到 CCN 浓度峰值的原因。很多 CCN 含有硫酸盐。在海洋上,来自海洋的有机硫化物[二黄甲基硫(DMS)和(MSA)气体]提供了 CCN 的另一个源,因为 DMS 和 MSA 在大气中可转化为硫酸盐。云滴蒸发也释放出硫酸盐质粒(见 6.8.9 小节)。

## 6.2 暖云的微结构

整体位于 0℃ 等温线以下的云称为暖云。在暖云中,只含有小水滴。因此,为描述暖云的微结构,我们需讨论单位体积空气中所含的液水量[称为液水合量(LWC),一般以每立方米所含克数[16]表示],单位体积空气中总的水滴数(称为云滴浓度,一般用每立方厘米所含云滴个数表示),云滴尺度分布(称为云滴尺度谱,一般用不同水滴尺度区间内每单位立方厘米的个数的直方图表示)。这 3 个参量不是相互独立的,例如,如果滴谱为已知,则云滴浓度和液水含量都可由此导出。

从理论上讲,确定暖云微结构的最直接的途径,是把云中所测体积内的所有云滴都收集起来,然后在显微镜下测量云滴的大小和个数。在早期的云观测中,把涂油的玻璃片装在飞机上,暴露于飞行路径长度上的云内空气中。与玻璃片相碰撞的小水滴,全部浸入玻璃片上的油内,保存下来用于随后的分析。另一个办法是,在玻璃片上涂一层氧化镁粉(这可通过在玻璃片附近燃烧镁带而达到),以获得云滴的印模。当云滴碰到玻璃片时,在氧化镁粉的涂层上,就会留下一个清楚的痕迹。可在痕迹的大小与云滴实际大小之间建立某种联系。用上述直接碰撞的办法收集较小云滴时有偏差。这是因为较小云滴会沿流线绕过收集器而流走,从而不被玻璃片所俘获。因此,应当根据小水滴在玻璃片周围运动轨迹的理论计算来对结果进行订正。

现在,已设计出了从飞机上测量云滴大小而不收集云摘的自动仪器(例如,通过测量单个云滴对光散射的角分布)。这些仪器避免了上述收集时会出现的问题,并且能够连续地在云内取样,因而使得对云微结构时空变化的研究更容易。

在飞机上测量云液水含量的办法有好几种,常用的仪器是用一条电热金属线暴露于气流中。当云滴碰到线上时,它们就会蒸发从而使金属线变冷并降低金属线的电阻。金

---

[16] 须记住空气的密度大约为 $1 \text{kg} \cdot \text{m}^{-3}$,$1 \text{g} \cdot \text{m}^{-3}$ 的液水含量表达为混合比时约为 $1 \text{g} \cdot \text{kg}^{-1}$(原书这里有误——译者注)。

属线的电阻的作用是在反馈电路中是金属线的温度保持定常。为达到此目的,对所需要的电力进行校准,这样就得到 LWC。近期研制出来的另一种仪器利用一群水滴对光的散射来导出 LWC。

一个液水云或冰云的光学厚度($\tau_c$)和有效质粒半径($r_e$)可从卫星或机载太阳光谱反射率的测值导出。这些反演利用了大气窗区总体水(液态或冰)吸收的谱变化。凝结水在可见光和近红外波段(例如,$0.4 \sim 1.0\mu m$)基本上是透明的,因而云的反射率仅决定于 $\tau_c$ 及质粒相函数(或非对称因子 $g$,一个与多次散射问题有关的相函数的余弦权重)。然而,水在短波和中波红外窗区具有弱吸收性($1.6,2.1$ 和 $3.7\mu m$ 波段),并且在每个较长波段窗区吸收增加一个量级。因此,在这些波段,云的反射率也决定于质粒的吸收,而后者则由单散射反照率($\omega_0$)描述。更具体点讲,$r_e$ 是与辐射有关的尺度分布的测量,对弱吸收,$r_e$ 与 $\omega_0$ 大约成线性关系。所以,在吸收波段内的反射率测值含有关于 $r_e$ 的信息。反演算法使用辐射传输模式来预测透明和吸收传感波段内的反射率随 $\tau_c$ 和 $r_e$ 的变化,其中也包括了相关的非云参数的确定(例如,吸收性大气气体、地面边界条件)。然后对未知的云光学参数 $\tau_c$ 和 $r_e$ 进行调整,直到预测的和观测的反射率之间的差达到最小。液水路径 LWP(即横截面积为 $1m^2$ 的垂直气柱内云液水的质量)大约与 $\tau_c$ 和 $r_e$ 的乘积成正比(参阅习题 6.16),经常也作为反演的产品给出。

在图 6.6 中给出的是在一个小积云中测得的空气垂直速度、液水含量和云滴谱。云本身就是一个上升气流区,而下沉气流刚好位于其边界之外。高液水含量区非常密切地与较强上升气流区相对应,当然,这是因为上升运动是云形成的原动力(参阅 3.5 节)。从液水含量测值可看出,云内非常的不均匀,包含很多含有相对较高液水的鼓包和散落的实际无液水区(就像瑞士奶酪)。在图 6.6(c)中给出的云滴谱观测显示,云滴半径从几微米到 $17\mu m$ 的范围内变化。

云的液水含量一般随着云底以上高度的增加而增大,在云上半部的某区域达到最大值,然后向着云顶随高度减小。

为说明 CCN 对云滴的浓度和尺度分布有重要影响,图 6.7 分别给出了在海洋性和大陆性气团内积云中的观测结果。由图可见,大多数的海洋性积云中的云滴浓度低于 $100cm^{-3}$,没有云滴浓度大于 $200cm^{-3}$ 的云(图 6.7(a))。与此相反,某些大陆性积云中的云滴浓度超过 $900cm^{-3}$,且大多数云的云滴浓度都有每立方厘米几百个(图 6.7(c))。这些差异反映了在大陆性空气中存在高得多的 CCN 浓度(参阅 6.1.2 小节和图 6.5)。因为海洋性积云的液水含量与大陆性积云的相差不大,大陆性积云中较高的云滴浓度必定会导致在这类云中的平均云滴大小小于海洋性积云中的值。通过比较图 6.7(b)和 6.7(d)给出的结果,可以看出,不仅大陆性积云的云滴谱远比海洋性积云中的窄,而且平均云滴半径也要小得多。让我们换一种方式描述这种差异。在海洋性积云中浓度为每立方厘米几个、半径约为 $20\mu m$ 的云滴,而在大陆性云中云滴半径必须降低到 $10\mu m$ 才有每立方厘米几个的云滴出现。通常在大陆性云中比较小的云滴导致这类云的边界清晰可见,这是由于云滴在未饱和的环境空气中迅速蒸发造成的。在远离大陆性积云主要边界的地方没有云滴存在使得它们的外形看起来比海洋性云更明亮[17]。我们将在 6.4.2 小节中看到,在海洋性云中较大的云滴使得它们

---

[17]　云中冰质粒的形成也影响其外形(参阅 6.5.3 小节)。

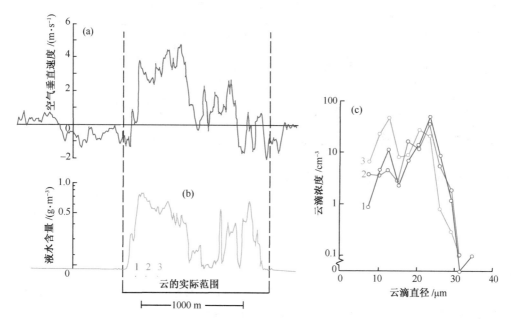

图 6.6　(a)空气垂直速度(正值表示上升,负值表示下沉),(b)液水含量,(c)(b)中点 1,2 和 3 的云滴尺度谱。资料是飞机在一次水平航路上当其横穿一个小的、非降水性暖积云时的测值,飞机处于云底和云顶之间距离的一半高度处。云大概有 2km 厚[取自 *J. Atmos. Sci.* 26,1053(1969)]。

能够在比大陆性云较浅、上升气流更小的云中产生降水。

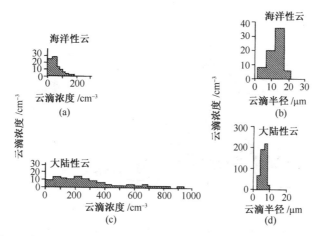

图 6.7　(a)海洋积云各不同云滴浓度的百分率,(b) 海洋积云内云滴谱,(c) 大陆积云各不同云滴浓度的百分率,(d) 大陆积云内云滴谱。注意(d)的纵坐标与(b)不同[取自 P. Squires, The microstructure and colloidal stability of warm clouds. Part I—The relation between structure and stability," *Tellus* 10, 258 (1958). 得到 Blackwell Publishing Ltd 的许可]。

　　在图 6.8 显示的是从卫星观测反演的全球低层水云的云光学厚度($\tau_c$)和云滴有效半径($r_e$)。可以看出,$r_e$ 在陆地上的值一般小于海洋上的,这与前面的讨论相一致。

图 6.8　从卫星反演的低层水云的云光学厚度($\tau_c$)和云质粒有效半径($r_e$,以 $\mu m$ 为单位)[取自 T. Nakajima et al. , "A possible correlation between satellite-derived cloud and aerosol microphysical parameters,"*Geophy. Res. Lett.* **28**,1172（2001）. Copyright 2001 AGU. 根据 AGU 许可重印]（另见彩图）。

---

### 框栏 6.1　云 中 航 迹

　　长期维持的航迹形象地展示了 CCN 对增加云滴数浓度的影响（如图 6.9 所示）。我们已经看到,在自然条件下海洋性空气所含的 CCN 较少,这从海洋性云中较低的小云滴浓度可反映出来。航船排放大量的 CCN（在 0.2％过饱和度下约达 $10^{15}$ 个·$s^{-1}$）,当这些质粒被向上带入海洋性层云的底部时,它们增加了云滴的数浓度而降低了云滴的平均尺度。在这些区域较高的云滴浓度使得更多阳光反射回太空,因而当从卫星往下看时,它们就呈现为白色线条。

图 6.9　2003 年 1 月 23 日从 NASA 的 Aqua 卫星上观测到的大西洋上空海洋性层云中的船舶航迹（白色线）。在图像的右上角可看到布列塔尼亚半岛（Brittany）和英格兰西南部海岸。

---

## 6.3　云液水含量及夹卷

　　习题 3.10 解释了如何利用斜 $T$-$\ln p$ 图来确定当一个气块被抬升到其抬升凝结高度（LCL）以上时凝结出的液水量的多少。由于斜 $T$-$\ln p$ 图是根据气块绝热的假设绘制的（参阅 3.4.1 小节）,用这种方法导出的液水含量称为绝热液水含量。

　　在图 6.10 和 6.11 显示的是在积云中液水含量的观测结果。观测得到的液水含量远低于绝热液水含量,这是因为未饱和的环境空气被夹卷进入积云中。因此,云水的一部分蒸发以使夹卷进来的空气块达到饱和,因而降低了云中的液水含量。

在小积云内外的观测指出,夹卷主要发生在其顶部(如图 6.12 中的草图所示)。某些外场观测提出,在云水未被夹卷稀释的积云深处,有绝热核存在。然而,最近使用快速反应仪器(它们能够揭示云的细微结构,图 6.10 和图 6.11)进行的观测指出,绝热核——即使存在的话——也非常稀少。

在云顶卷入的空气以下述方式分布到云的较低层。当云水蒸发用以使卷入的气块饱和时,气块变冷。如果在气块由于混合失去它的身份之前有足够的蒸发发生,气块将下沉,并在下沉过程中与更多的云内空气混合。下沉的气块将一直下降到它的负浮力等于零或失去了它的身份。这样的气块可在云中下降几千米,有时甚至是在云中存在相当大的上升气流的情况下,这时它们被称为穿透性下沉气流。此过程部分地对积云中液水含量的"瑞士奶酪"形分布有贡献(见图 6.6)。云中液水含量的块状分布将有利于增宽云滴尺度分布,因为云滴在下沉气流中将部分地或完全地蒸发,而当它们进入上升气流中时将再一次增长。

在大面积海洋上空,层积云常常在紧靠高度约为 0.5~1.5km 的强逆温层下面形成,此逆温层也是海洋边界层顶的标志。层积云的顶部由于向空间发射长波辐射而冷却,而其底部由于地表长波辐射而变暖。这种加热差异驱动浅对流活动,其中较冷的云内空气下沉,云滴蒸发,而较暖的云内空气上升,云滴增长。这种运动是造成层积云胞状外形的部分原因(图 6.13)。

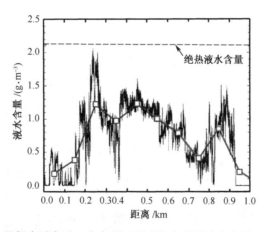

图 6.10  根据水平穿过一个小积云得到的高分辨液水含量(LWC)观测结果。注意积云的一小部分液水含量接近于绝热液水含量。当对这些资料进行平滑以模拟低得多的采样速率(较老观测仪器普遍采用)时这一特征就消失了[取自 *Proc. 13th Intern. Conf. on Clouds and Precipitation*,Reno, NV, 2000, p. 105.]。

自由对流层的暖干空气夹卷进入下面边界层内的湿冷空气,在层积云覆盖的海洋边界层中起很重要的作用。这种夹卷发生的频率随着边界层湍流的活跃而增加,但会受到与逆温层有关的稳定度的抑制。根据模式模拟得到的图 6.14 指出了一个空气块是如何从自由对流层卷入层积云覆盖的边界层的。如同在积云例子一样,卷入以后,有云水蒸发引起的卷入空气的冷却将驱使空气块向下运动。

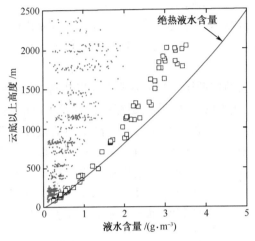

图 6.11 点为横穿 802 个积云观测得到的平均液水含量(LWC)。方块为观测的最大液水含量值。注意在云底以上约 900m 未观测到绝热液水含量。云底温度在所有飞行中变化很小,这使得当我们构筑此综合图时能够把云底标准化到 0m 高度[取自 *Proc. 13ᵗʰ Intern. Conf. on Clouds and Precipitation*,Reno,NV,2000,p. 106.]。

图 6.12 环境空气夹卷进入小积云的示意图。热泡(阴影区)是从云底上升到云上层的[取自 *J. Atmos. Sci.* **45**,3957 (1988).]。

图 6.13 鸟瞰位于在英格兰布里斯托尔海峡(Bristol Channel)上空的层积云[照片由英国气象局 R. Wood 提供](另见彩图)。

**习题 6.2** 一个质量为 $m$,位温为 $\theta'$ 的云内空气团,由于卷入了质量为 $dm$ 的未饱和空气,其位温发生变化。试导出一个表达式来描述位温变化的成数 $d\theta'/\theta'$。

**解答:**令云内空气快的温度为 $T'$,压强为 $p'$,体积为 $V'$,环境空气的温度为 $T$,混合比为 $w$。使卷入的质量为 $dm$ 的空气变暖所需要的热量 $dQ_1$ 为

$$dQ_1 = c_p(T' - T)dm \tag{6.9}$$

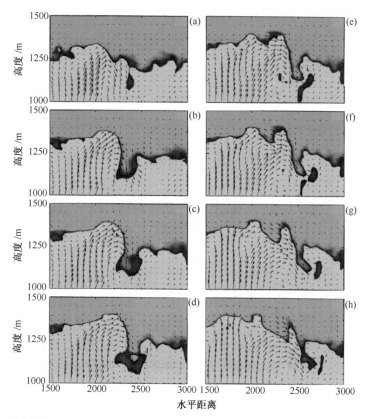

图 6.14　模式模拟显示从自由对流层夹卷的空气(深橙色)在大约 6min 时间内进入边界层
(蓝色)。箭头指流体运动[取自 Sullivan et al. *J. Atmos. Sci.* **55**,3051 (1998).](另见彩图)。

式中,$c_p$ 为卷入空气的定压比热。为蒸发刚好足够的云水来使卷入的气达到饱和,要求
热量

$$dQ_2 = L_v(w_s - w)dm \tag{6.10}$$

假设夹卷是在云内空气块湿绝热上升过程中发生的,气块的上升冷却使其饱和混合比减
少 $dw_s$。由液水凝结释放的潜热为

$$dQ_3 = -mL_v dw_s \tag{6.11}$$

[注意:因为 $dw_s$ 是负值,由(6.11)式给出的 $dQ_3$ 是正值]。因此,云内空气块得到的净热
量为 $dQ_3 - dQ_1 - dQ_2$。

将热力学第一定律(3.3 节)应用到云内空气块,$dQ_3 - dQ_1 - dQ_2 = dU' + p' dV'$,式
中,$dU' = mc_v dT'$,是气块内能的变化。因此,

$$dQ_3 - dQ_1 - dQ_2 = mc_v dT' + p' dV' \tag{6.12}$$

如果忽略了云内空气块温度和虚温之间的差异,由理想气体方程,有

$$p'V' = mR_d T' \tag{6.13}$$

或

$$p' dV' = mR_d dT' - V' dp' \tag{6.14}$$

把(6.14)式代入(6.12)式,

$$dQ_3 - dQ_1 - dQ_2 = mc_v dT' + mR_d dT' - V' dp'$$

或者,利用(3.48)式和(6.13)式,

$$dQ_3 - dQ_1 - dQ_2 = mc_p dT' - \frac{mR_d T'}{p'} dp' \tag{6.15}$$

由(6.9)、(6.10)、(6.11)和(6.15)式

$$-\frac{L_v}{c_p T'} dw_s - \frac{dm}{m} \left[ \frac{T'-T}{T'} + \frac{L_v}{c_p T'}(w_s - w) \right] = \frac{dT'}{T'} - \frac{R_d}{c_p} \frac{dp'}{p'} \tag{6.16}$$

将(3.57)式应用到云内空气:

$$\ln\theta' = \ln T' + \frac{R_d}{c_p}\ln p_0 - \frac{R_d}{c_p}\ln p'$$

对上式求导

$$\frac{d\theta'}{\theta'} = \frac{dT'}{T'} - \frac{R_d}{c_p}\frac{dp'}{p'} \tag{6.17}$$

由(6.16)式和(6.17)式

$$\frac{d\theta'}{\theta'} = -\frac{L_v}{c_p T'} dw_s - \left[ \frac{T'-T}{T'} + \frac{L_v}{c_p T'}(w_s - w) \right] \frac{dm}{m} \tag{6.18}$$

## 6.4　暖云中云滴的增长

在暖云中,云滴可在过饱和环境中凝结增长,也可以与其他云滴碰并而增大。本节讨论这两种增长过程,并估计多大程度上它们可解释暖云中降雨的形成。

### 6.4.1　凝结增长

在6.1.1小节,我们曾追踪一个小水滴的凝结增长直到其大小达几微米。我们看到,如果过饱和度足够大,可以活化一水滴,那么该水滴就会越过其寇拉曲线的顶峰(图6.4)并继续增长。我们现在考虑这样一个小水滴凝结增长的速率。

先假定有一个孤立云滴,在时间 $t$ 时,半径为 $r$,并处于过饱和环境中,当时离云滴很远的地方,水汽密度为 $\rho_v(\infty)$,而在云滴附近空气中的水汽密度为 $\rho_v(r)$。假定此系统处于平衡状态(即在水滴周围没有水汽聚集),则于时间 $t$,云滴质量 $M$ 的增长率等于以此云滴为中心,半径为 $x$ 的任一球面上通过的水汽通量。因此,如果我们把空气中水汽扩散系数 $D$ 定义为在水汽密度梯度为 1 时,垂直于单位面积所通过的水汽质量通量,则云滴质量增长率可写为

$$\frac{dM}{dt} = 4\pi x^2 D \frac{d\rho_v}{dx}$$

式中,$\rho_v$ 为距云滴 $x(>r)$ 处的水汽密度。由于在稳定条件下,$dM/dt$ 与 $x$ 无关,所以上述方程可做如下积分

$$\frac{dM}{dt}\int_{x=r}^{x=\infty} \frac{dx}{x^2} = 4\pi D \int_{\rho_v(r)}^{\rho_v(\infty)} d\rho_v$$

或者,

$$\frac{dM}{dt} = 4\pi r D [\rho_v(\infty) - \rho_v(r)] \tag{6.19}$$

把 $M = \frac{4}{3}\pi r^3 \rho_1$ 代入,其中 $\rho_1$ 为液水密度。则得

$$\frac{\mathrm{d}r}{\mathrm{d}t} = \frac{D}{r\rho_l}\big[\rho_v(\infty) - \rho_v(r)\big]$$

最后,利用水汽的理想气体方程,并通过一些代数处理,可得

$$\frac{\mathrm{d}r}{\mathrm{d}t} = \frac{1}{r}\frac{D\rho_v(\infty)}{\rho_l e(\infty)}\big[e(\infty) - e(r)\big] \tag{6.20}$$

式中,$e(\infty)$ 为距云滴很远处的环境空气的水汽压,$e(r)$ 为贴近云滴处的水汽压[⑱]。

严格说来,(6.20)式中,$e(r)$ 应当用 $e'$ 代替,其中 $e'$ 可由(6.8)式给出。但对半径大于 $1\mu m$ 左右的云滴来说,根据图 6.3,溶质效应和开尔文曲率效应都不很重要。因此,水汽压 $e(r)$ 十分接近于纯水平面的饱和水汽压 $e_s$(它仅是温度的函数)。此时,如果 $e(\infty)$ 和 $e_s$ 相差不大,则有下列关系

$$\frac{e(\infty) - e(r)}{e(\infty)} \approx \frac{e(\infty) - e_s}{e_s} = S$$

式中,$S$ 为环境空气的过饱和度(常用成数表示,而不是百分率)。因此,(6.20)式可写为

$$r\frac{\mathrm{d}r}{\mathrm{d}t} = G_l S \tag{6.21}$$

式中,

$$G_l = \frac{D\rho_v(\infty)}{\rho_l}$$

该参量在给定环境中为一常数。由(6.21)式可以看出,对于给定的 $G_l$ 值和过饱和度 $S$ 来说,$\mathrm{d}r/\mathrm{d}t$ 与水滴半径 $r$ 成反比。因此云滴最初因凝结而半径增长很快,但增长速率随时间而减小,如图 6.15 的曲线(a)所示。

我们所关心的是云中上升气块内大量小云滴的增长。当气块上升时,它将膨胀和绝热冷却,并最终达到水面饱和状态。再上升时,就会产生过饱和。过饱和度最初以正比于上升气流速度的速率而增大。在过饱和度增大时,就有 CCN 被活化。最先被活化的是最有效的那些核。当空气绝热冷却所提供的多余水汽超过饱和的速率等于凝结在 CCN 和云滴上的速率时,云中的过饱和度达到最大值。此时云滴的数浓度就被确定了(这种情况通常出现于云底以上约 100m 之内的高度上),而且正等于所能得到的最大过饱和度活化的 CCN 浓度。再向上,增长中的云滴所消耗的水汽比气块绝热冷却所提供的多余水汽为多,故过饱和度开始减小。于是霾滴就渐渐蒸发,而被活化的 CCN 形成的云滴却继续因凝结而增长。由于云滴凝结增长速率反比于其半径[见(6.21)式],较小的云滴比较大的云滴增长得快。结果,在此简单模式中,云中水滴尺度就愈来愈趋于均匀化(即云滴趋近于单分散分布)。这一连串事件的经过,可由理论计算所得的图 6.16 表示。

把不降水的暖积云云底以上几百米处测得的云滴谱与计算所得的凝结增长约 5min 的云滴谱相比较,发现十分一致(见图 6.17)。注意,图中在此时期内凝结增长的云滴,其半径只伸展到约 $10\mu m$ 处。同时,也可看到前面所提到的现象,即云滴半径的凝结增长率

---

⑱　在推导(6.20)式时,已做了若干假定。例如,假定一切落在云滴上的水分子,就始终留在那里,而且贴近云滴的水汽温度与环境温度相等(由于放出凝结潜热,云滴表面附近的温度事实上应比远离云滴的空气温度为高)。我们也曾假定云滴是不动的,事实上以很大速率下坠的云滴会受通风效应影响,而这种通风效应将要影响云滴温度及流向水滴的水汽。

随时间而有减少。因此,正如雷诺(Reynolds)[19]于1877年首次所指出的那样,在暖云中,仅靠水汽凝结太缓慢了,不足以使云滴长大成几毫米半径的雨滴。但在暖云中确实见到下雨的。在图6.18的云、雨滴尺度草图中,可以看到,要把云滴转化为雨滴,须增大很多倍。一个半径$10\mu m$的云滴,要增大为$1mm$半径的雨滴,须增加体积100万倍! 而在一块云中,只有百万分之一个云滴(即约每升一个),能够由云滴转化为雨滴。在6.5节,将介绍暖云中与云滴转化为雨滴有关的选择增长的机制。

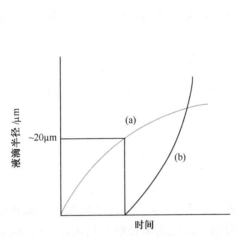

图6.15 云滴增大曲线的草图。(a)由汽相通过凝结过程而增大(虚线),(b)由云滴碰并而增大(实线)。

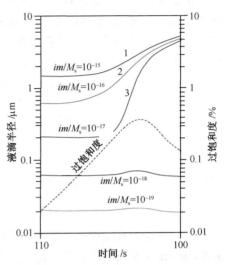

图6.16 以$60cm \cdot s^{-1}$的速率上升的气块,因凝结而使CCN增大的理论计算。假定CCN总量为$500\ cm^{-3}$,$im/M_s$的值[见(6.8)式]如图中所注。注意被活化的小滴(曲线1,2,3)如何在100s之后趋于一个单分散分布。图上还表示出过饱和度随时间的变化(虚线)[采取J. Meteor. 6,143(1949)的资料]。

## 6.4.2 碰并增长

在暖云中,云滴由较小尺度开始增大,主要是靠凝结过程。但它要增大成雨滴,却主要靠云滴的碰并[20]。一个水滴在重力的作用下,通过静止大气时,有一定的下降速度(称

---

[19] 雷诺[Osborne Reynolds(1842—1912)],19世纪英国杰出的理论力学工程师,在流体力学和润滑理论方面做出了重要贡献,研究了大气中声的折射。以他命名的雷诺数就是他引进的。

[20] 早在10世纪,巴斯拉(Basra)的一个秘密团体(称为纯洁教徒)曾指出,雨是由云滴碰并而成的。在1715年,巴罗(Barlow)[21]也指出,雨滴是由较大云滴追及并兼并小云滴而成。但这些看法,在20世纪前半叶并未得到认其研究。

[21] 巴罗[Edward Barlow (1639—1719)],英国牧师,曾著有"Meteorological Essays Concerning the Origin of Springs, Generation of Rain, and Production of Wind, with an Account of the Tide", John Hooke and Thomas Caldecott, London, 1715。

为水滴下降末速),此下降速度随水滴的增大而增大(见框栏 6.2)。因此,云中比一般云滴为大的水滴,将有一个大于平均下降末速的速率,它在下降中途,必将与途中较小云滴相碰。

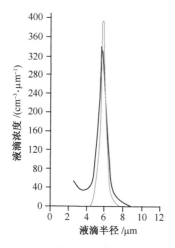

图 6.17　在暖积云云底以上 244m 观测到的云滴谱和假定只有凝结增长而计算出的云滴谱的比较[取自 Tech. Note No. 44. Cloud Physics Lab, University of Chicago.]。

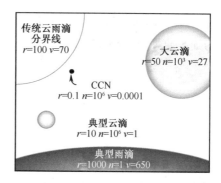

图 6.18　云、雨滴的相对尺度草图,$r$ 为半径($\mu$m);$n$ 为每升空气中的个数;$v$ 为下落末速,单位为 cm·s$^{-1}$。图中圆圈的周长是按比例画的,但黑圆点所代表的典型 CCN 周长却比相对于其他圆圈的实际周长大 25 倍[取自 J. E. MacDonald, "The physics o cloud modification," *Adv. Geophys.* 5, 244 (1958). Copyright 1958, with permission from Elsevier.]。

---

**框栏 6.2　伽利略[22]是正确的吗? 空气中水滴的下降末速度**

通过从比萨斜塔上下抛不同质量的物体,伽利略证明了不同质量的自由下落物体降落给定的距离所用的时间相同(即它们的加速度相同)。但是,这只是在当物体的重力远大于空气作用在该物体上的摩擦阻力以及当物体的密度远大于空气密度时才正确(伽利略使用的重而密度大的物体满足这两个要求)。

现在我们考虑更一般的情况。一个密度为 $\rho'$,体积为 $V'$ 的物体降落通过密度为 $\rho$ 的静止空气。由于重力作用在物体上的向下的力为 $\rho'V'g$,由于空气被物体替换引起的作用在物体上的向上的力(阿基米德浮力)为 $\rho V'$。除此之外,空气还在物体上施加一个指向上的拖曳阻力 $F_{拖曳}$。当这 3 个力处于平衡时,该物体就得到一个稳定的下落末速度,即

---

㉒　伽利略[Galileo Galilei(1564—1642)],著名的意大利科学家。对下落物体和抛物体的运动,以及钟摆振动进行了基础性的研究。温度计起源于伽利略的验温器。发明了显微镜。建造了一个望远镜,并用它发现了木星的卫星,对太阳黑子进行了观测。在他发表了《世界两个主要系统的对话》之后,天主教堂法庭(宗教法庭)强迫放弃他的地球绕日旋转的观点并被判终身软禁在家。他在牛顿诞生那年去世。1992 年 10 月 31 日,伽利略去世后 350 年,教皇保罗二世承认在伽利略的案件中教堂有错,并且宣布结案。

$$\rho' V' g = \rho V' g + F_{拖曳}$$

或者,如果该物体是一个半径为 $r$ 的球体,那么

$$\frac{4}{3}\pi r^3 g(\rho' - \rho) = F_{拖曳} \qquad (6.22)$$

对于半径$\leqslant 20\mu m$ 的球体

$$F_{拖曳} = 6\pi\eta r v \qquad (6.23)$$

式中,$v$ 为该物体的下落末速度,$\eta$ 为空气的粘滞率。由(6.23)式给出的 $F_{拖曳}$ 的表达式称为斯托克斯(Stokes)拖曳力。由(6.22)式和(6.23)式

$$v = \frac{2}{9}\frac{g(\rho' - \rho)r^2}{\eta}$$

或者,如果 $\rho' \gg \rho$(对于液态和固态物体),

$$v = \frac{2}{9}\frac{g\rho' r^2}{\eta} \qquad (6.24)$$

在压强为 1013hPa,温度为 20℃的空气中,半径为 10 和 20$\mu m$ 的小水滴的下落末速分别为 0.3 和 1.2cm · s$^{-1}$。半径为 40$\mu m$ 的水滴的下落末速为 4.7cm · s$^{-1}$,大约比由(6.24)式给出的值小 10%。半径为 100$\mu m$、1mm 和 4mm 的水滴的下落末速分别为 25.6,403 和 883cm · s$^{-1}$,这些都比由(6.24)式给出的值小得多。这是因为当一个水滴增大时,它变得越来越呈非球形,并且其尾涡也增大。这就使得拖曳阻力远大于由(6.23)式给出的值。

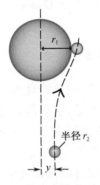

图 6.19　一个小水滴相对于一个收集滴的相对运动。$y$ 是半径为 $r_2$ 的小水滴与半径为 $r_1$ 的收集滴碰撞的最大碰撞参数。

假定有一个半径为 $r_1$ 的水滴[23](称为收集滴),它追及一个半径为 $r_2$ 的较小云滴(图 6.19)。当收集滴接近云滴时,云滴将沿流线绕收集滴而移动,从而避免了被收集滴所俘获。在图 6.19 中,我们定义"有效碰撞截面"为参量 $y$ 的函数。$y$ 表示(在距收集滴较远处测量出的)某云滴中心与收集滴中心下落线的临界间距,在这个临界间距上的云滴,刚好与收集滴做擦边碰撞。如果半径为 $r_2$ 的云滴,其中心与半径为 $r_1$ 的收集滴中心线之距小于 $y$,它就会与收集滴碰撞。反之,如上述距离大于 $y$,云滴就不会与收集滴碰撞。因此,收集滴相对于半径 $r_2$ 的云滴的有效碰撞截面就等于 $\pi y^2$,但几何碰撞截面为 $\pi(r_1 + r_2)^2$。于是定义半径为 $r_2$ 的云滴与半径为 $r_1$ 的水滴的碰撞效率 $E$ 为

$$E = \frac{y^2}{(r_1 + r_2)^2} \qquad (6.25)$$

决定碰撞效率值是一个困难的数学问题,特别当水滴和云滴大小相近的时候,这时,它们强烈地互相影响其运动。在图 6.20 中给出了一些最近计算出的 $E$ 值。由图可以看

---

[23]　在本节,水滴指较大滴,而云滴指较小滴。

出,当收集滴的尺度增大时,碰撞效率就明显增大。在收集滴的半径小于 $20\mu m$ 时,碰撞效率是十分小的。当收集滴远大于云滴时,碰撞效率很小,因为这时云滴会紧紧跟着流线绕收集滴而运动。当云滴增大时,$E$ 值增大。这是由于较大云滴趋向于按直线运动,而不是完全沿流线绕收集滴而运动。但当 $r_2/r_1$ 值从约 0.6 增到 0.9 时,特别当收集滴较小的情况下,$E$ 值有所下降。这是因为收集滴的下降末速与云滴的下降末速大小相接近,因而其间的相对速度变得很小。最后,当 $r_2/r_1$ 值趋向于 1 时,$E$ 值又趋向于增大。这是因为两个大小近乎相等的水滴,会强烈地相互影响,产生一个使它们接近的速度,而收集滴后面的尾流效应还能使 $E$ 值大于 1(图 6.20)。

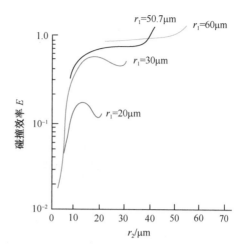

图 6.20 半径为 $r_1$ 的收集滴与半径为 $r_2$ 的云滴的碰撞效率 $E$ 的计算值[取自 H. R. Pruppacher and Klett, *Microphysics of Clouds and Precipitation*, Kluwer Academic Pub., 1997, Fig. 14-6, p. 584, Copyright 1997, with permission of Springer Science and Business Media. 依据 *J. Atmos. Sci.* 30,112(1973).]。

第二个问题是,当云滴与一个较大水滴相碰时,是否会被水滴所俘获(即是否会发生并合)? 根据实验室试验,云滴之间可能会弹开,或者小水滴在平水面上弹开来(如图 6.21(a)所示)。这种现象发生在当相互碰撞的表面之间有空气被夹在中间时,这时就会使小水滴变形,无法实际接触[24]。实际上,小水滴是在气垫上弹开的。如果气垫在水滴弹开前已被挤出,水滴就会互相接触,并发生合并(图 6.21(b))[26]。半径为 $r_2$ 的云滴与半径为 $r_1$ 的水滴的并合效率 $E'$,定义为并合次数占碰撞次数的成数。碰并效率 $E_c$ 等于 $EE'$。

图 6.22 给出了关于并合的实验室观测结果。对很小的水滴碰撞大水滴的情况,并合系数 $E'$ 较大。当被收集的云滴大小相对于水滴增大时,$E'$ 一开始是减少的,但当云滴和水滴大小接近时,$E'$ 迅速增大。这可由下述事实解释。并合是否会发生,决定于(小水滴的)撞击能量与水的表面能量的相对大小。此能量比提供了收集滴由于撞击变形的一种度量方法,后者又反过来决定有多少空气被夹在水滴和云滴之间。当云滴和水滴大小比值达到最大时有弹开的趋势。当此比值较小和较大时,撞击能量相对较小,不能够避免接触和并合。

电场的存在可促进并合。例如,在图 6.21 展示的实验中,通过施加一个场强为 $10^4 V \cdot m^{-1}$ 的电场(在云中测值的范围内),可使在某入射角下弹开的小水滴发生并合。

---

[24] 列那(Lenard)[25]在 1904 年指出,云滴相碰时,并不总是并合的。他认为这可能是一层空气夹在中间,或者是由于电荷之故。

[25] 列那[Phillip Lenard(1862—1947)],奥地利物理学家,在海德堡(Heidelberg)和基尔(Kiel)跟亥姆霍兹(Helmholtz)和赫兹(Hertz)教授学习,1905 年因阴极射线的研究获得诺贝尔物理学奖,是研究水破裂(例如瀑布中)产生电荷的先驱者之一。

[26] 即使两个水滴已并合起来,在它们连接的质体上产生的运动仍有可能使其破裂为几个小水滴。

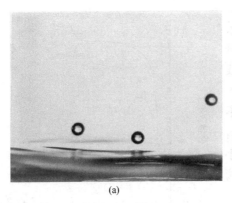 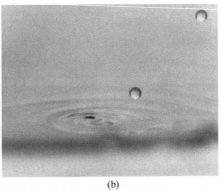

图 6.21　(a)一串小水滴,直径约 $100\mu m$,由右方掠入,在一层水上被弹开,(b)当一串小水滴与水面的交角增大到大于某一临界值时,小水滴就会与水面合并[照片由 P. V. Hobbs 提供]。

类似地,当撞击小水滴荷载 $0.03\times10^{-12}$ C(0.03pC)以上的电荷时,并合增强。一个水滴所能荷载的最大电荷出现在当表面静电应力与表面张力相等的情况下。对半径为 $5\mu m$ 的小水滴,其最大荷电量约为 0.3pC;而半径为 0.5mm 水滴,其最大荷电量约为 300pC。在云滴上观测到的荷电量通常比其最大可能荷电量低几个量级。

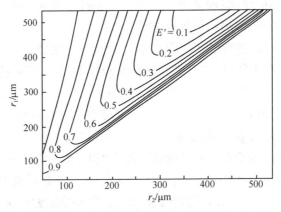

图 6.22　根据对实验室观测资料的经验拟合得到的,半径为 $r_2$ 的小水滴与半径为 $r_1$ 的水滴之间的并合效率 $E'$[取自 J. Atmos. Sci. 52, 3985 (1995)]。

　　现在考虑一个半径为 $r_1$、下降末速为 $v_1$ 的收集滴。假定这个水滴在静止空气中通过一个半径为 $r_2$,末速为 $v_2$,由相同大小云滴组成的云层。假定云滴均匀分布于空中,并在一定大小的各收集滴上以同一速率做均匀碰并。这种所谓的连续碰并模式的情况,可参见图 6.23。这样,收集滴由于碰并而造成的质量 $M$ 增大率为

$$\frac{\mathrm{d}M}{\mathrm{d}t} = \pi r_1^2 (v_1 - v_2) w_1 E_c \tag{6.26}$$

式中,$w_1$ 是半径为 $r_2$ 的云滴的液水含量(kg · m$^{-3}$)。把 $M = \frac{4}{3}\pi r_1^3 \rho_1$ 代入(6.26)式(其中 $\rho_1$ 为液水密度),则可得

$$\frac{dr_1}{dt} = \frac{(v_1 - v_2)w_1 E_c}{4\rho_1} \qquad (6.27)$$

若 $v_1 \gg v_2$，并假定并合效率 $E' = 1$，则 $E_c = E$，于是 (6.27)式即成

$$\frac{dr_1}{dt} = \frac{v_1 w_1 E}{4\rho_1} \qquad (6.28)$$

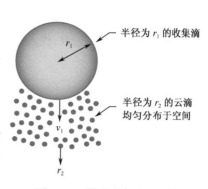

图 6.23　描述云滴通过碰并增长的连续碰并模式的草图。

因为当 $r_1$ 增大时，$v_1$ 也增大(见框栏 6.2)，同时 $E$ 也随 $r_1$ 的增大而增大(图 6.20)，所以，由(6.28)式可知，$dr_1/dt$ 是随 $r_1$ 的增大而增大的。即水滴碰并增大是一种加速过程，如图中 6.15 实线所示。同时从图中也可以看出，在收集滴半径长到约 $20\mu m$ 以前，碰并增长可忽略不计(图 6.20)。从图 6.15 中可看出，对小云滴言，最初以凝结增长为主，但当半径超过某一限度后，就以迅速加速的碰并增长为主了。

如果云中有一稳定上升气流，速度为 $w$，则收集滴相对于地面的上升速度为 $(w - v_1)$，而云滴上升速度将为 $(w - v_2)$，因而 $dr_1/dt$ 将仍以(6.28)式表示，但收集滴的运动可以用下式表示

$$\frac{dh}{dt} = w - v_1 \qquad (6.29)$$

式中，$h$ 为时间 $t$ 时，在某一参考面(例如云底)以上的高度。在(4.15)和(4.16)式中，消去 $dt$，并假定 $v_1 \gg v_2$，$E_c = E$，可得

$$\frac{dr_1}{dh} = \frac{v_1 w_1 E}{4\rho_1 (w - v_1)}$$

或者，如果在云底以上 $H$ 处收集滴的半径为 $r_H$，在云底处的收集滴半径为 $r_0$，则

$$\int_0^H w_1 dh = 4\rho_1 \int_{r_0}^{r_H} \frac{(w - v_1)}{v_1 E} dr_1$$

因而，若 $w_1$ 不随 $h$ 而变，则由上式可得

$$H = \frac{4\rho_1}{w_1} \left[ \int_{r_0}^{r_H} \frac{w}{v_1 E} dr_1 - \int_{r_0}^{r_H} \frac{dr_1}{E} \right] \qquad (6.30)$$

如果已知 $E$ 和 $v_1$ 为 $r_1$ 的函数，那么就可以利用(6.30)式确定与已知 $r_H$ 值相对应的 $H$ 值，反之亦然。我们还可根据(6.30)式，定性地推论出云中大水滴碰并增长的一般情况。如当水滴很小时，$w > v_1$，此时(6.30)式中第一个积分大于第二个积分，于是 $H$ 就随 $r_H$ 的增大而增大，换言之，水滴在碰并增大时，将被云中上升气流所带升。最终，当水滴增大到 $v_1$ 大于 $w$ 的时候，上式括号内的第二个积分就大于第一个积分，$H$ 就随 $r_H$ 的增大而减小。换句话说，水滴将在上升气流中下降，并最终将通过云底，掉到地面，成为雨滴。有些较大的水滴可能在通过空气下降时破裂(见框栏 6.3)。破裂所造成的碎滴，可能被带到云中的上升气流中，碰并增长，降落出云，也可能再破裂。这样的连锁反应，往往加强了降水。

**习题 6.3**　一个半径为 $r_0$ 的水滴进入云底，按一定的碰并效率而增大。它在云中先上升，然后下降，当它再次回返云底时，半径已增大为 $R$，试证明 $R$ 仅为 $r_0$ 和云中上升气

流速度 $w$(假定也是常数)的函数。

**解答:**令 $H=0, r_H=R$,代入(6.30)式之前的方程,可得

$$0 = 4\rho_1 \int_{r_0}^{R} \frac{w - v_1}{v_1 E} dr_1$$

或者,由于 $E$ 和 $w$ 都假设为常数,故有

$$w\int_{r_0}^{R} \frac{dr_1}{v_1} = \int_{r_0}^{R} dr_1 = R - r_0$$

因而

$$R = r_0 + w\int_{r_0}^{R} \frac{dr_1}{v_1} \tag{6.31}$$

由于 $\int_{r_0}^{R} dr_1/v_1$ 仅为 $R$ 和 $r_0$ 的函数,从(6.31)式可知,$R$ 仅为 $r_0$ 和 $w$ 的函数。

### 6.4.3　云滴凝结增长和碰并增长之间的过渡

假设有几个足够大的水滴,是比较有效的收集滴(即半径$\geqslant 20\mu m$),并假设有一块足够厚的云,含有充分的液水,根据前面推导的连续碰并增长方程可知,水滴应当能够在比较合理的时间范围内(约 1h)增长为雨滴(习题 6.23),并且,具有强烈上升运动的深厚云内比厚度较薄而上升运动弱的云内产生雨的速度更快些。

我们从 6.4.1 小节看到,当云滴半径趋近于约 $10\mu m$ 时,其凝结增长速度很慢(图 6.16)。还可看出,在一个分布均匀且只有凝结增长的云内,均匀的上升速度将有利于产生单分散云滴尺度分布(图 6.17)。具有单分散尺度分布的云滴的下降速度将非常接近,因而不利于相互碰撞。因此,人们对暖云中能够变成收集滴,并进而产生雨滴的几个(约 1 个·$L^{-1}$)大水滴(半径$\geqslant 20\mu m$)的起源非常感兴趣,对在云中观测到的、比较宽的、云滴尺度谱(图 6.6 和 6.7)的产生机制也充满兴趣。本节简要描述了目前提出的几种关于凝结增长过渡到碰并增长的机制。

(a)巨型云凝结核的作用。含有巨型云凝结核(GCCN)的气溶胶(即半径大于约 $3\mu m$ 的可湿性质粒)可作为收集滴形成的胚胎。例如,每升空气中增加一个 GCCN(即大约在百万个质粒中有一个是 GCCN)就能够解释甚至是大陆性云中降水粒子的形成。浓度为每升 $10^{-1}\sim 10$ 个的 GCCN 就能够使一个云滴数浓度为 $50\sim 250 cm^{-1}$ 的非降水性层积云,转化为降水云。对含有较低浓度 CCN 的海洋性层积云,毛毛雨滴大小的粒子总会形成,因而增加 GCCN(例如来自海盐)的影响不大。对于受到污染的对流云,模式计算表明,在 CCN 浓度为约 $1700 cm^{-3}$ 和 GCCN 浓度为 $20 L^{-1}$ 的云中比在 CCN 浓度为约 $1000 cm^{-3}$ 且没有 GCCN 的云中更容易产生降水。

(b)湍流对云滴碰并的影响。湍流通过产生过饱和度扰动(从而增进凝结增长)以及通过增加碰撞效率和收集效率来影响云滴增长。在包括湍流及有关过饱和度扰动的情形下,简单均匀混合模式预报的云滴尺度分布仅有微小的变宽。然而,如果混合是非均匀的[即一些未饱和的小空气团与接近饱和的小空气团混合,将导致某些(包括所有尺度的)云滴完全蒸发],云滴总体浓度将减小,而由于局地过饱和度的增加,空气团中的最大水滴将以比均匀混合快得多的速度增长。

湍流使云滴谱增宽的另一种观点与云中的上升和下沉运动有关。当云顶附近的饱和

空气与环境干空气混合时,就形成下沉运动。水滴的蒸发导致空气冷却下沉。在下沉过程中,由于绝热压缩,空气被加热,这又引起水滴的进一步蒸发。较大的水滴也有可能从周围未稀释的空气中混合进入正在下沉的空气中。当下沉运动转换为上升运动时,新近从周围未稀释空气中混合进来的水滴将大于其他水滴,并且在被上升托带到上空的过程中继续增长。如果有足够多的环境空气被卷入,并且有足够多的垂直循环,就可能产生较宽的滴谱。

也有人提出假说认为,在湍流气流中,云中的云滴不是随机分散的,相反,云滴被集中在(厘米尺度的)强烈变形区,而离心力的作用使其远离高涡度区(其中有关变形和涡度的概念,在 7.1 节中定义)。高涡度区拥有高的过饱和度,而在高变形区过饱和度较低。在数浓度较低区的云滴,将会凝结增长得更快些,而在高数浓度区的云滴将会凝结增长得慢些。这将导致云滴尺度谱的增宽。

在湍流空气中,云滴被加速,因而能够比在层流中更容易穿过流线,这将有利于增加碰撞效率。湍流也可引起云滴下沉速度和水平运动扰动,因此提升碰并增长。由于对云中小尺度湍流(<1cm)理解甚少,所以很难定量描述湍流对水滴碰并增长的可能影响。

(c)辐射增宽。在一个云滴凝结增长的过程中,它将比环境空气更暖。因此,该云滴通过辐射失去热量。因而云滴表面上的饱和水汽压将会降低,云滴会(比忽略辐射时预测的速度)增长更快。通过辐射失去的热量与云滴的截面积成正比。因此,云滴越大,辐射效应越强。这将促进潜在收集滴的增长。对位于云顶附近的水滴,其辐射效应也会较大,因为它们可直接把能量向太空辐射。

(d)随机碰并。在连续碰并模式中,假定收集滴以连续而均一的方式与均匀

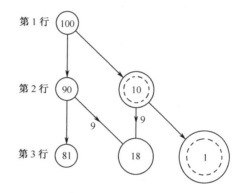

图 6.24　随机(统计性)碰撞使云滴谱加宽的草图
[取自 *J. Atmos. Sci.*,24,689 (1967).]。

地分布在空间的较小云滴相碰撞。因此,连续碰撞模式预言,所有大小相同的收集滴,当下落通过一个由相同大小云滴组成的云时,其增长速率相同。随机(或统计性)碰并模式认为碰撞是一种个别事件,这种事件在时间和空间上是呈统计分布的。例如,假设有 100 个云滴,开始时具有相同大小(如图 6.24 所示的第 1 行)。经过某一段时间后,其中的一些(比如说 10 个)将于其他水滴相碰撞,因而云滴分布现在变成如图 6.24 中第 2 行所示的情况。由于它们比较大,这 10 个云滴就处于进一步发生碰撞的较有利条件。第 3 次碰撞同样也是统计分布的,它更进一步加宽云滴谱,形成如图 6.24 中第 3 行所示的分布。在此时间步内,已假设了在第 2 行中 9 个较小水滴和较大水滴中的一个进行了碰撞。于是,由于允许碰撞是统计分布的,在经过两个时间步后,我们就得到 3 种不同大小的云滴。这个概念很重要,因为它不仅说明了凝结增长产生的均匀云滴尺度谱向宽尺度谱发展的一种机制,而且它也揭示了云中为何有一小部分云滴能因随机分布的碰撞而增长得比一般云滴快得多。

当水滴通过液水含量高于一般情况的空气块时,其碰并增长也会加快。即使这样的

高液水含量气块仅存在几分钟,或者仅占云体积的百分之几,当把整个云体作平均时,它们能产生相当浓度的大滴。云中的观测已经揭示了这种高液水含量气块的存在(例如,图6.10)。

可以把现在已知道的很多云的动力及微物理过程结合到计算机模式内,并进行数值试验。例如,考虑典型海洋气团和大陆气团内形成的暖积云中的云滴凝结增长和随机碰撞增长过程。我们在 6.2 节中已指出,在海洋积云中,平均云滴尺度及滴谱宽度都要比大陆积云为大(见图 6.7)。我们把这种现象归因于大陆空气中较多的 CCN(见图 6.5)。图6.25 表明,在云微结构中的这种差别,主要在于大滴的发展。用作原始数据输入这两类云的 CCN 谱资料是根据观测得到的,大陆空气的 CCN 浓度远大于海洋空气(在过饱和度为 0.2% 时,浓度比约为 200 个·$cm^{-3}$ 比 45 个·$cm^{-3}$)。可以看出,在 67min 后,海洋空气的积云内,可发展出一些半径达 $100\sim1000\mu m$ 的水滴(即雨滴),而大陆空气的积云内,并不包含任何半径大于 $20\mu m$ 的水滴。结果之所以有如此不同,是因为在海洋积云中有少量足够大的水滴,它们可因碰撞而进一步增大,而在大陆积云中,产生有利于碰撞增长的大水滴为数很少。由这些模式所得的结果,支持了这样一个观测事实,即海洋积云与相同上升速度、液水含量和厚度的大陆积云相比较,更易于产生降水。

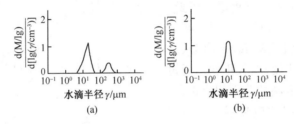

图 6.25　接近云体中部的云滴经过 67min 增长后的质量谱,这是数值计算而得的。(a)为海洋暖积云中的情况,(b)为大陆暖积云中的情况(取自 B. O. Scott 和 P. V. Hobbs 的未发表文章)。

---

### 框栏 6.3　雨滴的形状、破碎及尺度分布

自由下落的雨滴常常被描绘成眼泪状。实际上,在自由下落中,当一个水滴的尺度增长到其半径大于 1mm 时,它的下面就会变平,而且它的形状逐渐从原来的基本上是球形变得越来越接近于降落伞(或水母)形。如果水滴的初始半径超过 2.5mm,那么降落伞形就变成一个倒过来的大袋子,并且在其下部边缘有一个超环面水圈。实验和理论研究都指出,当这个水滴袋子破裂,产生一条小水滴柱,而超环面水圈破碎成一些大水滴(图 6.26)。有趣的是,曾经观测到的直径为大约 0.8~1cm 的最大雨滴都来自于破碎的水滴袋边缘附近。

雨滴之间的碰撞看起来是雨滴破碎的一个更重要的途径。伴随碰撞的 3 种主要破碎过程如图 6.27 草图所示。图 6.27 给出的各种破碎类型发生的概率是:薄片状55%;狭细状 27%;圆盘状 18%。伴随两个水滴的碰撞的袋状滴破碎也可能发生,但比较少见(<0.5%)。

　　雨滴的尺度谱应该能反映前面讨论过的有关水滴增长各种过程以及单个和碰撞雨滴破碎的综合影响。然而，像我们所看到的，单个雨滴必须达到相当大的尺度才能破碎。而且，除了在比较大的雨中外，两个雨滴之间碰撞的几率很小。例如，在降水强度为每小时 5mm 的雨中，半径约为 1.7mm 的雨滴在从地面以上 2km 高度的云底掉到地面的过程中仅经历一次碰撞。因此，不能一般化地假设雨滴有足够的时间来得到一个平衡的尺度分布。

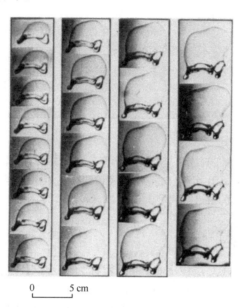

0　　　5 cm

图 6.26　高速摄影照片序列（从左上角开始向下向右移动）展示了一个自由下落的大水滴如何形成降落伞形而且在其下部边缘有一个超环面水圈。超环面水圈变形并发展出一些由水珠分开的尖角。这些尖角最终破离形成大水滴，而形成降落伞上部的薄水膜破裂后产生一系列的小水滴。照片之间的时间间隔为 1ms[照片由 B. J. Mason 提供]。

　　两个碰并雨滴破碎的几率随两个雨滴尺度变化的理论预测由图 6.28 给出。对固定大小的较大雨滴，破碎的几率一开始随着较小雨滴尺度的增加而增大，但当较小雨滴尺度接近于较大雨滴时，由于碰撞的动能较小，破碎的几率减小。

　　到达地面的雨滴的尺度分布观测值，通常可以用一个称之为马歇尔-帕尔默(Marshall-Palmer)分布的表达式拟合，该式具有如下形式

$$N(D) = N_0 \exp(-\Lambda D) \qquad (6.32)$$

式中，$N(D)dD$ 为单位空气体积内直径间于 $D$ 和 $dD$ 之间的雨滴数，$N_0$ 和 $\Lambda$ 为经验拟合参数。$N_0$ 的值趋近于常数，但 $\Lambda$ 的值随雨强而变。

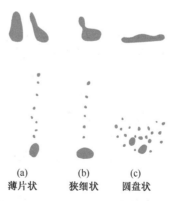

(a)　　　(b)　　　(c)
薄片状　狭细状　圆盘状

图 6.27　伴随两个水滴碰撞的 3 种破碎过程草图[取自 J. Atmos. Sci. 32,1403 91975]。

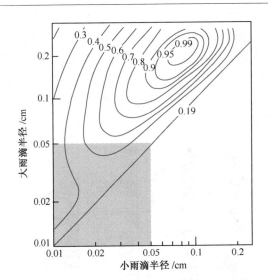

图 6.28　伴随两个雨滴的碰撞和初始并合,雨滴破碎几率的经验计算结果(用成数表示且在图中等值线标出)。阴影区是图 6.22 所覆盖的区域,但须注意图 6.22 给出的是并合几率而不是破碎几率[基于 *J. Atmos. Sci.* 39,1600(1982)]。

## 6.5　冷云微物理学

一块云如铅直伸展到 0℃层以上,这种云就称为冷云。其中温度低于 0℃的部分,仍可能存在液水滴。低于 0℃的液水滴,称为过冷却水滴[27]。在冷云中也可以包含某些冰的质粒。当冷云中既包含冰质粒又包含过冷却水滴时,就称为混合云。如它全部由冰晶组成就称为冰晶云。

在本节中,我们将研究云中冰晶的来源、数密度、冰晶增大的各种途径等,还将研究冷云中降水的形成。

### 6.5.1　冰质粒的核化;冰核

过冷却云滴处于不稳定态。但要发生冻结,水滴中必须有足够的水分子结合在一起,形成一个冰胚,此冰胚需大到足以维持其存在或保证其增长。这种情况,事实上与 6.2.1 小节中讨论过的从气相形成水滴的过程相类似。如果水滴中一个冰胚的尺度增长到超过一定临界尺寸后,再继续增长时,将促使系统的总能量减少。但是,如果冰胚尺度小于这个临界尺寸,任何增长都会造成总能量的增加。在这后一种情况下,从能量学的观点来看,这个冰胚就更易于破碎。

如果水滴内不含杂质,它就只能按匀质核化冻结。由于随机聚集而形成的冰胚,其数

---

㉗　索肖尔(Saussure)㉘约在 1783 年发现温度低于 0℃时水仍能保持液态。1850 年,巴雷尔(Barrel)㉙放气球进一步证明存在过冷却云。他观测到水滴可在-10.5℃存在,冰晶则出现于更低的温度。

㉘　索肖尔[Horace Bénédict de Saussure (1740—1799)],瑞士地质学家、物理学家、气象学家、博物学家,游历过许多地方,特别在阿尔卑斯山,他参加了勃朗峰的第二次登山活动(1787)。

㉙　巴雷尔[Jean Augustine Barrel (1819—1884)],法国化学家及农学家。他第一个从烟草叶上分离出尼古丁。

浓度和尺度是随温度减低而增加的,所以在一定温度以下(这种温度决定于所研究的水样的体积),水的匀质核化冻结,就成为必然。有关十分纯净水滴的冻结(可能通过匀质核化)的实验室实验结果由图 6.29 中下方的符号给出。从这些结果可见,对于直径约 $1\mu m$ 的水滴来说,匀质核化冻结出现于$-41℃$左右,而对直径为 $100\mu m$ 的水滴来说,大约在$-35℃$发生匀质核化冻结,因此匀质核化冻结只有在高云中才能出现。

如果一个水滴包含某种非常特殊的、称为冻结核的外来质粒,那么这个水滴也许会通过一个称之为异质核化[30]的过程冻结。在这种情况下,水滴中的水分子在此质粒的表面集中,形成类似冰晶的结构,这些冰状结构体的大小可能会增加,并促使整个水滴冻结。由于这种冰状结构是受到水滴内冻结核的促进而形成的,而且冰胚是从冻结核的尺度开始增长的,因此异质核化冻结可在远高于匀质核化冻结的温度下出现。图 6.29 中上方的符号是水滴异质核化冻结的实验结果。实验所用的水为蒸馏水,其中的大多数外来杂质均已从水中移去。图中所指出的各种尺度的大量小水滴被冷却下来,并记录小水滴中一半水滴发生冻结时的温度。可以看出,这种中值冻结温度是随小水滴尺度的增大而升高的。这种冻结温度决定于尺度的关系反映了这样的事实,即当水滴体积增大时,水滴内包含一个能够在一定温度下发生异质核化冻结过程的冻结核的几率,也会有所增大。

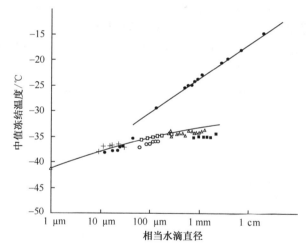

图 6.29 水样中值冻结温度随相当水滴直径的变化。不同符号表示来自于不同工作者的结果。符号和曲线(上)表示异质核化,而符号和曲线(下)则表示匀质核化[取自 B. J. Mason, *The Physics of Clouds*, Oxford Univ. Press, Oxford, 1971, p. 160. By permission of Oxford University Press.]。

上面我们假定了促使冻结发生的质粒原来就存在于水滴中。但是如果在空气中有一个合适的质粒与过冷却水滴的表面相接触,云滴也会发生冻结。这种冻结过程称为

---

[30] 研究冰的异质核化冻结,可追溯到 1724 年,当时华仑海 (Fahrenheit)[31]带了一瓶过冷却的水在楼梯滑倒,发现这些过冷水都变为碎冰了。

[31] 华仑海[Gabriel Daniel Fahrenheit(1686—1736)],德国仪器制造者及实验物理学家,15 岁起住在荷兰,但曾到欧洲广泛游历,发展了温标,即华氏温标。华仑海知道水的沸点随气压而变化[见(3.112)式],所以他制作了一个温度表,用来根据水的沸点判定大气压强。

接触核化冻结,而这种质粒也就称为接触核。实验室试验证实,通过接触核化的方式,某些质粒能使水滴在温度比当这些质粒浸没在水滴中时冻结温度高好几摄氏度的情况下冻结。

大气中的某些质粒还可作为水汽直接在其上形成冰粒子的核。这些质粒,称为凝华核。如果空气处于冰面过饱和状态,温度又十分低,冰就可以由凝华[32]而形成。如果空气处于水面过饱和,那么一个合适的质粒,既可成为冻结核(此时,液水先凝到质粒上,然后再冻结起来),也可成为凝华核(此时,至少从宏观看来,水汽不产生居间的液相,而直接转化为冰)。

冻结核、接触核和凝华核,均属冰核。如果我们一般地提到形成冰的核化质粒,而不强调核化的各种作用方式,那我们就称其为冰核。但应当指出,一个冰核质粒形成冰的阈温,通常既取决于核化成冰的具体机制,也取决于这个质粒的先期历史。

质粒如果其分子间距和晶格排列与冰相似(冰为六角形结晶),就有可能成为有效的冰核,尽管这既不是一个质粒成为好的冰核的必要条件,也不是充分条件。大多数有效的冰核,实际上是不溶于水的。有些无机土壤质粒(主要为黏土),可以在相当高的温度(比如,高于−15℃)下能够核化成冰,可能在云中出现的成冰核化过程中起重要作用。例如,在某一研究中,发现在地面收集到的各种雪花中,中心有黏土矿物质的占87%,而且这些黏土矿物质中,一半以上为高岭土。此外,还有不少有机物是有效的冰核。植物腐叶中可分离出某些丰富的冰核,有的在−4℃这样高的温度下就活跃了。在富有浮游生物的海水中,也发现有在−4℃活跃的冰核。

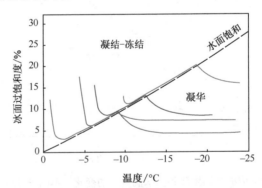

图 6.30　冰核化过程随温度和各种成分过饱和度的变化。凝结-冻结和凝华发生的条件也在图中指出。冰的核化从图中指出线的上方开始。给出的物质是碘化银(红色)、碘化铅(蓝色)、四聚乙醛(紫色)和高岭土(绿色)[取自 J. Atmos. Sci., 36, 1797 (1979).](另见彩图)。

对凝结-冻结及凝华的实验室观测结果在图 6.30 中给出。该图说明,对任何物质,在相对于水面过饱和的条件下(因而凝结-冻结也是有可能的),冰晶核化发生的温度要比相对于水面未饱和条件下(当只可能有冰晶凝华核化时)发生核化的温度要高。例如,在相对于水面饱和的条件下,高岭土在−10.5℃时成为冰核,但在相对于冰面过饱和度为

---

[32]　水汽变为冰,在云物理学中,过去习惯称为升华,但化学家是把固体气化称为升华的。因此,把水汽变为冰的过程,改称凝华,较为合宜,并在这里采用。

17％时(但相对于水面是非饱和的),温度必须达到大约−20℃,高岭土才能成为冰核。

　　在某些情况下,当一个质粒已成为冰核,然后所有的可见冰都从其上蒸发,但该质粒并未被加热到−5℃之上或被暴露到相对于冰面的相对湿度低于 35％,那么它就有可能在后来被活化,活化的温度可比它初次活化时的温度高出几度。这一过程称之为预活化。因此,从高层云中降落的冰晶,它们要在到达地面以前蒸发,有可能在空中留下了一些预活化的冰核。

　　测量空气中一定温度下活跃冰核的数密度,有好几种方法。一种常用的方法是在一个容器中抽入已知容积的空气,使它冷却,直至出现云。然后测量在一定温度下云中形成的冰晶数。在膨胀云室中,冷却是通过压缩空气,然后使它突然膨胀的方法产生的。在混合云室中,冷却可用致冷剂达到。在这些云室中,空气内的质粒可能起冻结核、接触核或凝华核作用。云室内的冰晶数可以用照亮室内一定容积,并用眼睛估计光束中的冰晶数来判定,也可使冰晶掉到一碟过冷却肥皂溶液或糖溶液中,使它增大,并进行计数。另一种方法是使冰晶通过一个与云室相连的小毛细管中,在其中它产生可以听到的声响,这些声响可以用电子仪器进行检测计数。还有一种技术来检测冰核,即把已知容积的空气,用抽气法使它通过一个具有细孔的过滤纸(milliporefilter),使空气中的质粒被保留在过滤纸上,再把此过滤纸放到保持一定温度及过饱和度的箱内,使过滤纸上的冰核增长,计算纸上增长的冰晶数,即可获得冰核浓度。最近,也有用扩散云室来研究冰核化的。在扩散云室中,温度、过饱和度和气压都可独立控制。

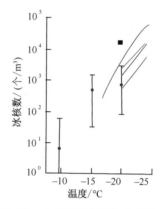

图 6.31　在接近于水面饱和条件下,在北南半球测得的冰核平均数浓度。南半球,膨胀云室(红色);南半球,混合云室(蓝色);北半球,膨胀云室(绿色);北半球,混合云室(黑方块);南极,混合云室(棕色)。垂直线表示冰核数浓度的范围,点表示冰核平均数浓度,是在全球若干地点用多孔过滤纸测得的(另见彩图)。

　　根据全球范围测量的冰核浓度随温度的变化(图 6.31)指出,北半球冰核数浓度比南半球要高。但是应当指出,冰核数浓度有时在几小时内的变化可达几个数量级。平均说来,在温度 $T$ 时,每升空气中活跃的冰核数 $N$,大体符合下面的经验公式

$$\ln N = a(T_1 - T) \tag{6.33}$$

式中,$T_1$ 为当每升有一个冰核活跃时的温度(大体约为−20℃),$a$ 值变动于 0.3～0.8 之间。当 $a=0.6$ 时,根据(6.32)式可以推断,冰核数浓度每当温度下降 4℃将增加 10 倍。在市区空气中,气溶胶质粒总浓度的数量级为 $10^8$ 个・$L^{-1}$,因此当温度为−20℃时,$10^8$ 个质粒中仅有一个质粒可成为冰核。

　　**习题 6.4**　如果在温度为 $T$ 时一个水滴中可活化的冻结核浓度可由(6.33)式表示,试证明群滴的中值冻结温度应当随着其直径按照图 6.29 中上方的曲线所示的方式变化[如果一个滴中包含有 $n$ 个活化冻结核,假定在给定时间间隔内,该水滴冻结的几率 $p$ 可用随机事件的泊松分布表示,即 $p=1-\exp(-n)$]。

　　**解答:**由(6.33)式可知,在温度 $T$ 时,在每升含有 1 个水滴的空气中活跃的冻结核

数为
$$N = \exp[a(T_1 - T)]$$
式中，$T_1$ 为 $N=1$ 个·$L^{-1}$ 时的温度。于是，在一个直径为 $D$（以 m 为单位）的水滴内，温度为 $T$ 时活跃冻结核数 $n$ 等于水滴体积（$m^3$）乘以每立方米中的活跃冻结核数（即 $10^3 N$）。因此，
$$n = \frac{4}{3}\pi\left(\frac{D}{2}\right)^3 10^3 \exp[a(T_1 - T)] \tag{6.34}$$
一个直径为 $D$，含有 $n$ 个冻结核的水滴的冻结的几率 $p$ 为
$$p = 1 - \exp(-n)$$
当一般水滴冻结时（即 $p=0.5$）$n$（及 $\ln n$）为常数。于是，从（6.34）式得
$$\ln n = 常数 = \ln\left\{\frac{4}{3}\pi\left(\frac{D}{2}\right)^3 10^3 \exp[a(T_1 - T)]\right\}$$
或
$$3\ln D + a(T_1 - T) = 常数$$
式中，（由于 $p=0.5$）$T$ 现在为中值冻结温度。根据上述最后的表达式
$$T = 常数 \ln D + 常数$$
因此，对于直径为 $D$ 的水滴，把 $\ln D$ 以中值冻结温度 $T$ 绘出来，应当是一条直线，如图 6.29 中上方的直线所示。

我们已经看到，一个质粒成为冻结核或凝华核的活跃性不仅决定于温度，也决定于环境空气的过饱和度。在图 6.31[（6.33）式是根据它得到的]所示的许多观测实验中，对过饱和度的控制不是很好。过饱和度对冰核浓度测值的影响如图 6.32 所示。从图中可以

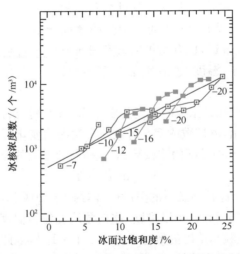

图 6.32 冰核浓度测值随冰面过饱和度的变化。在每条线的旁边注明了各自相对应的温度。其中的直线由（6.35）式表达[资料来自 D. C. Rogers 的"Measurements of natural ice nuclei with a continuous flow diffusion chamber"，*Atmos. Res.* 29，209 (1993)，并得到 Elsevier-blue squares 的许可；R. Al-Naimi 与 C. P. R. Saunders 的"Measurements of natural deposition and condensation-freezing ice nuclei with a continuous flow chamber，"*Atmos. Environ.* 19，1872 (1985)，并得到 Elsevier-green squares 的许可]。

看出,在给定温度下,相对于冰面的过饱和度愈大,愈多的质粒就成为冰核。对这些测值最佳拟合线(图 6.32 中的直线)的经验方程为

$$N = \exp\{a + b[100(S_i - 1)]\} \tag{6.35}$$

式中,$N$ 为每升空气中的冰核浓度,$S_i$ 是相对于冰面的过饱和度,$a = -0.639$,$b = 0.1296$。

## 6.5.2　云中的冰质粒浓度;冰晶繁生

在低于 0℃ 的情况下,云中存在冰质粒的几率是随其温度的降低而增大的,如图 6.33 所示的结果表明,对于云顶温度低于大约 $-13℃$ 的云中,冰存在的几率是 100%;在更高的温度条件下,冰存在的几率迅速下降,但当云中含有毛毛雨或雨滴时,冰存在的几率要更大些。云顶温度间于 0~8℃ 之间的云中通常含有许多过冷水滴。正是在诸如此类云中,飞机最有可能遭遇严重的结冰条件,因为过冷云滴在与飞机碰撞时会冻结。

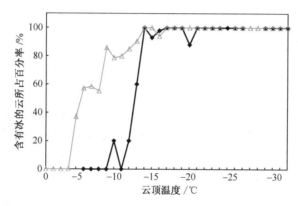

图 6.33　云中含有冰核浓度大于 1 个·$L^{-1}$ 的百分率随云顶温度的变化。注意横坐标中的温度向右是递减的。黑色曲线:大陆性积云,云底温度间于 8~$-18℃$,冰形成前不包含任何毛毛雨或雨滴[资料取自 *Quart. J. Roy. Met. Soc.* 120, 573 (1994)]。灰色曲线:清洁的海洋性积云和清洁的北冰洋层状云,云底温度间于 25~$-3℃$,冰形成前包含毛毛雨或雨滴[资料取自 *Quart. J. Roy. Met. Soc.* 117, 207 (1991);A. L. Ragno and Hobbs 的 "Ice particles in stratiform clouds in the Arctic and possible mechanisms for the production of high ice concentrations," *J. Geophys. Res.* 106, 15,066 (2001), Copyright 2001 American Geophysical Union,并根据 American Geophysical Union 的许可重新绘制;华盛顿大学云与气溶胶研究组未公开发表资料]。

图 6.34 给出的是云中冰粒子浓度的观测结果。图中也显示了由(6.33)式(其中 $a = 0.6$, $T_1 = 253K$)给出的冰核浓度。可以看出,(6.33)式与最大冰粒子浓度的最小值接近。但在很多情况下,冰粒子出现的浓度比冰核浓度观测值高几个量级。在温度高于大约 $-20℃$ 的情况下,海洋性云显示出冰粒子浓度比冰核浓度观测值大几个量级这种特别倾向。

人们已提出几种解释来说明,在某些云中为什么会观测到特别高的冰质粒浓度。首先,这可能是由于目前的测冰核技术在某种条件下,尚不足以可靠地估计出在自然云中活跃的冰核的浓度。但也可能是由于有些云中,冰质粒的数目增多并不全是由于冰核的作

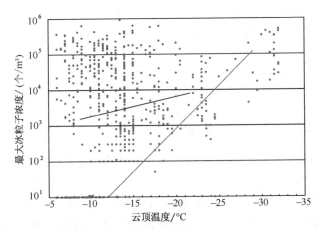

图 6.34　在成熟和老化海洋性积云(蓝色点)和大陆性积云(红色点)中冰粒子最大浓度随云顶温度的变化。注意图中横坐标上温度是向右递减的。沿着横轴的符号表示冰粒子浓度≤1个·L$^{-1}$,为能够探测的下限。绿线揭示了当 $a=0.6$ 和 $T_1=253K$ 时由(6.33)式预测的冰核浓度。黑线表示在假定水面饱和条件下由(6.35)式得到的冰核浓度[资料取自 *J. Atmos. Sci.* 42,2528(1985); 及 *Quart. J. Roy. Met. Soc.* 117,207 (1991)和 120,573 (1994). 得到皇家气象学会的许可](另见彩图)。

用,而是由于所谓的冰晶繁生(或冰晶增生)过程。例如,有些冰晶很脆弱,当与其他冰粒子相碰撞时,会破裂成许多碎片。然而,关于云中冰晶繁生的过程中,争论最剧烈的,与水滴冻结有关。当一个过冷却水滴在孤立状态下(例如,在自由下落过程中),或与一个冰质粒相碰后(云滴在冰质粒上冻结的过程称为凇附)冻结时,其冻结过程可分为两个阶段。第一个阶段的出现几乎是瞬时的,相碰时,冰的细网络插入水滴表面,使一定量的水冻结,并使水滴温度升高到正好0℃。冻结的第二个阶段进行得慢得多,包括把热量从已冻的一部分水滴中传到较冷的环境空气中。在此阶段,在水滴表面,首先形成一个冰壳,然后冰壳不断向水滴内部加厚。在向内部不断冻结时,水就会禁锢在水滴内部,当这些禁锢的水最后冻结时,体积就要膨胀,并对其外圈的冰壳造成很大的应力,这些应力可以导致冰壳破裂,甚至发生爆炸,并猛烈地抛出无数碎冰屑。

习题 6.5　若水滴原始温度为−20℃,请计算在冻结的初始阶段,过冷却水滴冻结的质量百分率是多少。在第一和第二阶段冻结时,水滴的体积各增大百分之几(假定融化潜热=3.3×10$^5$J·kg$^{-1}$,液水比热=4218J·℃$^{-1}$·kg$^{-1}$,冰的比热=2106J·℃$^{-1}$·kg$^{-1}$,冰的密度=0.917×10$^3$kg·m$^{-3}$)?

解答:令 $m$ 为水滴质量(以 kg 为单位),$dm$ 为在初始阶段冻结的冰质量,则由于冻结所放出的潜热(以 J 为单位)为 $3.3\times10^5 dm$。这个热量使未冻水和冰的温度都由−20℃升高到0℃(在此温度下第一阶段冻结停止),因而

$$3.3\times10^5 dm = (2106\times20 dm)+[4218\times20(m-dm)]$$

从而

$$\frac{dm}{m}=\frac{4218}{(3.3\times10^5/20)-2106+4218}=0.23$$

可见在冻结的初始阶段,水滴质量的23%被冻结了。

由于水的密度为 $10^3 \mathrm{kg \cdot m^{-3}}$。所以当质量为 $\mathrm{d}m$ 的水冻结时,所增大的体积当为 $[(1/0.917)-1]\mathrm{d}m/10^3$。因此,混合滴体积增大的百分率当为 $[(1/0.917)-1]\mathrm{d}m/10^3V$。式中,$V$ 为质量 $m$ 的水的体积。但 $m/V = 10^3 \mathrm{kg \cdot m^{-3}}$,所以在初始阶段冻结所造成的体积增大百分率为

$$[(1/0.917)-1]\mathrm{d}m/m = [(1/0.917)-1]0.23 = 0.021 \text{ 或 } 2.1\%$$

如果在初始阶段冻结水滴质量的成数为 0.23,那么水滴在第二阶段冻结的成数为 0.77。因此,第二阶段冻结产生的分数体积增加为

$$[(1/0.917)-1]\mathrm{d}m/m = [(1/0.917)-1]0.77 = 0.070 \text{ 或 } 7\%$$

由于一个下落穿过冷云的冰粒子将受到成千上万云滴的撞击,当每个云滴在冰粒子上冻结时,都可能抛出数个冰屑,因此,由淞附产生冰屑作用可能比孤立云滴冻结过程中冰屑的产生重要得多。实验室实验表明,如果参与淞附过程的云滴直径$\geqslant 25\mu m$,温度在 $-2.5 \sim -8.5℃$ 之间(冰屑的峰值产生率在 $-4 \sim -5℃$),且撞击速度(决定于云中正在淞附增长的冰粒子的下降速度)间于 $0.2 \sim 5 \mathrm{m \cdot s^{-1}}$(冰屑的峰值产生率出现在撞击速度为每秒几米的范围),那么云滴淞附中就会抛出许多冰屑。例如,实验室实验证实,对于一个特征浓度为 50 个滴 $\cdot \mathrm{cm^{-3}}$,云滴直径在 $5 \sim 35\mu m$,液水含量为 $0.2 \mathrm{g \cdot m^{-3}}$,温度为 $-4.5℃$,撞击速度为 $3.6 \mathrm{m \cdot s^{-1}}$ 的云滴谱,$1\mu g$ 的累积淞附量(对于半径为 1mm 的球形冰粒子,1 微克的累积淞附量相当于 $0.1\mu m$ 左右厚的一层冰)产生大约 300 个冰屑粒子。

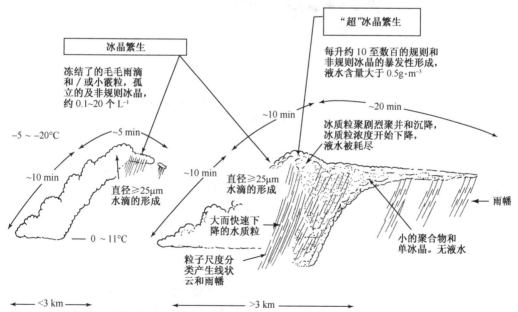

图 6.35　小积状云中冰质粒发展的草图[取自 *Quart. J. Roy. Meteor. Soc.* 117,231(1991). 根据皇家气象学会的许可重新制图]。

在某些云中观测得到的高冰质粒浓度(每升 100 个或更多)主要是在比较成熟的云中的情况。至于新生的积云塔,一般完全由水滴组成,而且通常要大约 10min 以后才能显示出存在较多冰质粒的迹象。云中的观测还显示,高的冰质粒浓度出现在直径$\geqslant 25\mu m$ 的水滴形成之后,这时,经过淞附增长的冰质粒也已出现。这些观测结果证实了这样的假

说,即高冰质粒浓度是由淞附过程中抛出的冰屑产生的。然而,根据实验室实验结果计算出的冰屑在淞附过程中的产生率说明,此过程进行得太慢了,不足以解释在某些云中观测到的极其高的冰质粒浓度的爆炸性形成。如在示意图 6.35 指出的,也许另外的某种"超级"冰质粒繁生机制有时在起作用,但这种机制的详细特征,仍然是个谜。

### 6.5.3 云中冰质粒的增长

a. 由汽相凝华增长　在一个过冷却水滴占优势的混合云中,相对于液水来说接近饱和的空气,那么相对于冰面来说就是过饱和的。例如,在−10℃时相对于水面为饱和的空气,相对于冰面来说,过饱和度就达 10%。在−20℃时,过饱和度就达 21%。这些数值,远大于云中空气对液水的过饱和度,因为后者很少超过 1%。可见在过冷却水滴占多数的混合云中(其中的空气接近水面饱和),冰晶由水汽凝华增长的速率,远快于水滴的凝结增长。事实上,如果冰晶的增长使其周围附近的水汽压降低到水面饱和以下,相邻的云滴就将蒸发(图 6.36)。

图 6.36　实验室展示的以过冷却水滴蒸发为代价冰晶的凝华增长
[Rechard L. Pitte 提供照片]。

含有较大冰质粒的积云塔通常具有模糊的边界,而仅含有小水滴的云塔,特别是正在增长中的云塔,它们一般具有清晰分明的边界(图 6.37)。造成冰云和水云外形差异的另一个因素是,在相同的温度下,冰面上的平衡水汽压低于水面上的,这使得冰质粒比云滴在云周围的未饱和空气中,在完全蒸发前,迁移更大的距离。基于同样的原因,足够大而掉出云的冰质粒,即使在相对于冰面未饱和的环境空气中,它们在完全蒸发前可存活很长一段距离;冰质粒将在相对于水面未饱和但相对于冰面饱和的空气中增长。由此产生的冰晶尾迹,称之为雨幡(fallstreaks)(图 6.38)。

控制冰晶质量凝华增长的因子,与控制水滴质量凝结增长的因子相似(见 6.4.1 小节)。但问题要比水滴凝结增长复杂很多,因为冰晶不像水滴那样呈圆球形状,因此,对于水滴来说,等水汽密度的各点都位于以水滴中心为球心的球面上,但对于冰晶来说,等水汽密度点并不位于以冰晶中心为球心的球面上。对于半径为 $r$ 的球形冰质粒这种特殊情况,其凝华增长速率可写为与(6.19)式相似的公式:

$$\frac{\mathrm{d}M}{\mathrm{d}t} = 4\pi r D[\rho_v(\infty) - \rho_{vc}]$$

图 6.37　前景中正在发展的积云，具有清晰的边界，主要由小水滴组成。位于后面且边界模糊的较高云系是一个充满冰晶的成熟冰云［Art Rang-no 提供照片］（另见彩图）。

图 6.38　卷云中冰晶产生的雨幡(Fall-streaks)。雨幡的弯曲形状特征表明，风速是随着高度增大的(从左到右)［Art Rangno 提供照片］（另见彩图）。

式中，$\rho_{vc}$ 是贴近冰晶表面的水汽密度，而其他符号的意义与 6.4.1 小节介绍的相同。通过利用环绕冰晶体周围的水汽场与环绕同样大小同样形状的带电导体的静电电位场[③]之间的相似性，我们可以给出一个对任何形状冰晶都适用的冰晶质量增长的表达式。从导体漏电(这与流向冰晶或离开冰晶的水汽通量相类似)正比于导体的静电电容 $C$，而电容 $C$ 又是完全由导体的大小和形状决定的。对于一个球形导体来说，则有

$$\frac{C}{\varepsilon_0} = 4\pi r$$

式中，$\varepsilon_0$ 为自由空间的电容率($8.85 \times 10^{-12} \mathrm{C}^2 \cdot \mathrm{N}^{-1} \cdot \mathrm{m}^{-2}$)。把上面两个表达式相结合，球形冰晶的质量增长率写为

$$\frac{\mathrm{d}M}{\mathrm{d}t} = \frac{DC}{\varepsilon_0}\left[\rho_v(\infty) - \rho_{vc}\right] \tag{6.36}$$

方程(6.36)式是有普遍意义，可以适用于电容为 $C$ 的任何形状的冰晶。

假定与 $\rho_v(\infty)$ 相对应的水汽压比平冰面的饱和水汽压 $e_{si}$ 大不了多少，冰晶也不是非常小，则(6.36)式可写为

$$\frac{\mathrm{d}M}{\mathrm{d}t} = \frac{C}{\varepsilon_0}G_i S_i \tag{6.37}$$

式中，$S_i$ 为冰面过饱和度(表示为份数)，等于 $\{[e(\infty) - e_{si}]/e_{si}\}$。而

$$G_i = D\rho_v(\infty) \tag{6.38}$$

在水面饱和条件下，冰晶增长时，$G_i S_i$ 随温度而变的情况，可参看图 6.39。图中在约

---

[③]　该相似性是由哈罗德·杰弗里(Harold Jeffreys)[④]提出的。

[④]　哈罗德·杰弗里［Harold Jeffreys(1891—1989)］，英格兰数学家和地球物理学家。首先提出地心为液体的学说。对地震和大气环流做过许多研究。提出了外层行星结构和太阳系起源的模式。

−14℃处,$G_iS_i$ 达极大值。这主要是因为在这个温度附近,水面和冰面饱和水汽压的差值为最大。所以,在混合云中,在温度接近−14℃时,冰晶的凝华增长最快。

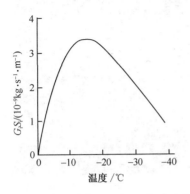

图 6.39　总压强为 1000hPa 时,在水面饱和的环境条件下,冰晶增长时 $G_iS_i$[见(6.37)式]随温度的变化。

云中大多数冰质粒的形状是非规则的(有时被称为"破烂"冰)。这可能部分地要归因于冰晶繁生。然而,实验室研究证实,在适当的条件下,由汽相凝华增长的冰晶,可具有各种规则的特征形状,或者是片状或者是棱柱状。最简单的片状晶为六角片(图6.40(a)),最简单的棱柱状晶为实心柱,其截面为六角形的(图 6.40(b))。

在实验室可控条件下,冰晶由汽相凝华增长的研究,以及在自然云中的观测,都表明冰晶的基本特征形状,决定于冰晶增长时的温度(见表 6.1)。在温度 0～−60℃之间,基本形状共改变 3 次。这些改变出现于−3℃、−8℃和−40℃处。当空气为水面饱和或过饱和时,冰晶的基本形状就要改变。例如,在接近或超过水面饱和时,棱柱状冰晶在−4 和−6℃之间就转为长而细的针状;在−12～−16℃之间,片状晶添枝加羽,称为辐枝状(图 6.40(c)),从 −9 ～ −12℃ 及−16℃～−20℃范围内,扇片状得到增长(见图 6.40(d)),在低于−40℃的温度下,棱柱状晶成为柱状(常常称为子弹)玫瑰型(图 6.40(e))。因为当冰晶在穿过云体,向地面下落时,它一般暴露在不断变化的温度和过饱和度的环境中,所以冰晶可形成十分复杂的形状。

### 表 6.1　冰晶基本形状随温度的变化[a]

| 温度 /℃ | 过饱和度[b,c] | | |
| --- | --- | --- | --- |
| | 介于冰面饱和和水面饱和之间 | 基本形状 | 接近或大于水面饱和 |
| 0～−2.5 | 片状 | 六角片状 | −1～−2℃为辐枝状 |
| −3 | 过渡型 | 等边 | 等边型 |
| −3.5～−7.5 | 柱状 | 柱状 | −4～−6℃为针状 |
| −8.5 | 过渡型 | 等边状 | 等边状 |
| −9～−40 | 片状 | 片状和多种形状[d] | −9～−12℃为卷轴和扇片状 |
| | | | −12～−16℃为辐枝状 |
| | | | −16～−20℃为扇片状 |
| −40～−60 | 柱状 | −41℃以下实心柱玫瑰型 | −41℃以下为空心柱玫瑰状 |

a 据 J. Hallett 和 M. Bailey 提供的资料。

b 如果冰晶足够大并有明显的下落速度,它们将受到气流通风效应的影响。冰晶的通风具有与增加过饱和度相类似的改变冰晶形状的作用。

c 在过饱和度较低的情况下,冰晶的增长决定于分子缺陷的存在。当接近于水面饱和时,表面核化在冰晶边缘附近发生,然后冰层向冰晶内部扩展。冰晶边缘处的增长受到水汽/或热量传输的限制,而冰晶内部的增长受限于冰-汽界面的运动学过程。

d 在较低过饱和度情况下,不同形状冰晶在相同环境条件下的增长决定于冰晶核化时产生的结构缺陷。

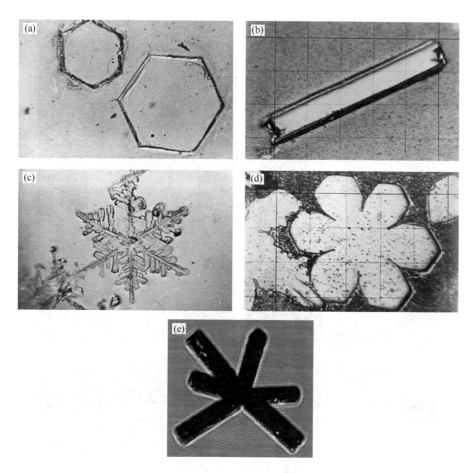

图 6.40　冰晶由汽相凝华增长的例子。(a)六角片状,(b)柱状,(c)辐枝状,(d)扇片状
[照片由华盛顿大学云气溶胶研究组提供],(e)子弹玫瑰状[照片由 A. Heymsfield 提供]。

b. 结淞增长和雹块　在一块混合云中,冰质粒与过冷却水滴相碰,使水滴在它上面冻结起来,从而会使冰质粒的质量增大。这个过程称为结淞增长,它能造成各种结构的结淞体。图 6.41 中给出其中某些形状的例子。(a)为针状晶下落时,其前缘收集了几个小水滴的情况;(b)为均匀密淞柱;(c)为密淞片;(d)为密淞星。当结淞过程进行到超过一定阶段时,就难以分辨出冰晶的原始形状。这种失去原始形状的结淞冰质粒,称为霰。图 6.41(e)及(f)分别给出了球状和锥状霰的图例。

雹块是冰质粒依靠结淞增长而增大到极端的情况。它形成于含水量十分丰富的旺盛对流云中。在美国(纳布拉斯加)发现的最大雹块直径达 13.8cm,重约 0.7kg。但常见的雹块直径仅约 1cm。如果雹块收集过冷却水滴的速率非常大,其表面温度上升到 0℃,那么它所收集的某些液水就会保持不冻,这时雹块表面就覆盖了一层液水。这种雹块,就称为处于湿增长状态。此冰雹块上的有些液水,可在雹块尾流中被甩掉,但有一些液水则会与冰交织在一起,形成所谓海绵状雹。

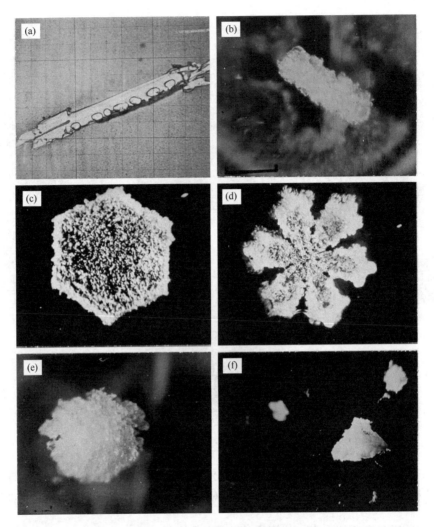

图 6.41　(a)轻淞针,(b)结淞柱,(c)结淞片,(d)结淞星,(e)球状霰,(f)锥状霰［照片由华盛顿大学云气溶胶研究组提供］。

　　如果把雹块切下一片,用透射光进行观测,常可发现其中包含有明暗交替的层次(图6.42)。暗层为不透明冰层,内含无数小空气泡。明层由无气泡的清澈的冰构成。明冰层更可能在雹块处于湿增长的时候形成。仔细检验雹块内部各个冰晶的取向(当把雹块放在两块相互正交的偏振片之间时,就可以看出冰晶取向,见图 6.42 中的附图),也可以判断雹块是否经历过湿增长。由图 6.42 和图 6.43 可以看出,在雹块表面往往包含不少很大的瘤状凸起物,当产生碰冻的水滴很小,且雹块处于接近湿增长的极限状态时,凸起物增长最为明显。在雹块上出现任何小的凸起都有利于该区的水滴碰并效率增大。这可能是瘤状凸起物发展的原因。

　　c. 碰连增长　　冰质粒在云中增长的第三种机制是互相碰撞及粘连。只要冰质粒下降末速不等,它们就会互相碰撞。一个未结淞的棱柱状冰晶,在长度增大时下降末速也会增大。例如,长约 1mm 及 2mm 的冰针,其下降末速分别约为 0.5 及 0.7m·s$^{-1}$。与之相

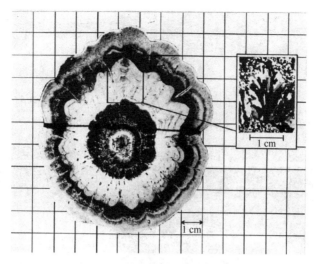

图 6.42　通过自然雹块增长中心切成的薄片[取自 *Quart. J. Roy. Met. Soc.* 92, 10
(1966)。得到皇家气象学会许可]。

反,未结凇的片状冰晶,其下降末速事实上与它
们的直径无关,原因如下:片状冰晶的厚度不因
直径改变而变化,因此片状冰晶的质量仅与其
截面积成线性关系。但由于作用于下坠的片状
冰晶的阻曳力也随冰晶的截面积而变,其下降
末速是由作用于冰晶的阻曳力与重力相平衡而
得的,因此它与直径无关。因为未结凇的片状
晶都具有相近的下降末速,所以它们一般不会
互相碰撞(除非它们十分接近,受尾流影响)。
至于已结凇的冰晶和霰,其下降末速密切地决
定于它们的结凇程度和它们的大小。例如,直
径为 1mm 和 4mm 的霰,其下降末速分别约为
$1m \cdot s^{-1}$ 和 $2.5m \cdot s^{-1}$。由此可以看出,云中如
果出现结凇现象,各冰质粒间的碰撞就会大大
加强。

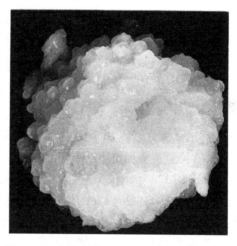

图 6.43　人造雹块。图中为实际大小,上有
瘤状凸起物。此雹块增长时,起初属于干增
长,以后趋于湿增长[照片由 I. H. Bailey 和
C. Macklin 提供]。

　　除了碰撞以外,影响碰连增长的第二个因
子是粘连。也就是说,当两个冰质粒相碰时,是否会连结在一起。冰质粒粘连的几率主要
决定于两个因子:冰质粒的种类和温度。有细微结构的冰晶,例如辐枝状晶,易于互相攀
附,因为在碰撞时,它们往往相互缠结。但两个实心的片状冰晶,相碰后则易于弹开。除
了这种与冰晶形状结构有关的因子外,两个冰晶相碰时的粘连率,还随温度的升高而增
大。特别是在温度高于−5℃的场合,最易粘连。因为这时冰晶变得很有"黏性"了。在图
6.44 中,给出了一些冰质粒粘连的例子。

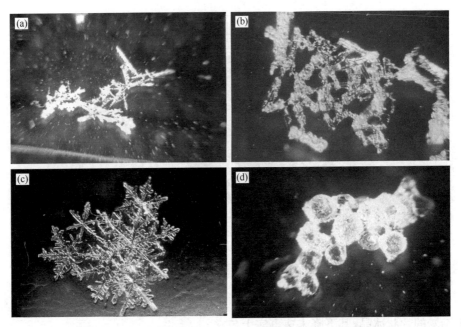

图 6.44　各种冰晶碰连体:(a)淞针,(b)淞柱,(c)淞枝,(d)结淞冻滴[照片由华盛顿大
学云气溶胶研究组提供]。

### 6.5.4　冷云中降水的形成

早在 1789 年,富兰克林[35]指出:"到达地面的雨中,有不少雨滴在下降之初,曾经是雪。"这个概念直到 20 世纪初才被发展起来。1911 年威格纳(Wegener)指出,在混合云中,冰质粒主要从汽相通过凝华增长。"后来,伯杰龙(Bergeron)在 1933 年、芬德森(Findeisen)[36]在 1938 年用较为定量的方式发展了这些观点,指出冰核在冰晶形成过程中的重要性。由于芬德森所研究的地区偏于西北欧,这使得他认为一切雨均由冰晶转化而成。但正如我们在 6.4.2 小节曾给出的,雨也可在暖云中由云滴碰并机制形成。

现在我们要对冰质粒增长成降水物的问题做较细致的研究。假定有六角形片晶在 $-5℃$ 的水面饱和大气中由汽相凝华而增长,应用(6.36)式可以得出,片状冰晶的质量在半小时内(见习题 6.27)约可增加 $7\mu g$(即半径约 $0.5\text{mm}$)。此后,其质量增长率迅速减小。若空气上升速度小于冰晶下降末速(约 $0.3\text{m}\cdot\text{s}^{-1}$),且水滴能够在下降穿过云下层到达地面而不被完全蒸发掉,那么一个 $7\mu m$ 的冰晶融化后,仅能形成半径约 $130\mu m$ 的小毛毛雨滴。诸如此类的计算说明,单靠水汽凝华过程,冰晶是难以增长为大雨滴的。

***

[35]　本杰明·富兰克林[Benjamin Franklin(1706—1790)],美国科学家、发明家、政治家和哲学家,基本上全靠自学而成。原以印刷出版业为生。第一个在科学上赢得国际声誉的美国人。在电的属性方面做了大量基础工作(引入"正电"、"负电"和"电池"等名词)。证明了闪电为电学现象(1752)。曾试推断北美风暴路径。发明避雷针、夏季时、双焦点望远镜、富兰克林炉和摇椅。第一个研究墨西哥湾流的人。

[36]　芬德森[Theodor Robert Walter Findeisen(1909—1945)],德国气象学家,1940 年以后历任德国和捷克斯洛伐克布拉格天气局云研究主任。做了不少为近代云物理学奠定基础的工作,曾预见在云中引入人工冰核促使降雨的可能。第二次世界大战末,在捷克斯洛伐克失踪。

　　与凝华增长不同,由结淞和碰连过程引起的冰晶增长率却是随着冰质粒的增大而增加的。一个简单的计算证明,一个直径为 1mm 的片状冰晶,下落通过含水量为 0.5g · $m^{-3}$ 的云,可在几分钟之内,形成一个半径约 0.5mm 的球形霰粒(见习题 6.28)。这样大的一个霰粒,如密度为 $100kg · m^{-3}$,下降末速约为 $1m · s^{-1}$,则融化后,可形成一个半径约 $230\mu m$ 的水滴。若云中冰晶含量为 $1g · m^{-3}$,且存在与冰晶碰连的情况时,一片雪花可以在约 30min 内,半径由 0.5mm 增大到 0.5cm(见习题 6.29)。一个半径为 0.5cm、由碰连而成的雪晶,质量约为 3mg,下降末速约为 $1m · s^{-1}$。在融化后,一个该质量的雪晶,可形成半径约 1mm 的水滴。根据上述计算可以得出结论,在混合云中冰晶的增长最初是依靠汽相凝华过程,然后借结淞和(或)碰连过程而增大。按照这些过程,冰晶可以在合理的时间间隔(约 40min)内,形成降水物尺度的质粒。

　　用雷达来观测,可以清楚地看出冰相在形成冷云降水中的作用。例如,图 6.45 显示了一幅雷达的荧光屏照片(照片上显示了从大气目标物反射回来的回波强度)。雷达的天线当时是垂直向上,云从雷达上方飘过。在紧靠 2km 上的水平带(棕色)上,是由冰质粒融化产生的。这一水平带被称之为"亮带"。在融化层附近,雷达反射率很高,这是因为冰质粒在融化时,其表面蒙上一层水膜,这就大大增加了雷达反射率。当冰晶完全融化时,就崩溃为水滴,其下降末速也有所增大,而质粒浓度也会变小。由于这些原因,就使融化带以下的雷达反射率明显减弱。

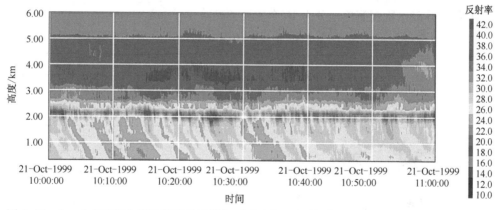

图 6.45　由一个垂直指向雷达得到的反射率(或"回波")。刚好位于 2km 高度之上的高反射率水平带(棕色)是融化带。从亮带伸出的具有较高反射率的弯曲尾迹(黄色)为降水产生的雨幡(其中的一些触地)[E. Yuter 提供](另见彩图)。

　　融化导致的质粒下降速率的明显增大,由图 6.46 给出。此图是用铅直指向的多普勒雷达所测出的一系列不同高度上的降水质粒的下降速度谱[37]。在约 2.2km 高度以上,均由冰质粒组成的,下降速度约为 $2m · s^{-1}$。在 2.2km,质粒部分融化,在 2.2km 以下,质粒全部成为雨滴,此时下降速度中心就大体为 $7m · s^{-1}$ 了。

---

　　[37]　多普勒(Doppler)雷达与常规气象雷达不同,它发射相干电磁波。根据测量到的回波和发射波的频率差,就可得出目标物(如降水质粒)沿雷达视线方向的速度。警察用雷达监测机动车辆的速度,也基于同一原理。

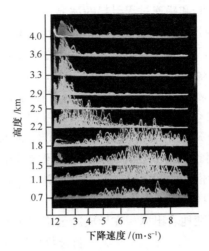

图 6.46　用多普勒雷达测得的大气中 10 个高度的降水质粒的下降速度谱。融化层位于约 2.2km 高度附近 [由华盛顿大学云气溶胶研究组提供]。

## 6.5.5　固体降水的分类

由于汽相凝华、结凇和碰连等过程,冰质粒可增长为各式各样的固体降水质粒。在表 6.2 中,把固体降水物较简单地分为 10 个主要类型。

表 6.2　固体降水物的分类[a,b,c]

| 典型形状 | | | 符号 | 图例 |
|---|---|---|---|---|
| | | | F1 | ⬡ |
| | | | F2 | ✳ |
| | | | F3 | ▭ |
| | | | F4 | ↔ |
| | | | F5 | ⊗ |
| | | | F6 | ⊨ |
| | | | F7 | ✗ |

| 典型形状 | 符号 | 图例 |
|---|---|---|
| | F8 | ✕ |
| | F9 | ⊙ |
| | F10 | ▲ |

　　a 这个分类是 1951 年由国际水文协会冰雪委员会(International Association of Hydrology's commission of snow and ice)所提出[由 V. 夏弗(Schaefer)摄影]。

　　b 附加特征：$p$,碎晶；$r$,未被结淞全部包裹的冰晶(还不能称霰)；$f$,聚合体,如像雪花的组合体,包含若干个单体雪晶；$w$,湿或部分融化的冰质粒。

　　c 质粒大小一般用符号 $D$ 表示,冰晶或质粒大小,是指其最长的尺度,用 mm 表示。当有许多质粒在一起时(例如,一个复杂雪花),则它是指各个质粒的平均大小。

## 说　　明

片状：为片状薄晶,呈六角形,偶有三角形。各边或各交替边往往形状相似、长度相等。

星状：为平薄雪晶,形如星,有六臂、间或三臂或十二臂,臂可位于同一平面,或位于两个很接近的平面上,此时,此两平行面上的两组臂就由一个十分短的柱连接。

柱状：为较短的棱柱晶,实心或空心,伴有片状、锥状、截头或空心的端部；角锥形可看作特殊形态。柱状晶的组合,也归在本类。

针状：为细长针状雪质粒,接近圆柱形,本类包括平行针状晶组成的空心束,那是常见的,有时针状晶可组合成各种形状。

空间辐枝状：为复杂雪晶,有羽状臂,它们并不在同一平面上,也不在平行平面上,都是由共同的心向各个方向伸出,一般呈粗糙球形。

帽柱状：为端部附有六角形片晶或星晶的柱状晶,有时中间位置也出现片状晶,片晶与柱晶的主轴垂直,有时仅柱的一端有片晶或星晶。

不规则晶：为许多小冰晶随机组合而成。这些小冰晶一般很小,只能用放大镜或显微镜看出其结晶形状。

霰：包括软雹、小雹、雪丸或冰质粒,表面有碰冻而结成的厚淞层,往往仍约略保留其原始冰晶的外形,但最常见的则近似于球形。

冰粒：(北美常称它为"sleet"),为透明的球状体,往往很小,有的冰粒内找不到冻结核心,说明至少在某种情况下其冻结是从表面向内进行的。

雹块[d]：为成团冰块,一般有成层结构,具有光滑透明表面及半透明或乳白色中心,雹常与雷暴天气条件相伴出现,其体积有时很大。

　　d 冰雹(hail),如同雨(rain),是指一次有很多；而雹块(hailstone),如同雨滴(raindrop),是指一个个体。

# 6.6　人工影响云和降水

　　如在 6.2～6.5 节给出的,云的微结构受到云凝结核(CCN)和冰核浓度的影响,降水粒子的增长与云的微结构中存在的不稳定性有关。这些不稳定性主要可分为两类：第一类为暖云中较大水滴通过碰并机制消耗较小水滴而增大；第二类为混合云中如果冰粒子达到某一最佳浓度范围,就会消耗水滴而凝华增长(此后又进一步按结淞及聚合过程而增大）。根据这种思路，人们提出采用下列技术，也许会通过云的播撒对云和降水进行人工影响：

- 把大的吸湿性粒子或水滴引入暖云，以促进雨滴的碰并增长。
- 把人工冰核播撒在缺乏冰质粒的冷云中，通过冰晶机制促进降水。
- 把较高浓度的人工冰核播入冷云，以便急剧减少过冷水滴浓度，从面抑制冰粒子的凝华和结淞增长，达样可以消散云体，并抑止降水粒子的增长。

### 6.6.1　人工影响暖云

即使从原理上讲，把水滴引入云顶也并不是产生雨的最有效办法，因为这需要大量的水。一个较有效的技术是把小水滴（半径约 $30\mu m$）或吸湿性质粒（例如食盐）引入云底；这些质粒，在它们被上升气流带着上升然后通过云层下降的过程中，可以先凝结增长然后再碰并增长。

在 20 世纪的下半叶，采用水滴和吸湿性质粒对暖云进行了许多播撒试验。在某些情况下，看来播撒触发了降雨，但由于既未进行广泛的物理评价，也未进行严格的统计检验，所以试验结果没有定论。最近，用吸湿性核播撒暖云来增加降水，又有些重新燃起了人们的兴趣，但这种方法的有效性至今还有待证实。

人们还曾在暖雾中播撒吸湿性质粒以试图改善能见度。由于雾内能见度反比于雾滴数密度和雾滴的总表面积，因此要改善能见度，可用减少雾滴数密度或减小雾滴尺度的办法。当把吸湿性质粒播撒到暖雾中时，这些质粒就凝结增长（从而引起某些雾滴部分蒸发）。这样形成的大雾滴慢慢由雾中下落。这种消雾办法并未被广泛采用，因为其费用较大，可靠性也不高。目前，最有效的消除暖雾的办法是一些"土"方法，包括在地面加热使雾滴蒸发。

### 6.6.2　人工影响冷云

我们在 6.5.3 小节中看到，当云中有过冷却水滴和冰质粒共存时，冰质粒增长到降水尺度大小是非常快的。我们也在 6.5.1 小节中看到，在某些情况下，冰核浓度可能小于能有效促发冰晶机制来形成降水所需的量。在这种情况下，人们认为，通过在这些云中播撒人工冰核或某些其他能够增加冰质粒浓度的物质，有可能诱发降水。这就是 20 世纪后半叶进行的大多数播云试验的科学基础。

一种适合播撒冷云的物质是在 1946 年 7 月进行的"卷云计划"中首次被发现的。这次计划是在朗缪尔（Langmuir）[38]指导下进行的。朗缪尔的一个助手谢弗（V. Schaefer）[39]在实验室实验中观测到，当把一小片干冰（即固体二氧化碳）投入深度冷冻的箱内由过冷

---

[38]　朗缪尔[Irving Langmuir(1881—1957)]，美国物理学家兼化学家。他大部分工作是在纽约的斯克内克塔迪(Schenectady)的通用电气研究实验室内当工业化学师时进行的，在物理和化学的好几个领域内做出过重要贡献，并因为在表面化学方面的工作，在 1932 获得诺贝尔化学奖，在晚年他把主要注意力放在播云上。他大肆宣传播云的大尺度效应使他受到很大争议。

[39]　谢弗[Vincent Schaefer(1906—1993)]，美国博物学家和实验家。为帮助养家糊口，16 岁缀学。最初是通用电气研究实验室的一名制具工，但后来成为朗缪尔的研究助理。谢弗帮助建造了纽约的长径[一条从纽约市区通往阿迪伦达克斯(Adirondacks)境内惠特菲斯(Whiteface)山的远足路径]，他还是一个荷兰房专家。

却水滴组成的云雾中时,云雾中就产生无数小冰晶,并使这些云雾很快转化为冰相。这种转变并不是由于干冰起冰核作用,而是由于干冰能造成很低的温度(−78℃)。当干冰在云中时,它运动的尾流中会产生无数冰晶,这些冰晶是由匀质核化过程而形成的。例如一颗直径为 1cm 的干冰,在 −10℃时下落通过大气,可在它汽化之前产生约 $10^{11}$ 个冰晶。

第一次使用干冰的野外试验是于 1946 年 11 月 13 日在卷云计划中进行的。当时,把 1.5kg 的压碎了的干冰沿约 5km 长的航线投入一层过冷却高积云中。曾观测到在播撒过的云的云底,有雪下降了约 0.5km 的距离,然后在干空气中蒸发掉了。

由于干冰能产生大量冰晶,因此最适合于用它对冷云做过量播撒,而不是用它来产生(1 个·$L^{-1}$)的冰晶最佳浓度以增强降水。当云层被过量播撒时,它就完全转化为冰晶(即冰晶化了)。在冰晶化了的云内,冰晶一般很小。由于那里并无过冷却水滴存在,所以空气的冰面过饱和度很低或不存在。这样一来,冰晶不但不能(像在混合云中水面饱和条件下那样)增长,反而有蒸发的可能。于是,播撒干冰可使大范围的过冷却云或雾消散(图 6.47)。在一些国际机场这项技术已被用来消除过冷却雾。

图 6.47　由人工播撒干冰,在过冷云层中形成的一条 γ-型的路径
(照片由纽约斯克内克塔迪通用电气公司提供)。

受到过冷却云可被干冰所影响的实验事实的启发,与兰格缪尔一起工作的冯奈古特[40]开始寻找人工冰核。在此研究中,他带着这样的期望,即一个有效的冰核,其结晶的结构应当与冰的结构相近。考查结晶形态表发现,碘化银能满足这个要求。以后通过实验室试验证实了碘化银可以在高达 −4℃的温度下充当冰核。

把碘化银播入自然云中的试验,是在 1948 年 12 月 21 日作为卷云计划中的一部分首次试验的。把已浸透过碘化银的许多木炭片,点燃起来,从飞机上向下投入温度为 −10℃、厚度为 0.3km、面积为 16km² 的过冷却层云中。仅用了不到 30g 碘化银就使云转化为冰晶了!

现在知道了许多人工核化物质(例如,碘化铅、硫化铜)。有些有机物质[例如,间苯三

　　⑩　冯奈古特[Bernard Vonnegut (1914—1997)],美国物理化学家。除了他在播云方面的研究外,冯奈古特一生都对雷暴和闪电感兴趣。他的兄弟、小说家科特·冯奈古特(Kurt Vonnegut)写到:"我的最长的经历是与我的兄长,我的惟一的兄长,伯纳德在一起……当我们出生时就赋予了不同的才智。伯纳德绝不可能成为作家,而我也绝不可能成为科学家。"有趣的是,卷云计划之后,冯奈古特和谢弗都没有在人工播撒增雨的探索中做更深入的工作。

酚(phloroglucinol)、聚乙醛(motaldehyde)]是比碘化银更有效的冰核。但在大多数人工播云试验中多数使用碘化银。

　　自从 20 世纪 40 年代的第一次人工播云试验以来,在世界各地进行了许多试验。现在已经可以肯定,云中冰晶浓度可用播撒人工冰核的办法使之增多,并在某些条件下,在某些云中,可以人工触发降水。但重要的问题是:在什么条件下(如果有这种条件)利用播撒人工冰核的办法,可使地面降水以可预报的方式在大面积上显著增多? 这个问题仍有待明确回答。

　　迄今我们仅讨论了人工冰核在改变冷云微结构中的作用。当较大体积的云通过过量播撒使它冰晶化时,由此释放的潜热将使云内空气得到额外的浮力。如果在播云前云的高度被一个稳定气层所限制,那么由人工播撒所释放的冻结潜热,就有可能提供足够的浮力,以使云穿过逆温层而达到其自由对流高度。云顶就会升到比自然伸展所能达到的高度更高的地方。图 6.48 展示了可能由于过量播撒而产生的积云爆发性增长。

图 6.48　是因果关系还是偶然巧合。积云在靠近(a)中箭头所指的位置播撒(a)10min,
　　　(b)19min,(c)29min,(d)48min 后的爆发性增长[照片由 J. Simpson 提供]。

　　人们也开展了尝试减少雹灾的播云试验。用人工核播云,有利于增多云内小的冰质粒,以争夺可使冰雹块增长的过冷却水滴。因此人工播撒应当能够使雹块的平均尺度减小。另外,也有可能,如果对一个雹暴,用大量冰核做过量播撒,使云中绝大部分过冷却水滴都发生核化冻结,就能使雹块的凇附增长大大减小。虽然这些设想听起来很有道理,但所进行的抑雹试验的结果并不很令人鼓舞。

　　人们还进行了探索性试验来研究是否能够通过过量播撒来使地形降雪重新分布。结凇的冰质粒具有较大的下降末速(约 $1\mathrm{m} \cdot \mathrm{s}^{-1}$),所以在掉向地面时,具有较陡的路径。如果在山脉迎风侧的云中,过量播撒人工冰核,那就会实际上消除过冷却云滴,也会显著减少凇附增长(图 6.49)。在不发生凇附的情况下,冰质粒只能由汽相直接凝华而增大,其下降末速就将减少一半。这样,在这些冰晶降落至地面之前,上空风能够把它们带得更远。有人提出,用这种办法,降雪就可由(降水往往较多的)山脉迎风坡上分出一部分到较干的背风坡。

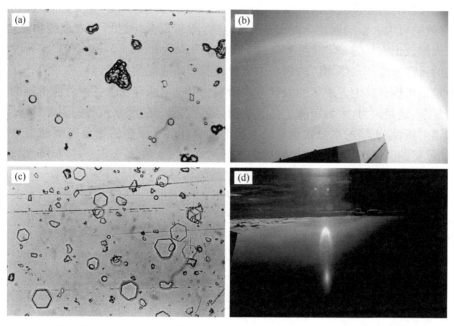

图 6.49　(a)在喀斯特山脉上未播撒催化剂的云中收集到的大的不规则结凇冰质粒和小水滴,(b)在小云滴中折射光线造成的云虹,(c)大量播撒人工冰核后,云中质粒就转化为未结凇的片状冰晶。云的外形也因此而发生了显著变化,(d)前景中均匀的云是播撒过人工冰核的云,背景上起伏的云为未播撒人工冰核的云。在播撒过的云中,可看到冰质粒造成的光象(如部分 22°晕、22°晕的下切弧及下日)[照片由华盛顿大学云气溶胶研究组提供](另见彩图)。

图 6.50　背景山谷中的烟云是由一个造纸工厂的排放物造成的。这种烟云通过山脊缺口流入附近谷地如前景所示(照片由 C. L. Hosler 提供)(另见彩图)。

### 6.6.3 无意识人工影响

某些工厂向大气中排放了大量的热、水汽及有利于云发展的活跃气溶胶质粒(CCN和冰核)。因此,这些排放物会改变云的形成和结构,并影响降水。例如,一个孤立的造纸厂,其排放物可大大影响远达 30km 的附近地区(图 6.50)。造纸厂、农业废物燃烧,以及森林大火排放出大量的 CCN(在 1% 过饱和度时约 $10^{17}$ 个 · $s^{-1}$),这些 CCN 会改变下风方云内的云滴浓度。在炼钢厂的烟羽中也曾观测到高浓度的冰核。

大城市可能对其附近地区的天气造成影响。但这里所涉及的各种可能机制的相互作用极其复杂,这是因为,大城市除了是气溶胶、痕量气体、热、和水汽等的面源外,还能改变地面的辐射特性、土壤的水分含量及地面粗糙度等。已有很多的纪录表明都市"热岛"的存在,使那里的温度高于邻近居民密度较小地区好几度。在夏季几个月内,降水比背景值增加 5%～25% 的现象常出现在某些大城市(例如在密苏里州的圣·路易斯)下风方 50～75km 地区。雷暴和雹暴可能会更频繁,其中扰动的范围和强度与城市大小有关。模式模拟结果指出由地面粗糙度改变及热岛效应引起的空气上升速度的增加,最有可能是造成这些异常的原因。

---

**框栏 6.4  云 中 空 洞**

起码早在 1926 年,人们就已拍摄到了过冷云(最常见的是高积云)薄层中空洞(即比较大的晴空区)的照片。空洞以各种形状出现,从接近圆形(图 6.51(a))到线性轨迹(图 6.51(b))。这些空洞是由于云中过冷水滴被大量冰晶(每升达 100～1000个)移除而产生的,这与在过冷云中由于人工播撒形成的空洞(图 6.41)相类似。但这里所关心的空洞是由于过冷云被其上方含有大量冰质粒的雪幡所拦截造成的自然播撒,或者由于飞机穿过过冷云而形成的。

在由飞机形成的情况下,造成过冷云滴蒸发的冰质粒,是由飞机尾迹中形成的涡旋中的空气急速膨胀及相伴随的冷却造成的(称之为飞机产生的冰质粒或 APIPs)。如果空气被冷却到 −40℃ 以下,那么冰质粒通过匀质核化产生(参阅 6.5.1 小节)。在略弱的冷却下,冰晶可由异质核化形成(参阅 6.5.2 小节)。通过这种方式产生的冰晶最初比较小而且大小均匀,但后来它们在云中由于过冷云滴的蒸发而得到均匀的增长(图 6.36)。从飞机穿过过冷云到可视晴空区的出现,时间间隔大约是 10～20min。

APIPs 最有可能出现在环境温度较低(−8℃ 或以下)的条件下,当飞机以最大功率飞行但仍保持联动和襟翼伸展;这将导致相对较低的空速和较高的阻力。不是所有的飞机都产生 APIPs。

云中空洞的形状取决于下垂雪幡的截角或飞机航迹与云的交角。例如,如果飞机很陡地下降穿过云,那它将产生一个接近圆形的空洞(图 6.51(a)),但如果飞机以近于水平穿过云,那它将产生一条线性的轨迹(图 6.51(b))。

图 6.51　(a)在过冷高积云层中的空洞。注意在空洞中心有冰晶掉出[版权:A. Seals],
(b)由飞机飞过过冷高积云产生的清晰航迹[由 Art Rangno 提供](另见彩图)。

## 6.7　雷暴与起电

雷暴的动力结构,在第 10 章介绍。这里只介绍雷暴起电的微物理机制以及闪电和雷声的性质。

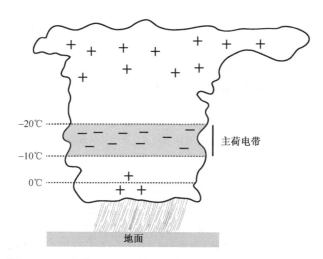

图 6.52　一个典型而又比较简单的雷暴中电荷分布的示意图。
低层的少量正电荷并不总是存在的。

### 6.7.1　电荷的产生

所有的云在某种程度上都是带电的[41]。但在旺盛的对流云中,则可分离出足够的电荷以产生电场,该电场的强度可超过云内空气介电击穿值(约 $1MV \cdot m^{-1}$),导致初始的云中(即同一云中的两个点之间)闪电放电。

雷暴内电荷分布是用特种无线电探空仪(称为高空测电计,altielectrograph),在地面上测量伴随闪电的电场变化,以及装置特别仪器的飞机等办法来研究的。图 6.52 给出了对一个结构简单的云中,此类研究结果的一个汇总。云中较下部负电荷和云上部正电荷的量级在约 $10 \sim 100C$,或几个 $nC \cdot m^{-3}$。负电荷的位置(称为主荷电区)清晰地位于 $-10℃$ 和 $-20℃$ 温度层之间。正电荷分布在负电荷之上的一个比较宽广的区域。虽然有一些暖云闪电的报告,但绝大多数的雷暴发生在冷云中。

一个重要的观测结果(它提供了大多数雷暴起电理论的基础),那就是强电场是伴随着云中强降水(以霰或冰雹的形式)的出现(由雷达测得)而建立的。大多数理论认为,当一个霰质粒或雹块(后面称为淞结体)下落穿过一块云时,由于与小云质粒(云滴或云冰)碰撞,它将带负电,从而导致在主荷电区带负电。相应的正电荷是当云质粒与淞结体碰撞并从淞结体反弹回来时传给云质粒的。关于为什么淞结体可能带负电而小云质粒带正电的确切条件和机制,是一个已经争论了几百年的议题了。虽然已提出了许多很有希望的机制,但后来发现它们也不能解释雷暴中观测到的电荷产生率,或者由于其他原因,发现它们站不住脚。

**习题 6.6**　在一次雷暴中,电荷产生率约为 $1C \cdot km^{-3} \cdot min^{-1}$。试计算:每次冰晶与淞结体(例如一个霰质粒)的碰撞必须有多少电荷分离,才能够解释此电荷产生率。假定冰晶浓度为 $10^5 m^{-3}$,其下落速度与淞结体相比可忽略不计,冰晶在与淞结体碰撞之前

---

[41]　富兰克林(Benjamin Franklin) 在 1750 年 7 月第一个提出要进行雷暴是否带电的实验。他建议造一个哨亭(里面足以容纳一个人和一个绝缘台),放在高处,台上铅直树立一个长约 $20 \sim 30ft$ 的铁棍,此铁棍穿过哨亭的顶部。他认为如果一个人站在台上,手持这个铁棍,在带电的云移过头顶时,这个人将会带电,并出现火花放电。他还指出,如果人站在哨亭的地板上,把连有绝缘手柄的一条线的一端,移近铁棍,线的另一端接地,此时,如有一个电火花,从棍跳到线上,这就可以证明当时的云是带电的[富兰克林不知道这个实验的危险性,如果他们这样做了,当有闪电直接打到铁棍上,就能触电死人!]。他所建议的实验,在 1752 年 5 月 10 日,在法国由狄阿立拜(d'Alibard)[42]于马雷拉村(Marly-la-Ville)进行了。有一个老兵叫考伊菲亚(Coiffier)的,他在雷暴经过天顶时,把接地的线移近一根铁棍,见到了一条火花。这是第一个直接证明雷暴是带电的实验。普里斯特利(Joseph Priestley) 认为"这是从牛顿以来,在全部哲学领域中最大的发现(富兰克林在 1749 年已建议采用避雷针,很明显,那时他在自己脑海中,早已肯定雷暴是带电的)。"以后,在 1752 年夏季(具体日期不详),富兰克林听到狄阿立拜的成功试验前,就在费城开始了他那有名的风筝实验,观测到火花从一个附于风筝线的钥匙上跳到他的手关节上。在 1752 年 9 月,他在自家烟囱上装了一根铁棍。于 1753 年 4 月 12 日,当雷暴经过天顶时,他断定了铁棍下端收集的电荷符号,并下结论说:"雷阵云大多带负电,但有时也带正电,但我认为带正电是少见的。"此后,再没有人对雷暴电状况做肯定性的说明,直到 20 世纪 20 年代,C. T. R. 威尔逊(Wilson)[43]才指出,雷暴云下部,一般带负电,而上部是带正电的。

[42]　狄阿立拜[Thomas Francois d'Alibard(1703—1779)],法国博物学家,曾把富兰克林所著"Experiments and Observations on Electricity"(Durand,Paris,1756)一书译为法文,并重复做了一些富兰克林的实验。

[43]　威尔逊[C. T. R. Wilson(1869—1959)],苏格兰物理学家。发明了以他命名的云室用来研究离子辐射(例如,宇宙射线)和带电质粒。在凝结核和大气电学方面进行了重要研究。获得 1927 年诺贝尔物理奖。

不带电,与凇结体的碰撞效率为 1,且所有冰晶与凇结体碰撞后都反弹回来。还假设凇结体为半径 2mm 的球体,其密度为 $500\text{kg}\cdot\text{m}^{-3}$,并且由凇结体造成的降水率相当于 5cm $(\text{H}_2\text{O})/\text{h}$。

**解答**:如果 $dN/dt$ 为 1s 之内,在单位体积空气中,冰晶与凇结体的碰撞数,且每次碰撞都使 $q\text{C}$ 的电荷分离,那么在云中由这一机制引起的、单位时间单位体积空气中的电荷分离率为

$$\frac{dQ}{dt} = \frac{dN}{dt}q \tag{6.39}$$

如果冰晶的下落速度可忽略,且冰晶与凇结体碰撞和分开的效率为 1,则

$$\frac{dN}{dt} = (凇结体在 1s 内扫过的体积) \times (单位体积空气中的凇结体数)$$

$$\times (单位体积空气中的冰晶数)$$

$$= (\pi r_H^2 v_H)(n_H)(n_I) \tag{6.40}$$

式中,$r_H$、$v_H$ 和 $n_H$ 分别为凇结体的半径、下落速度和数浓度,$n_I$ 为冰晶数浓度。

现在考虑一个截面积为 $A$ 的雨量计。由于所有在雨量计上方 $v_H$ 距离内的凇结体都将在 1s 内掉进雨量计,那么在 1s 内进入雨量计的凇结体数等于一个截面积为 $A$,高度为 $v_H$ 的柱体(或体积为 $v_H A$ 的柱体)内的凇结体数。在此体积中的凇结体数为 $v_H A n_H$。因此,如果每个凇结体的质量为 $m_H$,那么在 1s 内进入雨量计的凇结体的质量为 $v_H A n_H m_H$,式中,$m_H = (4/3)\pi r H^3 \rho_H$,而 $\rho_H$ 为凇结体的密度。当这一质量的凇结体融化在雨量计之中时,那么 1s 内产生的密度为 $\rho_l$ 的水的高度 $h$ 有

$$hA\rho_l = v_H A n_H \left(\frac{4}{3}\pi r_H^3 \rho_H\right)$$

或

$$v_H n_H = \frac{3h}{4\pi}\frac{\rho_l}{\rho_H}\frac{1}{r_H^3} \tag{6.41}$$

由(6.39)~(6.41)式得

$$q = \frac{4\rho_H r_H}{3h\rho_l n_I}\frac{dQ}{dt}$$

代入数值得

$\frac{dQ}{dt} = \frac{1}{60\times 60}\text{C}\cdot\text{km}^{-3}\cdot\text{s}^{-1}$,$h = \frac{5\times 10^{-2}}{60\times 60}\text{m}\cdot\text{s}^{-1}$,$\rho_l = 10^3\text{km}\cdot\text{m}^{-3}$,$n_I = 10^5\cdot\text{m}^{-3}$,$\rho_H = 500\text{kg}\cdot\text{m}^{-3}$,$r_H = 2\times 10^{-3}\text{m}$,我们得到每次碰撞产生 $q = 16\times 10^{-15}\text{C}$,或 16fC$(1\text{fC} = 10^{-15}\text{C}$——译者注$)$。

我们现在简要介绍一个看起来似乎说得通的关于凇结体与相碰冰晶之间电荷传输的机制,尽管仍然需要看它是否能够经得起时间的检验。

实验室试验表明,当冰质粒碰撞并反弹回来时,电荷发生了分离。我们已从习题 6.6 中看到,每次碰撞产生的电荷的典型量级大约在 10fC 左右,这个值足以解释雷暴中电荷的分离速率。凇结体得到的电荷的符号决定于云中的温度、液水含量,以及凇结体和冰晶

汽相的相对增长率。如果淞结体由气相的凝华增长比冰晶增长要慢,那么淞结体得到负电荷而冰晶则得到相应的正电荷。由于当一个淞结体下落穿过一块云时,过冷云滴要在其上冻结,由此释放的潜热将使得淞结体表面的温度高于环境温度,因而在此云中,淞结体由水汽凝华增长的速率要比冰晶低。于是,当冰晶从淞结体反弹回来时,淞结体应当得到负电荷,而冰晶得到正电荷,这样才能解释雷暴中电荷的主要分布。

电荷传输看起来似乎是基于这样的事实,即正离子在冰中的迁移速度要比负离子快得多。当新冰表面建立的时候,正离子快速移到冰的内部,这样使表面带负电。在碰撞过程中,来自每个相碰撞质粒的物质会发生混合,但负电荷总是传给增长速率较慢的质粒。

在某些雷暴中,在紧靠主电荷区的下方,观测到一个弱的正电荷区(图6.52)。这可能与融化过程中固态降水带电或混合相过程有关。

### 6.7.2　闪电和雷声

当云中电荷分离时,电场强度就增加了。最终电场强度加大到超过空气能够承受的能力。由此导致的介质被电击穿的现象就表现为闪电的形式。闪电可以是(1)云内部,云与云之间,或从云到空气(我们称它为云闪);或者(2)云和地之间(地闪)。

地闪,使地面带负电,是起始于云低层主要负电荷中心的放电形式,称为级冲先导,它逐步冲向地面。每下冲一步,维持约 $1\mu s$。在此期间,级冲先导就前冲约 $50m$。各级冲之间的时距约 $50\mu s$。人们认为,级冲先导是雷暴云底的正电荷囊区与负电荷区下部间的局部放电所触发的(见图6.53(b))。这种局部放电,释放出了原先在负电荷区中附于降水质粒上的电子。被释放出的自由电子,把可能出现在主电荷区下方的小正电荷囊区的正电荷中和掉(图6.53(c)),然后向地面移动(图6.53(c)~(e))。当带负电的级冲先导接近地面时,它就在地面(特别在尖端物体上)诱导出正电荷来,并且当级冲先导伸达距地 $10\sim100m$ 高处,从地面一次放电上窜,与其相接应(图6.53(f))。级冲先导与上窜放电相接后,大量的电子就流向地面,并有一条很亮的可见闪击,连续沿级冲先导原路,从地面向云传播(图6.53(g)和(h))。这个电子流(称为回返闪击),与出现很亮的闪道(也就是常能看到的一个闪击)有关。由于这个闪击向上移动得如此之快(在约 $100\mu s$ 之内),以至整个回返闪道从肉眼看来,似乎是同时闪亮的。闪道中虽有向下的电子流,但回返闪击及与之相连的地面仍保持带正电,以与云下部主电荷区的剩余负电荷相对应。

第一次闪击一般带了最大电流(平均达 $3\times10^4A$)。继第一次闪击之后,如果在前一次闪击的顶端电流停止后 $0.1s$ 以内,有额外电子供应时,后继的闪击就能沿同一主闪道出现。补充到闪道上的额外电子,称为K闪流或J闪流(streamers),它从前一闪击的顶部,不断伸展到云中更远的负电荷区(图6.53(i))。接着有一个带负电的先导,称为直窜先导,沿第一个闪击的主闪道,连续地向下到达地面,并进一步把电子降沉至地面(图6.53(j)和(k))。直窜先导后,就有另一个可见的回返闪击由下向上进入云中(图6.53(l))。闪电的第一次闪击有许多向下的分支(图6.54(a)),这是因为级冲先导是强烈分支的。后继闪击一般无分支,因为它们只沿第一次闪击的主闪道行进。

大多数闪电只包括 3 或 4 次闪击,每次闪击相隔约 $50ms$。它可以把雷暴云下部的 $20C$ 或更多的电荷去除。因此云中的起电机制,必须补充这个电量,以便发动另一次闪

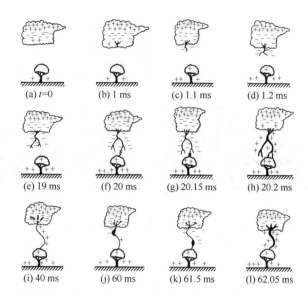

(a) $t=0$　　　(b) 1 ms　　　(c) 1.1 ms　　　(d) 1.2 ms

(e) 19 ms　　　(f) 20 ms　　　(g) 20.15 ms　　　(h) 20.2 ms

(i) 40 ms　　　(j) 60 ms　　　(k) 61.5 ms　　　(l) 62.05 ms

图 6.53　某些导致地闪(它使地面带负电)的各种过程的草图(未绘标尺)。(a)云中电荷分布,(b)初级击穿,(c)～(e)梯级先导,(f)附着过程,(g)和(h)首次回返闪击,(i)K 和 J 过程,(j)和(k)直窜先导,(l)第二次回返闪击[取自 M. Uman,*The lightning Discharge*,Academic Press, Inc., New York,1987, p. 12,Copyright 1987,得到 Elsevier 许可]。

击。这可以在短至 10s 内完成。

与上述的闪电不同,大多数对山顶和高大建筑物的闪电,是从建筑物顶部附近所开始的向上的级冲先导所发动的。它们向上移动,并向云底方向分支(图 6.54(b))。避电针[44]可用来保护高建筑物免受雷击破坏。方法是把伸向地面的闪击,不通过建筑物,而是通过避电针引向导体。

在雷暴云内部的闪电一般能使云中主要正负电荷中心中和掉。但它并不包含几个断续的闪击,而往往由一个缓慢移动的火花或先导,它在零点几秒的时间内在云中正负电荷区之间窜动。这种运动在云内产生了一个暗淡而连续的光,在其上可能迭加上几个较亮的脉冲,每一个脉冲维持约 1s。热带雷暴,每产生一次云地闪,就有 10 次云内闪出现。但在温带,则两种闪电发生的频率相似。

回返闪击通过闪道时,很快地使闪道中空气的温度提高到约 $3 \times 10^4$ K。由于升温过程历时很短,空气来不及膨胀,因而闪道内气压立刻升高到 10～100atm。高压闪道很快向周围大气膨胀,产生很猛烈的冲击波(以高于声速的速度传播)。在较远处,可听到声波,这就是雷声[45]。雷声也会从级冲先导或直窜先导中产生,但其强度远弱于回返闪击所

---

[44]　避电针的使用是 1749 年首先由富兰克林所提出的。他拒绝将其设计取得专利权,也不要求由于采用避电针而获得任何利益。避电针最早在法国采用,1752 年在美国也采用了。如果采用了避电针,以砖瓦为顶的房屋有大约 7 成免于雷击。

[45]　韩伍(Hirn)[46]最早于 1888 年对雷声提出解释。

[46]　韩伍[Gustave Adolfe Hirn(1815—1890)],法国物理学家。最早研究热机理论者之一,他曾在阿尔萨斯建立了一个向他做观测报告的小气象站网。

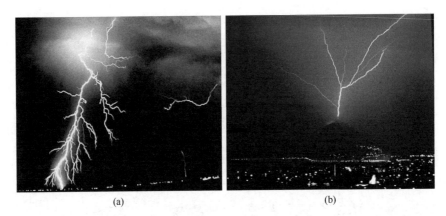

(a)　　　　　　　　　　　　　　　　　(b)

图 6.54　(a)地闪照片,它是由云向地面传播的梯级先导所发动的。注意其向下伸展的分支,是由多枝梯级先导所造成的[照片由 NOAA/NSSL 提供],(b) 山上高塔顶向更高的云发出闪电放电现象,它是由从塔顶开始向上伸展到云中的梯级先导造成的,与(a)不同。请注意,它是向上分支的[照片由 R. E. Orvile 提供](另见彩图)。

造成的。闪电所造成的雷声,一般在 25km 之外难以听到。在更远处,由于温度随高度降低,雷声常向上折射,所以雷声常越过观测者的头顶。

尽管大多数地闪向地面输送负电,但中纬度雷暴中有大约 10％的闪电向地面输送正电荷,而且这些闪电带有最大的峰值电流和电荷传输。此类闪电可能源自于风切变造成的雷暴上部区域正电荷的水平移位(如图 6.52 所示),或者,在某些情况下,来自雷暴中的主要电荷中心与正常偏离。

### 6.7.3　全球电路

在晴天天气条件下,在几十千米高度之下的大气中,存在一个方向指向下的电场。在这个相对较强电场层之上,是一个称之为电子层的层次。该层次向上伸展到电离层的顶部(电离层中的电导率非常高,因此,实际上这里处于定常电位状态)。由于导电层是一个很好的导电体,它几乎可成为一个完美的静电防护器。

在地球表面附近的晴天电场大小,在海洋上的平均值约为 130V·m$^{-1}$,而在工业区,其值可高达 360V·m$^{-1}$。在后一情况下的高值,是由于工业污染降低了空气的电导率造成的。这是因为较大而移动缓慢的质粒有捕获迁移率较高离子的趋势。由于所有高度上的垂直电流强度(等于电场和电导率的乘积)必须相等,所以如果电导率减小,则电场强度必须增大。在大约 100m 以上高度,空气的电导率是随着高度增加而增加的,因此,在这些高度上,晴天电场是随着高度减弱的。电导率随高度的增加是由于宇宙射线引起的较强离子化及大质粒浓度的减小造成的。因此,在地球表面 10km 以上晴天电场的值,仅仅是它在地球表面上的值的 3％。相对于地球的导电层的平均电位为大约 250kV,但大部分的电位下降出现在对流层。

向下晴天电场的存在,意味着导电层带净正电,而地球表面带净负电。开尔文爵士(Lord Kelvin)(他于 1860 年首次提出在大气上层存在一个导电层)也提出,地球和导电层是一个巨大的球形电容器,电容器的内部导体是地球,外部导体为导电层,空气为电介质。虽然空气中的电流(平均约为 $2\sim4\times10^{-12}A\cdot m^{-2}$)大到足以使电容在几分钟内放电,但电场接近定常。因此,在系统中必定存在一个发电机。1920 年,威尔逊(C. T. R. Wilson)提出,主要的发电机是雷暴及带电的阵雨云,现在这一观点已被普遍接受。如我们所见,雷暴是以这样的方式使电荷分离的,即它们的上部变为带正电荷而底部变为带负电荷。上部的正电荷通过这些高度上的高导电大气向导电层底部漏电。这就在导电层上产生了广阔的正电区。该正电荷区是随着高度减小的(如同晴天电场的变化),减小的标高为大约 5km。在雷暴之下,空气的电导率较低。然而,在非常大的电场的影响下,一个正电流,或称之为点放电电流[47],从地球向上流动(通过树和其他尖端物)。降水质粒被晴天电场和雷暴下电场以这样的方式极化,即在掉到地面过程中,它们倾向于收集正离子。一个相当于点放电 30% 的正电荷,以这种方式返回到了地球。最后,地闪把负电从雷暴底部输送到地面。

图 6.55 给出了主要全球电路的草图。对地球电收支的一个粗略估算是(以 C·km$^{-2}$·a$^{-1}$ 为单位):由晴天天气传导率获得 90 单位的正电荷,由降水获得 30 单位正电荷,通过点放电失去 100 单位正电荷,由于地闪向地球输送负电的过程失去 20 单位正电荷。

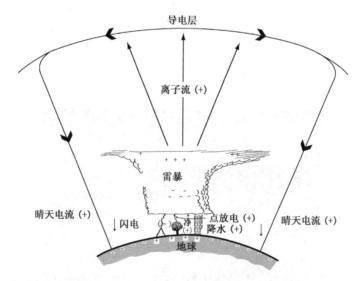

图 6.55 主要全球电路草图(未按比例尺绘制)。括号内的正负号表示在箭头所指方向内传输的电荷的符号。整个系统可以看作一个电路(粗箭头),在其中带电云为发电机(或电池)。在此电路中,正电荷从带电云的顶部流向导电层。因此,导电层带正电,但它没有明确定义的高度。实际上,电子层上的大部分正电荷接近地球表面。晴空电流连续不断地向地面漏正电荷。整个电路是通过净正电荷向带电云底部传输来闭合的,而此传输过程是点放电、降水和闪电的净效应。为了保持与传统的一致性,图中电流的方向是以正电荷的移动方向给出的,但实际上电流是以电子的形式存在的负电荷在相反方向上的流动。更多细节见正文。

---

[47] 在桅顶等,点放电被称为爱尔摩火花(St. Elmo's fire)。

卫星监测电闪显示,地闪的全球平均频率约为 12～16 次·s$^{-1}$,而在夏季北半球陆地上的最大频率约为 55 次·s$^{-1}$。总电闪(云闪和地闪)的全球平均频率为(44±5)次·s$^{-1}$,且 55 次·s$^{-1}$的最大值出现在北半球夏季,而 35 次·s$^{-1}$的最小值出现在北半球冬季。全部闪电的 70% 出现在 30°S～30°N 之间,说明深对流云在此区域的出现次数很高。在北美大陆,每年发生的地闪有约 3000 万次之多!

在美国有一个探测地闪的地面站网。通过把从该网得到的地闪次数与从卫星得到的总闪次数相结合,就可以导出云闪与地闪的比值。该比值在美国变化很大,从肯萨斯、内布拉斯加、俄勒冈大部和加利福尼亚西北部约为 10 的最大值,到阿巴拉契亚山脉、落基山脉和内华达山脉约为 1 的比值。

由于闪电与对流云中的强上升气流有关,因此对闪电的观测可以作为对上升气流和剧烈天气现象观测的替代。

---

### 框栏 6.5 　 向 上 放 电

1973 年,一个 NASA 飞行员在 20km 高度飞行的侦察机里做了如下记录:"我接近了一个与我飞行高度差不多的发展旺盛的对流云塔,云塔内部被频繁的闪电照亮。还没有云砧形成。我惊奇地看到一个明亮的黄白色闪电,直接从云的中心部位的最高点窜出,垂直向上伸展到远高于我所在的高度。放电非常接近于直线,就像一束光,没有弯曲或分支。其持续时间大于平常的闪电,可能长达 5s。"

自从那以后,多种类型与闪电有关的、出现在平流层和中间层的瞬时发光现象被以幽灵闪电(*sprite*)、气辉闪(*elve*)和蓝急流(*blue jets*)等名称记录下来(图 6.56)。

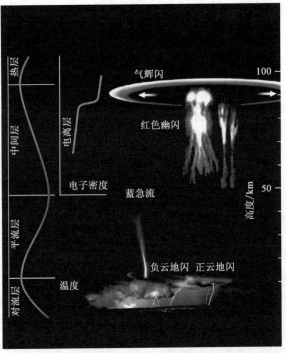

图 6.56　在平流层和中间层的瞬时发光现象[根据许可重印自 T. Neubert, "On Sprites and their exotic Kin." Science 300, 747(2003). Copyright 2003 AAAS.](另见彩图)。

　　幽灵闪电是发光的电闪现象,其持续时间从几毫秒到几百毫秒。它的高度可从大约 90km 向下一直伸展到云顶,水平距离可达 40km 以上。它们主要是红色的,在较低区域有一些蓝色亮点;有时它们能够用肉眼看到。人们认为幽灵闪电是由电场振动产生的,特别是当大量的正电荷由于闪电从雷暴输送到地面的时候,这通常来自于将在 8.3.4 小节讨论的较大的中尺度对流系统的成层区域。与正常闪电的通道完全被离子化不同,幽灵闪电只是很弱地被离子化。

　　气辉闪是持续微秒长的发光圈,它位于大约 90km 高度并处于闪电的中心上空。它们以光速水平向外扩展。气辉闪是由闪电产生的电磁振动造成的大气加热引起的。它们是用肉眼看不到的。

　　蓝急流是部分被离子化的发光锥,这些发光锥从雷暴顶以大约每秒 100km 的速度向上传播,并且到达约 40km 高度。有时,蓝急流能够触发幽灵闪电,因而建立起一个从雷暴到离子层的直接的、高传导率的电子线路。这些稀有的事件看起来与云地闪没有直接的关系。它们仅持续约 100～200ms,并且用肉眼即使在晚上也很难看到。

　　最近也有其他以前记录较少的上传放电的报道。图 6.57 展示了一条由雷暴顶向上伸展的、大约有 1km 长的白色光柱。

图 6.57　澳大利亚达尔文附近的一个雷暴中向上放电的情况。在白色通道的顶端有一条蓝色的火焰,向上伸展了 1km 左右［引自 *Bull. Am. Meteor. Soc.* **84**,448(2003).］(另见彩图)。

　　　这些各式各样的现象很可能在全球电路中起一定作用,也有可能以某种方式在平流层和中间层化学中起作用,但这些作用方式还有待了解。

## 6.8　云和降水化学[48]

　　在第 5 章我们讨论了大气中的痕量气体和气溶胶。本节主要讨论云和降水在大气化

---

48　参见第 5 章脚注①。

学中的作用。我们将看到,云既是气体和气溶胶的汇,又是其源,它们能使大气中的化学物种重新分布。降水清除大气中的质粒和气体并将它们沉降到地面,其中最引人注目的例子是酸沉降或酸雨。

### 6.8.1　总论

在云和降水化学中起一定作用的某些重要过程由图 6.58 中的草图给出。这些过程包括气体和质粒的传输、核化清除、气体在云滴中溶解、液相化学反应,以及降水清除。这些过程,以及它们对云水和降水化学组分的影响,将依次在本节讨论。

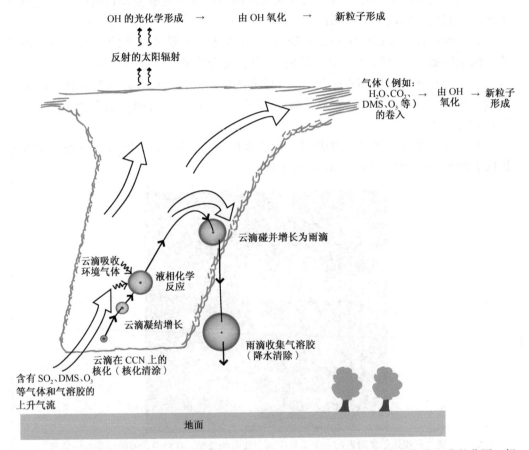

图 6.58　影响大气中化学物质分布和性质的各种云和降水过程以及云和降水化学组分的草图。粗箭头表示气流。图是未按比例尺绘制的。

### 6.8.2　质粒和气体的传输

如同图 6.58 左侧所显示的,气体和质粒在上升气流中被带到上空进入云中。这些气体和气溶胶的一部分被输送到云的上层区域,并被排放到这些高度的环境空气中。如此一来,就把来自于近地面的污染物(例如,$SO_2$、$O_3$、各种质粒)分布到上空。云顶以上的日辐射由于云质粒的反射而得到增强,这些区域的光化学反应也由此得到增强,特别是那些有 OH 参与的反应。除此之外,云水的蒸发使得超出云边界之外相当距离远的空气变湿,于是,在云体附近,由于 OH 引起的 $SO_2$ 和 DMS 的氧化反应,以及后来在有水汽存在的条件下新气溶胶的产生(参阅 5.4.1 小节的 d 部分),都因此得到增强。

### 6.8.3　核化清除

如同我们在 6.1.2 小节所看到的,进入到云底的质粒的一部分成为云凝结核,在其上水汽凝结形成云滴。这样,每个云滴从其诞生时刻起,至少含有一个质粒。质粒以这种方式结合进入云滴,称为核化清除。若一个 CCN 是部分或全部可溶于水的,那么它就在云滴中溶解,形成一个溶液滴。

### 6.8.4　气体在云滴中的溶解

一旦当水汽凝结形成云滴(或霾滴或雾滴),环境空气中的气体就开始在这些滴中溶解。在平衡状态下,溶解在云滴中的任何一种给定气体的每升物质的量(称为该气体的溶解度 $C_g$),由亨利定律(Henry law)给出(参阅习题 5.3)。由于随着温度降低,气体的溶解度越来越大,所以更多的气体在较低温度下溶于水滴中。

**习题 6.7**　一种气体(以质量计)均等地分布在空气和云水中。如果云的液水含量(LWC)为 $1g \cdot m^{-3}$,温度为 5℃,试计算该气体的亨利定律常数(假设 1mol 气体在 1atm 和温度 5℃下所占的的体积为 22.8L)。

**解答**:令气体为 $X$,且其在云水中的溶解度为 $C_g$。那么,$1m^3$ 空气中所含云水中 $X$ 的量(以 mol 为单位)＝$C_g$($1m^3$ 空气中所含云水的体积(L))

$$= C_g \frac{LWC}{\rho_l} \qquad (6.42)$$

式中,LWC 的单位是 $kg \cdot m^{-3}$,而 $\rho_w$ 为以 $kg \cdot L^{-1}$ 为单位的水的密度。由(5.3)式和(6.42)式

$$1m^3 \text{ 空气中所含云水中 } X \text{ 的量(以 mol 为单位)} = k_H p_g \frac{LWC}{\rho_l} \qquad (6.43)$$

式中,$p_g$ 为 $X$ 的分压(以 atm 为单位),$k_H$ 为气体 $X$ 的亨利定律常数。由于 1mol 气体在 1atm 和温度 5℃下所占的的体积为 22.8L(或 $0.0228m^3$),所以 $(0.0228)^{-1}$mol 气体在一个标准大气压和温度 5℃下占有 $1m^3$ 体积。因此,对分压为 $p_g$ 的 $X$ 气体,

$$1m^3 \text{ 空气在 5℃ 时含有 } \frac{p_g}{0.0228} \text{mol 的 } X \qquad (6.44)$$

对于空气和水中相同物质的量的 $X$(因而相同质量的 $X$),从(6.42)式和(6.40)式得到

$$k_H p_g \frac{LWC}{\rho_l} = \frac{p_g}{0.0228}$$

或

$$k_H = \frac{\rho_l}{0.0228(LWC)}$$

因为 $\rho_l = 10^3 kg \cdot m^{-3} = 1kg \cdot L^{-1}$,对于 $LWC = 1g \cdot m^{-3} = 10^{-3} kg \cdot m^{-3}$,

$$k_H = \frac{1}{0.0228(10^{-3})} = 4.38 \times 10^4 mol \cdot L^{-1} \cdot atm^{-1}$$

这个 $k_H$ 值所对应的是一种像过氧化氢($H_2O_2$)这样非常可溶的气体。

### 6.8.5 液相化学反应

在云滴内化学物种相对较高的浓度,特别是在污染空气团中,导致快速的液相化学反应。为说明其中涉及的基本原理,我们将讨论云水中 $SO_2$ 向 $H_2SO_4$ 转化的重要例子。

在此过程中的第一步是 $SO_2$ 在云水中的溶解,这将形成二硫化物 $[HSO_3^-(aq)]$ 和亚硫酸根 $[SO_3^{2-}(aq)]$:

$$SO_2(g) + H_2O(l) \Longleftrightarrow SO_2 \cdot H_2O(aq) \qquad (6.45a)$$

$$SO_2 \cdot H_2O(aq) + H_2O(l) \Longleftrightarrow HSO_3^{2-}(aq) + H_3O^+(aq) \qquad (6.45b)$$

$$HSO_3^-(aq) + H_2O(l) \Longleftrightarrow SO_3^-(aq) + H_3O^-(aq) \qquad (6.45c)$$

这些反应的结果,大大高于亨利定律(它不允许溶解气体有任何液相化学反应)预测的 $SO_2$ 可溶于云水的量。

当 $SO_2 \cdot H_2O(aq)$、$HSO_3^-(aq)$ 和 $SO_3^{2-}(aq)$ 在云水中形成后,它们很快就被氧化为硫酸盐。其氧化速率决定于氧化剂,而且在一般情况下,还决定于云滴的 pH 值[49]。在 pH 值的 ·个比较宽的范围内,大气中最快的氧化剂为过氧化氢($H_2O_2$)。对 pH 值超过 5.5 的溶液,臭氧($O_3$)也可称为一种较快的氧化剂。

### 6.8.6 降水清除

降水清除是指云和降水元(即水成物)对气体和质粒的移除。降水清除对清洁大气污染物至关重要,但它也能导致在地面上的酸雨。

6.8.3 小节讨论了气溶胶质粒是如何通过核化清除而被结合进云滴的。气溶胶质粒被水成物捕获的另外的途径是扩散收集和惯性收集。扩散收集指的是质粒通过空气向水成物扩散迁移。扩散收集最重要的是对亚微米质粒,因为这些质粒在空气中比大较质粒更容易扩散。惯性收集指的是由于气溶胶质粒和水成物之间下落速度的差异而造成的它们之间的碰撞。因此,惯性收集与 6.4.2 小节讨论的云滴之间的碰并相类似。由于较小质粒接近于跟着下降水成物周围的流线运动,它们将有可能避免被捕获。于是,惯性收集只对半径大于几个微米的质粒重要。

### 6.8.7 降水中硫酸盐的来源

核化清除、液相化学反应及降水清除对到达地面的水成物中任何化学物质的量的相对贡献,取决于环境空气条件和云的性质。为说明问题,我们将讨论暖云中硫酸盐(酸雨的一种重要贡献者)合并进入水成物的一些模式计算结果。

对于处于严重污染的城市空气中的一个暖云,对降至地面的雨水中硫酸盐含量的大致贡献为核化清除(37%)、液相化学反应(61%)、云下降水清除(2%)。对处于清洁的海洋性空气中的暖云,相应的近似百分率为 75%、14%、和 11%。为什么污染和清洁云之间

---

[49] 一种液体的 pH 值定义为

$$pH = -lg[H_3O^+(aq)]$$

式中,$[H_3O^+(aq)]$ 为液体中 $H_3O^+$ 离子的浓度(以 $mol \cdot L^{-1}$ 为单位)。注意,pH 值每变化 1,相当于 $[H_3O^+(aq)]$ 变化了 10 倍。酸性溶液的 pH<7,而碱性溶液 pH>7。

的百分率相差如此之大？主要的原因是污染空气中所含的 $SO_2$ 浓度远远高于清洁空气。因此,在污染空气中,通过 6.8.5 小节讨论的液相化学反应产生的硫酸盐,远大于清洁空气中产生的。

## 6.8.8 雨水的化学组分

只与其自生水汽接触的纯水的 pH 值为 7。与非常清洁的空气接触的雨水的 pH 值为 5.6。由清洁空气造成的 pH 值降低是由于雨水对 $CO_2$ 的吸收以及碳酸的形成。

在污染空气中雨水的 pH 值可明显低于 5.6,从而造成酸雨。这些高的酸度是由 6.8.3~6.8.7 小节讨论的机制,将气体和粒子状污染物合并到雨水中引起的。除了(在 6.8.5 和 6.8.7 小节讨论过的)硫酸盐,其他许多化学物种都对雨的酸性有贡献。例如,在加利福尼亚的帕萨迪纳(Pasadena),雨水中硝酸盐的含量高于硫酸盐,这主要是由汽车排放的氮氧化物($NO_x$)造成的。在美国东部,雨水酸度的很大部分是由于电厂排放物的远距离传输引起的,其中硫酸盐和硝酸盐分别对酸性有大约 60% 和大约 30% 的贡献。

## 6.8.9 由云生成的气溶胶

在 6.8.5 小节我们看到,由于云滴内的液相化学反应,从蒸发云滴中释放的质粒可能比原来云滴在其上形成的 CCN 更大而且更加可溶。因此,经过云处理过的质粒可以在比原来 CCN 更低的过饱和度下成为 CCN。我们将通过另外一种方式描述云对大气气溶胶的影响。

与高度过饱和的空气中水分子的结合可形成小水滴,即通过匀质核化的方式(参阅 6.1.1 小节)一样,在合适的条件下,两种气体的分子也可以结合形成气溶胶质粒;一个称之为匀质双分子核化的过程。通过匀质双分子核化过程形成新气溶胶质粒的有利条件是:两种高浓度气体,环境中现存的质粒浓度低(否则将会为气体在其上凝结提供较大表面积,而不是通过凝结形成新质粒),低温度(有利于凝结相)。由于如下的理由,这些条件在云的出流区可能得到满足。

如在图 6.58 中所示和在前面讨论的,在云中被带到上层的一些质粒将会通过云和降水过程而被移除。因此,从云中卷出的空气将含有相对较低浓度的质粒,但卷出空气的相对湿度将升高(由于云滴的蒸发),气体(比如 $SO_2$、DMS 和 $O_3$)的浓度也同样会升高。另外,在深对流云的情况下,在云顶附近卷出的空气温度很低。所有这些条件都有利于在卷出空气中形成新质粒。例如,$O_3$ 可被光解,形成 OH 自由基,而 OH 可使 $SO_2$ 氧化,形成 $H_2SO_4$(气体)。然后 $H_2SO_4$(气体)与 $H_2O$(气体)结合,通过匀质双分子核化形成 $H_2SO_4$ 液滴。

如同图 6.59 所示,在对流云出流区质粒的形成可在大尺度范围内起作用,为热带和副热带地区对流层上层(以及很有可能,为副热带海洋边界层)提供大量的质粒。在这样的场景中,大规模对流云把含有 DMS 和 $SO_2$ 的空气从热带边界层传输到对流层上层。在这些云的出流区就出现新质粒的形成。这些质粒然后被哈得来环流的上支从热带地区传输到远处,然后下沉到副热带地区。在此传输过程中,某些质粒可能得到充分的增长(通过进一步的凝结、聚并和云处理过程)可成为非常有效的 CCN,甚至在副热带海洋边界层典型的层状云中的低过饱和度下核化云滴。

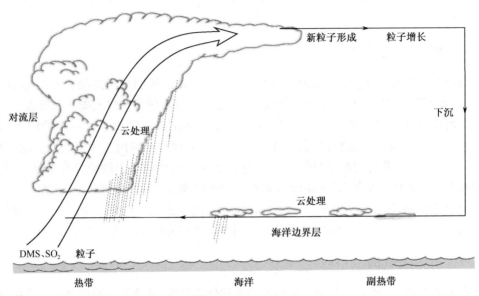

图 6.59　在热带和副热带地区之间通过哈得来环流对气溶胶的传输 [取自 F. Raes et al.,
"Cloud Condensation Nuclei from DMS in the natural marine boundary layer: Remote VS. in-situ
production,"in Netherlands, 1993, Fig. 4 p. 317, Copyright 1993 Kluwer Academic Publisher,
with kind permission of Springer Science and Business Media.]。

## 习题

6.8　根据第 6 章所讨论的原理回答或解释下列问题:

(a)纯小水滴即使在相对湿度为 100％的空气中,也会蒸发。

(b)碗柜中放一盘盐,就能使柜内保持干燥。

(c)要形成云,空气必须是过饱和的。

(d)CCN 浓度的变化并不总是与埃根核浓度的变化一致。

(e)大陆性空气中的 CCN 数远比海洋性空气中多。

(f)暖云中的凝结增长太慢,不足以解释雨滴的形成。

(g)从快速飞行的飞机上测云的微结构要比从低速飞行的飞机上困难些。

(h)如要通过测量云滴谱的办法计算云中液水含量,必须注意对大水滴做精确测量。

(i)垂直发展过程中的积云,其云顶通常随着云的发展从花椰菜状变为更加散开状。

(j)为什么云中的实际液水含量常常小于绝热值? 你能否建议有可能产生云液水含量比绝热值更大的某些场景吗?

(k)在对流云内部总会观测到未饱和空气块儿。

(l)云底附近通过凝结而增长的云滴间的互相影响,主要是因为它们共同对环境空气有影响,而不是因为它们直接的相互作用[提示:考虑小云滴间的平均间距]。

(m)雨滴掉到水坑上有时在消失以前,会先在坑水表面滑行一个短距离。

(n)有电场存在时,相碰水滴间的并合效率会提高。

(o)雨滴在海洋性云中形成的可能性比在大小相当的大陆性云中形成的可能性更大。

(p)碰撞系数有可能会大于1,但并合系数不会。

(q)在对流云的某些部位,液水含量也许会远远高于云底的水汽混合比。

(r)如果没有并合,暖云中的云滴谱将会变为单分散。

(s)到达地面的雨滴不能超过某一临界尺寸。

(t)用玩具汽枪打掉软木塞,能使冷冻得很厉害的容器内产生冰晶。

(u)大气中很少出现对水面来说大的过饱和度,但小水滴过冷却现象很厉害的情况却是常见的。

(v)大容积的水很难使它过冷却几度。

(w)采用多孔过滤纸技术可以区别冻结核和凝华核。

(x)飞机积冰有时能通过爬高到较高高度的方法减少。

(y)目前所用的测量冰核浓度的各种技术并不能很好地模拟大气实际情况。

(z)冰粒子浓度有时比冰核浓度测量所推断的值高出许多。

(aa)由水汽凝华而增长的针状冰晶,其长度增长较快。

(bb)自然雪晶常包含一个以上的基本冰晶形状。

(cc)没有两个雪花是完全相同的。

(dd)冰晶的边上结凇最厉害(例如,图 6.40(c)与 6.40(d))。

(ee)结凇能大大增加冰晶的下落速度。

(ff)霰团更多表现为不透明,而不是透明。

(gg)要形成大的冰雹,强烈的上升速度是必要条件。

(hh)碰连后的冰晶,其下落速度比按其质量所应有的下落速度为低。

(ii)当雪即将转变为雨时,雪花通常会变得很大。

(jj)融化层是雷达图像中的一个突出特点。

(kk)冷雾比暖雾更容易通过人工的方法消散。

(ll)在某些雷暴中,产生融化带下侧的小正电荷囊区的起电机制,必比产生云中主要电荷中心的起电机制更有效。

(mm)当云底与地面间的大气电场方向朝下时,到达地面的降水质粒一般带负电。但当电场方向朝上时,降水质粒就一般带正电了。

(nn)空气中有水滴存在时,将减少介质电击穿所需的电位差。

(oo)云-地闪与云际闪的比率在堪萨斯和内布拉斯加约为 10,而在落矶山区仅为 1左右。

(pp)在暖云中很少观测到闪电现象。

(qq)在陆地上闪电发生的频率要比海洋上多得多。

(rr)雷暴以后大气能见度通常会得到改善。

(ss)云滴间的气溶胶浓度(称之为间隙气溶胶)通常小于环境空气中的气溶胶浓度。

(tt)质粒在大气中的滞留时间,对直径约为 $10^{-3} \mu m$ 的质粒比较短(约为 1min),对直径为 $1 \mu m$ 左右的质粒比较长(几个月),对直径超过 $100 \mu m$ 的质粒又比较短(约为 1min)。

(uu)喂牛太多食物有助于增加降雨中的硝酸盐含量。

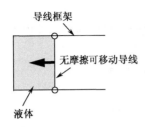

图 6.60 习题 6.9 的图示

6.9 图 6.60 为在一金属丝架上的液体薄膜（例如，肥皂膜），其面积可用移动构成金属丝架一侧的一条无摩擦金属丝来改变。液体表面张力定义为单位长度的力，是液体施加在移动金属丝上的作用力（如图 6.60 中粗黑箭头所示）。若液体表面能定义为建立单位面积的新液体所做的功，试证明表面张力与液体表面能数值相等。

6.10 若温度为 0℃，试计算在半径为 $0.2\mu m$ 的纯水滴附近的空气相对湿度（在 0℃ 时，水的表面能为 $0.076 J \cdot m^{-2}$，0℃时水中分子数密度为 $3.3 \times 10^{28}$ 个 $\cdot m^{-3}$）。

6.11 利用图 6.3 中的寇拉曲线来估计：

（a）在过饱和度为 0.1% 的空气中，在质量为 $10^{-18} kg$ 的氯化钠质粒上形成的小水滴的半径。

（b）在一个半径为 $0.04\mu m$，内含有 $10^{-19} kg$ 溶解的硫酸铵的水滴附近的空气相对湿度。

（c）要使一个质量为 $10^{-19} kg$ 的硫酸按质粒增长到超过其霾点态所需的临界过饱和度。

6.12 试证明对一非常稀的溶液滴 $\left(m \ll \frac{4}{3}\pi r^3 \rho' M_s\right)$，方程（6.8）式可写为

$$\frac{e'}{e_s} \approx 1 + \frac{a}{r} - \frac{b}{r^3}$$

式中，$a = 2\sigma'/n'kT$，$b = imM_w/\frac{4}{3}M_s\pi\rho'$。请对此式右边第②、③项进行解释，并请证明在本例中寇拉曲线的峰位于

$$r \approx \left(\frac{3b}{a}\right)^{1/2} \text{ 及 } \frac{e'}{e_s} \approx 1 + \left(\frac{4a^3}{27b}\right)^{1/2}。$$

6.13 假定云凝结核（CCN）是这样被从大气中除去的，即最初作为云滴形成的核心，而后云滴进一步增长为降水质粒。试估计从地面到 5km 高处的这一气柱中，这些 CCN 滞留的时间。这里假定年降雨量为 100cm，云的液水含量为 $0.30 g \cdot m^{-3}$。

6.14 热扩散云室可以用于测量某一给定温度下活化 CCN 的浓度。它由一个高度为 5cm 的大而浅箱子构成。箱子的顶部维持在 30℃，底部为 20℃，而箱子内部的温度从箱底以上随高度线性变化。箱顶和箱底内部都用一层水覆盖（见图 6.61）。（a）箱内能达到的相对于平水面的最大过饱和度（以% 表示）是多少？（b）此最大过饱和度是在离箱底多大距离处出现的？

为回答此问题，将下面表中给出的 $e_s$（相对于平水面的饱和水汽压）值，以从箱底到箱顶的温度 $T$ 为函数，绘在一大张绘图纸上。把箱内的实际水汽压 $e$ 也作为 $T$ 的函数绘在同一张图上。

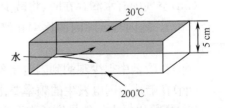

图 6.61 习题 6.14 的图示

| $T/℃$ | $e_s/hPa$ | $T/℃$ | $e_s/hPa$ |
|---|---|---|---|
| 20 | 23.4 | 26 | 33.6 |
| 21 | 24.9 | 27 | 35.6 |
| 22 | 26.4 | 28 | 37.8 |
| 23 | 28.1 | 29 | 40.1 |
| 24 | 29.8 | 30 | 42.4 |
| 25 | 31.7 | | |

6.15　在一个积雨云内,位于 500 hPa 高度层上的空气温度为 0℃,含有 $3g \cdot m^{-3}$ 的液态水。(a)假定云滴以其下落末速度下降,计算云滴施加在单位质量空气上的向下摩擦拖曳力,(b)将此向下的力用(负)虚温订正表示(换言之,就是找出不含有液水的空气要达到与所讨论空气相同的密度所必须经历的温度下降值)[提示:在温度 0℃ 左右,由于空气中存在液水所引起的虚温订正可忽略]。

6.16　对于云滴远大于可见光波长,且滴谱足够窄(因而其有效滴半径 $r_e$ 近似等于云滴平均半径)的云,其光学厚度 $\tau_c$ 可近似表达为

$$\tau_c = 2\pi h r_e^2 N$$

式中,$h$ 为云厚,$N$ 为云滴数浓度($m^{-3}$)。推导下列近似表达式:(a)以 $r_e$,$N$ 和水密度 $\rho_l$ 表达的云中液水含量(简写为 LWC,以 $kg \cdot m^{-3}$ 为单位),(b)以 $r_e$ 和 $\tau_c$ 表达的 LWC,(c)以 $r_e$,$\tau_c$ 和 $\rho_l$ 为函数的液水路径(简写为 LWP,以 $kg \cdot m^{-2}$ 为单位)表达式。

6.17　500hPa 上相对湿度为 20%,温度为 -20℃ 的空气被夹卷进一云内。云滴在其中蒸发,但该空气保持在 500 hPa 高度。此过程能够使该空气温度冷却到多少度? 假设相同的空气块在一个下沉气流中被带到 1000 hPa 高度。如果该空气块始终保持饱和状态,其温度将是多少? 如果当它到达地面时其相对湿度为 50%,其温度又是多少(利用斜 $T$-$\ln p$ 图解答本习题)?

6.18　(a)对无凝结和夹卷的情况,即干绝热的情况,试证明方程(6.18)可简化为 $d\theta'=0$。(b)对有凝结但无夹卷的情况,试证明方程(6.18)可简化为相当于方程(3.70)的形式。(c) 从方程(6.18)出发,试证明有夹卷存在时一个含有云水的上升空气块的温度要比没有夹卷时下降得快。

6.19　假设一上升暖空气块(比如,一个热泡)的半径(假设空气块为球形)与其在地面上的高度成正比。试证明夹卷率(定义为 $dm/mdt$,式中,$m$ 为时间 $t$ 时热泡的质量)与热泡半径成反比,而与热泡上升速度成正比。

6.20　考虑一个被绝热抬升的饱和空气块。空气块过饱和比 $S$($S=e/e_s$,式中,$e$ 为空气的水汽压,$e_s$ 为饱和水汽压)的变化率可写为

$$\frac{dS}{dt} = Q_1 \frac{dz}{dt} - Q_2 \frac{d(LWC)}{dt}$$

式中,$dz/dt$ 和 $LWC$ 分别为空气块的垂直速度和液水含量。

(a)假设 $S$ 接近于 1,并忽略空气实际温度与虚温的差异,证明

$$Q_1 \approx \frac{g}{TR_d}\left(\frac{\varepsilon L_v}{Tc_p} - 1\right)$$

式中,$T$ 为空气块温度(K),$L_v$ 为凝结潜热,$g$ 为重力加速度,$R_d$ 和 $R_v$ 分别为1kg干空气和1kg水汽的气体常数,$\varepsilon = R_d/R_v$,$c_p$ 为饱和空气的定压比热[提示:考虑没有凝结的上升过程。引入空气的混合比,它通过(3.62)式与 $e$ 相联系]。

(b)推导相应的用 $R_d,T,e,e_s,L_v,p,c_p$ 和湿空气密度($\rho$)表示的 $Q_2$ 的表达式。假设 $e/e_s \approx 1$,$T \approx T_v$,以及 $\varepsilon \gg w$(空气混合比)。

6.21  一个云滴在上升气流递度为 $w$ 及过饱和度为 $S$ 的云中,仅借凝结而增长。试推导出在时间 $t$ 云滴到达云底以上高度 $h$ 的表达式[提示:利用(6.24)式的水滴末速公式及(6.21)式]。

6.22  有一孤立的气块,从气压为800hPa、温度为5℃的云底,被拾升到700hPa处。试利用斜 $T$-$\ln p$ 图,计算出上升过程中凝结出的液水总量[g/kg(空气)](即绝热液水含量)。

6.23  一个原始半径为 $100\mu m$ 的水滴,下落通过云滴数密度为 100 个·$cm^{-3}$ 的云,按连续模式碰并云滴,其碰并效率为0.8。如果云滴半径都等于 $10\mu m$,则要使此水滴半径增达1mm,需花多少时间?这里你可假定本例中所考虑的半径为 $r$(m)的水滴的下降末速为 $v$(m·$s^{-1}$)可表达为 $v = 6 \times 10^3 r$。还可假定云滴静止不动,云中上升气流速度可以忽略不计。

6.24  有一个半径为1mm的雨滴,位于距地5km的云底,若云底与地面间的相对湿度为常数,其值为60%,则当此雨滴掉到地面,半径将为多少?要多少时间才能掉到地面[提示:利用(6.21)式和习题6.23中 $v$ 与 $r$ 的关系式。如果 $r$ 以 $\mu m$ 为单位,则(6.21)式中 $G_l$ 值对云滴来说当为100,但对本习题中考虑的大水滴来说,则 $G_l$ 值应取700,以允许有通风效应]?

6.25  许多体积相同(均为 $V$)的水滴,同时以一稳定速率 $\beta (= dT/dt)$ 冷却。如 $p(V,t)$ 为时间间隔 $t$ 内,在体积为 $V$ 的水中,发生冰核化的概率。(a)试推导出 $p(V,t)$ 和 $\int_0^{T_t} J_{LS} dT$ 的关系式。式中,$J_{LS}$ 为每单位时间单位体积的冰核化率,$T_t$ 为在时间 $t$ 时的水滴温度。(b)试证明冷却速率增加 $n$ 倍所产生的冻结温度升高与水滴体积增加 $n$ 倍相当[提示:对于问题(b),你需要利用习题(6.4)中所推得的某些表达式]。

6.26  一个圆柱形的云,截面积为 $10km^2$,高3km。它原来是过冷却的,液水含量为 $2g·m^{-3}$。如果把云中所有液水都转化为冰,云中冰核浓度是均匀的,为 1 个·$L^{-1}$。试计算云中总冰晶数及所形成的每一个冰晶的质量。如所有冰晶都降落下来,并且在到达地面之前已都融化,则总降水量是多少?

6.27  设在一水面饱和的环境中,温度为 $-5℃$。通过0.5h的凝华增长,冰晶的半径及质量是多少?假定冰晶的形状近乎薄圆碟形,其厚度为常数($10\mu m$)[提示:先利用(6.37)式及图6.39估计 $G_i S_i$ 的量值。半径为 $r$ 的圆碟的静电容 $C$ 值为 $C = 8r\varepsilon_0$,式中,$\varepsilon_0$ 为自由空间的电容率]。

6.28  一个冰晶,开始是片状,有效圆半径为0.5mm,质量为0.01mg。由于下落到含有液水含量为 $0.5g·m^{-3}$ 小水滴的云中,所以就结淞而形成半径为0.5mm的球形霰粒。其碰并效率为0.6。试计算其所需时间。这里,假定最后霰粒密度为 $100kg·m^{-3}$,而冰晶下降末速 $v$(m·$s^{-1}$)以 $v = 2.4M^{0.24}$ 表示,其中 $M$ 为冰晶质量,以 mg 为单位。

6.29　一个下落的球形雪花通过含水量为 $1g \cdot m^{-3}$ 的小冰晶云,半径由 0.5mm 聚并增大到 0.5cm。假定碰并效率为 1,雪花密度为 $100kg \cdot m^{-3}$,雪花与冰晶的下降速度差为常数,并取为 $1m \cdot s^{-1}$,试计算雪花增大所需的时间。

6.30　为使温度为 10℃,气压为 1000hPa 时液水含量为 $0.3g \cdot m^{-3}$ 的雾蒸发,计算必须提供给每立方米空气的最小热量值[提示:需要查阅,如在斜 $T$-$\ln p$ 图上给出的,饱和水汽压与温度的函数关系]。

6.31　如果 40L 水以直径为 0.5mm 水滴的形式注入一积云云顶,并且所有水滴都在到达云底之前增长到 5mm 直径,云的水平面积为 $10km^2$,由此导致的降水量是多少?你能说出任何有用这种方法产生的雨量可能大于本习题中所得的雨量的任何物理机制吗?

6.32　比较前面习题中提到的雨滴与另一个半径为 $20\mu m$ 且具有下述经历的云滴的质量增加值。该云滴从云底进入云中,先上升,然后下降,最后以直径为 5mm 的雨滴出现在云底。

6.33　如果在一次雹暴的某一区域存在半径为 5mm,浓度为 $10m^{-3}$ 的冰雹,冰雹在该区域争夺有效云水。如果雹胚的浓度增加到 $10^4 m^{-3}$,计算此时冰雹的大小。

6.34　通过人工播撒将过冷云的某一特定层完全冻结。以下列参数导出该层温度增加 $\Delta T$ 的近似表达式:初始液水含量 $w_1$(单位为 g/kg),空气比热 $c$,水物质的融化($L_f$)和凝华($L_d$)潜热,初始相对于水面的饱和混合比 $w_s$(单位为 g/kg),及最终相对于冰面的饱和混合比 $w_i$(单位为 g/kg)。

6.35　忽略上述习题答案中右侧的第二项,计算将一块含有 2g/kg 液水的云冻结所产生的温度增加值。

6.36　某一天,垂直发展的积云团未能穿越 500hPa 高度层(温度为 $-20$℃),因为在此层附近存在环境温度直减率为 5℃ $\cdot km^{-1}$ 的弱稳定层。如果这些云都用碘化银播撒,因而使其中的所有液水($1g \cdot m^{-3}$)都冻结,积云的云顶将因此而升高多少? 在什么条件下可以预期这样的播撒可导致降水明显增加(提示:从斜 $T$-$\ln p$ 图可见,500hPa 高度的饱和绝热直减率约为 6℃ $\cdot km^{-1}$)?

6.37　如果在两个相邻的空气薄层中,声音的速度分别为 $v_1$ 和 $v_2$,则一个声波通过此两薄层界面时,将发生折射,并且有 $\dfrac{\sin i}{\sin r} = \dfrac{v_1}{v_2}$ (参见图 6.62)。

利用此关系式及 $v \propto (T)^{1/2}$ 的事实(其中 $T$ 为气温,用 K 表示),试证明雷暴产生的声波的路径(即从雷暴起始点能够听到的最大水平距离)方程为

$$\mathrm{d}x = -(T/\Gamma_z)^{1/2}\mathrm{d}z$$

式中,$x$ 和 $z$ 为坐标(见图 6.62),$\Gamma$ 为垂直方向上的温度直减率(设为常数),$T$ 为高度 $z$ 处的温度。

6.38　利用习题 6.37 导出的表达式,证明雷暴产生的声波,其最大可闻距离 $D$ 可由下式近似给出(参见习题 6.37 中的图 6.62)

$$D = 2(T_0 H/\Gamma)^{1/2}$$

式中,$T_0$ 为地面温度。如果给定 $\Gamma = 7.50$℃ $\cdot km^{-1}$,$T_0 = 300K$ 以及 $H = 4km$,计算 $D$ 的值。

6.39　地面上的一个观测者(图 6.63)，在看到闪电 10s 后，才听到了雷声，此雷声持续了 8s。观测者距最近的闪电点有多远？闪电的最短长度是多少？在何条件下你计算得到的闪电长度等于真实的闪电长度(声速为 0.34km·s$^{-1}$)？

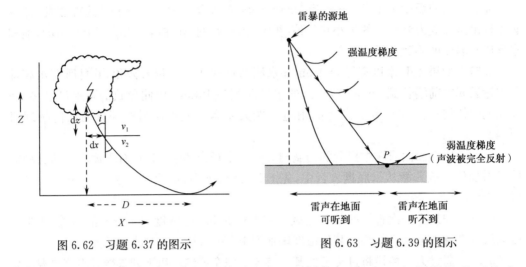

图 6.62　习题 6.37 的图示　　　　图 6.63　习题 6.39 的图示

6.40　(a)在 $HSO_3^-$(液)氧化为 $H_2SO_4$(液)的过程中，硫的氧化数变化了多少？(b)在 $SO_2·H_2O$(液)和 $SO_3^{2-}$(液)转化为 $H_2SO_4$ 的过程中，硫的氧化数变化了多少？

# 第7章 大气动力学

本章介绍描述和解释大尺度大气运动结构及其演变的框架,并将热带外地区的大气运动作为重点阐述。本章中的大尺度大气运动指水平尺度[①]为几百千米以上、垂直尺度约为对流层高度、时间尺度为几天量级的大气运动。在地球自转的直接和强烈影响下,此类大气运动处于静力平衡状态,垂直速度较水平速度小三个量级,但垂直速度仍然是相当重要的。7.1节介绍用于表征此类水平流场的一些概念及定义;7.2节更广泛地阐述旋转行星上的大尺度水平运动的动力学问题;7.3节介绍原始方程组,该方程被广泛用于预报大尺度大气运动的时间演变;最后还对大气环流及数值天气预报进行简单的讨论。

## 7.1 大尺度水平气流运动学

运动学主要涉及的是那些不通过运动方程也可以诊断出来(但不一定能预报出来)的气流运动特性。它提供一种描述性框架,这种框架将有助于解释下一节介绍的水平运动方程。

在任一"水平面"(如等位势 $\phi$,等气压 $p$ 或等位温 $\theta$)上,可能定义一组流线(在某一特定时间和特定高度上处处与水平风速 $V$ 平行的任意相间的线)和等风速线(标量风速 $V$ 等值线)来确定诸如急流等特征的位置和取向。在水平面上的任意点上,可以定义自然坐标系 $(s,n)$ 的四个轴。在这种坐标系中,$s$ 为弧长,指向过该点流线的下游方向,$n$ 与流线垂直,指向流线左方,如图7.1所示。在该坐标系下,气流中任意点的标量风速可表示为

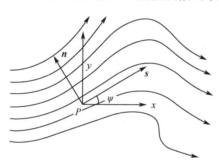

图 7.1 在水平风场上的任一质点 $P$ 上定义的自然坐标系 $(s,n)$。带箭头的曲线代表流线。

$$V = \frac{\mathrm{d}s}{\mathrm{d}t} \text{ 且} \frac{\mathrm{d}n}{\mathrm{d}t} = 0$$

任意点气流的方向可用角度 $\psi$ 表示,它是定义为相对于任一参考角度的。单位矢量 $s$ 沿该点下游方向,而 $n$ 则与流线垂直。

### 7.1.1 气流的基本运动学特征

在气流中的任何一点对于气流中的任何一点,可以定义描述其运动学特征的各种物理量(如表7.1所示),所有这些物理量的单位均为 $\mathrm{s}^{-1}$。表7.1中最上面的4个物理量是描述质点运动学特征的最基本物理量,且在自然坐标系中有精确的数学定义。切变即为

---

① 运动尺度指的是标量场(如气压和经向风)在与振幅相当的范围内变化的距离的量级。例如,沿纬圈的一维正弦波的水平尺度的波长量级为 $1/2\pi$,而圆形涡旋的水平尺度的量级为其半径。

垂直于气流运动方向上的速度变率;沿下游方向,气流运动方向的变率即为曲率。切变和曲率分别具有气旋性和反气旋性,即当某物体在它们的作用下产生旋转时,该物体的旋转速率与地球旋转速率 $\Omega$ 同向(反向)则为正(负)。换句话说,气旋性在北半球表现为逆时针运动,而在南半球为顺时针运动。辐散/辐合表示风向沿其垂直方向上的变化速率,风向偏离其原方向时定义为正值(即为辐射)。扩张/收缩则表示风速在其运动方向上的速度变率,其中扩张定义为正。

**表 7.1 描述水平运动特征的定义**

| | 矢量 | 自然坐标系 | 笛卡儿坐标系 |
|---|---|---|---|
| 切变 | | $-\dfrac{\partial V}{\partial n}$ | |
| 曲率 | | $V\dfrac{\partial\psi}{\partial s}$ | |
| 伸展度 | | $V\dfrac{\partial\psi}{\partial n}$ | |
| 扩张度 | | $\dfrac{\partial V}{\partial s}$ | |
| 涡度 $\zeta$ | $k\cdot\mathbf{V}\times V$ | $V\dfrac{\partial\psi}{\partial s}-\dfrac{\partial V}{\partial n}$ | $\dfrac{\partial v}{\partial x}-\dfrac{\partial u}{\partial y}$ |
| 散度 $\text{Div}_H V$ | $\boldsymbol{\nabla}\cdot V$ | $V\dfrac{\partial\psi}{\partial n}+\dfrac{\partial V}{\partial s}$ | $\dfrac{\partial u}{\partial x}+\dfrac{\partial v}{\partial y}$ |
| 变形 | | | $\dfrac{\partial u}{\partial x}-\dfrac{\partial v}{\partial y};\dfrac{\partial v}{\partial x}+\dfrac{\partial u}{\partial y}$ |

### 7.1.2 涡度和散度

涡度和散度均为标量,既可以在自然坐标系中定义,又可在笛卡儿坐标系 $(x,y)$ 中定义,还可以用来表示水平风矢量 $\mathbf{V}$。涡度为切变与曲率的代数和,散度则为伸展度和扩张度的代数和。

可以证明涡度 $\zeta$ 可表示为

$$\zeta = 2\omega \tag{7.1}$$

想象有一转盘随流体一起运动,则式中 $\omega$ 为转盘的转速。对于固体旋转运动,上述关系将在下面的习题中进一步解释。

**习题 7.1** 对于角速度为 $\omega$ 的反时针固体旋转运动(如图 7.2(b)),推导出其涡度分布公式。

**解答:** 涡度为切变和曲率之和。根据表 7.1 的定义,切变可以表示为 $-\dfrac{\partial V}{\partial n}=\dfrac{\partial V}{\partial r}$,其中 $r$ 为极地坐标系下绕轴运动的半径。绕轴一圈对应的旋转角度为 $2\pi$。因此,曲率可表示为 $V\partial\psi/\partial s=V(2\pi/2\pi r)=V/r$。对于角速度为 $\omega$ 的固体旋转运动,切变部分可表示为 $\mathrm{d}(\omega r)/\mathrm{d}r=\omega$,曲率部分可表示为 $\omega r/r=\omega$。切变部分和曲率部分的意义是相同的,因此可加起来为 $\zeta=2\omega$。

散度 $\boldsymbol{\nabla}\cdot V$(或 $\text{Div}_H V$)与面积的时间变率有关。假设一流体块 $A$ 向流体的下游方向流动。在笛卡儿坐标系 $(x,y)$ 中,拉格朗日时间变率为

$$\frac{\mathrm{d}A}{\mathrm{d}t} = \frac{\mathrm{d}}{\mathrm{d}t}\delta x\delta y = \delta y\,\frac{\mathrm{d}}{\mathrm{d}t}\delta x + \delta x\,\frac{\mathrm{d}}{\mathrm{d}t}\delta y$$

如该流体块面积相对于其速度变化的空间范围足够小,则有

$$\frac{\mathrm{d}}{\mathrm{d}t}(\delta x) = \delta u = \frac{\partial u}{\partial x}\delta x$$

式中,偏微分 $\partial/\partial x$ 表示 $y$ 值不变下的微分。$\delta y$ 的时间变率可有类似的表达式。将它们代入 $\mathrm{d}A/\mathrm{d}t$ 得到

$$\frac{\mathrm{d}A}{\mathrm{d}t} = \delta x \delta y\,\frac{\partial u}{\partial x} + \delta x \delta y\,\frac{\partial v}{\partial y}$$

上式两边均除以 $\delta x \delta y$,可得

$$\frac{1}{A}\frac{\mathrm{d}A}{\mathrm{d}t} = \frac{\partial u}{\partial x} + \frac{\partial v}{\partial y} \tag{7.2}$$

式中,方程右边即为表 7.1 所列的散度在笛卡儿坐标系中的表达式。因此,**散度即为物质面积元的面积在运动中的相对膨胀率。散度为负表示辐合。**

图 7.2 给出了一些理想化流体在水平风场上的各种运动学特征之间的关系,如

(a)无曲率、扩张、伸展或散度的切变气流。从北半球来看,图的上半部分的切变和涡度为气旋性;下半部分的切变和涡度为反气旋性。

(b)整个区域均为具有气旋性切变和曲率(即气旋性涡度)的旋转固体,不存在扩张或伸展,因此其散度为零。

(c)辐射状气流,其速度与半径成正比。该气流具有明显的扩张伸展,因此具有散度;但不存在曲率及切变,因此涡度为零。

(d)既存在扩张,又存在伸展的双曲线型流体。由于扩张和伸展因这两项相互抵消,因而是无辐散的。该流体同时还存在切变和曲率,但其切变和曲率相互抵消,因此该流体是无旋的(即涡度为零)。

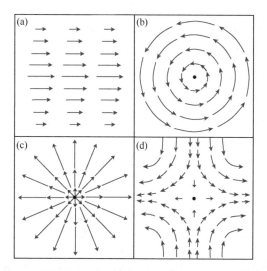

图 7.2　理想化水平流体的配置。具体说明见文中。

涡度与气流运动的闭合线性积分有关。由斯托克原理可得

$$C \equiv \oint V_s \mathrm{d}s = \iint \zeta \mathrm{d}A \tag{7.3}$$

式中,$V_s$ 为沿 $\mathrm{d}s$ 弧的速度分量(当其闭合积分方向与地球旋转方向相同时,定义为正),$C$

为沿闭合环线的积分环流。方程的右边可写作 $\bar{\zeta}A$，其中 $\bar{\zeta}$ 为涡度在闭合环线内的区域平均，$A$ 为闭合环线的面积。对于穿越流线向外的速度分量 $V_n$，根据高斯理论，有关系式

$$\oint V_n \mathrm{d}s = \iint \mathrm{Div}_H V \mathrm{d}A \tag{7.4}$$

**习题 7.2** 冬季 $300\mathrm{hPa}$（约 $10\mathrm{km}$）高度上，沿 $40°\mathrm{N}$ 纬圈平均的纬向风 $[u]$ 为西风 $20\mathrm{m \cdot s^{-1}}$，而其纬向平均的经向风分量 $[v]$ 为北风 $30\mathrm{cm \cdot s^{-1}}$。由此估算出 $40°\mathrm{N}$ 以北的极帽地区的平均涡度和散度。

**解答：**根据(7.3)式，极帽地区的平均涡度可表示为

$$\bar{\zeta} = \frac{[u]\oint_{40°\mathrm{N}}\mathrm{d}s}{\iint_{40°\mathrm{N}}\mathrm{d}A} = \frac{2\pi R_E[u]\cos40°}{2\pi R_E^2 \int_{40°}^{90°}\cos\phi\mathrm{d}\phi} = \frac{[u]}{R_E}\frac{\cos40°}{(1-\sin40°)} = 6.74\times10^{-6}\,\mathrm{s^{-1}}$$

类似的，极帽地区的平均散度可表示为：

$$\overline{\mathrm{Div}_H V} = \frac{-[v]_{40°\mathrm{N}}\mathrm{d}s}{\iint_{40°\mathrm{N}}\mathrm{d}A} = \frac{-[v]}{R_E}\frac{\cos40°}{(1-\sin40°)} = 1.01\times10^{-7}\,\mathrm{s^{-1}}$$

### 7.1.3  形变

表 7.1 中最后定义的形变为汇合与伸展之和。如形变为正值，则 $(s,n)$ 坐标系下的正方形网格点将沿 $s$ 方向伸长，进而变为长方形。相反，当形变为负值时，则正方形网格将沿垂直于流线的方向伸长，进而变为长方形。在笛卡儿坐标系中，**形变张量**由两部分组成：第一部分为沿 $x$ 轴和 $y$ 轴的拉伸和挤压，第二部分为沿与 $x$ 轴和 $y$ 轴成 $45°$ 夹角方向的拉伸和挤压。图 7.2(d)给出的是仅包含沿 $x$ 轴和 $y$ 轴的纯形变的水平风场分布型。此处的 $x$ 轴表示膨胀（伸展）轴，$y$ 轴表示收缩轴。如果该风场分布型相对于 $x$ 轴和 $y$ 轴旋转 $45°$，则其形变由第二部分确定，即长方形将变形为菱形。

图 7.3 给出一相对简单的大尺度运动场将一个初始为正方形网格的被追踪的气流场伸展压缩的过程，最后难以识别出单个网格的形状，其中一些原来隔开的正方形网格被挤到一起，而另一些则相反。

形变可以增强温度、湿度及其他标量的水平梯度，形成了称之为“锋区”的特征。为显示这个过程，我们假设在无辐散水平气流中存在一示踪气体，在运动过程中其浓度恒为 $\psi(x,y)$。由此，(1.3)式中 $\mathrm{d}\psi/\mathrm{d}t = 0$，故任一固定点的时间变率可由平流决定，即

$$\frac{\partial\psi}{\partial t} = -V \cdot \nabla\psi \tag{7.5a}$$

在笛卡儿坐标系中可表示为

$$\frac{\partial\psi}{\partial t} = -u\frac{\partial\psi}{\partial x} - v\frac{\partial\psi}{\partial y} \tag{7.5b}$$

固定点 $(x,y)$ 处的时间变率为正值，若 $\psi$ 沿气流的上游方向增大，则 $V$ 必存在与 $\psi$ 梯度同向的分量，因此，(7.5a)式和(7.5b)式中有负号。

假设初始时刻 $\psi$ 的水平梯度均为由北向南，当 $\frac{\partial v}{\partial y}$ 为负值时，$\psi$ 的梯度将增大。在图 7.2(d)中，气流为纯形变型，$\frac{\partial v}{\partial y}$ 在整个场中均为负值。这样的气流分布形势将使得南北

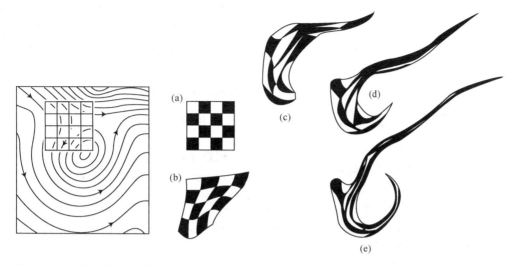

图 7.3　左上图为稳定水平风场(箭头表示)中的空气块网格,任一点的风速与该点上的等值线间距成反比。(a)～(e)给出网格在空气块向气流下游方向移动时形变的过程,其中网格的右上角向东移动,而其左下角则先向南然后向东移动,这样形成了一个闭合环流[Tellus,7,141～156(1955)]。

向温度梯度增大,进而产生如图 7.4(a)所示的东西向锋区。如出现风切变,该锋区可加强或扭曲(如图 7.4(b)所示)。

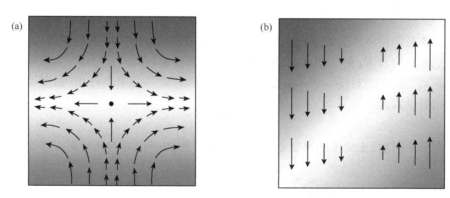

图 7.4　由示踪气体水平平流产生的锋区,彩色阴影表示示踪气体的浓度。(a)中的梯度加强由形变造成;而(b)中的梯度加强由扭曲及风切变造成。详细解释见文中及习题 7.11(另见彩图)。

## 7.1.4　流线与轨线

如果水平风场 $\mathbf{V}$ 随时间而改变,那么本节涉及的瞬时水平风场的流线与空气块的**水平轨线**是不相同的。如图 7.5 所示,有一相速度为 $c$ 的正弦波向东传播,并叠加在风速恒为 $U$ 的均匀西风带上。实线表示 $t$ 时刻的水平流线,虚线表示波动向东传播到 $t+\delta t$ 时刻的水平流线。轨线从 A 点出发,初始 $t$ 时刻,A 点在波谷。当西风带的风速与波动的相速度一致时,原位于波动中 A 处的空气块向东移动,一直位于波的槽底(如直线轨迹 AC 所示)。如西风带较波动的相速度快(即 $U>c$),则该空气块在 $t+\delta t$ 时刻将超前于西南气流,位于槽前偏北方向(如轨线图中的 AB 所示)。相反,当 $U<c$,则该空气质点在 $t$

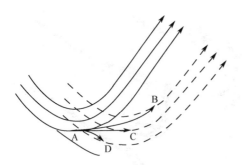

图 7.5　在风速为 $U$ 的均匀西风带中，以相速度 $c$ 向东传播的波动中空气块的流线及轨线。实线黑箭头表示初始时刻的流线，虚线黑箭头表示后来的流线。曲线箭头表示空气质点在不同的西风带风速下从 A 处开始的运动轨线。AB 为 $U>c$ 的轨线；AC 为 $U=c$ 的轨线；AD 为 $U<c$ 的轨线。

$+\delta t$ 时刻将位于槽后偏南方（如轨线图中的 AD 所示）。总的说来，这 3 条轨线均与最初经过 A 点的流线平行，也与之后经过 B、C、D 点的流线平行。其中，最长的轨线（AB）与西风带风速最大相对应。

## 7.2　水平流体动力学

　　根据牛顿第二定律，沿三维坐标系的任一方向，如对一质量为 $m$ 的物体施加强迫力 $\sum \boldsymbol{F}$，则该物体在该方向的加速度 $a$ 可用下式表达：

$$a = \frac{1}{m}\sum \boldsymbol{F} \tag{7.6}$$

此关系可描述惯性（无加速）坐标系中的运动。若坐标系为非惯性坐标系，可引入视示力，以抵消坐标系的加速度，则上式仍可适用。旋转坐标系中物体必定受到两种视示力：一是离心力（不管物体运动与否）；二是柯氏力，其大小取决于运动体在与旋轴相垂直的平面（即平行于赤道面）上的相对速度。

### 7.2.1　视示力

　　单位质量的物体所受的重力或有效重力 $g$ 是指向地心的实际的地球引力 $g^{*}$ 与较其小得多的离心力 $\Omega^{2}R_{A}$ 的矢量和，$\Omega$ 为坐标系的旋转速率（单位：$s^{-1}$），$R_{A}$ 为该物体相对旋转轴的距离。离心力对任一物体都施加从行星旋转轴向外的牵引作用（如图 7.6 所示）。上述可用数学式表示为

$$g = g^{*} + \Omega^{2}R_{A}$$

　　如图 7.6 所示，正交于加速度 $g$ 的等位势面 $\Phi$ 形如一个扁的椭球面。洋面和地壳的

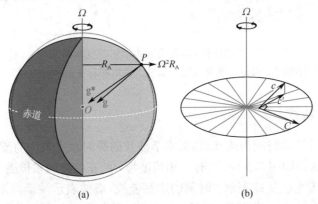

图 7.6　(a)视示力示意图。有效重力 $g$ 为实际指向地心 $O$ 的重力加速度 $g^{*}$ 与离心力 $\Omega^{2}R_{A}$ 的矢量和。把地球视为一椭球体，虚线表示真正的圆球面。加速度 $g$ 与等位势面相垂直。(b)在垂直于旋转轴的平面上，柯氏力 $C$ 的大小线性正比于相对速度 $c$ 的分量 $c'$。对北半球而言，$C$ 位于垂直于旋转轴的平面上，并指向 $c'$ 右侧的垂直方向。

大尺度结构都难以抗拒地球表面上有效重力的侧向牵引,从而与地球等位势面相一致。随地球旋转的物体所受的有效重力包括地球引力和离心力,两者很难分开。因此,在运动方程中,离心力 $\Omega^2 R_A$ 项已被包含于重力项 $g$ 中。

在垂直于旋转轴的平面上,某一物体以速度 $c$ 运动,该物体还受到的另外一个视示力即为**柯氏力**[②]$-2\Omega \times c$。该视示力仍位于垂直于旋转轴的平面上,并按照右手规则指向运动的右侧垂直方向(即如从上往下看,运动为逆时针,则柯氏力指向 $c$ 的右侧,反之则相反)。

在球坐标系中,由水平运动速度 $\boldsymbol{V}$ 产生的柯氏力的水平分量可表示为

$$C = -f\boldsymbol{k} \times \boldsymbol{V} \tag{7.7}$$

式中,$f$ 为柯氏参数,等于 $2\Omega\sin\phi$;$\boldsymbol{k}$ 为局地垂直单位矢量,向上为正。由于局地垂直单位矢量仅在极地平行于旋转轴,柯氏参数 $f$ 的大小主要取决于其 $\sin\phi$ 项。因此,水平运动方程中的柯氏力随纬度的升高而增大,沿赤道的柯氏力为零,而在极地则为 $2\Omega V$($V$ 为标量水平风速)。在北(南)半球,柯氏力指向水平速度矢量的右(左)侧。在地球上,$\Omega$ 为恒量,可表示为

$$\Omega \equiv 2\pi\,\mathrm{rad/d} = 7.292 \times 10^{-5}\,\mathrm{s}^{-1}$$

式中,d 表示恒星日[③],即 23 小时 56 分钟。

---

**框栏 7.1  转 盘 实 验**

转盘实验可说明柯氏力在旋转坐标系中的作用。和在地球上类似,该实验通过特殊仪器将离心力包含在重力中。该特殊仪器包括一个绕对称轴(如图 7.7 所示)旋转的圆盘。根据转盘的凹度调整,地球的旋转速率 $\Omega$ 使得,对于任一半径向外的离心力与沿转盘的倾斜向上向内的重力分量恰好处于平衡,即

$$g\frac{\mathrm{d}z}{\mathrm{d}r} = \Omega^2 r$$

式中,$z$ 为倾斜面距离某一参考面的高度,$r$ 为半径,$\Omega$ 为转盘的旋转速率。从转盘中心向外积分至半径 $r$,可以得到抛物面:

$$z = \frac{\Omega^2 r^2}{2g} + 常数\,t$$

取 $z=0$ 且转盘中心的积分为积分常数。

在固定(惯性)的参考坐标系及随转盘一同旋转的旋转坐标系中,对于在转盘中旋转的理想无摩擦小球,下面分别考虑其在上述两种坐标系下的水平轨线(将录像机安装在转盘车上,以考察物体在旋转转盘中的运动)。

---

② G. G. de Coriolis(1792—1843),法国工程师、数学家和物理学家。首次给出动能及功的现代定义,研究旋转系统的运动。

③ 恒星连续两次经过子午线的时间间隔。

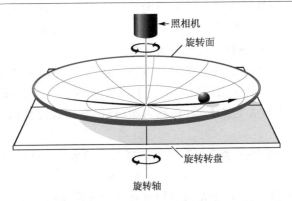

图 7.7 转盘实验的装置图。半径 $r$ 为离旋转轴的距离。角速度 $\Omega$ 为
转盘的旋转速率。进一步的解释见文中。

在固定参考坐标系中,控制旋转小球水平运动的微分方程为

$$\frac{\mathrm{d}^2 r}{\mathrm{d}t^2} = -\Omega^2 r$$

根据微分方程,旋转小球将遵循关于旋转轴对称的椭圆轨线;其周期与转盘周期相同,均为 $2\pi/\Omega$。旋转小球运动轨线的形状及姿态将取决于小球的初始位置及其速度。本例中,小球被放置于半径 $r=r_0$ 处,初始时刻的速度为零。将小球放到转盘上之后,小球就沿着如图 7.7 所示的直线像钟摆一样来回滚动,其周期与转盘的旋转周期一样,均为 $2\pi/\Omega$。其振动解表述为

$$r = r_0 \cos\Omega t$$

式中,$t$ 为时间,从小球向外的一边的半径 $r$ 定义为正值,另一边的半径定义为负值。小球沿类似于钟摆的轨线运动,其运动速度可表示为

$$\frac{\mathrm{d}r}{\mathrm{d}t} = -\Omega r_0 \sin\Omega t$$

由上式可以看出,在时刻 $t=\pi/2, 3\pi/2, \cdots$ 小球恰好经过转盘中心,其速度达到最大;而在时刻 $t=\pi, 2\pi, \cdots$ 即小球从其运动轨线的最外边界处向相反方向运动的瞬间,小球的瞬时速度为零。

在此旋转坐标系中,柯氏力为小球的水平运动方程中的惟一外力。因此,其控制方程为

$$\frac{\mathrm{d}c}{\mathrm{d}t} = -2\Omega \boldsymbol{k} \times c$$

式中,$c$ 为小球的运动速度,$\boldsymbol{k}$ 为相对于转盘面的垂直单位矢量。由于 $\mathrm{d}c/\mathrm{d}t$ 与 $c$ 垂直正交,石块在转盘上沿其轨线运动的速度必是常数。小球运动方向随时间而变,速率恒为 $2\Omega$,恰为转盘速率的 2 倍。因此,小球运动轨线呈环形,称为惯性圆,周期为 $2\pi/2\Omega = \pi/\Omega$(即为转盘周期的一半),圆周长为 $c(\pi/\Omega)$,半径为 $c(\pi/\Omega)/2\pi = c/2\Omega$。由于 $\mathrm{d}c/\mathrm{d}t$ 指向 $c$ 的右侧,小球呈顺时针旋转,即与转盘旋转方向相反。

在固定参考转盘中,小球的运转轨线取决于其初始位置和相对运动。因为初始时刻小球位于半径 $r_0$ 处,且速度为零,所以其在旋转坐标系的速度为 $c=\Omega r_0$,而其惯性

圆半径为 $\Omega r_0/2\Omega = r_0/2$。因此,在惯性圆轨线的正中央时刻,小球恰好经过转盘中心。

小球在固定参考坐标系及旋转参考坐标系中的运动如图 7.8 所示。其中,大圈表示转盘。小球的初始位置记为 0,位于圆盘的最上端,而不是像图 7.7 放在圆盘的左边。穿过转盘中心的垂直黑线表示小球在固定参考坐标系中类似钟摆的运动轨迹。运动轨迹上等时间间隔的连续点用数字表示,其中点 1 表示小球在转盘周期的 1/24 时间后所对应的位置,点 12 表示小球经过半个转盘周期后对应的位置,依此类推。因此,转盘上标注的数字类似于在旋转行星上一天的 24 小时。从图 7.8 可注意到,在钟摆轨线的中间位置附近,由于小球运转最快,因此对应连续两点之间的距离最大。

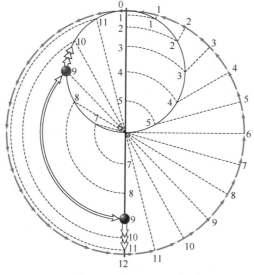

图 7.8 无摩擦小球在固定和旋转参考坐标系中的运动轨迹。数字点代表小球在不同时刻的位置,初始时刻的位置记为 0。固定参考坐标系中,沿垂直黑色线摆动一个来回代表转盘的一个旋转周期;旋转参考坐标系中,小球的两个完整循环代表转盘的一个旋转周期。浅色线为参考线。进一步解释见文中。

在旋转参考坐标系中,不需引进柯氏力,小球在任一特定时刻的位置可由固定参考坐标系中的小球位移与转盘位移之差确定。例如,对应转盘的 1/8 周期,小球的位置即为数字 3 顺时针旋转 1/8 周期后的位置;对应转盘的 3/8 周期,小球的位置即为数字 9 顺时针旋转 3/8 周期后的位置等。这些数字点的旋转就形成旋转参考坐标系中的小球轨迹,其轨迹为惯性循环,周期为转盘周期的一半(即 12"小时")。在图 7.8 的两个参考坐标系中,小球的位置相当于 24 小时转盘中的 9 点。

另外,先让小球相对初始点向后(顺时针)运动以抵消圆盘的旋转,然后让小球沿类似钟摆的运动轨迹的径向方向移动适当距离,这样也可以得到小球的惯性圆。其参考线见图 7.8 所示。另外两组不同初始状态对应的运动轨迹见习题 7.14。

### 7.2.2 真实力

大气运动方程中的真实力包括重力、气压梯度力及由周围空气块或临近地面施加的摩擦力。

a. 气压梯度力

在大气静力方程中,单位质量大气的垂直气压梯度力为 $-(1/\rho)\partial p/\partial z$(在静力学方程中已经介绍过了),而其水平方向上的气压梯度力有类似的表达式:

$$\boldsymbol{P} \equiv -\frac{1}{\rho}\boldsymbol{\nabla}p \tag{7.8a}$$

或者写成分量形式,即为

$$P_x \equiv -\frac{1}{\rho}\frac{\partial p}{\partial x}; \quad P_y \equiv -\frac{1}{\rho}\frac{\partial p}{\partial y} \tag{7.8b}$$

气压梯度力的方向为沿水平气压梯度 $\boldsymbol{\nabla}p$ 的方向由高气压指向低气压。根据静力方程(3.17)和位势(3.20)及位势高度(3.22)的定义,水平气压梯度力还可表示为

$$\boldsymbol{P} \equiv -g\boldsymbol{\nabla}z = -g_0\boldsymbol{\nabla}Z = -\boldsymbol{\nabla}\Phi \tag{7.9}$$

其中,几何高度、位势高度及重力位势的梯度均定义在倾斜气压面上。因此,类似于球体从斜面上滚下来受到的“下坡”力,气压梯度力亦可看作为有效重力 $g$ 在气压面上的分量。气压面的典型倾斜度量级为每 1000km 倾斜 100m,即 $1/10^4$。因此,气压梯度力的水平分量较其垂直分量小 4 个量级,即量级为 $10^{-3}\text{m}\cdot\text{s}^{-2}$。

如图 1.19 所示,天气图上的一系列等间距的等值线代表气压场。用来描述等位势高度面上气压分布的线条称为等压线;用来描述等压面上的位势高度分布的线条称为位势高度线。习题 3.3 表明,利用测高方程(3.29)中的比例常数,可将等位势面(如海平面)上的等压线转换为其附近等压面上的等高线。例如,在海平面附近,大气压强随高度每增加 8m 而减小约 1hPa。也就是说,海平面气压场上每两条等压线的间隔为 4hPa,近似相当于特定气压场上位势高度等值线的 30m 间距。由(7.8)式和(7.9)式可以得到本质上一样的气压分布。

海洋的水平压力梯度力由等位势面上的海面高度梯度及其上方水柱密度的水平梯度产生。洋面附近的水平压力梯度力主要由海平面的水平梯度造成。根据板块构造学而非海洋学,地球的大地水准面(即位势场)表现为不规则的椭圆球体。因此,海平面的地形很难通过观测资料准确地估算出来。相对于地球大地水准面的缓慢演变,海平面高度的时间演变可由卫星测高法清楚地描述出来。

b. 摩擦力

单位质量物体受到的摩擦力可表述为

$$\boldsymbol{F} = -\frac{1}{\rho}\frac{\partial \tau}{\partial z} \tag{7.10}$$

该摩擦力是由不可解析的较小尺度的运动所造成的[④],上式中 $\tau$ 表示切变应力的垂直分量(即水平动量的垂直交换率),其单位为 $\text{N}\cdot\text{m}^{-2}$。动量的垂直交换通常可以减小速度 $\boldsymbol{V}$ 的垂直变化。如第 9 章所述,任一高度、任一时刻的动量垂直混合的变率取决于垂直风

---

④  因为风应力的水平梯度较垂直梯度小得多,所以与摩擦力 $\boldsymbol{F}$ 相应的水平方向上动量的交换不必考虑。

切变 $\partial\boldsymbol{V}/\partial z$ 的强度及不可解析运动的大小。在边界层以上的自由大气中,摩擦力与气压梯度力及柯氏力相比要小得多。但在边界层中,摩擦力与气压梯度力和柯氏力相当,所以水平运动方程必须考虑摩擦力这一项。

地面的切变应力 $\tau_s$ 的方向与地面风矢量 $\boldsymbol{V}_s$ 相反(亦即地面风的拖曳力),可近似用如下经验关系式表示:

$$\tau_s = -\rho C_D \boldsymbol{V}_s V_s \tag{7.11}$$

式中,$\rho$ 为空气密度;$C_D$ 为无量纲拖曳系数,其大小随下垫面粗糙度和静力稳定度而变化;$\boldsymbol{V}_s$ 为地面风矢量;$V_s$ 为地面(标量)风速度。在距离地面几十米以内的大气层中,切变应力大小随高度增加而减小,但方向随高度变化不大。因此,在所谓的近地面层中,摩擦力 $\boldsymbol{F}_s = -\partial\tau/\partial z$,方向与 $\boldsymbol{V}_s$ 的相反,并称为摩擦拖曳力。

## 7.2.3 水平运动方程

方程(7.6)式在水平方向的分量用矢量形式表示如下:

$$\frac{\mathrm{d}\boldsymbol{V}}{\mathrm{d}t} = \boldsymbol{P} + \boldsymbol{C} + \boldsymbol{F} \tag{7.12}$$

式中,$\dfrac{\mathrm{d}\boldsymbol{V}}{\mathrm{d}t}$ 为单位质量空气块在大气中运动的水平风速的拉格朗日时间导数。将(7.7)式中的 $\boldsymbol{C}$ 和(7.8a)中的 $\boldsymbol{P}$ 代入(7.12)式中,可以得到

$$\frac{\mathrm{d}\boldsymbol{V}}{\mathrm{d}t} = -\frac{1}{\rho}\nabla p - f\boldsymbol{k}\times\boldsymbol{V} + \boldsymbol{F} \tag{7.13a}$$

写成平面上(即忽略那些由坐标系曲率产生的小项)的分量形式,即为

$$\frac{\mathrm{d}u}{\mathrm{d}t} = -\frac{1}{\rho}\frac{\partial p}{\partial x} + fv + F_x,$$

$$\frac{\mathrm{d}v}{\mathrm{d}t} = -\frac{1}{\rho}\frac{\partial p}{\partial y} - fu + F_y, \tag{7.13b}$$

若用(7.9)式替换(7.12)中的 $\boldsymbol{P}$,可消除上式对密度的依赖性,可得

$$\frac{\mathrm{d}\boldsymbol{V}}{\mathrm{d}t} = -\nabla\Phi - f\boldsymbol{k}\times\boldsymbol{V} + \boldsymbol{F} \tag{7.14}$$

(7.13a)中的水平风场是定义在等位势面上,因此 $\nabla\Phi=0$;然而(7.14)式中的水平风场是定义在等压面上,因而有 $\nabla p=0$。由于气压面足够平坦,其对应的风场与其附近位势面上的风场非常相似。

## 7.2.4 地转风

在诸如斜压波及热带外气旋等大尺度环流系统中,水平风速的特征量纲为 $10\mathrm{m}\cdot\mathrm{s}^{-1}$,空气块速度经历显著变化的时间尺度为一天左右(约 $10^5\mathrm{s}$)。因此,其对应的加速度 $\mathrm{d}\boldsymbol{V}/\mathrm{d}t\sim 10\mathrm{m}\cdot\mathrm{s}^{-1}/10^5\mathrm{s}$,即 $10^{-4}\mathrm{m}\cdot\mathrm{s}^{-2}$。在中纬度地区,$f\sim 10^{-4}\mathrm{s}^{-1}$,单位质量空气块以 $10\mathrm{m}\cdot\mathrm{s}^{-1}$ 的速度运动,其受到的柯氏力 $\boldsymbol{C}\sim 10^{-3}\mathrm{m}\cdot\mathrm{s}^{-2}$,比特征水平加速度大一个量级。

在自由大气中,摩擦力通常很小,气压梯度力 $\boldsymbol{P}$ 只能由柯氏力 $\boldsymbol{C}$ 来平衡。这样,中高纬度地区的水平运动方程(7.14)式可近似(误差在 10% 之内)为

$$f\boldsymbol{k}\times\boldsymbol{V} \approx -\nabla\Phi$$

根据如下矢量等式：

$$k \times (k \times V) = -V$$

可得

$$V \approx \frac{1}{f}(k \times \nabla \Phi)$$

对位势面上任一给定的气压水平分布（或气压面上的位势高度水平分布），可以定义一地转[5]风场 $V_g$，且该地转风场满足

$$V_g \equiv \frac{1}{f}(k \times \nabla \Phi) \tag{7.15a}$$

或用分量形式可表示为

$$u_g = -\frac{1}{f}\frac{\partial \Phi}{\partial y}, \quad v_g = \frac{1}{f}\frac{\partial \Phi}{\partial x} \tag{7.15b}$$

或在自然坐标系中可表示为

$$V_g = -\frac{1}{f}\frac{\partial \Phi}{\partial n} \tag{7.15c}$$

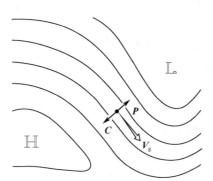

图 7.9　北半球地转风 $V_g$ 与水平气压梯度力 $P$ 及柯氏力 $C$ 的关系图。

其中，$V_g$ 为标量地转风的大小；$n$ 的方向为垂直正交于等压线（或位势高度线）并指向高值。

如图 7.9 所示，（北半球某一位置上）地转风的定义隐含有在水平方向上力的平衡。为使柯氏力与气压梯度力相平衡，地转风方向必平行于等压线，且低气压在其风向的左方。如图 1.14 所示，在任一半球，地转风场均绕低压中心呈气旋性环流，反之则相反。这恰好证明了气旋中心为局地气压最小值，而反气旋中心为局地气压最大值。等压线或等位势高度线间距越小，与气压梯度力相平衡的柯氏力就越大，进而地转风的风速也越大。

## 7.2.5　摩擦效应

图 7.10 为在地球表面摩擦力存在的情况下，北半球满足 $dV/dt = 0$ 所要求的三力平衡示意图。正如图 7.9 所示，气压梯度力 $P$ 垂直于等压线，柯氏力 $C$ 指向水平风速矢量 $V_s$ 的右方，与(7.11)式一致，地面摩擦力 $F_s$ 则指向 $V_s$ 的相反方向。$V_s$ 与 $V_g$ 的夹角 $\psi$ 必须满足气压梯度力 $P$ 在沿 $V_s$ 方向上的分量与拖曳力 $F_s$ 平衡；$V_s$ 风速大小则要满足气压梯度力 $P$ 在垂直 $V_s$ 方向上的分量与柯氏力 $C$ 平衡；即有

$$fV_s = |P|\cos\psi$$

上述表明 $|C| < |P|$，进而标量风速大小（$V_s = |C|/f$）必小于地转风速（$V_g = |P|/f$）。摩擦拖曳力 $F_s$ 越强，则 $V_s$ 与 $V_g$ 的夹角 $\psi$ 越大，地面风 $V_s$ 的非地转性越强。这样，地面

---

[5]　来源于希腊词：geo 表示"地球"，strohen 表示"转向"。

(尤其是粗糙地面)图上就呈现出穿越等压线由高压指向低压的埃克曼[⑥]漂流。自由大气中,风近似平行于等压线吹,表明摩擦力主要位于小尺度湍流明显的边界层。

在海洋中,风切变产生的摩擦力对洋面施加向前的拉力,进而产生风生洋流。如图 7.11 所示,当洋面与等位势面重合时,洋面下对应有风产生的向前拉力与埃克曼漂流诱生的向后的柯氏力之间的二力平衡。图 2.4 所示的大尺度洋面流趋于地转平衡并近似平行地面平均风。但正如 7.3.4 小节中所述,埃克曼漂流垂直于地面风,对洋面附近的海水及海冰的输送产生显著影响,并控制上翻流的分布。埃克曼漂流主要出现于离洋面 50m 以内的地方。

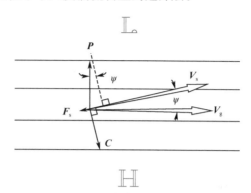

图 7.10 摩擦力 $F$ 存在时,北半球稳定地面风的三力平衡。实线表示天气图上的等压线或等位势高度线。

图 7.11 北半球海洋与埃克曼漂流有关的二力平衡。摩擦力 $F$ 与地面风矢量同向。南半球(图略)的埃克曼漂流位于地面风矢量的左侧。

## 7.2.6 梯度风

根据观测,与空气块轨线曲率相关的向心加速度较空气块本身运动的加速度要大得多。因此,当 $dV/dt$ 较大时,其大小近似于向心加速度 $V^2/R_T$($R_T$ 为空气轨线[⑧]的局地曲率半径)。这样,水平运动方程可简化为垂直于风场方向上力的平衡,即

$$n \frac{V^2}{R_T} = -\nabla\Phi - f\mathbf{k} \times \mathbf{V} \tag{7.16}$$

如图 7.12 所示,上式三力平衡中各项的符号取决于轨线曲率是气旋性还是反气旋性。当轨线为气旋性时,由内向外的离心力(与向心加速度相对)与柯氏力叠加并产生平衡,其风速较仅由柯氏力作用产生的风速要小。当气流的轨线为气旋性深槽时,在出现急流的高度上观测到的风速通常更小,较地转风速(其大小可由等压线间距看出)要小 1～2 个量级以上。对于图 7.12 中右边的情况,轨线曲率为反气旋,离心力与柯氏力相反,为保持平衡必产生超地转风风速。

将气压梯度力、柯氏力及离心力三力平衡产生的风称为梯度风。方程(7.16)对应的

---

⑥ V. Walfrid Ekman(1874—1954),瑞典海洋学家。在 Vihelm Bjerknes[⑦]教授的指导下,他引入 Ekman 理论研究风驱动海洋环流问题。Firdfjof Nansen 在法拉姆航行期间引入 Bjerkenes 原理对大气环流及海水运动进行了一系列卓越的观测,而 Ekman 则对这些观测进行解释。Nansen 的观测及 Ekman 的数学解释为风驱动海洋环流理论奠定了基础。

⑦ Vilhelm Bjerknes(1862—1951),挪威物理学家,气象学科学的创始人之一,先后在 Stockholm 大学、Bergen 大学、Leipzig 大学及 Kristiania(又名 Oslo)大学任教。1904 年,他提出天气预测可看作初值问题,进而可根据初始观测及控制方程的时间积分得到天气预报。在 Bergen 大学(1917－1926)时,他培养了一批卓越的年轻学者,其中还包括他的儿子 Jakob。创建"Bergen"学派是 Bjerknes 最著名的成就,此学派所提出的关于热带外气旋及锋面的结构和演变的概念模型仍沿用至今。

⑧ 在计算梯度风方程中的曲率半径时,要牢记 7.1.4 小节中所述的流线与轨线的区别。

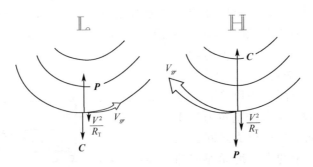

图 7.12　北半球沿弯曲轨线气流的水平气压梯度力 $\boldsymbol{P}$、柯氏力 $\boldsymbol{C}$ 及离心力
$V^2/R_\mathrm{T}$ 的三力平衡图。(左)气旋性气流;(右)反气旋性气流。

梯度风解可用如下形式表示:

$$V_{gr} = \frac{1}{f}\left(|\boldsymbol{\nabla}\Phi| + \frac{V_{gr}^2}{R_\mathrm{T}}\right) \tag{7.17}$$

从图 7.12 可以看出,气旋性曲率对应的 $R_\mathrm{T}$ 取为正,反气旋性曲率对应的 $R_\mathrm{T}$ 取为负。对于反气旋性曲率,当 $\left(|\boldsymbol{\nabla}\Phi| \leqslant \dfrac{f^2|R_\mathrm{T}|}{4}\right)$ 时才有解存在。

### 7.2.7　热成风

如地转风与 $\boldsymbol{\nabla}\Phi$ 的简单关系一样,地转风的垂直切变与 $\boldsymbol{\nabla}T$ 也存在简单关系。将地转方程(7.15a)写在两个不同等压面上,然后相减,得到垂直风切变,即为

$$(\boldsymbol{V}_\mathrm{g})_2 - (\boldsymbol{V}_\mathrm{g})_1 = \frac{1}{f}\boldsymbol{k}\times\boldsymbol{\nabla}(\Phi_2-\Phi_1) \tag{7.18}$$

转换为位势高度,即为

$$(\boldsymbol{V}_\mathrm{g})_2 - (\boldsymbol{V}_\mathrm{g})_1 = \frac{g_0}{f}\boldsymbol{k}\boldsymbol{\nabla}(Z_2-Z_1) \tag{7.19a}$$

在 $x$、$y$ 方向上的分量分别为

$$(u_\mathrm{g})_2 - (u_\mathrm{g})_1 = -\frac{g_0}{f}\frac{\partial(Z_2-Z_1)}{\partial y},$$

$$(v_\mathrm{g})_2 - (v_\mathrm{g})_1 = \frac{g_0}{f}\frac{\partial(Z_2-Z_1)}{\partial x} \tag{7.19b}$$

上式称为热成风方程。该方程说明:任意两等压面之间,地转风的垂直切变与两等压面之间厚度的水平梯度有关,这和地转风与位势高度梯度有关是相似的。例如,北半球的热成风(即地转风的垂直切变)平行于等厚度,厚度较小值位于热成风的左方。根据测高方程(3.29)中温度与厚度的线性比例,热成风方程可用地转风的垂直切变与水平温度梯度的线性关系来表述,即

$$(\boldsymbol{V}_\mathrm{g})_2 - (\boldsymbol{V}_\mathrm{g})_1 = \left(\frac{R}{f}\ln\frac{p_1}{p_2}\right)\boldsymbol{k}\times\boldsymbol{\nabla}\overline{T} \tag{7.20}$$

式中,$\overline{T}$ 为该层气温的垂直平均。

为进一步研究热成风方程的含义,考虑水平温度(厚度)梯度为零的特殊情况。此时,

等压面上$\mathbf{V}T=0$,大气具有正压⑨性质,即任意两等压面之间的厚度在水平方向上的分布是均匀的。这样,在各等压面上的位势高度等值线就像一套餐盘一样整齐地叠置在一起,而地转风的方向和大小均不随高度变化。

在厚度等值线处处与位势高度等值线平行的条件下,有水平温度梯度存在的大气通常称为相当正压大气。根据热成风方程,相当正压大气中的垂直风切变平行于风场。因此,像正压大气一样,相当正压大气中的地转风方向亦不随高度而变化。但是,在图 7.13 中,如果在等高线的垂直方向上出现厚度变化,则等压面的倾斜度及地转风风速可能随高度的变化而变化。

在相当正压大气中,水平面图上的等压线与等温线形状相同。如果高压热、低压冷,则地转风大小随高度升高而增加,高、低压强度增随高度增强;相反,如果高压冷、低压热,则地转风和高、低压强度随高度升高而减弱。如图 7.13(b)所示,当足够厚的大气均产生温度异常时,对应的气压场和地转风场特征均将随高度减弱,风场甚至变为反向。图 1.11 所示的纬圈平均纬向风及气温分布与图 7.13 是相似的。如温度随纬度升高而减小,则纬向风随高度升高而增大,反之则相反。

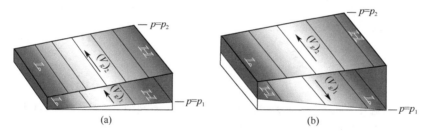

图 7.13　北半球相当正压大气中地转风随高度的变化。(a)$V_g$ 随高度升高而增加,(b)$V_g$ 随高度升高而反向。阴影表示温度梯度;蓝色(冷色调)表示厚度小;褐色(暖色调)表示厚度大(另见彩图)。

**习题 7.3**　冬季对流层 $30°$ 纬度带附近,纬向平均的温度梯度约为 0.75K/纬度(见图 1.11),地面的纬向平均地转风分量近似为 0。由此计算 250 hPa 急流层高度的平均纬向风。

**解答:**取方程(7.20)的纬向分量,沿纬圈平均可得

$$[u_g]_{250} - [u_g]_{1000} = -\frac{R}{2\Omega\sin\varphi}\frac{\partial[T]}{\partial y}\ln\frac{1000}{250}$$

注意到$[u_g]_{1000}$;0 且 $R$;$R_d$,故有

$$[u_g]_{250} = -\frac{287\text{J} \cdot ℃^{-1} \cdot \text{kg}^{-1}}{2\times 7.29\times 10^{-5}\text{s}^{-1}\sin30°}\times\ln4\times\frac{-0.75\text{K}}{1.11\times 10^{5}\text{m}} = 36.8\text{m} \cdot \text{s}^{-1},$$

这与图 1.11 非常一致。

在完全斜压大气中,等高线与等厚度线处处相交,地转风表现出明显的垂直于等温线(或等厚度线)的分量。穿越等温线的地转气流与地转温度平流有关。冷平流表示地转风穿越等温线从冷区吹向暖区,反之则相反。

---

⑨　barotroipic 来源于希腊词 baro 和 tropic,分别指"与气压有关的"和"按特定方式变化",故 barotrpic 指的是等压面与等温面或等密度面一致。

图 7.14 给出了北半球与冷暖平流相关的典型形势。在大气底层的等压面上,地转风为西风,相应的等高线呈东西向分布,等高线低值区位于北边。高厚度区在冷平流情况(图 7.14(a))中位置偏东,在暖平流(图 7.14(b))情况中位置偏西[⑩]。

高层地转风矢量 $V_{g2}$ 平行于等高线,像高层位势高度等于低层的位势高度 $Z_1$ 与厚度 $Z_T$ 的代数和一样,高层地转风矢量 $V_{g2}$ 等于低层的地转风 $V_{g1}$ 与热成风 $V_T$ 之矢量和。所以,热成风与厚度的关系和地转风与位势高度的关系是一致的。

从图 7.14 可以清楚看到,冷平流对应的地转风随高度升高呈气旋性旋转暖平流对应的地转风则随高度升高呈反气旋性旋转。等高线与等厚度线的其他配置均表明,无论是北半球还是南半球,无论低层地转风的方向或等温线的走向如何,上述关系依然成立。

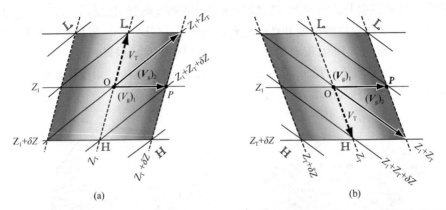

图 7.14　(a)冷平流及(b)暖平流中等温线、等位势高度线及地转风的关系图。蓝色实线表示底层的等位势高度线,黑色实线表示顶层的等位势高度线。红线表示等温线或等厚度线(另见彩图)。

如果已知温度分布 $T(x,y,p)$、边界条件 $P(x,y)$ 及地面或某"参考层"上的地转风 $V_g(x,y)$,利用热成风方程可定义整个地转风场。因此,一套包括海平面气压场观测及空间网格密集的卫星遥感温度探测仪的观测系统可以确定地转风 $V_g$ 的三维分布。

## 7.2.8　行星旋转下的垂直运动[⑪]

在柯氏力的作用下,地球旋转使大气与海洋的大尺度运动具有特殊特征。如果行星旋转不存在,其水平运动与垂直运动分量(此处分别记为 $U$ 与 $W$)的相对量级大小是可以度量的,和水平运动的长度尺度($L$)与垂直运动的深度尺度($D$)的量级比相当,即

$$\frac{W}{U} \sim \frac{D}{L}$$

事实上,边界层中湍流和对流的时间尺度(远小于行星旋转的时间尺度)也有类似关系。但是大尺度运动的垂直分量比根据上式计算得到的要小得多。例如,热带外地区,大气垂

---

　　⑩　给定低层的位势高度分布 $Z_1$ 和厚度 $Z_T$,经过简单相加可推导出高层的位势高度 $Z_2$。例如,在图中央,$O$ 点的位势高度 $Z_2$ 等于 $Z_1+Z_T$,$P$ 点的位势高度等于 $Z_1+(Z_T+\delta Z)$,依此类推。将所有值相等的点连成的线即为等高线,高层等高线为黑实线所示。在所有场中,$Z_1$、$Z_2$ 及 $Z_T$ 等值线的间距相等(如 60m)则这些线的所有交点都可形成三角形。类似的,如果给定低、高层位势高度场 $Z_1$ 与 $Z_2$,则 $Z_2-Z_1$ 得到厚度场 $Z_T$。

　　⑪　本节主要介绍一些高等动力学概念,与本章后面几节内容的关系不大。如欲更深入研究本节内容,请参考 J. R. Holton 著的《动力气象学引论》,第四版,科学出版社(2004)。

直厚度量级约为 5km(对流层厚度的一半),而水平长度的量级约为 1000km,这样则有 $D/L$ 约为 1/200。水平运动风速特征量级约为 $10m \cdot s^{-1}$,对应垂直运动风速的大小则为水平风速的 1/200,即 $5cm \cdot s^{-1}$,但观测到的垂直风速(约为 $1cm \cdot s^{-1}$)比该量级还小一个量级。

类似方法可用于大尺度水平运动的散度和涡度的量级估计。由于散度和涡度均为水平运动场的水平导数,二者的量级均为

$$\frac{U}{L} \sim \frac{10m \cdot s^{-1}}{1000km} = \frac{10m \cdot s^{-1}}{10^6 m} = 10^{-5} s^{-1}$$

这与水平气流(切变、曲率、流出、扩展)的基本特征及笛卡儿坐标系中的 $\partial u/\partial x$、$\partial u/\partial y$、$\partial v/\partial x$ 及 $\partial v/\partial y$ 类似。实际上,大尺度运动的涡度量级与上述是一致的,但散度的量级是 $10^{-6} s^{-1}$,比 $U/L$ 小一个量级。

旋转大气的散度较小表明,流出与伸展大部分抵消。当气流往下游运动时缓慢减速;反之亦然。水平风场的这种特征称为准无辐散特征,这与高速公路上机动车辆流经狭窄道路时减速的情形相反。在笛卡儿坐标系的散度形式中,可能在 10%～20% 的误差范围内满足

$$\frac{\partial u}{\partial x} \approx -\frac{\partial v}{\partial y}$$

由于计算散度需要计算大项中的小差,因此对风场的误差非常敏感。地转风场也趋于准无辐散,但由于柯氏参数 $f$ 随纬度而变化,地转风场并非完全无辐散(见习题 7.20)。

## 7.2.9　涡度守恒原理

现代大气动力学理论的一个重要突破是:在 20 世纪 30 年代发现,热带外地区大尺度环流系统可用一个方程来表示,该方程建立在水平风场的涡度守恒原理[12]。涡度随时间的变化可相当精确地表述为

$$\frac{\partial}{\partial t}(f + \zeta) = -\boldsymbol{V}_g \cdot \boldsymbol{\nabla}(f + \zeta) - (f + \zeta)(\boldsymbol{\nabla} \cdot \boldsymbol{V}) \tag{7.21a}$$

或采用拉格朗日形式:

$$\frac{\mathrm{d}}{\mathrm{d}t}(f + \zeta) = -(f + \zeta)(\boldsymbol{\nabla} \cdot \boldsymbol{V}) \tag{7.21b}$$

式中,$\zeta$ 为水平风场的涡度;由地球旋转产生的柯氏参数 $f$ 称为行星涡度(又称牵连涡度),为地球旋转轴与局地垂直轴夹角(即余纬)求余旋后的 $2\Omega$ 倍(见习题 7.7)。因此,$(f + \zeta)$ 称为绝对涡度,即行星涡度与水平风场的相对涡度之和。在热带外地区,$f$ 约为 $10^{-4} s^{-1}$,而 $\zeta$ 约为 $10^{-5} s^{-1}$,因此行星涡度在绝对涡度中占主导地位;在热带地区,相对涡度与行星涡度的量级相当。

在热带外地区,快速移动的天气系统不会快速增长,也不会快速衰减,对应的(7.21)式中的散度项相对较小,故有

$$\frac{\partial \zeta}{\partial t} \approx -\boldsymbol{V} \cdot \boldsymbol{\nabla}(f + \zeta) \tag{7.22a}$$

或采用拉格朗日形式,即为

---

$$\frac{\mathrm{d}}{\mathrm{d}t}(f+\zeta)\sim 0 \tag{7.22b}$$

在这个简单形式的涡度方程中,对随水平风场运动的空气块,其绝对涡度$(f+\zeta)$守恒。

这个无辐散涡度方程作为早期数值天气预报模式的理论基础可追溯第二次世界大战时期[⑬],当时的天气预报主要是根据$500\mathrm{hPa}$高度场,通过以下4个过程得到:

(1) 地转涡度

$$\zeta_g \equiv \frac{\partial v_g}{\partial x}-\frac{\partial u_g}{\partial y}=\frac{1}{f}\left(\frac{\partial^2 \Phi}{\partial x^2}+\frac{\partial^2 \Phi}{\partial y^2}\right) \tag{7.23}$$

通过简单有限差分运算及柯氏参数$f$[⑭],可计算出每个网格点上的地转涡度。

(2) 由(7.22a)中的平流项可得到每个格点的地转涡度倾向率$\partial\zeta_g/\partial t$。

(3) 将方程(7.23)进行时间微分可求解出相应的位势高度倾向率$\chi\equiv\partial\Phi/\partial t$。

(4) $\chi$场乘以时间步长$\Delta t$得到每个格点的高度变化值,将此高度变化值加上初始$500\mathrm{hPa}$高度场即得$500\mathrm{hPa}$高度的预报场。

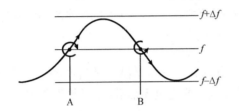

图 7.15　北半球西风带波动的绝对涡度平流诱生出的涡度平流分布型。

将波长为$L$的正弦波叠加在速度为$U$的均匀西风带上,考虑采用上述预报模型对理想地转风场的预报意义。对应于波的槽区,由于存在气旋性曲率,地转涡度$\zeta_g$为正;对应于波的变形点,气流是直的,相应的地转涡度$\zeta_g$为零;对应于波的脊区,由于存在反气旋性曲率,地转涡度$\zeta_g$为负。在西风引导气流的作用下,与正弦波相关的涡度扰动存在向东的平流;在槽前与变形点之间的南风气流具有正涡度趋势,而在变形点与脊下游之间的北风气流具有负涡度趋势(分别如图7.15中的点A、B所示)。槽下游的正涡度趋势使高度下降,导致槽向东传播,而脊也有类似情况。如果行星涡度平流不存在,波动将以"引导风"的波速$U$向东传播。

除相对涡度平流$\zeta$产生涡度趋势之外,向赤道的气流也诱生出气旋性涡度趋势:纬度较高的空气块在向南运动时,将较大的行星涡度向南平流。由于绝对涡度$(f+\zeta)$守恒,空气块在向南运动的同时将行星涡度转变为相对涡度,导致相对涡度有增加的趋势。类似,当空气块向极运动时,相对涡度转变为行星涡度,产生反气旋性相对涡度。这样,地球行星涡度的经向梯度导致波动相对引导气流向西传播。

相对涡度及行星涡度平流的相对重要性取决于引导气流的风速$U$及波动的纬向波长$L$。在其他条件不变的情况下,波动尺度越小,相对涡度扰动越强,对应的相对涡度$\zeta$的平流越大。对于纬向波长为$4000\mathrm{km}$的斜压波,相对涡度的平流较行星涡度平流要强得多,因此行星涡度平流的影响几乎可忽略不计。但是,对于波长与地球半径相当的行星波,相对涡度的向东平流较弱,与行星涡度平流近于抵消,故(7.24)式中的净涡度趋势非常小。此类行星波在气候平均西风带引导气流中趋于准定常。第10章中所涉及的月、季

---

⑬　最初的斜压模式主要是在薄面上绘图人而预报各种场。后来,该模式在第一台原始计算机上运行。

⑭　见 J. R. Holton, An Introdotion to Dynamic Meteorology, Academic press, pp. 452~453(2004)。

及气候平均图对这类定常波有明显反映。

正压涡度方程(7.22a)可写成:

$$\frac{\partial \zeta}{\partial t} \approx -\mathbf{V} \cdot \mathbf{\nabla} \zeta - \beta v \tag{7.24}$$

式中,

$$\beta \equiv \frac{\partial f}{\partial y} = \frac{\partial}{\partial y}(2\Omega \sin\phi) = \frac{2\Omega \cos\phi}{R_E} \tag{7.25}$$

在中纬度地区,$\beta$ 约为 $10^{-11}\,\mathrm{s}^{-1} \cdot \mathrm{m}^{-1}$。通常称(7.24)式中的 $-\beta v$ 项为 $\beta$ 效应。$\beta$ 效应起明显动力作用的波动称为 Rossby[15] 波。

(7.21)式中的散度项对斜压波、热带气旋及其他大尺度天气系统均有重要意义,对存在摩擦耗散的低空风场中涡度扰动具有维持作用。在热带外地区,由于行星涡度 $f$ 比特征相对涡度 $\zeta$ 大一个量级,散度项主要由线性项 $-f(\mathbf{\nabla} \cdot \mathbf{V})$ 确定,而该线性项代表对柯氏力所致的穿越等压线运动的偏差。例如,在北(南)半球,柯氏力使空气偏向右(左)方运动,进而辐合为气旋,产生或加强系统中心的气旋性环流。由该散度项引起的涡度倾向的量级为

$$-f(\mathbf{\nabla} \cdot \mathbf{V}) \approx 10^{-4}\,\mathrm{s}^{-1} \times 10^{-6}\,\mathrm{s}^{-1} = 10^{-10}\,\mathrm{s}^{-2}$$

而由涡度平流项[16]引起的涡度倾向的量级为

$$\mathbf{V} \cdot \mathbf{\nabla}(\zeta) \approx 10\,\mathrm{m} \cdot \mathrm{s}^{-1} \times \frac{10^{-5}\,\mathrm{s}^{-1}}{10^{6}\,\mathrm{m}} = 10^{-10}\,\mathrm{s}^{-2}$$

(7.21)式中的非线性项 $\zeta(\mathbf{\nabla} \cdot \mathbf{V})$ 在大气动力学中也具有重要作用。令初始 $t=0$ 时刻的相对涡度 $\zeta=0$,且散度 $\mathbf{\nabla} \cdot \mathbf{V}=C$ 为常数,进一步考察该非线性项的作用。对于辐散气流($C>0$),涡度在初始时刻将以 $-fC$ 的速率减小(变为反气旋性),但该减小速率将随时间呈指数衰减,直到 $\zeta \rightarrow -f$ 或 $(\zeta+f) \rightarrow 0$。反之,对于辐合气流($C<0$),涡度随时间而增大,且随着 $\zeta$ 的增长[17]无限增大。为什么气旋性闭合环流通常较反气旋性环流强得多,为什么强锋区和强切变线通常具有气旋性涡度,这些现象均可在上述相对涡度扰动增长的非对称性中得到解释。

## 7.2.10　位涡

可能得到类似于(7.22)式考虑水平运动的辐散效应的守恒定律。考虑一厚度为 $\mathbf{H}(x,y)$,以速度 $\mathbf{V}(x,y)$ 移动的不可压缩流体。由质量守恒原理可得,可得出

$$\frac{\mathrm{d}}{\mathrm{d}t}(\mathbf{H}A) = 0 \tag{7.26}$$

式中,$A$ 为假想流体块的面积,亦可看作为一系列相随的流体块随水平流运动时包围的面积。用(7.2)式,可以得到

---

⑮　Carl Gustav Rossby (1898—1957),瑞典气象学家。曾求师于 Vilhelm Bjerknes 门下。组建了麻省理工学院气象系和斯德格尔摩大学气象学院,并分别担任系主任及院长。第二次世界大战期间,担任了芝加哥大学气象系主任,对美国部队进行了气象知识的培训,经过培训后的许多人都成为了气象界的泰斗。

⑯　在前面几节中,散度项相对水平平流项而言可以忽略不计,但本节将这两项是相当的。如 7.3.4 小节所述,当考虑散度廓线的垂直结构时,这两项的大小是可比的。

⑰　行星涡度和相对涡度都存在时,散度趋于减小。因此,关于散度为常数且相对涡度无限增长的假设是不实际的。

$$\frac{1}{H}\frac{\mathrm{d}H}{\mathrm{d}t} = -\frac{1}{A}\frac{\mathrm{d}A}{\mathrm{d}t} = -\nabla\cdot V$$

因此,当水平流辐合时,流体层变厚,反之则变薄。将上式代替(7.21b)式的散度项,可得

$$\frac{\mathrm{d}}{\mathrm{d}t}(f+\zeta) = \frac{(f+\zeta)}{H}\frac{\mathrm{d}H}{\mathrm{d}t}$$

在习题 7.35 中,请学生验证此式等同于下面的守恒方程:

$$\frac{\mathrm{d}}{\mathrm{d}t}\left(\frac{f+\zeta}{H}\right) = 0 \tag{7.27}$$

该式中的守恒量称为正压位涡。

由(7.27)式可见,气柱的垂直方向上伸长将引起水平运动的辐合,进而使绝对涡度($f+\zeta$)增加,并与 $H$ 的增加成正比*。当空气柱在垂直方向上伸展且在水平方向上被压缩时出现的绝对涡度"起转"现象与滑冰运动员向旋转的轴心使劲抱紧双臂和双腿进入旋转情况类似。位涡守恒的概念也考虑(7.22)式中的相对涡度和行星涡度之间的相互转化。

从(7.27)式可以明显看出,一流体层厚度中均一水平梯度对涡度动力学的作用与 $\beta$ 效应类似。因此,Rosshy 波能更一般地被定义为在存在位涡梯度下水平传播的波动。

对于大尺度绝热大气运动[18],位涡守恒可有类似的表达式。如果气流是绝热的,空气块不能穿越等熵面(即等位温面)。这样,两邻近等熵面之间的空气柱的质量随气流运动是守恒的,即满足

$$\frac{A\delta p}{g} = 常数 \tag{7.28}$$

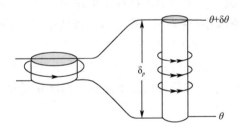

图 7.16　位涡守恒的绝热圆柱体大气[翻印自动力气象学引论,第 4 版,J. R. Holton,第 96 页,2004 年版,经 Elsevier 许可]。

式中,$\delta p$ 为位温间隔为 $\delta\theta$ 的两固定等熵面之间的气压差(如图 7.16 所示)。流体层顶与底间大气压差与静力稳定度成反比,即

$$\delta p = \left(\frac{\partial\theta}{\partial p}\right)^{-1}\delta\theta \tag{7.29}$$

等熵面的垂直间距越小(即静力稳定度越大),等熵面之间的气压差(和单位面积的质量)越小。组合(7.28)式和(7.29)式,把 $\partial\theta/g$ 归入常值中,并取差分,可得

$$\frac{\mathrm{d}}{\mathrm{d}t}\left[\left(\frac{\partial\theta}{\partial p}\right)^{-1}A\right] = 0 \tag{7.30}$$

结合(7.26)式、(7.29)式及(7.30)式可得

$$\frac{\mathrm{d}}{\mathrm{d}t}\left[(f+\zeta_\theta)\frac{\partial\theta}{\partial p}\right] = 0 \tag{7.31a}$$

其中方括号中的守恒量为用 Ertel[19] 位涡的等熵形式,通常简称为等熵位涡(PV)。该式中的下

---

\* 原文中"反比"有误

[18]　7.3.3 小节中讨论了满足绝热大气的条件。

[19]　Hans Ertel (1904—1971) 德国气象学家和地理学家。他的理论研究(尤其是位涡理论)在现代动力气象学发展中起到了重要的推动作用。

角标 $\theta$ 表明式中的相对涡度是定义在位温面上,而不是定义在等压面上。PV 通常用位涡单位表示(PVU),它适用于上式方括号中的量与 g 的乘积,1PVU $= 10^{-6}\,\mathrm{m}^2 \cdot \mathrm{s}^{-1} \cdot$ K $\cdot \mathrm{kg}^{-1}$。

在天气图和垂直剖面图中,根据 PV 的不同值可以将对流层和平流层空气块区分开来,其中,平流层空气块的 PV 值较高。1.5PVU 通常十分对应对流层顶的高度。在出现气旋性风切变的情况下,西风急流向极一侧的 PV 加强;在流线出现气旋性弯曲的情况下,波槽区的 PV 加强。因此,在这些区域,PV 面下降。对流层顶的等臭氧面、等水汽面及其他守恒的化学示踪物面以同样方式下凹,表明对流层顶下降远对应于其 PV 面而变形。"类似"的方式在西风急流的向赤道一侧存在反气旋性风切变,PV 相对较低,相应的 PV 面及对流层顶平身被抬升,在气流曲率为反气旋性的脊区或反气旋区,也是如此。

当空气块移经大气不同区域的几天时间后,空气块通过其位涡能改变周围大气的状况。因此,平流层空气块侵入对流层的区域,不仅有较低的露点和较高的臭氧浓度,而且还具有较高的位涡值,即高静力稳定度 $\partial \theta / \partial p$ 和(或)强气旋性切变或曲率。

PV 的分布仅由风场和温度场决定。与方程(7.22a)类似的关于 PV 场的预报方程,即(7.31a)式的欧拉形式如下:

$$\frac{\partial}{\partial t}\left[(\zeta_\theta + f)\frac{\partial \theta}{\partial p}\right] = -\boldsymbol{V}_\theta \cdot \boldsymbol{\nabla}\left[(\zeta_\theta + f)\frac{\partial \theta}{\partial p}\right] \tag{7.31b}$$

由预报出的位温面上的 PV 分布及地面的温度分布可以对风场和温度场的三维分布进行预报。虽然该预报方法不如 7.3 节中基于原始方程的数值天气预报准确,但基于 PV 的风场及温度场预报为了解天气系统的发展提供了重要的线索。

## 7.3　原始方程

本节主要介绍控制大尺度大气运动演变的完整系统,即原始方程[20]。它包括水平运动方程(7.13);垂直运动方程,以及热力学变量 $p$、$\rho$ 及 $T$ 的时间变率。

### 7.3.1　气压垂直坐标

与采用高度作为垂直坐标相比,采用气压作为垂直坐标可以更容易地解释原始方程。根据静力学方程(3.17)中气压与位势高度的关系,可将高度坐标系 $(x,y,z)$ 直接转换为气压坐标系 $(x,y,p)$。由于等压面非常平坦,等压面上的水平风场 $\boldsymbol{V}_p(x,y)$ 与邻近等位势面上的水平风场 $\boldsymbol{V}_z(x,y)$ 之间的差异可忽略不计。

$(x,y,p)$ 坐标系中的垂直风速为 $\omega \equiv \mathrm{d}p/\mathrm{d}t$,即空气块移经三维大气时气压随时间的变率。气压随高度减小而增大,故 $\omega$ 为正值表示下沉运动,反之则为上升运动。对于对流层中层的垂直速度扰动(如斜压波),其典型量级约为 100 hPa/d。照此速率,空气块穿越整个对流层高度通常需要 1 周左右的时间。

根据(1.3)式,$(x,y,p)$ 坐标系中的垂直风速 $\omega$ 与 $(x,y,z)$ 坐标系中的垂直风速 $w$ 的关系可用下式表示:

$$\omega \equiv \frac{\mathrm{d}p}{\mathrm{d}t} = \frac{\partial p}{\partial t} + \boldsymbol{V} \cdot \boldsymbol{\nabla}p + w\frac{\partial p}{\partial z}$$

---

[20]　此处的"原始"意指基础,即不考虑静力平衡假设的由尺度分析而得的初始方程。

将静力学方程(3.17)中的 $dp/dz$ 代入上式,可得

$$\omega = -\rho g w + \frac{\partial p}{\partial t} + \boldsymbol{V} \cdot \boldsymbol{\nabla} p \qquad (7.32)$$

该式可简化为 $\omega$ 与 $w$ 之间的近似线性关系。对于热带外地区天气系统,其局地的气压随时间的特征变率约为 10 hPa/d 或者更小;由于大尺度大气运动的准地转特性,$\boldsymbol{V} \cdot \boldsymbol{\nabla} p$ 项可能甚至更小。因此,(7.32)式可近似(10%的误差范围)表示为

$$\omega \approx -\rho g w \qquad (7.33)$$

据此关系式,在对流层低层,气压随时间的变率为 100hPa/d,相当于 1km/d 或 1cm/s 的垂直运动速度;在对流层中层,同样大小的气压变率则相当于 2km/d 或 2cm/s 的垂直运动速度。

对于离地面 1～2km 的大气层,受下边界的影响,其 $\omega$ 与 $w$ 为小量,故原(7.32)式中更小项不能忽略不计。地面大气的垂直速度即为

$$w_s = V \cdot \boldsymbol{\nabla} z_s \qquad (7.34)$$

式中,$z_s$ 为地形高度。

### 7.3.2　静力平衡

在 $(x, y, z)$ 坐标系中,牛顿第二定律在垂直方向的表达式为

$$\frac{\mathrm{d}w}{\mathrm{d}t} = -\frac{1}{\rho} \frac{\partial p}{\partial z} - g + C_z + F_z \qquad (7.35)$$

式中,$C_z$ 与 $F_z$ 分别为柯氏力与摩擦力的垂直分量。对大尺度运动而言,几乎所有动能都存在于水平运动中;在垂直方向上,其加速度比(7.35)式右边的前两项小得多,故可忽略不计。这样,无论对大气的平均状况而言,还是对与大尺度大气运动[21]相关的 $p$ 与 $\rho$ 的扰动而言,在1%的误差范围内向上的气压梯度力与向下的重力均近似相平衡。因此,垂直运动方程(7.35)可用静力学方程(3.17)或气压坐标系中的测高方程(3.29)来代替。

### 7.3.3　热力学能量方程

天气系统的演变不仅受牛顿第二定律的动力学过程影响,还受到热力学第一定律所控制的热力学过程的影响。作为热力学第一定律的最简单形式,它是一个温度的预报方程,它表征了空气质点在运动时的温度的时间变率。在适当的边界条件下,温度的变化通过影响位势厚度进而对等压面上的位势高度 $\Phi$ 的分布产生影响。这样,如果水平温度梯度在非绝热加热条件下发生变化,水平运动方程(7.9)中的水平气压梯度力($-\boldsymbol{\nabla}\Phi$)的分布也将随之发生变化。

热力学第一定律(3.46)可表述为

$$J dt = c_p dT - \alpha dp$$

式中,$J$ 为非绝热加热率,单位为 $J \cdot kg^{-1} \cdot s^{-1}$;$dt$ 为无穷小的时间间隔。上式两边同除以 $dt$ 并交换式中各项的位置,得

---

㉑　关于原始方程的准确尺度分析,参阅 J. R. Holton 著,动力气象学引论,第 4 版,科学出版社出版,pp. 41—42(2004)。

$$c_p \frac{\mathrm{d}T}{\mathrm{d}t} = \alpha \frac{\mathrm{d}p}{\mathrm{d}t} + J$$

将状态方程(3.3)代入 $\alpha$ 项，$\mathrm{d}p/\mathrm{d}t$ 用 $\omega$ 代替，然后方程两边同除以 $c_p$，可以得到热力学能量方程：

$$\frac{\mathrm{d}T}{\mathrm{d}t} = \frac{\kappa T}{p}\omega + \frac{J}{C_p} \tag{7.36}$$

式中，$\kappa = R/c_p = 0.286$。

(7.36)式中的右边第一项代表热胀冷缩产生的温度变率，其特征值(单位℃/d)由 $\kappa T \delta p / p_m$ 确定。其中，$\delta p = \omega \delta t$，为空气块运动 1 天后产生的特征气压变化值；$p_m$ 为沿空气运动轨线的平均气压高度值。对一典型的中纬度扰动而言，其对流层中层( $p_m$ 约为 500hPa)空气块的气压垂直变率量级为 100 hPa/d。假设 $T$ 为 250K，则绝热条件下的温度变率量级为 15℃/d。

(7.36)式右边的第二项代表非绝热加热的热源与热汇效应：如对太阳辐射的吸收、长波辐射的吸收和放射以及潜热释放；在大气高层，空气吸收热量或经化学、光化学反应释放热量。此外，本质上未解析的运动尺度(如对流云砧)而产生的空气块与其周围环境大气之间的质量交换所产生的热量得失也属非绝热加热的一部分。在对流层中，各种辐射加热项大体上相互抵消，故对流层中的净辐射加热率小于 1℃/d。潜热释放一般集中于某个小的区域，故其局地加热率大小与上述绝热加热温度变化相当。混合层中的局地对流(如冷空气流经暖洋面)加热也较为强烈。但是，在对流层大部地区，(7.36)式中的非绝热加热项之和与绝热加热项相比还是小得多。

根据链式法则(1.3)，方程(7.36)可转换为温度的欧拉时间变率如下

$$\frac{\partial T}{\partial t} = -\boldsymbol{V} \cdot \boldsymbol{\nabla} T + \left( \frac{\kappa T}{p} - \frac{\partial T}{\partial p} \right)\omega + \frac{J}{C_p} \tag{7.37}$$

(7.37)式右边第一项可看作为(7.5)式中的水平平流项，第二项则为绝热压缩及垂直平流的综合效应。习题 7.38 证明，若实际温度递减率等于干绝热递减率，则(7.37)式中的括号项为零。对于稳定层结大气，$\partial T/\partial p$ 小于绝热递减率，括号项为正值，则下沉运动有利于局地增温；反之则相反。大气越稳定，由下沉运动产生的局地增温越大。

对于稳定层结大气的绝热运动，空气块在运动过程中保持位温守恒。在稳定状态下，即空气块三维运动轨线的斜率与局地等熵面的斜率相等时，(7.37)式可简化为

$$\frac{\omega}{V} = \frac{\partial T/\partial s}{(\kappa T/p - \partial T/\partial p)}$$

在热带外对流层的大部分地区，空气块的位温廓线斜率通常为等熵面斜率的一半。因此，水平平流项是(7.37)式中的主要项，且空气块的运动有减小等熵面斜率的效应。有些情况下，如果经向温度梯度不使得等熵面在低(高)纬度地区持续下降(上升)，等熵面的斜率将完全平坦。在热带外地区，由于水平平流项的作用，与气旋相关的局地温度产生快速变化，下面的习题将解释水平平流项在其温度变化中的作用。

**习题 7.4**　锋区经过某测站期间，其温度以每小时 2℃ 的速率降低。北风速度为 40km/h，温度随纬度的递减率为每 100km 降低 10℃。忽略非绝热加热，估算(7.37)式中的各项大小。

**解答：**由 $\partial T/\partial t = -2℃ \cdot \mathrm{h}^{-1}$ 且

$$-\boldsymbol{V} \cdot \boldsymbol{\nabla}T = -v\frac{\partial T}{\partial y} = 40\mathrm{km} \cdot \mathrm{h}^{-1} \times \frac{-10}{100}\text{℃}/\mathrm{km} = -4\text{℃} \cdot \mathrm{h}^{-1}$$

该测站的温度减小率仅为水平温度平流变率的一半,故大尺度下沉运动在向南运动的同时,空气块将以2℃/h的速率增温。因此,空气块轨线的经向斜率通常为等熵面斜率的一半。

对热带对流层而言,(7.37)式各项的大小与其在热带外对流层的大小完全不同。热带对流层的水平温度梯度比在热带外地区要小得多,故其水平平流项相对不重要,局地温度变化很小。与此相反的是,热带对流地区的非绝热加热项要比热带外的对流地区大得多。在ITCZ附近,凝结潜热释放产生的增温与垂直速度项产生的降温几乎可以抵消,因此,上升运动主要集中于诸如ITCZ的狭窄雨带中。在热带对流层中,从下边界到200hPa高度的温度递减率近于湿绝热,故即使上升运动非常强,饱和空气的抬升也不能引起温度的大幅变化。对于较大范围的缓慢下沉运动,绝热压缩产生的加热效应与弱辐射冷却效应相抵消。

### 7.3.4　垂直运动场的推导

牛顿第二定律可预报水平运动场,却不能预报垂直运动场。但在连续方程(质量守恒的一种表达形式)的基础上,可由水平风场推导出垂直运动的预报场。

空气块由于压强发生变化而产生膨胀或收缩。一般情况下,空气块的体积变化有两种类型:一种是与声波相关的体积变化,而空气块的动量对其体积变化产生重要作用;另一种则是由静力平衡下的气压变化产生的体积变化。对$(x,y,p)$坐标系而言,质量守恒方程只考虑静力平衡下的空气体积变化。

如图7.17所示,假设有一方形空气块,其三维尺度分别为$\delta x$、$\delta y$与$\delta p$。如大气处于静力平衡,该空气块的质量为

$$\delta M = \rho \delta x \delta y \delta z = \frac{-\delta x \delta y \delta p}{g}$$

由于空气块的质量不随时间变化,故有

$$\frac{\mathrm{d}}{\mathrm{d}t}(\delta x \delta y \delta p) = 0 \tag{7.38}$$

将上式展开可得

$$\delta y \delta p \frac{\mathrm{d}}{\mathrm{d}t}\delta x + \delta x \delta p \frac{\mathrm{d}}{\mathrm{d}t}\delta y + \delta x \delta y \frac{\mathrm{d}}{\mathrm{d}t}\delta p = 0$$

根据速度分量,将$\delta x$、$\delta y$与$\delta p$随时间的变率像(7.2)式一样展开,得到

$$\frac{\partial u}{\partial x} + \frac{\partial v}{\partial y} + \frac{\partial \omega}{\partial p} = 0 \tag{7.39a}$$

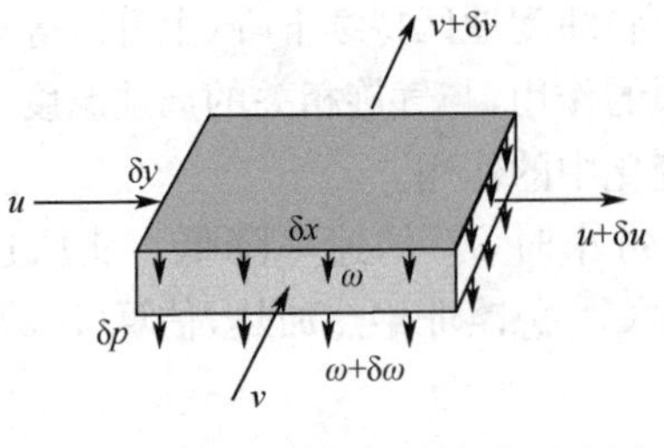

或者写成矢量形式,即为

$$\frac{\partial \omega}{\partial p} = -\boldsymbol{\nabla} \cdot \boldsymbol{V} \tag{7.39b}$$

式中,$\boldsymbol{\nabla} \cdot \boldsymbol{V}$为水平风场的散度。因此,如图7.18所示,水平方向的辐散($\boldsymbol{\nabla} \cdot \boldsymbol{V} > 0$)伴随有垂直方向的压缩;水平方向的辐合($\boldsymbol{\nabla} \cdot \boldsymbol{V} < 0$)伴随有垂直方向的伸长。

图7.17　连续方程推导过程的示意图。

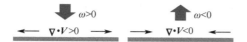

图 7.18　与对流层低层辐合辐散相关的对流层中层垂直速度 $\omega$ 的几何符号

在大气边界层内,在摩擦力的作用下,空气块倾向于穿越等压线由高压向低压运动。因此,低层气流倾向于在低压区辐合,在高压区辐散(如图 7.19 所示)。低压区摩擦辐合引起上升运动,而高压区的摩擦辐散则导致下沉运动。反过来,对海洋中的 Ekman 漂流而言,气旋性风驱动流引起海水的上涌,而反气旋性风驱动流引起海水的下翻。类似的,Ekman 漂流的离岸方向通常出现沿岸海水的上涌。沿赤道的地面东风产生远离赤道的浅 Ekman 漂流,同时伴随有赤道上翻流。

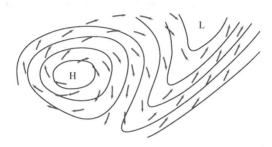

图 7.19　由摩擦力引起的近地面穿越等压线运动。实线代表等压线。

对气压面 $p$ 上任意点 $(x, y)$,可对连续方程(7.39b)在垂直方向上从参考面 $p^*$ 积分到 $p$,得到其垂直速度如下:

$$\omega(p) = \omega(p^*) - \int_{p^*}^{p} (\boldsymbol{\nabla} \cdot \boldsymbol{V}) \mathrm{d}p \qquad (7.40)$$

这样,在已知水平风场的条件下,垂直风速场可由连续方程确定。为简便起见,将大气顶层作为参考层,即 $p^* = 0$ 且 $\omega = 0$。对(7.40)从大气顶层向下积分到地面($p = p_s$),可以得到

$$\omega_s = -\int_0^{p_s} (\boldsymbol{\nabla} \cdot \boldsymbol{V}) \mathrm{d}p$$

将该结果及(7.34)式代入(7.32)式,可以得到 Margules[22] 气压倾向方程:

$$\frac{\partial p_s}{\partial t} = -\boldsymbol{V}_s \cdot \boldsymbol{\nabla} p_s - w_s \frac{\partial p}{\partial z} - \int_0^{p} (\boldsymbol{\nabla} \cdot \boldsymbol{V}) \mathrm{d}p \qquad (7.41)$$

该方程将下边界条件作为原始方程中的气压场。

在地表面,气压倾向项 $\partial p_s / \partial t$ 的量级为 10 hPa/d,平流项 $-\boldsymbol{V}_s \cdot \boldsymbol{\nabla} p_s$ 及 $-w_s(\partial p / \partial z)$ 通常更小。故有

$$\int_0^{p} (\boldsymbol{\nabla} \cdot \boldsymbol{V}) \mathrm{d}p = p_s \{\boldsymbol{\nabla} \cdot \boldsymbol{V}\} \sim 10 \mathrm{hPa/d}$$

---

[22]　Max Margules (1856—1920),气象学家、物理学家及化学家,出生于 Ukraine。1882—1906 年工作于大气动力学创新基地,并对大气动力学的发展做出了许多重要贡献。此后转至最初爱好的化学研究。在一战后期,其月薪 2 美元的政府津贴不足以维持基本生活,并终因饥饿而亡。目前许多大气系统的动能循环理论(见 7.4 节)均来源于他的研究成果。

式中，$\{\mathbf{V}\cdot\mathbf{V}\}$为垂直方向的质量加权平均散度。由于$p_s\approx1000\text{hPa}$且 1 天相当于$10^5\,\text{s}$，因此有

$$\{\mathbf{V}\cdot\mathbf{V}\}\sim10^{-7}\,\text{s}^{-1}$$

　　大气垂直方向的散度平均值通常比某一高度上的散度要小一个量级，表明对流层低层与对流层高层的散度具有相互抵消的趋势（由 Dines[23] 首先提出）。垂直速度$\omega$作为散度的垂直积分，在散度符号出现变化[24]的对流层中层最强。

　　下面考察具有稳定层结的二维流体在两种不同波动下对应的大气散度垂直廓线，图 7.20(a)给出理想外波，其中，该流体的密度随高度升高而减小。其散度与高度无关，垂直速度随高度升高呈线性增加，故在流体顶层的自由面上垂直速度达最大。图 7.20(b)则给出内波，具有刚性边界，即上、下边界的垂直速度$w=0$，这要求低层辐合（辐散）与高层辐散（辐合）完全抵消。对地球大气而言，其类似于内波的大气运动所具有的动能较类似于外波的大气运动大几个量级。在某些情况下，平流层对对流层可起到"刚盖"边界作用。这可以从平流层低层的垂直地转风速$w$较对流层中层大致小一个量级中看出。

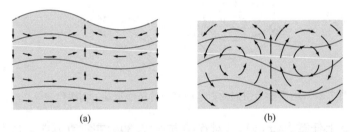

(a)　　　　　　　　　　　(b)

图 7.20　稳定层结流体中，由二维波动自左向右的传播所引起的运动场的垂直剖面图
(a)外波，其垂直运动的最大值位于流体的自由表面；(b)内波，流体顶层为刚性，
相应的垂直速度为零。

## 7.3.5　原始方程组的解

　　上述简化形式的原始方程组包括以下方程：
水平运动方程：

$$\frac{\text{d}\mathbf{V}}{\text{d}t}=-\mathbf{V}\varPhi-f\mathbf{k}\times\mathbf{V}+\mathbf{F} \tag{7.14}$$

静力学方程：

$$\frac{\partial\varPhi}{\partial p}=\frac{-RT}{p} \tag{3.23}$$

热力方程：

$$\frac{\text{d}T}{\text{d}t}=\frac{\kappa T}{p}\omega+\frac{J}{C_p} \tag{7.36}$$

---

[23]　Willam Henry Dines (1855—1927)，英国气象学家。曾发明可同时测量风向及风速的仪器（Dines 气压高度计）。早期还利用风筝及气球等工具对高层大气进行研究。

[24]　对流层中层的散度最小表明，利用(7.22)式可诊断对流层中层的涡度平衡。因此，(7.22)式与垂直平均的对流层风场有关，其中垂直平均对流层风场的散度较其涡度小两个量级。

连续方程：

$$\frac{\partial \omega}{\partial p} = -\nabla \cdot V \tag{7.39b}$$

及下边界条件：

$$\frac{\partial p_s}{\partial t} = -V_s \cdot \nabla p_s - w_s \frac{\partial p}{\partial z} - \int_0^p (\nabla \cdot V) \mathrm{d}p \tag{7.41}$$

　　上述水平运动方程由水平方向的两个分量组成；而整个原始方程组由 5 个方程组成，且包含 5 个独立变量：$u$、$v$、$\omega$、$\varPhi$ 及 $T$。非绝热加热项 $J$ 及摩擦力 $F$ 需要设定或参数化（即表示应变量的函数）。水平运动方程、热力方程及下边界的气压、方程均包含时间微分，故可将它们称为预报方程。原始方程组的其他方程称为诊断方程，即表达了应变量之间在任意时刻的关系。

　　原始方程组可由数值方法求解。在不同垂直高度上，将原始方程组中的因变量定义在规则分布的水平网格点上。在全球模式中，网格点通常位于纬圈及径圈上，但不要求网格点在径向方向上等间距。欧拉形式可在固定网格点上求解，而不需要在随空气轨线运动的网格点上求解的方程组。设定 $t_0$ 时刻的初始条件，该初始条件要满足各变量之间的诊断关系，如位势高度场与温度场之间必须满足静力平衡。

　　可采用有限差分方法或球谐函数㉕正交系数来估算原始方程组中各项在水平方向及垂直方向上的导数。其中，有限差分即将邻近网格点的数值差值除以相应的网格距。进一步求得时间导数项 $\partial V/\partial t$、$\partial T/\partial t$ 及 $\partial p_s/\partial t$，可求得下一时间步长的 $\Delta t$，如

$$u(t_0 + \Delta t) = u(t_0) + \frac{\partial u}{\partial t}\Delta t$$

然后再通过诊断方程计算出动力学一致的下一时间步长的其它应变量。在多个连续时间步长上重复上述过程，可推算出各动力场随时间的演变状况。

　　时间步长 $\Delta t$ 必须足够短，以保证随时间变化的动力场不被数值不稳定产生的虚假小尺度场所破坏。模式的空间分辨率越高，相应的最大时间步长越短，各时间步长的计算量越大。因此，数值天气预报及气候模式所要求的计算机资源随模式空间分辨率的升高而急剧增加。

## 7.3.6　原始方程组的一个应用

　　下面考察原始方程组表示的动力过程如何在摩擦条件下产生并维持大气运动。简单起见，假设初始为静止状态，且经过几个时间步长大气就开始运动。另外，在初始时刻，大气为稳定层结，且等压面与等位温面在水平方向上均为水平（是常数）。

　　在初始时刻 $t=0$ 给定非绝热加热，热带地区高温，极地低温。这与实际大气中的极—赤温度梯度一致。在此作用下，大气开始响应，在热带升温，在极地降温。如图7.21(a) 所示，随着大气的加热和冷却，热胀冷缩使热带上空对流层高层的等压面向上凸起，而极地上空的等压面则向下凹。等压面的这些变化趋势在时间积分的第一步已表现得非常清楚。等压面倾斜产生相应的高层—赤极气压梯度。反过来，气压梯度力则从开

---

㉕　球谐函数为勒让德多项式在纬圈及经圈上的正、余弦表达式。将原始方程组转为球谐函数时，原始方程组中的水平梯度项（$\partial/\partial x$、$\partial/\partial y$）、拉普拉斯项（$\nabla^2$）及拉普拉斯倒数项（$\nabla^{-2}$）都分别简化为球谐函数系数的代数计算。

始驱动向极运动(如图 7.21(a)所示)。

　　上述向极的质量通量使质量在沿经圈方向上重新分布,进而导致低纬度地区的地面气压降低,而高纬度地区的地面气压升高。由此产生的低层大气的极赤气压梯度力将驱动低层大气由极地向赤道运动。因此,在初始非绝热加热梯度的作用下,产生了如图 7.21(b)所示的极—赤环流圈。如图 7.21(c),对于低层的向赤气流,其水平运动方程中的柯氏力具有向西的分量;而对于高层的向极气流,其水平运动方程中的柯氏力具有向东的分量。

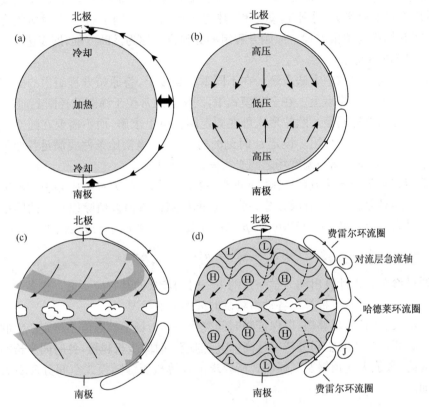

图 7.21　假设海陆热力差异不存在,在昼夜平分点时刻,由初始静止状态演变而成的大气环流图,这是一个气候模式的结果。具体解释见文中。

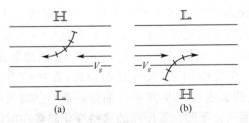

图 7.22　原始方程模式在前几个时间步长积分后(如图 7.21)北半球中纬度地区地表(左)和对流层上层(右)空气块的运动轨线。实线代表位势高度,带箭头的曲线表示空气运动轨线。

如图 7.22 所示,随时间的演变,气流逐渐趋于纬向,直至柯氏力的经向分量与气压梯度力达地转平衡。根据热成风平衡原理,低层东风与高层西风的垂直风切变大小正比于非绝热加热经向梯度产生的极赤温度梯度。在柯氏力的作用下,经向方向上产生弱的穿越等压线的运动,此外,柯氏力对于垂直风切变的形成也具有重要意义。由于摩擦力的作用,地面东风强度增幅不大,但高层西风却随时间的增长而增强。那么,高层西风是无限增大直至变为超音速呢,还是在其他过程的作用下受到控制? 7.4 节将对此问题进行解答。

## 7.4　大气环流

为什么副热带地区的地面风自东向西吹,而中纬度地区的地面风则自西向东吹? 为什么信风较中纬度西风带更稳定? Halley[26]、Hadley 分别在 1676 年和 1735 年就这些问题进行了开创性研究。这些问题对认识大气环流(即全球意义上的大尺度大气运动的统计特征)有重要意义。

20 世纪中叶两个重要的科学突破为认识大气环流奠定了重要基础:一是 Eady[27] 和 Charney[28] 同时发现的斜压不稳定(斜压波及其相关的热带外气旋的形成机制);另一个则是大气环流模式的出现。该模式建立在原始方程组的基础上,通过运行足够多的时间步长可确定随季节变化的气候平均风场、降水场以及风场的变化等。

在许多不同的全球大气环流模式(GCM)的数值积分中,上述科学发展发挥了极其重要的作用。在前几节所述的动力学理论的基础上,继上述科学发展之后又取得了许多令人难以预料的科学突破。若经向温度梯度达到某临界值,模拟出的大气环流将发生根本性的变化:中纬度地区发生斜压不稳定,使大气产生波状特征。斜压波产生并维持了如图 7.21(d)所示的大气环流。在波动发展过程中,副热带地区的暖湿气团位于向东移动的地面气旋前方且向极地输送;而极地干冷空气则位于地面气旋后方并向赤道输送。冷暖空气在 45°纬圈交汇,并形成感热及潜热向极地的净输送,抑制了极赤温度梯度的增大。

在斜压波的演变过程中,斜压波首先从中纬度对流层低层源区朝急流轴(约 10km)方向向上传播,到达急流轴高度之后又向赤道方向传播至热带地区。斜压波在对流层高层向赤道的传播产生如图 7.21(d)所示的槽脊倾斜。槽脊的倾斜又使得槽东侧向极运动的西风分量较其西侧向赤运动的西风分量更大。向极运动及向赤运动的西风动量差异产生从副热带向中纬度地区的西风动量输送。相应的,中纬度的地面风由东风(图 7.21(c))转为西风(图 7.21(d)),此即为实际大气中的中纬度地面风方向。

---

　　㉖　Edmund Halley (1656—1742),英国天文学家及气象学家。最著名的成就是发现了一颗以其名字命名的彗星。他还发现维持行星绕其轨道运转的引力与行星离太阳距离的平方成反比(牛顿证明,满足该平方反比规律的运动轨迹线为椭圆)。Halley 还自费出版经销牛顿著作《基本原理》,首次推导出压强与高度之间的关系式。

　　㉗　E. T. Eady (1915—1966),英国数学家、气象学家。在二战就职于皇家空军部队时,他独自研发出斜压不稳定理论。本书作者之一(P. V. H.)曾从师于 E. T. Eady。

　　㉘　Jule G. Charney (1917—1981),为斜压波、行星波、热带气象等理论做出了重大贡献,并发现了大量的大气、海洋现象。其在普林斯顿大学高级研究所工作期间的工作为数值天气预报奠定了重要基础。此后,Charney 还在麻省理工学院任教授,作者之一(J. M. W.)有幸从师于他。在发展天气预报的国际项目中,Charney 发挥了卓越的推动作用。

在南、北半球上,斜压波驱动的弱经向环流圈称为 Ferrel[29] 环流圈。如图 7.21(d)所示,沿风暴轴纬度(约 45°),在摩擦力的作用下,该环流圈产生向极的 Ekman 漂流,且向极一侧为上升气流,向赤一侧为下沉气流。这样,随着斜压波的发展,Hadley 环流圈退回至热带,副热带(约 30°)则形成下沉气流区。这些下沉气流区与副热带反气旋(如图 1.18 和图 1.19 所示)是一致的,同时又是热带信风与热带外西风带的分界线。全球大部分的大沙漠都位于此纬度带。

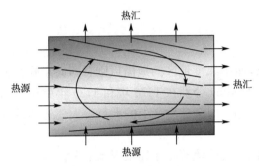

图 7.23 热力驱动的稳定环流的垂直剖面图,热源与热汇如图所示。彩色阴影表示温度及密度的分布,其中蓝色表示温度较低、密度较大。黑色斜线代表等压面。无论是在高层还是低层,气流均沿水平气压梯度方向运动(另见彩图)。

### 7.4.1 动能循环

在自由大气中,行星边界层或湍流中摩擦耗散不断消耗大尺度环流系统的动能。如果其他恢复机制不存在,大尺度环流系统的动能则在几天时间内就会消耗一半。在大气环流系统中,冷空气因密度较大而下沉,暖空气因密度较小而上升,从而使势能转换为动能。与此同时,冷空气下沉及暖空气上升将使大气质量中心降低,位温面变平,水平温度梯度减小。图 7.23 给出了一个简单的动能循环示意图。

在小尺度对流系统中,暖空气上升产生的动能转化为大气运动的垂直速度。暖空气的浮力破坏了垂直运动方程中力的平衡,进而使垂直速度及垂直加速度均产生变化。在原始方程组中,垂直运动方程已转化为不包含垂直加速度项的静力平衡方程。由此可见,与大尺度环流相关的垂直翻转不是浮力的产物。对于大尺度运动,动能直接输送给水平风场。暖空气上升与冷空气下沉释放出势能,该势能又强迫水平风场由高压向低压方向穿越等压线运动。对于动能变化方程:

$$\boldsymbol{V} \cdot \frac{\mathrm{d}\boldsymbol{V}}{\mathrm{d}t} = \frac{\mathrm{d}}{\mathrm{d}t} \frac{V^2}{2} = -\boldsymbol{V} \cdot \nabla\Phi + \boldsymbol{F} \cdot \boldsymbol{V} \tag{7.42}$$

$-\boldsymbol{V} \cdot \nabla\Phi$ 项代表穿越等压线的运动,是惟一的源项。在近地面,气流盛行指向低压方向的穿越等压线运动。而摩擦耗散项 $\boldsymbol{F} \cdot \boldsymbol{V}$ 在近地面最强,并使得风速逐渐减小并趋于次地转。因此,柯氏力较弱,不足以平衡气压梯度力。柯氏力与气压梯度力之间的非平衡驱动气流产生指向低压的穿越等压线运动,进而使动能和地面风速在摩擦耗散作用下得以维持。(7.42)式右侧第二项代表了此过程。由此可见,在整层大气积分中,由 $-\boldsymbol{V} \cdot \nabla\Phi$ 项产生的动能与冷空气下沉及暖空气上升产生的势能相等。

哈德莱环流圈的低层信风沿着气压梯度方向,由副热带高压带流向赤道低压带。而对流层高层的气流则由西向东运动,表明高层位势高度 $\Phi$ 随纬度升高而降低。所以哈德

---

㉙ William Ferrel (1817—1891),美国科学家。早年是一名学校教师,后来又在海事局、水务局及信号局就职。这些单位后来合并为气象局。首次正确推导出阻止气球旋转的重力潮,并首次阐明了柯氏力在准地转大气环流及洋流中的重要作用,即后来的 Buys Ballot 原理。

莱环流圈的高层气流也沿着气压梯度方向由高压吹向低压。

与哈德莱环流圈类似的闭合环流具有如下特征:暖空气因密度较小而产生上升运动,冷空气因密度较大而产生下沉运动;以由高压向低压穿越等压线的运动为主;释放势能并转化为水平风场的动能。具有上述与全球动能循环机制类似特征的环流称为热力直接环流。在地球大气中,诸如斜压波、季风、热带气旋等的大尺度环流均为热力环流。而类似费雷尔环流圈等的环流却恰恰相反,对应有冷空气上升且暖空气下沉,故称此类环流为热力间接环流。

为弥补热力直接环流对大气势能的损耗,必有其他作用补充势能的消耗。长波辐射及水汽凝结的潜热释放对大气加热作用可通过以下两种方式补充势能:其一,使热带大气升温,而高纬地区大气降温;其二,使低层空气升温,而高层空气降温。前者主要维持气压面上的极赤温度对比;后者使低层空气膨胀及高层空气收缩进而抬升中间层大气,维持大气质量中心的高度。维持此类大气环流所需的水平温度梯度及垂直温度梯度如图 7.23所示。但是,只要存在垂直温度梯度,小尺度对流系统即可维持。

与降水有关的凝结潜热释放是对流层中最重要的热源。气流在上升过程中绝热降温而达到饱和,易释放出潜热。上升气流的潜热释放可维持并加强水平温度梯度,从而使其热力直接环流比干空气中的热力直接环流更强。凝结潜热释放既是热带外气旋的能量来源,又能激发热带气旋的产生。

图 7.24 给出有关动能循环的流程图。由温度梯度产生的势能既可转化为大尺度大气环流,又能转化为小尺度对流运动。切变不稳定和地面摩擦可消耗大尺度环流的动能,进而产生小尺度湍流及波动运动,这还将在第 9 章中进一步阐述。小尺度运动的动能又逐渐转化为更小尺度运动的动能,直至转化为分子的随机运动。这样,各种尺度下的运动动能最终转化为大气的内能。在图 7.24 的最后一步中,"滴入桶中的一小滴"表明:小尺度运动的动能对整个大气热能的贡献很小;而仅在诸如热带气旋中心的局地强风速区,才能出现强摩擦耗散作用,进而使大气温度发生变化。

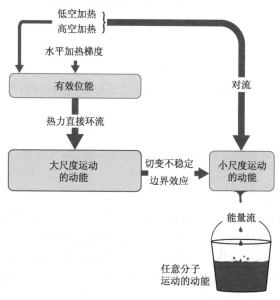

图 7.24 大气环流中动能循环的流程示意图。

### 7.4.2　大气热机

如第 6 章所述,对流层大气的热源主要集中在行星边界层及强降水地区,而其热汇主要是以红外波形式的长波辐射。一般来说,大气加热中心通常出现在较低纬度及较低高度上,而大气冷却中心则出现在较高纬度及较高的高度上。因此,大气加热中心的温度比冷却中心的温度要高。这样,大气环流可以看作一个热机:在高温中心 $T_H$ 处,大气以 $Q_H$ 的速率吸热,在低温中心 $T_C$ 处,大气以 $Q_C$ 的速率放热。与卡诺循环(3.78)式类似,大气热机的热功率可表示为

$$\eta = \frac{W}{Q_H} \tag{7.43}$$

式中,$W$ 为热力直接环流产生动能的功率。整层大气积分的动能产生项 $-\mathbf{V} \cdot \nabla \varPhi$ 约为 $1 \sim 2 \mathrm{W} \cdot \mathrm{m}^{-2}$。$Q_H$ 为地球表面平均的太阳辐射净收入,约为 $240 \mathrm{W} \cdot \mathrm{m}^{-2}$。根据该定义,大气热机的热功率小于 1%。此外,大气中的热转换是不可逆的,卡诺循环中的热转化则是可逆的。例如,在地面热通量及辐射传输的作用下,侵入热带地区的极地冷空气迅速变性。因此,由卡诺循环推导出的关系并不严格适用于大气热机。

## 7.5　数值天气预报

在 20 世纪 50 年代以前,天气预报主要依赖于预报员对天气图的主观分析。直到观测网络出现之后,预报员才可根据历史天气图上的主要运动特征进行外推,进而得到天气预报。在熟悉历史天气形势的基础上,不需涉及内在的动力过程,预报员对当前天气形势的历史相似分析在一定程度上可以改进天气预报。然而,历史上不一定能出现与当前天气形势非常相似的记录。所以,所谓的"相似分析技巧"存在本质上的局限性。全球大气环流的三维结构相当复杂,相应的环流型也各不相同,即使在同一世纪中也很难找到环流型非常接近的两个历史记录。到 1950 年,天气预报质量的提高,使得预报技巧接近经验分析预报技巧的极限。

20 世纪 50 年代,气象学家们开始尝试进行数值天气预报。此后,原始方程模式得到广泛应用,当时的数值天气预报主要是基于 7.2.9 小节中所述的数学理论。与早期的数值天气预报模式相比,目前的数值天气预报模式具有更高的空间分辨率,且能更为准确详细地描述原始方程中的物理过程。这主要得益于近 50 年计算机技术的飞跃发展。如果按 50 年前的计算机条件来运行当前的数值预报模式,需要数千年的计算时间才能得到 24 小时的天气预报! 正是由于计算机技术的突飞猛进,天气预报才能取得如图 1.1 所示的快速发展。

现代数值天气预报的初始条件建立在全球观测数据的基础上,其中一部分包括越来越多的卫星遥感探测数据。全球观测资料主要包括地面报告、探测资料及商业飞机的飞行高度资料。此外,为保持动力一致性,气压、风、温度、湿度等资料还需要通过四维资料同化技术(参阅本书网站上的第 8 章附录)与卫星遥感资料相结合。

全球观测系统主要涉及各种尺度上的大气变率。然而,即使是在最大的尺度上,全球观测系统的分析资料仍受到观测误差的影响。资料同化的目的就是为了订正观测资料的系统误差,从而将随机误差对预报的影响降到最低限度。随着观测系统及资料同化系统

的不断改善,数值天气预报中初始条件的误差正在逐步减小。但是,由于大气运动具有非线性,初始条件中始终存在一定程度的不确定性(或误差),而由此带来的误差必定会随时间而增长。当超过某个预报时间长度后,预报场与检验场的相似性还不及任意选定的某一年同样时间的两个观测场的相似性。该预报时间长度即为大气的确定性预报极限。对于热带外大气,其确定性预报极限的量级为 2 周。

图 7.25 给出了一组同一时间之后连续几天的预报场及其检验分析(即预报场与观测场的相似性分析)。目前最先进的数值预报系统在预报冬季形势上的预报技巧与此例类似。可以看出,第一天到第三天的预报场与检验场的主要特征有高度的一致性;直到第七天的预报场仍能预报出与实际相似的主要环流特征,但那时的预报场已不能准确预报局地环流;到了第十天,尽管模式不能把握北半球诸多地区的主要环流特征,但对于大西洋、欧洲及北美西部地区的预报仍有一定的参考价值。由此看来,数值模式的预报技巧随预报时段的延长而降低。

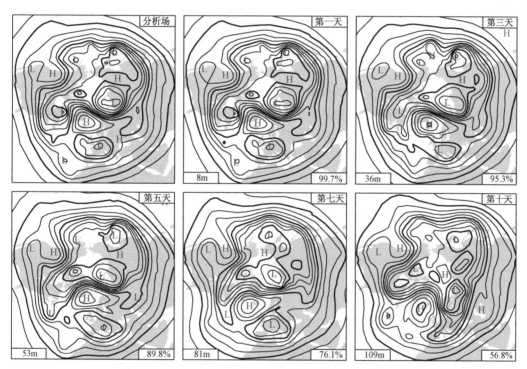

图 7.25　2005 年 2 月 24 日 00 时的北半球 500hPa 位势高度预报场及其检验分析。左下角的数字代表误差均方差;右下角的百分比表示距平相关,由此判断预报场在整个半球平均上的预报技巧[由欧洲中尺度天气预报中心(ECMWF)Adrian J. Simmons 提供]。

图 7.26 给出一个简单预报模式的预报结果。该模式主要建立在洛伦兹吸引子理论的基础之上。从该图可以看出,预报的不确定性随着预报间隔长度的增加而增大。在第一个试验(如左边第一副图所示)中,初始条件位于吸引子内,且预报误差随时间的延长而减小。也就是说,对于一定时间内的数值积分,预报的不确定性随时间的延长而减小。在第二个试验(如中间图所示)中,代表集合预报的那些点到达吸引子底部后向外分散,形成吸引子两边的环状结构。由此可见,其预报误差随时间的延长而增大,对于第三个试验

（最右边的图所示），预报的不确定性从初始预报时段开始就快速增大，沿吸引子底端的点快速向外分散，形成吸引子两边的环状结构。因此，此简单模式的可预报性在很大程度上取决于初始状态。

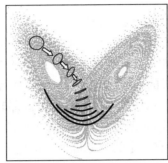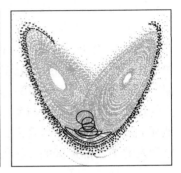

图 7.26　利用 3 个高度简化的表征大气（如箱 1.1 所示）的特征量进行的 3 组集合预报。控制方程组的时间解构造出的三维几何型称为洛伦兹吸引子。每一副图表示一个数值试验，紫色椭圆表示初始条件，黑色椭圆表示预报结果。紫色椭圆上的任一点均对应与黑色椭圆上的惟一点［由欧洲中尺度天气预报中心（ECMWF）T. N. Palmer 提供］（另见彩图）。

　　基于整套大尺度大气运动的控制方程组的集合预报在发布之时提供了一个估计其内部不确定性的方法。与基于洛伦兹吸引子的理想模式相比，其预报结果难于解释，但其预报结果还是可以提供更多关于未来天气演变的信息。在理想试验中的集合预报可以提供未来天气演变的一系列可能状态。在目前的业务运行中，在多个扰动初始条件下，不同的预报模式得到的预报结果分别对应集合预报中的不同成员。当整个半球的环流形势具有可预报性时，各个预报成员大同小异。如果半球环流型在局地出现不稳定，则对应的预报误差通常迅速增大。预报成员之间的差异大小可用来判断在某一区域上集合预报的可信度及其预报时段的可信度。

　　图 7.27 给出对于北半球冬季 500hPa 的某个第七天的集合预报。与图 7.25 相比，两组预报成员的平均场更为平滑，因为它代表多个单独预报的平均。一些单独预报（如左下图）可抓住检验分析场的主要环流特征，因而具有较高的可信度；可惜的是，虽然这些预报具有较高的预报技巧，但是没有办法从集合预报中区分出来。

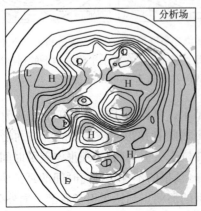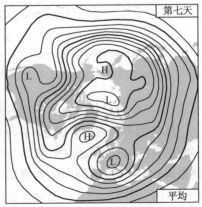

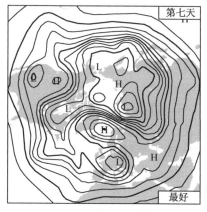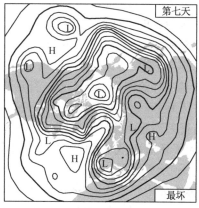

图 7.27　同图 7.25,但为 ECMWF 业务运行的集合预报系统对第七天的集合预报。通过与检验分析场的距平相关,从 50 个预报成员中挑选出一组最好的预报成员和一组最差的预报成员,并分别对其进行平均得到最好的与最差的集合预报[由 ECMWF Adrian J. Simmons 提供]。

# 习题

7.5　利用本章理论解释下列观点。

(a) 分流的气流不一定具有散度。

(b) 存在水平切变的气流不一定具有涡度。

(c) 固定质量的人在往东飞的飞机上的重量较在往西飞得飞机上的重量要稍微轻些。

(d) 卫星在被发射之后,能够一直保持在赤道上某一特定经度上空,则其运动轨线即为相对地球静止的轨道。

(e) 木星的形状较地球更为扁平。

(f) 对于沿水槽排水管的水流,其受到的柯氏力不明显。

(g) 无论是柯氏力的垂直分量,还是垂直运动产生的柯氏力,对大气动力学均不重要。

(h) 绕飓风旋转的强烈风场具有高度的次地转性质。

(i) 气旋的强度往往较反气旋强度更强。

(j) 山谷风一般沿山谷由高气压区吹向低气压区,而不是平行于等压线。

(k) 海面风通常较地面风更接近地转平衡。

(l) 如果高云层和低云层的移动方向不同,则对应有水平温度平流发生。

(m) 行星边界层出现引导风并不表示一定有暖平流出现。

(n) 降水区通常与对流层的低层辐合及高层辐散相联系。

(o) 对于利用观测风场计算得到的散度和涡度,散度的误差较涡度大。

(p) 气压梯度力对等压面上的闭合环流没有影响。

(q) 对流层中层的大气运动趋于准无辐散。

(r) 气压坐标系下的原始方程组较高度坐标系下的原始方程组更为简单。

(s) 热力学能量方程在等熵坐标系下的形式非常简单。

（t）在中纬度地区,局地温度变率倾向于小于水平温度平流产生的温度变率。

（u）暖平流区的温度并不总是上升的。

（v）在对流层中层潜热释放的作用下,对流层低层大气柱等熵位涡增加。

（w）在静力平衡运动中,暖空气的上升及冷空气的下沉均可导致动能的产生。

（x）哈德莱环流圈不是从赤道一直延伸到极地。

（y）在方程（7.42）中,与柯氏力有关的那一项不出现。

（z）哈德莱环流圈的低层东风由摩擦力维持。

（aa）大气环流模式中如考虑了水汽作用,则其模拟出的斜压波及季风通常更为活跃。

（bb）水利发电可看作为大气环流的副产品。

7.6　对于一反时针旋转的气流,其切线方向的速度 $u$ 与环流半径 $r$ 成反比。试描述该气流的涡度分布。

**解答:** 放射状的风速廓线满足 $ur=k$,其中 $k$ 为常数。故风速切变产生的涡度为 $\mathrm{d}(k/r)/\mathrm{d}r=-k/r^2$,曲率产生的涡度为 $(k/r)/r=+k/r^2$。二者大小相等,符号相反。因此,除环流中心之外,流体的涡度处处为零。而对于环流中心,其环流没有定义,其涡度为无限大。这样的环流配置即为无旋涡流。

7.7　在沿 ITCZ 的某个特定位置上,在 $10°N$ 附近的地面风为 $8\mathrm{m \cdot s^{-1}}$ 的东北偏东风（在指南针上显示 $60°$）;在 $7°N$ 附近的地面风为 $5\mathrm{m \cdot s^{-1}}$ 的东南偏南风（指南针上为 $150°$）。（a）假设 $\partial/\partial y \gg \partial/\partial x$,计算沿 ITCZ 上 $7°N$ 至 $10°N$ 平均的散度及涡度。（b）从海平面高度（1010hPa）到 900hPa 高度,经向风随气压线性减小至零,而水汽的混合比为 20g/kg。若低层辐合气流的水汽全部凝结产生降水,计算相应的降水率。

7.8　存在一风场,其速度为:

$$\boldsymbol{V}_\psi = \boldsymbol{k} \times \nabla \boldsymbol{\psi}$$

在笛卡儿坐标系中,其风速可表示为

$$u_\psi = -\partial\psi/\partial y; \quad v_\psi = \partial\psi/\partial x$$

式中,$\psi$ 称为流函数。证明其辐散风处处为零,而涡度场为

$$\zeta = \nabla^2 \psi \tag{7.44}$$

给定涡度场及适当的边界条件,求解（7.22）式的倒数,即求解

$$\psi = \nabla^{-2}\zeta$$

可得到相应的流函数。由于热带外地区的实际风场趋于准无辐散,故实际风 $\boldsymbol{V}$ 与无辐散风 $\boldsymbol{V}_\psi$ 接近。

7.9　求解下列流函数 $\psi$ 对应的风速场 $V_\psi$。

（a）$\psi=my$;（b）$\psi=my+n\cos2\pi x/L$;（c）$\psi=m(x^2+y^2)$;（d）$\psi=m(xy)$

式中,$m$ 与 $n$ 为常数。

7.10　求解习题 7.9 中每种气流对应的涡度分布。

7.11　若初始场条件为 $\partial\psi/\partial x=0$ 且 $\psi=-my$,应用方程（7.5）,（a）证明在初始时刻 $t=0$,有结果:

$$\frac{\mathrm{d}}{\mathrm{d}t}\left(\frac{\partial\psi}{\partial x}\right)=-m\frac{\partial v}{\partial x} \quad 且 \quad \frac{\mathrm{d}}{\mathrm{d}t}\left(-\frac{\partial\psi}{\partial y}\right)=m\frac{\partial v}{\partial y}$$

根据图 7.4,解释该结果。(b)对于一具有平流输送的风场,证明:若平流输送为如图 7.4(a)所示的纯形变气流,其经向梯度 $-\partial\psi/\partial y$ 随时间呈指数增长;若平流输送为如图 7.4(b)所示的切变气流,则其纬向梯度 $\partial\psi/\partial x$ 随时间呈线性增长。

7.12 对于纯旋转气流,证明绕旋转轴的同心圆的周长 $C$ 等于单位质量的角动量的 $2\pi$ 倍。

7.13 在图 7.8 中,增加小球点 13~24,并在图中画出小球的运动轨线。

7.14 利用图 7.7 所示的仪器再进行两个转盘实验。(a)初始时刻,石块位于固定坐标系中点 $r_0$ 处,且具有反时针运动角速度 $\Omega r_0$。证明:在固定坐标系及旋转坐标系中,石块的轨线为绕转盘中心且半径为 $r_0$ 的圆。(b)初始时刻,小球位于固定坐标系中点 $r_0$ 处,且具有顺时针运动角速度 $\Omega r_0$。证明:在旋转坐标系中,小球始终静止位于其初始位置点。

7.15 对于一旋转行星表面上的小闭合环流区 $A$,证明:在惯性参考系中,与其运动相关的环流为$(f+\zeta)A$。

7.16 假设一空气块以 20m/s 的速度沿赤道向西运动。若观察者分别位于地球外及与地球一起旋转的坐标系中,分别计算(a)空气块向地球中心的加速度;(b)旋转坐标系中的柯氏力。

7.17 假设一发射物从地球上的某一点以速度 $w_0$ 垂直向上发射。(a)证明:在摩擦力不存在的情况下,发射物的着陆点位于发射点西侧,且离发射点的距离为

$$\frac{4w_0^3\Omega}{3g^2}\cos\phi$$

(b)若在赤道上,导弹发射速度为 500m/s,计算导弹的着陆点位置。

7.18 一质量为 $2\times10^4\text{kg}$ 的机车沿 43°N 以 40m/s 的速度直线运行。计算机车在水平方向上受到的力的大小及方向。

7.19 40°N 附近的某个区域内,500hPa 高度上的位势高度等值线沿东西方向,其相邻两条等值线(间隔为 60m)对应的间距为 300km,且位势高度随纬度增加而减小。计算地转风的方向和速度。

7.20 (a)证明地转风的散度为

$$\boldsymbol{\nabla}\cdot\boldsymbol{V}_g \equiv \frac{\partial u_g}{\partial x}+\frac{\partial v_g}{\partial y}=\frac{v_g}{f}\frac{\partial f}{\partial y}=-v_g\frac{\cot\phi}{R_E} \tag{7.45}$$

并对上式进行物理解释。

(b)沿 45°N 的地转风 $v_g=10\text{m/s}$,计算该地转风的散度。

7.21 假设在几分钟内从静止船舶气象站旁边相继经过两艘船。第一艘船以 5m/s 的速度向东行驶,第二艘以 10m/s 的速度向北行驶。3h 后,两只船仍位于同一区域内。根据第一只船的记录,气压上升 3hPa;而第二只船记录的气压没有任何变化。与此同时,静止(位于 50°N,140°W)的船舶气象站记录的气压上升了 3hPa。根据这些记录,计算静止船舶站的地转风的风速及风向。

7.22 在位于 43°N 的某个测站上,地面风速为 10m/s,风向为穿越等压线由高压指向低压,且与等压线的夹角为 $\psi=20°$。计算单位质量空气所受的摩擦力及水平气压梯度力的大小。

7.23 证明:如摩擦力可忽略不计,则水平运动方程有如下形式:

$$\frac{\mathrm{d}V}{\mathrm{d}t} = -f\boldsymbol{k} \times \boldsymbol{V}_a \qquad (7.46)$$

式中,$\boldsymbol{V}_a \equiv \boldsymbol{V} - \boldsymbol{V}_g$ 为非地转风分量。

7.24 证明:反气旋性环流保持梯度风平衡必须满足如下条件

$$\left|\frac{\partial \Phi}{\partial n}\right| \leqslant f^2 R_\mathrm{T}/4$$

提示:根据二次方程式求解梯度风风速。

7.25 证明:热成风方程还可表述为

$$\frac{\partial \boldsymbol{V}_g}{\partial p} = -\frac{R}{fp} \times \boldsymbol{\nabla} T$$

或

$$\frac{\partial \boldsymbol{V}_g}{\partial z} = \frac{g}{fT} \times \boldsymbol{\nabla} T + \frac{1}{T}\frac{\partial T}{\partial z}\boldsymbol{V}_g$$

7.26 (a)证明一大气薄层中的地转温度平流(即由温度水平平流产生的温度变率)可表示为

$$\frac{f}{R\ln(p_\mathrm{B}/p_\mathrm{T})}V_{g\mathrm{B}}V_{g\mathrm{T}}\sin\theta$$

式中,下角标 B 及 T 分别表示大气底层及顶层;$\theta$ 为上下层地转风之间的夹角,且定义地转风随高度升高而顺时针旋转时的夹角为正。

(b)在位于 43°N 的某个测站上,1000hPa 的地转风为 15m/s 的西南风(230°);而 850hPa 的地转风则为 30m/s 的西北偏西风(300°)。计算相应的地转温度平流。

7.27 在位于 43°N 的某个测站上,1000hPa 的地转风为 10m/s 的东北风(50°);而 700hPa 的地转风则为 30m/s 的西风(270°)。在 1000hPa 到 700hPa 的大气内,下沉运动产生的绝热升温率为 3℃/d,非绝热加热可以忽略不计。

7.28 证明:在绕某一等压面上闭合环流的线性积分中,气压梯度力 $-\boldsymbol{\nabla}\Phi$ 的线性积分为零,即

$$\oint \boldsymbol{p}\mathrm{d}s = -\oint \boldsymbol{\nabla}\Phi\mathrm{d}s = 0 \qquad (7.47)$$

7.29 证明:若不存在摩擦(例如,只存在气压梯度力),沿某一闭合环流的线性积分守恒,即

$$C_a \equiv \oint c \cdot \mathrm{d}s \qquad (7.48)$$

式中,$c$ 为惯性参考系中的风速。

7.30 根据习题 7.30 的结果,证明:在惯性参考系中有

$$[c_\mathrm{s}]\frac{\mathrm{d}L}{\mathrm{d}t} = -L\frac{\mathrm{d}[c_\mathrm{s}]}{\mathrm{d}t}$$

式中

$$[c_\mathrm{s}] \equiv \frac{\oint c \cdot \mathrm{d}s}{L}$$

$[c_s]$为整个环流平均的切向速度,$L=\oint ds$ 为环流长度。因此,环流平均的切向速度随环流长度的增加线性减小。

7.31　对于一绕旋转轴旋转且轴对称气流,证明:环流守恒等于角动量守恒[提示:证明角动量 $M=C/2\pi$]。

7.32　根据水平运动方程(7.14),不考虑摩擦作用,推导旋转行星上水平运动的涡度守恒原理。

**解答**:笛卡儿坐标系中,在水平运动方程(7.14)中忽略摩擦项,可得

$$\frac{\mathrm{d}u}{\mathrm{d}t}=-\frac{\partial \Phi}{\partial x}+fv \tag{7.49a}$$

$$\frac{\mathrm{d}v}{\mathrm{d}t}=-\frac{\partial \Phi}{\partial y}-fu \tag{7.49b}$$

由于平流项的垂直分量较水平分量小一个量级,故略去平流项的垂直分量。由此,将上面两式展开成欧拉形式,可得

$$\frac{\partial u}{\partial t}=-u\frac{\partial u}{\partial x}-v\frac{\partial u}{\partial y}-\frac{\partial \Phi}{\partial x}+fv \tag{7.50a}$$

$$\frac{\partial v}{\partial t}=-u\frac{\partial v}{\partial x}-v\frac{\partial v}{\partial y}-\frac{\partial \Phi}{\partial y}-fu \tag{7.50b}$$

(7.50a)对 $y$ 求导,(7.50b)对 $x$ 求导,两式相减,可得

$$\begin{aligned}\frac{\partial}{\partial x}\frac{\partial v}{\partial t}-\frac{\partial}{\partial y}\frac{\partial u}{\partial t}=&-\frac{\partial u}{\partial x}\frac{\partial v}{\partial x}+\frac{\partial u}{\partial x}\frac{\partial u}{\partial x}-u\frac{\partial}{\partial x}\frac{\partial v}{\partial x}+u\frac{\partial}{\partial y}\frac{\partial u}{\partial x}\\&-\frac{\partial v}{\partial x}\frac{\partial v}{\partial y}+\frac{\partial v}{\partial y}\frac{\partial u}{\partial y}-v\frac{\partial}{\partial x}\frac{\partial v}{\partial x}+v\frac{\partial}{\partial y}\frac{\partial u}{\partial y}\\&-f\left(\frac{\partial u}{\partial x}+\frac{\partial v}{\partial y}\right)-v\frac{\partial f}{\partial y}\end{aligned}$$

变换上式左边的微分顺序,即得$\partial \zeta/\partial t$。综合上式中包含风场微分的 4 项,即为

$$-\zeta\left(\frac{\partial u}{\partial x}+\frac{\partial v}{\partial y}\right)$$

上式右边的前两行的剩余 4 项即为

$$-u\frac{\partial \zeta}{\partial x}-v\frac{\partial \zeta}{\partial y}$$

故可得

$$\frac{\partial \zeta}{\partial t}=-u\frac{\partial \zeta}{\partial x}-v\frac{\partial \zeta}{\partial y}-(f+\zeta)\left(\frac{\partial u}{\partial x}+\frac{\partial v}{\partial y}\right)-v\frac{\partial f}{\partial y}$$

注意到$\partial f/\partial t=0$,重新引入矢量形式,即可得涡度守恒原理:

$$\frac{\partial}{\partial t}(f+\zeta)=-\boldsymbol{V}\cdot\boldsymbol{\nabla}(f+\zeta)-(f+\zeta)(\boldsymbol{\nabla}\cdot\boldsymbol{V})$$

写成拉格朗日形式,即为

$$\frac{\mathrm{d}}{\mathrm{d}t}(f+\zeta)=-(f+\zeta)(\boldsymbol{\nabla}\cdot\boldsymbol{V})$$

此即为正文中的方程(7.21a 和 7.21b)。

7.33　在均西风带(风速为 $U$)中存在一气块,其经向风分量为随纬度 $\phi$ 变化的正弦

波。且其波长为 $L$,振幅为 $v$。证明:(a)波动产生的位势高度扰动的振幅为 $fvL/2\pi g$,式中,$f$ 为柯氏参数,$g$ 为重力加速度。(b)波动产生的涡度扰动的振幅为 $(2\pi/L)v$,而行星涡度平流和相对涡度平流的最大值分别为 $\beta v$ 和 $(2\pi/L)^2Uv$,二者符号相反。(c)行星涡度平流和相对涡度平流与静止 Rossby 波的平流项相互抵消,静止 Rossby 波的波长为

$$L_s = 2\pi\sqrt{\frac{U}{\beta}}$$

7.34    假设习题 7.33 中的波动沿 45°N,且波长为 4000km,其相关的经向风扰动振幅为 10m/s,环境场风速为 $U=20$m/s。另外,假设波动的风速场不随纬度变化。利用练习 7.34 中得到的结果,计算:(a)波动的位势高度扰动及涡度扰动振幅。(b)行星涡度平流和相对涡度平流的振幅。(c)在风速为 20m/s 的均匀西风带中,45°N 的静止 Rossby 波的波长。

7.35    证明正压大气中的位涡 $(f+\zeta)/H$ 守恒方程(7.27)[提示:利用 $\mathrm{d}y/y=-\mathrm{d}x/x$,式中,$y=1/x$]。

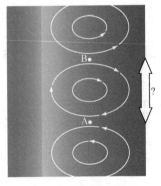

图 7.28    习题 7.36 中,正压海洋涡旋沿大陆架传播的图像。右边阴影代表浅水。

7.36    假设正压海洋涡旋沿倾斜大陆架经向传播。如图 7.28 所示,大陆架沿向东方向的深度增加。根据方程(7.27),正压位涡守恒。假设不存在背景气流,求涡旋的传播方向[提示:考虑点 A、点 B 的涡度倾向]。

7.37    在中纬度地区的冬季,经向温度梯度通常为纬度每升高 1°温度降低 1℃,而位温随高度变化的变率约为 5℃/km。那么,位温面在经向剖面上的斜率为多少?并将此结果与习题 7.17 中 500hPa 等压面的斜率相比较。

7.38    利用近似关系 $\omega\approx-\rho gw$,证明方程(7.37)中的垂直运动项

$$\left(\frac{\kappa T}{p}-\frac{\partial T}{\partial p}\right)\omega$$

近似等于

$$-w(\Gamma_d-\Gamma)$$

式中,$\Gamma_d$ 为干绝热递减率,$\Gamma$ 为温度递减率观测值。

7.39    图 7.29 给出热带降水区的理想梯形垂直风速廓线。在 1000hPa 至 800hPa 之间,雨区的水平散度为 $10^{-5}$ s$^{-1}$,对应的水汽辐合为 16g/kg。计算:(a)200hPa 至 100hPa 之间的大气层的散度。(b)假设上升气流中的所有水汽都凝结降水,计算相应的降水率。

**解答:**

(a)设低层、高层大气的散度分别为 $(\mathbf{\nabla}\cdot\mathbf{V})_L$、$(\mathbf{\nabla}\cdot\mathbf{V})_H$,根据质量守恒原理,有

$$\int_{100}^{200}(\mathbf{\nabla}\cdot V)_H\mathrm{d}p = \int_{800}^{1000}(\mathbf{\nabla}\cdot V)_L\mathrm{d}p$$

故有

$$(\boldsymbol{\nabla} \cdot \boldsymbol{V})_H = (\boldsymbol{\nabla} \cdot \boldsymbol{V})_L \times \left(\frac{1000 - 800}{200 - 100}\right) = 2 \times 10^{-5} \mathrm{s}^{-1}$$

(b)

$$\omega_{800} = -\int_{800}^{1000} (\boldsymbol{\nabla} \cdot \boldsymbol{V})_L \mathrm{d}p + \omega_{1000}$$
$$= (\boldsymbol{\nabla} \cdot \boldsymbol{V})_L (1000\mathrm{hPa} - 800\mathrm{hPa}) + \omega_{1000}$$
$$= (-10^{-5}\mathrm{s}^{-1})(200\mathrm{hPa}) + 0$$
$$= -2 \times 10^{-3} \mathrm{hPa} \cdot \mathrm{s}^{-1}$$

由关系式 $\omega \approx -\rho g w$ 可得垂直质量通量 $\rho w \approx \omega/g$。因此,液体水的凝结率为

$$\frac{2 \times 10^{-1} \mathrm{Pa} \cdot \mathrm{s}^{-1}}{(9.8\mathrm{m} \cdot \mathrm{s}^{-2})} \times 0.016 = 3.27 \times 10^{-6} \mathrm{kg} \cdot \mathrm{m}^{-2} \cdot \mathrm{s}^{-1}$$

由于质量为 1kg 的液态水相当于 $1\mathrm{m}^2$ 单位面积上 1mm 高度的降水,故降水率为 $3.27 \times 10^{-4}\mathrm{mm} \cdot \mathrm{s}^{-1}$,即

$$3.27 \times 10^{-4}\mathrm{mm} \cdot \mathrm{s}^{-1} \times 8.64 \times 10^4 \mathrm{s} \cdot \mathrm{d}^{-1} = 28.3\mathrm{mm} \cdot \mathrm{d}^{-1}$$

7.40 对于冬季中纬度地区的暴风雨,20mm/d 的降水率(或融雪率)并不少见,而暴风雨区的降水辐合主要发生在大气低层 1～2km 内(即 850hPa 以下),对应的混合比的量级为 5g/kg。估算暴风雨区的降水辐合大小。

7.41 如图 7.30 所示,积雨云的云砧面积在 10min 内增加了 20%。假设此面积的增长速率代表 300～100hPa 高度的平均散度,且 100 hPa 高度的垂直速度为零,计算 300 hPa 的垂直速度。

**解答:**根据习题 7.2 的结果,有

$$\boldsymbol{\nabla} \cdot \boldsymbol{V} = \frac{1}{A}\frac{\mathrm{d}A}{\mathrm{d}t} = \frac{0.20}{600\mathrm{s}} = 3.33 \times 10^{-4} \mathrm{s}^{-1}$$

利用(7.39)式,可得

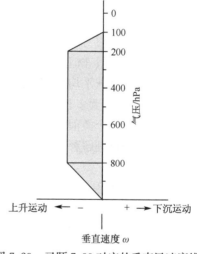

图 7.29 习题 7.39 对应的垂直风速廓线。

$$\omega_{300} = \omega_{100} - (\boldsymbol{\nabla} \cdot \boldsymbol{V})(300 - 100)\mathrm{hPa}$$
$$= 0 - 3.33 \times 10^{-4}\mathrm{s}^{-1} \times 200\mathrm{hPa}$$
$$= -6.66 \times 10^{-2} \mathrm{hPa} \cdot \mathrm{s}^{-1}$$

利用近似关系式(7.33),将压强坐标系下的垂直速度转换为高度坐标系下的垂直速度,即

$$\omega_{300} \approx -\frac{\omega_{300}}{\rho g} = -\frac{RT}{pg}\omega_{300} = -\frac{H}{p}\omega_{300}$$
$$\approx \frac{7\mathrm{km}}{300\mathrm{hPa}} \times (-6.66 \times 10^{-2})\mathrm{hPa} \cdot \mathrm{s}^{-1}$$
$$\approx 1.5\mathrm{m} \cdot \mathrm{s}^{-1}$$

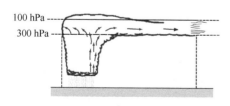

图 7.30 习题 7.41 对应的物理图像。

注意,该垂直速度为 300hPa 等压面上云砧面积平均的垂直速度。实际上,上升气流

的垂直速度可能更大。但是,大尺度天气系统的散度及垂直运动并没有该习题中的强烈。

7.42　图 7.31 给出沿赤道纬向传播的大气 Kelvin 波的气压场和水平风场。赤道开尔文波的气压和纬向风随纬度及时间呈正弦振荡,而垂直速度处处为零。在平流层,运动方程中的摩擦力可以忽略不计,故易发生此类波动。试证明:(a)波动向东传播;(b)纬向风分量与气压场保持地转平衡。

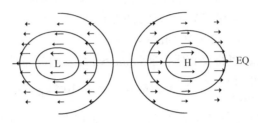

图 7.31　在随赤道开尔文波同步运动的坐标系中,
某等压面上的风场及位势高度场的分布。

7.43　对于整层大气的平均,流体运动速度的均方根约为 17m/s。要产生等量的动能,大气重心需下降多少?

7.44　假设赤道上的初始静止空气块在哈德莱环流圈高层向极地运动到 30°N,且运动过程中保持角动量守恒。当该空气块到达 30°N 时,其运动速度及方向如何?

7.45　假设全球平均而言,穿越等压线运动的动能产生率为 2W·m$^{-2}$。照此产生率,驱动大气环流需要多长时间(初始为静止状态)?

7.46　进行一个类似于大气环流动能循环的实验,要求实验者验证动能循环的每一步并进行适当的物理解释。一水箱装满均匀(密度为常数)不可压缩的流体。设流体波动自由表面的高度为 $Z(x,y)$。

(a)证明:(单位质量)气压梯度力的水平分量不随高度变化,为

$$\boldsymbol{P} = -g\boldsymbol{\nabla}Z$$

(b)证明:连续方程可表述为

$$\boldsymbol{\nabla}\cdot\boldsymbol{V} + \frac{\partial w}{\partial z} = 0$$

式中,$\boldsymbol{V}$ 为水平风速矢量,$w$ 为垂直风速。

(c)假设 $\boldsymbol{V}$ 不随高度变化,且平均高度的扰动足够小,证明:

$$\frac{\mathrm{d}Z}{\mathrm{d}t} = -[Z](\boldsymbol{\nabla}\cdot\boldsymbol{V})$$

式中,$[Z]$ 为流体自由表面的平均高度。

(d)证明水箱内流体的势能为

$$\frac{1}{2}\rho g\iint Z^2 \mathrm{d}A$$

其可转化为动能的有效位能为

$$\frac{1}{2}\rho g\iint Z'^2 \mathrm{d}A$$

式中,$Z'$ 为流体自由表面相对其平均高度的扰动。

(e)证明:势能对动能的转化率为

$$-\rho g \iint Z' \frac{\mathrm{d}Z'}{\mathrm{d}t} \mathrm{d}A$$

(f)假设 $Z'$ 较流体平均高度小得多,证明(e)等价于

$$\rho g [Z] \iint Z' (\boldsymbol{\nabla} \cdot \boldsymbol{V}) \mathrm{d}A$$

(g)由于水箱为圆柱形,流体不能穿透水箱四周,即

$$\iint (\boldsymbol{\nabla} \cdot \boldsymbol{V} Z') \mathrm{d}A = 0$$

利用此结果,证明(f)等价于

$$-\rho g [Z] \iint (\boldsymbol{V} \cdot \boldsymbol{\nabla} Z) \mathrm{d}A$$

# 第8章 天气系统

　　维持地球生命的充足降水不仅仅是云微物理过程的馈赠。如果没有活跃而且持续的运动,水分循环中的大气分支将会停滞。驱动地球大气中水分循环的上升运动多数与结构和生命周期完好的天气系统有关。这些系统中有一小部分达到风暴强度,它们能破坏人类活动,有时甚至造成损害。

　　本章介绍天气系统的结构、基本动力学及其有关的天气现象。8.1节主要介绍大尺度温带天气系统(即斜压波和相关的温带气旋)及其包含的中尺度锋面系统。8.2节讨论地形对大尺度天气系统的某些影响以及与之有关的某些天气现象。8.3节描述了深积云对流的中尺度组织模态。8.4节描述了中尺度对流系统具有强烈旋转的一种特殊的组织形式。这些所谓的热带气旋常比温带气旋更紧密、更轴对称及更剧烈。

## 8.1 温带气旋

　　温带气旋的多样形式取决于各种要素,如背景气流、可获得的水汽以及下垫面的特征。这一部分将介绍如何分析大气资料来揭示这些系统的结构和演变。为了阐明这些分析方法,我们将对一个系统进行个例分析,这个系统使美国中部部分地区出现大风和强降

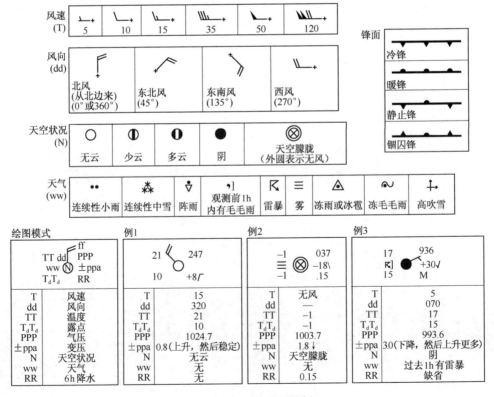

图 8.1　天气图的绘图惯例。

水。虽然选作分析的气旋系统强度很强,但是它代表了中高纬度冬季风暴的许多特点。图 8.1 是这一部分出现的天气图的绘图惯例。本书网页上第 8 章的附录中描述了天气图简短的历史以及现代天气图是如何建立的。

## 8.1.1　概述

这部分介绍发展中的气旋的大尺度结构,重点分析 500hPa 高度场、海平面气压场、1000~500hPa 厚度场(度量对流层低层的平均温度)及垂直速度场。结果显示风暴的发展与斜压波的加强有关。

图 8.2 是 1998 年 11 月 10 日 00 时(世界时:在格林尼治子午线观测的时间[①])北半球 500hPa 图。此时西风"极涡"分裂为两个区域气旋性涡旋,一个中心位于俄罗斯,另一个中心位于加拿大北部。分开这两个涡旋的是一对脊,对应图上位势高度线向极凸起。其中一个脊在阿拉斯加上空凸起,另一个脊在斯堪的纳维亚上空向北凸起。在黑海、日本、太平洋中部及美国大平原上空有很明显的槽(等值线向赤道凸起),其他地方可以看到几个较弱的槽。相邻两个槽(包括较弱的槽)距离一般是 50 个经度或 4000km,相当于理论上预测的斜压波波长。

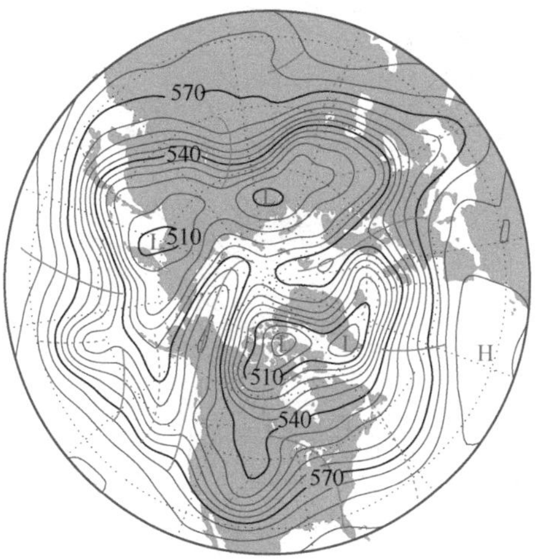

图 8.2　1998 年 11 月 10 日 00 时北半球 500hPa 高度图。等值线间隔为 60m,等值线单位为 10m(dkm)。红色实线表示 500hPa 波型中的脊线,红色虚线表示槽线[詹妮弗·亚当斯,COLA/IGES](另见彩图)。

如图 8.2 所示的随时间推移的天气图表明斜压波以 10m/s 的速度向东移动,相当于冬季 700hPa 层上气候平均的纬向风速。由于在温带对流层内西风强度通常随高度增加,因此在这个所谓的引导层以上的气块从西向东穿过斜压波,而在引导层以下的气块则被斜压波超过。相邻的脊(或槽)一般间隔大约 4 天通过地球上一个固定点,但如果引导气流很强,可能只需要 1~2 天。在高空西风被强脊阻塞的地区相邻的波过境需要 1 星期甚至更长的时间。传播方向往往是沿着引导气流,而引导气流几乎总是显示较强的向东分量。虽然斜压波在海洋上最有规律而且最强,但它们也可以在陆地上发展,个例研究中的斜压波就是如此。斜压波往往冬季最活跃,此时中纬度的经向温度梯度最强。

图 8.3 是 11 月 10 日 00,09 和 18 时北美地区上空 500hPa 高度场。在这三个时间序列图中很明显的是穿过美国大平原的槽向东传播并加强。在第三幅图中,槽的底端从西风带中分离出来,形成一个切断低压(即位势高度场上一个孤立的最小值),表明形成了闭合的气旋性环流。环绕切断低压的风急剧加强,这可由 500hPa 高度场上相邻的等值线间隔变密反映出来。

---

① 格林尼治子午线以西每 15 个经度的当地时间比世界时滞后 1h,在夏季则小于 1h。例如,在美国,世界时 00 时对应着前一天的美国东部标准时 19 时,美国东部夏令时 20 时,太平洋标准时 16 时。

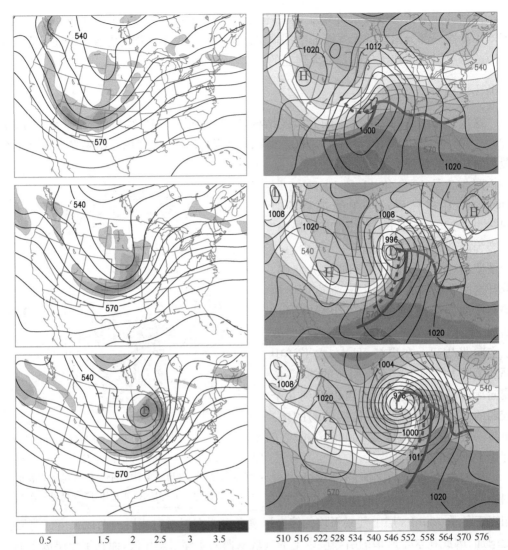

图 8.3　1998 年 11 月 10 日 00,09 和 18 时的天气图。(左)500hPa 高度(等值线间隔 60m;单位 dkm)和相对涡度(蓝色阴影;颜色条的刻度单位是 $10^{-4}$/s)。(右)海平面气压(等值线间隔 4hPa)和 1000~500hPa 厚度(彩色阴影;等值线间隔 60m;单位 dkm)。由熟练的分析员定义的地面锋面位置被覆盖[詹妮弗·亚当斯,COLA/IGES](另见彩图)。

　　500hPa 槽的加强伴随着海平面气压场上对应的低压中心加深,如图 8.3 右列图所示。地面低压对应着闭合的气旋性环流中心即温带气旋。在图 8.3 右列图中,1000~500hPa 厚度场从西向东的梯度加大也很明显,用彩色阴影表示。在第一行图中,发展中的地面低压位于 500hPa 高度槽以东,但随着系统发展,在随后的两幅图上,它们在垂直方向上相对应。

　　现在我们来仔细研究这一事件演变。在第一幅图中(图 8.3 左上图),北美西部上空长波槽包含了几个较小尺度特征,这些特征在涡度场中很明显。沿着不列颠哥伦比亚海岸及亚利桑那州北部的最大涡度对应短波槽,其中的水平气流既有气旋性曲率又有气旋性切变,亚历桑那槽的切变特别强。9h 后(图 8.3 左中图),这些最大涡度以及有关的槽出现在先前位置的下游:前者中心位于华盛顿州,后者演变为一个伸长的逗号带,从堪萨斯州向西经过得克萨斯州潘汉斗到新墨西哥州。在最后一幅图中,逗号带的头部中心位于明尼苏达州的东南部。

在图 8.3 右列对应的地面图中,地面低压的中心气压 11 月 10 日 00 时为 998 hPa(右上图),18 时下降到 978 hPa(右下图),到 11 月 11 日 00 时下降到 968 hPa(图略),加深速率达到 30hPa/d,这是典型温带气旋加深速率的 3 倍。11 月 10 日 00 时(图 8.3 上图),温带气旋中心(由海平面气压场定义)位于 500hPa 槽下游 1/4 波长处,恰好在急流的正下方。相反,在最后一幅图中,地面低压位于 500hPa 高度场中的切断低压的正下方,在急流的向极(气旋性)一侧。

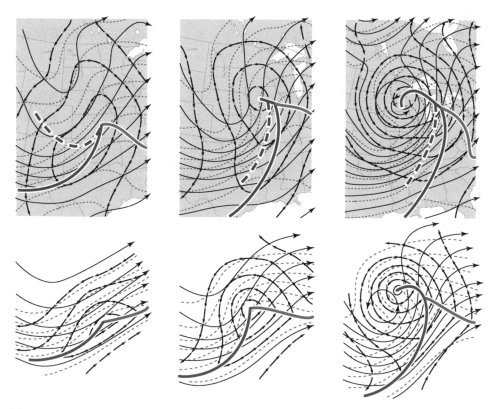

图 8.4 (上)1998 年 11 月 10 日 00,09 和 18 时 500hPa 高度场(粗黑线),1000hPa 高度场(细黑线)和 1000~500hPa 厚度场(红虚线);3 个场的等值线间隔都为 60m,箭头表示地转风。(下)一个斜压波及其伴随的热带温带气旋的理想化描述,(左)早期,(中)发展阶段,(右)成熟阶段[上图由詹妮弗·亚当斯,COLA/IGES 提供,下图改编于《大气环流系统:结构和物理解释》,帕尔门和牛顿,326 页,1969 年,得到 Elsevier 允许][另见彩图]。

图 8.4 的第一行图用不同的方式显示了同样的信息。在这里,地面的位势高度场用 1000hPa 位势高度来表示。1000hPa 高度线、500hPa 高度线以及 1000~500hPa 厚度线叠加在同一组图中,等值线间隔均为 60m。图 8.4 第二行图是一个典型斜压波结构的演变,在几十年前的天气学教科书上就描述过。个例研究中观测的实际特征与教科书中的理想特征具有高度的一致性,表明这部分提出的个例研究能够代表斜压波的很多特征。

由于环绕加深的地面低压的气旋性环流引起水平温度平流,使得厚度场中的波加强。

低压以东的南风分量向北输送暖空气,而低压以西的北风分量向南输送冷空气。对流层低层温度场上的东西温差加大,导致波动发展所依赖的背景场的南北温度梯度减小。从图 8.4 左图到图 8.4 中图的 9h 中,由于地面低压加强,环绕低压的风也加强,位势高度线与厚度线的夹角增加,导致水平温度平流急剧增加。但在发展后期即从图 8.4 中图到图 8.4 右图期间,地面低压与 500hPa 槽在垂直方向上一致,而且 1000hPa 高度线,500hPa 高度线以及 1000~500hPa 厚度线也彼此平行,导致水平温度平流减弱。用 7.2.7 小节的话来讲,地转风场从一个高斜压型(在加强的斜压波中,地转风随高度旋转很强)演变为一个相当正压型(在完全发展的斜压波中,对流层低层的地转风切变很小)。这种从高斜压结构(地面低压附近温度对比很大)向正压结构(大风,但温度梯度较小)的转变标志着气旋生命周期中增强阶段的结束。

垂直速度场对斜压波的发展也起着重要作用。图 8.5 是叠加在 500hPa 高度场上的垂直速度场。左图对应的时间是系统发展最快的时候,在发展中的地面低压前方的暖平流区域,向北运动的空气上升,而在气旋后方的冷平流区域,向南运动的空气下沉。从图 8.3 右图也明显可见,在任意纬度上,地面低压以东的上升空气总是比低压以西的下沉空气更暖。在 7.4.1 小节指出暖空气上升和冷空气下沉表明势能转换成动能。对于斜压波而言,势能与东西向温度梯度有关,而动能主要与经向风分量有关。

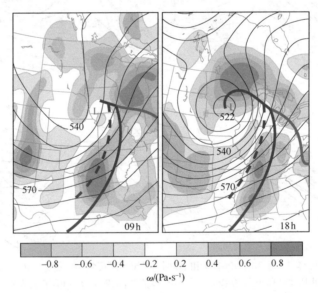

图 8.5 1998 年 11 月 10 日 09 时和 18 时 500hPa 高度场(单位:10m)和 700hPa 垂直速度场(单位:Pa·s⁻¹)。蓝色阴影(−ω)表示上升,褐色阴影表示下沉[詹妮弗·亚当斯,COLA/IGES](另见彩图)。

在图 8.5 右图中,气旋以东的较暖空气仍在上升,但上升区域包围着地面低压的北侧和西侧。类似地,气旋以西的下沉区域包围着气旋的南侧和东侧。向内螺旋上升的气流和螺旋下沉的气流并列,类似亚洲艺术中的"阴阳型",它影响与温带气旋有关的云和降水的形成,将在 8.1.2 小节中讨论。

## 8.1.2 锋和地面天气

8.1.1 小节讲述了在美国中北部上空发展的一个强风暴的大概情况,与这些系统有关的许多重大天气往往都集中在被称为锋区的狭窄带内,锋区的水平梯度很大,甚至有时风和温度完全不连续。锋区的发展(术语为锋生)开始于大尺度水平变形场,这在 7.1.3 小节已讨论过。与锋面垂直的平面上的中尺度环流有助于加大温度差,并使降水成平行于锋的带状分布。本节介绍 1998 年 11 月 10 日的风暴及伴随锋区上的(a)风和气压,(b)温度,(c)湿度变量,(d)地面天气,(e)每小时的观测,(f)卫星图像和(g)雷达图像。

a. 风和气压

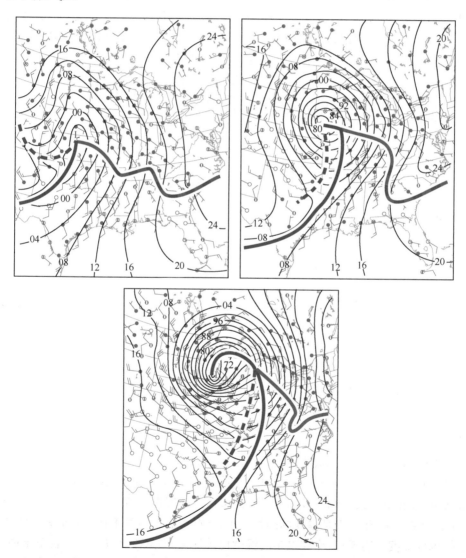

图 8.6  1998 年 11 月 10 日 00,09 和 18 时的海平面气压、地面风和锋面位置。锋面和风的符号与图 8.1 一致。蓝色虚线表示次冷锋。在这幅图以及这部分后面的图中,锋的位置是由分析员定的。海平面气压的等值线间隔是 4 hPa[海平面气压和锋面由琳恩·麦墨迪分析,图由詹妮弗·亚当斯,COLA/IGES 提供](另见彩图)。

图 8.6 是始于 11 月 10 日 00 时,时间间隔为 9h 的海平面气压和地面风(注意空间尺度比之前的图更小)。在 3 个时间图上,地面低压以南都有一条明显的切变线,即地面风场的冷锋。冷锋以西的地面风具有强西风分量,以东的地面风以南风分量为主。等压线沿着锋面呈剧烈弯曲(一些等压线突然改变方向或打结)。因此,当锋面过境时,地面上的固定观测者将经历风从南风转向为西风(即反气旋转向),同时海平面气压达到最小值。通过这三幅图,冷锋向东推进,当地面低压加深向东北向移动时,冷锋与之一致移动并包围着地面低压。看上去锋似乎是由加强的气旋性环流推进的。

从地面低压向东延伸的切变线即暖锋具有更精细的特征,当地面图与每小时站点资料一起分析时其特征将更加明显,后面将举例说明。与冷锋类似,暖锋也是环绕着发展的地面低压并被其推进的。当暖锋过境时,东南风转向为南风。在气旋发展的较晚阶段如图 8.6 中 18 时,冷锋和暖锋的连接点与地面低压中心分离,一个锢囚锋从低压中心延伸至冷暖锋连接处的三相点。当锢囚锋过境时,东南风转向为西南风。

第 4 条切变线,即次冷锋,也出现在 00 时和 09 时的图上,用蓝色虚线表示。00 时的图上这条线从科罗拉多落基山脉的东坡向东弯曲,然后向东北到达地面低压中心。海平面气压场的槽也有这个特征,当槽过境时,固定站点的地面风转向。

　　b. 温度

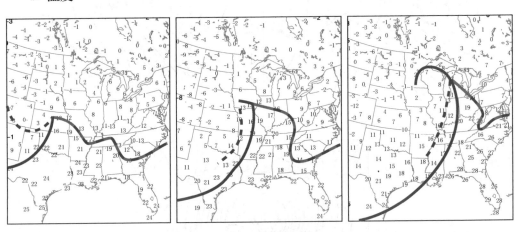

图 8.7　1998 年 11 月 10 日 00,09 和 18 时地面空气温度(单位:℃)和锋面位置[詹妮弗·亚当斯,COLA/IGES](另见彩图)。

图 8.7 是在同样的时间用原始站点资料而非等温线表示的地面空气温度,锋的位置从之前的图得到。从冷锋以东的墨西哥湾吹来的南风气流中,温度比较一致,09 时超过 20℃ 的值向北延伸到伊利诺斯州南部,18 时十几摄氏度的值向北延伸到五大湖。地面低压东南部温度相对一致的地区被称为气旋的暖区。冷锋标志着从西部来的较冷空气的前沿。在这个系统中,冷锋不是温度场的零级不连续(即温度本身不连续),而是一级不连续(即水平温度梯度不连续)。冷锋以东的温度比较均匀,但从冷锋向西的几百千米内,温度下降了 10℃ 或更多。因此冷锋可被定义为向着较暖空气方向移动的锋区(或斜压区)的暖空气边界。冷锋过境标志着一段温度下降时期的开始,可由风向突变预知。

1998 年 11 月 10 日的风暴有两条冷锋:在锋区暖空气边界的第一冷锋以及在锋区内的次冷锋,这两条冷锋在图 8.8 中很明显。两条冷锋都包含在低压槽内,其过境由风向突

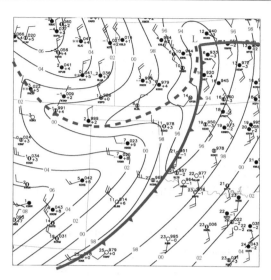

图 8.8　1998 年 11 月 10 日 00 时美国大平原南部的地面天气状况特写,数据描述
使用了图 8.1 说明的常规站模式[琳恩·麦墨迪](另见彩图)。

变表示。第一冷锋过境标志着降温开始,次冷锋过境标志着新一轮降温开始。次冷锋标
志着在定义更广的锋区内增强的斜压(即温度梯度)带的前沿,这种锋的过境标志着新一
轮降温的开始。

　　图 8.7 中的暖锋也标志着斜压区的暖空气边界,但是在这种情况下斜压区向北移动
代替较冷空气。因此暖锋过境前温度上升。在两个方向上都不动的锋被称为静止锋,在
图 8.6 和 8.7 中用红色和蓝色交替的虚线表示。

　　由图 8.4 可见,在气旋发展的初级阶段,冷锋和暖锋标志着同一个连续斜压区的暖空
气边界。气旋沿着锋区的暖空气边界发展,但后来远离暖空气边界向着较冷空气方向移
动。当发生这种转变时,锋区内的空气围绕着气旋形成锢囚锋。从图 8.7 可见当锢囚锋
(用紫色表示)接近站点时,地面空气温度升高,锋过境后,温度下降。从一个静止的观测
者的角度看,锢囚锋过境就像是经历紧挨着的暖锋和冷锋过境,但温度的改变通常更小,
这是因为观测者并没有经历像暖区那么高的温度。

暖锋

静止锋

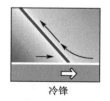
冷锋

图 8.9　通过锋区的理想化剖面,显示了与锋面相切的平面上空气相对地面的运动。阴
影表示局地温度对同一层空气平均温度的偏离。(a)暖锋,(b)暖空气在上层的静止锋。
(c)冷锋,底部的粗箭头表示锋的运动。

　　地面图上的锋表示锋面,它向上延伸到几千米高,并朝着较冷空气向后倾斜。不管锋
怎么移动,低层空气都朝着锋辐合,较暖空气往往沿着倾斜轨迹被抬升到锋面以上,如图
8.9 所示。对于静止锋,暖空气可能被抬升到高处而位于锋面下的锋区空气保持静止,对
于冷锋,与锋垂直的风分量在锋面以上和以下可能是相反的方向。

　　锋有时被描述为物质面,它分开温度或湿度不同的气团,在大气中被风输送而被动地运动。这种简单的描述忽略了动力过程对形成及维持锋的重要作用。锋的形成,被称为锋生,包括两个步骤。第一步,从赤道到极地宽阔而分散的温度梯度通过大尺度变形场作用在几百千米宽的锋区内加强,在7.1.3小节曾讨论过。第二步,如图8.9描述的那些横向环流,使低层温度梯度先前所在的宽阔锋区减小到几十千米或甚至更少。

　　为了防止过分强调锋对调节地面空气温度的作用,应注意其他因素有时候能对温度型式起同样重要的作用,如时间、天空状况、站点高度以及在大型水域附近。事实上,有时候很难根据表面空气温度梯度来确定锋的位置,这是因为:

- 海洋表面的空气温度受到水温的强烈影响,特别是在大气边界层被稳定分层的地区。
- 在山地,站点高度的差异大,从而掩盖了水平表面的温度梯度。
- 如地形作用、夜间不规则逆温、对流性风暴及城市热岛效应这些特征。能使某个给定站点的温度相对于附近站点的温度提高或降低几度。与这些特征有关的明显的温度不连续有时会被曲解为锋。

c. 湿度

　　锋区往往还用大的露点梯度和相当位温梯度来表示,特别是当冷空气来源于大陆而暖空气来源于海洋时,这种情况经常出现在美国东部。在个例研究中,温度和露点的分布基本上类似,但在春季和夏季,湿度梯度指示锋的位置比表面空气温度梯度更可靠,这是因为水汽梯度较少受日间变率的影响。例如,夏季在陆地上,干冷的大陆气团的温度日较差比从墨西哥湾来的暖湿空气的温度日较差更大。因此,在下午即使地面上空1~2km的温差很大,冷锋后面的地面温度常常与气旋暖区的地面温度一样高。在这种情况下,露点场比温度场能更清楚地定义锋。

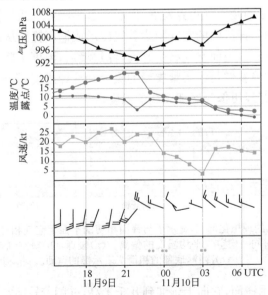

图8.10　俄克拉荷马州盖奇(图8.36,KGAG)每小时的地面观测,表明了第一冷锋和
次冷锋过境。在8.2部分结尾图8.36中标明了盖奇以及其他站点的位置[詹妮弗·
亚当斯,COLA/IGES]。

海陆排列及地形特征有时能在湿度场中产生锋,这种锋与温带气旋没有直接的关系。例如夏季,当低层为南风,从墨西哥湾向北输送的潮湿空气与沿着落基山东坡下沉的较干空气之间通常存在着强烈的对比。这些海洋气团和大陆气团之间的边界被称为干线。

d. 每小时的观测

下面我们来看在每小时的地面观测中的锋。图 8.10 是俄克拉荷马州盖奇每小时观测的气压、地面风、温度和露点。风的强转向、温度下降以及海平面气压上升证实 11 月 9 日 22 时(当地 16 时)第一冷锋过境。次冷锋过境出现在 11 月 10 日 03 时,此时风转向并加强、海平面气压出现一个弱的最小值,温度和露点在稳定了几小时后开始急剧下降。

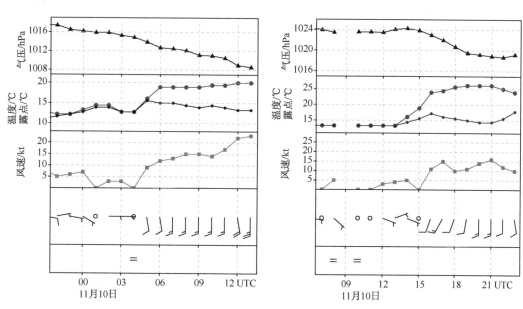

图 8.11　肯塔基州波林格林(图 8.36,KBWG)每小时的地面观测,表明暖锋过境[詹妮弗·亚当斯,COLA/IGES]。

图 8.12　南卡罗莱纳州哥伦比亚(图 8.36,KCAE)每小时的地面观测,表明暖锋被延迟过境[詹妮弗·亚当斯,COLA/IGES]。

图 8.11 是肯塔基州波林格林的时间序列,它表明 05 时(当地 23 时)暖锋过境,风向从东风转为南风,露点在持续上升之后达到稳定,地面空气温度 1h 后达到稳定。由于地面低压接近并加深,气压继续下降,但变化率比暖锋过境前更小。

随着风暴向东北移动,最强的斜压带(即水平温度梯度)向北移动到五大湖,暖锋变得不明显。在阿巴拉契亚山脉以东,暖空气的移动被地形引起的稳定东风气流延迟,在图 8.6 中几个站很明显,东风气流向南传输冷空气到卡罗莱纳州和乔治亚州。到 18 时(图 8.6 右图),冷锋前增强的南风冲进更冷空气,导致地面暖锋突然向北移动。在阿巴拉契亚山脉东部南卡罗莱纳州哥伦比亚,地面变量的时间序列显示 16 时(当地 11 时)风转向,温度和露点迅速上升,标志着暖锋过境(图 8.12)。在阿巴拉契亚山脉的西部,暖空气的向北移动要提早 12～18h。

密歇根州马奎的时间序列是锢囚锋过境的例子(图 8.13)。锋过境发生在 11 月 20

日 20 时,在达到一个明显低值 975 hPa 之后,气压稳定维持,温度突然从上升转变为下降,风向逐渐从东南风转为西南风。锋过境前 3h 降水停止,锋过境后 3h 开始降雪。

地面低压的移动和加深以及锋的推进在 3h 变压图中很明显。图 8.14 是 11 月 10 日 09 时的 3h 变压图,即图 8.6 和 8.7 中间图的时间。中心在艾奥瓦州的下降的气压反映了地面低压的逼近及加深。冷锋后面的气压升高,反映了进入到气旋暖区的更冷空气的密度更高。锢囚锋前面的气压急剧下降,而其后的气压较稳定,这是因为低压移到站点西北侧时,低层冷平流引起的气压升高趋势与低压加深引起的气压下降趋势平衡。

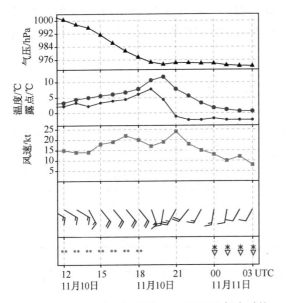

图 8.13　密歇根州马奎(图 8.36KMQT)每小时的地面观测,表明了锢囚锋过境[詹妮弗•亚当,CO-LA/IGES]。

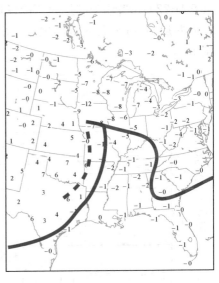

图 8.14　1998 年 11 月 10 日 09 时(3h)海平面变压(单位:hPa)。粗线表示此时锋的位置[詹妮弗•亚当,COLA/IGES](另见彩图)。

e. 地面天气

1998 年 11 月 10 日的风暴在美国中部许多地方产生了剧烈的天气。图 8.15 是与图 8.6 和 8.7 相同时间的雨、雪、雾及雷暴的分布图。在 00 时(当地 18 时),降水已经在风暴的东北象限广泛分布,雪出现北边和西边,雨则在其东边和南边。除个别地区外,此时降水还比较小。暖锋以北的许多站都出现了雾。

在 09 时(当地 03 时;图 8.15 中图),五大湖地区许多站都出现了中到大雨,明尼苏达州南部 00 时的雪已变成雨,表明风暴东北象限的更暖空气向西北移动以及锢囚锋逼近。达科他州的降雪强度增加,内布拉斯加州东部的雨已变成雪。随着夜间降温,在卡罗莱纳州冷空气堆积的地区雾的分布更加广泛。虽然在这幅图上不是很明显,但伊利诺斯州和印第安那州一些先前傍晚出现过雨的站在夜里出现了间歇性的雾,表明暖锋区过境。相对于 9h 前,此时沿着冷锋及冷锋后面有更多站出现了降雨。

在 18 时(当地中午;图 8.15 右图),大平原北部许多地区都出现了中到大雪,并伴随着大风。南达科他州苏族瀑布的每小时资料(图 8.16)表明一天中大部分时间都是像暴风雪一样的天气。沿着前进的冷锋以东较远的许多站都出现了雷暴。虽然许多站一直都

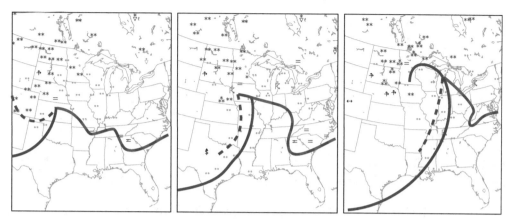

图 8.15 1998 年 11 月 10 日 00,09 和 18 时雨、雪、雾及雷暴的地面观测。绘图惯例请参考图 8.1[詹妮弗·亚当斯,COLA/IGES](另见彩图)。

有大雨,但是环绕气旋南侧的大范围的下沉气流(图 8.5)使伊利诺斯州和威斯康星州大部分地区停止了降水。密歇根州马奎(图 8.13)从 18 时开始降水中断了 6h。

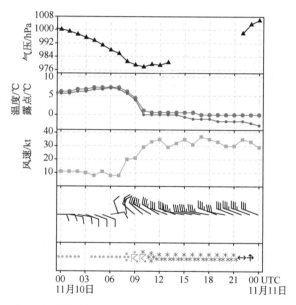

图 8.16 位于地面低压中心以西的南达科他州苏族瀑布(图 8.36,KSUX)的每小时地面观测。某些气压资料缺省[詹妮弗·亚当斯,COLA/IGES]。

f. 卫星图像

图 8.17 的红外卫星图像为前面图中的站点观测提供了一个大尺度背景。第一幅图 (00 时 15 分、世界时)显示了一条云顶相对较冷的云带,这条云带导致在风暴东北部出现 (较小的)雨雪。此时暖锋对应在雨带南部破碎边缘的附近。肯塔基州波林格林此时还未有降雨,锋几小时后才过境(图 8.11),但是它靠近沿云带东南边缘的冷云顶。从得克萨斯州潘汉斗上空的冷锋区向北延伸到达科他州的较窄且较连贯的云带,很明显是造成得克萨斯州潘汉斗(图 8.8 和 8.15)和俄克拉荷马州盖奇(图 8.10)此时出现小雨的原因。

图 8.17　1998 年 11 月 10 日 00,09 和 18 时基于 $10.7 \mu m$ 通道辐射的红外卫星图像。无云时大气是相对透明的。该通道辐射率表示地面或云顶的相当黑体温度 $T_E$,其尺度从黑色到浅灰色黑色表示最高值(表示无云以及暖表面),浅灰色阴影表示温度更低以及云顶更高。使用颜色来增强最冷(最高)云顶的显著性(另见彩图)。

这条云带的前沿,在得克萨斯州表现为窄白线,在俄克拉荷马州表现为细黄带,在堪萨斯州地面低压附近加宽为一个蓝色和红色的"头",标志着第一冷锋的位置。这条云带北段的更冷云顶部分体现了大范围上升气流在冷锋上面向北流动,并围绕发展中的气旋形成一个逗号形状的"头"。从定时图像上明显可见气流内很多结构可由对流云"云砧"的伸展来确定。此时在得克萨斯州潘汉斗,沿冷锋的对流很浅薄,与一条小雨带有关的深厚的云并没有沿着锋,而是位于锋区内距第一冷锋 150km 的西北部。因此在锋过境几小时之后,这些站经历了一段时间的降雨。

在第二个图像的时间(09 时,图 8.17 中图),暖锋前面形状不规则的云团向东北移动到五大湖南部,并且当它包围着增强气旋的北侧时呈现一个"逗号形状"。在逗号头部的达科他州和内布拉斯加州上空蓝色阴影区域的扩张表明那些地区的云盖变厚,这与从 00 时到 09 时降雪率增加是一致的(图 8.15 和 8.16)。在伊利诺斯州和印第安那州,处于暖锋区云盖下并且 00 时出现了降雨的站点在 09 时中高云都消散,这与暖锋过境大概一致。从 00 时到 09 时这段时间云型发展的一个重要特点是沿着冷锋云带前沿的云顶温度明显降低,表明对流加深。与 00 时情况类似,该特征与第一冷锋一致。得克萨斯州潘汉斗上空 00 时的残余云带已与次冷锋在同一位置。

图 8.17 最后一个图像即 18 时,垂直速度场的"阴阳"特点(图 8.5 右图)很明显。从沿冷锋的对流带中伸出来的云条绕着(现在已完全发展的)气旋北边呈气旋性弯曲,并绕着其西侧向内盘旋,西侧此时正在下雪[②]。同时,较深阴影的明显的下沉下流包围着气旋的南侧,结束了气旋以南和以东地区的降水。虽然暖锋的残余云带仍然在系统前面向东北移动,但它们越来越远离气旋周围的环流。

---

② 虚构的"nor'easters"使美国东部海岸埋在半米深的雪中,它与这个风暴结构相似,最强降雪出现在气旋的西北象限。沿海风暴的降雪往往比这一章研究的风暴的降雪更大,因为很多上升气流起源于墨西哥湾流的暖水面上(图 2.5),那儿的露点接近 20℃。最大的造雪者是减速的风暴或者在包裹(或锢囚)过程中变为紧密旋环的风暴,它们能延长强降雪的时间。对 nor'easters 的深入讨论,请参考科辛和乌西里尼的《东北暴风雪》,美国气象学会(2004)。

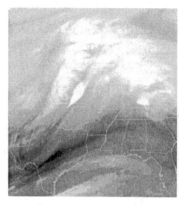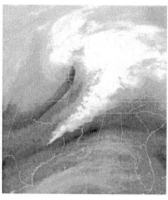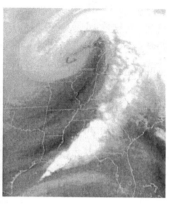

图 8.18　1998 年 11 月 10 日 00,09 和 18 时基于 6.7μm 水汽通道的卫星图像。该通道辐射率度量对流层中高层的湿度,而湿度是由空气轨迹确定的。上升气流往往潮湿,导致光学厚度大、相当黑体温度低以及辐射率低,反之亦然。辐射率低表示上升,用浅灰色阴影表示;辐射率高表示下沉,用深色阴影表示。图像中最亮的部分是云顶高且冷的云(另见彩图)。

　　图 8.18 是水汽通道的卫星图像,有助于更深入地理解这次强风暴的结构和演变。00 时(左图)沿着堪萨斯州上空第一冷锋的对流线北段的深对流云很明显。在这方面,这个图像与图 8.17 用 10.7μm 通道得到的图像类似,但是沿着锋向南经过俄克拉荷马州进入得克萨斯州,较浅薄的云被叠加的水汽掩盖,表明在锋的正上方有一条狭窄的下沉气流带。

　　水汽通道的图像有一个明显的特征是干缝,它最初出现在 09 时的图像上,随后当它包围气旋时扩张开来。在一些风暴系统中,干缝在水汽通道的图像比在 10.7μm 通道的图像更明显。墨西哥湾上空的浅灰色阴影表明在风暴发展时,一层深厚而潮湿的副热带空气进入到风暴中,加强了沿着冷锋的深对流。

　　g. 雷达图像

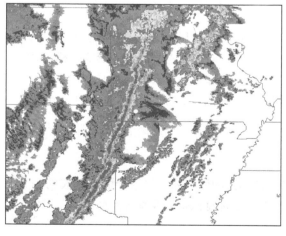

图 8.19　1998 年 11 月 10 日 06 时 20 分的雷达合成图像。从最弱的回波(用蓝色表示)到最强的回波(用红色表示),估计降水率增加了 5 倍。白圈表示密苏里州春地的位置(另见彩图)。

　　图 8.19 和 8.21 的雷达合成图像表明存在一条狭窄而稳定的深对流带,通常被称为飑线,在这次风暴中它与前进的冷锋是一致的[③]。降水率沿飑线前沿最大,在飑线后面逐渐减弱。图 8.20 是在 06 时 20 分(即图 8.19 的时间)飑线以东的密苏里州春地每小时的地面观测。春地在 04,05 时出现雷,然后在 07,08 时又出现雷,后者标志着图 8.19 中的飑线过境。07 到 08 时之间的某个时间,春地的温度下降了 7℃,气压上升了将近 4 hPa,表明有强冷锋过境。直到 2h 后即 09~10 时次冷锋过境,春地的风才发生最明显的转向(从南南西到西南西),气压才开始明显上升。直到 11~12 时另一条弱得多的雨带过境时,温度和露点才继续下降。09 时左右高空一条狭窄的干下沉空气带也在春地过境(图8.18 中图)。

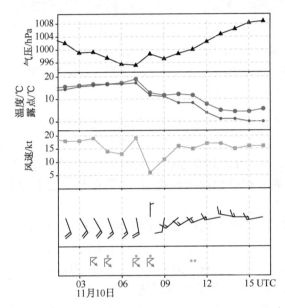

图 8.20　密苏里州春地每小时的地面观测,显示了 07~08 时飑线和第一冷锋过境
[詹妮弗·亚当斯,COLA/IGES]。

　　图 8.21 是 9h 后的雷达图像,也显示了一条狭窄的大降雨带,它与第一冷锋的位置一致。雷达回波分布的主要特征与 18 时卫星图像的形式一样,即逗号状云带从飑线南端伸出来并围绕气旋向极一侧,干缝即相对无云的空气从西进入并围绕气旋的东侧及向赤道一侧。这种"阴阳"状结构是图 8.5 右图垂直速度场中相互缠绕的上升和下沉气流的表现。

## 8.1.3　垂直结构

　　这一节使用 3 种不同形式的数据来研究这个强斜压波的垂直结构:特定气压层上的高空图、特定无线电探空站的垂直探空以及垂直剖面图。

　　a. 高空图

　　图 8.22 是 11 月 10 日 00 时的一系列高空图,此时相应的温带气旋正开始迅速加深。

---

　　③　飑线有时在冷锋前与冷锋平行的暖区里观测到。

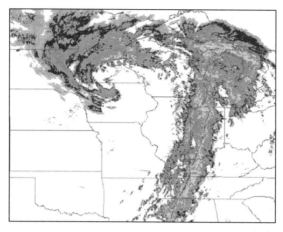

图 8.21　1998 年 11 月 10 日 15 时 35 分的雷达合成图像(另见彩图)。

相应的海平面气压和地面空气温度已在图 8.6 和图 8.7 中显示。同一位置上 850hPa 的高度梯度往往比海平面气压(或 1000hPa 高度)梯度更大[④]。更大的高度梯度表示更大的地转风速。比较图 8.6 和图 8.22 风向杆上的风羽数目,很明显 850hPa 上的实际风速更大。根据热成风方程(7.20),我们知道从地面到 850hPa 的西风分量加强与这层盛行的经向温度梯度,即较冷空气在北边是一致的。考虑到图中等值线间隔的差异,可证实位势高度梯度和风速随高度向上到 250hPa 持续增加,这个高度对应图 1.11 急流的高度。250~100 hPa 即图上的最高层,梯度和风速随高度显著减小。

850hPa 等温线往往集中在锋区,锋区从大平原向东延伸到大西洋海岸并穿过地面低压。地面低压以东,南风将锋区向北输送,而地面低压以南,西风将锋区向东输送。锋区在地面低压以南的冷平流地区特别密集,温度在地面低压东南的暖区内是一致的。穿过锋区的 850hPa 等高线出现强气旋性弯曲[⑤]。850hPa 图上卡罗莱纳州上空暖锋区的位置比它在地面图上的位置偏北很多。这种向北的偏移反映了阿巴拉契亚山脉以东被锢囚的冷空气层很浅薄。

从 850hPa 向上到 200hPa,形势出现明显改变。之前已注意到,位势高度梯度及其有关的地转风一般随高度增加[⑥],并且这种趋势反映在观测风的强度上。从地面向上到 500hPa,位势高度槽随高度向西倾斜了大概 1/4 波长,但 500hPa 以上槽倾斜很小。

加拿大西部的冷气团与副热带的暖气团之间的温度对比随高度逐渐减小,等温线的位置在最低三层相同。因此温度场的斜压波不随高度向西倾斜。在大部分温带气旋中,从地面到 500hPa,斜压区减弱且变得越来越分散。在这个特定的风暴中,暖锋区随高度减弱,但冷锋区一直到 500hPa 仍然很强。通过仔细观察发现随高度增加,冷暖锋区都朝着冷空气向后倾斜。随着风矢量与等温线平行,锋区内的水平温度平流随高度减弱。与

---

④　由测高方程得,画海平面气压时的 4 hPa 等值线间隔大约相当于画 850 hPa 高度时的 30 米等值线间隔。因此可以通过比较等压线和等高线的间隔来简单定性地估计两层的气压梯度力(和地转风)的相对大小。

⑤　任一层次锋区的一般特征是气旋性涡度强。在静止锋区,涡度是由切变而不是弯曲表现的。

⑥　直观比较不同层次的气压梯度时应注意从 700 hPa 到 500 hPa 等值线间隔加倍,并且从 500 hPa 到 250 hPa 等值线间隔再加倍。

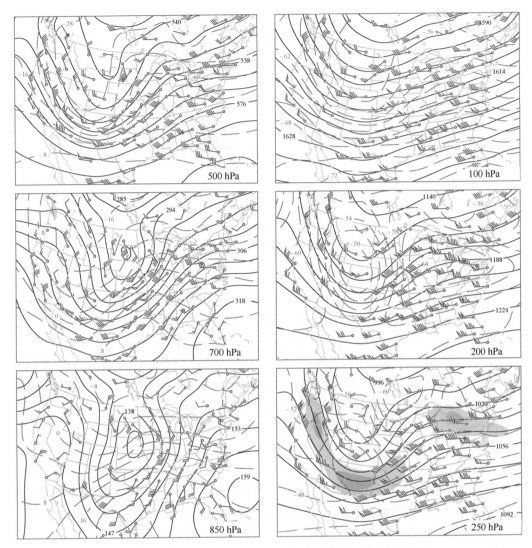

图 8.22　1998 年 11 月 10 日 00 时位势高度(黑线)、温度(红线)及观测风的高空图。850 和 700hPa 等高线间隔是 30m,150 和 100hPa 等高线间隔是 60m,250 和 200hPa 等高线间隔是 120m。左图的等温线间隔是 4℃,右图是 2℃。250hPa 图中阴影是定义急流位置的等风速线。绘图惯例请参考图 8.1[詹妮弗·亚当斯,COLA/IGES](另见彩图)。

850 和 700hPa 的高斜压性不同,较高层上的结构更相当正压。

　　平流层低层的温度型比较弱,与对流层的温度型完全不同。在这些层次上(图 8.22 右图),位势高度槽中的空气往往比周围的空气更暖,脊中的空气往往更冷。根据测高方程可知脊和槽的振幅必随高度减小,这与观测一致。到 100hPa 时,惟一剩下的斜压波只有美国西部上空的弱槽。

　　现在我们来研究在这个高振幅的斜压波中对流层顶的结构。图 8.23 对比了波槽和波脊处站点的垂直温度廓线。科罗拉多州丹佛位于 250hPa 槽中心附近,它的廓线在整个对流层都比较冷。对流层顶温度递减率急剧不连续表示,约位于 350hPa(8km)处,对流层顶以上转变为更等温的状态。相反,艾奥瓦州达文波特(Davenport)位于 250hPa

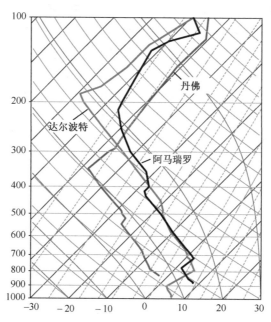

图 8.23 1998 年 11 月 10 日 00 时科罗拉多州丹佛(蓝线)、得克萨斯州阿马瑞罗(黑线)和艾奥瓦州达文波特(红线)绘在温度对数气压斜交图上的垂直温度探空曲线[詹妮弗·亚当斯,COLA/IGES](另见彩图)。

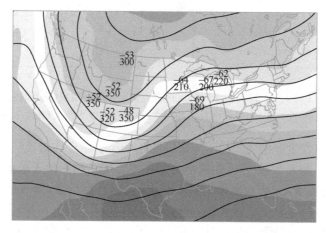

图 8.24 1998 年 11 月 10 日 00 时 250hPa 等高线和 1000～500hPa 厚度场(彩色阴影)。对于选定站点,绘出其对流层顶温度(TT,单位:℃)和气压(PPP,单位:hPa)[詹妮弗·亚当斯,COLA/IGES](另见彩图)。

脊处,它的廓线显示在 180 hPa(12.5km)处的对流层顶更冷而且更剧烈,此时达文波特对流层顶的温度比丹佛低 20℃。得克萨斯州阿马瑞罗(Amarillo)站位于急流轴线附近,从对流层到平流层,温度递减缓慢减小。对流层顶在阿马瑞罗探空曲线上没有在其他两个站那么明确。

图 8.24 显示了对流层顶结构是怎样与对流层低层的温度及急流层(250 hPa)气流相关的。250hPa 高度场上的脊和槽分别对应 1000～500hPa 厚度场上最暖和最冷空气的轴

线,急流在斜压区上方,较冷空气在其左边。对流层顶的低压在 250hPa 槽附近,在对流层低层的冷气团正上方,根据质量连续性[方程 7.39,图 7.18]表明有大尺度下沉运动;即当对流层低层的冷气团水平散开(由地面冷锋的迅速前进可证明),其上的空气必下沉。冷气团内的站点观测到对流层顶温度较高,是由于下沉空气绝热升温。这些站在 250hPa 的相对湿度为 25%~40%(图略),与下沉是一致的。相反,在大平原北部相对暖的上升气流内,对流层顶被抬升;对流层顶的温度较冷,相对湿度为 80%。图 8.24 还对为什么对流层顶在阿马瑞罗探空曲线上没有其他两个站那么明确提供了一个可能的解释:阿马瑞罗位于急流轴沿线,该处对流层顶像一道垂直的墙,对流层空气在其反气旋一侧,平流层空气在其气旋一侧。

b. 锋的探空

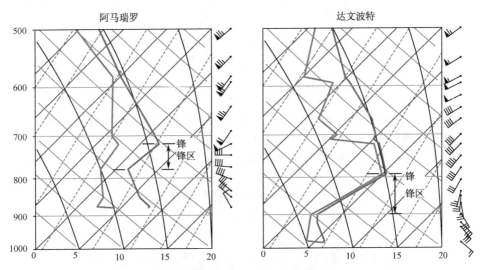

图 8.25　1998 年 11 月 10 日 00 时位于冷锋区内得克萨斯州阿马瑞罗(左)和暖锋区内艾奥瓦州达文波特(右)的风、温度(红线)和露点(绿线)的探空[詹妮弗·亚当斯,COLA/IGES](另见彩图)。

　　这一小节研究在发展中气旋的不同部分的几个代表站点在对流层低层的风、温度和露点的垂直廓线。图 8.25 是锋区内两个站的探空。阿马瑞罗位于地面低压以南的锋区内,在阿马瑞罗德探空中,从地面向上到 700hPa 风随高度后退(即气旋性旋转),并且在 780hPa 到 720hPa 的逆温层旋转最强。根据热成风方程[方程(7.20)],气旋性旋转表示冷平流。因此气旋性旋转强的层次对应着冷锋区,冷锋与探空廓线相交于强气旋性旋转层的层顶即 720hPa。达文波特位于地面低压以东的锋区内,这里南风分量向北输送暖空气。在达文波特探空中,风随高度顺转(反气旋旋转),表明从地面到 800hPa 有暖平流,标志着暖锋的位置。图 8.25 显示的两个探空中,锋区都对应着垂直风切变强且静力稳定度高的层次,这可由逆温的存在来证明。

　　图 8.26 是理想化的锋区剖面,有助于解释锋的探空。与 8.1.2b 小节定义一致,锋在任意层次都标志着锋区的暖空气边界。与图 8.22 一致,随高度增加,锋朝着冷空气方向向后倾斜。与图 8.25 一致,锋标志着锋区顶部;其特点是静力稳定度高和垂直风切变强。锋区在地面上最狭窄。

　　位于发展的气旋(图略)的暖区内的站点探空上,除了在地面上空由摩擦引起的转向,

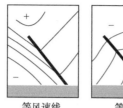 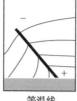 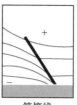

等风速线　　　　　等温线　　　　　等熵线

图 8.26　在北半球急流层向下风方(或南半球向上风方)一个倾斜锋区的理想化代
表。(左)与剖面垂直的风分量:进入剖面的值用正值表示,(中)温度,(右)位温。
符号正(＋)和负(—)表示梯度相反(例如在左边,进入剖面的风分量随高度增加)。

风随高度几乎没有旋转,并且风速随高度几乎也没有增加。位于地面低压以西或西北的
冷区内的站点上,风随高度几乎没有旋转,但在一些风暴中风反转,从低层的东北风转向
为高空的西南风。

　　c. 垂直剖面

　　垂直剖面图揭示了天气系统的三维结构,是对水平图的补充。几十年前,画剖面图是
一个耗费劳力的过程,要把从等压面图上得到的温度和地转风与从沿着剖面的站点探空
得到的中间层的风和温度混合在一起。在数据点之间做插值场是一项艰难的挑战,甚至
对熟练的分析员来说亦如此。今天有精密的数据同化方案产生的高分辨率格点资料集,
分析员只需要指定时间、方位及要包括的物理场即可做剖面。

　　垂直剖面图中最常用到的两个变量是温度(或位温)和地转风。剖面通常与急流垂
直,在这种情况下垂直于(或穿过)剖面的等风速线显示了穿过剖面处急流的位置和强度,
它们往往能抓住垂直风切变最强的区域,这往往也是晴空湍流集中的区域。如果穿过剖
面的气流弯曲不强,那么与剖面垂直的地转风的垂直切变与沿着剖面的水平温度梯度的
相关的可由热成风方程表示:

$$\frac{\partial V_{gn}}{\partial p} \approx -\frac{R}{fp}\frac{\partial T_n}{\partial s} \tag{8.1}$$

式中,$V_{gn}$ 是进入剖面的地转风分量,$T_n$ 是剖面上的温度,水平坐标 $s$ 向右增加,因此剖面
上任意点的水平温度梯度与垂直风切变直接成比例,可得到等温线的水平间隔与剖面中
的等风速线的垂直间隔直接成比例。例如在剖面中气流为正压的区域,等温线(或等熵
线)是水平的(即 $\partial T/\partial s=0$),等风速线是垂直的(即 $\partial V_{gn}/\partial p=0$)。这些条件对急流中心
也同样适用。在对流层顶附近,垂直风切变和水平温度梯度都在同一高度上发生符号反
向,在这点上等风速线是垂直的,等温线是水平的。

　　垂直风切变和水平位温梯度之间有相同的关系。温度和位温的垂直剖面图看起来有
点不同,这是因为在对流层温度通常随高度减小而位温随高度增加,在平流层 $\partial\theta/\partial p$ 总是
很大而且为负值,而 $\partial T/\partial p$ 常常很小,值可正可负。

　　垂直剖面图经常画的另一个变量是等熵位涡,

$$PV \equiv -g(\mathscr{y}+f)\frac{\partial\theta}{\partial p} \tag{8.2}$$

　　在 7.2.10 小节曾定义过这个公式。PV 是一个守恒追踪量,可以追踪急流附近的空
气从平流层进入到对流层。由于平流层非绝热加热的垂直梯度,在平流层下沉了一段时

间的空气获得高静力稳定度值$-\partial\theta/\partial p$。因此,平流层空气的位涡往往比对流层空气的位涡大得多。当一层平流层空气下降到对流层,空气柱在垂直方向上被拉长,使位温面分离,从而使静力稳定度下降。根据位涡守恒,当空气在垂直方向上被拉长时,其气旋性涡度将增加。

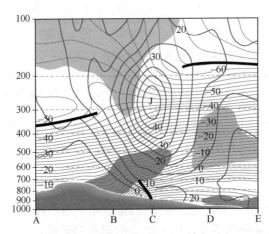

图 8.27　1998 年 11 月 10 日 00 时风和温度的垂直剖面图。这个剖面从怀俄明州瑞尔顿到路易斯安那州查尔斯湖(图 8.36KRIW 到 KLCH)。温度用红线表示,地转风的等风速线与剖面正交,正值定义为进入剖面的西南风,用蓝色表示。相对湿度超过 80% 的区域用红色阴影表示,小于 20% 的区域用蓝色阴影表示。粗黑线表示锋和对流层顶的位置。剖面相对于锋的方位在图 8.36 中表示[詹妮弗·亚当斯,COLA/IGES](另见彩图)。

　　下面介绍垂直剖面的两个例子。第一个例子是 00 时在大平原南部上空与冷锋和急流正交的剖面(图 8.27)。从上游看向下游(即向东北方向):更冷空气朝着左边。沿着剖面用一系列虚构的站点来标明位置,在剖面的基线上用字母 A,B,…表示。地面上的锋位于 C,锋区明显位于 C 站以西,表现为一个倾斜的等温线楔(即红线)和强垂直风切变(蓝线),后者由垂直方向上密集的等风速线表示。与图 8.26 的理想化描述一致,锋(即锋区的暖空气边界)朝着冷空气方向随高度向后倾斜。在 700hPa 以上锋变得不那么清晰。最大风速达到 50m/s 的急流在站点 C 上空 250hPa 层穿过剖面。

　　在图 8.27 中对流层顶很明显,它表现为等温线的垂直间隔不连续:对流层的等温线在垂直方向上比较密,表明温度递减率强,而平流层的等温线在垂直方向上较稀,表明温度递减率近似恒温。与图 8.24 一致,对流层顶在急流的气旋性一侧(左侧)较低且相对暖,在急流的反气旋性一侧(右侧)较高且相对冷。飞机沿着急流层(250hPa)剖面从对流层低层锋区的暖侧飞到冷侧,当穿过急流时将从对流层高层穿过飞到平流层低层。相对湿度的急剧下降以及臭氧混合率的增加标志着进入到平流层。我们还可观测到周围空气的 PV(位涡)显著增加:这是静力稳定度$-\partial\theta/\partial p$增加(即比较 D 站和 B 站上空 250hPa 层的下降率)以及相对涡度 $\zeta$ 从急流的向赤道一侧弱的反气旋性(负)涡度转变为急流向极一侧很强的气旋性(正)涡度的结果。

　　图 8.28 是 12h 后与锋区正交的垂直剖面图,其中红线是等熵线(非等温线),高 PV(位涡)值表示平流层空气,用阴影表示。这个剖面的急流比前一个剖面的急流更强,风速最高达 60m/s。急流下方是强垂直风切变层。根据热成风方程,这一层的温度梯度很强,

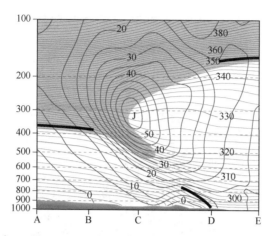

图 8.28 1998 年 11 月 10 日 12 时风和位温的垂直剖面图。这个剖面从内布拉斯加州北普拉提延伸到密西西比州杰克逊(图 8.36,KLBF 到 KJAN)。位温用红线表示,地转风速的等风速线与剖面正交,用蓝线表示,正值定义为进入剖面的西南风。等熵位涡超过 $10^{-6} km^2 \cdot s^{-1} \cdot kg^{-1}$ 的区域用阴影表示,粗黑线表示锋和对流层顶的位置[詹妮弗·亚当,COLA/IGES](另见彩图)。

更冷空气位于其左边。由于其气旋性切变 $\partial V_n / \partial s$,在这个高层锋区内的空气显示较强的气旋性相对涡度,而且静力稳定度强,这可由垂直方向上密集的等熵线证明。这个高层锋区内空气的 PV 比这一层上的典型气块和急流中心处的空气的 PV 高得多。因此为了包括高 PV 值区域内的对流层高层锋区,PV 等值线在急流下方向后折叠。由于 PV 等值线可定义对流层空气和平流层空气的边界,因此高空锋区内较上层的空气来源于附近平流层。

这种高层锋区及其有关的对流层顶折叠表明具有高臭氧浓度和其他平流层示踪量的平流层空气进入对流层高层。有时对流层顶折叠是可逆过程,在折叠内高 PV 空气最终被拉回到平流层。有时这个过程不可逆:入侵的平流层空气合并到对流层,逐渐失去其高 PV 值。图 8.28 的侵入过程在 12h 前新墨西哥上空通过急流中心的南北向剖面上很明显,急流在那时最强。随着气旋发展,冷锋区上的平流层空气被向下及向东北方向拉,成为水汽卫星图像上"干缝"的一部分(图 8.18)。高 PV 的空气进入到气旋,有助于这个系统在其后的发展阶段中显著增强。

## 8.1.4 空气轨迹

这一节从拉格朗日角度来讨论温带气旋。拉格朗日轨迹是用间隔几个小时的几个连续时次的三维速度场构建的。轨迹可以从初始时间 $t_0$ 指定位置向前追踪,也可以从最终时间 $t_f$ 指定位置往回追踪。由于天气图上不能明显地表示对流运动,因此它们对气块的垂直输送作用必须被忽略或用参数化方法表示。

图 8.29 是一系列末端位于一个成熟温带风暴的云盾内的转迹。沿着轨迹上升的气块提供了风暴降雨及降雪所需的大部分水汽。轨迹用随着地面低压中心向东北方向移动的坐标系来描述的,其坐标变换是通过在轨迹计算的每一时间步上从水平速度中减去地面低压的运动完成的。组成云盾东部的气块如 A 可追溯到气旋暖区的低层;组成云北侧

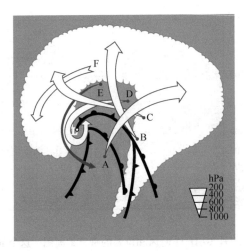

图 8.29 在一个强温带气旋内的三维轨迹族,它是用北大西洋上一个实际风暴的高分
辨率格点数据集得到的,轨迹显示在一个随气旋移动的坐标系里。有两个不同的锋的
位置:下侧的一个时间较早,那时气旋形状是一个开波;上面的一个时间较晚,那时气旋
处于成熟阶段,表现为锢囚锋。云盾的形状和地面低压的位置对应后来晚的时间。箭
头的宽度表示气块的高度,对应的标尺给在图右下角[选自 Mon. Wea. Rev, 120(1995),
2295 页]。

的气块如 B 和 C 来自于气旋以东和以北的暖锋区。轨迹 A、B 和 C 的反气旋性曲率是在
地面低压前部暖地转温度平流的区域内风随高度顺转的结果。

轨迹 D、E 和 F 则有点复杂。D 从暖锋区开始上升,当它环绕云盾内的地面低压后部
时变得饱和。然后轨迹 D 下降,当它在锢囚锋后面转向北时变成未饱和。轨迹 E 没有明
显上升:它在逗点状云的头部下面穿过,进入到冷锋区的后侧。云盾西边的逗点状云是由
如轨迹 F 这样的气块组成,它可以追溯到风暴以北的冷气团中层。

因此上升轨迹描述了上升气流的扇形展开。上升气块的相当位温表现出连续性,最
南的轨迹 A 的相当位温最大,轨迹 B~F 的逐渐减小。不管轨迹是从地面出发的轨迹在
那里相交,较冷的空气转迹总是在较暖的下面通过。

图 8.30 是气旋后部无云区的一束下沉轨迹。这些气块可追溯到近波槽后急流层附
近的西北气流。这些轨迹一开始垂直集中在一起,随着它们在冷锋后面下沉而散开,气块
近干绝热递减率增暖。由散开的轨迹形成的扇形面向上向北倾斜。从这束轨迹顶部出发
的气块围绕地面低压呈气旋性弯曲,在风扇形面的北部形成"干缝"。干缝的轨迹并不是
一直下沉到地面:它们在锢囚锋之上通过时,一般是水平的,当它们靠近北部云盾时开始
上升。但它们非常干,以至于当穿过云罩顶部上方时,仍维持不饱和状态。

从急流层这束轨迹底部出发的气块在地面高压附近呈反气旋性弯曲,形成图 8.30 描
述的风形面的南部。扇形面南边的轨迹下降得很低,从而气块可能被夹卷入冷锋后部向
南移动的变性极地气团的边界层中。如果在急流层轨迹的上游端处存在明显的对流层顶
折叠,那么平流层空气可能被卷入到这个反气旋气流中。地面空气的相对湿度极低及臭
氧浓度高,表明平流层空气比较罕见而短暂地侵入到边界层中。

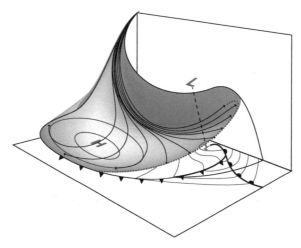

图 8.30　一个强温带气旋下沉支内所选的气块的理想 24h 轨迹,气旋与这一节个例分析中的气旋相似。各个轨迹在同一时间开始和结束。黑色箭头是轨迹,虚线是海平面气压等压线[选自 Project Springfield Report,美国国防原子支持局,NTIS-607980(1964)]。

## 8.1.5　寻找完美风暴

近一个世纪以来,气象学家们一直在争论"完美风暴"由什么组成:"完美"不是指灾难性最强的,而是指实际大气中由斜压不稳定产生的气旋中最典型的。这部分的个例在许多方面遵守 20 世纪 20 年代由皮叶克尼斯和卑尔根学校的合作者设计的经典挪威极锋气旋模式,这个模式是为了解释北大西洋东部和欧洲的地面天气观测。图 8.31 概括了原始挪威极锋气旋的典型特征,包括强冷锋、较弱的锢囚锋以及逗点状的云罩。

冬季一些在海洋上发展的强气旋明显不同于这个范例。由卫星图像显示的环绕地面低压中心的螺旋云带比个例中的云罩(见图 1.12)更紧一些。与个例中的风暴不同,这种具有紧密盘绕结构的成熟气旋往往是暖心,即地面低压中心的空气比周围空气更暖。

利用携带仪器的飞机在低层穿过风暴得到的数据和基于原始方程的具有高分辨率模式的数值模拟,演绎出这些盘绕紧密的风暴的结构和演变的理想化示意图(图 8.32)。4个气旋代表了一个单体气旋从弱锋面波(Ⅰ)演变成发展完全的气旋(Ⅳ)的连续阶段。

在发展的初级阶段(Ⅰ和Ⅱ),锋和等温线的结构类似于经典挪威极锋气旋模式,暖锋和冷锋开始环绕加深的低压中心。惟一不同之处是气流的气旋性切变更强和暖锋更明显。随着气旋发展,暖锋区继续加强,穿过地面低压的向极一侧。这个强温度对比带一直存在,在第三阶段它被输送到低压后部,在第四阶段被卷成一个紧密的中尺度螺旋体。这种暖锋的延伸有时被称为曲暖锢囚。锋的这个部分被锢囚,亦即锋区暖侧的空气已不能追溯到风暴暖区。在这种情况下,暖的特征(标签)已不能由运动方向来判断,但可由锋的演变历史来推断。锋的移动方向依赖于风暴的移动速率和观测者相对于低压中心的方向。

在整个发展过程中,冷锋区没有暖锋区明显,当风暴开始形成时冷锋区的最内部实际上是减弱的。在第三阶段,冷锋减弱的内部部分与较强的暖锋垂直相交,形成一个像 T 骨牛排的结构。冷锋向东移动比气旋中心更快,它在第三和第四阶段从气旋中分离出来。

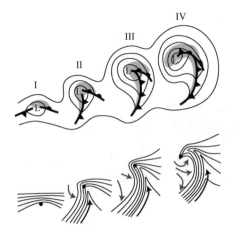

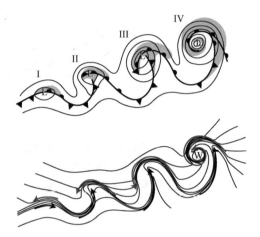

图 8.31 挪威极锋气旋模式中设想的温带气旋发展的 4 个阶段示意图。Ⅰ、Ⅱ、Ⅲ、Ⅳ 图代表生命周期的 4 个连续阶段。(上)理想化的锋的形状和等压线,阴影表示降水区。(下)相对于移动气旋中心(黑点)的等温线(黑色)和气流(箭头)。实箭头表示暖区气流,虚箭头表示冷气团气流。锋的符号列在表 7.1 中[选自 Mon. Wea. Rev.,126 (1998),1787 页]。

图 8.32 与图 8.31 相似,但风暴是盘绕紧密的暖心风暴[温带气旋:埃瑞克·帕门纪念卷,Amer. Meteorol. Soc. (1990),188 页]。

沿着暖锋外围向内盘旋的冷空气,在图 8.32 中用实箭头表示,围绕并隔开气旋中心相对暖的空气,生成中尺度暖心。最强的暖空气入流,用虚箭头表示,出现在冷锋的前面。云带和降水带往往位于气旋性环流的暖锋和冷锋前面,而更干的、相对无云的空气在冷锋后面向内盘旋。

与热成风方程一致(推广到梯度风),在边界层顶以上,围绕风暴中心的紧密的气旋性环流随高度迅速减弱。随着高度增加,环绕暖锋朝着更冷空气向外倾斜,且强度也随之减弱。因此气旋中心的中尺度暖空气的分隔随高度增加而扩张,但强度也随之减弱。

在大气动力学中,紧密盘绕的暖心气旋被称为 LC1 风暴,遵守挪威模式的气旋称为 LC2 风暴(LC 表示生命周期)。第三类 LC3 指的是开波气旋(即不会生成锢囚锋的气旋),其中冷锋是主要的。我们可以给这 3 种型设想各自的原型(或"完美")风暴。

数值模拟中斜压波可以在不同背景气流中发展,这些数值模拟可提出如下见解:相对于更紧密、更轴对称的暖心气旋(图 1.12 和图 8.32 例子),什么条件更有利于那些遵守挪威极锋气旋模式的气旋发展。决定性因子似乎是正压切变和背景气流的汇合/分流。

3 种气旋(LC1、LC2 和 LC3)是同一不稳定机制即斜压不稳定的不同结果,斜压不稳定甚至能出现在干空气中。3 种气旋都包含了温度场中波的增幅,波的增幅是由水平温度平流以及较冷空气下沉和较暖空气上升所释放的位能引起的。在这 3 种气旋中,上升和下沉气流以及伴随的锋都朝着气旋中心向内盘旋,甚至它们的锋的结构在许多方面也相似。

### 8.1.6　自上而下的影响

　　数值模拟斜压波在纯纬向气流中发展,扰动最初在对流层低层达到最大振幅,大约一天之后在急流层达到最大。实际上,气旋发展(锋生)几乎总是"自上而下",它由对流层高层的动力过程产生,随后也受其影响。要产生一个像个例分析中那么强的气旋,对流层高层和低层的条件必须同时满足。

　　在强西风急流下游气旋性涡度(和位涡)平流的区域是锋生的有利位置,特别是如果之前这个区域低层具有强斜压性(如暖洋流向极的边缘、冰边缘或风暴残留的弱锋区)。具有高位涡的平流层空气进入急流层锋区内,可以增加对流层低层气旋性环流的加强速率。

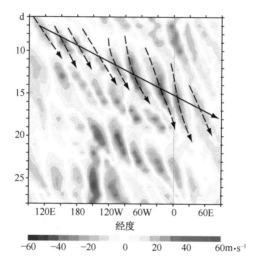

图 8.33　2002 年 11 月 6～28 日 35～60°N 平均的 250hPa 经向风的时间-经度剖面图,这期间斜压波包明显而且出现了几个主要的北半球锋生事件。倾斜的虚箭头表示波的相速度,实箭头表示波包的群速度[爱欧娜·蒂玛](另见彩图)。

　　有时温带气旋的出现与生命周期较长的斜压波包有关,后者在急流层比在地面上更明显。图 8.33 用急流层经向风分量的时间-经度图阐明了波包的存在和运动。波长达 50 个经度(在 45°N 纬圈上是 4000km)这种类波特征是斜压波的特征。在图中向下看,单个最大值和最小值都向右倾斜表明位相向东传播。该图中波的平均位相速度是一天 7 个经度(6 m/s)。包含几个连续波的包络被称为波包,其中的波振幅相对较大。看 11 月 14日一个穿过大西洋地区的波包的例子。仔细分析可见,波包以近 20 m/s 的速度向东传播,这是波包中单个波位相速度的 3 倍。新的波动不断在波包的下游发展,而成熟波在波包的上游末端逐渐消亡,因此波包的生命史超过了其中的单个波的生命史。

　　观测到的波包的下游发展趋势是罗斯贝波频散的结果(即传播速度是波长的函数)。波包传播的速率与罗斯贝波的群速度密切相关[7]。

---

⑦　参考霍尔顿,动力气象,第 4 版,学院出版社(2004),185～188 页。

### 8.1.7　潜热释放的影响

　　有利于温带气旋的活跃及多样性的另一个因素是降水区的凝结潜热释放。由于潜热释放易出现在暖的上升气团中,所以它维持了风暴内的水平温度梯度,从而增加了可转化为动能的位能。包含潜热释放与不包含潜热释放的锋生数值模拟证实降水风暴往往比干空气中的风暴加强得更快,而且更强。

　　温带气旋的降水分布广泛,但在时间和空间上不均匀,主要集中在范围为 1000～10000km² 的中尺度雨带内,生命达几个小时。雨带轴线往往与低层等温线平行,低层等温线又往往与垂直风切变和锋平行,见图 8.34。沿着锋的雨带由沿锋面上升的空气所维持,见图 8.9。锋前和锋后的雨带体现了广阔的变形场内的不稳定,这种不稳定导致了局地斜压性及上升运动增强。

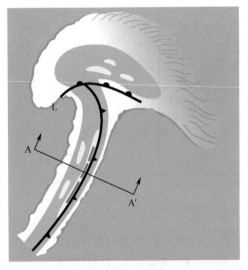

图 8.34　与成熟的温带气旋有关的中尺度雨带类型的理想化示意图。云罩内的绿色阴影表示小雨,黄色阴影表示中雨,红色阴影表示大雨[罗勃特·豪斯](另见彩图)。

　　雨带内是更小的中尺度（100～1000km²）区域,在这些区域内对流单体加强了降水率,这在下一部分中将更详细地解释。冷锋移到一个暖而湿的对流不稳定的气团内所引起的抬升可以产生一列对流单体,从而形成一个强而窄的冷锋雨带,正如图 8.19 和 8.21 所示。图 8.35 是通过一个冷锋雨带复合体的垂直剖面图。宽阔的锋面雨带及锋后雨带是由更广阔的雨区内的对流单体产生的。对流单体的上升气流携带云液态水到冰冻层以上,云液态水迅速凝结成冰粒,冰粒迅速成长到一定大小并落到地面,加强了降雨率。狭窄的冷锋雨带与一列由锋的上升作用维持的强对流单体一致。

　　旺盛的对流特征如飚线有时有其自身的生命,这就改变了包含它们的温带气旋的结

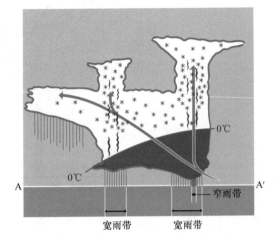

图 8.35　沿着图 8.34 中 AA′ 的垂直剖面图。地面冷锋的位置与狭窄的冷锋雨带前沿一致,锋面向上向西倾斜,坡度与空气轨迹的坡度差不多。深蓝色阴影表示液态水浓度高的区域,蓝色星号的密度与冰粒的局地浓度成比例,除了对流单体中的强上升气流区域,液态水含量高的区域被限制在 0℃ 等温线以下层次,用窄的深蓝色"烟囱"表示。进一步的解释请参考原文[云动力学,罗勃特·豪斯,480 页,1993 年,得到 Elsevier 的允许](另见彩图)。

构。在这种情况下,雨型可能与那些与斜压波有关的雨型完全不同,甚至锋的结构也可能被改变。暖季赤道一极地的温度梯度相对较弱而且降水率很高,此时深对流起特别重要的作用(见图 8.36)。

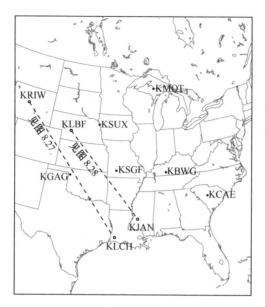

图 8.36　这一部分的站点以及垂直剖面的位置。从北到南,KMQT 是密歇根州马奎的符号;KRIW 是怀俄明州瑞尔顿的符号;KLBF 是内布拉斯卡州北普拉提的符号;KSUX 是南达科他州苏族的符号;KGAG 是俄克拉荷马州盖奇的符号;KS-GF 是密苏里州春地的符号;KBWG 是肯塔基州波林格林的符号;KCAE 是南卡罗莱纳州哥伦比亚的符号;KJAN 是密西西比州杰克逊的符号;KLCH 是路易斯安那州查尔斯湖的符号。

## 8.2　地形作用

温带气旋的结构和传播可能进一步受到地形倾斜以及山脉对低层气流的阻挡的影响,这些对大尺度气流的影响全都被称为地形作用[⑧]。正如用原始方程的全球模式可模拟及预测温带气旋的大尺度结构一样,用把地形特征分解为尺度为几千米的区域中尺度模式也可以模拟甚至预测地形作用。山脉影响气流的尺度更小,在 9.5.1 小节将讨论。

### 8.2.1　背风坡锋生和背风坡槽[⑨]

根据 7.2.10 小节讨论过的位涡守恒,沿着山脉背风坡下沉的空气柱的垂直伸长及水平辐合产生了一个气旋性涡度倾向,这又产生了一个局地负气压倾向。如果下坡气流足够强,气压下降就反映在地面低压的发展(背风坡锋生)或反映在山脉下风向海平面气压槽的形成。由于下坡气流绝热增温,因此这种背风坡气旋或槽一般都具有"暖心"结构。

---

⑧　来源于希腊语 oros,意思是山。

⑨　在天气气象学家的术语中,脊和槽有时用作动词,意思是形成一个脊或槽。

而低层的上游气流被山脉阻塞,所以下坡气流一般起源于山顶。因此背风坡面的低压和槽的强度(幅度)往往随高度增加而减小。当斜压波经过一个大山脉时,上游的地面低压可能衰减,并被山脉下游的背风坡锋生形成的新的地面低压代替。如果高空槽向东移动经过山脉,在斜压不稳定的影响下,这个新发展的地面低压最终将加深东移,但其轨迹一开始可能显示出向赤道的分量,其原因将在下一小节解释。

## 8.2.2　罗斯贝波沿倾斜地形传播

　　山脉上空及其下游的气流受到早就存在或新发展的沿背风坡的地面低压的影响。在南北向山脉如落基山的背风坡,暖的西风下坡气流往往集中在地面低压的向赤道一侧,在这里被环绕低压的低层地转西风再次加强。因此,由下坡气流气柱的伸长引起的涡度倾向往往不是在地面低压处最强,而是在其向赤道一侧最强。在地面低压向极一侧,地面上的地转东风是上坡的,与高空的气流相反,因而产生较弱的甚至是反气旋性的涡度倾向。南北涡度倾向不相等,相应地面低压的传播显示出向赤道的分量。类似的,如果低层地转风环绕位于南北向山脉东坡的反气旋,也必然引起向赤道传播的倾向[10]。

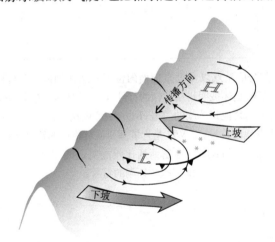

图 8.37　沿着北半球一个南北向山脉东坡的气压和地转风的理想化型式。等值线表示
与地形相交的气压面上的位势高度扰动,宽箭头表示沿着倾斜地形上坡气流和下坡气流
的区域,下一部分中考虑的冷空气堆积的作用在这幅示意图中没有表示出来。

　　图 8.37 描述了沿着北半球一个山脉斜坡向东传播的一对地面高压/低压所产生的天气。雨或雪往往出现在上坡气流的区域。对平地上的温带气旋而言,大部分降水与低压前的下降气压有关,相反,这些向赤道传播的系统的降水与地面低压过境后气压上升有关。

---

　　[10]　根据位涡守恒,罗斯贝波绕着抬升的大尺度地形反气旋传播。地面低压和高压沿着山脉东坡向赤道传播的倾向是这种一般倾向的特殊情况。习题 7.36 把这个原理应用到沿着一个倾斜的大陆架传播的海洋涡旋上。

### 8.2.3 冷空气堆积

前一小节考虑的罗斯贝波传播包括了缺乏不连续边界时沿着倾斜地形的地转运动。这一小节考虑冷空气堆积,它包括由于山脉屏障引起的地转偏差。在描述这一现象时,山脉不是用斜面而是用垂直的墙来表示,这样就在横向方向上阻塞了气流。

沿着山脉屏障存在水平气压梯度,从而地转风显示出横穿山脉的分量。由于气流不能穿过山脉,所以风必须具有较大的非地转分量。为了阐明这个非地转分量是怎样产生及维持的,我们考虑连接北半球一个南北向山脉屏障(例如科罗拉多州落基山的阳面)的地转东风,示意图见 8.38(a)。左图显示当气块接近山脉时,其轨迹向南弯曲,东风减速表明在一个向东的气压梯度力,这可由等压线方向表示。沿着屏障的气压较高意味着等熵线被抬升,因此在给定的气压层,相对冷而密的空气倚着屏障堆积起来。

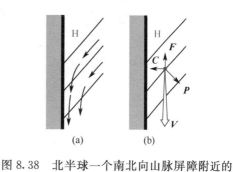

图 8.38 北半球一个南北向山脉屏障附近的理想气流。(a)地面风接近山脉时的偏离。等值线表示低于山顶的等位势面上的等压线。(b)在山脉附近的理想气流中一个气块受到的力的瞬间平衡。*C* 是科里奥利力,指向风的右边,*P* 是气压梯度力,指向气压梯度下方,*F* 是摩擦曳力,指向风的反向。

图 8.38(b)是作用于屏障附近气块的力的瞬间平衡。在横向方向上(东西走向),朝着屏障的科里奥利力被倚着屏障堆积的较冷较密的空气施加的"后部气压"平衡。事实上,科里奥利力维持了等熵线逆着重力的东西方向倾斜。在与风平行的方向上,由于没有科里奥利力,向南的气压梯度力引起风速增加,一直增加到能被摩擦曳力平衡。

因为高空风几乎总是从西吹到东,所以地面上地转东风区域的垂直风切变很强。根据热成风方程可推断,这个区域必然对应着锋区,较冷空气在锋区北边。因此图 8.37 的冷锋位于东风的南界,与地面低压一致。受到强的向赤道气流的推动,沿山脉屏障处的冷空气比沿锋区内其他地方处的冷空气运动更快。导致沿锋区南侧形成一个剧烈的快速移动的冷锋。用这种方式加速以及变剧烈的冷锋具有 8.3.3 部分描述的阵风锋的许多特征,包括大风及气压的急剧上升。冬季"得克萨斯州北风"引起美国大平原南部气温突降,夏季"南风破坏者"引起澳大利亚东部沿海山脉的背风坡出现大风,这些都是这个现象的局地体现,是冷空气堆积的一种形式。

尾随温带气旋并沿着山脉背风坡传播的移动迅速的冷锋有时会渗透到热带。虽然与这些锋过境有关的温度下降和气压上升比在温带纬度上更小,但是比普通的低纬日变率大得多。这些冷涌有助于为下一小节讨论的峡谷风创造条件,也有助于触发深对流爆发。冷涌的结构十分复杂,在干冷空气到来之前,风变化多端并且锋前气压涌升。

### 8.2.4 地形引起的暴风

地形可产生 3 种暴风:与局地强峡谷风有关的暴风,下沉增温起重要作用的暴风,以及包括山脉背风波局地暴风。虽然有时它们结合在一起出现,但每一个现象都有略微不同的动力机制。这一节讨论峡谷风和区域下坡暴风,与山脉背风波有关的局地下坡暴风将在 9.5.1 小节提到。

可归于峡谷风的暴风主要出现在冬季冷的反气旋在大陆内部建立的时候,而海平面气压在大陆以南和以西的海洋上低得多。在这种情况下,强的气压梯度在沿海山脉上发展,陆地空气通过山脉的峡谷向南及/或向西流,在下游诸如阿拉斯加海湾和地中海地区产生大风。

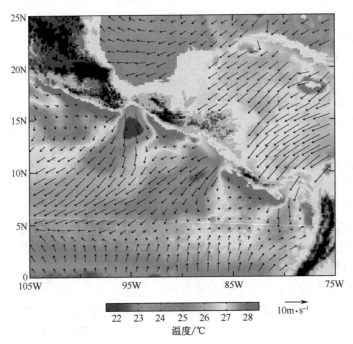

图 8.39  2000 年 1 月美国中部附近的地面风(箭头)和海表温度(彩色阴影)。地形高的区域用深灰色和黑色阴影表示。注意地形峡谷(浅灰色)的背风坡有明显的大风和低海表温度,向西南延伸几百千米到太平洋。由于温跃层下面的营养物混合,这些区域的海产丰富(图略)[风资料来源于 NASA的 QuikSCAT 卫星上的散射仪;海表温度资料来源于 NASA 热带降水度量任务(TRMM)卫星。杜德利·切尔顿](另见彩图)。

在信风中的有利位置如夏威夷群岛之间的海峡,峡谷风每天出现。它们频繁出现在美国中部,影响那儿的气候,如图 8.39 所示。在冬季冷涌之后,当科迪莱拉山的大西洋一侧的海平面气压异常高时,峡谷下游的风速可高达 $30\mathrm{m} \cdot \mathrm{s}^{-1}$。

在冷空气堆积的情况下,最强的峡谷风往往不是位于峡谷口最狭窄地区,气流在该地区易受限制,而是位于峡谷下风向山脉的背风一侧。如果没有屏障,从峡谷的下风向出现的冷空气将散开、下沉并变薄,使海平面气压在下风向减小。受流体静力学引起的指向下风向的气压梯度力的影响,气块在穿过峡谷后继续加速一段时间。当气块在峡谷的下风向下沉时绝热增温,但若山脉两侧的温差很大,气块可能会比山脉下风向的周围空气更冷,直到与周围空气混合。

如果陆面高度在山脉上风向比在下风向更高,那么由于绝热压缩,山脉下风向的风将更暖(或热)。随着空气变热,依照克劳修斯-克拉珀龙方程,其饱和混合比上升,其露点和混合比保持不变。如果开始时露点很低,在大陆内部下沉的气团常常如此,那么在空气完全下沉后,其相对湿度可能非常低。局地下坡暴风中的气流往往很复杂,在峡谷内及其下游有大风,在其他地方风较弱,但是下游气团极度干暖是很普遍的。一个典型的例子是秋季及早冬气压在美国西部的高原上增加时周期性出现的圣地安那风,它推动干热的东北风穿过山脉的峡谷,向下到加利福亚州南部的峡谷。一个当地作者把这段时间描述为风所到之处均为自杀、离婚以及恐惧的季节[11]。

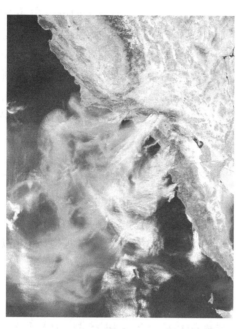

图 8.40　2003 年 10 月 26 日大规模爆发的加利福尼亚野火的烟的散布,这一天是处于将近一周的圣地安那干热的西北风期间。红色像素表示此时火的位置。图像中 3 个较大的火堆中,中间一个位于洛杉矶东部,南边一个靠近圣地亚哥。直到 2 天后风减弱并转向,火才得以控制[NASA 的 Terra MODIS 卫星图像](另见彩图)。

　　在下坡暴风中,已存在的火很难控制,普通情况下会逐渐熄灭且不会造成损害的火星在下坡暴风中可以点燃新的火。图 8.40 显示 2003 年 10 月 26～27 日野火的烟,其在太平洋上向西南流动。这几天,在 1.5km 高的大盆地上观测到超过 1030hPa 的海平面气压,而加利福利亚南部沿海低地的气压只有 1017hPa,因此产生了 15 hPa 的气压差以及 15℃ 的绝热增温。虽然仅有几个常规观测站(大部分在机场)有超过 10m · s$^{-1}$ 的风速,但暴露到风中的地方阵风能达到 30m · s$^{-1}$。尽管已经是季节晚期,这些暴露的地区夜晚温度保持在 25℃ 以上,整个地区白天温度在 33℃ 左右,相对湿度只有 5%。

## 8.2.5　地形对降水的影响

　　气候平均降水一般在山脉上风向加强而在下风向抑制,上风向和下风向是根据盛行的气候平均西风气流定义的,这种倾向在美国年平均降水的分布上很明显,见图 1.26。这种关系表明平均来说,空气在山脉上流动没有显著的偏差。对于逐日变化,地形对降水

---

　　[11]　约翰·迪迪恩的散文集《垂头丧气走向伯利恒》,正午出版社,1990。

分布的影响更复杂、更变化多端。

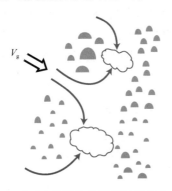

图 8.41 通过山脉峡谷的低层气流辐合到由地形产生的位于山脉背风坡的气旋内并引起雨带发展的示意图。如果空气仅在山脉上空而非绕着山脉流动，可以预计将在山脉下游找到雨影。

随着气旋过境引起风向和速度的变化，山脉下风向雨影的位置和方向可能会出现极大的改变。甚至在雨影内，雨带有时会响应背风坡锋生发展：环绕山脉两边的气流辐合，抬升上面的空气并触发对流，由示意图 8.41 阐明。形成这个下风向辐合区的必要条件是存在条件不稳定，从而使辐合空气上升，不受静力稳定的过分抑制。

山脉还可以在冰冻层产生极大的空间变化。当较冷空气及较高气压位于山脉以东，在这种冷空气堆积的情况下，气旋或低压槽从西边接近，增加了山脉两边的气压梯度，使冷空气上升穿过山脉隘口。冰冻层高度在这个冷的上坡气流中比在自由大气中低得多。因此在这种情况下，冻雨可能落在隘口而雨落在更高的海拔上。与冷空气堆积有关，冻雨出现在沿山脉东边的低地比西边的低地更频繁。冷空气通过山脉峡谷的消耗能使冻雨维持在西边（通常以雨夹雪和冻雨的形式），甚至是当周围地面空气温度在冰冻以上也如此。

## 8.3 深对流

在定时卫星图像上最显著的特征是当深积云对流中的上升气流接近对流层顶时散开形成的云。深对流往往集中在一些特定区域如夏季风、低层辐合持续带如 ITCZ、沿着以及越过山脉斜坡和顶部、锋区内和温带气旋暖区内。全球调查表明在任意时间，以这种方式形成的卷云状砧云只覆盖地表很少的百分比，活跃对流只占据这些云下地面的一小部分。尽管覆盖很小，但是深对流及其有关的层状降水解释了热带以及夏半球大陆上的大部分降水。

相对于斜压波，深对流的水平尺度小得多，时间尺度相应也更短，纵横比（即特征深度尺度 $D$ 与长度尺度 $L$ 的比）大得多。由于比例不同，地球旋转对深对流的动力只起间接作用，垂直运动比大尺度运动强得多，流体静力学平衡并不总是有效。

这一部分考虑各种形式的深对流：

- 由单一的上升气流和下沉气流组成的单个对流单体（包含一些雷暴）；
- 由有组织的对流单体群或连续的对流单体组成的对流风暴；
- 中尺度对流系统：由相互作用的对流单体产生的至少在一个方向上尺度为 100km 或更大的云和降水带/区。

### 8.3.1 环境控制

在理想化的理论研究和模式研究中，深对流被看作是在温度、湿度及水平风在水平方向上一致的大尺度环境内发展。环境温度和湿度的垂直廓线对定义深对流自发展的大气区域起重要作用，垂直风廓线决定了对流风暴运动的方向和速率，极大地影响其结构和演变。

a. 温度和湿度层结

出现深对流的必要条件是

- 存在条件不稳定递减率(即 $\Gamma_w < \Gamma \leqslant \Gamma_d$)
- 边界层湿度大
- 低层辐合(或抬升)足够释放不稳定

对流靠温度和湿度层结中固有的位能存在,一个参考气块的对流有效位能(CAPE)(单位:J·kg$^{-1}$)由下式给出

$$CAPE = \int_{LFC}^{EL} (F/\rho') dz \qquad (8.3)$$

式中,$F$ 是由于气块和环境之间的温差产生的作用于上升气块的单位体积的向上浮力,$\rho'$ 是气块的密度,LFC 是自由对流层,EL 是平衡层,在此高度以上气块不再比环境暖。与习题 3.11 类似,单位质量的浮力($F/\rho'$)等于($\alpha' - \alpha$)/$\alpha$ 乘以 $g$,其中 $\alpha'$ 是上升气块的具体体积,$\alpha$ 是同一层次环境气块的具体体积,$g$ 是重力加速度。代替流体静力学方程(3.18)的 $g dz$,并颠倒积分次序得到

$$CAPE = \int_{EL}^{LFC} (\alpha' - \alpha) dp$$

代替方程(3.15)得到

$$CAPE = R_d \int_{EL}^{LFC} (T_V' - T_V) d\ln p \qquad (8.4)$$

如果忽略小的虚温订正,这个式子积分就是温度对数气压斜交图上从 LFC 到 EL 的面积,左边界是环境温度探空,右边界是湿绝热。

计算 CAPE 时用到的参考气块可能是地面上的气块,也可能被选作代表边界层内空气的平均温度和湿度。与第 3 章中的习题一样,气块沿着干绝热线抬升到抬升凝结高度(LCL),然后沿着湿绝热线抬升,见示意图 8.42。积分从 LFC 开始。

**习题 8.1**　在一次探空中参考气块的 LFC 和 EL 分别是 700 和 175hPa,在这两层之间的某一层上参考气块的温度比环境空气平均高 10℃(相对于对数气压),请估计 CAPE 值。

**解答**:把值代入(8.4)式,得到

$$CAPE = 287 \times 10 \times \ln(700/175) = 3978 J \cdot kg^{-1}$$

请参考,0～1000J·kg 的 CAPE 值被认为是深对流的下限值,1000～2500J·kg$^{-1}$ 可产生中等强度的对流,2500～4000J·kg$^{-1}$ 可产生强对流,超过 4000J·kg$^{-1}$ 可能是极端对流[12]。

如果普通积云内的气块经常能达到自由对流高度,CAPE 将不会增加到产生活跃的深对流那么高的值。因此行星边界层顶的稳定层或逆温抑制对流的程度,也为对流风暴创造条件起重要作用。这种所谓的对流抑制(CIN 或 CINH)是将参考气块抬升到

---

[12]　另一个广泛使用的表示深对流潜能的指标是所谓的抬升指数(LI),其定义为地面气块干绝热抬升到抬升凝结高度,然后湿绝热抬升到 500 hPa 高度的温度差值(相对于环境)。负抬升指数表示可能有深对流,低于−9 表示可能有强对流。有时还用起源于行星边界层内各种高度的气块定义抬升指数变量。

自由对流层所需要的能量,单位为 $J \cdot kg^{-1}$。这样定义的话,CIN 可以被看作负 CAPE,可以用温度对数气压斜交图上的一块区域表示,见图 8.42。为了给活跃的深对流创造条件,CIN 必须不等于 0,但也不能大到完全排除深对流的可能。若 CIN 大于 $100 J \cdot kg^{-1}$,如果没有外力如日间加热或强锋靠近,则不太可能出现深对流。投资几十单位"启动成本"克服 CIN 得到几千单位 CAPE 回报可以与世界上最成功的商业公司的业绩媲美!

图 6.56 是,闪电频率的地理分布它可用于度量世界各个地区温度和湿度的垂直层结有助于深对流的程度。这个型式的许多特征与图 1.25 给出的降水分布相似。但与降水相比,闪电在大陆上比在海洋上更频繁,这是由于下午陆面加热大大增强了 CAPE,从而产生更活跃的对流。

要实现温度和湿度探空中固有的 CAPE,需要两个条件:通过抬升环境空气变为不稳定(即 CIN 必须减少),以及在不稳定的气团内气块需要被抬升到自由对流高度。通过减弱在混合层顶的逆温使下面有浮力的气块能穿过去,抬升使环境探空变得不稳定。这个过程用示意图 8.43 阐明。

抬升以及有关的低层辐合是造成逆温层抬升使得环境探空变得不稳定的原因,它们通常与一些大尺度作用机制如温带气旋的逼近有关,这些可以根据数值天气预测提前 1 天或更长时间预测出来。相反,触发深对流的气块抬升常常与更局地的、生命更短的、更不可预测的作用机制有关,如海风锋、山脉或从早已存在的对流风暴中流出的气流的前沿。

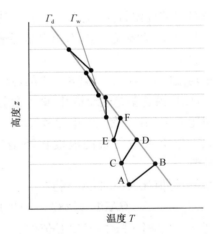

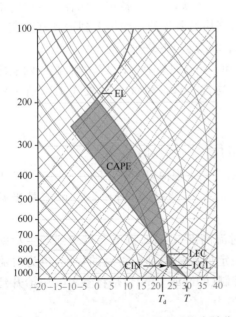

图 8.42 一次假设的探空,解释了对流有效位能(CAPE)和对流抑制(CIN)的概念。这次探空中的 CAPE 和 CIN 用阴影表示(另见彩图)。

图 8.43 当逆温层被抬升时,逆温层内递减率 $-dT/dz$ 增加的示意图。黑线 AB 表示抬升前逆温层内的温度廓线,CD 表示抬升一个高度后逆温层内的温度廓线,EF 表示抬升两个高度后逆温层内的温度廓线等。假定逆温层底水汽饱和,当逆温层被抬升时以湿绝热递减率冷却;而逆温层顶不饱和,当逆温层被抬升时以干绝热递减率冷却。不同的冷却率引起递减率变得陡峭,部分由逆温层被抬升时层内空气的扩张来补偿。这个作用没有在图表中表示。

b. 垂直风廓线

对流风暴以近似等于环境场中垂直平均的水平风速移动,其中垂直平均表示质量(或在风暴深度的加权平均气压)。通常对流层中部引导层上风暴运动矢量近似等于环境场的风。但是风暴并不是真的由某一层的风引导;引导层仅仅是矢量与平均风矢量最匹配的一层。在一些条件下,风暴在垂直平均风以及引导层风的左边或右边系统地传播。

对流风暴常常在这样的环境中形成:垂直风切变矢量 $\partial V/\partial z$ 受随高度增加的标量风速 $V$ 支配。切变强度影响风暴内上升气流和下沉气流的垂直倾斜:弱切变有利于一种这样的结构,即下沉气流最终隔离上升气流的低层水汽供应,导致风暴消亡;而强切变有利于一种倾斜的结构,上升气流和下沉气流之间存在共生的关系,这样能产生更强、生命更长的、能引起冰雹和大风的风暴。

风向随高度的变化也对对流风暴的动力起重要作用。具有明显的顺转及逆转的垂直风廓线很容易用速矢端迹表示:一次垂直探空的风分量 $u-v$ 的图,代表探空的连续层次的点用曲线连接。廓线中任意一层的垂直风切变矢量都与那一层的速矢端迹相切。图8.44 是假定的北半球站点的理想化速矢端线,风矢量 $V$ 随高度顺时针方向旋转(顺转),但(b) 图上的顺转更明显。图8.44(a)的速矢端线很直,表明垂直风切变矢量 $\partial V/\partial z$ 不随高度旋转(即切变是单向的)。相反,图8.44(b)的速矢端线弯曲,表明 $V$ 和 $\partial V/\mathrm{d}z$ 都随高度旋转。弯曲的速矢端线对一类被称为超级单体的对流风暴的重要性将在8.3.2 小节提到。

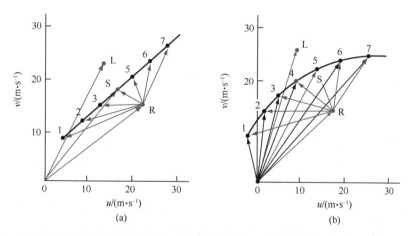

图 8.44　用速矢端线描述的理想的北半球垂直风廓线。速矢端线上的点表示从起点向外辐射的风矢量末端。从廓线的底部到顶部即从地面向上延伸到对流层顶,点依次排号。两个廓线都显示风随高度顺转。(a)垂直风切变 $\partial V/\mathrm{d}z$ 是单向的,(b)垂直风切变随高度顺时针旋转,由速矢端线的弯曲表示。两幅图中对流层中部的引导层 S 以及假设风暴朝着引导气流的左边和右边移动的速度矢量用指向 L 的直线表示。速矢端线的弯曲决定了有利于左移还是右移风暴,在下一小节中解释。由 R 发出的箭头显示了与右移风暴一起移动的坐标系中的相对气流。

存在垂直风切变时,空气具有绕水平轴旋转的涡度。例如图8.44 两条垂直廓线都显示绕着 $y$ 轴顺时针旋转的涡度。与表 7.1 类似,绕着 $y$ 轴的涡度大小是($\partial u/\partial z-\partial w/\partial x$),其中 $|\partial u/\partial z|$ 比 $|\partial w/\partial x|$ 大几个量级。因此实际上垂直切变 $\partial u/\partial z$ 就是绕着 $y$ 轴的涡度。

**习题 8.2** 比较由于垂直风切变为 $3m \cdot s^{-1} \cdot km^{-1}$ 绕着水平轴的涡度和与地球旋转有关的涡度大小。

**解答:** 涡度等于切变,即 $3m \cdot s^{-1} \cdot km^{-1}$ 或 $0.003s^{-1}$。从习题 7.1 可推断在与旋转轴垂直的平面上,与地球旋转有关的涡度是 $2\Omega = 2 \times 7.29 \times 10^{-5} s^{-1} \approx 1.5 \times 10^{-4}$。因此这个垂直风切变固有的涡度是与地球旋转有关的涡度的 20 倍。

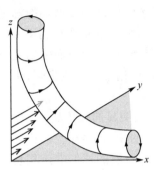

图 8.45 由于垂直切变 $\partial u / \partial z$,边界层空气具有绕 $x$ 轴的涡变,通过吸入这种边界层空气,对流风暴中的上升气流怎样获得绕垂直轴的涡度。进一步解释请参考原文。

当边界层空气被吸入到对流风暴的上升气流中,绕水平轴的涡度可能倾斜,以致转变为绕垂直轴的涡度,如图 8.45 所示。假定风、垂直风切变和风暴运动在 $x$ 方向上,风暴的上升气流中心在 $y$ 轴上。注意绕 $x$ 轴反时针方向的涡度(沿轴线在正方向看)是怎样倾斜成绕 $z$ 轴反时针方向的涡度(从上面看)。这是把旋转赋予对流风暴的一个强大的机制。

c. 易受对流风暴影响的地理区域

春季美国中部比世界上其他任一同等大小的地区经历更多的龙卷风雷暴。当以下所有的基本要素都具备时,风暴在温带气旋的暖区内爆发:

- 从墨西哥湾向北流动的暖湿的对流不稳定的边界层气流被从落基山向东流动的干的条件不稳定气流盖住;

- 垂直风切变强,由 250hPa 层存在急流证明;

- 风随高度顺转强,低层为南风,高空为西风;

- 与气旋及锋过境有关的强天气尺度抬升。

## 8.3.2 对流风暴的结构和演变

与天气有关的伤亡、财产损失以及交通中断常常与局地对流风暴而非温带气旋有关,因此事实上,强风暴及灾害性天气这种术语隐含被理解为对流风暴,除非另外指定[13]。

在过去几十年,人们已经对对流风暴的结构和动力有很多了解。风暴的上升气流和下沉气流太强使研究飞机不能安全探测,而双多普勒分析[14]使绘制其三维风场变为可能。用数值模式可以模拟许多观测到的对流风暴的结构特征,还可以确定各种大尺度环境下的风暴类型。本节将简短介绍这些结果。

雷暴是由单体组成的,图 8.46 给出单体的发展、成熟以及消亡。左图显示前景场上

---

[13] 许多归因于对流风暴的人类不幸是由闪电造成的,在世界上一些地方的某些季节,闪电每天都发生。美国平均每年有 50 起死亡与闪电有关,最高死亡率在闪电出现最频繁的落基山和佛罗里达。闪电致死绝大部分为男性。冰雹是财产损失的主要原因在美国,典型年冰雹引起的财产损失是龙卷风的 2～3 倍。破坏性冰雹在大平原西部出现频率最高,每年造成的农作物损失达农作物总值的 5%。缓慢移动的对流风暴能产生暴洪,其特征是江河水位突然上升,严重威胁下游的生命和财产。在垂直风切变强的环境中形成的风常常伴随着破坏性风,在下一小节描述。

[14] 分析两个或多个多普勒雷达的径向速度来确定降水区的三维速度场。

图 8.46 1997 年 5 月 25 日堪萨斯州安东尼附近一个龙卷风暴发展的各个阶段的深对流单体。左图是看向东面拍摄于日落前 1.5h,右图是看向东面朝着离开的风暴拍摄于日落时[布赖恩·摩甘提[15]](另见彩图)。

初期快速发展的单体,它由对流层中部 CAPE 维持,背景场为更深的、发展更充分的单体。右图的单体顶部正在接近平衡层,超过平衡层的上升气块不再上浮,这样它们分散开来形成一个云砧。右图显示了一个完全发展的云砧,仍然有许多来自边界层的新对流单体不断补充维持。

对流风暴可被分类为

- 在弱垂直风切变的条件下形成的相对小的、温和的单个单体风暴;
- 在强垂直风切变的条件下发展的危害性大的多单体风暴;
- 剧烈的、活跃的、生命长的超级单体风暴,它具有从多单体风暴分裂形成的旋转的上升气流。

多单体风暴和超级单体风暴能产生冰雹和大风,大部分破坏性的龙卷风都与超级单体风暴有关。

a. 普通雷暴

气团雷暴或普通雷暴这个术语用于描述由不稳定气团中的局地对流而非锋或不稳定线所产生的小的孤立的积雨云(图 8.47)。这些系统一般只发展一个主要的阵性降水(单个单体风暴),气压场完全由暖的上升气流的浮力决定。

普通雷暴曾是一个加强场项目即"雷暴计划"的研究对象,这个项目于 20 世纪 40 年代末在佛罗里达州和俄亥俄州实施。大量的雷暴数据汇总建立一个典型的单个单体雷暴生命史的理想化模型。图 8.48 描述了这个模型,在一个多单体风暴内的单个单体风暴的生命史有 3 个阶段:积云、成熟及消散。多单体风暴是由几个单体组成的,这些单体连续地

---

⑮ 这个部分大多数在地面拍摄的照片是由业余或专业的气象学家提供的,他们的网址是 www. stormeffects. com(布赖恩·摩根提);www. twisterchasers. com(开斯莱·皮尔卓斯奇;www. mesoscale. ws(埃里克·奈言;skydiary. com(克里斯·克瑞德勒;www. dblanchard. net(大卫·布兰查德)。这些网址提供了大量观测到的对流风暴和有关现象的更多例子。

图 8.47　一个小的孤立的积雨云[阿特·朗罗](另见彩图)。

生长以及消亡,每一个生命史为 0.5h 左右。

　　在积云阶段(图 8.48(a)),云完全是由上升气流暖的浮力云羽组成的。云内上升气流的速度随高度迅速增加,穿过云的侧边界有相当大的夹卷。云顶以 10m·s$^{-1}$的速度向上移动。由于上升气流速度很大,过冷雨滴可能在冰冻层以上存在(由于可能结冰,这种情况对飞机很危险)。成熟阶段(图 8.48(b))的特征是活跃的下曳气流发展,它与最大降水区一致。

　　下曳气流是由雨滴产生的向下的拖曳力激起的。进入下沉气流的干的环境空气(图 8.48(b)右图)以及云底下的未饱和空气因降水蒸发冷却。在一些情况下,蒸发冷却能极大增强下沉气流的负浮力。在成熟阶段,过冷雨滴仍然存在于上升气流的冰冻层以上,而雪片或软雹粒可能存在于下沉气流的冰冻层以下。上升气流最大的垂直速度位于云的中部,在此层以上气流卷出。在消散阶段(图 8.48(c))云顶接近对流层顶,开始水平展开成云砧。当降水在云内发展时,下曳气流逐渐变得更宽阔,到消散阶段时已覆盖了整个云。如果被剥夺过饱和的上升气流源,云滴将不再生长,结果降水很快就停止了。凝结在上升气流中的水汽只有 20%实际上以降水的形式到达地面,其余的在下沉气流中蒸发或成为云碎片(包括宽阔的云砧卷云片)蒸发到周围空气中。

　　单体雷暴生命很短,由于它内含“自我破坏机制”,即雨轴引起的下曳气流,所以很少产生破坏性的风或冰雹(图 8.48(c))。没有垂直风切变,若不破坏维持雷暴的活跃的上升气流,雷暴不可能摆脱它自身产生的降水。

　　b. 多单体风暴

　　多单体风暴由一连串单体表征,单个单体风暴通过其自身循环演变,促进新单体的发展。在弱垂直风切变的条件下,风暴往往组织很差,各个单体之间的关系弱得几乎察觉不到。但是当切变强时,各个单体结合得很紧密,以至于它们失去自己的特性成为更大尺度

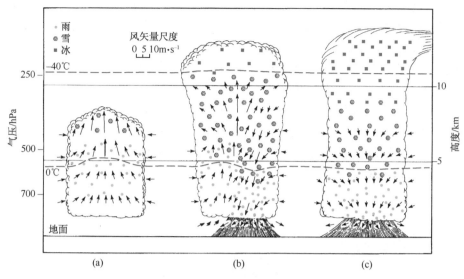

图 8.48 一个典型的普通单体雷暴生命史的 3 个阶段示意图：(a)积云期，(b)成熟期及
(c)消散期。图中水平尺度相对于垂直尺度被压缩了 30%，0℃和−40℃等温线用虚线表示
[选自《雷暴》，美国政府印刷办公室，1949 年]。

的、生命更长的实体的一部分。多单体风暴的组织方式也依赖于与风平行的部分和与风
横向的部分之间的切变分割。许多对流风暴的显著特点是阵风锋，从下沉气流底部脱离
出来的蒸发冷却（所以相对密）的空气前沿抬升暖湿的边界层空气。新单体往往沿着前进
的阵风锋形成，维持多单体风暴，而较老的单体落到阵风锋后面，当其被更冷、更密的下沉
气流环绕时逐渐消亡。

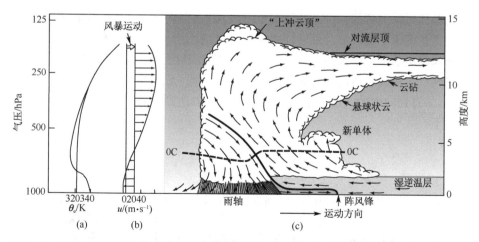

图 8.49 在垂直平均风的方向上垂直切变强的环境中发展的多单体风暴的理想化示意图。
左图为环境相当位温的垂直廓线和风廓线，右图的箭头表示相对于移动风暴的运动。

图 8.49 是一个理想化的对称多单体风暴的示意图，坐标随着风暴一起移动。在被逼
近的阵风锋抬升的空气中形成新的对流单体。当被阵风锋抬升的空气到达自由对流层
时，在其自身浮力的作用下开始自发上升。上升气流中水汽凝结成云滴和冰粒，当粒子长

到足够重时其下落速度超过上升气流速度,粒子就掉出来。相当位温较低的干的环境空气在中层从后面进入风暴。当降水粒子从上升气流中掉出来进入干空气中,一部分蒸发,从而冷却空气到其湿球温度。当空气变冷,与周围相比它的浮力变负,就开始下沉。下落的降水粒子的摩擦拖曳产生一个额外的向下的力,加强了下沉下流。上升气流从下风向离开风暴,在风暴前形成一个可伸展 100km 或更长的云砧。因此从地面上的观测者来看,变厚的高云标志着风暴过境,随后一个低得多、黑得多的云底逼近,风突然转向以及温度突降,标志着阵风锋的到来。直到阵风锋过境几分钟后才开始大降水,还可能有冰雹。风暴留下的冷而湿的下沉气流浅堆可能会持续几小时,抑制了对流的进一步发展。

　　c. 超级单体风暴

图 8.50　2001 年 5 月 8 日堪萨斯州中北部上空的超级单体风暴,它具有旋转的上升气流和大雨冰雹轴[克里斯·克里德勒](另见彩图)。

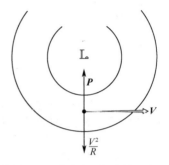

图 8.51　旋转性平衡时作用在气流上的力。$P$ 表示气压梯度力,$\boldsymbol{V}$ 表示水平风矢量,$V$ 表示标量风速,$R$ 表示曲率半径。

　　超级单体风暴独特的特征是旋转的上升气流,这在图 8.50 中很明显,在定时照片和双多普勒雷达图像中更明显。旋转使得在上升气流内形成中尺度低压(即气压最小),使超级单体风暴更活跃。中尺度低压叠加在由于密度梯度引起的流体静力平衡的气压场上。当旋转气流被离心力向外拉离开上升气流中心时,形成中尺度低压。上升气流中心气压下降,一直到向内的气压梯度力和向外的离心力达到旋转平衡,如图 8.51 所示。在这些条件下,

$$\frac{v^2}{r} = \frac{1}{\rho}\frac{\partial p}{\partial r} \tag{8.5}$$

式中,$v$ 是以半径 $r$ 绕着上升气流环流的气流速度[16]。

　　**习题 8.3**　在超级单体上升气流云底的空气可视为在半径为 2km 的固体旋转中,周期为 15min。估计动力产生的径向气压梯度的强度,云底的空气密度是 1kg·m$^{-3}$。

　　**解答:**$P_D$ 是动力产生的气压扰动(单位:Pa),$r$ 是半径,$\omega$ 是旋转率。假定旋转性平衡,

---

　　[16]　地转平衡和旋转平衡是 7.2.7 小节讨论的更普遍的三维梯度风平衡的特殊例子。在地转平衡中忽略离心力,而在旋转平衡中忽略科里奥利力。哪些力需要保留以及哪些能被忽略,取决于系统涡度与行星涡度相比是更小、差不多,还是更大;对圆形涡旋而言,这取决于旋转率,如习题 8.9 所示。与地转平衡的气流不同,旋转气流能绕着一个中尺度低压向任何方向流动,事实上,我们已经观测到顺时针环流和反时针环流。

$$\frac{1}{\rho}\frac{\partial p_D}{\partial r} = \omega^2 r = \left(\frac{2\pi}{15 \times 60\text{s}}\right)^2 \times 2 \times 10^3 \text{m}\delta \approx 0.1\text{m} \cdot \text{s}^{-2}$$

乘以空气密度得到 $\partial p_D/\partial r \approx 0.1\text{Pa} \cdot \text{m}^{-1} = 1\text{hPa} \cdot \text{km}^{-1}$。

因此动力产生的中尺度低压的强度与旋转率的平方成比例,旋转率在地面较小,但在上升气流的较低部分随高度迅速增加。因此在上升气流中心动力产生的气压差 $-\delta p_D$ 随高度扩大,在上升气流下面产生一个流体静力不平衡的向上的气压梯度力 $(1/\rho)\partial p_D/\partial z$,增强了上升气流下面的空气向上的加速度。这种对三维气压分布的动力(非流体静力)贡献使超级单体风暴比普通雷暴单体更强、持续时间更长。

**习题 8.4**　由于存在动力引起的气压扰动 $p_D$,估计上升气流底部向上的加速度大小。$p_D$ 在地面为 0,在地面上 1km 处为 1 hPa,空气密度是 $1\text{kg} \cdot \text{m}^{-3}$。

**解答:**

$$\frac{\mathrm{d}\omega}{\mathrm{d}t} = \frac{1}{\rho}\frac{\partial p_D}{\partial z} \approx \frac{1}{1} \times \frac{100\text{pa}}{1000\text{m}} = 0.1\text{m} \cdot \text{s}^{-2}$$

每隔 1min,这个大小的力将赋予上升气流下面的空气 $6\text{m} \cdot \text{s}^{-1}$ 的垂直速度。动力产生的气压梯度力对维持上升气流的重要性将在下面的习题中进一步阐明。

**习题 8.5**　需要多大的温度扰动才能传递与习题 8.4 中相等的流体静力平衡的垂直加速度?

**解答:**在习题 3.11 中已得到

$$\frac{\partial^2 z}{\partial t^2} \approx g\frac{T'-T}{T} = 0.1\text{m} \cdot \text{s}^{-2}$$

式中,$T'$ 是扰动温度。代入 $\rho=1\text{kg} \cdot \text{m}^{-3}$ 和 $T=288\text{K}$,解 $T'-T$,得到 $T'$ 值为 3℃[⑰]。

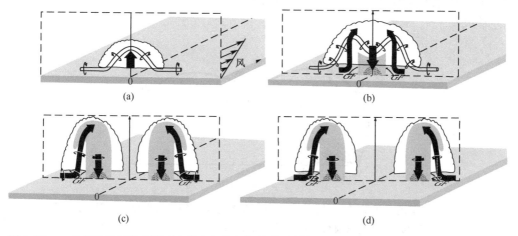

图 8.52　一个多单体风暴分裂成右移和左移超级单体风暴的示意图。粗的黑色箭头表示上升气流和下沉气流,阴影表示雷达回波,上面两图的细管代表边界层气块柱,细的环状箭头表示气块旋转 [选自《高级地球物理学》,24,罗伯特·豪斯和赫伯斯,"降水云系统的组织和结构",263 页,1982 年,得到 Elsevier 的允许]。

---

⑰　这个值被过高估计,因为上升气流中的空气旋转引起的气压扰动向下延伸到地面时,振幅减小。由于地面存在中尺度低压,水平气压梯度加强了进入上升气流的低层水平入流。

超级单体风暴是怎样获得旋转的？为了回答这个问题，考虑一个在风速随高度增加但不转向的环境中发展的风暴。假定一个孤立的深对流上升气流在这个环境中发展，一开始随着垂直平均引导气流向下游移动。边界层空气从左右侧以及锋面进入上升气流中，如图 8.52 上图所示。在图 8.45 中向左看，进入到上升气流右侧的低层空气显示反时针涡度。当虚构的入流空气管向上弯曲进入上升气流的右边时，它们反时针旋转（向下看）。上升气流的左边是其右边的镜像，同样理由它将获得顺时针旋转。

在上升气流中层反向旋转的涡度产生负的气压扰动，加强了上升气流底部向上的气压梯度。这种加强不是出现在上升气流中部而是沿其右侧和左侧，使得上升气流变宽，最终分裂为反向旋转的右移和左移的超级单体风暴，如图 8.52 显示。

图 8.52(b)表明风暴分裂可能是由于沿对称轴自发形成的强下沉气流。但是在数值模拟这一现象时可观测到分裂，甚至当忽略加强下沉气流这一微物理过程时也观测到分裂。这是上升气流中反向旋转的涡度产生的气压扰动的结果。这个风暴分裂过程并不要求环境风廓线随高度顺转或逆转。

北半球几乎所有的强超级单体风暴都具有右移且反时针性（即气旋性）旋转的上升气流。直到 20 世纪 80 年代人们还普遍认为这是科里奥利力影响的结果，如 7.2.9 小节解释的那样。但是通过数值试验，人们现在已明确行星涡度对超级单体风暴上升气流的旋转作用很小。右移的风暴盛行是由于在有益于超级单体风暴形成的大尺度场中，顺时针方向转的速矢端线盛行，如图 8.44(b)的例子。具有单向风切变的速矢端线既有助于左移风暴，也有助于右移风暴，就像图 8.44(a)的例子。为什么在北半球风随高度顺转有利于反时针旋转的风暴移动到引导气流的右侧（在南半球相反），这个问题超过了本书的研究范围。简言之，顺转扰动了对流上升气流内部及附近的气压场，加强了右移风暴，抑制了左移风暴。

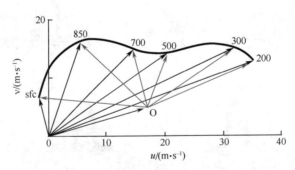

图 8.53　是美国中部 62 个龙卷性超级单体雷暴附近探空的速矢端线合成图。数字代表气压层，单位：hPa。从起点到 O 点的箭头表示风暴的平均运动，虚箭头代表在一个随风暴移动的坐标系中各个层次的风。这幅图是建立图 8.44(b)理想化的速矢端线的基础［根据 Mon. Wea. Rev., 104, 133～142 页的数据, 改编于云动力学, 罗伯特·豪斯, 291 页, 1993 年, 得到 Elsevier 的允许］。

图 8.53 是美国中部 62 个龙卷性超级单体雷暴附近探空的速矢端线合成图。风暴平均朝着东-东北方向移动，在垂直平均引导气流的右边。风速随高度迅速增加，特别是在对流层低层，风向从地面上的南-东南顺时针方向转到对流层高层的西-西南，风向改变了约 90°。速矢端线的较低部分显示了与图 8.44(b)理想化廓线一样的强弯曲。

因此在超级单体风暴中气旋性旋转的上升气流盛行是下面事实的结果：

- 有利于深对流的热力学条件在暖平流的条件下比冷平流的条件下出现更频繁；
- 暖平流的出现与风随高度顺转有关；
- 风随高度顺转体现在速矢端线反气旋弯曲，有利于气旋性旋转的上升气流。

　　暖平流的出现与风随高度顺转有关，这是热成风方程的结果[方程(7.20)]，在该方程中科里奥利力参数 $f=2\Omega\sin\Phi$ 是线性因子。由于摩擦曳力，在边界层风随高度顺转也有利于速矢端线反气旋弯曲，如 7.2.5 小节解释的。因此可以说科里奥利力是气旋性旋转的超级单体风暴盛行的间接原因。

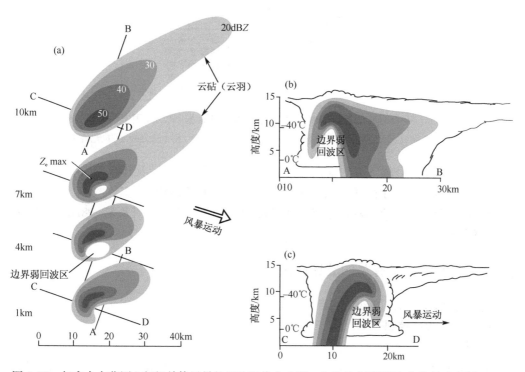

图 8.54　加拿大大草原上超级单体风暴的雷达图像合成图。左边是水平剖面，右边是垂直剖面。反射率尺度为 dBZ，是对降水强度的对数度量。BWER 表示边界弱回波区域，代表上升气流。$Z_e\max$ 表示最强的回波[选自《云动力学》，罗伯特·豪斯，293 页，1993 年，得到 Elsevier 的允许。切守姆和瑞尼克国际云物理大会，伦敦(1972)]。

　　图 8.54 是一个典型超级单体风暴结构的雷达图像。低层强不对称反映了右移风暴盛行，在 4km 和 7km 层上的边界弱回波区(BWER)或无回波穹隆对应了上升气流，它与旋转轴一致。最强的雨和冰雹往往出现在围绕着气旋性旋转轴的西北侧的下沉气流中。

　　图 8.55 是地面上风暴的结构，在龙卷风中心由 M 表示的中尺度气旋以及用冷锋符号描述的阵风锋类似一个温带气旋的缩影。大部分流入旋转上升气流的低层气流出现在沿着中尺度气旋以东的阵风锋的静止部分。相对于移动的风暴，入流气流向西，且与锋平行。沿着剖面 AA′，暖湿的边界层在阵风锋上向北流动，而蒸发冷却的下沉气流保留在原地，某些情况下甚至向南移动。因此与未受扰动的环境相比，由于阵风锋的存在，通过 AA′流入到上升气流中的垂直切变加强了 3 倍或更多，由边界层空气倾斜进入上升气流

所产生的涡度率也相应增加。因此,在有利的环境条件下,由多单体风暴分裂形成的右移风暴的旋转可以自我增强。

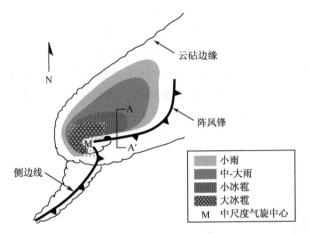

图 8.55　一个右移的超级单体风暴的理想化结构[根据 NOAA 国家强风暴实验室出版物,《云动力学》,罗伯特·豪斯,293 页,1993 年,得到 Elsevier 的允许]。

- 流入风暴的环境气流的垂直切变加强了上升气流的旋转及其有关的中尺度气旋;
- 中尺度气旋的存在,反过来又增强了上升气流和阵风锋。

图 8.56 阐明了一个右移的超级单体风暴的云的显著特征。图 8.57~8.60 是相关云形成的例子。

### 8.3.3　与对流风暴有关的破坏性风

与对流风暴有关的剧烈天气常常伴随着与龙卷风、阵风锋及下击暴流有关的大风,甚至有时受这些大风控制。

#### a. 龙卷风

龙卷风[18]是与地面接触的快速旋转的空气柱,它悬在深对流云底部或位于深对流云底部下面。下降的抬升凝结高度及其托起的地面碎片使得龙卷风很明显,由图 8.61 和图 8.62 的例子可见。与龙卷风有关的独特的漏斗云表明了在涡旋内部大气气压低。定义云廓的大气气压值大概对应了环境空气的抬升凝结高度上的气压,但若有大量较湿的下沉气流进入到上升气流中,气压值可能更高些。与龙卷风有关的破坏性风延伸到漏斗云廓外面,甚至就算没有一个明确的漏斗云,破坏性风也存在。龙卷风内部以及附近的气流比形状紧密平滑的漏斗云的气流更复杂。依靠环境照明不同,漏斗云颜色或深或浅。龙卷风有多种大小和形状,一个龙卷风可能有多个涡旋。

龙卷风的切向风速和垂直速度的径向廓线还不是很清楚,但对于假设的廓线,假定涡旋处于旋转平衡,可以根据最大切向风速来估计龙卷风中心气压,这由下面的习题示范。

**习题 8.6**　围绕龙卷风的环流类似"兰金涡旋",其特点是若半径 $r < r_0$ 为固体旋转,若半径 $r > r_0$ 为无旋转气流,切向速度 $v$ 与半径成反比。假定气流处于旋转性平衡,估计

---

⑱　来源于西班牙动词 tornar,意思是扭曲。

最大速度为 $100\mathrm{m \cdot s^{-1}}$ 的龙卷风的气压差 $\delta p$（与环境空气气压相比）。空气密度是 $1.25$ $\mathrm{kg \cdot m^{-3}}$，忽略空气密度随气压的变化。

**解答：**气流处于旋转性平衡，所以

$$\frac{1}{\rho}\frac{\mathrm{d}p}{\mathrm{d}r} = \frac{v^2}{r}$$

因此，若忽略密度变化

$$\delta p = \rho\int_0^\infty \frac{v^2}{r}\mathrm{d}r$$

当 $r < r_0$，$v = v_0(r/r_0)$，当 $r > r_0$，$v = v_0(r_0/r)$，其中 $v_0$ 是半径 $r_0$ 处的切向速度，将其代入公式得到

$$\delta p = \frac{p v_0^2}{r_0^2}\int_0^{r_0} r\mathrm{d}r + \rho v v_0^2 r_0^2 \int_{r_0}^\infty \frac{\mathrm{d}r}{r^3}\mathrm{d}r$$
$$= \frac{\rho v_0^2}{2} - \left(-\frac{\rho v_0^2}{2}\right)$$

用 $v_0 = 100\mathrm{m \cdot s^{-1}}$，$\rho = 1.25\mathrm{kg \cdot m^{-3}}$ 代入，得到 $\delta p = 1.25 \times 10^4 \mathrm{Pa} = 125\mathrm{hPa}$。这个估计值与观测到的漏斗云常常向下一直延伸到地面是一致的。目前已有超过 40hPa 的地面气压差记录，可以想像若能获得龙卷中部的观测资料则可以记录到更大的气压偏差值。重物能被龙卷风抬升，表明向上的气压梯度力是重力加速度 $g$ 的很多倍（即气压随高度的下降率超过流体静力值 1hPa/8m）。

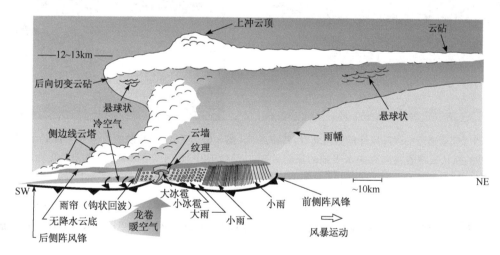

图 8.56　一个典型的龙卷性超级单体风暴的结构[19]。暖空气相对地面运动[根据 NOAA 国家强风暴实验室出版物以及布鲁斯单未发表的手稿。《云动力学》，罗伯特·豪斯，279 页，1993 年，得到 Elsevier 的允许]。

---

[19]　超级单体风暴可以被分成 3 种：经典超级单体，与这幅示意图类似；低降水（LP）超级单体，其中旋转的上升气流常常清晰可见；高降水（HP）超级单体，大雨（常伴随着冰雹）包围着中尺度气旋拖尾的一侧，使里面的龙卷风不明显。与大部分经典超级单体不同，HP 风暴沿着阵风锋的前（东）侧发展强的旋转。

图 8.57　沿着钟状旋转的上升气流底部发展的墙云,上升气流位于超级单体风暴的中尺度低压中心。视角是西南方向。此时位于风暴以南的观测者看到龙卷风迅速被雨掩盖[布赖恩·摩根提](另见彩图)。

图 8.58　在中尺度气旋的方向上沿着阵风锋前侧(向南看)的超级单体风暴的上升气流底部的陆架云。受到降雨冷却的下沉气流推动,阵风锋向左(东)迅速前进。当在远处从左向右看,在陆架云前部(外部)常常可见云的上升运动,而下侧常常出现湍流、风分裂,就像在这幅图中[布赖恩·摩根提](另见彩图)。

图 8.59　朝着逼近的强阵风锋前侧向北看,其特点是独特的弧状云绕着指向页内水平轴的反时针旋转很强[卡思现·皮尔卓斯奇](另见彩图)。

图 8.60　卫星图像反映的 1994 年 7 月 10 日日落前美国中西部上空的雷暴。太阳角度低突出了上冲云顶[NASA-GSFC GOES 项目](另见彩图)。

　　为了产生龙卷风,旋转上升气流的涡度需要达到约 $10^{-2}\,\mathrm{s}^{-1}$,这比地球旋转要高 2 个量级,则旋转气柱必在垂直方向上(或与旋转轴平行的方向上)伸展,以利于涡度的进一步增强。

　　伸展对加强涡度的作用可理解如下。当一闭合空气环向旋转轴辐合,其环流 $C$(或角动量)往往守恒,7.2.9 小节已解释。因此 $v$ 与 $r$ 成反比增加。由(7.3)式得环内区域的平均涡度等于环流与环内包含的面积之比,因此涡度必与环的面积 $A$ 成反比增加,即

$$\frac{1}{\zeta}\frac{\mathrm{d}\zeta}{\mathrm{d}t} = -\frac{1}{A}\frac{\mathrm{d}A}{\mathrm{d}t}$$

　　根据(7.2)式和连续方程(7.39),这个表达式可被写为

$$\frac{1}{\zeta}\frac{\mathrm{d}\zeta}{\mathrm{d}t} = \frac{\mathrm{d}}{\mathrm{d}t}\ln\zeta = \frac{\partial w}{\partial p} \tag{8.6}$$

　　调用(7.33)式,并记住形成龙卷风的垂直伸展出现在地面上空 1~2 km 内,这里密度

图 8.61　超级单体龙卷风有很多不同的大小、形状和颜色。(上左)2004 年 5 月 29 日堪萨斯州莎朗附近,向东看。旋转的橙色云是日带照亮的地面碎片,从云底向下延伸的较细的浅灰色漏斗云是凝结的水汽[卡思瑞·农尔卓期奇拍摄]。(上中)堪萨斯州阿提卡上空同一个超级单体风暴的龙卷风,向北看。很多地面碎片来自于干草堆。(上右)2004 年 6 月 12 日堪萨斯州马尔温附近绳子状的龙卷风,向东看。(下左)2004 年 6 月 10 日内布拉斯加州大泉附近的"烟囱管"龙卷风,有一个平滑的白色的凝结漏斗,向西北看。在水平面上隐约可见的电线塔可作为尺度。(下右)2004 年 5 月 29 日堪萨斯州阿勾尼亚的楔形龙卷风(非正式术语,指凝结漏斗在地面上的宽度等于从地面到云底的距离的大尺度龙卷风),向北-西北看[埃瑞克·牛恩拍摄](另见彩图)。

的变化范围在 $10\% \sim 20\%$,可以得到

$$\frac{\mathrm{d}}{\mathrm{d}t}\ln\zeta \approx \frac{\partial w}{\partial z}$$

图 8.62　2004 年 6 月 10 日内布拉斯加州西部上空龙卷风的 3 个发展阶段。左图凝结漏斗从墙云中开始出现,但地面环流已经开始抬升尘土。在后面两图中凝结漏斗发展得更完全,墙云明显可见,并且尾云从墙云右边进入并包围墙云右侧[卡思瑞·皮尔卓斯奇](另见彩图)。

积分并取逆对数,得到

$$\zeta = \zeta_0 e^{t/T}, \text{其中} T = (\partial w/\partial z)^{-1} \tag{8.7}$$

在上升气流底部气流向上的加速度形成伸展,伸展最终形成了龙卷风。在一个典型的超级单体风暴中,上升速度 $w$ 从地面上的 0 增加到地面上空 1km 的 $3m \cdot s^{-1}$,$\partial w/\partial z$ 约为 $3\times10^{-3}s^{-1}$。因此涡度增加的 $e$ 折叠时间 $T$ 是 300s。

**习题 8.7** 假设环境涡度是 $10^{-2}s^{-1}$,垂直伸展引起涡度增加的 $e$ 折叠时间是 5min,要产生一个在半径 $r_0$ 为 200m 处的最大风速 $v=100m \cdot s^{-1}$ 的轴对称的龙卷风需要多长时间？假定在风速最大半径内的龙卷风区域是固体旋转。

**解答:** 根据习题 7.1,完全发展的龙卷风涡度等于 $2\omega$,其中 $\omega$ 是旋转率 $v/r$,所以

$$\zeta = 2\frac{v}{r} = 2 \times \frac{100m \cdot s^{-1}}{200m} = 1s^{-1}$$

要得到这个值,涡度必须比环境值大 100 倍。对(8.7)式取自然对数

$$\ln\frac{\zeta}{\zeta_0} = \frac{t}{T}$$

用 $\zeta/\zeta_0 = 100$ 和 $T=5min$ 代入,得到 $t=23min$。

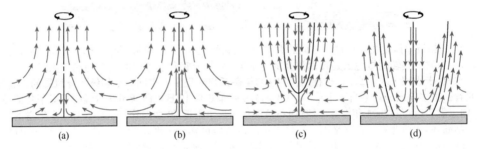

图 8.63　在龙卷风发展的各个阶段其内部气流的示意图[根据《雷暴形态学和动力学》的图表,俄克拉荷马大学出版社,诺曼(1986)197～236 页,以及《龙卷风研讨会集》的图表,灾害研究院,得克萨斯理工大学,鲁伯克(1976),107～143 页。云动力学,罗伯特·豪斯,291 页,1993 年,得到 Elsevier 的允许]。

龙卷风涡旋内部的大部分涡度和上升不是均匀分布(固体旋转中均匀分布),而是集中在一个狭窄的环内,就在最大风的半径内,由图 8.63 所示。在一定条件下,这个具有极高涡度的环能分解成多个涡旋,这些涡旋在碎片的高空照片中清楚可见。

龙卷性超级单体风暴的旋转在几小时内逐渐增大,但龙卷风自身的发展快得多。典型的龙卷风生命史大约几十分钟,且随着风暴移动。当侧边线或后面的侧阵风锋围绕着中尺度气旋时(图 8.55 和 8.56),这与冷空气围绕一个锢囚的温带气旋的方式相似,

图 8.64　1988 年 6 月 15 日丹佛附近在雷暴中发展的非超级单体龙卷风[© 1998,大卫·布朗查德](另见彩图)。

大部分龙卷风最终被更冷的浮力更小的下沉气流包围。随着成熟龙卷风及其有关的中尺度气旋减弱并消亡,一个新的中尺度气旋可能沿着阵风锋形成,为形成新的龙卷风创造条件。单个超级单体风暴在其一生中可能会产生一族龙卷风。

当一片绕垂直轴环流的边界层空气与活跃的对流性尺度上升气流垂直成一列时,非超级单体龙卷风形成(图 8.64)。涡度可能来源于阵风锋、辐合线或环绕地形的气流引起的风切变。在 $3m \cdot s^{-1}$ 的上升气流中的垂直伸展经过大约 15min 就可以把一个初始涡度扰动放大 2 个量级。水龙卷和沙尘暴是更小、危害性也更小的涡旋,其形成方式类似(图 8.65)。

图 8.65　当低层旋转很大时,沙尘暴可以在干对流的强上升气流下面形成。这是 8 月早晨在科瓦利斯附近一块刚耕过的地上观测到的无数的沙尘暴中的个［© 1998,大卫·布朗查德］(另见彩图)。

### b. 下击暴流

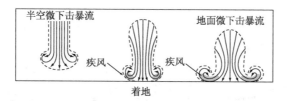

图 8.66　下击暴流的概念模型［T. T. Fujita[20],下击暴流——微下击暴流和大下击暴流,NIMROD 和 JAWS 项目报告,芝加哥大学,1985 年］。

　　向下穿透力强的下沉气流即下击暴流(或其最集中的形式：微下击暴流,图 8.66)主要对飞机有危险,但有时也会在地面产生破坏性风。与龙卷风中的地面风形式不同,微下击暴流的风不旋转：它几乎是纯辐散的。与微下击暴流有关的强风并不是由于涡度集中而是由于下沉气流的负浮力,该负浮力可以使它穿过到达地面几百米才开始减速。模式结果表明这个负浮力主要是由于蒸发冷却,在一些情况下是由于冰雹的融化。龙卷风在雷达反射的三维场中无回波穿隆下面形成,而微下击暴流往往与强降水轴一致。下击暴流的垂直加速度的量级是 0.01g,表明相对于环境空气有几摄氏度的温度差,且几 $m \cdot s^{-1}$ 的向下风速一直向下延伸到地面上空几百米。

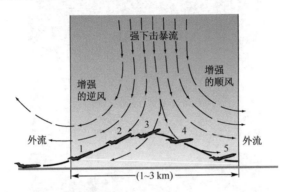

图 8.67　进入到微下击暴流中的飞机的理想化描述。从 2 到 4,飞机不再逆风而开始
顺风,从而抬升减弱并且高度突然降低[J. Clim. Appl. Meterol. ,25(1986),1399 页]。

　　图 8.67 阐明了微下击暴流对飞行的危险,危险并不在于下沉气流本身引起的高度降低,而在于当飞机穿过下沉气流时,在 20s 内相对于飞机的风速可能减小 10m · $s^{-1}$ 或更多,水平风速的迅速改变使飞机突然失去抬升作用。

c. 阵风锋和陆暴流

　　对流风暴的下沉气流外流形成了一个冷而密集的空气堆,当它在地面散开时代替了更暖、浮力更大的环境空气。下沉气流的移动往往集中于风暴前部(相对于传播方向)所谓的阵风锋。阵风锋与风暴一起移动,所以它几乎是静止的,暖的环境空气靠近并在其上

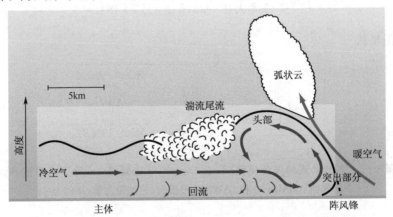

图 8.68　通过阵风锋的剖面图,坐标系与锋一起移动[J. Atmos. Sci,
44(1987),1181 页]。

上升,如图 8.68 所示。阵风锋、陡冷锋以及涨潮时盐水侵入江河中都是一类被称为密度流的流体的例子,已经有大量的实验室和数值模式对此研究过。在实验室,有时在自然界,较密和较轻流体的分界面可由悬浮粒子分辨,如图 8.69 所示。

阵风锋一个独特的特征是其球根状头部,由于地面风速超过了锋本身的前进速度,所以环流是翻转的(图 8.68)。在头部前沿地面气压最大,其振幅大约是 1 hPa,水平尺度达几千米[21]。当阵风锋过境时,地面上固定的观测者将观测到气压猛增。根据水平运动方程,当锋逼近时风速迅速增加(朝右边),锋过境时风速达到最大值,然后风速逐渐减小。有时与阵风锋一起移动的一薄片弧状云可反映暖湿的环境空气被抬升到头部以上(图 8.59)。当弧状云与产生阵风锋的深对流云分离时,它就被称为滚轴云。

当一系列强雷暴的下沉气流前沿接合形成一条完整的大风线时,与阵风锋有关的地面风特别强。这些强而且生命长的风暴,即陆暴流[22],往往沿着对流线向前弯曲的部分发展,在雷达图像上被称为弓形回波(图 8.70)。

图 8.69 科罗拉多州丹佛附近雷暴单体的阵风锋前端,由吹起的尘土群反映[© 1998,大卫·布朗查德]对流产生的沙尘暴在中东和次撒哈拉非洲很常见,被称为哈布沙尘(另见彩图)。

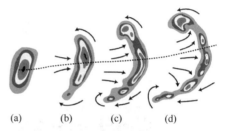

(a)　(b)　(c)　(d)

图 8.70 在北半球当雷暴向东移动时,雷暴的雷达回波(a)演变成一个弓形回波(b,c),最终演变成一个逗号回波(d)。箭头表示相对于移动系统的地面风,回波末尾气旋性旋转和反气旋性旋转的区域都是龙卷风发展的有利位置,虚线表示最强风速轴 [J. Atmos. Sci. 38(1981),1528 页]。

## 8.3.4　中尺度对流系统

就像活的有机体,中尺度对流系统具有超越其构成单体(即单个单体、多单体以及超级单体对流风暴)的特性,特别是它们显示了更大的空间尺度和更长的生命。中尺度对流系统的另一个显著特点是对流降水和层状降水共存。中尺度对流系统内的对流要素有不同程度和类型的组织,这取决于它们形成在哪种大尺度环境中。中尺度组织最独特的形式是飑线。不管有没有层状降水幡,飑线是由一组位于长而连续的阵风锋后面排列成一行的单体和生命长的中尺度对流涡旋组成。甚至组织较差的中尺度对流系统对产生降水也是很重要的,特别是如果它们与一再发生的气候特征如中国的梅雨锋、日本的 Baiu 锋或停滞的天气尺度天气系统有关时。

---

㉑ 阵风锋附近地面上的气压分布是由两部分组成:头部冷下沉气流的重量过度引起的流体静力学贡献,以及下沉气流接近阵风锋时突然减速引起的动力学贡献。

㉒ 来源于西班牙单词,意思是一直向前。

a. 飑线

春季和夏季在对流活跃的中纬度地区如美国中部常常观测到飑线,它们也出现在部分热带地区。热带飑线常常向西传播,而中纬度飑线向东传播。这个部分的例子都是关于中纬度飑线,但许多相同的特征以相反的形式出现在热带飑线中。

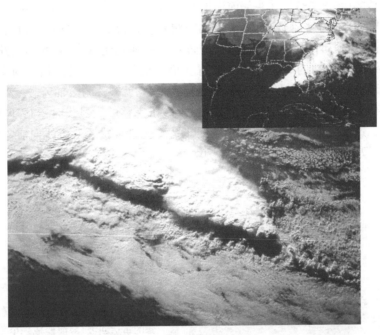

图 8.71　1984 年 4 月 7 日 NOAA GOES 卫星图像上墨西哥湾上空的飑线以及由 NASA 挑战者航天飞机的成员拍摄的一张高分辨率照片(另见彩图)。

图 8.72　俄克拉荷马州上空飑线的雷达反射率型式[Mon. Wea. Rev., 118 (1990),622 页]。

在卫星图像中(图 8.71),飑线看上去像锥状云块,云从顶点发散。一些上冲云顶,即雷暴上升气流的标志,可以在高分辨率图像中看见。雷达图像(图 8.72)更详细地揭示了典型飑线的内部结构。在雷达反射率梯度特别强的风暴前沿可观测到一条强对流降水。飑线上锯齿状突起以 5～10km 为间隔并以一定角度朝向飑线传播的方向,这些突起与图 9.27 和图 9.34 中的滚轴云或云街相似,只是尺度略大。飑线后面降水率迅速下降,但在飑线后面一个无定形区域观测到次大值。次大值对应了从旧的对流单体降落的层状降水区域,这个区域合并形成一个更统一的降水区域,在雷达反射率上用融化层上的亮带表示,在垂直剖面图上很明显(图略)。

图 8.73 是中纬度飑线的气流、微物理特性以及雷达回波的概念模型。旧的对流单体包含在由前向后的上升气流中,这个气流曾经是一个更活跃的对流上升气流的一部分。从飑线后部进入的蒸发冷却空气占据了对流上升气流后部的中低层。对流降水和层状降

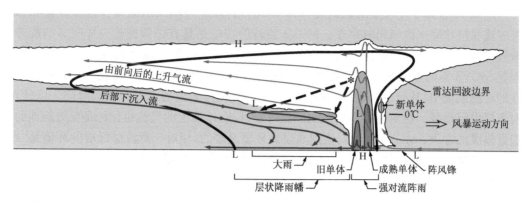

图 8.73　通过一条理想化飑线的剖面图［选自《云动力学》, 罗伯特·豪斯, 349 页, 1993 年,
得到 Elsevier 的允许］。

水之间的分隔区对应着活跃的对流单体后部的弱下沉区域。

　　对流降水和层状降水之间的分隔决定了飑线垂直速度和散度的垂直廓线性质。对流降水与进入深厚上升气流的强低层辐合以及在云砧上同样强的辐散有关, 在云砧上上升气流达到其平衡层。根据连续方程, 在对流层中部辐散往往很小, 垂直速度随高度变化不大, 由图 8.74 可见。相反, 飑线的层状降水与进入蒸发冷却的下沉气流的中层辐合以及低层辐散有关。对流和层状廓线的线性组合廓线的特征是垂直速度的峰值提高以及高层辐散比纯对流廓线更集中。

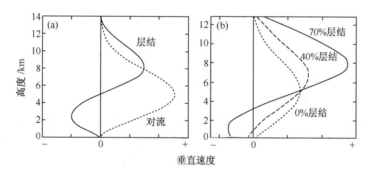

图 8.74　垂直速度的理想化垂直廓线 (a) 与对流和层状降水有关, (b) 与对流和层状降水的
线性组合有关［Rev. Geophys. , 42, 10. 1029/2004RG000150, 2004 年, 3 页。J. Atmos. Sci. ,
61(2004), 1344 页］。

## b. 中尺度对流涡旋

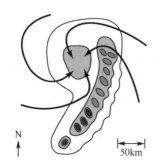

图 8.75　在旋转的中尺度对流系统中
雷达反射率的理想化分布
［Bull. Amer. Meteorol. Soc., 70(1989),
611 页］。

图 8.75 描述了中尺度对流涡旋（MCVs）的结构，它与飑线的结构在很多方面相似，其对流和层状降水区域同时存在。MCVs 独特的特征是具有像调速轮一样明显的旋转，旋转增强了它的寿命。如同在温带气旋中，风场的旋转分量与温度场处于热成风平衡。但是 MCVs 不同于与斜压波有关的系统，因为对流系统排在首位。气流辐合到一个早存在的对流系统中，其行星涡度的集中使得气旋性旋转逐渐发展大约一天的时间。旋转在对流层中层最强。在对流层高层观测到反气旋外流，地面上的气流也往往是反气旋性的。根据热成风方程，MCVs 相对对流层高层的环境是暖的，相对于对流层低层的环境是"冷心"。MCVs 的地面风往往很弱，但降水率可以很大。许多夏季洪涝事件都与生命长且移动缓慢的 MCVs 有关。

## 8.4 热带气旋

热带气旋比温带气旋尺度要小且更轴对称（比较图 1.12 和图 1.13），生命史更长而且更强[23]。最大风速超过 $32\text{m} \cdot \text{s}^{-1}$ 的热带气旋常被称为飓风或台风[24,25]，这取决于它们在哪里形成[26]；最大风速在 $17 \sim 32\text{m} \cdot \text{s}^{-1}$ 之间的热带气旋被称为热带风暴；环流更弱但仍可辨出的热带气旋被称为热带低压。这里我们使用"热带气旋"这个术语总体上代表所有上面这些系统。

在热带气旋暖心的中心是比较平静的风暴眼，它被迅速旋转的云墙所包围，其中没有深对流云。热带气旋造成的大部分风的破坏性局限在一条狭窄的只有几十公里宽的地带，这条地带代表了眼壁的过境（图 8.76 和图 8.77）。

### 8.4.1 结构、热力学以及动力学

与温带气旋从周围环境的径向温度梯度中获得位能不同，热带气旋通过海气界面的潜热和感热通量获得位能。就像上一部分考虑的中尺度对流涡旋（MCVs）一样，热带气旋由中尺度对流系统发展而来，并在与气压场处于旋转平衡中获得旋转分量。但是与 MCVs 不同，热带气旋具有暖心结构，这使它们能够从海气转平衡界面上的通量汲取能量。

在对流层低层热带气旋眼内的气压特别低，这是由于其上的空气暖（因此密度低）造成的。绕低压中心流动的气流的向心加速度比科里奥利力大几个量级，所以切向风和温度场处于旋衡平衡中。在这样的气流中，径向温度梯度和切向风分量的垂直切变通过一个类似热成风方程的表达式联系起来，它要求在任意给定的半径，切向风速的平方必须随高度减小，减小速率与向内的径向温度梯度成正例。与风暴的暖心结构一致，气旋性环流的强度随高度减小。

---

[23] 目前所记录的热带气旋最低的海平面气压是 1979 年西太平洋上台风眼内的 870 hPa，记录的温带气旋最低的中心气压是 926 hPa。

[24] 在波弗特风尺度中，超过 $32\text{m} \cdot \text{s}^{-1}$ 的风被认为具有飓风力。在当前的业务实践中，具有飓风力的热带气旋根据最大风速 $V_m$ 被划分为 1 级（$33 \leqslant V_m \leqslant 42$）、2 级（$42 \leqslant V_m \leqslant 49$）、3 级（$49 \leqslant V_m \leqslant 58$）、4 级（$58 \leqslant V_m \leqslant 69$），或 5 级（$V_m > 69\text{m} \cdot \text{s}^{-1}$）。

[25] 弗朗西斯·波弗特（1774—1857）。在对海盗的巡逻任务中受伤后，成为英国皇家海军部的水文家。从 1838 年开始，广泛使用改编的他定义的风尺度。

[26] 在大西洋和东北太平洋上形成的热带气旋被称为飓风，在西北太平洋上形成的热带气旋被称为台风，在印度洋和南太平洋上形成的热带气旋被称为热带气旋。

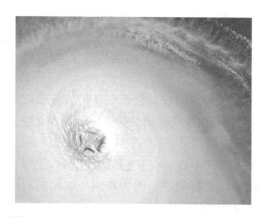

图 8.76　2003 年 9 月 12 日 13 时 15 分经过波多黎各东北的飓风伊莎贝尔的眼。此时伊莎贝尔是 5 级风暴，持续风速达 70m·s$^{-1}$。眼壁云随高度增加呈放射状向外倾斜，眼内较低的云呈对称排列[NOAA GOES-12 卫星图像]（另见彩图）。

图 8.77　2005 年 8 月 28 日下午在 3.5km 高空飞行的飞机看到的 5 级飓风卡翠娜的眼。照片是在眼中心以南向东拍摄的。较黑的云被眼壁云西部遮蔽，眼壁云顶随高度增加呈放射状向外倾斜，就像运动场的露天看台一样[Bradley F. Smull 和 RAINEX]（另见彩图）。

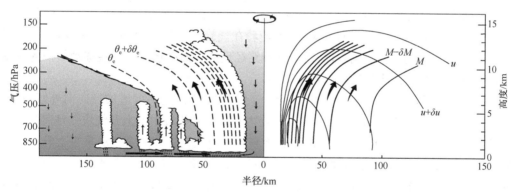

图 8.78　通过一个强热带气旋的理想径向剖面图，左边是云、雨、径向气流和相当位温 $\theta_e$ 的分布，右边是切向风速和角动量。$\theta_e$ 等值线与角动量等值线一致[大气环流系统：结构和物理解释，帕门和牛顿，481 页，1969 年，得到 Elsevier 的允许。根据 Mon. Wea. Rev.，104(1976)，418～442 页的图，修正]。

　　图 8.78 是通过一个强热带气旋的径向剖面图。眼壁在径向随高度向外倾斜，角度非常平缓，从而其倾斜在卫星图像上可见，如图 1.13、图 8.76 和图 8.77。眼壁代表了切向风分量的不连续性：径向切变和涡度的奇异点。眼内的风速小，并且边界层顶部常存在逆温，暖湿空气在下面而干热空气在上面，2～3km 层的温度高达 30℃ 而相对湿度低于 50%。眼内特别干暖的空气表明空气已经下沉了几千米。眼内的热空气下沉而不是上升的现象，表明，在强热带气旋内部存在一个热力间接环流。但是这些风暴是从眼壁外更宽广的热力直接环流中获得动能的。

　　空气在边界层螺旋进入风暴中，在眼壁周围的雨带和深对流环中上升，这里降水率可达 5cm·h$^{-1}$。低层径向入流在眼壁周围的云环外最强，在眼壁降到 0，而气流的切向分量在眼壁最强。从风暴内部流出的气流在接近云顶层最强,并且在定时的卫星图像中很明显。远离眼壁的云顶层上的环流主要是弱反气旋性,而且它常常具有明显的轴不对称。

螺旋进入到强热带气旋的边界层空气的特性受到海气界面上的感热通量、湿度以及动量的显著影响[27]。

- 感热通量对边界层空气入流的加热,是由穿过等压线朝着较低气压的气流引起的绝热冷却补偿。因此眼内的表面空气温度一般比未受扰动的热带环境的表面空气温度高几度,但位温可能高 5～10℃。

- 海气界面的水汽通量使入流空气比湿提高了 5g/kg,当空气到达眼壁时,使得相当位温增加了 10～15K。对流层中高层的眼壁特别暖是因为在向外倾斜的眼壁外面的强迫对流环内,空气湿绝热上升时释放潜热。

- 向下传递到海洋表面的切向动量减小表面风速。如果不是这个摩擦转矩,入流环流将守恒,切向速度将随半径逆增。从图 8.78 右图明显可见情况并非如此:方位风速径向向内的增加率虽然很大,但是比在等角动量廓线中要小。存在摩擦曳力时,表面风速是次旋转性的:即作用在空气上的径向向外的离心力并没有强到能平衡向内的气压梯度力。这种不平衡推动了低层径向入流。

- 边界层入流的动能摩擦耗散如此强,以至于它成了一个显著的非绝热加热源。

- 通过海气界面的动量向下传递在海洋边界层引起气旋性环流。作用在旋转的水上的离心力引起了径向外流,并伴随着在气旋中心附近上涌。如果混合层浅,温跃层下面的水上涌到表面,沿着气旋路径形成表面冷水带。一些移动缓慢的风暴被它们自身产生的表面冷水堆减弱。

与眼壁附近切向风速随高度减小一致,等角动量 $M$ 面随高度增加径向向外倾斜,如图 8.78 右图显示。若没有切向力,热带气旋内对流上升气流中的上升气块一旦离开边界层就保存角动量,因此当它们上升时必随着 $M$ 面向外盘绕。若一个气块垂直上升而不是沿着等 $M$ 面上升,那么比起环境旋转性平衡的切向气流,它将到达更高层并且切向速度更大,所以它将受到向外的不平衡的离心力作用而被推向 $M$ 面。因此在由深对流支撑的旋转风暴中,$\theta_e$ 面和 $M$ 面必须互相平行,$\theta_e$ 径向向内增加,$M$ 径向向外增加[28]。

热带气旋的风是风暴向前运动以及围绕它的气旋性环流的叠加。因此北(南)半球气旋轨迹右(左)侧的风速往往更大,低层辐合和上升往往在右(左)前象限加强。在环绕眼壁倾斜的深对流环以外,热带气旋的对流多集中在螺旋雨带,螺旋雨带显示了飑线的很多特征。

## 8.4.2　生成和生命期

几乎所有的热带气旋都形成于偏离赤道的一些优势热带地区(图 8.79),在这些地区:

---

　　[27]　具有飓风力的风存在时,海气分界面不是一个连续面。根据波弗特风尺度,"空气里充斥着水沫和飞沫,海洋因活跃的飞沫而成白色。"

　　[28]　类似的考虑也应用到与强锋区有关的深对流。深对流沿着倾斜轨迹加强风系统的涡度过程是对流对称不稳定。

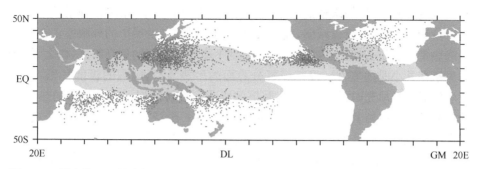

图 8.79 最大的地面风速超过 32m·s⁻¹ 的热带气旋气候图(1970—1989)。红点表示起源区（即最大风速首次超过 32m·s⁻¹ 那一天气旋的位置），蓝点表示之后最大风速超过 32m·s⁻¹ 的气旋位置。阴影表示海表温度超过 27℃ 的海洋区[Todd P. Mitchell]（另见彩图）。

- 科里奥利力显著。几乎所有的热带风暴都是气旋性旋转，并且很少在赤道带形成的事实证明，这地球旋转对它们的形成很重要。科里奥利力对低层入流空气的偏转是造成气旋性环流的原因。
- 海表温度 $T_s$ 很高。这个条件可理解如下：为使热带气旋加强，边界层入流空气在由水汽变饱和的过程中必须能从其下洋面吸收大量潜热。饱和混合比随温度增加越快，空气在沿着朝眼壁向内的轨迹移动中就能获得越多的水汽。由于克劳修斯-克拉珀龙方程的(3.95)非线性，$dw_s/dT$ 随温度 $T$ 增加。只有对超过临界值 26.5℃ 的温度，增加率才能强到支持热带气旋的发展。
- 对流层高低层之间的垂直风切变足够弱，以能使发展中的涡旋保持不走形。

一个不旋转的中尺度对流系统转变为一个热带气旋需要时间使辐合的低层入流集中环境涡度。系统内部的深厚气柱也需要变湿，消除对流层中部 $\theta_e$ 的最小值，从而抑制蒸发冷却造成的下沉气流的发展。随着海气通量使入流空气加热和增湿而最终使内核开始变暖，对流层高层的气压面向上空起，引起高层不平衡的向外的气压梯度力。对流层高层的辐散又产生外流，使海平面气压下降。径向海平面气压梯度推动边界层空气入流，又在科里奥利力作用下获得旋转。响应海表风速增加，洋面的潜热和感热通量也增加。更强的通量又引起风暴内部更强的加热，产生更强的高层辐散，如此下去。

热带气旋恰在那里和什么时候发展取决于许多因素。通过一时加强的低层辐合和涡度以及/或除去行星尺度风垂直切变，一个已存在的天气尺度扰动（例如，形成于非洲撒哈拉边缘、穿过热带北大西洋向西传播的东风波）能够产生使气旋性旋转的 MCV 转变成一个暖心的热带气旋的环境条件。热带行星波为热带气旋生成提供为期一周的"机会窗口"，该时间段对应了风垂直切变被抑制的一段时间。利用与天气尺度和行星尺度气流之间的这些关系，天气预报员常常能够在热带气旋内初生的中尺度对流系统出现之前预测它们的发展。

热带气旋达到最大强度需要几天时间，在此期间眼壁外面大风带中动能的耗散近似等于低层穿越等压线的入流产生的动能。

受较重的垂直平均气流引导，热带气旋往往向西行大约一星期，然后绕着副热带反气旋的西侧向极弯曲。运动速率一般是 5~10m·s⁻¹。当风暴向西向极运动，当遇到不同的环境条件以及其自身内部结构变化时，它的强度每天都可能变化。一些风暴具有明显的"眼壁移位循环",即环绕眼壁的对流环在几天内随时间收缩,最终被外眼壁代替。风暴在收缩阶段增强,在移位阶段减弱,此时衰减中的内眼壁和发展中的外眼壁正在对抗。

最终热带气旋要么移动到海平面温度冷到不能维持它们的更高纬度,要么到达陆地。着陆的风暴在几小时内变性。没有海气分界面的潜热通量,眼内的极低气压不能维持。当气压场的低压被填充时,切向环流在摩擦的影响下旋转减慢。但是残余的热带气旋特别湿的"中心"可能保留其特性长达一星期,如果它在一个特定的分水岭停滞了更长时间,会带来洪涝的危险。一些残余的热带气旋朝着温带风暴的路径向极移动,会呈现温带气旋的特征,随后重新增强;一些会进入已存在的温带气旋中,即有时导致其迅速加深。

### 8.4.3　风暴潮

热带气旋造成的损害往往集中在沿海地带,在热带海洋上发展的风猛烈地袭击这些地区,有时还与破坏性更大的海上来的风暴潮结合。风暴潮是某些因素的叠加:

- 风驱动的向岸流。如果海岸附近的水很浅,向岸流可能一直延伸到底部,就对海水移动时遇到的固定物体施加一个很强的力。由于水被风应力推向海岸,海平面可能升高几米。
- 风波和风潮:携带额外的向岸动量、增强向岸流。
- 河水径流:从涨水的河流流入到海湾和入口。
- 流体静力学分量:其海平面气压降低由海平面上升补偿(海平面气压每降低100hPa,海平面上升1m)。
- 潮汐:可加剧或减少风暴潮的激烈性,这取决于风暴的时间以及月亮的位相。

## 习题

8.8　请解释以下现象。

(a)没有 CIN 就没有 CAPE。

(b)热带雷暴比中纬度雷暴具有更高的云顶,但它们很少产生破坏性风。

(c)积雨云顶有时在上升气流以上突起。

(d)在美国中部春季比其他季节强雷暴出现更频繁。

(e)普通的雷暴单体具有较短的生命史。

(f)旋转性平衡的气流能以任意方向绕着低压中心环流,但一个旋转性平衡的涡旋不太可能绕着高压中心环流。

(g)对流风暴的强上升气流的特征是雷达反射率低。

(h)龙卷风在上升气流下而非下沉气流下形成。

(i)左移的超级单体雷暴在北半球比较罕见,但却是南半球超级单体风暴的普遍形式。

(j)大部分龙卷风气旋性旋转。

(k)与大龙卷风有关的漏斗云往往很平滑很圆,但碎片的型式能显示混乱的风型,即有时具有多个涡旋。

(l)与龙卷风的表面风型不同,微下击暴流的风不环流:它几乎是纯辐散的。

(m)在对流层中高层,热带气旋眼中心的 $\theta_e$ 比眼壁云的 $\theta_e$ 小得多。

(n)当热带气旋的"暖心"发展时,眼内的海平面气压下降。

(o)比起温带气旋,离心力对热带气旋的力平衡起更重要的作用。

(p)当气块朝着龙卷风或热带气旋中心向内盘旋时,其方位风速增加。

(q)假定两个中心气压相同但大小不同的热带气旋,较小风暴的风速最大值可能更高。

(r)离岸水较浅的海岸线比离岸水较深的海岸线更容易受到海岸涌的袭击。

(s)北半球的海岸涌往往出现在热带气旋着陆位置以西。

(t)在比热带风暴眼壁更大的半径处,涡度往往较小,但在眼壁处涡度很大而且很难定义。眼壁的角动量不连续。

(u)热带气旋很少在赤道带内部或越过赤道形成。

(v)热带气旋几乎从没有在南大西洋和东南太平洋观测到。

8.9　如果 $\omega = V/R_T$ 是沿气旋性弯曲轨迹移动的空气的局地角速度,$\Omega$ 是地球旋转的角速度,说明如果 $\omega \ll f$ 那么气流是局地地转的,如果 $\omega \gg f$ 那么气流是旋转的。

8.10　说明图 8.31 气流的气旋性切变对暖锋区作用比对冷锋区作用更显著[提示:把图 7.4(b)反时针旋转 90°,然后把它用到暖锋区中]。

8.11　推导一个过程表达式,即垂直风切变的横向分量转化为绕垂直轴的涡度的过程。

**解答**:重复习题 7.32 中涡度方程(7.21)的推导,在水平运动方程中保留垂直平流项 $-w(\partial V/\partial z)$。这一项的保留在右边引起了额外的项

$$\frac{\partial u}{\partial z}\frac{\partial w}{\partial y} - \frac{\partial v}{\partial z}\frac{\partial w}{\partial x} - w\left(\frac{\partial v}{\partial x} - \frac{\partial u}{\partial y}\right)$$

前两项一般被称为倾斜项。第一项的 $-\partial u/\partial z$ 表示绕 $y$ 轴的顺时针涡度,$\partial w/\partial y$ 表示最初与 $y$ 轴平行的气块的旋转轴倾斜成垂直。第二项是绕 $x$ 轴的涡度,第三项表示相对涡度的垂直平流。

8.12　估计习题 8.6 中最大风速半径的气压差值。

8.13　假设桃乐茜的房子[20]面积是 $200\text{m}^2$,平均高度是 5m,重量是 5 公吨(包括桃乐茜和她的狗),当龙卷风过境时,气压随高度的减小正好能托起房子离开地面。估计在龙卷风下的地面层气压随高度的减小率。假定环境空气密度是 $1\text{kg} \cdot \text{m}^{-3}$。

8.14　地面上空 500m 处下沉气流的垂直速度是 $4\text{m} \cdot \text{s}^{-1}$,下沉气流的半径是 3km。估计下沉气流底部的外流气流在最少公里数上的平均速度。忽略密度随高度的垂直变化,密度值取 $1\text{kg} \cdot \text{m}^{-3}$。

8.15　如果 $x$ 是阵风锋的移动方向,$u$ 是这个方向上的速度分量,用(1.3)式和

---

[20]　桃乐茜是 1900 年弗朗克・鲍姆发表的儿童故事绿野仙踪的女主角。故事里桃乐茜和她的狗多多跑过卧室,想到达地下室的门。

"当她还在穿过卧室的半路时,风来了一声尖叫,房子摇晃得很厉害,她站不住了就突然坐到了地板上。"

"然后奇怪的事情发生了。"

"房子旋转了两三次,然后慢慢上升,桃乐茜觉得她好像在气球里上升。"

"北风和南风在房子这里相遇,使它正好在气旋的中心,气旋中心的空气一般是静止的,但房子每一边风巨大的压力把它举得越来越高,直到到达气旋的顶部,然后房子留在那里,并被运到很远很远的地方,就像运送一根羽毛那么容易。"

(7.11)式说明如果忽略科里奥利力和摩擦力，$\partial/\partial y=0$，垂直速度为 0，

$$\frac{\mathrm{d}}{\mathrm{d}x}\left(\frac{u^2}{2}+\frac{p}{\rho}\right)=0$$

如果 $U_e$ 是阵风锋前未扰动的环境空气中风的 $u$ 分量速度，$U_f$ 是阵风锋（即气压涌最大处）的 $u$ 分量速度，$\delta p$ 是气压涌的振幅，说明

$$\delta p=\rho(U_f-U_e)^2$$

如果 $\delta p=1\mathrm{hPa}$，$\rho=1.25\mathrm{kg}\cdot\mathrm{m}^{-3}$，$U_e=5\mathrm{m}\cdot\mathrm{s}^{-1}\mathrm{s}$，忽略摩擦作用，估计阵风锋上的风速。

8.16　当边界层空气向内盘旋进入热带气旋眼，水汽混合比从 15 增加到 21g/kg，气压从 1012hPa 下降到 940 hPa，温度为 27℃。估计相当位温 $\theta_e$ 的增加量。

8.17　观测的热带气旋最低的海平面气压是 1979 年西太平洋台风中心的 870 hPa。假设这个风暴的 200 hPa 气压面是平的，估计风暴眼中空气的垂直（关于 $\ln p$）平均虚温与大尺度环境空气的垂直平均虚温的比率以及相应的温差。

8.18　一个强热带气旋的眼壁外 10km 的方位风速是 60m·s$^{-1}$，估计径向气压梯度，假定空气密度是 1.1kg·m$^{-3}$。

8.19　如果习题 8.18 中的方位风速随高度从 700 hPa 层的 50m·s$^{-1}$ 减小到 200 hPa 层的 0，估计这两层之间虚温的平均径向梯度。

8.20　考虑一个在 15°N 纬度上形成的轴对称的热带气旋，最初空气是静止的。在没有摩擦曳力的情况下，要使半径 20km 处的方位风速达 40m·s$^{-1}$，低层入流必须来自多远的地方？

8.21　一个强热带气旋眼内的海平面气压比大尺度环境中的海平面气压低 60 hPa，估计由于低压而产生的流体静力学调整引起的海平面上升有多大。

# 第9章 大气边界层

地球表面是大气层的下边界。大气边界层(ABL,图 9.1)是指大气中受该下边界影响最大的一层,或简称为边界层。边界层的厚度随时空变化很大,能从几十米变化到 4km 甚至更高。通常为 1~2km(在对流层底部,占对流层厚度的 10%~20%)。

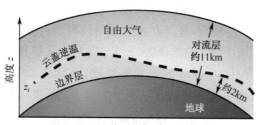

图 9.1 从地球表面到对流层的垂直结构,大气边界层是对流层中最低的一层[引自 Meteorology for scientists and Engineers, A Technical Companion Book to C. Donald Ahrens' Meteorology Today, 2nd Ed., by Stull, p. 65. Copyright 2000. Reprinted with permission of Brooks/Cole, a division of Thomson Learning: www. thomsonrights. com. Fax 800-730-22150. ]。

在边界层与边界层处的对流层(称为自由大气)之间,湍流和静力稳定度的共同作用形成了一个强稳定层(称为冠盖逆温),这个稳定层把湍流、污染物和水汽截留在该层之下,并限制大部分地表摩擦力对自由大气的作用。

在晴好天气条件时(如高压中心),我们习惯于温度、湿度、花粉、风的日复变化,它们是由边界层物理和动力过程决定的。夜间凉爽而无风,白天温暖多风,每当地表比空气温暖时,边界层被认为是不稳定的,例如在陆地上阳光普照微风天气或冷空气平流到暖水面上情况下。此时边界层处于自由对流状态,产生强烈的热力上升气流和下沉气流。当地表比空气冷时边界层被称为处于稳定状态,例如在陆地上晴朗的夜晚,或暖空气平流到冷水面时。有风和阴天条件形成中性边界层,此时大气处于强迫对流状态。

湍流是边界层中的独特现象,它会有效地扩散现代生活中产生的污染物。然而,冠盖逆温把这些污染物拦截在边界层内,使我们"自受其害"。地气间的湍流交换非常迅速,空气可以很快获得下垫面的性质。实际上,边界层还有另一种定义:在约 30min 内感受到下垫面影响的对流层下部的那一部分气层。

气团是形成在不同地表面的边界层[1],相邻气团的温差形成了大气斜压性,它驱动了温带气旋。边界层中被截留的水汽和热量是对流云的重要能源。冠盖逆温阻止雷暴形成,使对流有效位能在自由大气中聚集。由近地面阻力引起的边界层中风切变生成水平

---

① 气团指水平范围较大的区具有明显属性的空气区,这些属性得自于它居留于某一特定源区,并且当空气移动到不同地理特征区域后一段时间,其属性依然可以分辨,如位于冬天高纬地区上空的空气趋于寒冷干燥。

涡度,这种涡度被对流云中的上升气流倾斜过来而形成龙卷。边界层中动能耗散是大尺度风场的一种"制动器"或抵制因子。

　　湍流非常复杂,由称作涡旋的旋涡组成,涡旋之间非线性相互作用,产生准随机、混沌运动。完全描述上述运动需要无限多的方程,因此没有完全的解。但对许多涡旋平均,可以对测到持续性分布,它们是可被测量和描述的。本章考察边界层的有趣现象和其中的湍流运动。

## 9.1　湍流

　　气流是许多不同尺度水平运动的叠加(表 9.1),尺度描述了该现象的特征尺寸或平均尺寸。最大的是行星尺度环流,其尺度和地球周长相当;其次为天气尺度气旋、反气旋和急流中的波动;再次为中尺度,包括锋区、雨带、较大的雷暴和复杂的云系统,各种地形调整风,更小的为微尺度,包括 2km 的边界层尺度,及其和云中更小的湍流尺度。如表9.1 所示,中尺度和微尺度可进一步细分。本章着眼于微尺度,以小的运动开始。

表 9.1　大气中水平运动的尺度

| 大于的尺度 | 尺度 | 名称 | 大于的尺度 | 尺度 | 名称 |
|---|---|---|---|---|---|
| 20 000km | | 行星尺度 | 200m | 小 $\alpha$ | 边界层湍流 |
| 2 000km | | 天气尺度 | 20m | 小 $\beta$ | 地表湍流 |
| 200km | 中 $\alpha$ | 中尺度 | 2m | 小 $\gamma$ | 惯性副流 |
| 20km | 中 $\beta$ | | 2mm | 小 $\delta$ | 微尺度湍流 |
| 2km | 中 $\gamma$ | | 大气分子 | 分子尺度 | 黏性扩散 |

### 9.1.1　涡旋和热泡

　　当气流中包含了许多不同尺寸的无规则漩涡时,称之为湍流。漩涡常被称为涡旋,单独的涡旋很容易消失,被一连串不同的涡旋代替。平滑的气流称为层流或片流,边界层中层流和湍流都可在不同的时间和地点存在。湍流按其成因分为机械湍流、热力湍流和惯

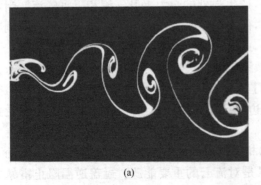
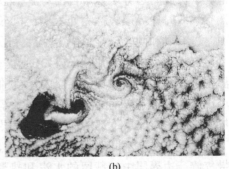

(a)　　　　　　　　　　　　　　　　(b)

图 9.2　卡曼涡流,(a)实验室结果,水流经过圆柱体[引自 M. Van Dyke, An Album of Fluid Motion, Parabolic Press, Standford, Calif. (1982) p. 56.],(b) 大气中,边界层积云流过岛屿

[NASA MODIS 图像]。

性湍流。机械湍流,也称为强迫对流,可由切变产生,例如摩擦阻力使近地层风速小于上部风速,产生在切变;风在树木、建筑物和岛屿(图 9.2)后面涡旋形成小扰动产生的切变,在远离固定表面区的自由切变(图 9.3)。

图 9.3 水槽试验,一股急水流(白色)进入充满静止干净水(黑色)的容器,显示层流突入湍流之中[Robert Drubka and Hassan Nagib. From M. Van Dyke, An Album of Fluid Motion, Parabolic Press, Stanford, CA. (1982), p. 60.]。

热力或对流湍流,也称为自由对流,由温暖的卷流或热泡上升和冷空气下沉形成。近地面,上升气流常呈现交叉幡状或上升片,其交叉处称为云毡,直径约为 100m。在边界层之上,许多卷流和上升气流混合产生更大直径(1km)的热力泡。若空气中有充足水汽,热力泡顶部将产生积云(图 9.4)。

图 9.4 发展强盛的积云,里面充满上升的暖热泡[图片来自 courtesy of Art Rangno]。

大涡旋边缘可产生小涡旋,该过程称为湍流串级,大涡旋中的一部分惯性能量转移给小涡旋,在理查森的诗中提到(第 1 章)。惯性湍流是切变湍流的一种特定形式,由更大的涡旋产生切变。所有尺度湍流运动的叠加可通过能谱量化(图 9.5),给出了不同尺度湍涡的能量占总的湍流动能的比重。

湍流动能(TKE)是不守恒的,它通过分子黏性运动不断消散,转化为内能。尽管只有最小尺度的湍涡(1mm 直径)会消散能量,但由于大湍涡向小湍涡的能量串极过程,这种耗散运动会影响所有尺度的湍流。湍流要想存在,必须由切变和浮力连续产生湍能,弥

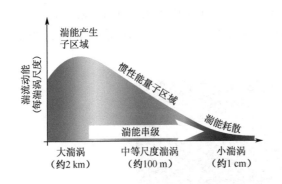

图 9.5　湍流动能谱,结合图 4.2 分析可知,总的湍流动能(TKE)为曲线下的面积,TKE 由大尺度湍涡产生(类似于电磁波谱中的长波),由中尺度湍涡串级,由小尺度湍流的分子黏性耗散[Roland B. Stull.](另见彩图)。

补每个小湍涡的动能转化,但是湍流如何产生?

湍流对于大气的不稳定性具有一种自然的响应——减少不稳定性,这与化学上的理查德里原理类似。例如,晴朗的白天,地表加热低层空气,使其静力不稳定,相应气流产生热力环流,使暖空气上升冷空气下沉直到新的平衡。一旦对流调整完成,气流静止中性,湍流结束。湍流能够在阳光普照的天气维持的原因在于连续的外力扰动(如太阳照射使地面加热),弥补由湍流造成的持续稳定。

相同的效应在强迫湍流中也发现。水平风中的垂直切变因为动力不稳定产生湍流,这种湍流混合了较快或较慢的气体,使风在速度和方向上趋于一致。一旦湍流混合减小了切变,湍流就会消失。在对流过程中,只要外力存在,如大尺度天气形势产生连续扰动,机械湍流就能维持。

尽管我们可通过模式识别技术辨别湍流,但是其短暂的生命周期使它们很难被定量描述。本书第 3 章和第 7 章中的动力热力方程组可用于解决该问题,但只有在极短的间隔内,其结果才能确切模拟或预测湍流的行为。较大直径的热力泡可在 15min 到 30min 之前被预测,更长就无法预测。量级约为 100m 的小涡旋预报时效在 1min 左右。

虽然描述湍流非常困难,科学家仍然建立了湍流统计理论,目的在于描述许多涡旋总的效应,而不是涡旋单体。

### 9.1.2　湍流的统计描述

将快速感应温度和速度的传感器放入湍流中,经过传感器的所有尺寸湍涡的总效应为随时间随机扰动的温度和速度信号(图 9.6)。但观测表明,任意 0.5h 间隔,有明确的平均温度和速度,温度和速度的扰动范围有限(并非无限制),相对平均值的偏差可以计算,也就是说,湍流并不是完全随机,只是准随机。

假定以 $\Delta t$ 为时间间隔对速度分量 $(u, v, w)$ 进行抽样,在计算机中保存为离散的时间序列

$$u_i = u(i \cdot \Delta t) \tag{9.1}$$

式中,$i$ 为数据点序号(对应于时刻 $t = i \cdot \Delta t$),$i = 1, \cdots, N$,时间长度 $T = N \cdot \Delta t$。$\bar{u}$ 为 $T$ 时间间隔内(半小时)$u$ 方向风速的平均

$$\bar{u} = \frac{1}{N} \sum_{i=1}^{N} u_i \tag{9.2}$$

在大气中,上述平均值在不同的半小时间隔都不同,故产生了平均风随时间的缓慢变化。虽然第 7 和第 8 章提到的风速没有加上标"—",但也指平均速度(即阵风的平均态)。这样,方程(9.2)可被推广,对任意变量可对其 $N$ 个抽样值进行平均,用上标"—"表示[方

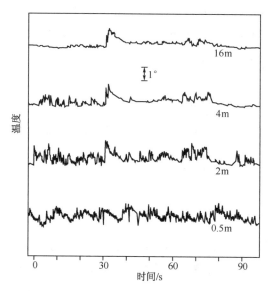

图 9.6　地面上 4 个不同高度的温度随时间的同步变化,表明地面层(混合层底部的 5%～10%)向混合边界层(边界层上部)的温度转变。晴朗微风条件下在平坦农田上的观测结果,上面三层温度感应元件在垂直方向排成一列,0.5m 感应元件距离其他 3 个 50m[J. E. Tillman]。

程(9.4)]。

用瞬时量 $u_i$ 减去平均量得到气流的波动量(用符号表示)

$$u_i' = u_i - \bar{u} \tag{9.3}$$

它随时间迅速变化。$U$ 方向的湍流强度用方差[2]定义

$$\sigma_u^2 = \frac{1}{N}\sum_{i=1}^{N}[u_i - \bar{u}]^2 = \frac{1}{N}\sum_{i=1}^{N}[u_i']^2 = \overline{[u']^2} \tag{9.4}$$

同样,这是半小时的平均方差,因此它随时间变化缓慢,其他的速度分量可用类似的方程定义。

如果 $\sigma_u^2$ 不随时间变化(现在和 1h 之前相同),湍流称为稳定的,当 $\sigma_u^2$ 相对空间均匀(相邻位置一致),称为均匀的,若任意点的湍流强度在各方向一致($\sigma_u^2 = \sigma_v^2 = \sigma_w^2$),称为各向同性。

大气中,速度扰动常伴随一些标量值如温度、湿度、污染物浓度的扰动,如在一个热力场的暖空气上升区(正的位温 $\theta'$ 伴随正的垂直速度 $w'$),被冷空气下沉区包围(负的 $\theta'$ 伴随负的 $w'$)。结合 $\theta$ 和 $w$ 可得到统计量协方差(cov)

$$\mathrm{cov}(w,\theta) = \frac{1}{N}\sum_{i=1}^{N}[(w_i - \bar{w})\cdot(\theta_i - \bar{\theta})] = \frac{1}{N}\sum_{i=1}^{N}[(w_i')\cdot(\theta_i')] = \overline{w'\theta'} \tag{9.5}$$

如果类似热力环流,暖气块上升冷气块下沉,那么 $\overline{w'\theta'} > 0$。大气中不同情况下协方差可为负或零。

---

[2]　尽管在统计学中它表示脉动变化,但是由于 $N$ 非常大甚至大于 1000,因此它和平均变化的差异可以忽略。平均变化在方程(9.4)中用 $N-1$ 代替 $N$。

统计方法的优势在于,速度方差不仅是统计值,它代表了湍流运动的动能。同样,协方差表征的是通量,例如方程(9.5)中的垂直热通量,下文将解释。

### 9.1.3　湍流动能和湍流强度

基础物理中动能为 $KE = \frac{1}{2} m V^2$,其中 $m$ 为质量,$v$ 为速度,气象中常使用比动能 $KE/m$,或单位质量动能,可以重点考虑比动能中和湍流波动的相关部分

$$\frac{TKE}{m} = \frac{1}{2} \left[ u'^2 + v'^2 + w'^2 \right]$$

或使用(9.4)式,

$$\frac{TKE}{m} = \frac{1}{2} \left[ \sigma_u^2 + \sigma_v^2 + \sigma_w^2 \right] \tag{9.6}$$

式中,$TKE$ 为湍流动能。对于层流,不存在微尺度运动,$TKE=0$,即使 $\bar{u}$、$\bar{v}$ 和 $\bar{w}$ 不一定为零。较大的 $TKE$ 表示较大的微尺度湍流强度。因此,速度方差中的 3 个分量代表对 $TKE$ 标量的三类贡献。

根据我们已经了解的机械湍流、热力湍流以及黏性扩散,可以用欧拉方程的形式给出湍流动能预报方程:

$$\frac{\partial (TKE/m)}{\partial t} = Ad + M + B + Tr - \varepsilon \tag{9.7}$$

其中

$$Ad = -\bar{u} \frac{\partial (TKE/m)}{\partial x} - \bar{v} \frac{\partial (TKE/m)}{\partial y} - \bar{w} \frac{\partial (TKE/m)}{\partial z}$$

为平均风产生的 $TKE$ 平流,$M$ 为湍流的机械产生率,$B$ 为湍流的浮力产生或耗散项,$Tr$ 为湍能的湍流传输,$\varepsilon$ 为黏性消散系数。$Ad$ 和 $Tr$ 既不产生也不消耗 $TKE$,只是对其重新分配。$M$ 一般为正(如果没有切变为 0),因此产生湍流,而 $B$ 可正可负。耗散总是为负,可近似表示为 $\varepsilon = (TKE/m)^{3/2}/L_\varepsilon$,其中 $L_\varepsilon$ 为耗散长度尺度。

若不存在 $Ad$、$M$、$B$ 和 $Tr$,只要 $TKE$ 不为零,最后一项始终会使 $TKE$ 向零衰减,因此,称为湍流耗散。

在静力稳定环境下,通过冷空气上升暖空气下沉转化 $TKE$ 为位能,因此浮力项减小 $TKE$,此时,湍流是否存在取决于风速切变的机械产生($M$)相对静力稳定下的浮力消耗($B$)。上述两项的比定义为无量纲的理查逊数 $Ri$,可近似用风和位温的垂直梯度表示

$$Ri = \frac{-B}{M} = \frac{\frac{g}{T_v} \frac{\partial \bar{\theta}_v}{\partial z}}{\left( \frac{\partial \bar{u}}{\partial z} \right)^2 + \left( \frac{\partial \bar{v}}{\partial z} \right)^2} \tag{9.8}$$

其中分子项等于(3.75)式中布伦特-维赛拉频率的平方。当 $Ri$ 低于临界值 $Ri_c = 0.25$,层流变为湍流。即使当理查逊数大到 1 时,仍然为湍流,但当 $Ri$ 更大后就变为层流。理查逊数在 $0.25 < Ri < 1.0$ 之间,湍流是否发生取决于气流前身,类似滞后现象。$Ri_c < 0.25$ 时,气流称为动力不稳定。

当层流中切变经过界面(冷空气下或暖空气上),将上升到动力不稳定点,湍流爆发并增长到开尔文-亥姆霍兹波不稳定。首先,小波动在振幅中出现生长,其上部旋度,若大气

中水汽充分,在每个旋度之上成云,从侧面看像沙滩上破碎的波浪(如图 9.7(a))。从上下看像平行紧密的云带,称为 $KH$ 浪云或浪云(如图 9.7(b)),和垂直切变矢量 $\partial V/\partial z$ 垂直。浪云翻转会产生静力不稳定(即局地温度垂直梯度不稳定),进一步增强切变层中的湍流。

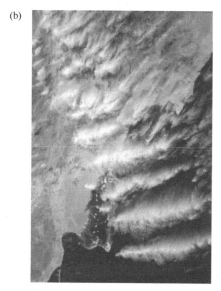

图 9.7 (a)开尔文-亥姆霍兹波,(b)开尔文-亥姆霍兹浪云。切变气流的开尔文-亥姆霍兹崩溃。(al)在一个狭窄的长水槽中,下半部为盐水(黑色),上半部为干净新鲜的水,当水槽倾斜,重的盐水随倾斜角向下流动,轻的新鲜水向上流动,在密度界面处形成切变[引自 J. Fluid Mech., 46(1971) p. 299, plate 3.],(a2)不同大气密度界面上的类似的 KH 波崩溃[Brooks Martner],(b)大气中的 KH 浪云[NASA MODIS 图片](另见彩图)。

湍流涡旋的形状也由静力稳定调整,在静力稳定条件下,热泡上升,最大的涡旋各向异性,垂直方向湍能大于水平方向,电厂排出的烟羽上下打环,在垂直方向要比水平方向更快。在中性层结条件下,湍流各向同性,烟羽在水平和垂直方向平均扩散,产生圆锥形的封套,称为锥化。如果气流静力稳定动力不稳定,湍流中的垂直分量部分被上升气流产生的负浮力和下沉气流产生的正浮力限制,该过程称为浮力耗散,导致了水平方向湍能的各向异性,但垂直分量中能量很少。在这样的环境中烟羽水平分散。在极端稳定的条件下,湍流完全被限制,向下的烟流几乎没有扩散,虽然烟羽中心线能像层波一样上下振荡。

## 9.1.4 湍流输送和通量

根据下面的概念,协方差可被解释为通量。如图 9.8 所示,考虑大气中具有常值位温梯度的部分。考虑一个理想的湍涡环流:包括一个由底部向上运动到顶部的气团,同时由于补偿作用,另一个气团下沉运动。气团质量保守(即向上运动气团的质量与向下运动气团质量相等)。但是气团离开出发点后携带小气元,这些气元在移动过程中保持其位温,产生下面的波动。

在图 9.8(a)中,粗线代表静力不稳定[$\bar{\theta}(z)$]的平均环境大气,在此例中,当上升气泡

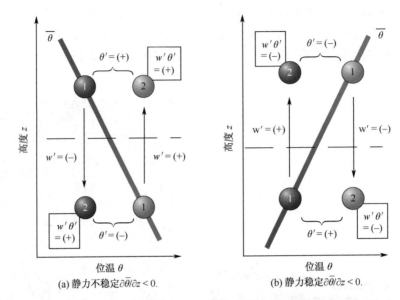

图 9.8　表示在线性梯度的平均位温（重色线）条件下，小湍涡（局地）的湍流热通量如何垂直混合，假设绝热过程（不混合），空气粒子（图中圆球）从起点（1）到终点（2），保持环境空气的位温。（a）统计的不稳定递减率，（b）统计的稳定递减率［引自 Meteorology for Scientists and Engineers, A Technical Companion Book to C. Donald Ahrens's Meteorology Today, 2nd Ed, by Stull, p. 87. Copyright 2000. Reprinted with permission of Brooks/Cole, a division of Thomson Learning: www. thomsonrights. com Fax 800-730-2215.］。

到达目的地时，其位温高于相同高度上的环境温度。也就是说，与环境大气位温偏差为 $\theta'$ ＝（＋），气泡必须向上运动到达目的地，故 $w'$ ＝（＋）。上升气泡对总的协方差贡献为 $w'$ 乘以 $\theta' = \overline{w'\theta'}$ ＝（＋）·（＋）＝（＋），类似，对于涡旋中的下移部分［$w'$ ＝（－）］，气团温度比周围环境冷 $\theta'$ ＝（－），因此，相对协方差的贡献为 $w'\theta'$ ＝（－）·（－）＝（＋）。

这两个气团的平均状况代表协方差，因每个气团对协方差的贡献都为正，故平均值（用"一"表示）也为正：$\overline{w'\theta'}$ ＝（＋）。这样，正的 $\overline{w'\theta'}$ 协方差和暖空气上升或冷空气下沉相联系，即此时热量通量 $F_H（=\overline{w'\theta'}）$ 为正。这种形式的通量称为动力热量通量，单位为（K·ms$^{-1}$），和传统热通量 $Q_H$（W·m$^{-2}$）的关系为

$$Q_H = \rho c_p F_H = \rho c_p \overline{w'\theta'} \qquad (9.9)$$

式中，$\rho$ 为大气平均密度，$c_p$ 为大气定压比热。

图 9.8（b）显示了静力稳定环境下的例子，此时，上升和下沉粒子对协方差贡献均为负，因此向下热量通量与冷空气上升或暖空气下沉有关，因此，协方差 $F_H = \overline{w'\theta'}$ 为负。通过热力学第一定律（见第 3 章）这些通量能够加热或冷却气层，在没有其他热源的情况下改写为

$$\frac{\partial \overline{\theta}}{\partial t} = -\frac{\partial \overline{w'\theta'}}{\partial z} + \cdots \qquad (9.10)$$

注意和（4.52）式辐射加热率表达式中辐射通量类似。

湍流会加热或冷却环境空气。类似，可以构造水汽、污染物甚至动能的湍流混合，每一种情况下，湍流趋于均匀的流体。

　　湍流是一种非常有效的混合,例如,当牛奶混入咖啡和茶中,通过分子扩散,液体可以混合均匀,但耗时几个小时,所以人们更愿意通过搅拌液体产生湍流,达到混合的效果,这个过程只要几秒钟。大气湍流的混合效应非常有效,分子扩散作用非常强烈,除了最小的涡旋外,在所有的运动中分子粘滞作用可以忽略。实际上,白天地表之上,对流湍流非常强烈,污染物在垂直方向分布非常迅速,因此边界层也被称为混合层。

## 9.1.5　湍流闭合

　　方程(9.10)是位温预报方程,所有项的上标"‾"表示雷诺平均过程,这是一种数学方法,目的在于消除线性小项如不易破碎的波动,而保留和湍流相关的非线性项,雷诺平均预报方程的右侧有许多其他项,目前我们仅着眼于热通量项,为了预报平均位温随时间将怎样发生变化,我们必须知道动力热通量项 $\overline{w'\theta'}$。

　　雷诺平均预报方程也可由动力热通量 $\overline{w'\theta'}$ 推出,其形式为

$$\frac{\partial \overline{w'\theta'}}{\partial t} = -\frac{\partial \overline{w'w'\theta'}}{\partial z} + \cdots \tag{9.11}$$

这个新的方程可以预报二阶统计量 $\overline{w'\theta'}$,但是又出现了一个新的三阶统计量 $\overline{w'w'\theta'}$,它是热通量的湍流通量,如果我们为这个三阶统计量继续写一个预报方程,那么必将引入更高阶的未知量。

　　这就是湍流闭合问题。从数学上讲方程组是不闭合的,即未知量个数多于方程个数,换而言之,即使仅预报平均位温,也需要无限多个方程对湍流进行描述。

　　为了解决该问题,可以进行闭合假设,也就是说,保留有限的方程数目,将未知项近似用已知的变量表示,这就是参数化方法,虽然得不到精确解,但其近似解的精度已足够。

　　湍流闭合假设可以根据阶数统计和被引入的非局地量进行分类。如保留方程(9.10),将其中的未知项 $\overline{w'\theta'}$ 用已知变量近似表达,这种情况称为一级闭合,即根据方程中的最高阶数命名。二级闭合保留方程(9.10)和(9.11),将三级统计量 $\overline{w'w'\theta'}$ 参数化。

　　普通的局地一阶闭合近似称为梯度输送理论,也称为 $K$ 理论,湍流扩散理论或者混合长度理论,类似于分子扩散运动,假设通量和局地梯度成正比,比如

$$F_H = \overline{w'\theta'} = -K\frac{\mathrm{d}\overline{\theta}}{\mathrm{d}z} \tag{9.12}$$

式中湍流扩散系数 $K$ 代替分子扩散系数,$K$ 随湍流强度增大,而湍流强度与离地高度、平均风切变和太阳对地面的加热有关。普朗特[③]混合长方法是一种对湍流扩散的一级参数化:$K = l^2 |\partial V/\partial z|$,其中 $V$ 是平均水平风速,$l = (\overline{z'^2})^{1/2}$ 代表湍流的平均尺度或混合长度,在近地层(从地面到边界层高度的 5% ～ 10% 处),参数 $l$ 通常用 $l = kz$ 近似,其中 $k =$

---

　　③　路德维格·普朗特[Ludwig Prandtl(1874—1953)],德国空气动力学家和钢琴作曲家,发展了边界层、螺旋桨、浮力和阻力,火箭喷管超音速气流理论,就读于慕尼黑大学机械学专业,在汉诺威大学任教授,后来在德国哥廷根大学领导科技物理学院和威廉皇家学院从事空气研究。

0.4 为冯卡曼④常数，$z$ 为高度。在湍流扩散系数 $K$ 的参数化公式中，风切变项引入了机械湍流的作用。

方程(9.12)中的局地闭合表示，任意高度的热通量取决于相同高度处的局地位温梯度，也就是暗示了只有小尺度涡旋存在。类似的一阶闭合同样可用于水汽、污染物和动量通量的参数化。

局地一阶闭合理论在实验室非常有用，但在不稳定大气边界层中经常失败。这样的条件下，热力作用产生强烈的混合，达到均匀，从而消除了边界层中部平均位温的垂直梯度，但由于热力泡上升仍然会产生很强的正的热通量，因此发展了非局地的一阶闭合。通过任意高度的通量依赖于所有涡旋尺度的传输，包括那些大涡旋携带热空气由地表经不同路径到达边界层顶。

最后，许多有用的结论都是在统计零阶闭合的基础上得出的，这种情况下，方程(9.10)和(9.11)都不保留，平均状态流 $\bar{\theta}$ 被直接参数化，这种方法称为相似理论，在 9.2 节介绍。

## 9.1.6　湍流尺度和相似理论

一些零阶和一阶闭合机制依赖于根据无量纲分析得到的简单经验⑤关系，通常相互结合的变量可以当作新的无量纲变量，例如方程(9.8)中的理查逊数，或具有简单的单位如速度、长度、时间，它们在涡旋运动中和最重要的尺度相关。

在不稳定的边界层中，迪尔多夫速度尺度经常用来描述由于自由对流产生的湍流混合，

$$w* = \left[ \frac{g * z_i}{T_v} \overline{w'\theta'}_s \right]^{1/3} \tag{9.13}$$

式中，$z_i$ 为边界层厚度，下标 $s$ 表示地面，$w*$ 的值由较宽条件下的观测和结果和数值模拟结果确定，$w*$ 的典型量值约为 $1\mathrm{m} \cdot \mathrm{s}^{-1}$，和热力泡的平均上升速度对应。

$u*$ 为摩擦速度，适用于近地层的中性稳定条件下，其湍流主要为机械湍流，

$$u* = \left[ \overline{u'w'^2} + \overline{v'w'^2} \right]^{1/4} = \left| \frac{\tau_s}{\rho} \right|^{1/2} \tag{9.14}$$

式中，$\rho$ 为空气密度，$\tau_s$ 为近地层应力(即单位面积上的拖曳力)，协方差 $u'w$ 和 $v'w$ 为动量通量(水平分量 $u,v$ 的垂直通量)。

逆温高度 $z_i$ 是在静力稳定或中性条件下与整个边界层有关的长度尺度。在边界层底部 5% 的范围内(近地层)，有一个重要的长度尺度，称为空气动力学粗糙度 $z_0$，表示地表粗糙度(表 9.2)，静力非中性条件下，地面层内有另一个长度尺度称为奥布霍夫长度：

$$L \equiv \frac{-u*^3}{k \cdot (g/T_v) \cdot (\overline{w'\theta'})_s} \tag{9.15}$$

---

④　西奥多·冯·卡曼[Theodor von Karman(1881—1963)]，匈牙利空气动力学家，从事超音速飞行研究。师从路德维格·普朗特研究边界层和机翼研究，在德国亚琛大学任数学和飞行学教授，与雨果及容克共同在 1915 年设计了第一架悬臂式机翼、全金属飞机。领导哥伦比亚技术学院古根海姆实验室，推动了空气动力学理论发展和火箭设计，建立飞机推动实验室，第一个受到肯迪尼颁发的美国国家科学奖章。

⑤　基于变量之间的观测关系。

式中,$k=0.4$ 是冯卡曼常数,$L$ 的绝对值表示机械湍流占优势的上界高度。

**表 9.2 达文波特分类,$z_0$ 为空气动力粗糙度长度,$C_{DN}$ 为对应的中性稳定度下的曳力系数**

| $z_0/m$ | 分类 | 代表地区 | $C_{DN}$ |
|---|---|---|---|
| 0.0002 | 海洋 | 平静的海洋、铺设的道路、雪盖平原、平坦的潮汐、平滑的沙漠 | 0.0014 |
| 0.005 | 平滑 | 海滩、冰面、沼泽、雪盖地区 | 0.0028 |
| 0.03 | 开放 | 草原和牧地、苔原、机场、石南花地 | 0.0047 |
| 0.1 | 粗糙开放 | 低矮作物种植区、稀少的障碍物(矮树丛) | 0.0075 |
| 0.25 | 粗糙 | 高作物、高度起伏的作物、分散的障碍物如树木或篱墙、葡萄园 | 0.012 |
| 0.5 | 非常粗糙 | 混合作物区和森林丛生区、果园、分散的建筑物 | 0.018 |
| 1.0 | 封闭 | 规则分布的开放式障碍物、其水平尺寸和高度基本一致、郊区房屋、村庄、森林 | 0.030 |
| ≥2 | 混乱 | 大城镇中心、不规则的森林分布着空旷地带 | 0.062 |

来自第 12 届美国气象学会应用气候论坛预印本,2000,96～99 页。

对流边界层和中性近地层的典型时间尺度为

$$t* = \frac{z_i}{w*} \quad t*_{SL} = \frac{z}{u*} \tag{9.16}$$

式中,$z$ 为高度。

对于对流边界层,$t*$ 为 15min 的量级,对应于从地表伸展到逆温层顶部的最大涡旋环流的翻转时间。

总之,对于对流边界层(即不稳定的混合层),相关的尺度参数为 $w*$ 和 $z_i$,对于中性近地层,则为 $u*$ 和 $z_0$。非中性近地层的尺度参数为 $u*$,$z_0$ 和 $L$。

例如,在对流边界层内用量纲分析描述垂直速度方差 $\overline{w'^2}$ 的垂直廓线的变化,观测数据适用于方程

$$\frac{\overline{w'^2}}{w*^2} = a\left(\frac{z}{z_i}\right)^b\left(1 - c\frac{z}{z_i}\right)^d$$

式中,$a$、$b$、$c$ 和 $d$ 为常数。这个无量纲速度变化的表达式是无量纲高度的函数,适用于对流边界层中任意高度和任意地表热通量,也就是说,$\overline{w'^2}$ 的垂直廓线呈现相似形状,在同样的无量纲坐标系中为一根单独曲线($w'^2/w*^2$ 和 $z/z_i$),因此称为相似理论。

当在静力稳定的近地层中使用观测数据,通过无量纲分析生成水平风速的垂直廓线

$$\frac{V}{u*} = 2.5\ln\left(\frac{z}{z_0} + 8.1\frac{z}{L}\right)$$

该无量纲速度是无量纲高度的函数,适用于近地层中任意风速、高度、粗糙度和静力稳定度(例如,垂直廓线呈现了相似的形态,衰减为一根单独的相似曲线)。

正如我们所见,地表的热通量和拖曳力(动量通量)能够强烈改变湍流属性,9.2 节将描述晴好天气(反气旋)条件下地表通量的日变化。

**习题 9.1** (a)奥布霍夫长度和迪尔到夫速度之间的关系?(b)1km 厚度的边界层,地表动力热通量 0.2K・m・s$^{-1}$,切应力为 0.2m$^2$・s$^{-2}$,该边界层哪个高度下以机械湍流为主?

**解答**:(a)结合方程(9.13)和(9.15),得到

$$L/z_i = -u*^3/(k \cdot w*^3)$$

(b)$u*^3 = (0.2\mathrm{m}^2 \cdot \mathrm{s}^{-2})^{3/2} = 0.089\mathrm{m}^3 \cdot \mathrm{s}^{-3}$,假设 $T_v = 300\mathrm{K}$,则 $w*^3 = 6.5\mathrm{m}^3 \cdot \mathrm{s}^{-3}$,因此$|L/z_i| = 0.089/(0.4)(6.5) = 0.034$,近地层厚度为对流边界层的 3.4%,通常自由对流条件下,近地层不到边界层厚的 10%。

## 9.2　地表能量平衡

### 9.2.1　辐射通量

入射到地球表面的太阳辐射受到地球自转影响,在地球表面任何一点,太阳辐射随着局地的日出、正午、日落而发生日变化。

若 $F_s\!\downarrow$ 为到达地表的短波太阳辐射通量,包括可见光及其邻近波长。地表反射一部分入射辐射,以 $F_s\!\uparrow$ 表示,同时,大气向下发射 $F_L\!\downarrow$ 的长波辐射到达地表,地表向上发射 $F_L\!\uparrow$ 的长波辐射,总入射辐射减去发射辐射得到到达地表的净辐射通量 $F*$

$$F* = F_s\!\downarrow - F_s\!\uparrow + F_L\!\downarrow - F_L\!\uparrow \tag{9.17}$$

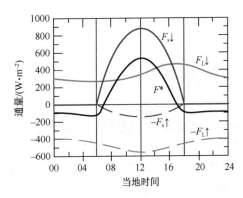

图 9.9　晴空下日循环过程中地表辐射通量对净通量 $F*$ 的贡献,正值代表示入射到地面的辐射,负值表示离开地面的辐射[引自 Meteorology for Scientists and Engineers, A Technical Companion Book to C. Donald Ahrens's Meteorology Today, 2nd Ed., by Stull, p. 37. Copyright 2000. Reprinted with permission of Brooks/Cole, a division of Thomson Learning：www.thomsonrights.com Fax 800-730-2215.]。

天气晴好时,地表辐射通量随时间变化如图 9.9 所示。白天,入射太阳辐射和太阳高度角的正弦成比例,而太阳高度角又随时间、纬度和季节变化。地表反射的太阳辐射反映了直接入射辐射,但值要小。夜间,很明显没有短波辐射。

向上和向下的长波辐射通量几乎抵消,$F_L\!\uparrow$ 曲线有微小的变化,它反映了随太阳辐射变化的地表温度的变化[斯蒂芬-玻耳兹曼定律(4.12)式],由于地面热容量较小,温度变化非常迅速：$F_L\!\uparrow$ 和 $F_s\!\downarrow$ 同位相变化。然而,$F_L\!\downarrow$ 曲线由温度决定,在午后最大,日出后最小。

总辐射通量 $F*$ 几乎为常数,在夜间为较小负值,在白天为正,午后到峰值,符号为正时表示有入射通量到地表。这就是地表热量收支平衡发生日变化的外界强迫。

### 9.2.2　地表能量平衡

除了地球表面的辐射通量,还需要考虑潜热和感热通量。感热通量直接加热边界层大气;直到云中水汽凝结,潜热通量(如水汽通量乘以 $L$,得到蒸发潜热)才能转化为感热或位能。

假如将地表看作无限小的薄层,热容量为零,得到的热量必须和散发的热量平衡。图 9.10 给出 9.2.1 小节提到的净辐射通量 $F*$ 被如何分配的。具体分为进入大气的感热

通量 $F_{Hs}$（离开地表向上为正），进入大气的潜热通量 $F_{Es}$（向上为正），以及向下传导进入地面的热量 $F_{Gs}$（向下为正），下标 s 表示近地面，因此

$$F* = F_{Hs} + F_{Es} + F_{Gs} \tag{9.18}$$

图 9.11 给出晴朗小风条件下，白天和夜间的通量方向。白天在潮湿的草地、农田、森林上，大部分太阳能量被蒸发消耗，但是在干燥的沙漠或裸土（图 9.11(c)），大部分太阳辐射转化为感热通量。

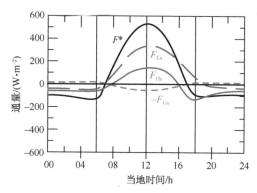

图 9.10　晴空下日循环过程中，净辐射通量 $F*$ 中由地表进入大气的湍流感热 $F_H$ 和潜热 $F_e$ 通量，以及对进入地面的热量 $F_G$ 的贡献。$F*$ 和图 9.9 中一致，正分量表示向上的通量，负分量表示向下[引自 Meteorology for Scientists and Engineers, A Technical Companion Book to C. Donald Ahrens's Meteorology Today, 2nd Ed., by Stull, p. 57. Copyright 2000. Reprinted with permission of Brooks/Cole, a division of Thomson Learning：www.thomsonrights.com Fax 800-730-2215.]。

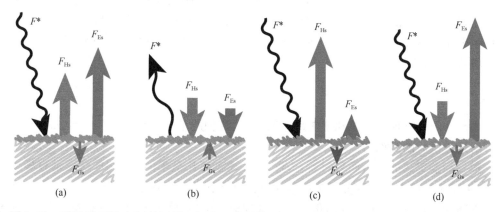

图 9.11　到达地面的净辐射通量 $F*$ 的垂直结构，以及产生的分别进入空气和地面的热通量 (a)白天潮湿的植被表面上，(b)夜里潮湿的植被表面上，(c)白天干燥的沙漠上，(d)白天的绿洲效应，干燥的热风吹过潮湿的植被表面（各个符号的意义见图 9.10）[引自 Meteorology for Scientists and Engineers, A Technical Companion Book to C. Donald Ahrens's Meteorology Today, 2nd Ed., by Stull, p. 57. Copyright 2000. Reprinted with permission of Brooks/Cole, a division of Thomson Learning：www.thomsonrights.com Fax 800-730-2215.]。

　　在有风条件下，如果干燥的热空气平流到冷湿地表，如沙漠绿洲（图 9.11(d)），即使太阳加热地面，感热通量也会由暖空气向下到地表。这两种入射热通量相结合产生强烈

蒸发以及相应的潜热,称为绿洲效应。用空气动力学方法估算地表通量是理解这种沙漠绿洲效应的基础,将在 9.3 节中进行介绍。

　　进入地面的热通量 $F_{Gs}$ 在白天约为净辐射通量的 10%,夜间增加到 50%,地表温度 $T_s$ 和土壤热传导率成反比,土壤温度的年变化是厚度(图 9.12)的函数,与 $T_s$ 的日变化规律(图略)比较相似,振幅随厚度增加而减小,相位滞后。注意,热量始终由高温向低温传导。强光入射时,向下传导的热量明显减小了地表加热效应,土壤温度随厚度递减;而当阳光弱时,由下向上的热传导会降低地面的冷却。

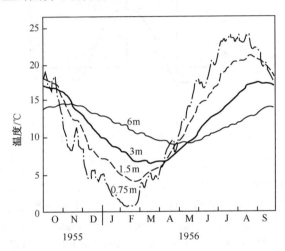

图 9.12　裸土之下的土壤温度[引自 Trans. Amer. Geophys. Union 37, 746 (1956).]。

　　海洋表面的 $F_{Gs}$ 比陆地大,因为大洋中的湍流能迅速混合海洋上部的热量,称为海洋混合层,其厚度从几米变化到数百米;此外液态水的热量大于土壤热量,这两种效应使海洋的热容量明显大于地表,即白天海洋吸收、存贮热量,夜间释放热量,导致了洋面温度几乎没有日变化,且年变化很小。

## 9.2.3　整体空气动力学公式

　　本节介绍估算地表潜热和感热通量的方法,这种所谓的整体动力空气学方法也可以估算对近地层风的摩擦力。

　　地气间的感热通量由两种过程产生,在大气底部几毫米的薄层中,温度垂直梯度很大,产生了由地表向大气的分子热量传导过程,在该层底部(贴地层、分子层),因为土壤不随湍涡运动,所以湍流通量为 0,但从其顶部到边界层顶,分子传导可以忽略,而以湍流输送过程为主,湍流作用使暖空气向上运动从而将感热在边界层内进行分配。因为分子层相对边界层而言非常薄,而且其热通量几乎为常数,与其顶部的湍流通量相当,因此可以定义为有效湍流通量,为分子与湍流之和。实际上,有效常常省略,其值可简单称为地表湍流通量。

　　有效感热通量常利用地表和空气的温度差参数化。如果地表温度 $T_s$ 已知,地面到空气的感热通量(K·ms$^{-1}$)可参数化为

$$F_{Hs} = C_H |V| (T_s - T_{空气}) \tag{9.19a}$$

式中,$C_H$ 为无量纲的整体热量传输系数,$|V|$ 和 $T_{空气}$ 为标准地面测量高度(10m 和 2m)的

风速和空气温度,为了从运动向动力热通量($W \cdot m^{-2}$)转换,$F_H$ 必须乘以空气密度和比热之积($\rho c_p$)。

在静力中性条件下,在平坦地表上存在中等的湍流,使边界层内的快速空气运动和近地层的缓慢空气运动相互交换,产生 $C_H$ 在 0.001~0.005 之间的变化(用 $C_{HN}$ 表示中性条件),$C_{HN}$ 的确切值取决于地面粗糙度,而粗糙度取决于表 9.2 中的 $C_{DN}$。

在静力不稳定条件下,强烈的湍流非常迅速地响应地表拖曳力信息,使 $C_H$ 为 $C_{HN}$ 的2~3 倍,相反,当空气变得更加稳定时,理查逊数向临界值增加,湍流动能向零减小,使 $C_H$ 向零减小。

为了估算垂直热通量,可将方程(9.19a)表示为垂直湍流传输速度 $w_T$ 和温差乘积的函数,对于一阶闭合,$w_T$ 被参数化为 $C_H|V|$,假设近地面强风产生强湍涡,从而导致强湍流通量。

结合方程(9.17~9.19a)可以看出,晴天的地面温度相应于太阳加热作用,而不是单独的热通量驱动。例如,微风条件下,到达地面的净辐射通量产生一定能量,根据热力学第一定律地表温度升高,当地表变暖后,根据方程(9.19a)感热通量增加,产生蒸发以及土壤热量传导,由于风速很小,(9.19a)式表明:地面温度必须变得比气温高很多才能向上驱动大量的感热通量 $F_{Hs}$,以便平衡地表热量收支。然而,当大风天气时,地面温度略微大于气温就可实现热通量的传递。

当暖空气在冷地表上平流,或夜间由于长波辐射地表冷却降温,$T_s < T_{air}$,热通量向下,这种过程使得边界层底层变冷,导致次绝热递减率和湍流衰减,由于湍流减弱,冷却被限制到边界层底部,在原先深厚的边界层内产生浅的稳定边界层。

相似理论的方程被称为整体空气动力学关系,能够推导海洋、湖泊和饱和土壤上的水汽通量,如克劳修斯-克拉珀龙方程的定义,假设近地面比湿 $q_s$ 等于海表面空气温度时的饱和值。也就是说,来自地面的水汽通量 $F_水$[(kg(水蒸汽)/kg(空气)(m·s$^{-1}$)]是

$$F_水 = C_E \, |V| \, [q_{饱和}(T_s) - q_{空气}] \tag{9.19b}$$

式中,$C_E$ 为无量纲的整体水汽传输系数($C_E \approx C_H$)。这种水汽通量与地面潜热通量($F_{Es}$,单位 $K \cdot m^{-1}$)和水汽蒸发率 $E(mm \cdot d^{-1})$ 有直接关系:

$$F_水 = \gamma F_{Es} = (\rho_液 / \rho_{空气})E \tag{9.20}$$

式中,$\gamma = c_p/L_v = 0.4$[(g(水蒸汽)/kg(空气)/K]为干湿表常数,$\rho_液$ 为纯液体(非海水)密度。

地表感热通量和潜热通量之比称为鲍恩比[⑥]:$B = F_{Hs}/F_{Es}$,由于克劳修斯-克拉珀龙方程固有的非线性,海洋的布朗率随海洋表面温度的增加而减小,典型值的变化范围从冰缘地带的 1.0±0.5 变化到热带海洋的小于 0.1,在热带洋面由于表面温度高,潜热通量占优。在陆地上,蒸发率和布朗率取决于土中水的可用性和植物构成,其通过渗透作用从土壤传输水分。植物利用叶面气孔通过传输向空气释放水分,因此,布朗率在热带海洋为

---

⑥　艾拉"艾克"鲍恩[Ira S. "Ike" Bowen(1898—1973)],美国物理学家和天文学家,本科在芝加哥大学跟随罗伯特·米利肯学习,后在加利福尼亚工学院担任助教,期间博士论文从事湖面蒸发和相应热量损耗研究,从星云中识别出紫外线,领导了威尔逊山和巴乐马山观测,建立了海尔望远镜和施密特望远镜。与喷气推进实验室共同从事火箭拍摄研究。

0.1,灌溉农田区为 0.2,草地和半干旱区域为 0.5,沙漠为 10。

对于动量通量,整体空气动力学方法给出拖曳力公式:

$$u*^2 = C_D |V|^2 \tag{9.19c}$$

式中,$C_D$ 为无量纲拖曳系数,其从平滑表面的 $10^{-3}$ 变化到粗糙表面的 $2 \times 10^{-2}$(表 9.2),$u*^2$ 是大气与地面相互作用后损失的动量通量。$C_D$ 不仅受地表摩擦(黏滞应力)的影响,还受到形式应力(树木、建筑物、山脉等阻碍物上风和下风方向的气压梯度)和山地波拖曳力的影响。因此,$C_D$ 可以比 $C_H$ 大。拖曳系数 $C_D$ 和 $C_H$ 一样,相对中性值 $C_{DN}$ 随稳定度变化,也就是说,$C_D C_{DN}$ 相对不稳定边界层,而 $C_H C_{DN}$ 相对稳定边界层而言。

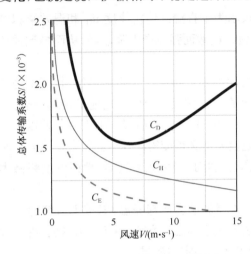

图 9.13　海洋上曳力 $C_H$、热量 $C_H$ 和水汽 $C_E$ 体传输系统随风速的变化[引自 M. A. Bourassa 和 J. Wu1996 年未出版的文稿]。

在洋面上,风速增大,导致波浪高度增大,这也会增大拖曳力(框栏 9.1),图 9.13 表明,动量、热量、湿度体积传输系数随洋面之上 $z = 10\mathrm{m}$ 处的风速变化。若风速大于 $5\mathrm{m} \cdot \mathrm{s}^{-1}$,热量和水汽传输系数逐渐随风速增大而减小,而拖曳系数则增加;若风速远小于 $5\mathrm{m} \cdot \mathrm{s}^{-1}$,体积公式不适用,因为地气间的垂直湍流传输更多取决于热力对流,而不是风速。

第 7 章介绍了如何通过作用于空气的所有力预报风,前面讨论的湍流拖曳力是其中一种,总是在风向的反方向起作用(即减小风速),更重要的是,从(9.19c)式可看出拖曳力强度和风速平方成正比,所以风速加倍使得拖曳力增大 4 倍。

---

### 框栏 9.1　风和海洋状态

表面阵风经过水面产生明显的毛状波斑纹,其顶部和风向垂直。由于毛状波的生命期很短,其任意时刻的分布形态反映了表面风的分布。通过卫星携带散射仪遥感毛状波,为在全球尺度监测表面风提供了基础。

当被表面风强迫数小时到数天后,不同波长和方向的水波相互作用,产生连续的海洋波分布,其波长可延伸至数百米,风越强,持续时间越长,产生的波长越大,小的波长沿风向不断传播,相反,传播速度越快,长波将从强风区向外辐射变成浪涛,由此可成为风暴到来之前的第一信号。入射波随风速的增加而不断破碎,当速度超过 $50\mathrm{m} \cdot \mathrm{s}^{-1}$,破碎的波浪变得剧烈宽广,海气界面不断混合,很难分辨。

---

通过这些大气底部的通量,下垫面属性实现了对边界层大气的影响,而不是对自由大气的影响。在陆面,通量的日变化被整个边界层厚度的湍流传播,导致垂直廓线的日变化,将在 9.3 节介绍。

**习题 9.2**　考虑冷大陆上面空气柱,初始垂直方向的 $\theta$ 一致,被强逆温覆盖,限制了边界层增长,空气柱在暖洋面上平流,速度为 $U$,位温为 $\theta_s$,(a)温度如何随距离海岸的距

离 $X$ 变化? (b)在任意固定的 $X$,空气温度如何随风速变化?

$$\left[\text{提示:利用泰勒}^{⑦}\text{假设:}\frac{\partial\theta}{\partial t}=U\frac{\partial\theta}{\partial x}\right]$$

**解答:** 如果热量只能从地表进入空气柱,可以对热量收支方程(9.10)在整个边界层厚度积分,建立空气温度随时间的变化: $\partial\theta/\partial t=F_{Hs}/z_i$,式中, $z_i$ 为常数,将该式和泰勒假设结合得到

$$\frac{\partial\theta}{\partial x}=\frac{1}{U}\frac{F_{Hs}}{z_i}$$

然后,可以利用体积空气动力学方法(方程(9.19a)),并近似用 $(\theta_s-\theta)$ 代替 $(T_s-T)$,估算地面热通量,得到

$$\frac{\partial\theta}{\partial x}=C_H\frac{\theta_s-\theta}{z_i}$$

(a)分离变量并积分: $\theta=\theta_s-(\theta_s-\theta_0)\exp[-C_H x/z_i]$,式中, $\theta_0$ 为地面上空气的初始位温,因此,空气温度随距离海岸的下风距离 $x$ 而增大,开始很快,其后当空气温度渐近海平面温度,变得平缓。

(b)令人惊讶的是,在离海岸固定距离处,空气温度独立于风速,原因是当风速增大产生大的热量通量和加快加热边界层,同时在空气到达任意距离 $x$ 之前也会减小加热时间。

### 9.2.4　全球地表能量平衡

将地面外场观测和空间观测数据同化到数值预报模式中,可以得出由近地面气温、海洋和陆面温度、入射太阳辐射、向下的长波辐射等构成的全球数据库,再将整体空气动力

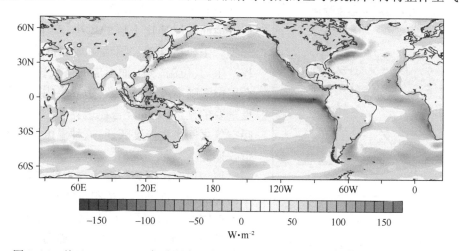

图 9.14　基于 1958—2001 年欧洲中尺度天气预报中心的再分析资料,根据方程(9.21)
估算的地表向上的能量通量的年平均值(另见彩图)。

---

⑦　杰弗里·英格拉姆·泰勒[Geoffrey Ingram Taylor(1886—1975)],英国数学家、物理学家、气象学家,从事震动波、量子理论和大气湍流研究,在泰坦尼克号和冰山相撞沉没后,他作为气象学家在一艘冰山巡游船上参加救援工作。在剑桥大学进行动力气象演讲,设计了一种标准方法研究湍流扩散,解释了晶体变形,从事流体动力学研究,爱好航海和飞行。

学公式运用于该数据库,就可计算出地表能量平衡中各项的全球分布,由地表向上的净能量传输为

$$F_{净}^{\uparrow} = -F* + F_{Hs} + F_{Es} \tag{9.21}$$

式中,$F*$ 为向下的净辐射通量,(9.21)式右侧的 3 项之和可以认为等同于(9.18)式中的 $F_{Gs}$。

图 9.14 为年平均的 $F_{净}^{\uparrow}$ 的地理分布,在 4.6 节中讨论了大气顶部的净辐射平衡,认为全球年平均值接近零,然而,在图 9.14 中,局地的不平衡会超过 $100W \cdot m^{-2}$,由于地表热容量较小,陆地的净通量也很小,最大的不平衡区域出现在海洋上,该处相对于同纬度平均气温而言是异常暖区或异常冷区(图 2.11)。墨西哥湾流和黑潮的净通量向上,而在海岸和赤道上升区,冷水被带上表面,净通量向下。

## 9.3　垂直结构

本节讨论湍流和边界层中风、温、水汽垂直廓线之间的相互作用,如强烈引起陆面上的日变化。

### 9.3.1　温度

依赖边界层中的垂直温度结构,通过不同高度处对浮力的消耗或 $T$ 的产生,使得湍流混合抑制或增强。实际上最终的温度廓线决定了边界层厚度。

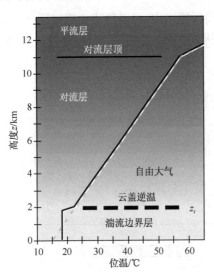

图 9.15　对流层和平流层底部的标准大气(虚线),实线表示由于湍流混合在边界层中产生的变化[引自 Meteorology for Scientists and Engineers, A Technical Companion Book to C. Donald Ahrens's Meteorology Today, 2nd Ed., by Stull, p. 67. Copyright 2000. Reprinted with permission of Brooks/Cole, a division of Thomson Learning; www. thomsonrights. com Fax 800-730-2215.](另见彩图)。

平均而言对流层静力稳定,位温梯度约为 $3.3℃ \cdot km^{-1}$(图 9.15)。太阳加热地表,使热泡离开地表上升,产生湍流。同时,地面的拖曳力使近地面的风速比上层的风小,产生风切变,进一步产生机械湍流。湍流由地面混合层空气过程产生,其位温较小,而上层的空气位温较高,混合层位温随高度相对一致(边界层内比较均匀)。更重要的是,低处的混合在边界层空气和上层温暖空气之间产生温度跃迁,这种温度跃迁对应于覆盖逆温。

覆盖逆温表现为很高的静力稳定性,它抑制了内部湍流。低处的湍流很难穿越覆盖逆温,这样就被限制在边界层内,因此其结果为反馈:边界层湍流有助于产生覆盖逆温,而覆盖逆温层限制了边界层湍流的发展。

晴朗天气时的陆面边界层与对流层中、高层相比,由于快速的湍流输送和下垫面的相互加热和冷却过程,其温度的日变化很大。这种出现在上层的空气效应反映了边界层内垂直廓线的快速日变化,同时伴随着上层自由大气中缓慢的天气尺度变化。图 9.16 对比了白天和黑夜地面上

边界层内典型位温和其他变量的垂直廓线。在白天,$\theta$ 廓线在边界层中部的大部分区域随高度接近一致,由于这种极端的均匀性质,如前所述,白天边界层称为混合层,底部为近地层(大约为混合层厚度的 5%),温度梯度为超绝热,产生进入空气的正热通量,顶部为静力稳定覆盖逆温层,白天时称为夹卷层,再往上为自由大气,称为静力稳定标准大气。

　　如前所述,夜间地表辐射冷却形成第二个稳定层(称为稳定边界层或夜间边界层),边界层上部仍然存在前一天形成的覆盖逆温层。近地面的稳定边界层消耗 $TKE$,使得存在弱小零星的湍流。这两个稳定层之间的部分为剩余层,它保留了前一天混合的剩余湍流、热量、水汽和污染物等。

## 9.3.2　湿度

　　图 9.16 也给出了比湿 $q$ 的廓线。晴朗天气下,由于反气旋(如高压)中空气下沉,故自由大气相对干燥。白天地表蒸发增加了边界层中的水汽含量,导致了近地层中比湿随高度快速减小,正如整体空气动力学公式所表现的:从地面驱动水汽通量进入边界层。地表增加的水汽使混合层比上层自由大气更湿润,导致在覆盖逆温内湿度的跃迁。

　　夜间,由于湍流减弱,大部分边界层中、高层的湿度不会变化,然而,地表辐射冷却能产生露或雾,从而减小边界层底部的湿度,在其他情形下,当露或雾不发生,边界层底部的和中部的比湿相对一致。

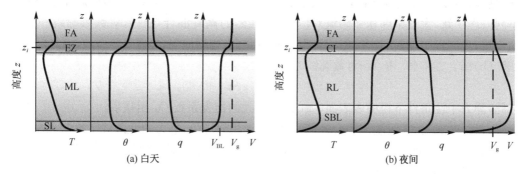

图 9.16　对流层底部的温度 $T$、位温 $\theta$、比湿 $q$、风速 $V$ 的垂直廓线,FA 为自由大气,EZ 为夹带臭氧,ML 为混合层,SL 为地面层,CL 为云盖逆温,RL 为残留层,SBL 为稳定边界层,$z_i$ 为云盖逆温高度,等于边界层高度 BL,$V_g$ 为地转风速[引自 Meteorology for Scientists and Engineers, A Technical Companion Book to C. Donald Ahrens's Meteorology Today, 2nd Ed. , by Stull, p. 70. Copyright 2000. Reprinted with permission of Brooks/Cole, a division of Thomson Learning:www. thomsonrights. com Fax 800-730-2215.]。

## 9.3.3　风

　　地表拖曳力总是减小风速,而高空风速增强(图 9.16)。一般而言,近地层风速近似为对数廓线,可写成如下形式:

$$\overline{V} = \frac{u*}{k} \ln\left(\frac{z}{z_0}\right) \tag{9.22}$$

式中,$k=0.4$ 为冯卡曼常数,$z_0$ 为空气动力学粗糙度(表 9.2),粗糙长度定义为:地面层中按对数关系讲上层强风向下外推到风速为 0 的高度。

**习题 9.3** 类似(9.12)式,定义涡旋粘滞系数

$$K \equiv \frac{-\overline{w'u'}}{\partial \overline{U}/\partial z}$$

将经向动量垂直混合强度和经向风速的局地垂直梯度相联系,纬向风风量类似。9.1.6 小节中讨论了一级闭合湍流闭合机制,$K$ 为局地的湍流涡旋强度,其在地面层和地表之间混合向下混合水平动量,(a)涡旋粘滞度 $K$ 和产生风对数廓线高度之间的关系如何,地面层近似理论? (b)粗糙长度和拖曳系数之间的关系如何[提示:水平平均风速$(\overline{U},0)$,仅在 $x$ 方向考虑雷诺应力]?

**解答:**(a)对对数廓线使用方程(9.22),假设全风速为 $U$,

$$\overline{U} = (u*/k)\ln(z/z_0) = (u*/k)[\ln(z) - \ln(z_0)]$$

对高度 $z$ 偏微分

$$\partial \overline{U}/\partial z = u*/(kz)$$

又

$$u*^2 = -\overline{w'u'} = K\frac{\partial \overline{U}}{\partial z}$$

得到

$$K = kzu*$$

地面层内 $K$ 必须随高度线性增加,才会产生对数廓线,$K$ 随 $u*$ 增大,地表风压平方根和下列概念一致,大气条件和强湍流对应,导致强烈的涡旋混合,最终,对数风廓线和 $K$ 理论一致,观测表明地面层占优的湍流为小涡旋混合(如局地混合)。

(b)结合方程(9.19c)和对数廓线方程

$$C_D = [k/\ln(z/z_0)]^2$$

因此,静力中性条件下粗糙表表面(大的 $z_0$)和大的拖曳系数 $C_D$ 相联系。

方程(9.22)为零级湍流闭合的例子,它基于相似理论,静力中性条件下绘制无量纲风速 $V/u*$ 和无量纲高度 $z/z_0$ 曲线,所有廓线衰减为普通的对数曲线(曲线相互很相似)。通常地面层风表达式用无量纲风切变

$$\Phi_M = \frac{kz}{u*}\frac{\partial V}{\partial z} \tag{9.23}$$

式中,$k = 0.4$ 为冯卡曼常数,因此对于静力中性条件,方程(9.22)的垂直倒数为

$$\Phi_M = 1 \tag{9.24}$$

廓线形状随静力稳定度略有变化,但是总体上在地面层呈对数(图 9.17),在静力稳定条件下,仍然为湍流(如当 $z/L > 0$),廓线为经验关系

$$\Phi_M = 1 + 8.1\frac{z}{L} \tag{9.25}$$

式中,$L$ 为奥布霍夫长度,对于静力不稳定条件,地面层相似理论产生

$$\Phi_M = 1 - 15\left(\frac{z}{L}\right)^{-1/4} \tag{9.26}$$

**习题 9.4** 积分方程(9.25)得到风速表达式,为静力稳定条件下高度的函数,假设 $z = z_0$ 处 $V = 0$,$u*$ 和 $L$ 为常数。

**解答:**分离变量

$$dV = \frac{u*}{k}\left[\frac{dz}{z} + \frac{8.1}{L}dz\right]$$

积分得到

$$V - 0 = \frac{u*}{k}\left[\ln z - \ln z_0 + \frac{8.1}{L}(z - z_0)\right]$$

写成无量纲风速和无量纲高度的关系

$$\frac{V}{u*} = \frac{1}{k}\left[\ln\frac{z}{z_0} + 8.1\frac{(z - z_0)}{L}\right]$$

因此,风随高度同时为对数和线性变化,稳定条件下观测的垂直廓线为线性对数。

图 9.17 为线性对数高度坐标,呈现了稳定、中性和非稳定条件下的垂直廓线,地面上风速在不稳定条件下比在稳定条件下随高度增加迅速,这是因为在不稳定条件下发生的强烈湍流能更加有效地混合向下通量,对于静力稳定地面层,湍流不能足够强到使地面层均匀化,实际上,地面层上的风被地面应力减弱。

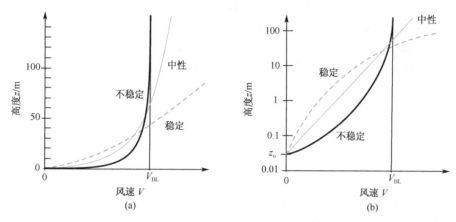

图 9.17　地面层中不同稳定度条件下风速随高度的垂直变化,(a)线性坐标,(b)半对数坐标[引自 Meteorology for Scientists and Engineers, A Technical Companion Book to C. Donald Ahrens's Meteorology Today, 2nd Ed., by Stull, p. 77. Copyright 2000. Reprinted with permission of Brooks/Cole, a division of Thomson Learning: www. thomsonrights. com Fax 800-730-2215;和 R. B. Stull, An Introduction to Boundary Layer Meteorology, Kluwer Academic Publishers, Dordrecht, The Netherlands, 1988, Fig. 9.5, p. 377, Copyright 1988 Kluwer Academic Publishers, with kind permission of Springer Science and Bussiness Media]。

　　白天湍流和地拖曳力在混合层中部交互,产生随高度均匀一致的风速,小于地转风(如次地转),与等压线成小角度穿越等压线,偏向低压一侧,在逆温层顶部或夹卷层之上,没有湍流来传递表面拖曳力,风迅速恢复到地转状态,因此,地面层(SL)、夹卷层(EZ)中风切变趋于集中,如图 9.16 所示。

　　夜间,稳定边界层抑制湍流,使残留层中的空气突然失去摩擦,残留层中的空气向地转加速,但由于科氏力静力在地转风速周围产生固有振荡,在固有振荡的一部分,风速大于地转风(次地转风),在低处产生风速最大值,称为夜间急流,这是一种低层急流,同时,接近地面处,因为空气被地面拖曳力影响风速几乎静止,但是不再受高出强风湍流混合的影响,这是因为湍流消失了。图 9.18 呈现了理想边界层内不同高度处风速的日变化。

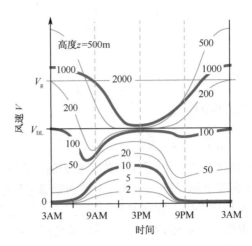

图 9.18　晴朗天气陆地上边界层不同高度(2m，5m，10m，……，2000m)测量的风速 $V$ 随时间的变化，$V_g$ 为地转风，$V_{bl}$ 为混合层风速，和图 9.16 一致[引自 Meteorology for Scientists and Engineers，A Technical Companion Book to C. Donald Ahrens's Meteorology Today，2nd Ed.，by Stull，p. 77. Copyright 2000. Reprinted with permission of Brooks/Cole，a division of Thomson Learning：www. thomsonrights. com Fax 800-730-2215.]。

### 9.3.4　边界层结构的逐日变化和区域变化

我们看到边界层结构具有显著的日变化以响应下垫面的加热和冷却过程，它表明了和变化天气形态相联系的逐日和更长时间尺度的变化，例如，冷锋后暖地面上方的冷空气使边界层底部更加不稳定；云盖抑制了温度的日变化范围；反气旋促使生成夜间强逆温。冬季天气多变时，白天日照相对较弱，边界层结构的逐日变化最为复杂。

海洋上的气温日变化比陆面上弱，空气温度和下垫面接近趋于平衡，除了一些特别例外情况⑧，"海-气"温差在 1~2℃内，海气之间潜热和感热通量分布不由辐射收支决定，而是由低层风场相对海温等温线之间的夹角决定，在大多数海面上，洋流从冷区向暖区流动，穿越等温线，因此空气比下垫面冷，边界层区域弱不稳定，导致明确的混合层，与图 9.16 中白天的廓线类似。

在图 9.19 中，全球 1 月气候平均图中冷平流的扩展非常明显，最为明显的是在日本和美国东部海岸，大陆上的冷空气经过西部边界急流(如黑潮，墨西哥湾流)，这些区域(图 9.19 中的阴影区域)的潜热感热混合通量的气候平均约为 300W·m$^{-2}$，在寒潮爆发时更大。信风中冷空气流向赤道日益变暖，呈现弱的不稳定边界层结，增强了潜热和感热通量。

稳定层结的海洋边界层，其垂直温度、水汽、风廓线和图 9.16 中大陆夜间廓线类似，可以观测到暖平流区，暖空气向冷空气流动，例如，当墨西哥湾流之上的空气向北流动经过冷的拉普拉多海流，到达 Nova Scotia 东南部(图 2.5)，变为稳定层结，在上述条件下，

---

⑧　冬天寒潮爆发时，寒冷的大陆空气流过墨西哥洋流和菲律宾洋流，产生局地强的潜热和感热通量，这一点可以结合图 9.14 讨论。

地面上的空气经常冷却到露点,产生广阔的雾。当空气到达加利福尼亚海岸,经过狭窄的区域吹向海岸,当冬天暖湿空气聚集在墨西哥湾,向北流过美国中西部的雪盖地面,平流雾也会出现。

在北极和南极,在极地夜间,对应于连续的地面辐射冷却,边界层高度分层。微风条件下,边界层湍流实际上消失,覆盖逆温伸到地表,此时地面空气温度比几百米高的逆温层顶低 20° 以上,当风速增加地面温度迅速升高,在逆温层上混合向下的暖空气,或者冷空气移到头顶,增加了向下的入射长波辐射通量。

在寒冷小风天气时,当机动车和木炉释放的水汽在逆温层下被截获,一些北极城镇如费尔班克斯、阿拉斯加会产生冰雾,空气中的雾点很低,即使小城市的排放也足以使空气过渡饱和,产生微小稀疏的冰晶分布,当地人称为钻石雾,因为它们在太阳下闪闪发光。

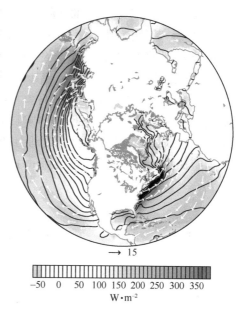

$$\rightarrow 15$$

−50　0　50　100　150　200　250　300　350
$W \cdot m^{-2}$

图 9.19　地面上 1 月感热和潜热之和的气候平均值[数据来自欧洲中尺度天气预报中心 40 年再分析资料,引自 Todd P. Mitchell.]。

### 9.3.5　层结对湍流和稳定性的非局地影响

通过对大气环境的探测,可以推导出湍流的垂直分布。在 3.6 节的分析中,根据温度和水汽的局地分层判断是否对流,这种方法有时会产生有用信息,但是有时又会因为没有考虑湍流的非局地特性而产生误导。

例如,这种方法会错误地认为混合层中部静力中性(仅有中度的各向同性的湍流和烟羽锥区),与图 9.20 中的静力不稳定(强湍流、高度各向异性、环形烟羽)相反。

探测结果分析可以延伸到包括下列非局地影响。

(1)首先确定任意静力不稳定区,第一条 $\theta$ 廓线,然后从 $\theta$ 每一个相对最大值,概念意义的粒子绝热上升,直到再次探测(或到达曲线最大高度,不管多低)。高度从开始抬升到结束静力不稳定,类似,每一个 $\theta$ 最小值被确定,概念空气粒子降低到探测(或地面无论多高),这描述了不稳定空气的另外区域,所有不稳定空气和不稳定区重叠(如图 9.20)。

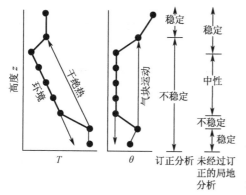

图 9.20　考虑非局地空气粒子在最大和最小位温-探空条件的运动,静力稳定示意图,$T$ 为空气温度[引自 Meteorology for Scientists and Engineers, A Technical Companion Book to C. Donald Ahrens's Meteorology Today, 2nd Ed., by Stull, p. 131. Copyright 2000. Reprinted with permission of Brooks/Cole, a division of Thomson Learning: www. thomsonrights. com Fax 800-730-2215.]。

(2)第二,对于不稳定层的外测区域,若$\partial\theta/\partial z>0$则认为静力稳定。

(3)最后,其他剩余区域静力中性(如$\partial\theta/\partial z\approx0$区域)。

在云区,非局地方法适用于干绝热到湿绝热之间当上升空气粒子在其 LCL 之上,和湿绝热到干绝热之间当下降粒子到其 LCL 之下。

为了确定湍流区域,静力不稳定空气必须首先利用非局地方法如早期轮廓被估计,其次利用 9.1.3 小节中的理查逊数准则判断动力不稳定空气区域,最后,湍流出现在静力或动力不稳定区域。只有气流静力或动力稳定时才会出现层流。

**习题 9.5** 对流层低层的无线电探测给出下列廓线信息,哪一层空气为湍流,为什么?

| $z$/km | $T$/℃ | $U$/(m·s$^{-1}$) | $z$/km | $T$/℃ | $U$/(m·s$^{-1}$) |
|---|---|---|---|---|---|
| 13 | −58 | 30 | 2.5 | 1 | 9 |
| 11 | −58 | 60 | 2 | 2 | 8 |
| 8 | −30 | 25 | 1.6 | 0 | 5 |
| 5 | −19 | 20 | 0.2 | 13 | 5 |
| 3 | −3 | 18 | 0 | 18 | 0 |

假设$V=0,q=0,T_v=T$。

**解答:**为了确定湍流发生区,需要检验动力稳定和非局地静力稳定,对于动力稳定,方程(9.8)用有限差分近似,结果称为体积里查森数

$$R_B = \frac{\frac{g}{\langle T_v \rangle}\Delta\theta_v \cdot \Delta z}{(\Delta U)^2 + (\Delta V)^2}$$

式中,$\langle T_v \rangle$代表整层平均,同时利用$\theta=T+\Gamma_z$,$\Gamma_z=9.8$℃为干绝热递减率。结果在下表中。

| $z$/km | $T$/℃ | $U$/(m·s$^{-1}$) | $\theta$/℃ | $T_{avg}$/K | $\Delta z$/m | $\Delta U$/(m·s$^{-1}$) | $\Delta\theta$/m |
|---|---|---|---|---|---|---|---|
| 13 | −58 | 30 | 69.4 | | | | |
| 11 | −58 | 60 | 49.8 | 215.15 | 2000 | −30 | 19.6 |
| 8 | −30 | 25 | 48.8 | 229.15 | 3000 | 35 | 1.4 |
| 5 | −19 | 20 | 30 | 248.65 | 3000 | 5 | 18.4 |
| 3 | −3 | 18 | 26.4 | 262.15 | 2000 | 2 | 3.6 |
| 2.5 | 1 | 9 | 25.5 | 272.15 | 500 | 9 | 0.9 |
| 2 | 2 | 8 | 21.6 | 274.65 | 500 | 1 | 3.9 |
| 1.6 | 0 | 5 | 15.68 | 274.15 | 400 | 3 | 5.92 |
| 0.2 | 13 | 5 | 14.96 | 179.65 | 1400 | 0 | 0.72 |
| 0 | 18 | 0 | 18 | 288.65 | 200 | 5 | −3.04 |

对于静力稳定条件,绘制廓线,从相对最大和最小出抬升粒子到静力不稳定区域,$z=0\sim1.8$km 区域为静力不稳定区。

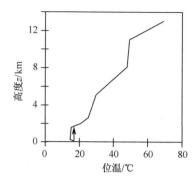

现在利用体积里查森数准则考虑动力稳定。

| 高度层次/km | $R_B$ | 动力稳定 | 静力稳定 | 是否湍流 |
|---|---|---|---|---|
| 11～13 | 1.98 | 稳定 | 稳定 | 否 |
| 8～11 | 0.15 | 不稳定 | 稳定 | 是 |
| 5～8 | 87.02 | 稳定 | 稳定 | 否 |
| 3～5 | 67.29 | 稳定 | 稳定 | 否 |
| 2.5～3 | 0.20 | 不稳定 | 稳定 | 是 |
| 2～2.5 | 69.58 | 稳定 | 稳定 | 否 |
| 1.6～2 | 9.41 | 稳定 | 不稳定至1.8km | 是,至1.8km |
| 0.2～1.6 | $+\infty$ | (未定义) | 不稳定 | 是 |
| 0～0.2 | −0.83 | 不稳定 | 不稳定 | 是 |

总结：湍流区底部 0～1.8km 为边界层,清洁空气湍流(CAT)在急流附近存在从 8～11km,其他湍流区为 2.5～3km。

## 9.4　演变

本节考虑和环境条件变化相对应的控制和改变边界层厚度的过程。

### 9.4.1　夹卷

覆盖逆温层不是固定的边界,因此,当上升的热泡和混合层的湍涡到达覆盖逆温层时,惯性使其在下沉到混合层之前继续在逆温层中前进一段距离,该过程中,热泡和涡旋中的空气暂时离开混合层,由此产生的气压梯度使逆温层中的部分空气向下进入混合层取代失去的空气。

但这种交换是不均匀的,热泡继续向前进入自由大气(位温低于自由大气),没有什么能阻挡其下沉回到混合层,然而,进入混合层的自由大气气团由于强烈湍流很快具有混合层的性质,它们变为混合层的一部分不再返回自由大气,这种过程称为夹卷,空气相互取代的地方称为夹卷区,一旦空气从非湍流区进入邻近的湍流区,夹卷发生,这是增加湍流混合层空气质量的一种途径,可以认为是一种混合过程,逐步吞食其上层空气。

图 9.21 显示了夏季晴朗天气下陆面上边界层的典型发展过程。夜间,边界层通常由近地面稳定浅层结构成(称为夜间边界层),其上为中性层称为剩余层,再向上为图 9.15

和 9.16 中的覆盖逆温层。

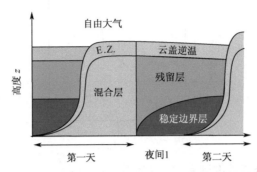

图 9.21　夏季晴朗天气有云条件下，大陆上边界层结构的垂直剖面以及变化过程。E. Z. 表示夹带臭氧［引自 Meteorology for Scientists and Engineers，A Technical Companion Book to C. Donald Ahrens's Meteorology Today，2nd Ed. ，by Stull，p. 69. Copyright 2000. Reprinted with permission of Brooks/Cole，a division of Thomson Learning：www. thomsonrights. com Fax 800-730-2215. ］。

日出后，地面加热近地面空气，产生浅的热泡，上升产生强混合（产生混合层），在混合层发生夹卷（在夹卷区中），混合层（或对流边界层）由于夹卷发展，消耗了夜间逆温并快速穿越剩余层，一旦到达逆温层顶，其后夹卷区成为新的逆温层。

日出前后（图 9.21），长波辐射冷却地面，温度低于其上部空气温度，会有两种情况发生。

（1）热泡停止，使得以前混合层中的湍流衰减，这种以前的混合层现在称为剩余层，因为它包含了剩余的水汽、热量、污染物，如图 9.16 所示。

（2）地面冷却其上层空气，将剩余层底部转化为逐渐加深的夜间稳定边界层。

只要天气晴朗，这种过程每天重复发生，冬天，黑夜比白天长，稳定的夜间边界层更加深厚，白天的混合层很浅薄，稳定的边界层顶部像逆温一样一直维持。

## 9.4.2　边界层发展

混合层并非闭合系统，单位面积上的质量不固定，上层空气的夹卷可以增加或减小混合层厚度，相应会改变大尺度垂直速度，

$$\frac{\mathrm{d}z_i}{\mathrm{d}t} = w_e + w_i \tag{9.27}$$

其中 $w_e$ 称为夹卷速度（非负），用单位时间单位水平面积夹卷的空气体积定义，$w_i$ 为边界层顶大尺度运动区垂直速度（向下为负）。

**习题 9.30** 表明

$$w_i \approx - z_i \{\nabla \cdot V\} \tag{9.28}$$

式中，$\{\nabla \cdot V\}$ 为边界层内的质量权重辐散，晴朗天气下，$w_i$ 一般向下（为负），水平方向辐散。辐散可以看作通过侧向移除空气减弱边界层，相反，在大尺度上升区，边界层辐合加深。

混合层中湍流加强导致更强的夹卷，然而覆盖逆温 $\Delta\theta$ 加强会热泡和湍涡惯性而减小夹卷，浮力的 TKE 生成率和地面感热通量 $F_{\mathrm{Hs}}$（运动学单位）成正比，所以混合层自由

对流的夹卷率可以近似表示为

$$w_e = \frac{AF_{Hs}}{\Delta \theta} \tag{9.29}$$

式中

$$A = - F_{Hz_i} / F_{Hs} \tag{9.30}$$

鲍尔系数 $A$ 自由对流时约为 0.2，随机械湍流对夹卷的增加而增加。

　　因为自由大气中高位温的空气被向下夹卷，因此经过逆温的感热通量 $F_{Hzi}$ 一般为负，图 9.22 为自由对流条件下理想的感热通量廓线，混合层中的平均位温 $\langle \theta \rangle$ 由于地表向上的感热通量和向下的夹卷热通量同时加热

$$\frac{d\langle \theta \rangle}{dt} = \frac{F_{Hs} - F_{Hz_i}}{z_i} = \frac{(1+A)F_{Hs}}{z_i} \tag{9.31}$$

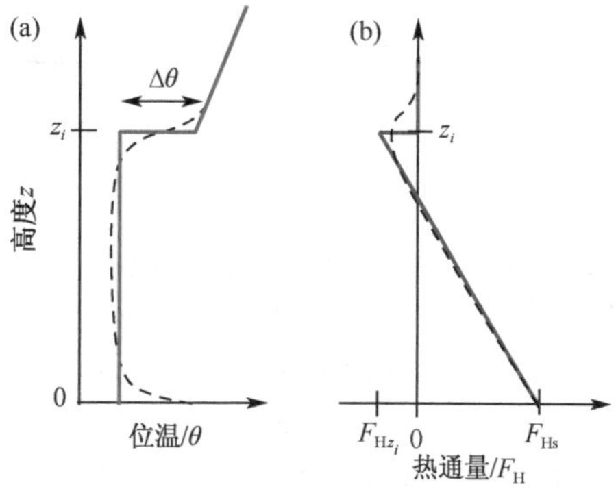

　　来自自由大气的夹卷空气携带了热量、水汽、污染物和动量，这种标量增加进入边界层空气（单位面积）的速率可以用混合层顶部的通量表示，例如，对于水汽

$$\overline{w'q'} = - w_e \Delta q \tag{9.32}$$

式中，$q$ 为比湿，$\Delta q$ 为穿越混合层顶部 $(\Delta q = q_{z_i+} - q_{z_i-})$ 的水汽步长，下标 $z_i +$ 和 $z_i -$ 表示夹卷区上部和下部，类似 (9.32) 式，方程对任意标量适用，包括位温和污染物，还包括水平动量分量 $u$ 和 $v$。当剩余层和自由大气中的污染物和高层中物质混合时，该过程称为烟下沉现象。

图 9.22　混合层中典型的（虚线）和理想的（实线）位温、湍流感热通量 $F_h$ 的垂直廓线。理想条件又称为平板模式［引自 Meteorology for Scientists and Engineers，A Technical Companion Book to C. Donald Ahrens's Meteorology Today，2nd Ed.，by Stull，p. 69. Copyright 2000. Reprinted with permission of Brooks/Cole, a division of Thomson Learning：www.thomsonrights.com Fax 800-730-2215.］。

　　在微风条件下，根据清晨温度探测结果和地面感热动力热通量的预报，可以预报地面上 $z_i$ 的日变化过程，图 9.23(a) 显示了理想的地面感热通量发展，可以根据日期（决定太阳高度角）和云盖决定。太阳刚升起时，当地面热通量变为正，根据时间确定 $z_i$，曲线下两个时刻之间为聚集的热量（图 9.23(a) 中的阴影部分）。如果对流可以忽略，可以假设热量加热边界层。

　　假设混合层中是绝热温度廓线，从地面到 $t = t_1$ 层增加 $z_i$ 所需的热量为探测线下（图 9.23(b) 中阴影区域），可以从混合层中平均位温 $\langle \theta \rangle$ 得到答案，探测曲线下的阴影部分等于热通量曲线下的阴影区域，然后，混合层厚度 $z_i$ 就是 $\langle \theta \rangle$ 和早晨探测曲线相交的高度，这称为热力学方法或侵蚀方法。

　　**习题 9.6**　(a) 如果日出时稳定边界层中的位温廓线线性，利用热力学方法可以推导混合层增长率方程，类似地假设地面热通量为常数，(b) 相对初始混合层增长形态，曲线形状怎样？

　　**解答：**(a) 如果清晨探测结果 $\partial \theta / \partial z = \gamma$，地面动力热通量为 $F_{Hs}$，那么热通量曲线下的

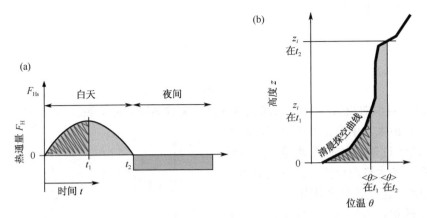

图 9.23　(a)晴朗天气大陆上地面感热通量 $F_{Hs}$(动力学单位:K·m·s$^{-1}$)随时间的理想变化,阴影区域表示从日出到 $t_1$ 进入边界层底部的总热量。(b)早晨位温 $\theta$ 的典型探空廓线,表示混合层中平均位温 、厚度 $z_i$ 随时间的变化。(a)和(b)中的阴影区域面积相等[引自 Meteorology for Scientists and Engineers, A Technical Companion Book to C. Donald Ahrens's Meteorology Today, 2nd Ed., by Stull, p. 70. Copyright 2000. Reprinted with permission of Brooks/Cole, a division of Thomson Learning: www. thomsonrights. com Fax 800-730-2215. ]。

面积为 $A=F_{Hs}t$,其中 $t$ 为日出时间,探测曲线下面积为三角形,得到 $A=(\Delta\theta)^2/(2\gamma)$,其中 $\Delta\theta$ 为日出后混合层加热量,由初始条件,日出时 $z_i=0$,两个面积相等给出 $\Delta\theta=(2\gamma F_{Hs}t)^{1/2}$,因为早晨廓线线性,$z_i=\Delta\theta/\gamma$,因此,$z_i=[(2F_{Hs}/\gamma)t]^{1/2}$。

　　(b)上面的平方根和时间有关,不等于图 9.24 中造成典型面积,这种差异由于早晨热通量不是常数,正旋增加,同时位温的初始垂直廓线不是线性,而是如图 9.16(b)成指数形状。

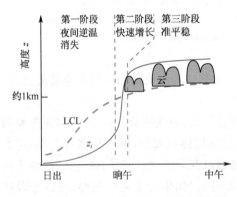

图 9.24　晴朗天气大陆上白天混合层厚度 $z_i$ 3 个阶段的增长过程,表示热泡能够上升的高度。对应抬升凝结高度 LCL 的变化,表示热泡上升产生积云的高度。当 $z_i$＞LCL,LCL 表示对流性云的云底高度[引自 R. B. Stull, An Introduction to Boundary Layer Meteorology, Kluwer Academic Publishers, Dordrecht, The Netherlands, 1988, Fig. 11. 10, p. 452, and Fig. 13. 12, p. 564, Copyright 1988 Kluwer Academic Publishers, with kind permission of Springer Science and Business Media. ]。

### 9.4.3　陆面云盖下边界层

　　当边界层中水汽充足时,抬升凝结高度(LCL)会低于 $z_i$,此时延伸越过 LCL 的热泡顶部充满积云,晴朗天气下大陆上,早晨无云边界层顶部缓慢增长,前夜的夜间逆温层消失,相反,由于近地面空气加热,早晨 LCL 快速增长,从而降低了相对湿度,因此,早晨天空有边界层云剩余,这是由于 LCL 在边界层顶部之上造成的。

　　早晨晚期,在夜间逆温完全消失后(图 9.24)边界层经历了快速上升过程,这段时间,$z_i$ 从前一天的 $1\sim2km$ 跳过逆温层高度,高于 LCL,此时晴朗天气的积云最易于生成。云的垂直发展程度依赖于 LCL(云底部)和 $z_i$(云顶)的高度差,这些晴朗积云很容易和其他云区别,因为其他云不能穿越逆温层进入自由大气,云顶高度为热泡从地面上升所能到达的高度,也是水汽和污染物迅速混合的高度。

　　有时,如果大部分对流边界层中有足够的垂直风切变,环流中的弱平行反时针对形成,也称为水平漩涡(或短涡),涡旋轴方向平行于平均风向,每个漩涡的直径和边界层厚度量级一致(图 9.25(a)),这些环流很弱,很难测量,但它们组织更强的热泡进入平行线,间隔为边界层厚度两倍,当足够水汽支持积云形成时,漩涡平行可见,称为云街,在卫星云图上可见(图 9.25(b)),有时从地面上也可见到。

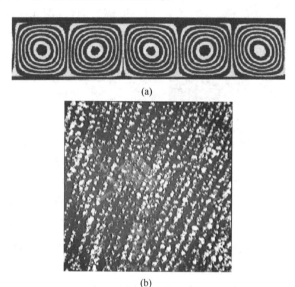

图 9.25　(a)实验室模拟的涡旋水平翻滚的垂直剖面,表示反旋转环流[引自"Influence of Initial and Boundary Conditions on Benard Convection", H. Oertel, Jr. , and K. R. Kirchartz, In Recent Devloments in Theoretical and Experimental Fluid Emchanics: Compressible and Incompressible Flower, U. Muller, K. G. Roesner, B. Schmidt, eds. , Fig. 1, 1979, p. 356, Copyright Springer-Verlag, Berlin, 1979. With kind permission of Springer Science and Business Media. ],(b)从上向下看,涡旋水平翻转产生的积云线排列成行[NASA MODIS 图片](另见彩图)。

### 9.4.4　海洋边界层

　　海洋上的边界层云盖和陆地情况有所差异:
* 表面空气的相对湿度更高(通常超过 75%)。
* 由于空气相对湿度高,云盖更广阔(层云和层积云覆盖),一些海洋上空大部分时间都被云覆盖。
* 由于云很多,辐射传输对于边界层热量平衡发挥更加重要和复杂的作用。
* 在一些区域,毛毛雨对边界层热量和水汽平衡非常重要。
* 日变化不重要,被完全不同的物理过程控制。

云层通过对下层辐射平衡的影响增强了云盖逆温(海洋增加了大气边界层)[9],逆温层的加强反过来又减少了夹卷进入云层的环境干空气,因此促进了云盖维持,一旦形成,由于这种正反馈海洋云盖将维持。

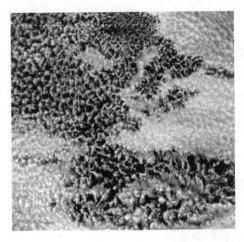

图 9.26　中尺度细胞状对流云图,左上和右下象限为开口细胞云,其余为闭口细胞云[NASA MODIS 云图]。

在边界层云顶中,对流被上部空气冷却和下部空气的加热共同驱动。下层的加热取决于陆面上地面浮力通量(如感热通量和水汽通量影响垂直温度的程度),上层冷却取决于云顶长波辐射通量(图 4.30),下层加热驱动了开口云胞对流(图 1.21 和图 9.26),强烈、集中、轻浮的云羽散布在广阔的无云弱下沉区,相反,上层冷却驱动闭合云对流(图 1.7 和图 9.26),强烈、不轻浮的下沉气流散布在广阔的上升区。当闭合云对流云图撕裂开,则它们通过聚集开口云图片代替。微风下,闭合云对流会假设多角形云胞为蜂巢。

在强的大尺度下沉区域边界层很浅(500m～1km 厚度),底部的对流加热和高处的冷却混合形成同一湍流区,扩展了边界层厚度,当边界层加深,两个对流区趋于减弱,较低的区域被下层加热,被边界层下部限制,白天陆面上的边界层被积云覆盖。

覆盖逆温层上部,辐射驱动多连续层云或层积云区域的顶部,低层和高层被递减率条件不稳定的中间静止层分离。如果低层积云对流发展旺盛,空气粒子可达自由对流高度,这些浮力热泡会上升到足够高度并从逆温层上夹卷大量干空气,导致层状云盖消散,湍流层重新形成。

如果设计某一边界层气团从加利福尼亚、智利或纳米比亚海岸沿信风朝赤道运动,上述结果就会发生,和弱的大尺度下沉气流对应,边界层加深,积云出现在层积云底部,积云加深到穿过上面的云盖,就像魔术一样,厚重的云盖变薄消散,留下独特的信风积云。

云盖落下的毛毛雨蒸发进入其下的非饱和空气,同时影响边界层热量平衡,云盖中水蒸汽凝结会释放潜热,副云层中毛毛雨滴蒸发会吸收感热,下层的热力学影响、液体水的重力通量向上传输感热,因此稳定了接近云盖的气层。

低层的冷平流通过两种途径维持层状云盖:使地面层不稳定,因此增强来自海面的水汽通量,相对上面的自由大气冷却边界层,因此加强覆盖逆温并减小对干空气的夹卷,下沉通常伴随冷平流,同时支持有覆盖逆温的浅边界层,因此边界层云顶占据了气候平均冷平流区域(如副热带高压东侧),该地区部分云盖和冷平流强度同时间变化。

在被云覆盖的海洋边界层区域,云盖在日出最高,中午最低,白天云盖由于其顶部下

---

⑨　这里边界层很浅( $z_i \leqslant 1km$ ),因为云盖温度并不必海面低很多,因此由于云盖产生的衰减远超过水面向外长波辐射的作用,净效应是混合层的辐射冷却,保持相对高的湿度,有助于维持云。对于 2km 厚度的边界层,这两种效应几乎相互抵消,冷却作用不再有效。

(图 4.30)的太阳辐射吸收减弱(或破碎),云盖顶部加热导致边界层顶部的对流减弱,减小下层的水汽供应率,水汽供给变得不充分,补充雨滴,云变薄。云顶变暖同时增加了饱和混合率,因此使一些云中水滴蒸发,太阳下山后,云顶空气冷却对应于连续的长波辐射,对应于冷却,对流区使水汽重新补充,重新建立了云滴。

不同于海洋,当干冷的大陆气团流经海岸线穿越暖的水面时,可在冬季观测到边界层云顶。在这些条件下,海气温度差比以前的情况大很多,边界层会更加不稳定。海气交界处的强烈感热和潜热通量产生强烈对流,导致边界层小时尺度、几十公里尺度的复杂的加热、加湿和加深,这种快速的边界层转化过程是气象学家所称的动气质量调整的生动例子。

图 9.27 显示了加拿大冷空气向东南经过北美五大湖、美国东部、加热西大西洋的墨西哥湾流,当冷空气首次经过未冰冻的安大略湖时,上风方向的观测者会看到非常清洁的天空,但是由于从湖面进入大气的强烈热量和水汽通量,在湖面上方会出现蒸气雾,当空气穿过湖面,对流混合层加深,云街发展,沿平均风方向排列,云街加宽加深。当向下移动变为开口中尺度对流云,墨西哥湾也可以看到类似的演变。

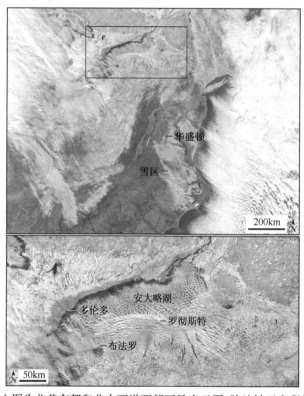

图 9.27 上图为北美东部和北大西洋西部可见光云图,陆地被云和积雪覆盖,安大略湖附近用矩形表示的区域见下图,西北风在北美五大湖和大西洋上产生云街,水汽经过安大略湖时被加速,触发了湖效应雪暴,上游经过纽约上空[NASA MODIS 图片](另见彩图)。

特定条件下水汽被穿越大湖的空气吸收,能够形成一个或多个低层辐和带,和气流同向,能在湖岸或背风处产生中雪或大雪,其中一些著名的暴雪湖效应事件(LES)会产生超过 1m 的降雪,但其典型尺度只有 2～3km 厚。

### 9.4.5 风暴天气

在大尺度上升区(如气旋和锋面中心)和深对流云中,混合层顶部上升到对流层顶,实际上,变为覆盖逆温层(图 9.28),在这些区域中,边界层空气充满水汽和污染物,能与自由大气中的空气自由混合。这种混合特征在图 9.29 中显示,其中锋面随地面坡度衰减,雷暴像通风口和烟囱,将边界层空气向上抽。

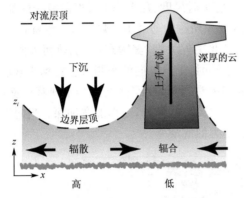

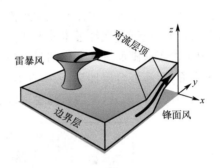

图 9.28 理想大气的垂直剖面图,反映气旋(低压)和反气旋(高压)天气条件下边界层厚度 $z_i$ 的变化[引自 Meteorology for Scientists and Engineers, A Technical Companion Book to C. Donald Ahrens's Meteorology Today, 2nd Ed., by Stull, p. 69. Copyright 2000. Reprinted with permission of Brooks/Cole, a division of Thomson Learning: www. thomsonrights. com Fax 800-730-2215.]。

图 9.29 边界层空气经过云盖逆温进入自由大气的两种主要机制[Roland B. Stull]。

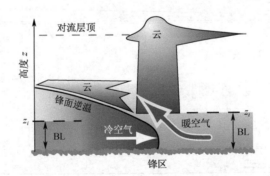

图 9.30 垂直剖面,反映了云盖逆温 $z_i$ 的崩溃和锋区边界层空气消失,以及冷锋过程后锋区逆温下云盖逆温的重建过程[引自 Meteorology for Scientists and Engineers, A Technical Companion Book to C. Donald Ahrens's Meteorology Today, 2nd Ed., by Stull, p. 69. Copyright 2000. Reprinted with permission of Brooks/Cole, a division of Thomson Learning: www. thomsonrights. com Fax 800-730-2215.]。

当风暴和锋面经过陆地,如图 9.30 中的冷锋,锋面逆温初始为新的边界层顶部(在冷空气顶部和上层暖空气之间),然而,经过一两天,当云消失,辐射加热和冷却的日循环又一次被地面感应,新的边界层在锋面逆温之下形成,厚度为 $z_i$,这种多层逆温层(混合层顶部和上空的锋面逆温)可以经常在高空探测中看到。

## 9.5　特殊效应

前面的章节中假设边界层下垫面平坦,水平均匀或者缓慢变化(考虑水平温度平流效应),本节特别考虑一些从下垫面特殊属性推出的特殊边界层现象。

- 地形
- 诸如海岸的不连续下垫面
- 森林下垫面的影响
- 城市人为活动影响

### 9.5.1　地形作用

在晴朗天气条件下白天太阳加热山坡,暖空气像上坡风[10]一样沿山坡爬升(图 9.31)。在山顶,从山坡两侧爬升的上坡风相遇,如果水汽充足空气越过山顶产生爬升积云。回流和上坡风相联系,在山谷处行成弱的下沉气流。

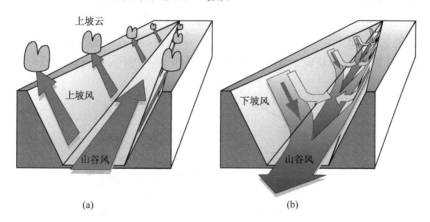

图 9.31　(a)白天温暖的上坡风沿山体上升,与之相联系的谷风沿谷底吹。(b)夜里冷的下坡风沿山体下降,与之联系的山风则吹入河床[引自 R. B. Stull, An Introduction to Boundary Layer Meteology, Kluwer, Academic Publishers, Dordrecht, The Netherlands, 1988, Fig. 14.5, p. 592, Copyright 1988 Kluwer Academic Publishers, with kind permission of Springer Science and Business Media.]。

夜间,山坡由于长波辐射冷却,冷空气[11]在负浮力的作用下沿山坡下沉。在山谷中心弱上升空气的回流补充作用下,冷空气在山谷聚集形成冷空气堆,易于形成雾。不太冷的空气不会在所有方向下沉到山谷,在其中性浮力层方向水平扩展,如图 9.31 白色箭头所示。上坡风和下坡风统称为山谷风环流。

山谷风是热力作用驱动下生成的具有日变化的环流种类之一,海陆风环流也属于此类,将在 9.5.2 小节进行介绍。太阳辐射加热作用或下垫面长波辐射冷却作用在水平方

---

⑩　ana:希腊语,表示上升。

⑪　kata:希腊语,表示下沉。

向的差异产生了水平气压梯度力,从而导致了水平温度梯度(如测高公式和热风效应的描述)。例如,下午在形成沿山体法向的气压梯度力(图 9.32 所示)。这个气压梯度力在白天诱生了上坡气流,而夜间增加的近地层空气密度导致了下坡气流。

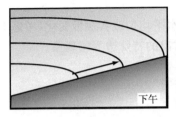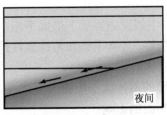

图 9.32　对应于海陆热力差异和坡行地形加热差,环流的发展过程,浅色(深色)阴影表示行星边界层温度高于(低于)自由大气温度,曲线表示气压面被白天变化的边界层温度扭曲,箭头表示由于水平温度梯度产生的上坡/下坡加速(另见彩图)。

由于浮力作用,沿山谷方向的风也会形成(图 9.31 所示)。夜间冷空气在山谷中汇聚,沿河床流出山谷流向平原地带,称为冷的山风。白天,气流沿山谷向上,被称为谷风。

本章讨论的相对弱的、独立周期、热力驱动环流和天气尺度强度一致发展,山区强大的天气尺度气压梯度常出现一些明显现象,包括山口风(8.2.4 小节)、山地波、逗点云、山顶上风的局地加速、低处阻塞风、背风腔体环流、滚轴流、旗云、尾湍流、卡曼涡度街、下坡风暴和水跃(图 9.33),即使低的山也会对云状(图 9.34)和降水量施加强烈影响。

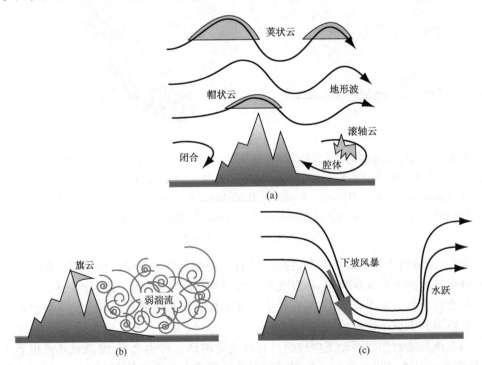

图 9.33　有风条件下山区观测的一些现象的垂直剖面[引自 R. B. Stull, An Introduction to Boundary Layer Meteology, Kluwer, Academic Publishers, Dordrecht, The Netherlands, 1988, Fig. 14.5, p. 602, Copyright 1988 Kluwer Academic Publishers, with kind permission of Springer Science and Business Media.]。

图 9.34　气流经过一座大概 130m 高的山上空，形成云街。各张照片在不同日期拍摄，但 3 天的
风向基本一致［阿特·朗罗］（另见彩图）。

经常用无量纲参数——"弗罗德数"[12]描述跃山气流的特征，预测气流结构

$$Fr = \frac{V}{NS} \tag{9.33}$$

式中，$V$ 为山体法向风速，$N$ 为布伦特-维赛拉周期，$S$ 为山体的垂直尺度（或水平），弗罗德数可以解释为习题 3.13 中提到的浮力振荡自然波长，根据山体波长分类。

对于 $Fr$ 小值，低层气体强迫经过山脉并通过裂缝，$Fr$ 大值和更多越过山体的气流相关，习题 3.13 清楚表明，如果 $S$ 定义为正旋型山体的水平波长，山脊和气流垂直，越过山体的气流波长和 $Fr$ 成正比，实际上，$V$ 和 $N$ 随山脉的高度和地形变化，是一个二维函数，非常复杂很难单独用高度或宽度尺度描述，因此，为了描述实际的地形影响效应需要使用数值方法或实验室方法。

## 9.5.2　海陆风

地球表面超过 15℃的温度日变化通常在热带和中纬度夏季可以观测到，这些区域的白天日光非常强。土壤的热传导较低，仅在地表之下的薄层中集中对热量的响应，如图 9.12 所示。因此，陆面比海洋表面更快地响应日照变化。大陆在午后比海洋更容易加热变暖，夜间由于红外辐射更容易冷却降温，这种海陆温差产生水平气压梯度会驱动浅薄

---

[12]　威廉·弗鲁德［William Froude(1810—1879)］，英国流体动力学者、工程师、航海建筑学家，与英国海军协议研究规模型船舶在牵引坦克过程中的水阻力问题。发展了对表面粗糙度曳力对波曳力的理解，研究船舶稳定问题，增加船只的安全性和效率。发展了针对浮力的惯性弗鲁德数率用于度量所有尺寸船只的模型结果，发明了一种水压倍率计测量高功率船只发动机的输出。

大 气 科 学

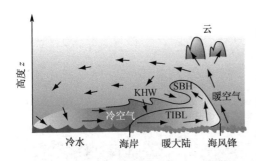

图 9.35　海风环流组成。SBH 为海风头，KHW
为开尔文-亥姆霍兹波，虚线表示热力内部边界
层 TIBL 顶[引自 R. B. Stull, An Introduction
to Boundary Layer Meteology, Kluwer, Aca-
demic Publishers, Dordrecht, The Netherlands,
1988, Fig. 14.5, p. 594, Copyright 1988 Kluw-
er Academic Publishers, with kind permission of
Springer Science and Business Media.]。

的、具有日变化的环流，即白天吹海风夜间吹
陆风。

白天较凉爽的海风吹向海岸（从海洋到
陆地）。通常在晴朗天气条件下，天气背景作
用下（如很弱的地转风），陆地和海水温差高
于 5℃ 时，海风易于发生，类似的还有湖风，从
湖面吹向岸边。内陆海风，由于相邻区域的
地表特征差异很大（如沙漠和绿洲）。海风是
一种热力驱动的中尺度环流，称为海陆风环
流，经常包括高空弱的回流（陆面向海洋）（图
9.35）。

海风锋面的标志是前缘的冷海洋空气，
与弱的前进冷锋或雷暴阵风锋面类似，如果
锋前上升气流中水汽充足，沿锋面会形成一
列积云线，如果空气对流不稳定则容易促发
雷暴，抬升的冷空气称为海风头部，和阵风锋

面的前缘类似（8.3.3 小节的 c 部分），海风头部的厚度约为后面提供冷空气岸流的两倍
（0.5～1km），海风顶部通常在暖空气上从高处水平回卷。

低层海风和高空回流风的密度界面上的垂直风切变会产生沿头部后回流顶部密度界
面的开尔文-亥姆霍兹波，波长为 0.5～1km。这些波通过对界面之上低动量空气的夹卷
作用增大了对海风的摩擦拖曳力。缓慢的下沉回流在水面上发生，当空气流向大陆在冷
水面上重新冷却后环流结束。当冷空气流向大陆，当海洋空气被陆面热通量调整，地面上
形成热力内在边界层（TIBL），厚度随离岸距离的平方根增长。

初始的海风环流范围并非很宽，但是随时间的变化在陆面上不断扩展，在水面上尤其
强烈，海风锋面后前进的冷空气像密度流或梯度流，密度大的流体在密度小的流体下水平
扩展，如同水槽中的模拟情形。在白天结束的时候海风锋面一天可在内陆前进 10～
200km，典型情况下可前进 20～60km，除非被山脉或天气尺度风抑制阻碍，当锋面前进，
锋面波动会在锋前形成风切变。

当充分发展，海洋表面风速（高度 10m）在海岸处变化范围从 1～10m·s⁻¹，典型值为
6m·s⁻¹，风速随海陆温度差的平方根增加，海风锋面前进速度一般为地面风速的 87%。
白天结束时，海风衰弱，弱的反向环流生成，称为陆风。陆风对应夜间大陆相对海洋的冷
却。有时夜间分离的海风锋面在增长的稳定边界层之上不断朝内陆前进，像 bore（性质
类似水跃的独立波动），在澳大利亚称为晨阵风。

在海岸法向的垂直截面上（图 9.35），地面风在海岸两侧来回振动，早晨和夜间的方
向相反，科氏力产生振荡的沿岸风分量，它滞后与离岸、向岸风 6h（即 1/4 周期），因此，日
风矢自转变化：北半球顺时针，南半球逆时针，比如，北半球西测海洋，海岸线经向，地表风
的日变化午后为西风（向岸风），夜间北风（离岸），风的日变化和 24h 平均地表风是区别
的，如果上例中地表风来自北面，当平均风和日变化风量方向一致，相对方向相反情况，风

速在日出前后更大[13,14]。

　　许多海岸的海岸线形状非常复杂,存在海湾或山脉,局地环流改变海风,产生辐和、辐散区域并相互作用,海风还和边界层对流、水平旋转涡度、城市热岛相互作用,在海岸附近形成复杂的污染物扩散,如果向岸的天气尺度地转风很强,TIBL 取代海风环流发展。

　　诸如美国西海岸这些地区,主要山脉高度约为数百米,海风和地形效应相互结合,图 9.36 显示了低层辐散和边界层风场相联系,影响美国中部深对流的日变化过程和降水。

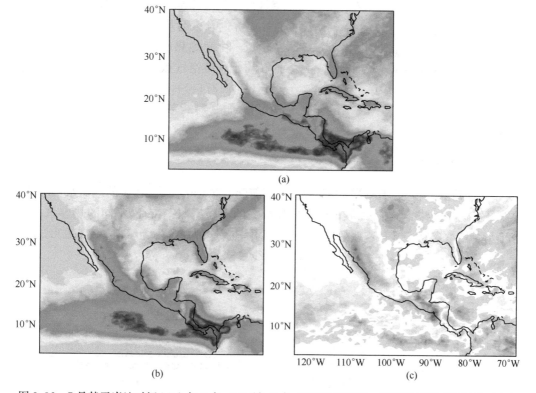

图 9.36　7 月某天当地时间(a)上午 5 点,(b)下午 5 点,云顶温度低于−38℃的云深对流频率,(c)表示(a)和(b)之差。(a)和(b)的色标和图 1.25 一致,(c)中红色阴影表示下午 5 点的强降水[U. S. CL-IVAR Pan American Implimentation Panel and Ken Howard, NOAA−NSSL.](另见彩图)。

　　当海风和上坡风共同产生低层辐散,马雷德山脉周边高地下午会产生对流,相反,离岸水流经常在早晨经历对流,这和附近山脉下坡风增强陆风相对应,巴拿马湾早晨对流特别强,这是因为其凹形海岸线,由海风环流驱动的午后对流在美国东南部同样非常明显。

### 9.5.3　森林冠层效应

　　和森林冠层相关的拖曳力非常强,以至于冠层上的气流被分离。在近地层之内冠层之上的区域,气流呈现典型的对数风廓线,但有效零平面位移高度在冠层顶部之上,(如图

---

　　[13]　不考虑这种效应,对应边界层湍流的衰减,使向下的混合动量减小,在日出时或日出后风速会减小。

　　[14]　倾斜地形上每日的风矢旋转几乎一致,大陆边界层湍流白天加强夜间减弱也对边界层风的日循环起到一定作用,这种振荡的振幅在 30°N 最大,日循环和惯性周期相匹配。

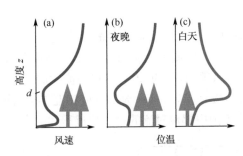

图 9.37　(a)森林冠层中的风速,(b)晴朗夜间微风下的位温廓线。$d$ 表示近地层中对数风廓线距离冠层顶的有效位移高度。(c)和(b)一致,但是在晴朗的白天[Roland B. Stull.]。

9.37(a)所示)。在地表到冠层之间的树干区域的大气具有较大的风速,如果冠层密度较大,冠层子层内的风昼夜都会向下运动。

冠层上下的静力稳定度相反。例如,晴朗夜间,冠层长波冷却会在冠层上产生静力稳定边界层(图 9.37(b))。然而,冠层中的一些冷空气会像翻滚热泡一样下沉,夜间在树干区域产生一个对流混合层,不断变冷。白天,在冠层上形成一个超绝热的具有对流热泡的近地层,而在树干区域空气被上部冠层加热,变得静力稳定(图 9.37(c)),这种静力稳定度的独特结构可以通过判断静力稳定度的非局地方法获得。

## 9.5.4　城市效应

大城市和周围郊区不一样,表现为高大建筑物对风场的阻力,较少的地面水汽和植被导致蒸发减小,与太阳位置和城市街区列阵有关的不同反照率特征,不同的热容量、污染物和人为热量排放。所有这些效应使城区比周围热,这种现象称为城市热岛(图 9.38)。

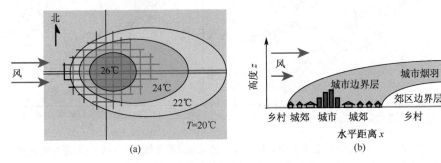

图 9.38　(a)城市热岛效应,城市下风方向的温度更高,城市中心温度壁上游郊区高 2～12℃,(b)城市烟羽中包含多于的热量和污染[引自 T. R. Oke, Boundary Layer Climates, 2nd Ed., Routledge, New York (1987).]。

当天气尺度风速较小,过度的热量和污染物如同城市尺度的城市烟羽向下风方向延伸(图 9.38(b)),由于烟羽影响,邻近城市的郊区,其成长季节(春天最后一次霜冻和秋天第一次霜冻之间)会增加 15 天。

在高大建筑之间的独立街区内,狭管效应使得风速增大,同时当高处的大风击中高大建筑物,风会向下偏斜从而增加大楼底部的风速,在独立大楼后面通常为腔体环流,地面风向和更强的高空风向相反,导致预想不到的污染物由街道表面向打开的窗户中传输。在微风条件下,高大建筑物增加了地表粗糙长度,这会减小经过城市的平均风速,使污染物浓度更高。

晴朗天气下大城市产生并贮存了大量热量,以至于昼夜都会在其上方形成对流混合层,这种城市热源通常和被增强的热泡以及城市上空的上升气流相互联系,此外还与城市郊区上空的弱的向下回转环流相联系,这会产生一种不好的效应,即污染物又重新进入到城市,同时,城市上空对流增强会增加对流云和雷雨。

## 9.6　进展中的边界层气象学

边界层气象学还是相对新兴的领域,有很多尚未解决的问题,几个世纪以来,基础的动力热力学方程组只有解析解,雷诺平均方法采用湍流统计平均效应,试图避开统计方法研究涡旋确定解的缺陷,湍流闭合问题一直没有解决,紊乱的湍流本质是主要的难题。许多有用的经验关系,如基于相似理论的对数风廓线,其忽略了物理和动力,着眼于主要变量的量纲,湍流的本质和夹卷周围空气进入云的过程,以及边界层中云和流体运动之间的反馈没有完全理解。

尽管存在很多巨大的障碍,但是很多领域取得了显著的进步,边界层模式和大尺度模式相耦合研究多尺度对流的重要影响,运用遥感手段观测涡旋和热泡产生的湍流,对于边界层湍流的模拟越来越细。

边界层中,即使晴朗微风条件下,相比湍流效应,大尺度平均风对热量、水汽、动量的平流占主导地位,同时大尺度运动的垂直对流的量级等于或大于混合层顶的湍流夹卷,为了合理包括这些大尺度对流效应,边界层模式通常嵌入中尺度模式中,后者又嵌套在大尺度数值天气预报模式中。

从 20 世纪 70 年代以来,遥感越来越多用于边界层观测,晴空雷达发射微波观测边界层涡旋,和微波反射率波动相联系的湿度使其可见。光达(测光和距离)发射可见光和近可见光波段辐射照射高处热泡携带的气溶胶(图 9.39),利用大望远镜捕获后向散射到光达的光子,声达(声音探测和距离)发射声音脉冲,利用灵敏的麦克风探测从强温梯度区域和近地面层涡旋、烟羽散射的微弱回声,廓线仪监测无线电波传播过程中相对速度的多普勒频移,从而得到风速廓线,RASS(无线电声学探测系统)利用无线电波探测声波速度,

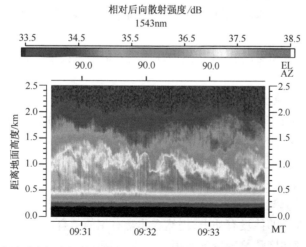

图 9.39　时间高度剖面图,表示激光雷达测量的其上面的边界层热泡(红色和黄色),上升热泡中的污染物粒子后向散射光线被激光雷达接受,转换为图中的红色和黄色。黑色、紫色、蓝色表示自由大气中相对干净的空气粒子[Shane Mayor,大气研究国家中心](另见彩图)。

从而得到温度廓线。

边界层数值模拟比数值天气预报花费更多的计算量,水平尺度更大(对数程度),需要更多格点,另外,边界层的运动为三维非静力,因此垂直需要更多计算层次,微尺度湍流的时间尺度小于斜压波等现象,所以需要更短的时间步长。

尽管上述复杂的计算需求,近年来取得一些显著进展,其中特别是大涡模拟(LES),在高性能计算机上的数值天气预报模式格距约为 10m,能够模拟较大的、能量较多的湍涡。直接数值模拟计算模式应用于很小区域,其格距精细到毫米,能够模拟中性扩散条件下所有尺度的涡旋,结合 DNS 和 LES 可以计算任意复杂地形下的湍流运动。

随着这些新的观测和数值模式手段的出现,采用更为合理的方法进行边界层研究使得超越统计方法和相似理论局限的可能性大大增加,但在仍然存在很多重要的现象和过程等待揭示。

## 习题

9.7　解释下列现象:

(a) 边界层中经常出现空气污染。

(b) 飞机乘客经常看到的清洁空气湍流(CAT)分布广阔,但边界层中不强,近对流层顶零星且很强。

(c) 自由对流层中的空气温度日变化很小。

(d) 沙漠上空的边界层比绿洲地区高。

(e) 最暖和上升最高的热泡经常 LCLs 最大。

(f) 边界层湍流在日食期间衰弱。

(g) 鸟类白天在大陆上空飞翔,而不是夜间。

(h) 湍流动能转化为内能。

(i) 翻转湍流产生平热泡,平均直径量级等于边界层厚度,与细热泡相反,其宽度和烟囱烟羽相似。

(j) 基于地面温度和露点的 LCL 热力高度是对流云底高度非常精确的预报因子。

(k) LCL。

(l) 对任意尺度湍流现象的预报精度和其持续时间即生命期有关。

(m) $u$ 和 $w$ 的协方差是水平动量的垂直通量和垂直动量的水平通量。

(n) $\theta$ 和 $q$ 的协方差不代表通量。

(o) 白天,近海岸处边界层很浅,随距离海岸的距离增加。

(p) 开尔文-亥姆霍兹破碎波和湍流比浪云更容易发生。

(q) 图 9.8 中估算湍流传输的方法对于大涡旋不一定适用。

(r) 零级近似理论即使没有动力,仍然有非常有用的信息。

(s) 混合层内部梯度传输理论不适用。

(t) 和绿洲效应相反的是什么,会自然发生吗?

(u) 即使在零风速限制下近地面仍然会存在显著的垂直湍流通量。

(v) 阻力系数和粗糙长度有关。

(w) 夜间有时露会在地面形成,但其他情况下则形成雾。

(x) 热气球驾驶者在地面接近静风条件下起飞,但在距离地面一段距离后迅速移动。

(y) 热气球驾驶者在早晨小风下起飞,但在早晨中期由于风速大很难着陆。

(z) 太阳充足的日子,森林冠层下的主干区空气稳定层结。

(aa) 日出后残留层中的湍流循序衰减。

(bb) 强下沉运动不会给混合层顶部注入更多空气,相反使混合层变浅。

(cc) 混合层快速上升只会在夜间逆温消失后发生。

(dd) 锋面附近很难定义边界层。

(ee) 当气流经过粗糙度变化区,一个内部边界层发展,其厚度随距离变化区的距离增长。

(ff) 晴天的潜热和感热通量比云天大。

(gg) 白天沙漠上的温度比绿洲高。

(hh) 其他条件相同时,夏天高山冰川和积雪在潮湿条件下比在干燥条件下更容易消融。

(ii) 晴朗无风天气下,地面进入空气的感热在日出后 $30\sim60\mathrm{min}$ 后才为正值。

(jj) 晴朗天气下,混合层顶部夹卷的热量和动量通量一般向下,但是水汽通量为正。

(kk) 可以根据烟囱排放的烟羽形状估计边界层的静力稳定度。

(ll) 图 9.40 中,为什么地面风速和云增加,当空气向北经过 $1°\mathrm{N}$ 海面温度场中的狭窄锋区。

9.8　根据图 9.6 底部的风速轨迹估计温度变化。

9.9　证明协方差定义可以归纳为任意变量和它自身协方差的方差。

9.10 下列方差单位 $\mathrm{m^2 \cdot s^{-1}}$,哪个变量什么时候、什么地点湍流(a)稳定,(b)各向同性,(c)均匀?

| 位置 | 位置 A | | 位置 B | |
|---|---|---|---|---|
| UTC | 1000 | 1100 | 1000 | 1100 |
| $\sigma_u^2$ | 0.50 | 0.50 | 0.70 | 0.50 |
| $\sigma_v^2$ | 0.25 | 0.50 | 0.25 | 0.25 |
| $\sigma_w^2$ | 0.70 | 0.50 | 0.70 | 0.25 |

9.11　给出下列 $T(℃)$ 和 $w(\mathrm{m \cdot s^{-1}})$ 的同步时间序列,找出(a)平均温度,(b)平均速度,(c)温度方差,(d)速度方差,(e)热力通量。

| $T$ | 21 | 22 | 20 | 25 | 25 | 15 | 18 | 23 | 21 | 24 | 16 | 12 | 19 | 22 |
|---|---|---|---|---|---|---|---|---|---|---|---|---|---|---|
| $w$ | 1 | $-2$ | 0 | $-3$ | 2 | $-2$ | $-3$ | 3 | 0 | 0 | 1 | 4 | $-2$ | $-3$ |

9.12　在什么情况下里查森数不再是湍流是否存在的判别因子,为什么?

9.13　如果消散长度尺度为 $L_\varepsilon$,湍流衰减 $e$ 折叠时间是什么(如 $TKE/m$ 等于初值 $1/e$ 的时间),假设初始 $TKE$ 有限,没有产生、消耗、传输和平流。

9.14　分子扩散产生的土壤和岩石中的向上垂直热通量为

$$F = -K \frac{\partial T}{\partial z} \tag{9.34}$$

式中,$K$ 为介质的热传导率,单位 $W \cdot m^{-1} \cdot K^{-1}$,值从泥煤的 0.1 到湿沙的 2.5 之间变化,根据热力学第一定律,

$$C \frac{\partial T}{\partial t} = -\frac{\partial F}{\partial z} = \frac{\partial}{\partial z} K \frac{\partial T}{\partial z} \tag{9.35}$$

式中,$C$ 为单位体积的热容量,单位 $J \cdot m^{-3} \cdot K^{-1}$(如比湿乘以密度),如果 $K$ 独立于厚度

$$\frac{\partial T}{\partial t} = D \frac{\partial^2 T}{\partial z^2} \tag{9.36}$$

式中,$D = K/C$ 称为热力扩散系数,考虑地下温度对于地面温度随振幅 $T_s$ 和周期 $P$ 的正旋响应,(a) 响应高度随地表下 $e$ 折叠厚度指数衰减

$$h = \sqrt{\frac{DP}{2\pi}}$$

(b) $e$ 折叠厚度的年循环约为 2m(图 9.12),估计同一地点的 $e$ 折叠厚度的日变化。

9.15　如图 9.12 所示:(a)利用方程(9.36),推导波动周期 $P$,土壤热力扩散系数 $D$,相差 $\Delta z$ 两个高度的相位滞后时间 $\Delta t$。

9.16　如图 9.22 所示的热通量廓线,采用图 9.8 的方法估计混合层中部 $\overline{w'w'\theta'}$(方程(9.11)中未知量)的符号。

9.17　如果 $F_{HS} = 0.2 Km \cdot s^{-1}$,$z_i = 1km$,$u* = 0.2 m \cdot s^{-1}$,$T = 300K$,$z_0 = 0.01m$,找出并解释下列重要性(a)迪尔多夫速度尺度;(b)奥布霍夫长度;(c)对流时间尺度;(d)$z = 30m$ 处的风速。

9.18　里查森数的通量形式为 $R_f = \dfrac{(g/\overline{T_v})\overline{w'\theta'_v}}{\overline{w'u'}\dfrac{\partial \overline{u}}{\partial z} + \overline{w'v'}\dfrac{\partial \overline{v}}{\partial z}}$,利用梯度传输理论解释 $R_f$ 如何和 $R_i$ 相联系。

9.19　如果风速在 $z = 10m$ 处为 $5 m \cdot s^{-1}$,温度在 $z = 2m$ 处为 20℃,那么(a)如果地表温度为 40℃,非灌溉绿地表面的感热通量值多大? (b)潜热通量多大[提示:海平面处干空气的 $\rho c_p \approx 1231 (W \cdot m^{-2})/(K \cdot m \cdot s^{-1})$]?

9.20　(a)证明下列表达式为方程(9.26)的解,(b)边界条件满足 $V = 0$,$z = z_0$

$$\frac{V}{u*} = \frac{1}{k} \left\{ \ln \frac{z}{z_0} - 2\ln \left[ \frac{1+x}{2} \right] - \ln \left[ \frac{1+x^2}{2} \right] + 2\arctan x - \pi/2 \right\}$$

其中 $x = \left[ 1 - 15 \dfrac{(z-z_0)}{L} \right]^{1/4}$。

9.21　根据 9.3.3 小节中方程(9.22)和习题 9.4 中的地面层风速表达式,以及习题 9.20,画出下列情况下 $V$ 和 $z$ 的曲线图,(a)中性($L = \infty$),(b)稳定($L = 100m$),(c)不稳定($L = -10m$)层结,证明其相对形状和图 9.17(a)和(b)一致,使用 $z_0 = 0.1m$。

9.22　(a)如果晴朗天气下边界层辐散为常数,混合层在午后停止发展,即使由强烈的地面感热进入边界层,为什么? (b) 如果 $w_e$ 为常数,推导方程显示 $z_i$ 随时间发展的区域,辐散 $\beta$ 为常数。

9.23　如果 $F*$ 已知,$|F_G| = 0.1 \cdot |F*|$,地面层中两个高度的平均温度和平均湿度如何,才能估算潜热和感热通量。

9.24　当冷的大陆气团冬天经过墨西哥湾流,边界层中空气温度在 300km 之上上升

10K,平均边界层厚度为 1km,风速为 $15m \cdot s^{-1}$,不发生凝结过程,忽略辐射通量,计算海面的感热通量。

9.25　(a) 如果地面阻力代表平均风失去的动量,如果为西风,证明 $u'w'_s$ 的符号。

(b) 如果东风情况怎样,地面阻力同样代表动量损失。

9.26　下面的温度廓线,大气中哪一层(a)静力温度,(b)中性,(c)不稳定。

| $z/km$ | $\theta/℃$ | $z/km$ | $\theta/℃$ |
|---|---|---|---|
| 2 | 21 | 1.2 | 13 |
| 1.8 | 23 | 1.0 | 16 |
| 1.6 | 19 | 0.2 | 16 |
| 1.4 | 19 | 0 | 10 |

9.27　如果日出到日落之间的热通量为 5100km,使用上面的日出廓线估计日出前的混合层厚度和位温。

9.28　如果烟囱的高度为山谷一半,(a)描述晴朗天气下白天和黑夜烟羽中心线的轨迹,(b)描述强风天气烟羽中心线的路径。

9.29　如果已经知道温度和湿度越过混合层顶,同时只知道地面热通量(地面水汽通量未知),如何计算混合层顶的夹卷水汽和热通量。

9.30　在平坦地形下,边界层顶的大尺度垂直速度近似等于

$$w_i \approx - z_i \{\nabla \cdot V\} \tag{9.28}$$

式中,$\{\mathbf{V} \cdot V\} \equiv \dfrac{\int_{p_i}^{p_s} (\mathbf{V} \cdot V)\mathrm{d}p}{(p_s - p_i)}$ 为边界层中的质量权重辐散,$p_s$ 和 $p_i$ 为地表和边界层顶部的气压。

# 第 10 章　气候动力学

"气候"这一术语通常指的是大气及地球系统中相关圈层的平均状态。该术语也被用于指时间尺度长于 2～3 周大气最确定性可预报临界限的大气变率。在某一指定时段平均期得到的平均状态被称为"气候平均"[①]，它包括日变化和季节变化，而对这一平均或正常状态的偏离程度则称为"气候异常"。例如，4℃的温度异常指的是，对于特定地点和特定时间，温度较气候平均值高出 4℃。"气候变率"指的是平均状态的长期变化或变迁，包括以下几种。

- 季节内气候变率：表示发生在同一季节内相对于该季节气候平均值而言的逐月变化（例如，异常暖的 1 月份与异常冷的 2 月份之间的差异即为季节内气候变率）。
- 年际气候变率：表示相对于年平均或季节平均的逐年变化（例如，连续几个冬季之间的差异即为年际气候变率）。
- 十年，百年尺度气候变率等：表示年代际、世纪际等时间尺度上的变化。

气候变率与气候变化之间的差别主要是语义上的：如所关注的变化发生在某一特定时段（如 20 世纪），则称其为该时段内的气候变率；而涉及两个连续时代（如 20 世纪上半叶和下半叶）的差异的变化，则被称为从一个时代到下一个时代的气候变化。

本章的主要内容包括：现代气候及其形成过程，不同时间尺度气候变率的本质与原因，及其与过去气候的关系，以及气候敏感性及气候反馈。在本章的最后一节还将总结一些关于温室效应的科学问题。

## 10.1　现代气候

气候系统的平均状态主要由太阳辐射、地球自转率及轨道特征、大气成分、大气与地球系统中决定地表质量、能量及动量通量相互作用的其他圈层的共同决定。第 1 章和第 2 章已经介绍了现代气候的某些特征。在本节中，我们将进一步讨论平均气候的日变化及季节性变化特征及其维持这些变化的过程。

### 10.1.1　年平均状况

全球平均地面气温为 15℃（或 288K），而地球相当黑体温度为 255K，它们都是平衡值。根据地球平衡条件(9.18)式，当全球平均大气顶层的净辐射和地球表面的净能量通量（即短波辐射通量、长波辐射通量、潜热通量及感热通量之和）为 0 时，地球温度才能达到平衡值。

当上述平衡条件不能满足时，地球温度将会改变，直到平衡时温度。例如，如果大气顶层的净辐射是向下的，地球的黑体温度会增加，即地球向外长波辐射增大到足以能消除

---

[①]　一般取连续 30 年的记录作为气候平均值的统计资料，其中最近的年限到 1990 年 12 月为止（译者注：目前，世界气象组织建议采用 1971—2000 年的资料作为全球统一的资料统计年代）。

非平衡状态之前,地球的相当黑体温度会一直升高。基于诸如图 4.35 和图 9.14 中所示的全球的测量,我们可以给出全球能量平衡如图 10.1 所示。

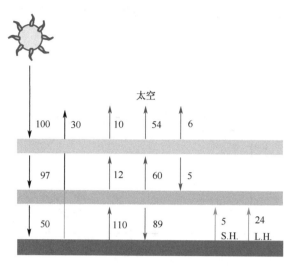

图 10.1　全球能量平衡。100 个单位的能量收支表示全球平均接收 342W · m⁻² 的太阳辐射。左边箭头代表短波辐射;中间箭头代表长波辐射;右边箭头代表(非辐射性)感热和潜热通量。地表、对流层、平流层的入射与辐射的能量之和均为零[经 Elsevier 允许,摘自 Dennis L. Hartmann, Global Physical Climatology, P. 28(1994 年)]。

经大气顶层入射的 100 个单位的太阳辐射相当于如图 4.8 所示的地球表面的342W · m⁻² 的能量通量。在这 100 个单位的能量中,平流层 $O_3$ 吸收 3 个单位,对流层水汽及云吸收 17 个单位。反射回太空的能量总共为 30 个单位,其中云和气溶胶反射 20 个单位,空气分子反射 6 个单位,地球表明反射 4 个单位。反射的总量(每 100 个单位的入射辐射中有 30 个单位被反射)即为地球的反照率。剩下的 50 个单位即为被地表吸收的净向下短波辐射。

地球所吸收的长波辐射、潜热及感热通量的能量分配如图 10.1 中的红色、蓝色箭头所示。地表射出的 110 个单位的长波辐射等于地表的有效辐射率。因局地变化,有效辐射率的范围为 0.92～0.97,也可通过 $\sigma T_S^4$($T_S$ 为地球表面温度)计算得到。地表的向上长波辐射与大气中的云及温室气体的向下长波辐射的差异即为地表净向上长波辐射。该地表净向上长波辐射仅有 21 个单位。如果温室效应不存在,即大气中的向下长波辐射为 0 时,太阳辐射影响下的地球表面将处于温度近于 $T_E$ 的平衡状态,而地表的潜热和感热通量也将比所观测到的小得多。

**习题 10.1**　根据图 10.1 给出的数据,描述对流层的能量平衡。

**解答:**对流层主要由于水汽和云对太阳辐射的吸收(17 个单位)、地表向外长波辐射(110—12＝98 个单位)、来自平流层的长波辐射(5 个单位)和地表的感热输送(5 个单位)及潜热释放能量(24 个单位)的吸收。因此,要达到能量平衡,对流层必须以长波形式向外辐射 17＋98＋5＋5＋24＝149 个单位的能量。在对流层的向外长波辐射中,89 个单位的能量向下传输,而另外的 60 个单位的能量则向上传输。

大气顶层净辐射的年平均纬向分布(如图 10.2 所示)是图 4.35 中年平均净辐射求纬向平均而得。由于地球系统的温度变化相当慢,全球平均的太阳辐射必须和向外长波辐射相平衡。因此,在低纬地区所接收到的太阳辐射相对其向外长波辐射有盈余;而在高纬地区所接收到的太阳辐射相对其向外长波辐射则有亏损。正是这种不平衡维持了强向极热通量存在条件下观测到的赤极温度差异。根据 7.3 和 7.4 节中的介绍内容,后者是斜压波引起的。

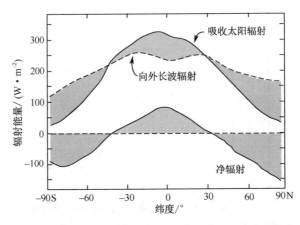

图 10.2　年平均太阳辐射吸收、地球向外辐射及净辐射(太阳辐射吸收减地球向外辐射之差)随纬度的变化单位为 $W \cdot m^{-2}$,中间(两边)阴影表示太阳辐射吸收较向外辐射有盈余(亏损)〔经 Elsevier 允许,摘自 Dennis L. Hartmann, Global Physical Climatology, P. 31(1994 年)〕。

　　对流层中温度的垂直分布由辐射传输、对流及大尺度运动决定。按干绝热递减率,辐射平衡温度廓线是不稳定的。10km 高度附近的大气温度最低,定义该高度为对流层顶(如图 1.9 所示),大致相当于单位向外长波辐射光学厚度所在的高度。在对流层顶以下,向外长波辐射不断地被吸收又被反射,因而辐射传输对地球表面所吸收能量的重新分配效率相对小。对流运动及大尺度环流使对流层温度垂直递减率维持在 6.5K · $km^{-1}$ 左右。

　　对流层中大部分空气存在缓慢的下沉运动,且在下沉过程中释放长波辐射(如图 4.29 所示)。这样,即使在湿绝热递减率的条件下,对流层的垂直温度递减率仍是稳定的。在对流层空气下沉的过程中,其相当位温和湿静能减少,使垂直温度递减率(如图 10.3 所示)维持稳定。空气块在边界层中停留一定时间后,吸收了来自地面的感热与潜热之后,才能产生穿过边界层的上升运动。由热力作用直接引起的大尺度运动以暖空气上升、冷空气下沉为主,因而有利于形成稳定层结。图 10.4 表明,在简单的辐射-对流平衡模式的假设条件下,即人为限制温度递减率时,温度垂直廓线能模拟出上述效应。按照类似的方法,也能将火星和金星的对流层以及太阳光球[②]的上述效应模拟出来。

　　引进辐射-对流平衡的概念可以解释为什么在图 4.29 中温室气体会冷却大气。实际上,大气中的温室气体对地球表面通常起加热作用。对于在完全透明于太阳辐射和纯辐射平衡假设条件下的大气,其能量在长波辐射传输过程中将不获得也不损耗。然而,图

---

　　②　太阳光射出层定义为太阳光球;即可见光辐射为单位光学厚度层。在较低的深光学厚度层中,对流是太阳核心热能的主要传输机制;在较高的浅光学厚度层中,太阳核心热能的主要传输机制则为辐射传输。而太阳光球恰是深光学厚度层与浅光学厚度层的过渡层。与行星大气的对流层顶类似,在太阳光球处会出现温度递减率从低层到高层的转折性减小。

图 10.3　空气块在大气层中运动的示意图。彩色阴影代表位温或湿静能,其中红色阴影表示高值区,蓝色阴影表示低值区。空气块在边界层停留时吸收感热和潜热,使湿静能提高。空气块在上升气流中快速上升,使湿静能得以维持,空气块在晴空中下沉减缓,并在下沉过程中因辐射传输而冷却(另见彩图)。

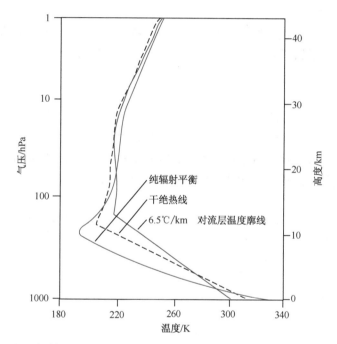

图 10.4　纯辐射平衡和辐射对流平衡假设下地球大气的温度廓线和干绝热线及实测的全球平均对流层温度廓线。其中前者较后两者的递减率都小(大?)[引自 J. Atmos. Sci., 21, p. 370 (1964)]。

10.4 清楚显示,在辐射对流平衡条件下,对流层大气的温度大部分较辐射平衡条件下的要高。其原因在于对流层中温室气体通过其长波辐射能加热大气。而在大气的上升运动中,潜热释放、太阳辐射以及感热输送则使大气温度维持相对高的状态。由上所述,对流层温度递减率不是由辐射传输决定,而是由对流决定。因此,温室气体不仅可以加热地球表面,而且能加热整个对流层[3]。

---

③　在热带地区,实测的温度递减率 $\Gamma$ 近似等于湿绝热递减率 $\Gamma_w$。当地表被加热时,空气在湿绝热上升过程中所释放的潜热随高度增高而增加,而 $\Gamma_w$ 的数值也随之减小。因此,如 $\Gamma$ 维持近似等于 $\Gamma_w$,当加热热带对流层时,对流层上层升温将较地表升温快(如图 4.35 所示)。

与对流层相反,平流层中的能量传输机制主要为辐射平衡。在平流层中,臭氧吸收太阳的紫外线从而加热大气;而温室气体(主要包括 $CO_2$、$H_2O$、$O_3$)又放射出长波辐射从而冷却大气。这样,平流层中的净加热率(如图 4.29)近于 0。当 $CO_2$ 浓度增加时,平流层大气释放的长波辐射也随之增加,进而使平流层温度降低。因此,$CO_2$ 在对流层大气起加热作用;而在平流层大气则起冷却作用。

## 10.1.2　与一天时间的依赖关系

当地球绕其轴心旋转时,地球表面上某个固定点的辐射收支在白天和夜晚均处于较强的非平衡状态。在白天,该点上方的大气及下方的地表所接收到的太阳辐射较放出的长波辐射多,因而大气及地表的温度升高。相反,大气及地表的温度在夜晚则降低。

正如第9章所述,昼夜地表的加热与冷却相应地会带来其上空大气温度、风、云量、降水以及边界层结构的日变化。此处,我们简单讨论在陆-气相互作用不存在的前提下大气对地表辐射平衡逐时变化的响应。通常将该响应称为热力(即热力驱动的)大气潮。④

由于大气的"热惯性"较大,自由大气的日变化是非常小的,这将在下面的习题中进一步加以阐述。而火星上的大气层很薄,其对太阳辐射日循环的响应则较地球大气要强得多(表 2.5)。

**习题 10.2**　将地球大气作为黑体,且与地球表面完全绝缘,当地球大气向太空放射长波辐射时,单位质量的大气在夜晚的冷却率是多少?

**解答:**单位时间的冷却率(单位为 K)等于单位面积自由大气的能量损耗除以其热容量。夜晚大气的相当黑体温度为 255K,并不断向太空释放红外辐射。因此,其能量损耗率为

$$E = \sigma T^4 = 5.67 \times 10^{-8} \times (255)^4 = 239 \text{W} \cdot \text{m}^{-2}$$

单位面积大气的热容量等于干空气的比热 $c_p$ 乘上单位面积大气的质量($p/g$),或等于

$$\frac{1004 \text{J} \cdot \text{kg}^{-1} \cdot \text{K}^{-1} \times 10^5 \text{Pa}}{9.8 \text{m} \cdot \text{s}^{-2}} \approx 10^7 \text{J} \cdot \text{K}^{-1} \cdot \text{m}^{-2}$$

从而得到大气冷却率为

$$\frac{\text{d}T}{\text{d}t} = \frac{239 \text{W} \cdot \text{m}^{-2}}{10^7 \text{J} \cdot \text{k}^{-1} \cdot \text{m}^{-2}} = 2.39 \times 10^{-5} \text{K} \cdot \text{s}^{-1}$$

由于夜晚一般持续 12h($4.32 \times 10^4$s),单位面积大气在一整夜仅冷却 1K 左右。

从图 9.9 可以看出,入射太阳辐射的日变化曲线不是正旋函数波,在白天和凌晨正比于太阳高度角的余旋函数。因此,大气潮的日变化是由多个频率循环变化组合而成的。其中,周期为一天(一天一个循环)和半天(1 天两个循环)的波是最主要的。热带海平面气压场存在明显的周期为半天(12h)的波动,主要是对平流层中臭氧层的周期性加热和冷却的响应。相应地,水平风场中周期为一天或半天的分量在对流层中的变化速度为 $1\sim2\text{m} \cdot \text{s}^{-1}$,而在中间层和热成层的变化速度则增加到 $10\text{m} \cdot \text{s}^{-1}$。

## 10.1.3　与季节依赖的关系

地球在一年当中围绕太阳旋转。热带外大陆的温度具有明显的季节变化,而热带大

---

④　月亮和太阳的引力作用也产生大气潮,但它们较热力大气潮要弱得多。

部分地区的降水则有显著的季节变化。这些周期性的气候振动主要是由地球旋转轴相对于黄道面的倾斜所造成的。

图 10.5 给出大气顶层接收太阳辐射随季节变化的纬向分布。可以看出,当极冠不接收太阳辐射时,冬季的极赤梯度是最强的。对于夏半球,尽管太阳高度角随纬度升高而减小,但由于白天的长度随纬度升高而变长,因此一天的入射太阳辐射随纬度升高而有轻微的增加。太阳辐射的显著季节变化引起了大气顶层净辐射非平衡的季节性变化(图 10.6)。其中,在副热带及中纬度海洋,净辐射最高可达 $100W \cdot m^{-2}$。类似的,海洋表面的净辐射在冬半球是向上的,为负值;在夏半球则相反,是向下的,为正值。海洋表面在夏半球所获得的净辐射大部分储存于海洋混合层及冰冻圈中,之后在冬半球又将储存的能量释放出来,从而减小大气温度的季节对比。

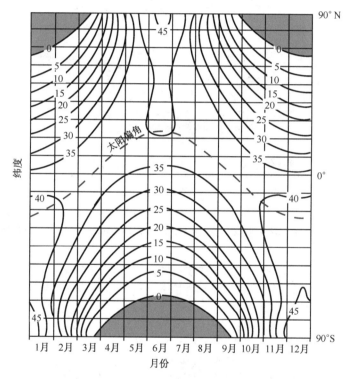

图 10.5　大气顶层单位面积的水平面上的日射随纬度和月份变化的曲线,单位为 $MJ \cdot m^{-2}$,一天 24h 积分,阴影区域表示没有日射。将等值线上的标值乘以 11.57 即可将单位转换为 $W \cdot m^{-2}$。太阳偏角指的是正午太阳照在头顶的纬度[引自 Meteorological Tables (R. J. List 编著),第 6 版,Smithsonian Institute (1951), p. 417.]。

在晚春及初夏,海洋混合层中储存的热量释放,使浅水层增暖,进而形成如图 10.7 所示的季节性温跃层。在秋季及早冬,日射减少,且混合层释放的潜热和感热通量增加,二者共同作用从而使混合层冷却。冬季高纬度地区,混合层将储存的能量释放出来,加热大气;西边界流及北大西洋温盐环流将则引起高纬度地球的向极热通量;但混合层释放的热能较向极热通量大。当季节性温跃层在秋冬季冷却时,卷夹低层水而使其加深。在春季,海洋混合层的温度达最低,深度达最深,在接下来的几个月又重新发展成为接近于海洋表

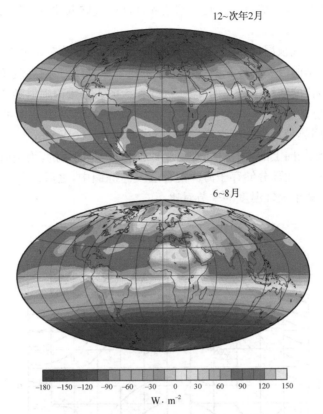

图 10.6 12~次年 2 月和 6~8 月的大气顶层净辐射，单位为 W·m⁻²［数据来源于 NASA 地球辐射收支试验，由 Dennis L. Hartmann 提供］（另见彩图）。

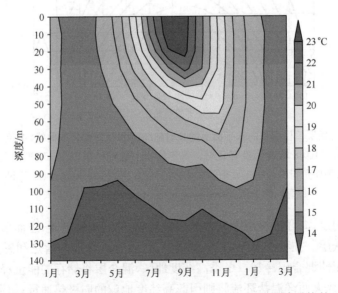

图 10.7 北太平洋中部（28°～42°N，180°～160°W）区域平均的温跃层温度和深度的年循环［引自 World Ocean Atlas，NOAA Oceanographic Data Center (1994)，由 Michael Alexander 提供］。

面的状态。

北半球极冰和冰冻圈中其他要素的显著季节变化也使得冬夏温度对比减小。夏季，极冰吸热融化。在冬季，当海冰冻结变厚以及大气中的雪粒及冰粒凝结降落到冰川上时，大量的热量被释放出来。

海陆表面大气温度年变化的差异如图 10.8 所示。从图中可以清楚看到，海陆表面的大气温度年变化存在明显的差异，可反映出海陆热容量大小的显著差异。在欧亚内陆、北美及南极地区及远离海洋的地区，表面大气温度的年变化最大，可达 50K 左右。

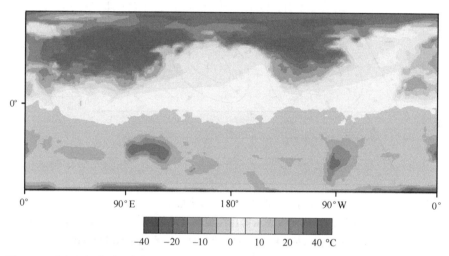

图 10.8 "发现新大陆"游戏！气候平均——7 月减 1 月的表面大气温度差异，单位为℃
[由 Todd P. Mitchell 提供]（另见彩图）。

夏半球，低纬的海陆热力差异产生了大尺度的季风环流。与图 7.21 类似，夏季热带及副热带地区温度比周围海洋高，进而抬高其上空的气压面，使对流层上层产生水平辐散，而海平面气压则较周围海洋低。海陆气压差异又驱动向岸水汽输送流和边界层大气环流，同时引起陆地上的深对流（图 10.9）。

在实际大气中，降水分布的季节变化（图 1.25）也会受到海陆分布、山脉分布及海面温度分布的影响。这些因素的共同影响使降水分布具有显著的局地特征。例如在夏季，孟加拉湾的降水最多，在副热带沙漠地区的降水则非常少。

在冬季，与中纬度风暴轴相关的对流层急流（图 1.11 所示）和斜压波活动趋于最强，而此时的极赤温度梯度也达到最强[⑤]。沿日本所在的经度，海陆热力差异产生准静止行星波，而喜马拉雅山脉的气流则使对流层的急流加强，在 250hPa 高度上的气候平均西风分量超过了 $70\mathrm{m} \cdot \mathrm{s}^{-1}$（图 10.10）。在冬季，高纬度海洋的温度则较陆地要高得多，此时海平面气压场（图 1.19）上的阿留申低压和冰岛低压也趋于最深。相反，在夏季，副热带反气旋因海陆气压差异引起的季风对其有加强作用而趋于最强。

---

⑤ 北太平洋除外，因为在冬季中期北太平洋的斜压波活动相对于晚秋及初春趋于不活跃。

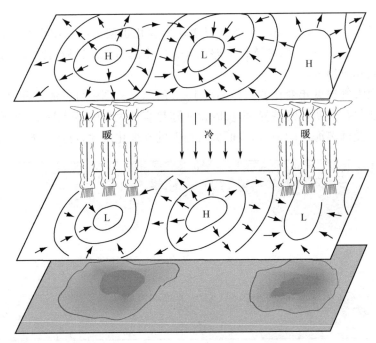

图 10.9　夏季风环流的理想图像。岛屿表示副热带大陆。海平面(低层平面)、14km 处(中间平面)及 150hPa(高层平面)上的实线表示等压线或高度等值线。短实线箭头表示穿越等压线的气流。垂直箭头表示对流层中层的垂直运动。夏季风降水区也在图中标出。

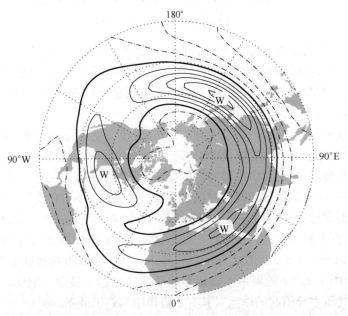

图 10.10　气候平均 1 月份的急流所在高度(250hPa)上的纬向风速分布。等值线间隔为 15m·s$^{-1}$。粗线为零线，实线表示西风，虚线表示东风[数据来源于 NCEP-NCAR 再分析资料，由 Todd P. Mitchell 提供]。

## 10.2　气候变率

正如 7.3 节中所述,关于年际气候变率的原因,目前我们所知道的大部分都来源于大气模式的数值试验。设计如下两个试验:第一个试验中假定边界条件(包括海面温度、海冰面积、土壤湿度等)的年际变化与历史资料(如 20 世纪的历史资料)一样;第二个试验积分同样长时间,但其每一年的边界条件均设为仅随季节而变化的气候平均值。时间尺度超过几周的天气在本质上是不可预报的。因此,当积分 100 年后模拟出来的天气图如果与观测事实相似,也只能看作是偶然现象。但是,第一个试验必须模拟出边界条件的年际气候变率,而第二个试验模拟出的气候变率仅是由大气的动力过程造成。因此,两个试验模拟得到的年际变率的标准偏差之比可用来表征边界强迫产生的变率对内生变率的相对重要性。

目前已采用多种不同的模式按上述设计方案进行了数值试验。主要的结论如下:

(1)热带大气的年际变率大部分是由边界强迫产生的。也就是说,边界条件的年际变化,特别是热带海洋海面温度的年际变化对热带大气的年际变率有很大的贡献。目前有关热带气候的模拟,模拟出的年际变化与实际观测非常相似。

(2)对于热带外地区,边界层强迫以及内部大气动力学对实际气候变率的年际变化有重要影响。在边界层的各种影响因子中,热带海面温度可能是影响北半球冬季气候的首要因素。土壤湿度及植被的变化对于夏季气候异常月际之间的持续性有影响。如果在模式运行中将这些变量场设定为观测值,模拟出来的热带外地区气候的年际变化与实际变化存在相关,但相关不如(1)中的强。

(3)在热带外地区,海冰面积及海面温度的逐年变化对年际气候变率的影响较小。在模式的各个模拟成员中,采用统一的边界强迫条件和不同的初始条件,其运行结果可以将模式内部产生的"个例噪声"中识别出弱的边界强迫信号。

(4)在热带外地区,冬季大气环流的季节内变率大部分由大气内部变化强迫产生。

由大气圈和地球系统中其他缓变圈层相互作用产生的变率称为耦合气候变率。但是,气候变率也有可能是由内部强迫造成的,如火山喷发、太阳辐射变化以及人类活动引起的大气成分变化等。

---

**框栏 10.1　一些基本气候统计学量**[⑥]

对于某个气候变量为 $x$,可表征某一特定纬度、经度及高度上的月平均、季节平均、年平均甚至年代平均气温。假定 $X$ 为 $x$ 的气候平均值。$x$ 相对其(随季节变化的)气候平均值的偏差可表示为

$$x' = x - X \tag{10.1}$$

称 $x'$ 为 $x$ 的气候异常值。例如,如果温度较正常值低 3℃,则其温度异常值为 −3℃。

$x$ 关于气候平均值的方差[⑦]可按如下公式计算:

---

⑥　(10.1)式的形式同样也适用于边界层的变量。上划线表示时间平均,公式左边的量表示相对于平均值的振荡,而这些振荡的形成与边界层湍流有关。

⑦　$\overline{x'^2}$ 为时间方差。类似方法定义下的空间方差可表示变率 $x$ 相对于其空间平均值的方差。

$$\overline{x'^2} = \overline{(x-X)'^2} \tag{10.2}$$

此处，$\overline{(\ )}$表示根据气候学理论在某个特定时段的气候平均值。方差是非负值，其单位为变量单位的平方。方差可用来描述变量$x$围绕气候平均值变化的大小。均方差或标准方差即为方差的平方根大小，可表示为

$$\sigma(x) \equiv \sqrt{\overline{x'^2}} = \sqrt{\overline{(x-X)'^2}} \tag{10.3}$$

均方差反映了变量围绕平均值的离散程度，被广泛应用。此处，要注意方差和标准方差都没有代数符号。

标准化距平可表示为

$$x^* \equiv \frac{x'}{\sigma(x)}$$

标准化距平也是描述变量距平均值的离散程度的物理量，且没有单位。对于月平均温度、海平面气压、位势高度等变量，一般满足正态分布[⑧]。在这些变量的任一样本中，标准化距平的绝对值小于 1.0 的概率约占 64%，小于 2.0 的概率约占 95%，小于 3.0 的概率约占 99.9%。因此，对于满足该分布的变量，根据均方差的大小，可将$-1.0 \leqslant \sigma \leqslant 1.0$的样本看作是典型的。

图 10.11 为季节平均的 500hPa 高度场及相应的距平场和标准化距平场分布的

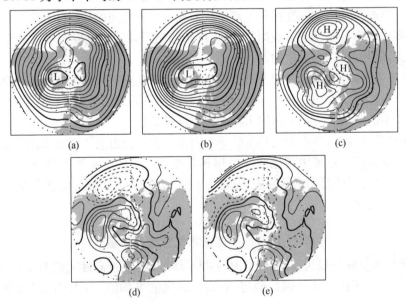

图 10.11　(a)1998 年晚冬季节(1～3 月)平均 500hPa 高度场。(b)1958—1999 年气候平均的晚冬季节(1～3 月)平均 500hPa 高度场，等值线间隔为 60m，其中 5100m、5400m、5700m 用粗体标识。(c)相对于 1958—1999 年气候平均的 1998 年晚冬季节(1～3 月)平均 500hPa 高度场的气候平均标准化距平，等值线间隔为 9m，粗实线表示 54m。(d)1998 年 1～3 月的距平场，为(a)减(b)计算而得，等值线间隔为 30m，粗实线为零线，虚线表示负值。(e)标准化距平场，由(d)除以(c)计算而得，等值线间隔为 0.6 个标准方差，粗线实为零线，虚线表示负值[来源于 NCEP-NCAR 再分析资料，由 Roberta Quadrelli 提供]。

---

⑧　类似于铃形的柱状图，中心集中于其气候平均值附近，有 1 个标准差的宽度(弯曲点距离中心的宽度)

图例。对于 8.1.1 小节中所讨论的斜压波,其水平波长以 40 个经度最为典型。而诸如图 10.11 的月平均或季节平均场具有更大的水平尺度,也不像某个特定的波动。

有两组时间序列 $x(t)$ 与 $y(t)$,分别代表两个不同地点的同一气候变量或者同一地点的两个不同气候变量。假定 $x(t)$ 与 $y(t)$ 是同一时段的时间序列。下面讨论 $x(t)$ 与 $y(t)$ 的关系。定义无单位的统计量

$$r \equiv \overline{x^* y^*} \equiv \frac{\overline{x' y'}}{\sigma(x)\sigma(y)} \tag{10.4}$$

为 $x$ 与 $y$ 的相关系数,是表征 $x$ 与 $y$ 线性相关(一个物理量是另外一个物理量的线性倍数)程度的物理量。$r$ 的范围为 $-1 \sim +1$。

举例说明相关系数如何描述空间场的结构,给出图 10.12,即冰岛及其他 3 个地区的标准化冬季平均海平面气压距平。其中,图 A 为冰岛海平面气压距平($x$)与其附近斯匹次卑尔根地区海平面气压距平($y$)的散点分布;此处 $x*$ 和 $y*$ 的符号相同,故

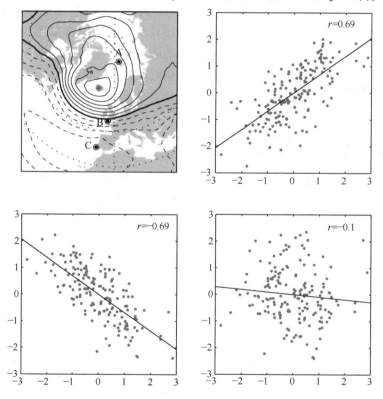

图 10.12　标准化海平面气压距平散点图。其中,左上角的图中红点表示冰岛,A 表示斯匹次卑尔根,B 表示英格兰南部,C 表示葡萄牙。在 A、B、C 三图中,$x$ 轴均表示左上角图中点的标准化海平面气压距平;相关系数的值注明于图的右上角;斜线表示具有最小误差平方和的线性回归方程 $y* = rx*$。左上角的图表示冰岛的海平面气压与整个海平面气压场的相关;等值线间隔为 0.15;粗线为零线;虚线为负值[数据来源于 NCEP-NCAR 再分析资料,由 Roberta Quadrelli 提供]。

有 $r\equiv\overline{x^*y^*}>0$,且散点图中的点大部分落于第一象限和第三象限。有如此分布形势的 $x$ 与 $y$ 即存在正相关。图 B 为冰岛海平面气压距平与英格兰南部海平面气压距平的散点图;此图中,二者的相关较弱(即 $r$ 约为 0)。图 C 给出冰岛海平面气压距平与葡萄牙海平面气压距平的散点图,二者呈负相关关系($r\equiv\overline{x^*y^*}<0$),散点主要位于第二象限和第四象限。

一般说来,$|r|$ 值越大,$x*$ 和 $y*$ 的散点图中散点主要分布于 45°(或 135°)附近。在 $|r|\to1$ 的情况下,散点则沿 45°(或 135°)分布,此时有 $y*=rx*$ 和 $x*=ry*$。如果 $r=0$,即 $x$ 与 $y$ 不存在线性相关,散点图中的点则穿过数据点的质心沿水平分布。习题 10.9 表明,线性意义上,$x$ 与 $y$ 的方差部分通常由 $r^2$ 确定[⑨]。

## 10.2.1　内部产生的气候变率

半球型位势高度场的逐日变化特征较为复杂。其逐月变化特征则相对简单,其半球或全球异常的空间分布如图 10.11 所示。该图中的诸多分布结构可看作是有限个具有绕极性质的最优空间型的组合。

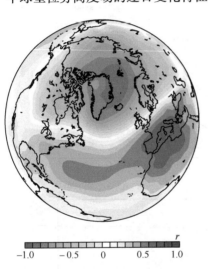

在上述最优空间型中,北大西洋涛动(NAO)/北极涛动(AO)或北半球年际模态(NAM)是北半球冬季位势高度场的最显著空间分布型。与该型相对应的海平面气压分布如图 10.13 所示,其北极地区与中纬度大西洋/地中海地区的海平面气压异常是相反的。南半球年际模态(图略)在冬季及全年均具有更为对称的绕极分布形势。

图 10.13　北半球年际模态(又名北大西洋涛动)的海平面气压异常分布。彩色阴影表示图 10.17 中所示的北半球年际模态指数的时间序列与月平均海平面气压场中各点的时间序列的相关系数。彩色阴影分布代表北半球年际模态为高指数时的海平面气压场的异常分布;而北半球年际模态为低指数时的海平面气压场的异常分布则具有相反的分布形势[基于 11~次年 4 月的 NCEP-NCAR 再分析资料,由 Todd P. Mitchell 提供](另见彩图)。

当北极地区的海平面气压低于常年,而地中海地区的海平面气压高于常年时,称北半球年际模态为高指数模态。此时,急流和风暴轴的位置均较常年偏向极地;欧亚大陆及美国大部分地区的温度较常年偏暖(如图 10.14);北欧地区的降水也较常年偏多。相反,在北半球年际模态为低指数时,欧亚大陆和美国则有较为频繁的冷空气爆发,导致全球市场的燃油需求量大增,以及地中海地区的暴风雨天气。

冬季海平面气压场的另一分布型为如图 10.15 所示的太平洋-北美型(PNA)。从图

⑨　相关系数 $r$ 可看作为 $y$ 对 $x$ 回归的最小方差线性回归斜率,即穿过原点的斜线的斜率,且该时间序列的所有数据点的均方差 $(y_i-rx_i)^2$ 之和达最小(见习题 10.9)。

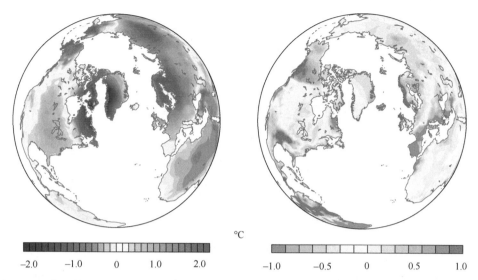

图 10.14  高指数北半球年际模态同期对应的地面气温异常(上)及标准化降水异常(下)分布。其中,高指数状态以北极地区海平面气压场低于常年为特征;图中的暖色调表示温度高于常年,降水少于常年;蓝色阴影表示相反的异常;色标表示温度距平及标准化降水异常的典型大小[资料由 Todd P. Mitchell 提供](另见彩图)。

10.15 可以看出,该 PNA 型的海平面气压异常在北太平洋最强,进而对其在北美的下游地区的冬季气候产生重要影响。当北太平洋气压低于常年时,北美西部大部分地区的温度较常年偏高,阿拉斯加湾及墨西哥湾沿岸的降水则较常年偏多;夏威夷地区的降水则较常年偏少。

　　产生年际模态和太平洋-北美型的机制目前尚不清楚。年际模态的形成与风暴轴(即斜压波活动的最强烈带)和近地面西风带位置的南-北移动有关。当年际模态处于高指数状态时,风暴轴和西风带的位置较常年存在向极地的偏移;反之则相反。它们的位置的南北移动是由斜压波与平均西风带的相互作用所导致而成的。对于太平洋-北美型,在南半球没有与其相对应的明显环流型。在图 10.10 中的急流穿过日本南部,而太平洋-北美型的形成,与该急流下游的交替

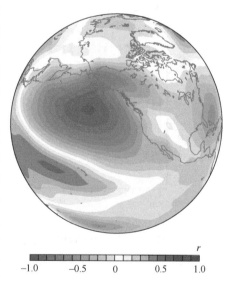

图 10.15  同图 10.13,但为太平洋-北美型[资料由 Todd P. Mitchell 提供](另见彩图)。

式收缩有关。当 PNA 型处于高指数状态时,图 10.10 中的急流则向东延伸至太平洋中部,反之则相反。这种急流的收缩是北半球冬季气候平均准静止波不稳定的一种表现形式。

　　上述年际模态及 PNA 型对热带外地区的年代际及更长时间尺度上的变率产生重要作用。由图 10.17 可以看出,从 20 世纪 70 年代到 90 年代,南半球年际模态和北半球年际模态都具有偏向极地的趋势。年际模态指数的正趋势表明,南、北半球冬季风暴轴和西

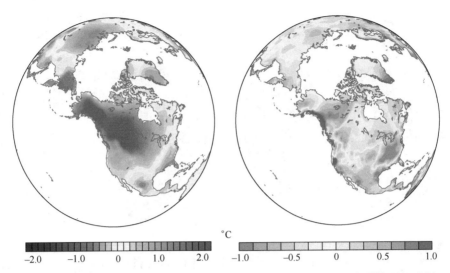

图 10.16　同图 10.14,但为太平洋-北美型[资料由 Todd P. Mitchell 提供](另见彩图)。

风带的位置为向极地偏移。自 1977 年以后的冬季,PNA 型主要表现为高指数状态,阿拉斯加湾的海平面气压较常年偏低,阿拉斯加和加拿大西部的冷空气影响相对较少。

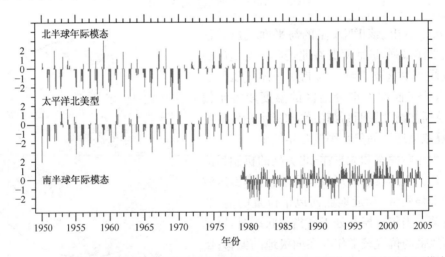

图 10.17　南、北半球年际模态及太平洋北美型标准化指数的时间序列。北半球年际模态指数为 11～次年 3 月平均,南半球年际模态为全年平均[由 Todd P. Mitchell 提供]。

## 10.2.2　耦合气候变率

当下边界条件固定时,大气环流模式试验表明,北半球年际模态及太平洋-北美型为产生模式中气候变率的主要模态。因此,可将北半球年际模态及太平洋-北美型看作为大气内部过程所致。本节主要讨论大气与地球系统中其它圈层相互作用产生的耦合气候变率。在特定条件下,它们之间相互作用所产生的变率模态与大气内部动力过程产生的变率模态具有不同的性质。

### a. 与热带海洋的耦合

海气相互作用的最显著模态为 ENSO。ENSO 是由 El Nino 和 Southern Oscillation 两词的首字母组合而成。其中,El Nino 指赤道东太平洋海面温度异常升高[⑩](图 10.18);Southern Oscillation 指的是与 El Nino 同时发生的海平面气压分布[⑪,⑫](图 10.19)。赤道

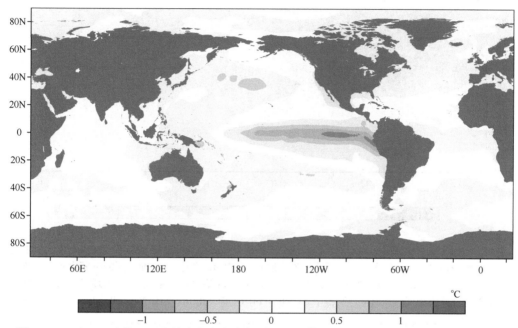

图 10.18　El Nino 年海面温度异常的全球分布(单位:℃)[⑬][资料来源于英国气象局 HadlSST,由 Todd P. Mitchell 提供](另见彩图)。

太平洋海面温度(描述 El Nino 状态的指数)和澳大利亚达尔文地区的海平面气压(描述 Southern Oscillation 状态的指数)的时间序列如图 10.20 所示。该图中的时间序列表明,年际尺度上的海气耦合相互作用非常强,这与观测到的 ENSO 现象密切相关。[⑭]

对于长期气候平均而言(图 1.19),东太平洋的海平面气压较西太平洋高,受东西向气压梯度力影响,沿赤道近海面吹东风。从图 10.20 可以清楚看到,El Nino 事件期间,达尔文地区的海平面气压高于常年。因此,El Nino 事件对应的太平洋东西向气压梯度力

---

⑩　厄尔尼诺(El Nino)为西班牙语,其本来的含义是"圣婴",用来指圣诞节前后发生在厄瓜多尔和秘鲁沿岸的海面温度异常升高的现象。现将该词泛指如图 10.18 所示的整个赤道东太平洋海区发生的暖事件。

⑪　南方涛动(Southern Oscillation)是由 Walker(1920's)命名的,用来描述如图 10.19 所示的海平面气压异常分布形势。

⑫　Gilbert Thomas Walker(1869—1958),英国数学家和气象学家。据其本人记载,在进入英国剑桥大学三一学院之后,他花了 2 年时间学习古典文学,后因语言错误被转为学习数学,并因发明回转仪而获得奖学金。他于 1897 年出版了一部关于飞回棒飞行的著作,并成为名扬四海的专家。他还就台球、高尔夫球及骑自行车等方面撰写了多篇文章。尽管他未曾在气象方面发表任何文章,1904 年他当选为印度气象局局长,并任职至 1924 年。在此期间,他发现了南方涛动,并证明其为印度季节预测的有用信号,进而当选为英国皇家科学院的气象学教授。此后,他对云的形成及其形成条件颇感兴趣。此外,他还是一位造诣较高的长笛演奏家,且有一些现代长笛是根据他的建议所研制的。

⑬　图 10.18 由各格点海面温度异常对标准化月平均 El Nino 指数(如图 10.20 所示)的线性回归所得。定义赤道东太平洋(6°N~6°S,180°~90°W)海面温度异常减全球平均海面温度异常的区域平均为 El Nino 指数。

⑭　Jacob Bjerknes 于 20 世纪 60 年代发表了一系列文章,首次证明了 El Nino 与 Southern Oscillation 存在联系。

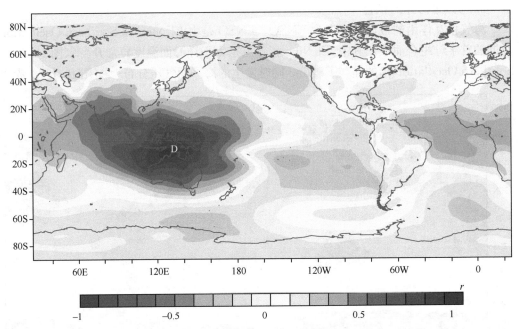

图 10.19  El Nino 年海平面气压异常的全球分布。由全球各个点的月平均海平面气压与澳大利亚达尔文地区(图中 D 所示)的海平面气压的相关系数表示。达尔文地区海平面气压的时间序列为南方涛动(Southern Oscillation)指数,如图 10.20 中的下方时间序列所示[图形数据源于 NCEP-NCAR 再分析资料,达尔文海平面气压时间序列源于 NCAR 资料图书馆。由 Todd P. Mitchell 提供](另见彩图)。

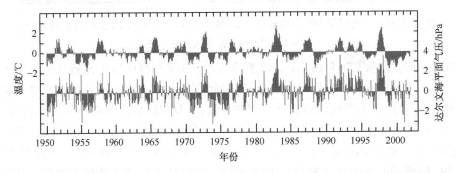

图 10.20  El Nino 指数(上)及南方涛动指数(下)的年际变化时间序列。南方涛动指数由达尔文的海平面气压异常确定。达尔文的位置如图 10.19 中 D 所示。在 ENSO 循环中,1957-1958、1965-1966、1972-1973、1982-1983、1986-1988 及 1997-1998 年为暖事件。

较气候平均弱。个例分析表明,El Nino 事件发生时,近海面东风是减弱的,太平洋海平面高度及温跃层深度的东西向梯度也是减弱的。

诸多研究表明,1997 年北半球夏季开始并维持 9 个月的 El Nino 事件为 20 世纪以来最强的 El Nino 事件。随后的一年则发生了 ENSO 循环的冷事件,即通常所称的 La Nina[15]。关于 La Nina 事件的各种要素场将在下面几幅图中给出。与冷事件或正常状态相比,暖事件(El Nino)的特征主要如下:

⑮  英语意思为"女孩"。

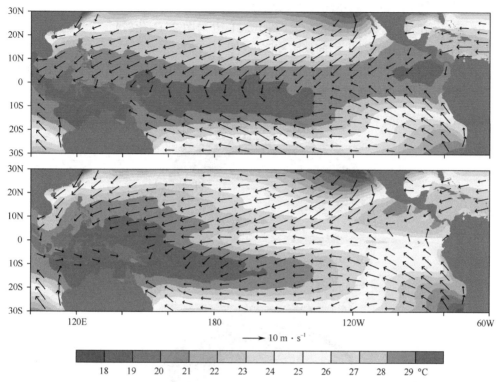

图 10.21　ENSO 循环暖事件(1997—1998 年,上图)及冷事件(1998—1999 年,下图)11～次年 4 月平均的热带太平洋海面温度及海面风场。冷、暖事件对应的海面风均绕西太平洋及印度尼西亚向高海温区(暖池)辐合。另外,暖池在 El Nino 期间向东移动[SST 资料来源于英国气象局 HadISST,10m 高度风场资料来源于欧洲卫星遥感资料(ERS-2)。由 Todd P. Mitchell 提供](另见彩图)。

图 10.22　1998 年 1 月(上图)是 1997—1998 年 El Nino 事件的鼎盛时期。在此期间,信风减弱,赤道太平洋地区具营养丰富的上翻流受到抑制;图中沿赤道的绿带消失表明,沿赤道的叶绿素浓度相对较低。1998 年 7 月(下图),信风增强,赤道上翻流也增强,沿赤道出现了一条浮游植物密集带[图片由 NASA/GSFC及 ORBIMAGE 公司合作的 SeaWiFS 计划提供](另见彩图)。

- 沿赤道的东风(信风)减弱(图 10.21)。
- 海面温度场中"赤道冷舌"减弱(图 10.21;并与图 2.11 比较)。
- 赤道上翻流中海洋生物的繁殖率降低(图 10.22)。
- 赤道东太平洋的海平面高度升高,而赤道西太平洋的海平面高度降低(图 10.23),表明气候平均的赤道太平洋东西向梯度减弱。

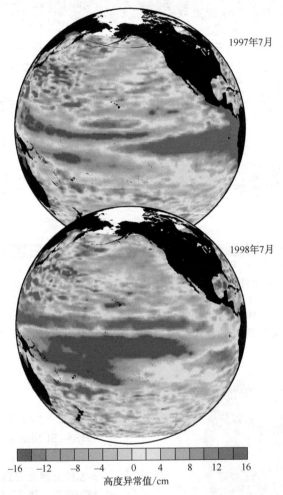

1997年7月

1998年7月

-16　-12　-8　-4　0　4　8　12　16
高度异常值/cm

图 10.23　TOPEX/海神高度计观测到的海平面高度异常。上图为 1997 年 7 月,
与 1997—1998 年 El Nino 事件爆发后信风减弱相对应。下图为 1998 年 7 月,与
信风异常强相对应[由 NOAA 卫星观测实验室提供](另见彩图)。

　　上述有关 El Nino 的多种表现特征与图 10.18 中海面温度异常及图 10.19 中海平面气压异常分布特征是一致的。根据沿赤道纬向风的运动方程,El Nino 事件(即达尔文的海平面气压正异常)发生时,东西向气压梯度减小,对应的赤道信风也减弱。根据 7.3.4 小节中的讨论,赤道信风减弱又与赤道上翻流的减弱相对应。赤道上翻流减弱将导致海面温度的升高和渔业的减产。赤道海平面高度的东西向梯度的减弱是对赤道东风减弱的响应。

　　从图 10.24 可以清楚地看出 El Nino 事件发生后风场、海平面高度及赤道上翻流的一系列变化特征。赤道信风的减弱又将导致温跃层坡度的减小。El Nino 事件期间,赤道东太平洋温跃层厚度增加,进而导致其上翻海水的温度较常年偏高,而营养成分则不如常年的丰富。赤道中太平洋地区的风场异常决定温跃层东西向梯度的变化。因此,当赤道中太平洋地区的风场异常较强时,赤道东太平洋海面温度及生物繁殖率的高低主要受赤道中太平洋地区的风场异常影响,而局地风场异常产生的上翻对其影响则相对较小。

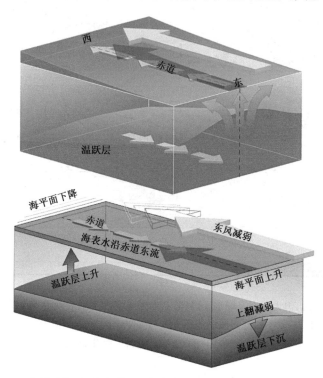

图 10.24　上图为信风(白色箭头)维持赤道上翻流及赤道温跃层倾斜的示意图。下图为信风突减后赤道海平面高度、上翻流及温跃层深度的响应[引自 NOAA 国家报告:El Nino 和气候预测,大气研究中心(1994 年),pp. 12,14]。

图 10.25 给出 ENSO 循环中的暖事件和冷事件之间的热带太平洋降水分布差异。在 El Nino 年,ITCZ 及西太平洋雨带向东延伸并侵入赤道干区,导致近赤道的太平洋岛屿及厄瓜多尔地区的降水增多,而印度尼西亚及其他热带地区的降水则减少。El Nino 期间,赤道中太平洋地区大气边界层温度升高,对流上升气流增强,利于降水。因此,上述雨带的向东移动与太平洋暖池(图 10.21)的向东移动是一致的。

图 10.26 表明,在不同的 El Nino 年中,与 ENSO 相关的降水具有显著的一致性。此外,从该图中还可以看出,对流层温度异常的全球分布形势在不同 El Nino 年也是较为一致的。这些都说明,赤道太平洋地区的降水异常将导致全球对流层大气温度、位势高度场及风场的异常变化。波动传播的诸多相关理论及全球大气环流模式的诸多相关试验均证明了上述推断的合理性。全球大气对热带雨带位置变换的主要响应表现为全球大部分地区的地面气温及降水出现异常。图 10.27 概括了 ENSO 的区域性影响。

ENSO 影响下的全球大气环流异常主要受缓变的热带海面温度影响。天气主要受大气内部动力过程控制,其最长可预报时限为 2 周。上述 ENSO 影响下的全球大气环流异

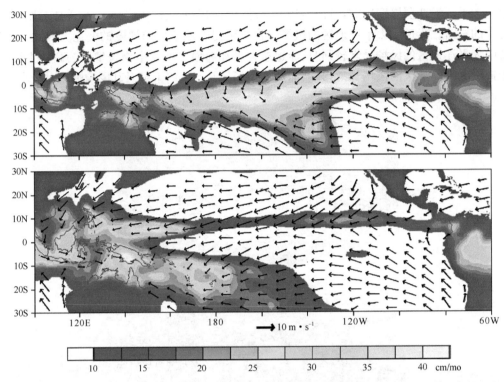

图 10.25　同图 10.21，但为海面及降水。ITCZ 及赤道干区在下图表现得非常清楚，而在上图中却有所变形。注意到上、下图中的海面风场的辐合区与强降水区非常一致[10m 高度风场来源于欧洲卫星遥感资料(Ers-2)，降水来源于 NCEP 的 CMAP 资料。由 Todd P. Mitchell 提供]（另见彩图）。

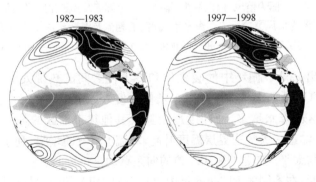

图 10.26　1982—1983 年(左图)及 1997—1998 年(右图)12～次年 3 月平均的热带太平洋降水异常(基于卫星遥感图像)及对流层温度异常(微波探测器 MSU 的 2 波道提供)。其中，1982—1983 年及 1997—1998 年的 12～次年 3 月属 20 世纪最强的 El Nino 事件。红色阴影表示降水异常强的地区，金色(绿色)等值线表示对流层温度≥(<)常年。等值线间隔为 0.5℃。注意，降水异常强的区域，其对流层温度也异常高；另外温度异常表现出偶极子型分布，即北太平洋地区的温度低于常年，而加拿大的温度高于常年[降水来源于 NCEP 的CMAP 资料。图片由 Todd P. Mitchell 提供]（另见彩图）。

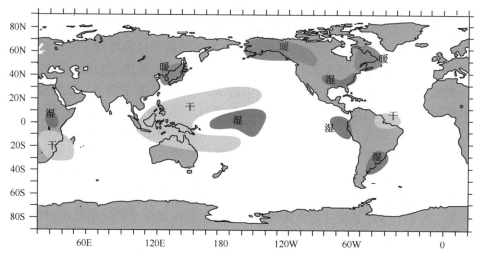

图 10.27　北半球冬季 El Nino 事件对天气及气候产生的局地影响[引自 *Monthly Weather Review*, 115, p. 1625 (1987)并经 NOAA PACS 计划改编](另见彩图)。

常不受大气内部动力过程控制,因此也不受 2 周的最长可预报时间尺度所限制。北半球夏季出现的热带海面温度异常通常要持续到第二年冬季。因此,可以通过统计预报方法或海气耦合模式对冬季异常进行预测。这两种预测方法对 ENSO 预报均具有提前 1 年的显著技巧。基于对热带海面温度异常的预测,与其相关的降水、温度、粮食产量、石油价格及其他变量均能通过诸多统计方法及动力模式进行预报。

b. 与陆地生物圈的耦合

海洋—大气耦合主要在冬季对北半球气候产生影响,而海洋在其中起重要作用。热带外地区的干旱及沙漠化现象主要发生于温暖季节。众所周知的"沙碗"事件是 20 世纪 30 年代发生的持续性干旱事件,对美国大部产生了严重的影响。从图 10.28 可以看出,北美大草原及中西部地区在 1931—1939 年的多个夏季期间都遭遇了异常强的高温及干旱。其中,日最高温度超过了 40℃。而频繁的沙尘暴从大草原吹至东部沿海,大量的表层土随之流失,天空也因沙尘暴而变得昏暗。

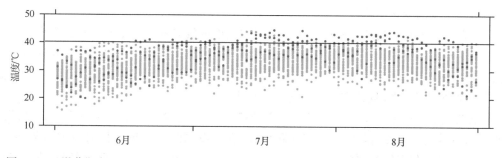

图 10.28　堪萨斯市 6～8 月的日最高温度。实点表示 1934—1936 年"沙碗"事件的最高温度,虚点表示其他年份的最高温度[由 NOAA 国家气候资料中心的 Imke Durre 提供](另见彩图)。

ENSO 循环对干旱发生频率有调节作用。在 ENSO 循环的暖事件期间,热带大陆的诸多地区往往更易发生频繁的干旱。热带外的夏半球则通常在 ENSO 循环的冷事件期间易发生干旱。由此可见,干旱与 ENSO 循环有一定的联系。但是,季节—年际时间尺度上的干旱主要受大气环流自由振荡所激发;生物圈对大气环流自由振荡的正反馈效应则对持续性干旱起维持作用;而大气环流的自由振荡最后又使持续性干旱结束。持续几周的异常干热天气将使表层土壤水分流失,而那些通过根部系统吸收水分的植物所获得的水分也随之减少。这些植物的叶面在白天的水分蒸腾率也随之降低。水分蒸腾率的降低将对植物在正午时刻冷却自身及底层土壤的能力产生抑制作用。正午时刻,太阳辐射最强,温度较下午高,边界层湿度也较下午低。对于美国中部夏季暴雨,其凝结降水所需的水汽有一半来源于边界层大气。故湿度降低将导致降水减少,此即为正反馈效应。日最高温度越高,湿度越低,降水越少,对植物影响越大。如果该影响足够严重并维持足够长时间,必定会使植物的生理产生相应的变化。这些生理变化的植物要经过 9 个月的时间直至第二年的春季生长期才能修复到正常状态。而在夏季及初秋期间,大气对干燥的土壤会产生反馈,并进一步维持其最初的异常干热天气。

植物的枯萎也将对水文产生影响。由于植物的根部系统受损,雨后地面水分流失更快,植物通过根部吸收的土壤营养将减少。一旦水分平衡被严重破坏,只有更长时间的降水才能重新恢复水分平衡。20 世纪 30 年代持续性干旱对植物及水文产生严重影响。因此,诸如"沙碗"事件等的干旱气候一旦建立起来,将通过反馈效应持续下去,直至足够长时间的暴风雨使植物重新修复后才能结束。

20 世纪 30 年代"沙碗"干旱事件的爆发及结束是适宜农业发展的气候与干旱气候之间转换的一个实例。实际上,这种气候的转换在美国发生较少,而在撒哈拉、巴西东北部及中东地区的发生频率则较高。如果干旱气候频繁发生且维持时间长,风蚀后表层土壤的流失将使植物难于生长,将不可避免地会产生沙漠化现象。在罗马王国时代的最后几个世纪,撒哈拉沙漠向北扩张,导致了一系列类似于"沙碗"的干旱事件。

c. 与冰冻圈的耦合

大气和冰冻圈的耦合与地面气温有如下反馈效应:地面气温升高,则冰雪覆盖面积减少,地面反照率降低,地面吸收的太阳辐射增加,地面气温进一步升高。由于对地面气温变化的反馈和地面气温变化同号,故称为正反馈。冰雪反照率反馈效应在高纬度地区的地面气温变率中起重要作用。这种反馈效应在地面气温的年循环(图 10.8)和季节内—冰期时间尺度的变化中非常明显。

雪盖及海冰是影响冰冻圈中短于世纪时间尺度的气候变率的重要因素。而变化更慢的冰川则对时间尺度长于千年的气候变率产生影响。冰雪反照率反馈效应仅在地球历史上的较短时代产生了作用。因为只有在最近的数百万年极区才冻结成冰,那时的冰雪面积较间冰期时期更大,且冰雪作用较间冰期更大。

虽然主要在局地产生冰雪反照率效应,但其影响却是全球性的。根据有关最晚冰期(约 20 000 年前)的大陆冰川及海冰面积估计,在假设当时的云量与目前一致的条件下,当时的地球行星反照率要较目前(为 0.305)高约 0.01。习题 4.21 表明,当行星反照率从 0.305 增加到 0.315 时,地面有效气温则相对目前气温降低 1℃左右。根据 2.5.3 小节中的介绍,当地球轨道存在微小变化时,北半球高纬度地区夏季的入射太阳辐射将产生变化,由此产生冰雪反照率的反馈效应则在冰期与间冰期之间的轮回交替中起重要作用。

d. 与地壳的耦合

在几千万年时间尺度上,在 2.3.4 小节中讨论的碳酸-硅酸盐循环可能通过以下机制来调节全球地面气温,其中,火山喷发属其循环的一部分。如果由于某种原因,地球气温变得异常高,$CaSiO_3$ 岩石的风化作用将会加速,为碳酸盐的形成提供更多的钙离子[据方程(2.11)]。碳酸盐的形成吸收了大气二氧化碳,使温室效应减弱,进而使地面气温降低,这种温度响应与启动上述温度的温度扰动符号正好相反。地面气温的这种响应称为负反馈,与 3.6.3 小节描述的力学系统中的恢复力类似。

## 10.2.3　外强迫气候变率

除了上述影响因素之外,气候变率还受到太阳辐射变化、大火山喷发及人类活动的强迫。如 10.3 节中所述,在外部强迫下,气候变率的大小取决于强迫的大小及气候系统对强迫的敏感程度。如果外部强迫足够缓慢,例如当地球接收的太阳辐射在其生命史中缓慢增加,则地球系统的各圈层均维持平衡。但是,如果强迫的变化是瞬时的,或者仅维持较短时间(如火山喷发),气候系统则将在多个时间尺度上产生响应。此外,人类活动对气候变率的影响将在 10.4 节中加以阐述。

a. 太阳变率

太阳辐射强度在多种时间尺度上的变化及其变化的大小取决于光的波长。图 10.29 给出太阳活跃区中发生的间歇性现象,而太阳辐射强度的变化与该现象密切联系。

- 太阳黑子为太阳的暗(冷)块,会破坏太阳光球中对流单体的正常分布类型。太阳黑子伴随有强烈的磁场出现,该磁场在太阳两半球之间的磁性是相反的。太阳黑子的生命史为一天到几个月不等。
- 太阳光斑是太阳光球中对流单体分布类型的亮(热)点,通常伴随有太阳黑子及强磁场的出现。太阳光斑的生命史与太阳黑子的生命史相当。
- 太阳耀斑是太阳活跃区外气层放射出的紫外线和 X 光及高能量粒子的强烈迸发,伴随有强烈的磁场和剧烈的运动。对于典型的太阳耀斑,其持续时间的量级为小时。

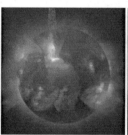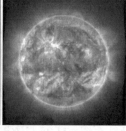

图 10.29　2000 年 6 月 6 日在太阳光盘中发生的耀斑现象。第一张图片由 Big Bear 太阳观象台利用氢 α 线中的辐射制作而成;第二张图片为 Yohkoh 卫星获得的 X 光图片(日语中称为"太阳光束");第三张为 SOHO(太阳及日光层观象台)卫星获得的 X 光图片;最右边的照片为 SOHO 卫星获得的可见光图片,其可见光直接来自太阳,图中白圈表示太阳光盘的位置[图片由 Syun-Ichi Akasofu 综合而成](另见彩图)。

太阳活动受 11 年太阳循环周期(图 10.30)调节。对于太阳循环的活跃期,太阳光斑及耀斑首先在较高纬度活跃起来,在之后的几年中又逐步移至较低纬度。对于太阳循环的平静期,太阳光斑及耀斑则不活跃。从一循环到下一循环,太阳黑子所产生的磁场具有相反的极性。在连续的太阳循环之间,太阳黑子磁场具有相反的极性。因此,通常认为一个完整的太阳循环周期为 22 年。

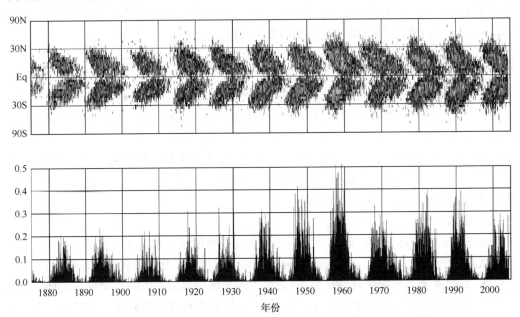

图 10.30　上图为太阳黑子面积占光球面积的比例随纬度及时间的变化。其中,黄色阴影表示超过 1%,红色表示介于 0.1%~1%,未标阴影的区域表示小于 1%。下图为太阳黑子面积占整个太阳光球面积的百分比(%)随时间的变化[图片由 NASA 马歇尔太空飞行中心的 David Hathaway 提供](另见彩图)。

为理解太阳扰动如何影响地球大气,需要更详细地讨论太阳最外层的垂直结构。太阳色球位于太阳光球之上,厚约 2500km,其底部温度约为 4300K,而顶部则增加到 $10^5$K。从太阳色球向各个方向发射出的高温电离化粒子束称为太阳风。相对于地球轨道,太阳风的速度约为 500km·$s^{-1}$,温度可高达 $10^6$K[⑯]。太阳风中自由电子射出的光辐射会向外散射,称为光环(图 10.29)。在日食期间,人们能用肉眼看见该现象。根据维恩斯转换原理(方程 4.11),太阳色球的外部气体及光环将以电磁波谱的形式向远处发射紫外线及 X 光,形成了波长<0.1$\mu$m 的太阳辐射。

太阳光球的辐射是较为稳定的;而太阳色球外部及光环的辐射随太阳活动的增强而增加,且随太阳耀斑的增强有急剧增加。特别是在 X 光辐射区,辐射的增强更为明显。如波长>0.2$\mu$m 的辐射量在耀斑活跃期较耀斑平静期要大一个量级。然而,太阳色球外部气体及光环的辐射量仅占太阳总辐射量的 $1/10^5$ 不到。因此,无论太阳耀斑强度有多强,对到达地球的太阳辐射总强度均不会产生明显影响。

---

⑯　太阳发射的高能量粒子经过几天的时间到达地球。太阳风的增强通常会产生极光现象,并干扰无线电及电能的传输。

在图 4.1 所介绍的地基测量中,太阳辐射的时间变化主要通过地球大气的光学性质的变化来推测。因此,要定量计算其时间变化实际上是不可能的。而自 1979 年开始的空基测量表明,太阳总辐射量随太阳循环而变化。如图 10.31 所示,与太阳循环的平静期相比,太阳总辐射量在太阳循环的活跃期更大。但是,太阳辐射变化的峰与峰之间仅相差 $1W \cdot m^{-2}$,不到平均辐射量的 0.1%,而相应的地球相当黑体温度变化则不到 0.1K。

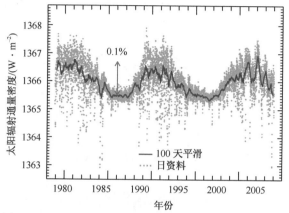

图 10.31　空基观测到的入射至地球的太阳辐射强度的
时间变化[由 Judith Lean. 提供]。

仔细观察图 10.30 可以清楚发现,太阳黑子面积的覆盖率在不同的太阳周期是不同的。其中,从 1880 年到 1940 年的覆盖率较随后年代的覆盖率小。在 19 世纪的前两个年代,太阳是相对不活跃的。而 1645—1715 年几乎没有出现太阳黑子,这在历史上是罕见的,这段时间称为太阳活动的最小 Maunder[17] 年(图 10.32)。太阳物理学家认为,对于类似这样的太阳活动不活跃期,其太阳辐射总量要比近几十年太阳循环平静期的太阳辐射总量少 10~30 倍。如果这种认识是正确的,那么地球相当黑体温度的相应变化则可能是小冰期出现寒冷天气的主要原因。

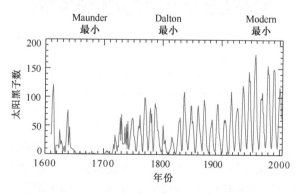

图 10.32　太阳黑子数(定义为太阳可见光盘的黑子数与 10 倍太阳黑子组之
和)的延长时间序列显示的几个太阳不活跃期[由 Judith Lean. 提供]。

---

　　[17]　Edward Walter Maunder(1885—1928)是英国天文学家。在银行工作较短时间后,他成为了皇家格林尼治天文台的一名摄影及分光镜观测助理,并从事太阳研究,并参与了火星大讨论。

　　b. 火山喷发

　　由火山作用释放的地热能对全球能量平衡的影响是不可忽视的。火山喷发 $SO_2$ 后形成的硫化物气溶胶会产生辐射效应，进而对气候产生影响。在火山喷发后的几个星期内，对流层云滴会净化掉火山喷发出的气溶胶。因此，只有当火山喷发出的大部分气溶胶向上穿越至平流层低层时，火山喷发才能对地球气候产生重要影响。如图 10.33 所示，1991 年 6 月在菲律宾发生的皮纳托博火山爆发是最近严重影响全球气候的一个例子。

　　图 10.33　1991 年 6 月 15 日皮纳托博火山爆发后的喷发情景。此照片描述的事件始于立陶宛时间 6 月 13 日 8 点 41 分。该照片拍摄于火山爆发后 7min。当时，火山喷发出的热气体开始从对流层顶向四周扩散。火山爆发形成的云最终到达的高度超过天气雷达的观测高度 24km〔由美国地质研究所 Ritchard Hoblitt 提供〕(另见彩图)。

　　图 10.34 给出皮纳士伯火山爆发后的硫化物气溶胶的全球分布。最上图给出的是 1990 年 8 月(火山爆发前 1 年)气溶胶浓度的全球分布。其中，沿撒哈拉沙漠等地的气溶胶浓度出现突然增大，表明对流层气溶胶对气溶胶背景场有重要影响。中间一副图为 1991 年 8 月(火山爆发后 2 个月)的气溶胶浓度分布。与火山爆发的前一年 8 月相比，由于对流层低层硫化物气溶胶的出现，热带地区的气溶胶浓度大大增加。而平流层低层纬向风的强烈切变使得平流层沿东西方向的气溶胶快速扩散。热带地区的气溶胶向较高纬度地区的扩散则慢得多。火山爆发的第二年(1992 年 8 月，如图 10.34 中最下图所示)，热带气溶胶浓度较前一年明显减小，但就全球而言，气溶胶浓度仍比火山爆发前(如最上图所示)高。此时，全球的平流层气溶胶已混合均匀，气溶胶浓度梯度的出现主要反映的

是对流层气溶胶的局地源。

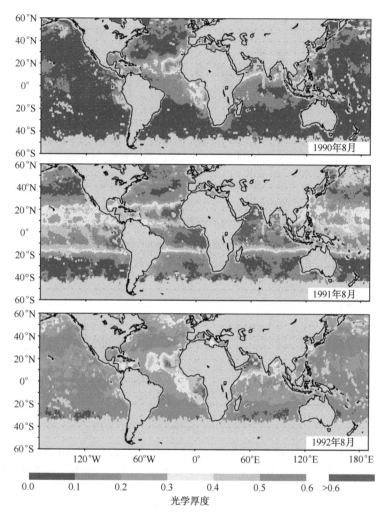

图 10.34　NOAA/AVHRR 卫星反演的全球气溶胶浓度分布图像。彩色阴影表示单频辐射强度推算出的月平均光学厚度［资料来自 J. Geophys. Res.，102（D14），16923-16934，1997。版权归属 1997 年美国地球物理协会。经美国地球物理协会允许复制并修改。由 Alan Robock 提供］（另见彩图）。

　　在此次火山爆发后的几个月，气溶胶的散射作用使到达地球的直接太阳入射强度减少了 30% 左右。气溶胶的散射主要以向前的方向为主。而沿该方向散射的直接太阳入射主要由到达地球的太阳散射光弥补。气溶胶的吸收及向后散射作用使到达地面的太阳总辐射（包括太阳的散射辐射）减少了 3% 左右。如图 10.35 所示，在大火山爆发事件发生之后，随着入射太阳辐射的减少，全球平均地面气温往往比长期平均低得多。

　　如图 10.36 所示，火山爆发后，硫化物气溶胶对入射太阳辐射的吸收使平流层低层增暖。图中温度序列峰值的宽度表明，气溶胶在大气中的维持时间约为 1～2 年，这与图 10.34 及 5.7.3 小节的讨论是一致的。

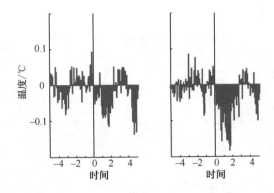

图 10.35　左图:七次火山大爆发事件合成的全球表面气温[⑱]。其中,$x$ 坐标轴上,"0年"代表火山爆发年,正值代表火山爆发后的年份。火山爆发后的 2～3 年地面气温的降低表明火山爆发对全球平均气温产生重要影响。右图:温度资料同左图,但去除了 El Nino、年际模态及 PNA 型分布造成的温度变率,即主要反映的是火山爆发产生的温度变化。左右两图的温度标尺相同[由 David W. J. Thompson 提供]。

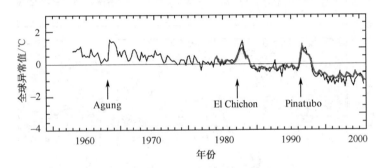

图 10.36　平流层低层全球平均温度的时间演变。粗线代表 15～20km 高度的大气层,由微波探测仪所测;细线亦代表 15～20km 高度的大气层,但为无线电探空仪所测[引自政府间气候变化工作组报告,气候变化 2001 年版:科学事实部分,剑桥大学出版社出版,p. 121(2001),并在此基础上进行了修改]。

　　从图 10.35 中可看出,火山爆发后,地球表面气温降低的维持时间比平流层气溶胶的维持时间(1～2 年)要稍微长一些。海洋混合层的热容量大,其较为缓慢的演变造成了上述区别。在气溶胶的存活期,气溶胶主要停留在平流层,而地球表面及其上空大气的温度则异常低。海表面的潜热及感热通量随海陆温差的增大而增强,将海洋混合层的热量输送给大气,使大气的降温幅度减小,同时海洋的温度则异常低。随着气溶胶的消除,对流层大气接收的入射太阳辐射恢复至正常状态,而海气交界面上的热通量方向则反向。海洋混合层需要 1～2 年的时间才能将其在气溶胶存在时失去的热量重新获得。只有在海洋热量平衡重新恢复之后,全球平均表面气温才能恢复到火山爆发前的水平。类似的,大气与海洋混合层之间的热交换抑制并延缓了局地海面温度对其年循环及月际、年际大气

──────────

　　⑱　现代历史上最大的 7 次火山爆发事件为 Krakatoa(1883 年 8 月)、Tarawera(1886 年 6 月)、Pelee/Soufriere/Santa Maria(1902 年 5～8 月)、Katmai(1912 年 6 月)、Agung(1963 年 3 月)、El Chichon(1982 年 4 月)、Pinatubo(1991年 6 月)。

变率的响应。

## 10.3　气候的平衡、敏感性及反馈效应

　　为了对一特定外强迫的气候响应有更定量的了解,十分有用的是在数学框架中考虑气候反馈效应与敏感性概念。此类数学框架是了解诸如气候突变现象成因的基础,即至少在原理上说明一种中等(或缓慢)的气候强迫可能引起不可逆的重大气候突变(所谓气候意外事件)。

　　为简便起见,我们仅讨论只有一个变量,即全球平均表面气温 $T_s$ 在地表平均的入射太阳辐射、行星反照率及温室效应 3 个因子强迫下的变化。其他一些重要的变量(如大气的水汽浓度、臭氧浓度、不同云顶的云及地面的冰雪覆盖的地球表面面积比)用于确定反照率及温室效应强度。我们假定强迫及响应空间上均匀,即只考虑全球平均的情况。

　　大气顶[19]的向下辐射通量强度定义为辐射强迫 $F$,这假定不能在瞬时强迫的条件下,即不让地表气温或大气垂直温度廓线有时间进行调整。例如,如果太阳辐射强度增加 $dS$ 个单位,大气顶层的净辐射是向下的辐射,且值为 $dS$。表面气温 $T_s$ 随之将逐渐增加以响应这种不平衡,直至大气的向外辐射通量也增加 $dS$。此时,地球系统被称为与太阳辐射强迫达到平衡。在值为 $dS$ 的太阳辐射强迫下,当地球系统达到新的平衡状态时,$T_s$ 升高 $dT_s$ 以响应 $dS$ 的太阳强迫。

　　类似的,当温室效应增强,大气顶层将获得向下的净辐射量($dG$)。该净辐射量等于温室效应增强所增加的大气向上长波辐射量。在上述地球表面气温对太阳辐射强迫响应的例子中,地球表面气温将升高,直到太阳辐射增加量与大气顶层向外长波辐射的增加量相等。此处,在地球系统对外强迫响应的调整结束之后,地球表面气温 $T_s$ 在温室效应增强 $dG$ 的强迫下会相应地升高 $dT_s$。

　　$T_s$ 对辐射强迫 $F$ 的敏感度可用 $\lambda \equiv dT_s/dF$ 表示,称为气候敏感度。据此定义,气候敏感度应考虑到相关变量 $y_i$(如水汽含量、冰雪覆盖面积、低云量等)的变化对 $T_s$ 的影响。通过链条反应原则,上述气候敏感度的计算公式可扩展为下公式。该公式可将各种变量对气候敏感度的影响一一描述出来。

$$\lambda = \frac{dT_S}{dF} = \frac{\partial T_S}{\partial F} + \sum_i \frac{\partial T_S}{\partial y_i} \frac{dy_i}{dF} \qquad (10.5)$$

式中,$\partial T_S/\partial F$ 为不存在相关变量强迫下的气候敏感度 $\lambda_0$,可进一步得到

$$\lambda_0 \equiv \frac{\partial T_S}{\partial F} \approx \frac{dT_E}{dF}$$

根据习题 4.6 的计算,$T_E$ 为地球相当黑体温度。

----

　　[19]　根据目前关于辐射强迫的实际定义,在"平流层大气的热平衡状态与对流层不同"的附加条件下,大气顶层设为对流层顶,而并非实际大气的最顶层。有关辐射强迫的定义基于以下考虑:

　　(1)热带地区对流层气温的垂直递减率主要受近似湿绝热影响。因此,对流层气温的垂直分布廓线、地球表面气温及海洋混合层温度的相互影响非常强。与此相反,平流层以层状云为主,其温度随高度增加而减小。所以,地球表面气温的变化与对流层顶辐射强迫的关系较实际大气顶层更为密切。

　　(2)平流层在剧烈变化的辐射强迫下经过几个月的时间达到平衡,而对流层由于海洋的热惯性则需要几十年的时间才能达到平衡。

　　一旦平流层在新的辐射强迫下达到热平衡,对流层顶的净辐射与大气顶层的净辐射是相等的。

**习题 10.3**  计算地球相当黑体温度对大气顶层太阳辐射强迫 $F_S$ 变化的敏感度。

**解答:** 根据斯蒂芬-玻耳兹曼原理(方程(4.12)),有

$$T_E = \left(\frac{F_S}{\sigma}\right)^{1/4}$$

将公式两边转换为自然对数,得到

$$\ln T_E = \frac{1}{4}\ln F_S - \frac{1}{4}\ln\sigma$$

公式两边取微分,得到

$$\frac{dT_E}{T_E} = \frac{1}{4}\frac{dF_S}{F_S}$$

故可得

$$\frac{dT_E}{dF_S} = \frac{1}{4}\frac{dT_E}{F_S}$$

根据习题 4.6,地球接收的太阳辐射常数 $F_S = 239.4 \text{W} \cdot \text{m}^{-2}$,对应的相当黑体温度 $T_E = 255\text{K}$。因此,有

$$\frac{\partial T_S}{\partial F_S} = 0.266\text{K} \cdot (\text{W} \cdot \text{m}^{-2})^{-1}$$

相反,当地球相当黑体温度升高 1K,对应的大气顶层的向下太阳辐射强迫值为 $3.76\text{W} \cdot \text{m}^{-2}$。

在方程(10.5)中最后一项中,相关变量对地球相当黑体温度的强迫值取决于这些变量自身的温度变化。故有

$$\frac{dy_i}{dF} = \frac{dy_i}{dT_S}\frac{dT_S}{dF}$$

将其代入(10.5)式,可得

$$\frac{dT_S}{dF} = \frac{\partial T_S}{\partial F} + \frac{dT_S}{dF}\sum_i f_i \tag{10.6}$$

其中,

$$f_i = \frac{\partial T_S}{\partial y_i}\frac{dy_i}{dT_S} \tag{10.7}$$

$f_i$ 即为与各种反馈过程相关的无量纲化反馈因子,将在下文中进一步讨论。如果(10.7)式的右边两项同号,反馈因子 $f_i$ 为正值,反之则相反。例如,当 $T_S$ 升高行星反照率 $y_i$ 则减小,进一步使 $T_S$ 升高,此即为正反馈。将各种反馈因子相加,得到总反馈因子:

$$f = \sum_i f_i \tag{10.8}$$

各种反馈因子的相加要将数学符号考虑进去。

对于强迫 $F$,解方程(10.6),可得

$$\frac{dT_S}{dF} = \frac{\partial T_S/\partial F}{1-f} \tag{10.9}$$

当 $f<1$,在出现气候反馈的情况下的气候敏感度相对于 $\lambda_0$ 的比值 $g \equiv \lambda/\lambda_0$ 可表示为

$$g = \frac{1}{1-f} \tag{10.10}$$

$f \geqslant 1$ 对应气候敏感度为无穷大的情况。对于此类情况,与图 3.17 类似,即使是无穷小的

强迫也能导致气候系统偏离原平衡状态以期达到新的平衡。

**习题 10.4**　根据下列公式,计算当代气候与距今 20 000 年左右的末次盛冰期(LGM)气候之间的 $T_S$ 及 $F$ 的差异,并计算目前的气候敏感度 $\delta T_S/\delta F$。辐射强迫 $F_S$ 变化的敏感度:

$$\frac{\delta T_S}{\delta F} = \frac{T_S(\text{当前}) - T_S(\text{LGM})}{F(\text{当前}) - F(\text{LGM})}$$

**解答:** LGM 时代的全球平均表面气温较目前要低 5℃ 左右。根据冰芯记录,发现当时大气的 $CO_2$ 浓度为 180ppmv,少于目前的一半。基于辐射传输模式,推算出 $CO_2$ 浓度增倍所产生的辐射强迫为 $3.7 \text{W} \cdot \text{m}^{-2}$。根据 LGM 时代的冰川及海冰面积,估算出当时的行星反照率较目前的高 0.01 左右。假设 LGM 时代的太阳辐射强度与目前的一样,为 $342 \text{W} \cdot \text{m}^{-2}$,经大气顶层反射的太阳辐射通量则增加 $342 \times 0.01 = 3.4 \text{W} \cdot \text{m}^{-2}$。将这些数值代入上式,可得

$$\frac{\delta T_S}{\delta F} = \frac{5\text{K}}{(3.7 + 3.4)\text{W} \cdot \text{m}^{-2}} = 0.70\text{K} \cdot (\text{W} \cdot \text{m}^{-2})$$

根据习题 10.3,将上述结果与没有辐射强迫的气候敏感度 $\lambda_0 = 0.266(\text{W} \cdot \text{m}^{-2})^{-1}$ 相比发现,由于辐射反馈作用,气候系统的敏感度增加到原来的 $0.70/0.266 = 2.7$ 倍。

### 10.3.1　瞬变响应与平衡响应

由于地球系统(特别是海洋及冰冻圈)的热容量较大,全球平均表面气温对气候强迫的响应通常有一个延缓过程。在剧烈强迫下,地球系统中各组成部分需要足够长的调整时间使地球系统重新达到平衡,而地球系统各组成部分所需的调整时间不尽相同。其中,大气圈对气候强迫的调整需要几个月的时间,海洋混合层需要几年的时间,整个海洋则需要几个世纪,而大陆冰川甚至还要更长的时间。对于气候系统的各组成部分来说,对气候强迫的调整所需的时间主要取决于其热容量大小及气候敏感度。

在海洋混合层对表面气温变化产生瞬时调整的假设下,我们可以更深刻地理解上述地球系统对气候强迫的调整过程。根据此假设,可将海洋混合层看作为一平板,这样,地球表面平均气温为 $T = T_0 + T'$。其中,$T_0$ 为辐射强迫 $F$ 不存在时的平衡温度。随时间变化,辐射强迫变化 $Q'$,而 $T'$ 则为平均气温随时间的(瞬时)变化。由大气顶层的能量平衡原理,可得

$$c\frac{\mathrm{d}T'}{\mathrm{d}t} = -\frac{T'}{\lambda} + Q' \tag{10.11}$$

式中,$c$ 为地球表面的平均热容量,单位为 $\text{J} \cdot \text{m}^{-2} \cdot \text{K}^{-1}$,$\lambda$ 为气候敏感度 $\mathrm{d}T_S/\mathrm{d}F$。(10.11)式左边为地球表面的能量储存率,右边则表示辐射强迫变化 $Q'$ 与大气顶层增暖产生的向外长波辐射之间的不平衡。

假设在 $t = 0$ 时刻的气候强迫的变化为 $Q'$,且此后一直维持此变化量。这样,(10.11)式可变为

$$\frac{\mathrm{d}T'}{\mathrm{d}t} + \frac{T'}{\tau} = \frac{Q'\lambda}{\tau}$$

$\tau = c\lambda$,求解上式可得

$$T' = \lambda Q'(1 - e^{-t/\tau}) \tag{10.12}$$

所以,强迫出现之后,$T'$呈指数增长,随时间增长减缓,最后达到其平衡解 $\lambda Q'$。达到平衡解所需的时间为 $e$ 折尺度,其与海洋混合层的热容量及气候敏感度均呈正比。因此,气候反馈效应为正,拉长了气候系统对强迫变化的调整时间。在线性增大的气候强迫下,$T'$ 的响应也是线性变化的,且响应时间亦为 $\tau = c\lambda$[⑳]。

在海洋混合层热容量的影响下,地球表面平均气温对气候强迫响应的延迟时间少于10 年(见习题 10.21)。然而,整个海洋的热容量比海洋混合层的热容量大 50 倍左右;而大陆冰川的有效热容量也非常高,因为大面积的冰融化所需要的潜热非常大。根据(10.11)式,如果大气与上述热机自由交换热量,则响应时间要长于世纪的量级。这样,气候系统中诸如火山喷发一样的短时间振荡将可能完全被抑制,且气候强迫的长期变化将使得与其相关的温室效应减缓至世纪尺度。

实际上,大气与上述大热机的热量交换非常大,只是与它们的热量交换率较与海洋混合层慢得多。例如,深层海水的温盐环流的响应时间为世纪尺度,而大陆冰川的结冰与融冰的响应时间亦为世纪尺度。大气顶层的净辐射表明,这些热机与大气之间的能量交换较小,但还是可以测量出来的。与此一致的,海水增暖后,海平面高度由于热胀冷缩而升高;而大陆冰川面积缩小引起海水质量增加,使海平面进一步升高。因此,可以通过海平面高度的测量来估算大气与这些热机之间的能量交换率。

大气与海洋、冰川等大热机的能量交换速度非常慢,相比之下,地球系统对气候强迫的响应可以看作瞬时的。然而,在稳定的气候强迫下,只有当上述大热机也调整到平衡状态时,地球系统才能达到完整的平衡响应。例如,当 $CO_2$ 浓度持续升高直到于 21 世纪后期翻倍(相对于工业革命前的浓度水平),此后保持该浓度水平,则浓度翻倍时所观测到的瞬时响应与几个世纪后所观测到的平衡响应差不多。

## 10.3.2　气候反馈效应

气候敏感度由各种反馈因子 $f_i$ 相加之和确定。此处,我们主要考虑一些重要的反馈因子(包括那些负反馈因子)对气候敏感度的贡献。

### a. 水汽反馈效应

由克劳修斯-克劳珀龙方程(见 3.7.3 小节)可得,饱和水汽压随温度以约 $7\% \ K^{-1}$ 的速率呈指数增加。如果相对湿度的分布随温度升高保持恒定,大气中的水汽含量的增加速率与温度升高的速率基本相当。大气中的水汽及温室气体的浓度越高,地面气温则越高。假设相对湿度恒定,根据直接辐射传输的相关计算,水汽反馈效应的反馈因子约为 0.5。也就是说,如果不存在其他反馈效应,该反馈效应使全球表面平均气温翻倍。

由于克劳修斯-克劳珀龙方程(3.92)是非线性方程,水汽反馈效应的强度随温度升高而增强。如果辐射强迫足够强,以至于热带海面温度从目前的 28℃ 升高至 60℃,那么反馈因子将趋近于 1,相当于无穷大的温室效应。金星可能遭遇过这样的事件,导致其所有的海洋都处于蒸发状态,大量大气几乎由水汽所充满,导致星球表面温度超过 1000K!

水循环中大气分支的时间尺度非常短,因此可将水汽反馈效应看作瞬时反馈。即使在

---

如火山喷发一样的剧烈强迫下,水汽反馈都能对气候系统的瞬时响应产生作用。另外,水汽反馈增大将使水循环强度增强。多种气候模式表明,当地球温度升高时,降水将更强,蒸发也将加速。

b. 云强迫及云反馈效应

云一方面通过对太阳辐射的反射进而使地面降温,另一方面又产生温室效应使地面升温。这两种效应对地面温度变化的相对重要性取决于云的光学厚度。对于深对流云层而言,特别是在热带地区,这两种效应相互抵消,故净辐射云强迫非常小。不同的是,行星边界层顶的云则以反射性为主,故行星边界层顶的温度较其下方的地面或水面要低 10℃ 左右。这种情况下,云的反照率效应较温室效应更为重要,进而产生负净辐射强迫较大(图 10.37)。当气候变暖,如果反射性为主的云增加,则全球平均表面气温为负反馈;但如果反射性为主的云减少,则全球平均表面气温为正反馈。

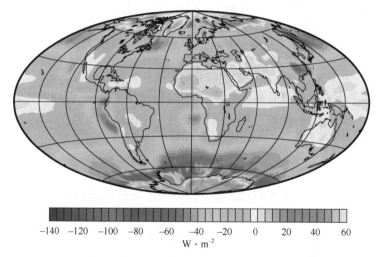

图 10.37　年平均净云辐射强迫。计算方法为:比较被反射的太阳辐射及向外太阳辐射(如图 4.35)之后,计算各网格点所有像点及除云之外的像点,前者减后者即为净云辐射强迫。更为详细的解释参见习题 10.22[资料来源于 NASA 地球辐射收支试验,由 Dennis L. Hartmann 提供](另见彩图)。

在大气的下沉区,海面及大气行星边界层的温度较自由大气(层结稳定的大气)低。而层云及层积云通常位于下沉区。关于层云及层积云的变化在多大程度上受全球变暖的影响,目前尚不清楚。

在云的辐射强迫中,与边界层层状云波谱相反的为肉眼看不见的卷云。其云顶非常冷,通常出现于对流层高层,位于对流云系之上(图 10.38)。卷云对太阳辐射的散射及吸收不明显,因此太阳辐射可以透过卷云入射到地面。此外,仅在温度非常低的情况下,卷云才将地面的长波辐射传至太空,故卷云对地面的向外长波辐射主要起阻挡作用。因此,卷云主要对地球表面起加热作用。由于卷云的光学厚度很小(通常小于 0.1),所以由其引起的辐射强迫是有限的。另外,卷云的云量还有待于进一步确定。

c. 冰反照率反馈效应

上述关于耦合气候变率的讨论已涉及到冰反照率的反馈效应。该效应的重要性取决

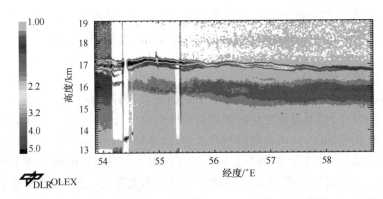

图 10.38　热带对流层高层中的次可见云层,波长为 $1.064\mu m$,由飞机激光雷达观测反演得到。彩色阴影表示云滴向后辐射强度,蓝色阴影表示云滴的最小散射,无阴影区域表示缺测。资料来源于印度洋上一次研究性飞行试验的观测[引自 J. Geophys. Res.,107(D16),4314-4329,2002。美国地球物理协会 2002 年出版。经美国地球物理协会授权复制并修改。由 H. Flentje 及德国人 Deutschen Zentrum für Luftund Raumfahrt (DLR)提供](另见彩图)。

于冰覆盖面积的多少。在与目前类似的时代,冰雪主要集中在极区。当其覆盖面积比例 $A$ 减小时,全球平均表面气温升高的幅度(即(10.7)式中的 $dy_i/dT_S$)相对较小。

　　从纬度 $\phi$ 向极地方向,如冰雪覆盖面积比例 $A$ 使地球表面温度低于临界值 $T^*$(可能接近于冰点),则有

$$\frac{dA}{dT_S} = m\cos\phi$$

式中,$m$ 为冰缘附近的经向温度梯度,$\cos\phi$ 为冰缘主要反映为向赤道扩张时的纬圈长度增加量。假设 $m$ 随纬度变化较小,要使 $T_S$ 升高 1 个单位,$A$ 所需增加的量随纬度增加而减少,大致与 $\cos\phi$ 成正比。由此表明,当冰缘向更低的纬度扩张时,冰反照率反馈效应将增强,反之则相反。而能量平衡模式的相关计算进一步表明,当冰线向赤道扩张足够远时,冰反照率反馈效应极端强,(10.9)式中的主要影响因子将不起作用,而气候敏感度则趋于无穷大。如果这种假设真的出现,如图 2.2 所描述的雪球情景,地球将会突然被冰完全覆盖。

　　冰反照率反馈为正反馈效应。该反馈有明显季节变化,且与云特性、陆面水循环及高纬度陆面植被等相关,故其强度大小具有很大的不确定性。在太阳辐射最强的夏季,冰反照率的改变对全球表面能量平衡的影响最大。在夏季,极地海洋上空层状云的出现将使冰反照率反馈效应减弱,致使定量估计冰反照率反馈效应的大小更为困难。

　　陆面雪盖变化主要在春季解冻的时候对气候产生直接的影响,但其通过地面水循环对地球表面气温的间接影响一直要延续到夏季。如果春季冰雪较早融化,土壤湿度在随后的夏季减小的可能性则更大。夏季温度越高,植物的生长季节越长,灌木丛及树木等就越容易在冻土地带生长,进而使地面粗糙度增大,而反照率则减小。关于这一系列相互作用的定量化数值试验目前仍然较为困难,

　　d. $CO_2$ 的反馈效应

　　$CO_2$ 是温室效应中的一个重要辐射强迫因子。然而,在冰期与间冰期循环期间,大气中 $CO_2$ 的浓度变化引起的辐射强迫变化则构成了 $CO_2$ 的反馈效应。在千年时间尺度

上,$CO_2$ 浓度与温度几乎同时变化的原因目前尚不清楚。许多有关这方面的机制讨论认为,海洋温盐环流的长期变化对 2.3 节中讨论的生物有机碳在深层海水及海表面之间循环的速率产生影响。如果循环速率显著减缓,那么大量的生物有机碳将储存于深层海水中。这造成了大气中的 $CO_2$ 浓度在冰期较间冰期要低 80ppmv 左右。显然,与大气中 $CO_2$ 浓度变化相关的反馈为正反馈,对气候响应有一个调幅作用。

---

### 框栏 10.2　雏　菊　世　界

为举例说明气候反馈、气候平衡及气候突变概念,让我们考虑雏菊世界的气候,这是一种理想的球状行星,在其上空没有大气,而只被遥远的太阳所加热,雏菊世界的表面温度是均匀的,且与入射的太阳辐射达到辐射平衡。星球表面是黑色的,另外有完全白色的雏菊覆盖它们,一小簇一小簇地随机分布在星球表面。这样,从太空上看,此星球为均匀的灰色。因此,雏菊世界的反照率在数值上等于那些雏菊的覆盖面积。

雏菊仅能在有限的地面温度范围 $T_1 \leqslant T \leqslant T_2$ 中才能生长。如图 10.39 所示,当处于该温度范围中间时,雏菊生长最好,长成的面积最大。雏菊面积通过调节行星反照率进而影响行星表面温度。根据斯蒂芬-玻耳兹曼原理(4.12)式,在辐射平衡条件下,有

$$\sigma T^4 = (1-A)F \tag{10.13}$$

式中,$\sigma$ 为斯蒂芬-玻耳兹曼常数,$T$ 为行星表面温度,$A$ 为雏菊覆盖面积比例,$F$ 为入射到行星表面的太阳辐射通量强度。雏菊覆盖面积对行星表面温度的影响如图 10.39 所示,其中每一条线对应一个大小不同的 $F$[21]。

在图 10.39 中,实线与虚线的交点 $P$ 和 $P'$ 表示平衡状态。在平衡状态下,雏菊面积的比例与温度的变化是一致的。其中,$P$ 点表示稳定的平衡状态。在此状态下,温度或雏菊面积的微小变化将引起其他变量的响应,并使温度或雏菊面积的振荡减幅。如图 10.39 所示,当温度 $T$ 升高少许(但 $F$ 不改变),雏菊面积将增大,行星反照率将增加,导致降温。温度降低反过来会减小雏菊面积增大的幅度,而气候系统将螺旋式地朝内向 $P$ 点的平衡状态转变。反过来,如果雏菊面积增大,行星温度将随行星反照率的增加而降低,进而使雏菊面积振荡的幅度减小。在上述两种情况中,负反馈作用都将对平衡状态的振荡起抑制作用。同理,对于不稳定平衡状态的 $P'$ 点,正反馈作用对温度或雏菊面积的微小振荡起增幅作用。

太阳辐射的缓慢增加在太阳系形成以来曾经发生过。接下来考虑雏菊世界的气候对缓慢增加的太阳辐射的响应。对于小于 $T_2$ 的辐射平衡温度,雏菊不能生长。根据斯蒂芬-玻耳兹曼原理,行星温度将随太阳辐射的增加而增加。但一旦 $F$ 等于 $\sigma T_2^4$,雏菊则开始生长,雏菊世界气候系统对太阳辐射增加的响应则完全改变。对于高于 $T_2$ 的辐射平衡温度,雏菊面积的增大是气候系统对太阳辐射增加的主要响应。雏菊

---

[21]　为简便起见,虚线用直线表示。根据斯蒂芬-玻耳兹曼原理,该图中 $x$ 坐标上的温度应为非线性标尺,其距原点的距离正比于 $T^4$,两个温度点之间的距离 $\delta x$ 正比于 $T^3 \delta T$。对于这里的定性讨论,温度的非线性标尺并不重要。

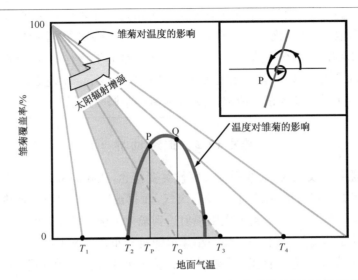

图 10.39　雏菊面积(换句话说,雏菊世界的行星反照率)与非线性标尺上的温度之间的关
系。实线反映出雏菊面积对温度的依赖性。虚线表示温度对雏菊面积的依赖性。每条虚
线代表不同的入射大小。点 P 及点 P′ 为同一入射情况下的平衡状态。P 为稳定平衡状
态,P′ 为不稳定平衡状态。右上角为 P 点附近的放大,定性地反映出系统在入射大小固定
条件下对温度的微小升高产生的响应。

不存在时,雏菊繁殖引起的行星反照率的增加对大部分太阳辐射增加引起的行星升
温起抵消作用。

上述负反馈效应对稳定雏菊世界的气候有非常重要的作用。那么,当 $F$ 从 $\sigma T_2^4$
增大到 $\sigma T_3^4$(如图 10.39 所示)时,响应如何呢? 对于没有雏菊的情况,行星温度将从
$T_2$ 升高至 $T_3$。但如果将雏菊生长引起的行星反照率的反馈效应考虑进去,行星温度
仅升高至 $T_P$。从图 10.39 及方程(10.7)可以清楚发现,当温度高于 $T_2$ 时,气候系统
将变得非常敏感,这主要是由 $dA/dT$ 较大引起的。

当 $T$ 接近雏菊生长的最佳温度时,反馈效应强度将减弱,而气候系统的敏感性则
增强。当太阳辐射增加使蓝线与红线在 Q 点相切时,极端气候事件将发生。在该点
之外,$F$ 增加不论多小,都会导致雏菊的灭亡及行星温度从 $T_Q$ 升至 $T_3$。因此,$T_Q$ 对
应雏菊面积最大的行星温度,$T_3$ 对应雏菊不存在的行星温度。这两种温度分别代表
在同一 $F(F=\sigma T_3^4)$ 下的雏菊世界的两种气候状态。对于目前的气候系统,气候可以
处于上述两种状态下的任一状态。即使是无穷小的 $T$ 或 $A$ 的振荡都足以使气候系统
从一状态过渡到另一状态,称此类状态为多平衡状态。

# 10.4　温室效应[22]

　　早在一个世纪以前,人们就发现,化石燃料的燃烧会在大气中产生 $CO_2$,进而产生温

---

　　[22]　本节及多数其他气候相关文献中的温室效应一词,通常指工业革命之后人为产生的 $CO_2$ 及其他温室气体增
加及所引起的加热作用。

室效应[23,24,25]。但直到 20 世纪 70 年代末期,人们才开始认识到温室效应潜在的重要影响。在此之后,化石燃烧排放相关的政治决策需要建立在科学基础之上,而科学基础又存在一定的不确定性,故温室效应已成为科学界和政治谈判中的一个焦点。本节概括了目前关于温室效应的确定及不确定理论,主要集中在:(1)温室气体的形成及其所带来的辐射强迫;(2)人类活动引起的温室效应是否具有显著性;(3)人类活动引起的温室效应的可预报性。

## 10.4.1　温室气体的增长

在 20 世纪 60 年代以后,第一批足够长的 $CO_2$ 监测资料(监测站如图 1.3 所示)表明,大气中的温室气体呈现增加的趋势。从 1958 年到 2000 年,$CO_2$ 的浓度平均每年增加 1.3ppmv;而最近几年的增加速率则达每年增加 2ppmv(相当于目前含量的 0.5%)。根据以下分析结果,认为化石燃料的燃烧是 $CO_2$ 浓度增加的主要原因。

(1)对从格陵兰及南极冰芯中提取的气泡进行分析发现,大气中的 $CO_2$ 大约从工业革命之后开始增加,其增加速率与化石燃料消耗的增长速率(如图 5.13 所示)大致同步。

(2)北半球大气的 $CO_2$ 浓度较南半球要高几个 ppmv,最大的碳源位于北半球。

(3)观测表明,大气中的氧气含量正以每年 3ppmv 的速率减少。这与燃烧引起 $CO_2$ 浓度增加是一致的。

(4)大气 $CO_2$ 中放射性同位素 $^{14}C$ 和稳定性同位素 $^{13}C$ 的相对丰度正在减少。在化石燃料中 $^{14}C$ 实际上还存在,化石燃料中 $^{13}C$ 的丰度也较大气 $CO_2$ 与溶解于海洋中的碳含量要少。

图 10.40 给出了化石燃料燃烧所引起的碳的年增长率及大气中碳的年增长率。平均而言,化石燃料燃烧产生的碳有约一半被大气吸收了,其余的大部分被海洋吸收了。

海洋中的碳主要以可溶性 $CO_2$ 的形式储存。在最近的几个年代,海洋中的碳正在增加。根据方程(2.7)及(2.8),$H^+$ 离子的含量也在增加,而海水的 PH 值则减小。海水酸性增强反过来使 $HCO_3^{2-}$ 与 $CO_3^{2-}$ 之间的平衡方程(2.9)中的左侧项更大,因而形成一些多余的氢离子。

如果表 2.3 中的所有化石燃料均被燃烧并释放出碳,则海洋中储存的 $CO_3^{2-}$ 离子即使不增加也足以吸收其 3/4 的碳。如果海洋的酸性大大增加,海底[26]的碳沉淀会分解,海

---

[23]　Svante Arrhenius 于 1896 年就温室效应发表了一篇题为"*Carbonic Acid in the Air upon the Temperature of the Ground*"(瑞典科学出版社,22)的开创性文章。该文章首次计算了大气中 $CO_2$ 浓度变化对地球表面气温的影响。尽管其计算所采用的数据并不完善,但其得到的结论与实际非常相符。

Arrhenius 并非研究温室效应的第一人。Fourier 将大气比作为一玻璃碗,认为大气除了接收太阳辐射而升温之外,地面还因向外辐射长波辐射而降温,进而首先引入温室效应的概念。

[24]　Svante August Arrhenius (1859—1927),瑞典化学家。以其电解理论(即电解液会在不同程度分离出正、负电离子)最为著名。作为一名神童,他从 3 岁开始自学。除了在化学方面的重要贡献及发现"温室效应"之外,他还认为地球生命的起源可能来自其它星球的孢子。关于他还有这样一个故事:在 1926 年诺贝尔奖的颁奖晚宴上,他站在主席台上给各国嘉宾祝酒。由于当时美国正值发布禁酒令,他就以水代酒敬美国代表。在宴会最后,惟独他一人没有喝醉。

[25]　Jean Baptiste-Joseph, Baron, Fourier (1768—1830),法国数学家。他对数学物理及实函数理论有巨大贡献。在跟随拿破仑探险埃及的年代,他还因古代文明研究而闻名。

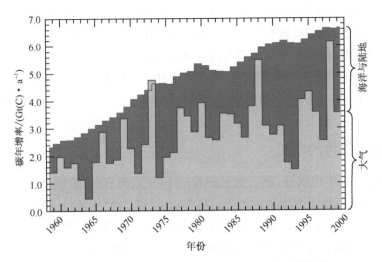

图 10.40　工业革命以来化石燃料燃烧引起的碳年增长率（单位为 Pg(C)·$a^{-1}$ 或
Gt(C)·$a^{-1}$，图中用阶梯线标注）和 Mauna Loa 站（图 1.3 所示）观测得到的大气中的碳
年增长率（在图中用不规则线标注）[经许可翻印自当代物理学，55(8)，30—36(2002 年
8 月)。美国物理研究所，2002 年出版。由 Nicolas Gruber 提供]。

洋中的 $CO_3^{2-}$ 离子将增加。海洋吸收及释放 $CO_2$ 的能力及随之产生的响应既取决于相
关的化学反应速率，又取决于温盐环流引起的深层海水的翻转速率。深层海水翻转越剧
烈，海表水的酸性增加就越慢，大气 $CO_2$ 的形成速率也就越慢。

大气与陆面生物圈之间的碳交换对大气 $CO_2$ 的形成速率也有影响。1997—1998 年
的 El Nino 事件期间，印度尼西亚及亚马逊河地区发生了大规模的森林火灾。而 1998 年
大气中的碳增长率处于峰值（如图 10.40 所示），这可能与上述大规模的森林火灾排放出
的 $CO_2$ 有关。在最近几个年代，温带森林面积的增加抵消了热带雨林砍伐所导致的碳
增加。

根据化石燃料燃烧的速率与大气及海洋中碳的变化速率，可以推断出陆面生物圈所
吸收或释放出的碳的净总量。目前的计算表明，陆面生物圈总的来说对碳有净吸收，其净
吸收速度从 20 世纪 80 年代到 90 年代有明显的增大。陆面生物圈目前及将来是否为碳
汇属当今争论的一个热点问题。

在 3 种不同排放情景下，对未来大气 $CO_2$ 浓度的预估如图 10.41 所示。假设大气与
地球系统中其他圈层之间的碳排放比例不随时间变化，则上图中的 $CO_2$ 浓度曲线正比于
下图中相应排放情景的时间积分。因此，未来的 $CO_2$ 浓度在所有排放情景下均呈单调上
升。工业革命前 $CO_2$ 浓度的两倍为 560ppmv，3 种排放情景均使未来 $CO_2$ 浓度达到该数
值。从图中可以清楚看到，当前及未来的能源政治决策对 $CO_2$ 浓度在多长时间之后增倍
或稳定之后达到多高的程度将起到非常重要的作用。在更令人悲观的排放情景下，$CO_2$
浓度到 2200 年可以升高至 1000ppmv。但是，地质学研究表明，自 5000 年前的始新世（当
时的热带动植物可在亚极区生长）以来，$CO_2$ 从未达到过如此高的浓度。

如不考虑其他影响因素，由于化石燃料最终将耗尽，$CO_2$ 的排放最终将减少。也许
有人会认为 $CO_2$ 浓度下降到工业革命前的水平大致与 $CO_2$ 分子在大气中的存活时间相

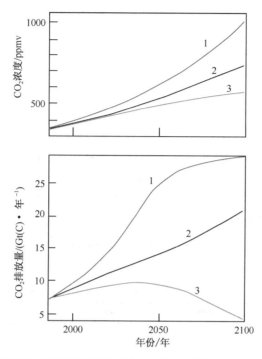

图 10.41　不同排放情景(下图)下未来 $CO_2$ 浓度的预估(上图)。曲线 1 代表经济快速发展、人口急剧增长并到 21 世纪达到最高峰、化石燃料的消耗快速增长的情景。曲线 2 表示在该世纪化石燃料的消耗速率减缓的情景。曲线 3 表示世界经济可持续发展的情景。假设由人类活动引起的 $CO_2$ 排放有一半被海洋及陆面生物圈吸收[摘自政府间气候变化专业委员会,气候变化 2001:科学基础,剑桥大学出版社,p.11(2001)]。

当,但事实并非如此。$CO_2$ 在大气中可以存活约 10 年左右的时间。这反映出海洋生物圈及陆面阔叶林与大气之间的碳循环。与大气相比,生物圈中的碳含量要少得多,且生物圈中的碳不能扩散。因此,大气 $CO_2$ 浓度能否下降到工业革命前的水平,这取决于地球系统中诸多碳汇对碳的吸收情况。实际上,地球系统中诸多碳汇对碳的吸收所需的时间较人为引起 $CO_2$ 排放的时间要长得多。

除 $CO_2$ 以外,其他一些温室气体的浓度在工业革命期间也升高了。其中,氮氧化物大量增加(图 5.13),甲烷的浓度也随之呈现出较快的增长趋势,其增长速率甚至较 $CO_2$ 浓度的增长速率还要快。CFC 浓度自 20 世纪中叶也有明显的增加。由于蒙特利尔议定书的签订,CFC 浓度目前正趋于稳定,并有望在下世纪逐步减少。然而,取而代之的是 HFCS 仍在增长,而其他长生命史工业气体的浓度也在增长。与 CFCS 的变化相对应的是,平流层臭氧浓度自 20 世纪中期以后一直在减少,但目前正处于恢复阶段。与此同时,对流层臭氧随着城市空气污染的恶化而持续增加。

尽管上述温室气体的含量较 $CO_2$ 要少得多,但这些痕量气体对温室效应有重要贡献。它们对透过大气窗的大部分地面向外长波辐射有吸收作用。单个痕量气体分子的浓度增加产生的温室效应的增强作用比 $CO_2$ 增加同样比例所产生的温室效应要强得多。因此,如果痕量气体足够多,痕量气体的吸收作用将使来自地面的长波辐射不能透过大气向外传播。

为了比较各种痕量气体对温室效应贡献的相对大小,定义温室升温潜势(GWP)变量。考虑气体衰减率后,将一定时间内产生与单位质量痕量气体相同的增温效应所需的 $CO_2$ 的质量定义为 GWP。表示为

$$GWP = \frac{\int_0^T a_x c_x(t)\,dt}{\int_0^T a_{CO_2} c_{CO_2}(t)\,dt} \qquad (10.14)$$

式中,$T$ 为特定的时间间隔;$a_x$ 为气体 $x$ 的辐射效率(在所有温室气体的现有浓度下,该痕量气体浓度变化少量所引起的辐射强迫的变化),单位为 $W \cdot m^{-2} \cdot kg^{-1}$;$c_x$ 为初始 $t=0$ 时刻痕量气体 $c$ 增加的质量;$a_{CO_2}$ 及 $c_{CO_2}$ 为与上述类似的 $CO_2$ 的对应值。该式中的分子称为绝对全球升温潜能值(AGWP)。表 10.1 给出了大气中的一些重要温室气体的温室增温潜能值。从该表中可看出,CFCS 的 GWP 值最大,这与其辐射效率高且生命史长有关系。如果时间间隔 $T$ 超过气体的生命史,则 GWP 将减小。

表 10.1　时间间隔为 20,100,500 年对应的温室气体的温室增温潜能值[26]

| 气体 | 辐射效率 | 生命史/年 | $GWP_{20}$ | $GWP_{100}$ | $GWP_{500}$ |
|---|---|---|---|---|---|
| $CO_2$ | 0.0155 | — | 1 | 1 | 1 |
| $CH_4$ | 0.37 | 12 | 62 | 23 | 7 |
| $N_2O$ | 3.1 | 114 | 275 | 396 | 156 |
| CFC-12 | 320 | 100 | 10 200 | 10 600 | 5200 |
| HCFC-21 | 170 | 2 | 700 | 210 | 65 |

除表 10.1 给出的直接 GWP 值外,每种痕量温室气体都有一个间接 GWP 值。间接 GWP 值指的是,某温室气体浓度增加所引起的其他温室气体或气溶胶浓度变化所产生的辐射强迫。例如,大气中甲烷浓度增加将导致对流层臭氧的增加,而对流层臭氧的增加产生的温室增温强度可达甲烷直接温室增温强度的 1/4。

2000 年大气顶层各种大气成分相对于工业革命前的辐射强迫如图 10.42 所示。因此,可将图中的数值看作为当前人类活动引起的温室效应。图 10.42 中最左边一栏为温室气体的辐射强迫。由 $CH_4$、$N_2O$、CFCS 及对流层臭氧引起的增暖与 $CO_2$ 排放引起的增暖基本相等。人类活动导致平流层臭氧减少,故平流层对辐射强迫的贡献为负值。

图 10.42 还给出了人类活动产生的气溶胶对辐射强迫的贡献。硫酸盐因反射地面长波辐射进而产生降温效应,而黑碳(煤灰)的影响则相反。气溶胶间接效应表示气溶胶浓度增加对云特性的影响,它具有高度的不确定性。图 6.9 的实例表明,植物粉尘、飞机飞行、生物燃料燃烧及其他人类活动所排放的云凝结核可通过改变低云的光学性质及云量进而对地球表面的气温产生影响。

气溶胶通过多种方式影响云的光学性质。云凝结核越多,吸收的水汽就越多,形成的凝结核也越多,对辐射的反射性也就越强。与此相反,人类活动排放的黑碳(煤灰)对辐射

---

㉖　辐射效率单位为 $W \cdot m^{-2} \cdot ppmv^{-1}$[摘自政府间气候变化专业委员会,气候变化 2001:科学基础,剑桥大学出版社,pp. 388—389(2001)]。

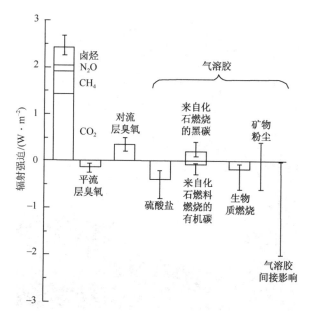

图 10.42　人为造成的各种痕量气体及气溶胶的浓度变化(现在的浓度减工业革命前的浓度)在大气顶层的辐射强迫[摘自政府间气候变化专业委员会,气候变化 2001:科学基础,剑桥大学出版社,p.8(2001)]。

的吸收较强,可减少向太空中反射的太阳辐射。

　　气溶胶间接效应产生的冷却作用非常重要,但其作用的大小却存在高度的不确定性。正如习题 10.26 中所给出的,气溶胶间接效应在人类活动所引起的辐射强迫的相对重要性决定了气候敏感度的大小。

---

**框栏 10.3　气溶胶间接效应的事实**

　　如图 10.43 所示,在湿冷空气中,飞机尾部可形成带状凝结尾迹(简称凝结尾迹)。凝结尾主要是由飞机发动机带来的云凝结核(CCN)与水汽碰撞而产生。由于飞机尾气中的 CCN 浓度非常高,刚刚形成的凝结尾中包含有大量的小水滴。因此,在 6.2 节所讨论的大陆云系中,凝结尾的边界在初始形成时刻能较为清晰地分辨出来(图 10.43 中非常亮的凝结尾)。但是,凝结尾会随着时间的推移而冻结,并与周围不完全饱和的空气混合,最后消失。因此,在凝结尾形成后,时间越长,凝结尾边界的散射性越强。

　　大型飞机附近容易出现大量的凝结尾,这些凝结尾向四周伸展,覆盖大片天空。当凝结尾出现时,入射太阳辐射及向外长波辐射均会减少。所以,凝结尾可以减小温度的日较差。继 2001 年 9 月 11 日,恐怖分子袭击纽约市双塔地区之后,在美国的所有商业航班被迫停止运营 3 天。在此期间,美国所有地面站平均的温度日较差增加高达 1.1℃。

　　甲烷、对流层臭氧及 CFCS 在大气中的浓度对其排放浓度变化的响应比 $CO_2$ 的

图 10.43　凝结尾图像[由阿特·朗罗所摄]。

响应要快得多。温室气体排放的相关政治决策可能对未来 50 年的温室增暖速率有着显著减缓的作用。例如,蒙特利尔议定书的强制性条令已使 CFCS 的快速增长趋于停止;土地利用及石油勘探的改善将减少甲烷的排放;而控制空气污染水平则能够减少对流层中的臭氧浓度。

### 10.4.2　人为引起的温室增暖效应是否明显?

全球增暖是 20 世纪气候变化的显著特征。全球增暖主要表现为陆面及海面气温的升高(图 10.44)、山脉冰川的退缩(图 10.45)及全球海平面的升高(图 10.46)。此外,江河湖海的融化期及冻结日期、植物生长期、鸟类迁徙时间、生物种类向极地存在不同程度的迁移也反映了全球的增暖特征。有证据表明,20 世纪的温度变化趋势及增温速率在最近 1000 年中是史无前例的。

然而,20 世纪观测到的地球增暖在时间及空间上并不是一致的。如图 10.44 所示,在北半球,20 世纪的 20 年代到 30 年代的温度出现显著偏高,而 20 世纪中期的温度又转为偏低。在 20 世纪 20 年代,北极部分地区的温度升高了几摄氏度,而 50 年代和 60 年代的温度又出现了同样幅度的下降。自 1958 年有观测记录以来,南极内陆的温度升高幅度较小,但南极半岛的温度则显著升高。对全球而言,1970 年以来的增温率在同等时间长度的历史记录中是最大的。

在气候变化中,目前还无法将人类活动影响和自然变率区分开来。因此,关于 20 世纪的气候变暖在多大程度上受人类活动或自然变率的影响,目前还存在不确定性。20 世纪期间,某些地区的温度表现出与全球增暖不一致的趋势。这也许是年代际尺度上的自然变率

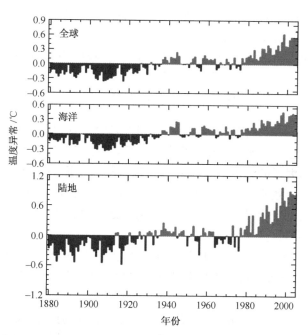

图 10.44　全球、海洋及陆地的平均表面温度异常的演变。异常值定义为 1880—2003 年平均的距平。资料经 2004 年 12 月更新[由美国 NOAA 国家气候资料中心提供]。

图 10.45　20 世纪赤道非洲的乞利马扎罗山的冰雪退缩演变[由 Lonnied G. Thompson 提供]。

造成的,而年代际尺度上的自然变率可能对全球的净增暖趋势的形成产生了影响。但是,自然变率还是无法解释近百年来全球的不断变暖以及近30年来全球的显著增暖现象。到目前为止,诸多科学家提出,这些现象可能是气候系统对温室气体增加的响应的早期征兆。

### 框栏 10.4　全球海平面升高

全球海平面高度的变化主要是由海水的比容效应(即热胀冷缩)引起的。如习题10.28中所述,海温变化取决于海水的膨胀系数,故比容效应的大小既与海洋获得的净热量有关,还与海洋的温度分布有关。全球平均海平面高度还随海水体积的变化而变化(即海面升降效应)。冰川体积的变化,江、河、湖、海、陆地上的储存水体积的变化,土壤含水量的变化,地壳形状的变化,海气之间百万年时间尺度的水分交换,这些均对海平面升降效应产生影响。

如图10.23所示,在年际、年代际时间尺度上,局地风所引起的与 ENSO 有关的海平面高度变化较热胀冷缩及升降效应产生的海平面高度变化大得多。根据目前非常有限的潮汐计观测网,要区分出全球温室增温和局地风"噪音"对海平面高度的影响是较为困难的。而在更长的时间尺度上,地壳变形,特别是自末次盛冰期以来地壳的均衡性回弹(由于大陆冰川的融解,其下方的地壳上升,而其周围的地壳则下沉)进一步加大了解释局地潮汐计观测记录的难度。

卫星高度观测仪可探测出海平面高度相对于地球等位势面的微小变化。自1992年以来,一直采用此仪器对全球海平面高度进行监测。图10.46给出了全球海平面高度的变化。从图中可以看出,海平面高度正以每年3mm(或每世纪30cm)的速度升高,比由全球海洋增暖、高纬度盐度变化(反映冰川的融解)及陆地储存水的总量变化所估算出的海平面高度升高速度要快1倍。

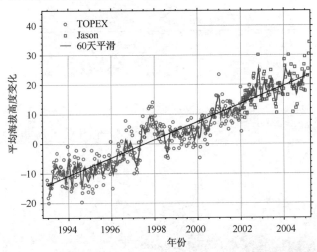

图 10.46　10天滑动平均及60天滑动平均的全球平均海平面高度变化,由 NASA/CNES TOPEX Poseidon 及 Jason satellite-borne 高度计测得。高度变化是相对于任一参考水平面。已去除了海平面高度的气候平均季节变化。斜直线为线性拟合趋势线[由 Steve Nerem 提供]。

### 10.4.3　未来人类活动引起的温室效应预估

可以采用多种方法预估全球平均表面气温对温室气体浓度增加的响应程度。其中一种方法是：根据地球系统的历史观测数据，估计全球平均表面气温对辐射强迫的敏感程度，这在习题 10.4 和 10.26 中有所介绍。其中，习题 10.26 所介绍的经验估计方法存在较大的不确定性。所以，关于气候敏感度的估计多数基于模式。模式主要分为两种，一种是全球平均一维辐射对流平衡模式，且在一定的假设下考虑了水汽、云、冰雪的反馈效应；另一种是三维海-陆-气-生物圈耦合模式，可直接计算水汽浓度、海洋温度、海流，并对云、海冰、雪盖、陆面植被及土壤湿度进行了参数化。

辐射-对流模式的优点在于：框架简单且得出的结果容易解释。这类模式预测出：若大气 $CO_2$ 浓度较工业革命前浓度增倍，则大气顶层的辐射强迫 $F$ 将下降 $3.7\mathrm{W} \cdot \mathrm{m}^{-2}$，全球平均表面气温将升高 $\lambda_0 F = 0.96\mathrm{K}$。假设相对湿度恒定，在模式中加入水汽反馈效应的影响，则气候敏感程度将翻倍。如果在模式中再加入冰的反照率反馈效应，则 (10.8) 式中所定义的反馈因子将增加到 0.6，而全球平均表面气温在 $CO_2$ 浓度增倍的情况下将升高 2.5K。

与辐射-对流模式相比，三维耦合气候模式在对温室效应的预估方面具有许多明显的优势，主要表现在如下几个方面：

- 通过此类模式的有关试验，我们能更好地理解与气候敏感度相关的边界层、云系、冰冻圈及生物过程。
- 此类模式考虑了大气与地球系统各组成部分之间相互作用的多方面影响。例如，模式考虑了部分地区的对流层温度递减率、高云量、低云量以及地面风速变化产生的影响，而观测统计及辐射-对流模式却无法将这些方面的影响考虑进去。
- 此类模式可对特定辐射强迫下的某区域、某季节的温度、降水、降雪、云量、风场的变化及诸如热带气旋等的极端天气事件进行预估。
- 通过此类模式可以研究气候变化对整个地球系统的影响（包括海平面升高、各径流量、干旱区域的沙漠化、动植物及疾病分布范围的变化等）。
- 与简单模式不同，此类模式直接考虑了海洋在气候对化石燃料燃烧产生的化学影响及热力影响中所起的调节作用，并能给出相应的气候变化的时间演变情况。

采用一系列耦合模式对温室气体浓度增加的气候响应进行了数值模拟。尽管不同模式模拟出来的响应各不相同，但均与辐射对流模式（1.5～4.5）模拟出来的响应处于一个同样的范围之中。这些模式模拟出来的响应具有许多共同特征，主要表现在如下几个方面：

- 极区的增暖加剧，特别是在冬季和春季。古气候重建的温度记录也反映出了这一趋势。这在很大程度是由于冰冻圈的正反馈效应引起的。
- 海洋的热惯性大，进而造成了增温持续加强。
- 在增暖初期，大陆增暖较海洋增暖快。
- 大气可降水量的增加导致了强降水事件的发生（特别是在那些预计增温最为明显的高纬度地区的冬季）。
- 春季积雪越早融化，夏季的蒸发越强，将导致夏季某些区域发生干旱。在这些地区,生物圈的正反馈效应将使日温度升高的幅度加大。

- 海水增暖及其热胀冷缩效应将使全球海平面升高(全球平均海平面高度在 20 世纪升高至 15cm,到 21 世纪将升高至 20~40cm)。目前的模式还不能预测出大陆冰川及高山冰河融化所产生的海平面升降对海平面高度变化的影响程度。
- 降水增加及冰川融化使得陆面水不断更新,进而造成北大西洋深海水的形成速度减缓。

关于冰冻圈对全球变暖的响应如何,目前仍然存在相当大的不确定性。是否北极冰盖的持续退缩能开辟出横穿北极的新航线? 格陵兰的冰是否会像末次间冰期那样消失? 冰川融化是否能像习题 10.28 中所介绍的那样使海平面升高加速? 大块冰川的突然解体,或者类似于那些导致冰芯记录突然不连续的大气及海洋环流的重新构成,诸如此类的气候突发事件的风险又有多大? 这些问题都存在很大的不确定性。

## 10.5　气候监测与预测

在 20 世纪早期,对天气现象的理解程度使得世界上许多国家认识到,开展天气预报及预警服务关系到国计民生。为支持这些活动的开展,在联合国的赞助下建立一个全球观测系统。许多国家及国际协会也相应地建立了观测中心,收集大气及其他的地球系统资料,并将资料同化到模式中去。通过这些模式诊断当前的大气状况,并由此预测出大气在天气时间尺度之后的演变情况。这些信息通过分布式的信息系统发布给政府及私营企业等公众。

目前,该天气观测系统正在扩建,以便能进行气候监测。例如,大气观测中还增加了云、辐射性能活跃的痕量气体,以及气溶胶的观测;而且,与气候有关的地球系统的其他圈层的观测也已纳入该观测系统。通过卫星遥感可以获得许多大气及地面的全球观测资料。目前还采用了其他方法对海洋的次表层温度、海流及生物化学特性进行监测。气候监测主要涉及相对微弱且演变缓慢的气候异常问题。因此,与数值预报相比,气候监测在观测资料的校准及长期的稳定性方面具有更高的要求。

在数值天气预报中,主要采用的是网格化的大气要素场。由于使用仪器的更换、测量方法的不同,质量控制程序的变化及同化资料的数值天气预报模式的不断更新等种种问题,网格化的资料往往包含有人为造成的不连续性。因此,这种网格化的资料并不是非常适合于做气候研究。在一个单一的高级数值天气预报模式的基础上,采用统一的资料质量控制程序,并订正由于仪器问题引起的误差,此即为对观测资料的再分析。通过再分析之后,资料的非均一性可大大减小。

在 20 世纪 70 年代,三维耦合气候模式首次被引入气候监测及预测。之后,该模式又不断发展,将地球系统的更多组成部分包括进来。但是,就像制造一辆高性能的汽车比起仅仅将许多不同厂家的零配件组装起来要难得多一样,构建一个高性能的气候模式比起仅仅将大气环流模式(GCM)和海洋环流模式、海冰模式或陆地水文模式耦合起来要难得多。

采用气候平均的海面温度及海冰资料,对目前所观测到的气候进行现实模拟是大气环流模式的主要任务。而采用给定的地面风场、气温、降水及地球系统中其他成员的类似资料,对海洋温度及洋流进行现实模拟是海洋环流模式的主要任务。如将地球系统的各成员耦合起来,就可以去除在模式设计及运行过程中观测资料的限制。例如,在耦合模式中,海表面温度不再是大气模式中的边界条件,而是由大气环流模式与海洋环流模式共同对太阳辐射的调整及与其它模式成员的相互作用决定的一个变量。

耦合模式性能的好坏通常与其模式成员的合成性能是不一样的。耦合模式可能存在显著的气候漂移。这主要表现为:耦合系统在无规律地偏离其初始状态后,经过许多模式成员共同调整,将建立一个其特有的气候态。尽管该调整过程一开始进行得很快,但由于海洋的热惯性较大,要完成这样的调整可能需要几个世纪的时间。由于耦合模式能模拟出诸如 ENSO 等的耦合现象,耦合模式较其模式成员的内部变率要大。耦合气候模式为大气及地球系统的其它圈层的资料同化提供了一个更为一致的物理框架。

尽管天气预报员有时会成为嘲笑的对象,但广大公众对天气预报给予了极大的理解和赞赏,并将获取天气预报成为一个日常行为。然而,在季节到年代的时间尺度上,气候预测的市场是极为有限的。气候预测的服务对象主要是那些与气候密切相关的水资源、能源、农业、渔业、林业、旅游业等社会经济团体。由于气候预测及天气预报还缺乏很长时间的跟踪记录,这些行业的负责人通常基于气候平均值资料进行决策。为了吸引用户,必须根据用户的需要量身定做气候预测产品。例如,某个公共事业的负责人可能需要某特定地区的降水及降雪量;而某个风能发电站的业务人员则需要某特定地区的风速统计资料。

在一些实际应用中,由全球模式得到的大气要素场的精度相对较低,故需要对其进行降尺度。也就是说,通过统计或区域中尺度模式等方法,将局地信息与全球模式得到的信息相结合,从而得到精度相对高的大气要素场。在关于河流量、农业产量、能源需求及风力发电量等变量的预测应用中,可能需要采用历史资料的统计方法对半球尺度的环流指数(如 ENSO 指数)进行更好的预测。

## 习题

　　10.5　解释以下观点:

(a)全球平均表面气温较辐射平衡温度低。

(b)在图 10.1 中,对流层的向下长波辐射比向上长波辐射大,而平流层则相反。

(c)大气顶层的年平均净辐射在低纬度地区是向下的,而在高纬度地区则相反。

(d)在赤道东太平洋地区,海–气交界面的年平均净能量通量是向下的。

(e)火星表面温度的日变化比地球大;而金星表面温度几乎不存在日循环(表 2.6)。

(f)火星上的沙尘暴现象可明显减小温度的日较差,但对日平均温度的变化影响不大。

(g)夏季入射到南半球的太阳辐射比入射到北半球的太阳辐射强 6%(图 10.5)。

(h)地球系统的年平均净辐射基本处于平衡;而其季节平均净辐射并不处于平衡。

(i)春季或夏季平均的半球平均表面净辐射是向下的。

(j)气候平均的夏半球极区的太阳辐射较赤道地区大,但极区的表面气温较赤道地区低(图 10.5)。

(k)极区上空大气顶层的净辐射在四季均是向上的(图 10.6)。

(l)高纬度地区的表面气温年循环振幅比低纬地区大(图 10.8)。

(m)北半球中纬度地区的表面气温年循环振幅比南半球大。

(n)撒哈拉地区上空大气顶层的净辐射在四季均是向上的,但该地区的地面温度仍然相当高。

(o)大陆表面气温的年循环较海洋快。

(p)海洋混合层在秋冬季加深。

(q)在秋季暴雨出现期间,海洋混合层大大加深。

(r)7月份,太平洋及大西洋地区的赤道温跃层朝东向上倾斜,但印度洋的赤道温跃层没有倾斜。

(s)副热带海洋反气旋在夏季的强度比在冬季强。

(t)天气尺度大气过程可预报性的上限为2周,但气候预测的预报上限可超过2周。

(u)与固定的海表面温度强迫相比,大气环流模式与海洋混合层耦合之后,将表现出更强的年际变率和更低的振荡频率。海洋混合层越深,年际变化的振荡频率更低。

(v)当赤道中太平洋的近海面东风减弱时,太平洋东部的海表面温度将升高。

(w)赤道东太平洋海表面的温度升高有利于赤道中太平洋的近海面东风减弱。

(x)在夏季大陆地区,月平均表面气温往往与前一个月的降水呈负相关(相关系数由日平均气温计算而得)。

(y)在20世纪,日最低温度的上升趋势是日最高温度的2倍左右。

(z)一名女童正在一个寒冷的房间里睡觉,她的母亲决定给她添一床毯子。毯子上面的温度由安装在天花板上的红外线辐射计监测而得。那么,(i)再增加一床毯子后,监测的温度会如何变化? 考虑温度随时间的变化及增加毯子后系统调整产生的温度变化。假设增加的毯子的初始温度与女童原来盖的毯子的温度是一样的,且女童的新陈代谢是恒定的。(ii)在此期间,如果叫醒女童,女童对温度的感觉如何? (iii)红外辐射计的温度记录在判断女童对温度感觉舒适与否中是否有用? (iv)这种情况在哪些方面与全球平均表面气温对大气顶层辐射强迫增加的响应类似?

(aa)请解释:当大气顶层的辐射强迫突然增加时,海-气交界面的净辐射通量如何变化?

(bb)高纬度地区的全球平均表面气温对千年时间尺度上的外部强迫比对年代际时间尺度上的外部强迫更为敏感。

(cc)尽管水汽和冰雪反照率对气候具有正反馈效应,但地球的温室增温效应并非无限增强。

(dd)云的反照率反馈效应非常明显,但可以为正也可以为负。

(ee)水汽是最重要的温室气体,也是化石燃烧的产物。为什么它并没有包含在图10.42所示的温室气体中?

(ff)温室增温与大气的$CO_2$浓度的变化大致呈对数相关,而并非线性相关。例如,大气的$CO_2$浓度增大到原来的4倍,大气温度则升高至原来的2倍,而并非4倍。

(gg)空气中的甲烷(体积)浓度大约为$CO_2$浓度的1/200,但其对温室增温效应的贡献为$CO_2$贡献的1/3。

(hh)氮氧化物的温室增温潜能较甲烷大得多,特别是在长于世纪的时间尺度上。

(ii)自20世纪50年代末开始对大气$CO_2$浓度进行监测以来,在$CO_2$浓度的增加量中,有 20% 以上的 $CO_2$ 主要是由人类活动引起的。对于自工业革命以来的 $CO_2$ 浓度的增加,人类活动的影响则占了 35%。

(jj)许多科学家将 20 世纪的全球变暖主要归因于人类活动。

(kk)即使化石燃料的消耗速度立即稳定并逐步减缓,21 世纪的大气 $CO_2$ 浓度仍将继续升高。

(ll)海洋中的一系列过程对化石燃料燃烧产生的大气 $CO_2$ 浓度变化有重要作用。

(mm)据预估,温室气体增加将导致海平面逐步升高,在 $CO_2$ 浓度到达最高值的数百年之后升高到最高位置。

(nn)关于温室效应的政治决策比起有关臭氧空洞的政治决策要复杂得多。

10.6  对平流层,再做一遍习题 10.1。

10.7  根据图 10.7 给出的数据,大致估计与秋冬季节海洋混合层冷却加深相对应的海表面能量损失率[提示:仅考虑 100m 深度以上的海洋混合层,该混合层在 9 月份的垂直平均温度为 18℃,1 月份的平均温度为 15℃,即 100 天左右下降了 3℃]。

10.8  假设某气候变量的时间序列遵循正旋函数,且振幅为 $A$,证明其均方根振幅或标准方差为 $A/\sqrt{2}$。

10.9

(a)对于两个标准化变量 $x$ 与 $y$,试证明:经过原点的下列直线

$$y = rx$$
$$r = \overline{x_i y_i}$$

代表最小二乘方线性回归,其中最小二乘方指:$Q \equiv \overline{(y_i - rx_i)^2}$ 达到最小。

其中,符号 $\overline{(\ )}$ 表示所有数据点的平均,$y_i$ 表示变量 $y$ 在第 $i$ 个时间点上的取值(图 10.12),$rx_i$ 为回归线上通过点 $x = x_i$ 在 $y$ 坐标轴上对应的值。因此,$(y_i - rx_i)$ 是根据 $y_i$ 与 $x$ 的线性关系估算出的剩余方差。

(b)证明:$r^2$ 是最小二乘方线性回归的回归方差,而 $(1 - r^2)$ 为剩余方差或不可解释方差。

**解答:**

对于线性回归系数 $r$,其回归的误差平方和计为 $Q$。要使误差平方和 $Q$ 达到最小,需满足:

$$\frac{dQ}{dr} = \frac{d}{dr} \overline{(y_i - rx_i)^2} = 0$$

将上式展开可得

$$\frac{d}{dr}(\overline{y_i^2} - 2r\overline{x_i y_i} + r^2 \overline{x_i^2}) = 0$$

注意到 $x_i$ 与 $y_i$ 独立于 $r$ 且 $\overline{x_i^2} = 1$,进而得到

$$r = \overline{x_i y_i}$$

根据上述最小二乘法,可将 $y_i$ 写为

$$y_i = rx_i + \varepsilon_i$$

式中,$\varepsilon_i$ 为误差。求平方并取平均后,可得

$$\overline{y_i^2} = r^2 \overline{x_i^2} + 2\overline{\varepsilon_i x_i} + \overline{\varepsilon_i^2}$$

其中的 $\varepsilon_i$ 和 $x_i$ 不存在相关。如果它们之间存在相关，$y=rx$ 则不是最适合的线性回归。由 $\overline{x_i^2}=\overline{y_i^2}=1$ 可得

$$1 = r^2 + \varepsilon_i^2$$

式中，$r^2$ 为解释方差，$\varepsilon_i^2$ 为不可解释方差。这一关系同样也适用于非标准化变量。对非标准化变量，$r^2$ 为用最小二乘法对 $y$ 可以解释的部分方差，$(1-r^2)$ 为最小二乘法不能解释的部分方差。

**10.10**　某测站冬季 12～次年 3 月的月平均温度的标准偏差为 5.0℃。而其冬季季节平均温度的标准偏差为 3.0℃。温度的月平均标准偏差和季节平均标准偏差的含义是什么？

**10.11**　证明：

$$\overline{x'y'} = \overline{xy} - \overline{x}\,\overline{y}$$

[提示：利用 $\overline{xy'}=\overline{x'y}=0$]。

**10.12**　假设地球（包括整个海洋）在 21 世纪增暖 3℃，但冰冻圈没有发生变化。在图 10.1 所示的全球能量平衡中，大气顶层获得的入射太阳辐射较地球长波辐射大多少 $W \cdot m^{-2}$[提示：单位面积地球表面上的海洋质量见表 2.2]？

**10.13**　根据图 10.1 所示的全球能量平衡，假设大气吸收的地面向外长波辐射及大气反射至地面的长波辐射不变，当潜热通量和感热通量不存在时，估算出地球表面的温度变化。

**10.14**　根据图 10.2 中的数据，估算出大气与海洋沿 38°N 纬圈（该纬圈是辐射收入与支出的交界线）的向极能量通量[提示：假设沿赤道的能量输送为 0]。

**10.15**　比较在(a)北极夏至与(b)赤道春分或秋分时刻其上空大气顶层的日平均太阳辐射。夏至时刻，太阳高度角（正午时刻太阳直射至头顶的纬度）为 23.45°，地球与太阳的距离分别为 $1.52×10^8$ 和 $1.50×10^8$km。

**10.16**　假设火山爆发引起行星反照率的增加在大气顶层产生了 $\delta F=-2W \cdot m^{-2}$ 的辐射强迫，考虑地球相当黑体温度 $T_E$ 在该强迫下所产生的响应。(a)计算平衡响应。(b)假设大气混合均匀并与地球系统的其他组成部分没有相互作用；行星反照率的增加是瞬时的，且火山爆发后的行星反照率保持恒定。证明：在与大气辐射松弛时间（见习题 4.29)相等的 $e$-折时间内，$T_E$ 呈指数衰减，最终达到一个新的平衡值[提示：考虑到大气顶层的能量平衡，并利用 $\delta F/F \ll 1$ 及 $\delta T_E/T_E \ll 1$]。

**10.17**　在习题 10.16 中，在火山爆发的第二年，假设大气顶层的辐射通量突然回到火山爆发前的数值。对以下情况，估算出火山爆发第二年的 $T_E$ 变化。(a)假设大气混合均匀并与地球系统的其他组成部分没有相互作用；(b)假设大气保持热力平衡，且混合层深度为 50m；(c)对于上述情况，地球系统在火山残渣存留在大气中的那一年中是否会失去更多的能量？(d)哪一种情况更符合实际？为什么？

**10.18**　以下哪种情况对地球相当黑体温度的影响最大？(a)太阳辐射变化 0.07% 左右，这与太阳黑子的 11 年循环周期相关；(b)来自地球内部的地热能($0.05W \cdot m^{-2}$)；(c)人类活动对能量的消耗($10^{13}W$)。

**10.19**　对于温室增温潜能系数为 1.5 和 2.0 的两个反馈过程，若它们共同作用，则

将会产生系数为多少的温室增温效应？

10.20　(a)不通过方程(10.9)，对于一个辅助变量 $y$，计算全球平均表面温度 $T_S$ 对辐射强迫 $\delta F$ 的响应为

$$\delta T_S = \lambda_0 \delta F(1 + f + f^2 + f^3 + \cdots) \tag{10.16}$$

式中，$f$ 为反馈系数。(b)从(10.16)式直接推导出(10.9)式。

10.21　对于一个类似于地球的星球，其具有大气层及 50m 深的海洋混合层。估算出该星球平均表面气温对大气顶层辐射强迫的响应。假设辐射强迫数值为 2.5。

10.22　推导出云的净辐射强迫(例如，由于云的存在使得大气顶层净的向下辐射增加)可表示为

$$CF = F(A_{cs} - A) - (OLR - OLR_{cs}) \tag{10.17}$$

式中，$F$ 为大气顶层的局地太阳辐射，$A$ 为局地的反照率；$OLR$ 为地球上某点的时段(如季节)平均的局地向外长波辐射；$A_{cs}$ 和 $OLR_{cs}$ 分别为同一时段平均的晴空反照率及晴空向外长波辐射(对天空无云情况的平均)。

10.23　根据(10.17)式，回答以下问题：

在图 10.37 中，对于秘鲁、纳米比亚及下加利福尼亚沿岸的层状云覆盖地区，为什么那里的云净辐射强迫为非常大的负值？而南极地区的云净辐射强迫则为正值？

10.24　(a)从气候系统对冰盖变化的敏感性角度出发，重新做习题 10.4。此处，不考虑大气 $CO_2$ 浓度变化产生的辐射强迫，仅考虑地球反照率变化产生的辐射强迫。(b)比较不存在 $CO_2$ 反馈效应的气候敏感性。

10.25　采用与习题 10.4 类似的方法，比较 2000 年与工业革命时代的全球平均表面气温，研究气候系统的敏感性。根据全球平均表面气温的变化，估算出大气 $CO_2$ 浓度增倍(相对于工业革命前的 280ppmv)对全球平均表面气温变化的影响。其中假设大气中的其他成分保持在工业革命前的水平，并有足够长的时间使地球系统中的大热机在强迫下重新达到平衡。

10.26　(a)与习题 10.24 类似，估算出大气 $CO_2$ 浓度增倍(相对于工业革命前的 280ppmv)对全球平均表面气温变化的影响，这里假设：热量储存系数为 0.3(而不是 0.7)$W \cdot m^{-2}$；气溶胶强迫为 0.5(而不是 1.0)$W \cdot m^{-2}$；全球平均表面气温相对 1860 年升高 0.7K，其中要去除由太阳辐射强迫产生的 0.2K 的升温。(b)与习题 10.24 类似，估算出大气 $CO_2$ 浓度增倍(相对于工业革命前的 280ppmv)对全球平均表面气温变化的影响，这里假设：气溶胶强迫为 $-1.4W \cdot m^{-2}$。

10.27　根据习题 10.24 中关于各种气候强迫的假设，并假设气候敏感度 $\lambda = 0.70K \cdot (W \cdot m^{-2})^{-1}$，计算全球平均表面气温在当前温室效应强迫下的平衡响应。

10.28　海平面高度取决于与海水温度密切相关的热量分布状况。假设某行星的海洋总深度为 2500m，而海洋混合层深度为 50m。混合层的平均温度为 15℃，而混合层以下的海水的平均温度为 5℃。在总能量不变的情况下，如果整个海洋都混合并达到一个同样的温度，则(a)最终的温度是多少？(b)较高层海水和较低层海水的密度将如何变化？(c)海平面高度将变化多少？

海水密度是关于温度 $T$、盐度 $s$ 及气压 $p$ 的复杂函数。气压与温度的关系可表示为

$$\rho = \rho_0(p) + c_1(p)(T_0(p) - T) + c_2(p)(T_0(p) - T)^2 + \cdots$$

假设盐度保持恒定,如果 $\rho_0$、$c_1$ 及 $c_2$ 较小,则气压与温度的关系可忽略不计。在这些条件下,计算出上式中的系数为:$c_1 = -0.2\,\text{kg} \cdot \text{m}^{-3} \cdot \text{K}^{-1}$;$c_2 = -0.005\,\text{kg} \cdot \text{m}^{-3} \cdot \text{K}^{-2}$[提示:考虑两层流体,上层和下层的温度分别为 $T_1$ 和 $T_2$,厚度分别为 $d_1$ 和 $d_2$。如果流体密度变化不太大,则流体高度的变化可用下式计算:

$$\mathrm{d}h = -\frac{1}{\rho_0}(d_1 d_{\rho 1} + d_2 d_{\rho 2})$$

其中,

$$d_{\rho 1} = c_1(T - T_1) + c_2(T - T_1)^2,$$
$$d_{\rho 1} = c_1(T - T_2) + c_2(T - T_2)^2,$$
$$T = \frac{d_1 T_1 + d_2 T_2}{d_1 + d_2}]。$$

10.29 目前,温室气体增加进而导致地球系统的能量储存增加,这使得大气顶层的辐射通量强度处于非平衡状态,大约为 $0.8\,\text{W} \cdot \text{m}^{-2}$。假设该非平衡状态持续到下世纪,则其中 10% 的能量将导致南极及格陵兰冰川的融化。(a)计算由此产生的全球海平面将升高多少? (b)照此速率,格陵兰及南极冰川在多长时间后会全部融化[提示:采用表 2.2 中的数据,不需要考虑冰川的覆盖面积]?